高 职 高 专 教 材

有 机 化 学

第二版

高鸿宾　王庆文　高振胜　编

化学工业出版社
教 材 出 版 中 心
·北京·

图书在版编目（CIP）数据

有机化学/高鸿宾，王庆文，高振胜编．—2版．
北京：化学工业出版社，2005.1（2021.8重印）
高职高专教材
ISBN 978-7-5025-6570-1

Ⅰ.有… Ⅱ.①高…②王…③高… Ⅲ.有机化学-
高等学校：技术学院-教材 Ⅳ.O62

中国版本图书馆 CIP 数据核字（2004）第 141118 号

责任编辑：宋林青 何曙霓 装帧设计：于剑凝
责任校对：李 林

出版发行：化学工业出版社（北京市东城区青年湖南街 13 号 邮政编码 100011）
印 装：大厂聚鑫印刷有限责任公司
720mm×1000mm 1/16 印张 22¾ 字数 455 千字 2021 年 8 月北京第 2 版第 25 次印刷

购书咨询：010-64518888 售后服务：010-64518899
网 址：http://www.cip.com.cn
凡购买本书，如有缺损质量问题，本社销售中心负责调换。

定 价：48.00 元

第一版前言

近年来专科教育蓬勃发展，需要一些与之相适应的教材和教学参考书，作为高等学校化工及化学类专科各专业的有机化学课程也不例外。受化学工业出版社之约，编写了这本《有机化学》，供高等职业教育、高等专科学校化工及化学类各专业作为有机化学课程的教材之用，也可作为其他院校专科层次有关专业教材或参考书，以及有关人员参考用书。

本书在编写过程中，从培养大专技术人才为目的出发，力求先进性与实用性相结合，加强理论联系实际；在确保基本概念、基本知识和基本理论的前提下，力求少而精；在内容安排上，力求难点分散、循序渐进，符合教学规律；注意教学的启发性和思维能力的培养；文字力求通俗易懂，便于自学。为了帮助读者通过解答习题更好地掌握各章内容，除在各章内容中间列有问题、各章后列有习题外，每章（第一章和第十七章除外）还有例题作为解答各种类型习题的参考。本书目录较为详细，其目的是为了便于读者查阅，希望能起到部分索引的作用，因此不再另设索引。

本书按照官能团体系分类，采用脂肪族和芳香族混合编写而成。书中重点讨论典型官能团化合物的命名、结构、性质及主要用途，希望能使读者掌握有机化合物的结构与性质之间的辩证关系，以便更好地利用它。书中将对映异构列为专章讨论，其他均分散在有关章节中。另外，波谱学虽对测定有机化合物结构很重要，但考虑到许多学校已设专门课程讲授，故本书未列入这部分内容。

本书由高鸿宾（天津大学）编写第一章至第十一章；由王庆文（天津纺织工学院）编写第十二章至第十七章。全书最后由高鸿宾统一、修改、定稿。

本书承蒙南开大学化学系汪小兰教授审阅，提出许多宝贵意见，谨致衷心谢意。

限于编者水平，书中不妥和错误之处，敬请读者批评指正。

编者
1996 年 12 月

第二版前言

本书自 1997 年出版以来，已被许多学校作为教材或教学参考书使用，随着时间的推移，有机化学和相关学科又有较大发展，因此有必要对该书进行修订。

本书的体系仍采用第一版脂肪族和芳香族混编的系统，但对某些章节进行了适当的调整。全书共十八章，包括烃类、卤代烃、对映异构、有机含氧化合物、有机含氮化合物、杂环化合物、碳水化合物、氨基酸、蛋白质和核酸。本书配有"助教和助学型"光盘。

"助教部分"的内容包括：各章讲解要点，其标题基本上与教材相同。除文字说明外，还包括结构式，反应式，一些化合物和活性中间体等的立体图形、能量曲线、理论解释，反应机理等。其中有些反应机理还采取"动画"形式表达，以加强学生的理解。这部分内容简明扼要，教师可根据自己的教学需要和要求，对内容进行增删，并不要求教师以此为准，而是作为教师的参考。此部分内容亦可作为学生学习时使用。

"助学部分"主要是供学生为掌握各章内容和适当扩展一些知识面而编写的，也可供教师参考。内容包括：重要概念（不是全部）、理论问题和化学反应的小结（主要），涉及的内容以本章为主，有些问题适当有些扩展，以期对某个问题有一个较全面的了解。最后附有一些化合物之间的相互转变，作为一个例子，供学生参考。

本书在修订过程中，仍遵循以培养大专技术人才为目的，力求科学性、先进性和实用性，加强基本概念、基本知识和基本理论，力求理论联系实际，并在此基础上适当引入有机化学和相关学科的一些新进展，以增强创新意识；在内容安排上，是在第一版的基础上，对一些内容作了适当的增、删或重写，加强了分子内原子间相互影响的论述。

参加本书编写的同志有：高鸿宾（天津大学）第二至五、七至十二章；王庆文（天津工业大学）第十三至十八章；高振胜（天津大学）第一和六章。全书最后由高鸿宾统稿和定稿。所配光盘由吕义（天津工业大学）、王庆文（天津工业大学）、高振胜（天津大学）制作。脚本由高鸿宾、王庆文、高振胜提供（提供的章节教材相同）。

限于编者的水平，错误和不妥之处，敬请读者批评指正。

编者

2004 年 10 月

目　　录

第**1**章 绪 论

1.1　有机化合物和有机化学

化学上通常把化合物分为无机化合物和有机化合物两大类。例如：水（H_2O）、食盐（$NaCl$）、氨（NH_3）、硫酸（H_2SO_4）等，叫做无机化合物；而甲烷（CH_4）、乙烯（C_2H_4）、醋酸（$C_2H_4O_2$）和葡萄糖（$C_6H_{12}O_6$）等，叫做有机化合物。从所列举的化合物的组成来看，像甲烷等这类化合物都含有碳元素，因此将有机化合物定义为含碳元素的化合物。但一些简单的含碳元素的化合物，如一氧化碳（CO）、二氧化碳（CO_2）、碳酸盐（Na_2CO_3、$NaHCO_3$、$CaCO_3$等）、电石（CaC_2）和氰化氢（HCN）等，与无机化合物关系密切，仍属于无机化合物。

组成有机化合物的元素，除碳元素外，绝大多数还含有氢元素。从结构上看，可以将由碳和氢两种元素组成的化合物看作是有机化合物的母体，其他有机化合物可以看作是这种母体中的氢原子被其他原子或基团取代而成的化合物，因此，有机化合物也可以定义为碳氢化合物及其衍生物。但这种定义同样也有一些化合物不能包括在内，例如，含有碳和氢元素的碳酸氢钠（$NaHCO_3$）、氰化氢（HCN）等仍属于无机化合物。而不含有氢元素的某些化合物，如四氯化碳（CCl_4）、二氯卡宾（也叫二氯碳烯：CCl_2）等，则属于有机化合物。关于有机化合物的这两种定义，在目前国内外有机化学教材中，使用最多的是第一种定义。

由以上可以看出，有机化合物和无机化合物并无严格的界线。在化学工业上，有机化合物和无机化合物也是可以相互转化的。例如：甲烷（CH_4）属于有机化合物，二氧化碳（CO_2）属于无机化合物，两者之间可以发生如下变化：

$$CH_4 + 2O_2 \xrightarrow{\text{燃烧}} CO_2 + 2H_2O$$

$$2CH_3OH + CO + 1/2O_2 \xrightarrow[\text{(AC 代表活性炭)}]{0.7mPa,130℃,CuCl_2-PdCl_2/AC} CO(OCH_3)_2 + H_2O$$

除碳和氢元素外，有机化合物中还常含有氧、氮、卤素、硫、磷以及其他元素。这些化合物与人类有着密切的关系，人们把研究有机化合物的化学，叫做有机化学，也叫做碳化合物的化学。研究的内容包括有机化合物的来源、制备、结构、性质、应用以及有关理论和方法学问题等。

1.2　有机化合物的一般特点

有机化合物和无机化合物虽没有截然不同的界线，但由于有机化合物主要以共价键相结合，而无机化合物大部分以离子键相结合，两者结构上的差异，使得它们的性质有明显区别。有机化合物的主要特性如下。

① 容易燃烧。由于有机化合物含有碳元素，所以绝大多数有机化合物容易燃烧。例如，甲烷、酒精和石油等。

② 熔点和沸点一般比无机化合物低。由于有机化合物一般是分子晶体，结构单元的质点是分子，它们之间是靠弱的范德华（Van der Waals）力相互作用结合的，而克服这种作用力不需要很高的能量，因此有机化合物的熔点一般较低，一般低于400℃。基于同样的原因，有机化合物的沸点也较低。对于离子型的无机化合物，由于正负离子之间通过较强的静电引力相互约束在一起，故无机化合物的熔点和沸点通常较高。例如，醋酸的熔点为16.6℃，沸点为118℃；氯化钠的熔点为801℃，沸点为1413℃，两者相差很多。

③ 较难溶于水，而较易溶于有机溶剂。由于有机化合物多为共价化合物，故极性一般较弱，或者是非极性物质，因此不易溶于极性很强的水，而较易溶于非极性的或极性弱的有机溶剂。关于物质的溶解性有一个经验规律，即结构相似的分子可以相互溶解——"相似互溶"规律。例如，石蜡和汽油都只含碳、氢两种元素，且以共价键相连，都是非极性化合物；水只含有氢和氧元素，虽然也以共价键相连，但极性很强；氯化钠只含有氯和钠元素，是离子型化合物，极性很强。因此，石蜡溶于汽油而不溶于水；氯化钠溶于水而不溶于汽油。

④ 反应速率较慢，且通常有副反应伴随发生。无机化合物之间的反应，由于通常是离子之间的反应，故反应非常迅速。例如，硝酸银与氯化钠作用，反应立即发生，生成氯化银沉淀。而有机反应则不然，若使反应发生，需使分子中的某个共价键断裂才能进行，所以反应很慢。又由于键的断裂可以发生在不同的位置上，故除生成所需产物外，同时还有其他产物——副产物生成。对于有机反应，不仅反应速率较慢、产率较低、产物较复杂，而且通常需要加热和使用催化剂才能使反应顺利进行。

上述有机化合物的特点，只是一般情况，不能绝对化，例外也不少。例如，四氯化碳不但不燃烧，反而能够灭火，可用作灭火剂；酒精在水中可无限混溶；梯恩梯（TNT）加热到240℃发生爆炸，反应瞬时发生，它是一种重要的军用猛（性）炸药。这种例外还有不少，在以后的学习中将会遇到。由于有机化合物的结构所决定的特殊性质，有机化学已从化学中分离出来成为一门独立的学科。

1.3　化学键和分子结构

分子中相邻的两个或多个原子之间强烈的相互作用，叫做化学键。有机化合物分子中的化学键一般不同于无机化合物分子中的化学键。通过学习无机化学已经知道，无机化合物分子内原子之间是通过离子键结合在一起的，而有机化合物分子内原子之间主要通过共价键相结合。共价键是指原子之间通过共用电子而产生的化学结合作用。例如，在甲烷分子中，碳原子分别与四个氢原子结合，碳原子最外层有四个价电子（详见第二章甲烷的结构），氢原子最外层有一个价电子，碳原子分别与四个氢原子通过电子对共用形成具有八个电子的稳定结构——八隅体结构，同时共用电子对还与两个成键原子的原子核相互吸引，构成了甲烷分子中的共价键。

$$C\cdot + 4H\times \longrightarrow H\overset{\overset{\displaystyle H}{\times}}{\underset{\underset{\displaystyle H}{\times}}{\times C \times}} H$$

为了便于理解，这里·和×分别代表碳和氢原子的电子，但并不说明电子是不同的。近代有机化合物结构理论之一的价键理论认为，共价键是由两个成键原子的原子轨道最大交盖形成的。所谓原子轨道，是指原子的一个电子在空间可能出现的区域。轨道有不同的大小和形状，且以一定的方式围绕在原子核的周围。它在某个方向上有最大值，只有在此方向上两个轨道之间才能最大交盖而形成共价键，从而决定了共价键具有方向性。当两个原子轨道最大交盖后，由于每个轨道中各有一个电子，同时这两个电子的自旋方向相反，它们相互配对后共存于交盖后的轨道中，不能再与第三个电子配对，即共价键具有饱和性。例如，氢原子的外层只有一个未成对电子，即只有一个原子轨道，它只能与其他原子的一个轨道最大交盖，只能与一个电子配对，即氢原子只能与一个原子结合。利用近代价键理论能够近似的较方便地解释有机化合物的结构。价键理论的核心是电子配对形成"定域"化学键——两个成键的电子处于两个成键的原子之间的区域内。近代有机化学结构理论中的另一种理论是分子轨道理论，分子轨道理论认为，形成化学键的电子应在遍布整个分子的区域内运动，即形成的化学键不是"定域"的而是"离域"的。本书主要利用价键理论解释一些问题。

　　分子中原子相互结合的顺序和方式叫做化学结构。分子的性质不仅取决于组成分子的元素性质和数量，且与化学结构有密切关系。例如，乙醇和甲醚组成相同，分子式都是 C_2H_6O，但由于在这两种分子中原子相互结合的顺序和方式不同，它们具有不同的性质。

$$
\begin{array}{ccccc}
& H & H & & \\
& | & | & & \\
H - & C - & C - & O - & H \\
& | & | & & \\
& H & H & & \\
& & \text{乙醇} & &
\end{array}
\qquad
\begin{array}{ccccc}
& H & & H & \\
& | & & | & \\
H - & C - & O - & C - & H \\
& | & & | & \\
& H & & H & \\
& & \text{甲醚} & &
\end{array}
$$

　　具有不同结构的化合物，其性质不同。结构是本质，性质是现象。结构决定性质，根据分子的结构可以预测分子的性质。性质反映结构，根据分子的性质可以确定分子的结构。这不仅为有机化学的理论研究提供了依据，也为初学者学习有机化学指明了方向。需要指出的是，在经典的有机化学结构理论中所说的结构（structure）相当于现在一些有机化学教材中所说的构造（constitution），而"结构"一词所包含的内容则较广泛，结构包括构造、构型和构象，将在以后有关章节中讨论。

　　构造是指分子中原子间相互连接的顺序。表示分子构造的化学式，叫做构造式。例如，丙烷、乙烯和乙炔的构造式如下所示：

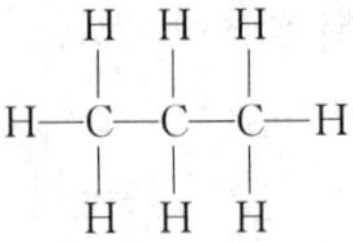

丙烷 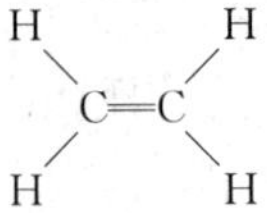　　　　　　　　　　乙烯　　　　　　　　　乙炔

　　在有机化学中，分子结构（实为分子构造）可以用多种方法表示，其中以用结构式（实为构造式）表示最为简单明了。结构式是表示结构的化学式，通常使用的结构式有短线式、缩简式和键线式三种。例如：

化合物	短 线 式	缩 简 式	键 线 式
正戊烷	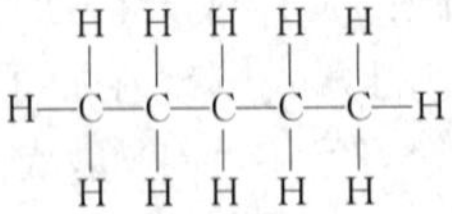	$CH_3CH_2CH_2CH_2CH_3$	
1-戊烯	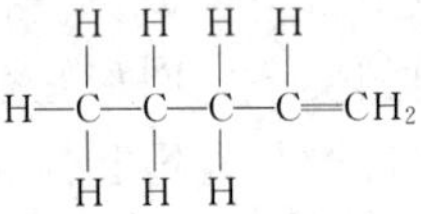	$CH_3CH_2CH_2CH\!=\!CH_2$	
2-丁醇	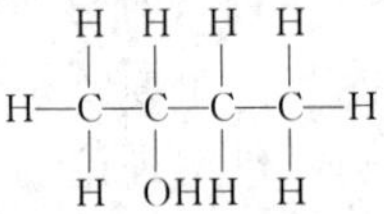	 $CH_3CHCH_2CH_3$ $\quad\ \ OH$	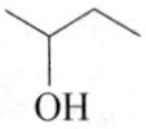
环己烷	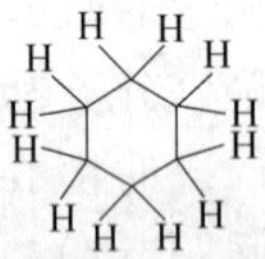	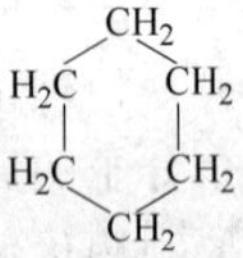	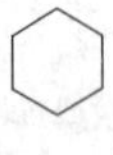

　　结构式的短线式表示法，是将原子与原子用短线相连代表键，一根短线代表一个键。当原子与原子之间以双键或三键相连时，则用两根或三根短线相连。在短线式的基础上，不再写出碳或其他原子与氢原子之间的短线，并将两者合并；碳原子与碳原子之间的短线可写也可以不写；碳原子与其他原子（氢原子除外）之间的短线要写；这种结构式的表达式即缩简式。若结构式是应用近似的键角，只写出碳碳键和除与碳原子相连的氢原子以外的其他原子，如 O、N、S 等，则这种结构式的表示法是键线式。

1.4　共价键的属性

1.4.1　键长

　　成键两原子的核间距离叫做键长。由于两个成键原子借助各自的原子核吸引共用电子对将两个原子连系在一起，距离近吸引力强，但距离近时两个原子核有强的排斥力，因此，键长是两个原子核之间的最远和最近距离的平均值。同一种键，在不同的化合物中，键长差别很小；而不同的键，即使在同一化合物中，键长差别也很大。一些常见的共价键的键长如表 1-1 所示。

表 1-1 一些常见的共价键的键长

共 价 键	键长/nm	共 价 键	键长/nm
C—C	0.154	C—N	0.147
C=C	0.134	C—O	0.143
C≡C	0.120	C—Cl	0.177
C—H	0.109	C—Br	0.191

1.4.2 键角

两价和两价以上的原子与其他两个原子形成的共价键之间的夹角，叫做键角。例如：

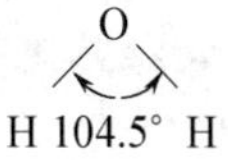

水 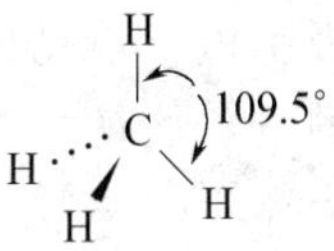　　　甲烷 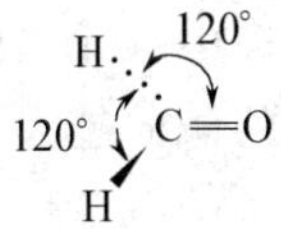　　　甲醛

结构式用键线式表示时，如下所示：

$$CH_3-CH_2-CH_2-CH_2-CH_3 \qquad CH_3-CH_2-O-CH_2-CH_3 \qquad CH_3-C-CH_3$$

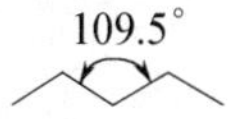

正戊烷 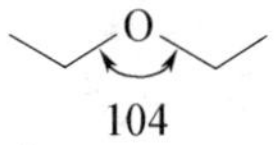　　　乙醚 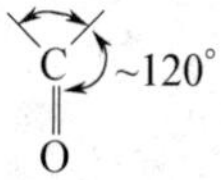　　　丙酮

但像水、甲烷和甲醛等分子，其结构式不能用键线式表示，因为水中的氧原子和其他分子中的碳原子都与氢原子相连。

1.4.3 键离解能和键能

分子中某一给定的共价键断裂时所吸收的能量，叫做键能离解。由于两个原子成键时所放出的能量与此能量相等，因此，键能是指化学键断裂时所吸收的能量或化学键形成时所放出的能量。例如，由两个氢原子组成的氢分子， H—H 键只有一个，是一种给定的键，断裂 H—H 键需要 $436kJ \cdot mol^{-1}$ 的能量，此能量就是 H—H 键的离解能。对于这种双原子的分子，键的离解能就是键能。但对于多原子的分子，当分子中含有多个同类型的键时，每个键的离解能是不同的，而通常所说的键能则是这些键离解能的平均值，因此键离解能与键能不完全相同。例如，甲烷的四个 C—H 键依次断裂时的键离解能分别为：

$$CH_4 \longrightarrow \cdot CH_3 + H \cdot \quad \text{键的离解能} = 439.3 kJ \cdot mol^{-1}$$
$$\cdot CH_3 \longrightarrow \cdot \dot{C}H_2 + H \cdot \quad \text{键的离解能} = 442 kJ \cdot mol^{-1}$$
$$\cdot \dot{C}H_2 \longrightarrow \cdot \dot{C}H + H \cdot \quad \text{键的离解能} = 442 kJ \cdot mol^{-1}$$
$$\cdot \dot{C}H \longrightarrow \dot{C} + H \cdot \quad \text{键的离解能} = 338.9 kJ \cdot mol^{-1}$$

但甲烷分子中 C—H 键的键能则是 $(439.3 + 442 + 442 + 338.9)/4 = 1661.9/4 = 415.5 kJ \cdot mol^{-1}$。其他一些常见的共价键的键能如表 1-2 所示。

表 1-2　一些常见的共价键的键能

共 价 键	键能/$kJ \cdot mol^{-1}$	共 价 键	键能/$kJ \cdot mol^{-1}$
C—C	347	C—N	305
C=C	611	C—O	360
C≡C	837	C—Cl	339
C—H	414	C—Br	285

1.4.4　元素的电负性和键的极性

元素周期表中各元素的原子吸引电子能力的相对标度，叫做元素的电负性。原子吸引电子的倾向越大，元素的电负性越大，即电负性数值越大。有机化学中常见的几个元素的电负性如表 1-3 所示。

表 1-3　某些元素的电负性

H						
2.1						
Li	Be	B	C	N	O	F
1.0	1.5	2.0	2.5	3.0	3.5	4.0
Na	Mg	Al		P	S	Cl
0.9	1.2	1.5		2.1	2.5	3.0
K						Br
0.8						2.8

在一个分子中，当形成共价键的两个原子不同时，它们对成键电子的吸引力不同，使分子一端带有部分负电荷（用 δ^- 表示），另一端带有部分正电荷（用 δ^+ 表示），这样的共价键有极性，叫做极性共价键。例如，氯化氢分子中的 H—Cl键是极性共价键。

$$\overset{\delta^+}{H} \text{—} \overset{\delta^-}{Cl}$$

键的极性用偶极矩（μ）表示。偶极矩是正电中心或负电中心的电荷（e）与正负电荷中心之间距离（d）的乘积，即 $\mu = e \times d$，单位是 $C \cdot m$[库（仑）·米]。对于双原子分子，键的偶极矩就是分子的偶极矩。但对于多原子分子，分子的偶极矩则取决于各键的偶极矩和分子的形状（键的方向）。偶极矩是有方向性的，分子的偶极矩是各键偶极矩的向量和。例如：

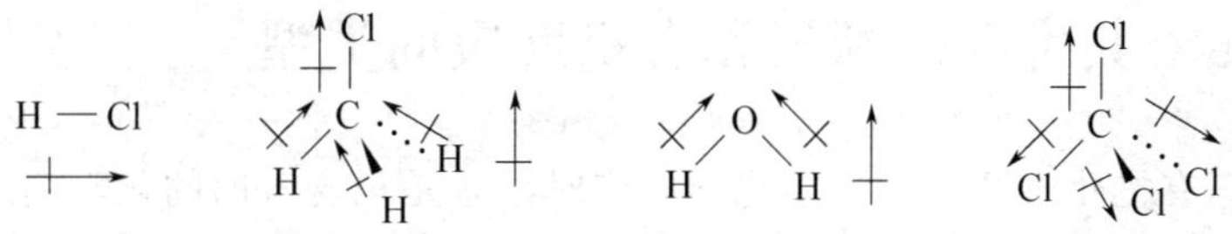

$\mu\,(\times10^{-30}\mathrm{C\cdot m})$	3.44	6.23	6.14	0
	氯化氢	一氯甲烷	水	四氯化碳

　　上式中符号 +——→ 箭头所示方向是代表从正电荷到负电荷的方向，说明偶极矩的方向。在氯化氢分子中，键的偶极矩就是分子的偶极矩。在一氯甲烷和水分子中，分子的偶极矩是各键偶极矩的向量和，上式中的 μ 值是分子的偶极矩，其方向如图右边 +——→ 所示。这些分子都是极性分子。在四氯化碳分子中，虽然 C—Cl 键是极性键，但四个 C—Cl 键的向量和恰好是零，因此四氯化碳分子的偶极矩是零，四氯化碳分子是非极性分子。

　　在常见的有机化合物中，共价键的偶极矩一般在 $(1.33\sim11.67)\times10^{-30}$ C·m 之间，偶极矩越大，键的极性越强。键的极性是决定分子理化性质的重要因素之一。

　　从上面的讨论可以看出，由于两个相互结合的原子的电负性不同，两个原子之间形成的共价键是有极性的，其中电负性大的原子带有部分负电荷，电负性小的原子带有部分正电荷。在多原子分子中，例如在氯乙烷分子中，这种极性不仅存在于两个相互结合的原子之间，如氯原与碳原子之间，还影响着分子中不直接相连的其他原子，如氯的电负性不仅影响着与氯直接相连的碳原子，也影响着氢原子和另一个碳原子，使得这些键上的电子密度或多或少的向氯原子转移，以致氢原子和另一个碳原子也呈现较少的部分正电荷。

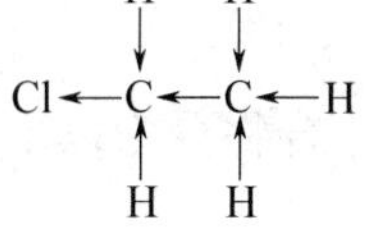

氯乙烷

　　这种原子或基团对电子偏移的影响沿着分子中的键传递，引起分子中电子密度分布不均匀，且依原子或基团的性质（电负性，与氢的电负性相比）所决定的方向而转移的效应，叫做诱导效应。诱导效应的产生，是由于一个共价键的一对成键电子在两个原子之间的不对称分布引起的。随着原子或基团的距离不断增大，诱导效应将逐步迅速减弱直至消失。一般认为，经过三个原子后诱导效应可忽略不计。诱导效应是有机化合物中普遍存在的一种电子效应，这种效应虽然较弱，但它影响着有机化合物的性质。在以后章节中，还将结合具体问题进行讨论。

1.5　共价键的断裂和有机反应的类型

有机化合物分子发生化学反应时，总是包含着旧的化学键的断裂和新的化学键的生成。有机化合物分子绝大多数以共价键相连，共价键的断裂方式有两种：一种方式是两个原子之间的共用电子均匀分裂为每个原子各占有一个电子，共价键的这种断裂方式叫做均裂；另一种方式是两个原子之间的共用电子对为两个原子之一所占有，共价键的这种断裂方式叫做异裂。如下所示：

$$A\!:\!B \xrightarrow{\text{均裂}} A\cdot + \cdot B$$

$$A\!:\!B \xrightarrow{\text{异裂}} \begin{array}{l} A^- : + \ B^+ \\ A^+ \ + :B^- \end{array}$$

由上式可以看出，共价健均裂产生具有未成对电子的原子或基团，这种原子或基团叫做自由基，按均裂进行的反应叫做自由基反应；共价健异裂产生正离子和负离子，按异裂进行的反应叫做离子型反应。

1.6　有机化合物的分类

有机化合物除因含有碳、氢、氧、氮、卤素、硫、磷、硅以及金属元素（如钠、锂、镁）等众多元素外，同时由于原子之间连接的方式和次序的不同，因此有机化合物数量庞大，目前已知的有机化合物约有 1000 万种以上，且每天都有新的有机化合物见诸报道。对如此数目繁多的有机化合物进行研究和利用，需要有一个科学的分类。在 19 世纪 60 年代，随着有机化合物结构理论的出现，形成了合理的和系统的分类方法。目前有机化合物的分类方法有两种，一种是按组成化合物的碳原子骨架（碳架）分类，另一种是按官能团分类。

1.6.1　按碳架分类

根据碳架不同，通常将有机化合物分为以下四类。

（1）开链化合物

分子中的碳原子连接成链状。由于脂肪类化合物具有这种链状碳架，因此开链化合物也叫脂肪族化合物。其中碳原子之间可以通过单键、双键或三键相连。例如：

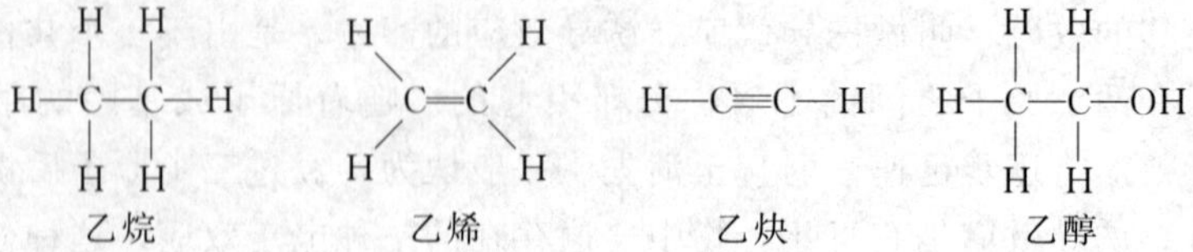

$$\underset{\text{乙烷}}{\text{H}_3\text{C}\!-\!\text{CH}_3} \qquad \underset{\text{乙烯}}{\text{H}_2\text{C}\!=\!\text{CH}_2} \qquad \underset{\text{乙炔}}{\text{HC}\!\equiv\!\text{CH}} \qquad \underset{\text{乙醇}}{\text{H}_3\text{C}\!-\!\text{CH}_2\!-\!\text{OH}}$$

（2）脂环化合物

分子中的碳原子连接成环状，其性质与脂肪族化合物相似，叫做脂环化合物或脂环族化合物。成环的相邻两个碳原子之间可以通过单键、双键或三键相连。
例如：

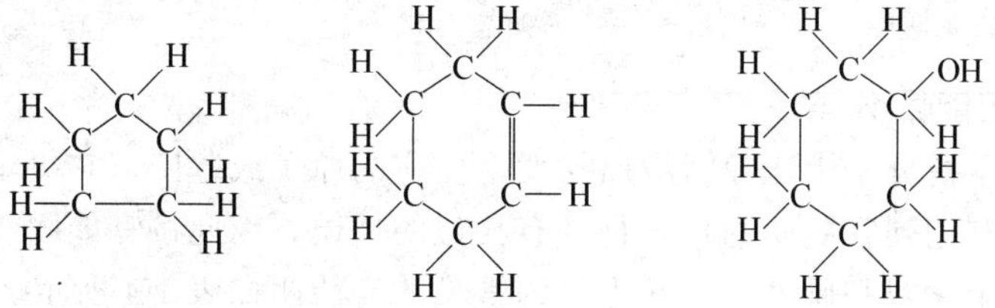

或写成键线式：

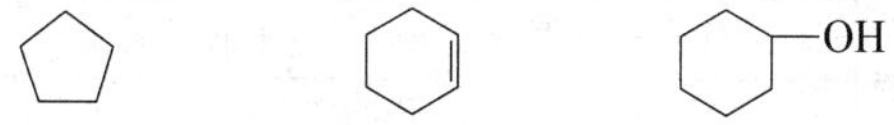

环戊烷　　　环己烯　　　环己醇

（3）芳香族化合物

分子中至少含有一个由六个碳原子连接成的"特殊的"环状结构——苯环结构，它们的性质不同于脂肪族化合物，而具有特殊的性质——"芳香性"，这类化合物叫做芳香族化合物。例如：

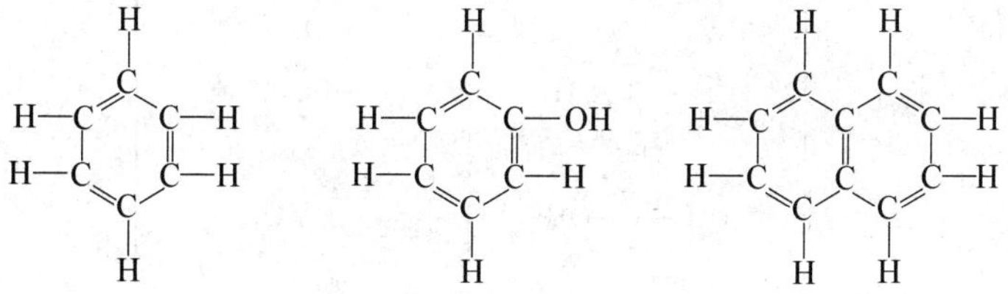

或写成键线式：

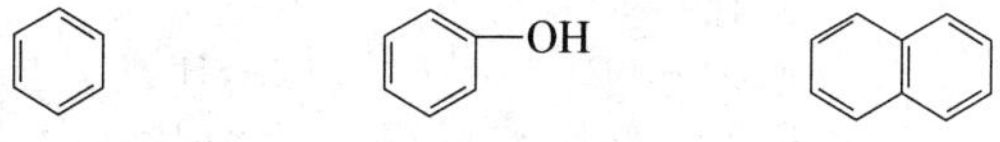

苯　　　　苯酚　　　　萘

（4）杂环化合物

分子中含有由碳原子和至少一个其他原子（叫杂原子，如氧、硫、氮原子等）连接成环的一类化合物，叫做杂环化合物。例如：

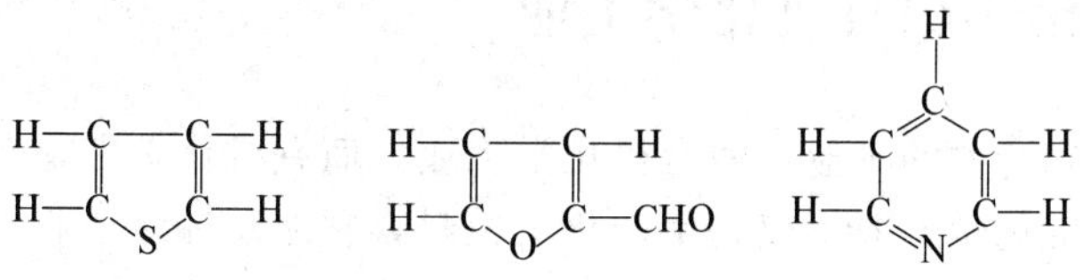

或写成键线式：

噻吩 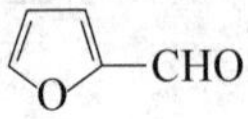　　　　　　　　糠醛 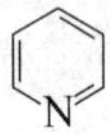　　　　　　　　　吡啶

1.6.2　按官能团分类

官能团是指分子中比较活泼而易发生反应的原子或基团，它决定化合物的主要性质。含有相同官能团的化合物具有相似的性质，因此按官能团将有机化合物分类，有利于学习和研究。一些重要的常见的官能团如表 1-4 所示。

表 1-4　一些重要常见的官能团

化合物类别	化合物举例	官能团构造	官能团名称
烯烃	$H_2C{=}CH_2$	$\backslash C{=}C \diagup$	碳碳双键
炔烃	$CH{\equiv}CH$	$-C{\equiv}C-$	碳碳三键
卤代烃	C_2H_5-Cl	$-Cl$	氯基（氯原子）
醇和酚	C_2H_5OH, C_6H_5OH	$-OH$	羟基
醚	$C_2H_5-O-C_2H_5$	$-O-$	醚键
醛	$CH_3-\underset{O}{\overset{}{C}}-H$	$-\underset{O}{\overset{}{C}}-H$	醛基
酮	$CH_3-\underset{O}{\overset{}{C}}-CH_3$	$-\underset{O}{\overset{}{C}}-$	羰基
羧酸	$CH_3-\underset{O}{\overset{}{C}}-OH$	$-\underset{O}{\overset{}{C}}-OH$	羧基
腈	CH_3-CN	$-CN$	氰基
胺	CH_3-NH_2	$-NH_2$	氨基
硝基化合物	$C_6H_5-NO_2$	$-NO_2$	硝基
硫醇	C_2H_5-SH	$-SH$	巯基
磺酸	$C_6H_5-SO_3H$	$-SO_3H$	磺（酸）基

上述两种分类方法均已被采用。在有机化学教材中，有些是先按碳架分类，然后再按官能团分类；有些是将两种分类方法结合在一起；有些则是两种方法虽然都使用，但有分有合。本书采用第二种方法讨论各类有机化合物。

1.7　有机化学和有机化学工业

生产有机化合物的工业叫做有机化学工业，而有机化学则是有机化学工业的理论基础。有机化学工业不仅是生产化工原料，它涉及许多工业部门，如石油化工、涂料、塑料、树脂、纤维、橡胶、食品、药物、农药、染料以及表面活性剂等，它不仅与人们的衣、食、住、行有紧密关系，也与经济建设和国防建设密切相关，而所有这些都离不开有机化学的成就。另外，有机化学的基本原理对于许多学科和工业的发展也是不可缺少的，例如，探索生命现象、遗传工程、研制抗癌药物和新型材料等都离不开有机化学。

到目前为止，有机化学和有机化学工业对人类已经作出了很大奉献。随着社会的发展和人类的进步，对有机化学和有机化学工业提出了更艰巨的任务。例如，仅仅解决人们的衣、食、住、行等问题，就需要有机化学工作者和与之有关的人员作出很大的努力，因为这些都与有机化学紧密相关，有机化学和有机化学工业的新成就也将促进社会的进步。

我国是最早的文明古国之一，早在约 4000 年以前原始氏族社会末期，已知利用酒曲使淀粉发酵酿酒，蒸馏酒也早始自宋代，到明代已很普遍。而到 19 世纪 90 年代，由巴斯德从中国的酒曲中得到一种主要毛霉，才在欧洲建立起淀粉发酵制酒精的方法。另外，我国古代食用的糖除蜂蜜外，主要还有饴糖和砂糖（蔗糖）。由淀粉制饴糖在我国西周（公元前 1046 年～前 771 年）时已实现，而在南北朝时，由甘蔗汁加工已制得粗砂糖（粗蔗糖）。"中药学"五代（公元 907 年～960 年）已开始形成。火药是我国古代四大发明之一。火药的发明约在唐代中期，唐代末期已应用于军事。火药的名称及其正式配方始见北宋《武经总要》（1040 年），各配方中除焰硝、硫磺外，还掺入易燃冒烟的桐油、松脂、沥青、黄蜡、干漆和有毒的草乌头、砒霜、巴豆等物质。火药技术在 1224 年以后经印度传入阿拉伯国家，1253 年以后传入欧洲。我国的这些卓越成就，为人类作出了突出的贡献。从现代的观点来看，这些成就均属于有机化学工业范畴。然而，长期的封建主义的统治，使我国的有机化学工业在百年以至千年历史中并未得到很好的发展，与其他国家相比，长期处于落后状态，建国后，我国有机化学和有机化学工业得到了发展。1965 年，我国利用化学方法合成了具有生物活性的结晶牛胰岛素，为蛋白质的合成做出了贡献。20 世纪末，我国有机化学有了空前的发展，在有机合成等七个方面都做出了很好的成绩，缩短了与世界科技先进国家的距离。进入 21 世纪后，我国化学工作者又对生命科学、材料科学、环境科学和绿色化学等方面对有机化学提出的新课题进行积极的研究。作为炎黄子孙，为实现祖国的现代化，应该努力学习有机化学和有关知识，"青出于蓝，而胜于蓝"定能使我国的有机化学和有机化学工业处于世界前沿。

1.8　有机化合物的天然来源

1.8.1　石油和天然气

石油通常是指地下开采出来的一种褐色或黑色的黏稠液体，也叫原油，它主要是由烃类（碳氢化合物）组成的复杂混合物，有些是以烷烃为主，也有一些含有较多的环烷烃或芳烃。除烃类外，还有少量的含氧、含氮、含硫的有机化合物等，其组成因产地而异。石油按照一定温度范围分馏后，可以得到有用的产品。

石油经分馏后所得主要产品及产品的大概组成见表1-5。

表 1-5　石油分馏产品及其组成

名　称	主要成分	沸点范围或凝固点/℃	名　称	主要成分	沸点范围或凝固点/℃
石油气	$C_1 \sim C_4$ 烷烃	气体	重油		
汽油	$C_5 \sim C_{12}$ 烷烃	40～200	润滑油	$C_{18} \sim C_{22}$	
煤油	$C_{12} \sim C_{16}$ 烷烃	200～270	石蜡	$C_{19} \sim C_{35}$ 直链烷烃	凝固点在50℃以上
柴油			渣油		
轻柴油	$C_{16} \sim C_{18}$ 烷烃	270～340	地蜡		固体
重柴油	$C_{18} \sim C_{20}$ 烷烃		沥青	C_{20} 以上	固体

石油或其中某一馏分经加工后可以制得许多重要的化工原料，例如乙烯、丙烯、苯、甲苯等，由这些原料出发还可以制备更多的产品，如塑料、橡胶、纤维、医药和农药等。可以说石油是生产有机化合物最重要的原料之一。我国远在1800年前，在《汉书·地理志》中已有关于石油的记载；约1700年前，在酒泉附近也已发现石油，明代在《明一统志》和《蜀中广记》中也已分别记载在我国南方和四川有石油。事实证明，我国已开采出一大批高产油田；不仅陆地有，海上也有，说明我国具有石油资源，石油必将为我国的化学工业作出应有的贡献。

油页岩、焦油岩和石油砂也是含石油的资源，其蕴藏量比石油高10倍。目前有些国家已开发出提炼和热解的方法，我国也从含油母质的岩层中提取石油。

天然气是一种主要含低极烷烃的气体，其中还有一些其他气体，如硫化氢、氮、氦等。天然气的主要成分是甲烷的叫做干气，除主要成分甲烷外，还含有乙烷、丙烷和丁烷等低极烷烃的叫做湿气。天然气除用作燃料外，也是生产氨、乙炔、炭黑、乙烯和甲醇等的原料，还可从含氦气较多的天然气中提取氦气。我国西汉时有关于火井的记载，据《华阳国志》记载，秦始皇时代今四川邛崃县已利用天然气煮盐。我国的天然气资源很丰富，有待进一步开发和利用，西气东输工程将对我国的经济建设产生巨大的影响。

1.8.2　煤

煤经干馏（在950～1050℃隔绝空气加热）分解成气体、液体和固体产物。由于煤的产地和干馏工艺不同，产物不尽相同。气体产物是焦炉气，主要成分是氢、甲烷和一氧化碳，还有少量的乙烷、乙烯、氮和二氧化碳。液体产物是氨水和煤焦油。煤焦油的成分见表1-6。

表 1-6　煤焦油的组成

馏　分	馏分温度/℃	含量/%	主要成分
轻油	<170	0.4～0.8	苯、甲苯、二甲苯
酚油	170～210	1～2.5	酚、甲酚、二甲苯1,2,4,5-四甲基苯、萘
萘油	210～230	10～13	萘、甲基萘、酚类(少量)
洗油	230～300	4.5～6.5	联苯、萘、甲基萘、苊、芴、酚类(少量)
蒽油	300～360	20～27	蒽、菲、咔唑、酚类(少量)
沥青(柏油)	残留物	54～56	

另外，煤焦油中还含有含氮的杂环化合物，如吡啶和喹啉等，以及含硫的杂环化合物，如噻吩等。

煤干馏的固体产物是焦炭，主要成分是固定碳，挥发物很少，主要用于钢铁和其他金属的冶炼和铸造，也可用作化工原料和燃料等。

我国煤储藏量很丰富，约占世界储量的 13%，我国所使用的 40% 的能源来自煤。煤经加工可获得合成气（CO 和 H_2）、碳化钙、苯、多环芳烃和杂环化合物。过去煤为我国的化学工业作出了一定贡献，今后也还是生产有机化合物的重要来源之一，因此不能忽视煤化工的发展。

1.8.3　农副产品及其他

许多动植物是有机化合物的重要来源，例如，从动物毛发水解可制得胱氨酸，可从猪、羊、牛等内脏提取激素，蓖麻油裂解可制得癸二酸和仲辛醇，由玉米芯或谷糠可生产糠醛；含淀粉的野生植物可用来制造乙醇、丁醇和丙酮。总之，许多农副产品也是有机化合物的重要来源。我国是农业大国，农副产品极其丰富，随着科技兴农的深入发展，今后我国的农副产品更加丰富，综合利用农副产品，必将获得更多的有机产品。

我国的中草药为人民的健康事业做出了突出的贡献。这些中草药中含有各种有机化合物。例如，桃金娘科植物丁香的花蕾，也叫丁香或丁子香，含有挥发性丁香油，油中主要含有丁香油酚、2-庚酮、水杨酸甲酯、苯甲醛、苄醇、乙酸苄酯、胡椒酚、β-石竹烯等多种有机物。丁香的提取液具有抗菌、驱虫和止牙痛等作用。

许多植物含有皂草苷，皂草苷能降低表面张力，是一种天然的表面活性剂。例如，无患子（也叫油患子、菩提子等）是无患子科植物无患子树的种子，该种子的果皮（无患子皮）含有无患子皂草苷、常青藤皂草苷元、芸香苷、维生素 C 和氨基酸等有机物，其水提取液是一种很好的天然表面活性剂，可用于洗涤棉、麻、毛、丝织物等。

许多植物中含有的有机物是重要的香原料。例如，由茴香草提取的一种精油——茴香油，含有 $80\% \sim 90\%$ 的茴香脑。可用作配制牙膏香精以及药物和饮料食品的增香剂；还可用于提取茴香脑，后者是制备激素和茴香醛（用于配置栀子、紫丁香和葵花等许多花香型香精）的原料。

由以上几例不难看出，许多植物中存在着许多对人类有用的有机化合物，提取这些有机物并研究其结构，进而合成之，将造福人类。这也是有机化学和有机化工工作者的任务之一。

习　　题

（一）解释下列名词：

（1）有机化合物　　　　（2）共价键　　　　　（3）键长

（4）键角　　　　　　　（5）均裂　　　　　　（6）异裂

（二）键能和键的离解能有无区别，试说明之。

（三）在有机化合物中，是否分子中有极性键，该分子就一定是极性分子（$\mu \neq 0$）？

（四）指出下列化合物中的官能团：

(1) CH_3CH_2OH （2) $C_2H_5—O—C_2H_5$ （3) 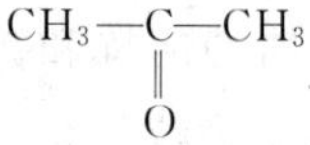 $CH_3—\overset{\underset{\displaystyle \parallel}{O}}{C}—CH_3$

(4) ▷—COOH （5)  ⬡ （6) CH_3CHO

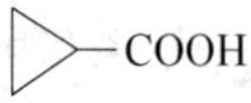

（五）用缩简式和键线式表示下列化合物的构造式：

(1)

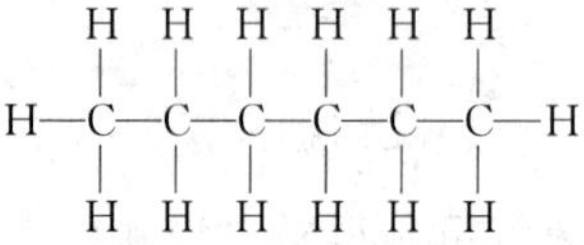

(2)

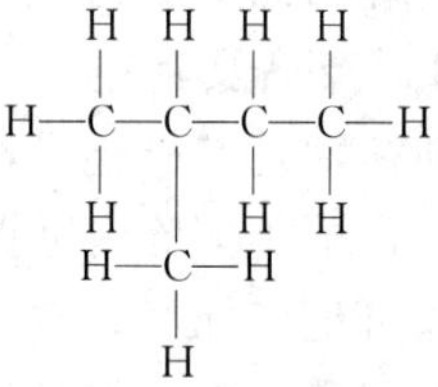

(3)

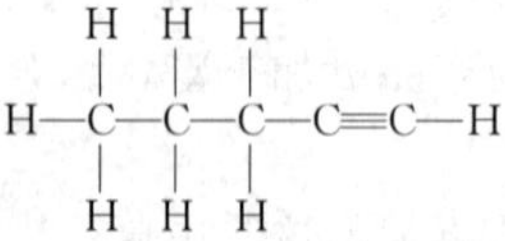

(4)

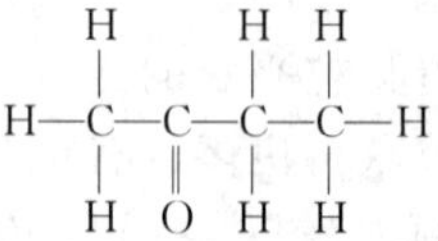

(5)

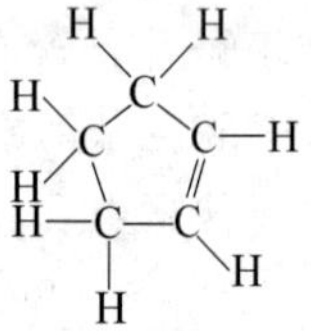

(6)

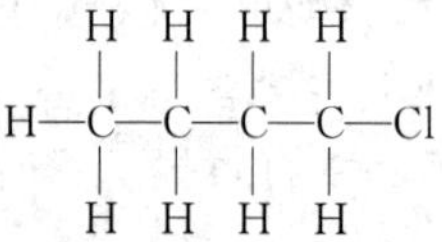

（六）按照碳架和官能团分别将下列化合物进行分类，同类者放在一起，并指出是哪一类。

(1) $CH_3CH_2CH_2OH$ （2) $CH_2=CH—CH_2—OH$ （3) 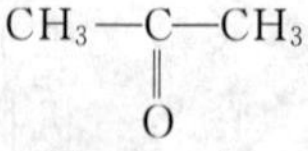 $CH_3—\overset{\underset{\displaystyle \parallel}{O}}{C}—CH_3$

(4) ⬡—CH_3 （5) ⬡—OCH_3 （6) ⬡—COOH

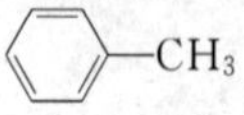

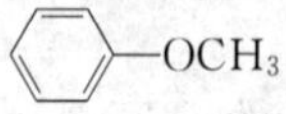

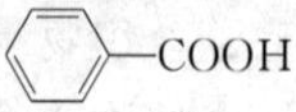

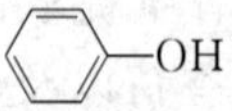

(7) ⬡—OH （8) ⬠=O （9) CH_3OCH_3

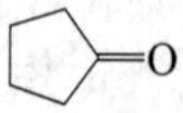

(10) 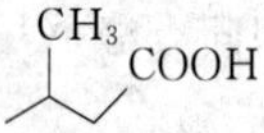 （11) 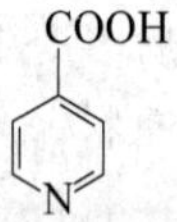 （12)

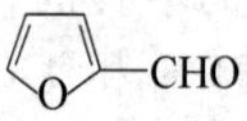

参 考 书 目

1 《化学发展简史》编写组编著. 化学发展简史. 北京：科学出版社，1980

2 江苏新医学院编. 中药大辞典. 上、下册. 上海：上海科学技术出版社，1986

3 ［德］Weisser K 等著. 工业有机化学. 周遊等译. 北京：化学工业出版社，1998. 1～21

第2章 烷烃

仅由碳和氢两种元素组成的化合物叫做碳氢化合物，简称烃（读音 ting）。其中开链的烃也叫做脂肪烃。分子中只有单键的脂肪烃叫做饱和脂肪烃或烷烃，也叫石蜡烃。

烷烃可以看作是有机化合物的母体，其他化合物则可以看作是烷烃分子中的氢原子被其他原子或基团取代后的化合物，因此首先熟悉烷烃的结构和性质对于了解其他各类有机化合物是非常必要的。

2.1 烷烃的通式、同系列和构造异构

烷烃中最简单的是含有一个碳原子的化合物，叫做甲烷。依次是含有两个、三个、四个……碳原子的化合物，分别叫做乙烷、丙烷、丁烷等，它们的构造式如下：

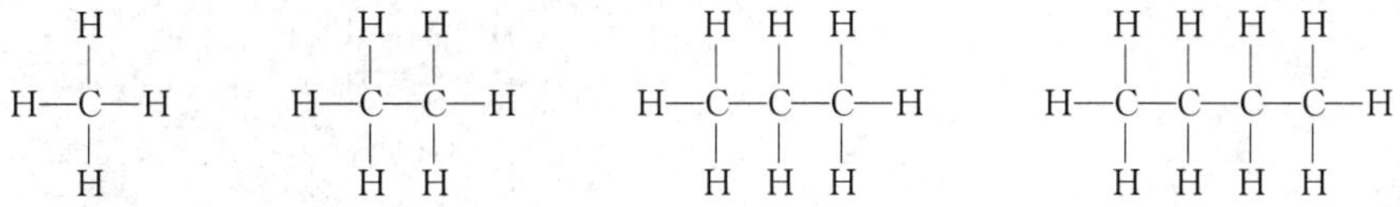

$$
\begin{array}{cccc}
\text{甲烷} & \text{乙烷} & \text{丙烷} & \text{丁烷}
\end{array}
$$

从上述构造式可以看出：①每增加一个碳原子，就相应地增加两个氢原子，当碳原子的数目是 n 时，则氢原子的数目是 $2n+2$。因此，可用一个共同的式子 C_nH_{2n+2} 来表示烷烃分子的组成，该式叫做烷烃的通式；②相邻两个烷烃组成上相差一个 CH_2，不相邻的两个烷烃，组成上相差 CH_2 的整数倍，这种具有同一通式、组成上相差 CH_2 及其整数倍的一系列化合物，叫做同系列，同系列中的各化合物互为同系物，CH_2 叫做同系列的系差。例如，上述甲烷、乙烷、丙烷和丁烷等都是同系列，它们互为同系物。同系物具有相似的化学性质，因此掌握同系列中几个典型的化合物的性质，可以推测其他同系物的化学性质，从而为学习和研究都提供了方便。

甲烷分子中的任何一个氢原子被 CH_3 基团（甲基）取代都得到乙烷。乙烷分子中的任何一个氢原子被 CH_3 基团取代都得到丙烷。但在丙烷分子中，由于两端碳原子与中间碳原子上的氢原子的位置不同，两种位置不同的氢原子分别被 CH_3 基团取代，将得到两种不同的丁烷：

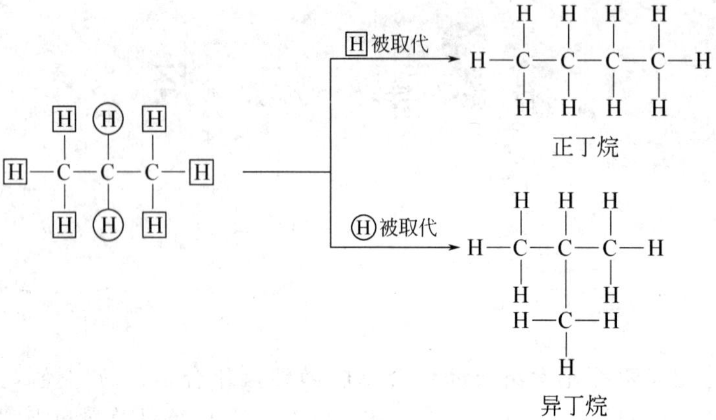

H被取代

H—C—C—C—C—H

正丁烷

H被取代

H—C—C—C—H

异丁烷

　　与丙烷转变成丁烷相似，由于每一种丁烷分子中的氢原子的位置不同，分别被 CH_3 基团取代后将得到不止一种戊烷：

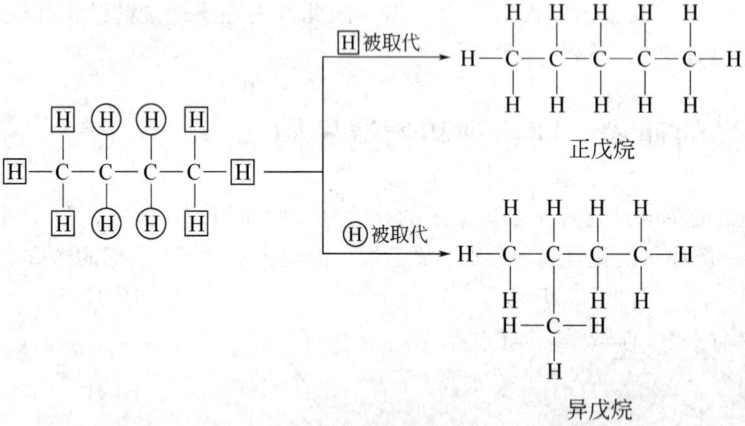

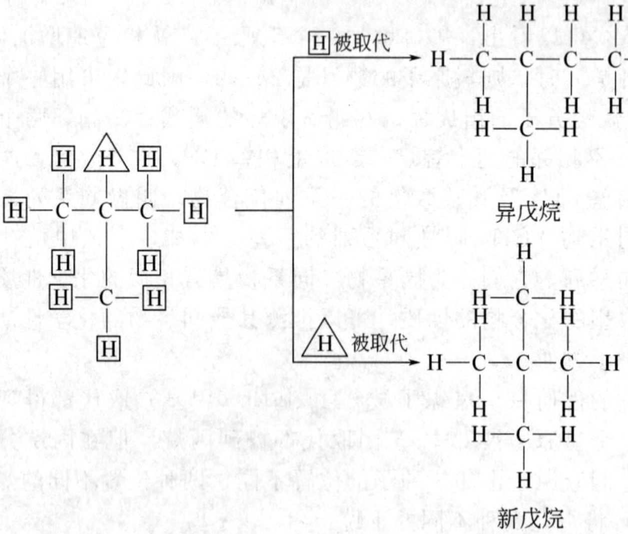

H被取代

H—C—C—C—C—C—H

正戊烷

H被取代

H—C—C—C—C—H

异戊烷

H被取代

H—C—C—C—C—H

异戊烷

H被取代

H—C—C—C—H

新戊烷

　　分子式相同的不同化合物叫做异构体。分子中原子之间相互连接的顺序叫做分子构造，即绪论中所说的分子结构。在有机化学中，过去将分子结构和分子构造作为同义词，现根据国际纯化学和应用化学联合会（International Union of Pure and Applied Chemistry，IUPAC）建议，叫做分子构造，而分子结构则是在涵义比构造广泛和深入的情况下使用。因此分子式相同但分子中原子之间相互连接的顺序不同而产生的异构体，叫做构造异构体。例如，正丁烷和异丁烷是构造异构体；正戊烷、异戊烷和新戊烷是构造异构体。构造异构体也叫做同分异构体，这种现象叫做同分异构现象。烷烃的构造异构是由于碳骨架不同造成的，这种异构也叫做碳架异构，随着烷烃分子中碳原子数的增加，构造异构体的数目显著增多，如表 2-1 所示，这是造成有机化合物数量繁多的重要原因之一。

表 2-1　烷烃构造异构体的数目

烷烃的碳原子数	构造异构体数	烷烃的碳原子数	构造异构体数
1～3	1	8	18
4	2	9	35
5	3	10	75
6	5	15	4347
7	9	20	366319

【问题 2-1】指出具有下列分子式的化合物哪个是烷烃？

(1) C_9H_{18}　　　　　(2) $C_{50}H_{102}$　　　　　(3) $C_{13}H_{24}$

【问题 2-2】什么是同分异构现象？

【问题 2-3】写出戊烷的全部构造异构体（用缩简式和键线式表示）。

2.2　烷烃的命名

2.2.1　伯、仲、叔、季碳原子

　　在烷烃分子中，由于分子构造不同，分子内各碳原子不尽相同，与之相连的氢原子也就不完全相同。不同的碳原子和氢原子其性质也不尽相同，为了方便，分别给予不同的名称是必要的。烷烃分子中的碳原子，按照它们所连接的碳原子数目的不同，可分为四类：只与一个碳原子相连的碳原子，叫做伯碳原子，或一级碳原子，常用 1°表示（甲烷的碳原子也属于伯碳原子）；与两个碳原子相连的，叫仲碳原子，或二级碳原子，常用 2°表示；与三个碳原子相连的叫叔碳原子，或三级碳原子；常用 3°表示；与四个碳原子相连的，叫季碳原子，或四级碳原子，常用 4°表示。例如：

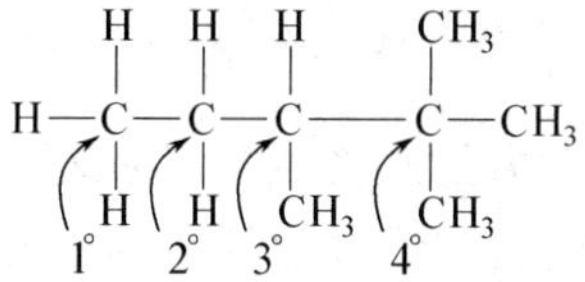

　　与伯、仲、叔碳原子相连的氢原子，分别叫做伯、仲、叔氢原子。

【问题 2-4】下列化合物有多少 1°、2°、3°氢原子？

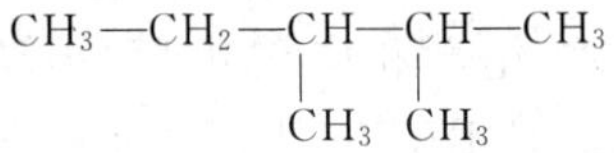

$$CH_3-CH_2-\underset{\underset{CH_3}{|}}{CH}-\underset{\underset{CH_3}{|}}{CH}-CH_3$$

2.2.2　烷基

烷烃分子中从形式上去掉一个氢原子后所剩下的基团叫做烷基，通常用 R— 表示（R—H 通常代表烷烃）。由于烷烃的通式是 C_nH_{2n+2} 所以烷基的通式是 C_nH_{2n+1}。例如，甲烷去掉一个氢原子后叫做甲基；乙烷去掉一个氢原子后叫做乙基；但从丙烷开始，由于分子中的氢原子不完全相同，当去掉的氢原子不同时，将得到不同的烷基。在有机化学中最常用的烷基如下：

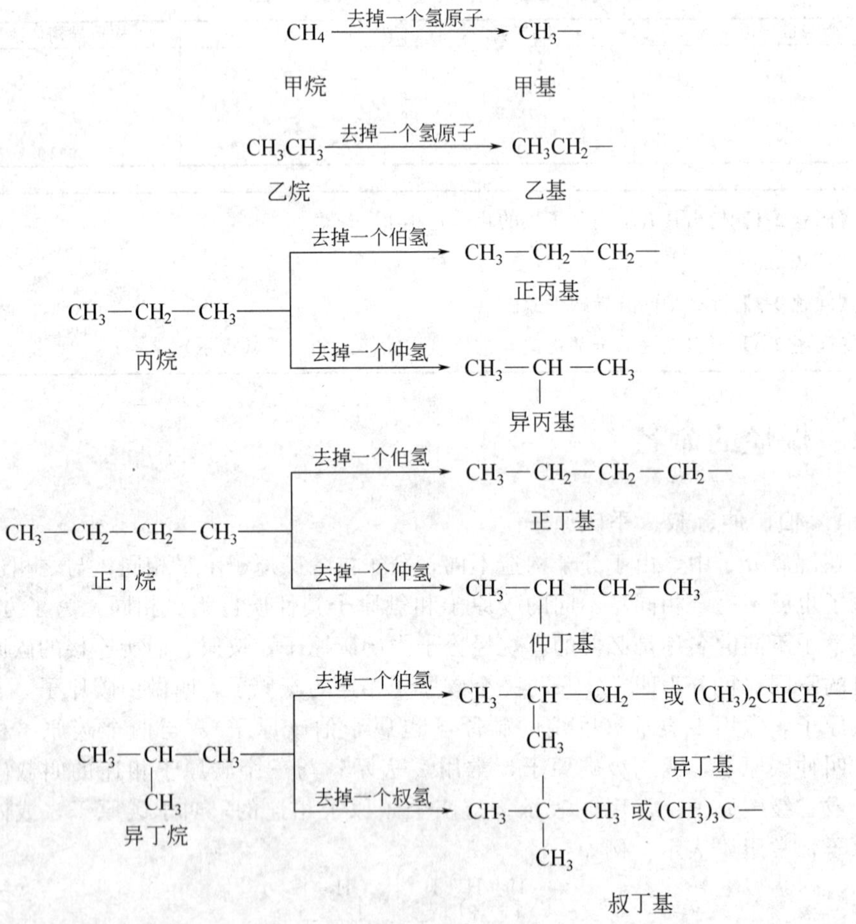

$$CH_4 \xrightarrow{\text{去掉一个氢原子}} CH_3-$$
甲烷　　　　　　　　　　　甲基

$$CH_3CH_3 \xrightarrow{\text{去掉一个氢原子}} CH_3CH_2-$$
乙烷　　　　　　　　　　　乙基

$CH_3-CH_2-CH_3$ 丙烷
- 去掉一个伯氢 → $CH_3-CH_2-CH_2-$　正丙基
- 去掉一个仲氢 → $CH_3-\underset{\underset{}{}}{CH}-CH_3$　异丙基

$CH_3-CH_2-CH_2-CH_3$ 正丁烷
- 去掉一个伯氢 → $CH_3-CH_2-CH_2-CH_2-$　正丁基
- 去掉一个仲氢 → $CH_3-CH-CH_2-CH_3$　仲丁基

$CH_3-\underset{\underset{CH_3}{|}}{CH}-CH_3$ 异丁烷
- 去掉一个伯氢 → $CH_3-\underset{\underset{CH_3}{|}}{CH}-CH_2-$ 或 $(CH_3)_2CHCH_2-$　异丁基
- 去掉一个叔氢 → $CH_3-\underset{\underset{CH_3}{|}}{\overset{\overset{CH_3}{|}}{C}}-CH_3$ 或 $(CH_3)_3C-$　叔丁基

值得注意，烷基是一种人为的定义，是用来表示分子中某一部分而人为设立的。烷基不是由于 C—H 键的均裂或异裂形成的，因此烷基不是自由基也不是离子，它不能独立存在。

【问题 2-5】命名下列各基：

(1) 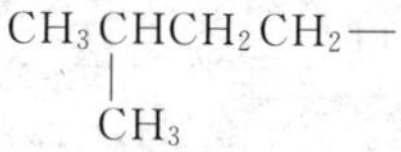　$CH_3CHCH_2CH_2-$
　　　　　$|$
　　　　　CH_3

　　　　　　　　　　　　　　　CH_3
　　　　　　　　　　　　　　　$|$
(2)　CH_3CH_2-C-
　　　　　　　　　　　　　　　$|$
　　　　　　　　　　　　　　　CH_3

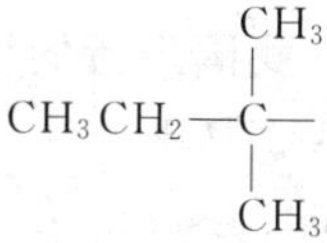

【问题 2-6】写出下列各基的构造式：

(1)　仲丁基　　　(2)　异己基

2.2.3　烷烃的命名

(1) *普通命名法*

普通命名法也叫做习惯命名法，它是按照烷烃分子中碳原子数目的多少命名的。碳原子数在十以下的（包括十），分别用甲、乙、丙、丁、戊、己、庚、辛、壬、癸等天干名称命名。碳原子数在十以上的则用十一、十二、十三……等数字命名。例如，C_7H_{16} 叫做庚烷，$C_{16}H_{34}$ 叫做十六烷。习惯上，把直链烷烃叫做"正"某烷，从端位数第二个碳原子上连有一个甲基"支链"的，即具有

$CH_3-CH-CH_2-$
　　　　$|$
　　　　CH_3

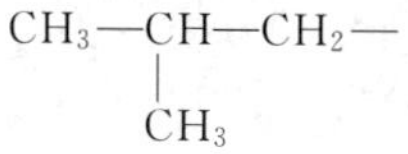

的构造叫做"异"某烷；从端位数第二碳原子上连有两个甲

基"支链"的，即具有 $CH_3-\overset{\displaystyle CH_3}{\underset{\displaystyle CH_3}{C}}-$ 构造的叫做"新"某烷。例如：

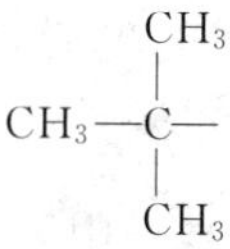

$CH_3-CH_2-CH_2-CH_2-CH_3$　　　　$CH_3-CH_2-\overset{}{\underset{\displaystyle CH_3}{CH}}-CH_3$　　　　$CH_3-\overset{\displaystyle CH_3}{\underset{\displaystyle CH_3}{C}}-CH_3$

　　　正戊烷　　　　　　　　　　　　　异戊烷 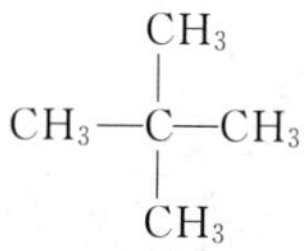　　　　　　　新戊烷

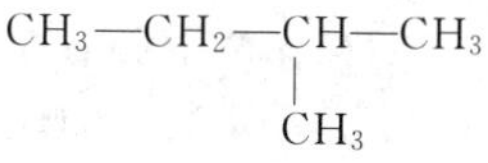

这种命名法虽然简单，但除直链烷烃外，它只适用于少数几个简单的烷烃。

(2) *衍生命名法*

衍生命名法是以甲烷为母体，把其他烷烃看作是甲烷的氢原子被烷基取代后的化合物。命名时，通常选择连接烷基最多的碳原子作为母体"甲烷"碳原子，剩下的烷基作为取代基，取代基排列的顺序按"次序规则"所列的顺序〔见 4.3.3 (2)〕排在"甲烷"之前叫做某甲烷。例如：

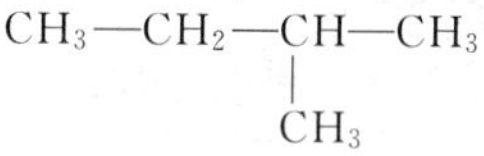

$CH_3-CH_2-\overset{}{\underset{\displaystyle CH_3}{CH}}-CH_3$　　　　$CH_3-CH_2-\overset{\displaystyle CH_3}{\underset{\displaystyle CH-CH_3}{\underset{\displaystyle CH_3}{C}}}-\overset{\displaystyle CH_3}{\underset{}{CH}}-CH_3$

　　二甲基乙基甲烷 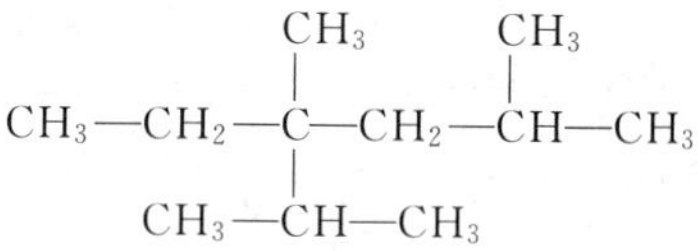　　　　　　　甲基乙基异丁基异丙基甲烷

这种命名法能够清楚地表示出分子构造，但对于较复杂和碳原子数较多的烷烃由于烷基比较复杂而难以采用。

（3）系统命名法

系统命名法是一种普遍适用的命名方法。它源于国际纯化学和应用化学联合会（IUPAC）命名原则。我国现行的系统命名法，是根据 1960 年《有机化学物质的系统命名原则》并参考 IUPAC1979 年公布的《有机化学命名法》（Nomenclature of Organic Chemistry sections A，B，C，D，E，F and H，1979 年）经增补和修订而成。它是结合我国文字特点制定的，故不同于 IUPAC 命名原则。系统命名法的基本要点如下：

① 从烷烃的构造式中选择最长的碳链作为主链，支链看作取代基，根据主链所含的碳原子数叫做"某烷"。

② 将主链上的碳原子从靠近支链的一端开始依次用阿拉伯数字 1，2，3……编号，取代基的位次用主链上碳原子的数字表示。

③ 取代基的名称写在主链名称之前，取代基的位次写在取代基名称之前，两者之间用半字线"-"相连。例如：

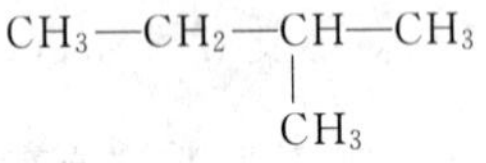

$$CH_3-CH_2-\underset{\underset{CH_3}{|}}{CH}-CH_3$$

2-甲基丁烷

$$CH_3-CH_2-\overset{4}{\underset{\underset{\underset{1}{CH_3}}{\underset{|}{CH_2}}}{CH}}-\overset{5}{CH_2}-\overset{6}{CH_2}-\overset{7}{CH_2}-\overset{8}{CH_3}$$

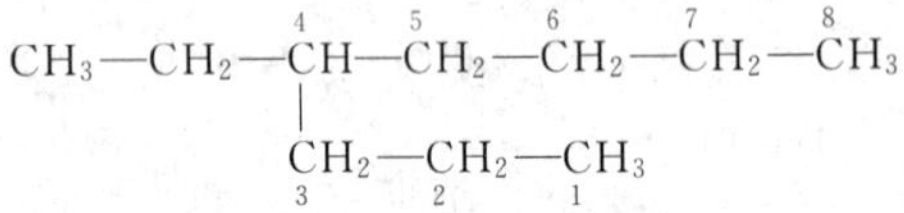

4-乙基辛烷

④ 含有几个不同的取代基时，取代基排列的先后顺序，按照"次序规则"所列出的顺序列出〔见 4.3.3（2）〕。例如：

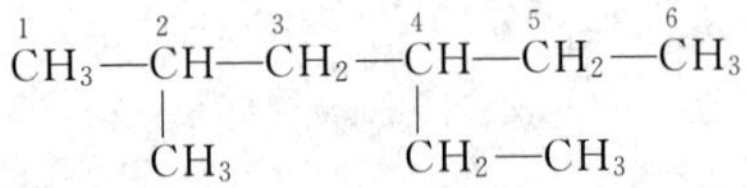

$$\overset{1}{CH_3}-\overset{2}{\underset{\underset{CH_3}{|}}{CH}}-\overset{3}{CH_2}-\overset{4}{\underset{\underset{CH_2-CH_3}{|}}{CH}}-\overset{5}{CH_2}-\overset{6}{CH_3}$$

2-甲基-4-乙基己烷

$$\overset{1}{CH_3}-\overset{2}{CH_2}-\overset{3}{CH_2}-\overset{4}{\underset{\underset{CH_3-CH}{|}}{CH}}-\overset{5}{\underset{\underset{CH_3}{|}}{\overset{\overset{CH_2-CH_3}{|}}{CH}}}-\overset{6}{CH_2}-\overset{7}{CH_2}-\overset{8}{CH_2}-\overset{9}{CH_3}$$

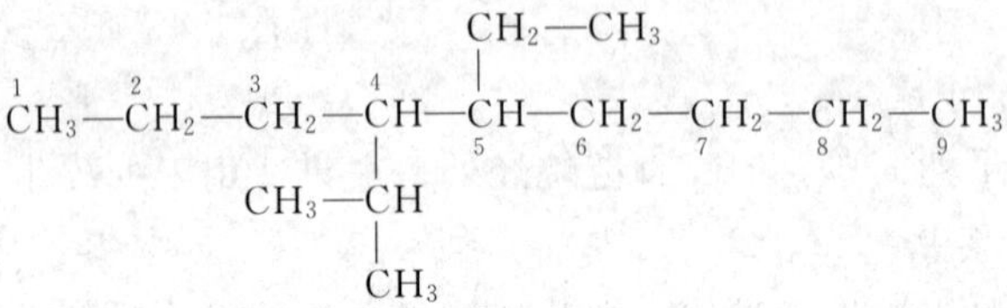

5-乙基-4-异丙基壬烷

⑤ 含有几个相同的取代基时，用相同合并原则，在相应的取代基前面用汉字数字二、三、四……等表示取代基的数目，并逐个标明其所在的位次。例如：

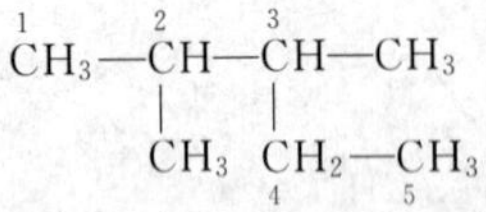

$$\overset{1}{CH_3}-\overset{2}{\underset{\underset{CH_3}{|}}{CH}}-\overset{3}{\underset{\underset{CH_3}{|}}{CH}}-\overset{}{CH_3}$$

2,3-二甲基戊烷

$$\overset{3}{\underset{\underset{CH_3-CH_2}{|}}{CH}}-\overset{4}{\underset{\underset{CH_3}{|}}{CH}}-\overset{5}{\underset{\underset{CH_2-CH_3}{|}}{\overset{\overset{CH_3}{|}}{C}}}-\overset{6}{CH_2}-\overset{7}{CH_2}-\overset{8}{CH_3}$$

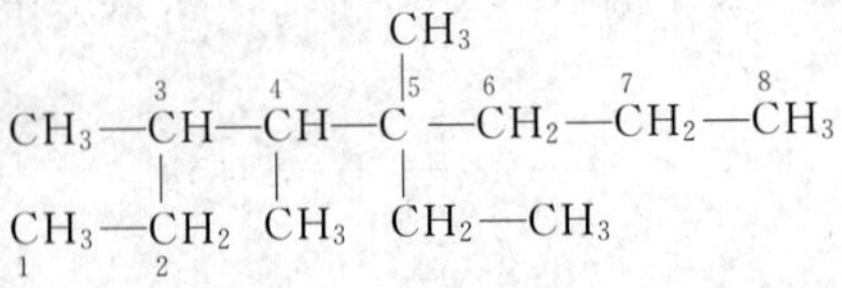

3,4,5-三甲基-5-乙基辛烷

在系统命名法中，有机化合物名称的书写有一定格式，需要遵守，初学者一定要特别注意。例如：

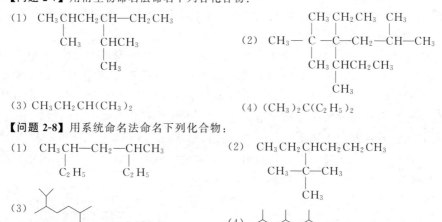

$$\overset{9}{C}H_3-\overset{8}{C}H_2-\overset{7}{C}H-\overset{6}{C}H_2-\overset{5}{C}H_2-\overset{4}{C}H-CH_2-CH_3$$

（位次与取代基之间用半字线相连）

3,7-二甲基-4-乙基壬烷

表示取代基的位次,两个　表示取代
位次之间用","隔开。　　基的个数

【问题 2-7】用衍生物命名法命名下列各化合物：

(1)
$$\begin{array}{c}CH_3CHCH_2CH-CH_2CH_3\\ \quad |\qquad\qquad |\\ \quad CH_3\qquad CHCH_3\\ \qquad\qquad\quad |\\ \qquad\qquad\quad CH_3\end{array}$$

(2)
$$\begin{array}{c}\quad\ CH_3CH_2CH_3\quad CH_3\\ \qquad\quad |\qquad\qquad |\\ CH_3-C-C-CH_2-CH-CH_3\\ \qquad\quad |\qquad\quad |\\ \quad\ CH_3\ CHCH_2CH_3\\ \qquad\qquad\qquad |\\ \qquad\qquad\qquad CH_3\end{array}$$

(3) $CH_3CH_2CH(CH_3)_2$

(4) $(CH_3)_2C(C_2H_5)_2$

【问题 2-8】用系统命名法命名下列化合物：

(1)
$$\begin{array}{c}CH_3CH-CH_2-CHCH_3\\ \quad |\qquad\qquad\quad |\\ \quad C_2H_5\qquad\quad C_2H_5\end{array}$$

(2)
$$\begin{array}{c}CH_3CH_2CHCH_2CH_2CH_3\\ \qquad |\\ CH_3-C-CH_3\\ \qquad |\\ \qquad CH_3\end{array}$$

(3)

(4)

【问题 2-9】写出下列基或化合物的构造式。

(1) 新戊烷　　　　　　　(2) 二甲基正丁基甲烷

(3) 2,6,6-三甲基-5-乙基-5-异丁基辛烷

2.3　烷烃的结构——碳原子的 sp³ 杂化

1874 年范霍夫（Van't Hoff J. H.）提出碳原子是四面体结构。他认为在有机化合物的分子中碳原子位于四面体中心，它的四个化合价指向四面体的四个顶点分别与四个原子结合形成分子。后来经实验证实，甲烷分子是四面体结构，四个 C—H 键是等同的，两个 C—H 键之间的夹角——键角是 109.5°。如图 2-1 所示。

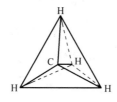

图 2-1　甲烷分子的正四面体结构

　　由两个以上碳原子组成的烷烃，由于碳原子的键角也是 109.5°，故这些烷烃是一种曲折的结构，如图 2-2（Ⅰ）所示，为了方便，通常用直线结构 2-2（Ⅱ）表示。

$$\underset{CH_2}{\diagup}\overset{CH_2}{\diagdown}\underset{CH_2}{\diagup}\overset{CH_2}{\diagdown}\diagup \qquad\qquad —CH_2—CH_2—CH_2—CH_2—$$

（Ⅰ）　　　　　　　　　　　　　　　（Ⅱ）

图 2-2　烷烃的结构

　　从碳原子的最外层价电子来看，碳原子的最外层价电子是 2 个成对的 2s，一个未成对的 $2p_x$ 和 1 个未成对的 $2p_y$，碳原子应该是两价的，同时这两价也不相同，但实际上碳原子主要表现为四价，而且四价等同。为此，鲍林（Pauling L.）和斯来特（Slater J. C.）提出了杂化轨道理论。

　　杂化轨道理论认为，碳原子在形成甲烷分子时，2s 轨道中的一个电子激发到 $2p_z$ 轨道中，形成四个未成对的电子。由于 s 轨道和 p 轨道的形状和能量不同，将形成四个不同的价键，但这与事实不符，故认为一个 s 轨道和 3 个 p 轨道进行组合然后再均分为四个新轨道，这种轨道的重新组合再均分叫做轨道杂化，形成的新轨道叫做杂化轨道。每一个杂化轨道含有 1/4s 轨道成分和 3/4p 轨道成分，这种杂化轨道叫做 sp^3 杂化轨道。sp^3 杂化轨道的能级略高于 2s 轨道而略低于 2p 轨道。如图 2-3（Ⅰ）所示。

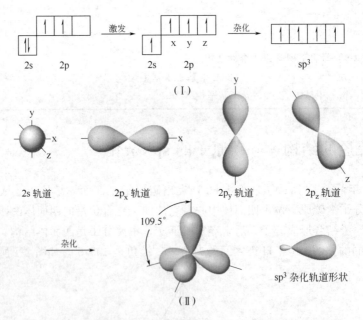

图 2-3　碳原子轨道的 sp^3 杂化

　　四个等同的 sp^3 杂化轨道对称的分布在碳原子核的周围，指向四面体的四个顶点，轨道对称轴的夹角互成 109.5°。如图 2-3（Ⅱ）所示。这样，轨道的电子之间排斥力最小，体系最稳定。

在形成甲烷分子时，碳原子的 sp³ 杂化轨道与氢原子的 1s 轨道在轨道对称轴的方向交盖，碳原子和氢原子各提供一个电子，两个自旋相反的电子配对形成共价键，这种共价键叫做 σ 键。如图 2-4 所示。由于 σ 键是由两个原子轨道在对称轴的方向交盖形成的，因此绕键轴相对旋转时，不影响交盖程度，而可以自由旋转。

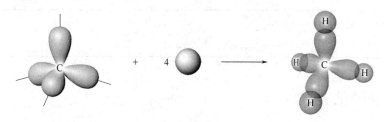

图 2-4　甲烷的形成和碳氢 σ 键

由两个和两个以上碳原子组成的烷烃，其 C—H σ 键也是由碳原子的 sp³ 杂化轨道和氢原子的 1s 轨道交盖而成，只是 C—C σ 键是由两个碳原子各以 sp³ 杂化轨道交盖而成。

为了形象地表示分子的立体结构，常采用模型来表示。常用的模型有两种：球棒模型［也叫克库勒（Kekulé）模型］；比例模型（也叫斯陶特（Stuart）模型）。比例模型与真实分子的原子半径和键长的比例为 $2 \times 10^8 : 1$。例如，甲烷和丁烷分子的结构可用球棒模型和比例模型表示如下，分别见图 2-5 和图 2-6。

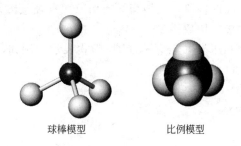

球棒模型　　　　　　　　　　比例模型

图 2-5　用模型表示的甲烷分子

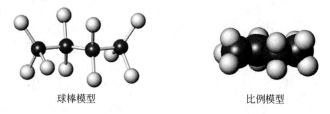

球棒模型　　　　　　　　　　比例模型

图 2-6　用模型表示的丁烷分子

然而，分子的结构在一般情况下不用立体结构表示，而是用平面的构造式表达，同时也不要书写成曲折形式。例如：

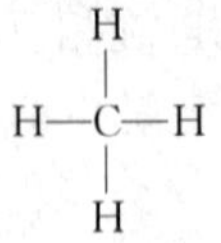

$$
\begin{array}{c}
H \\
| \\
H\!-\!C\!-\!H \quad \text{或} \quad CH_4 \\
| \\
H
\end{array}
\qquad\qquad
CH_3\!-\!CH_2\!-\!CH_2\!-\!CH_3
$$

甲烷　　　　　　　　　　　　　　丁烷

【问题 2-10】解释下列名词：

(1) 杂化　　　　　(2) sp^3 杂化

2.4 烷烃的构象

2.4.1 乙烷的构象

如前所述，乙烷分子中的 C—C σ 键是由两个碳原子的 sp^3 杂化轨道在对称轴的方向交盖而成，相对旋转而不被破坏。如果固定一个甲基，使另一个甲基绕 C—C 键旋转，则两个甲基中的氢原子在空间的相对位置发生变化，即随着键轴的旋转可以产生许多不同的排列方式。这种由于单键旋转而产生的分子中各原子或基团在空间的不同排列方式，叫做构象。一种排列相当于一种构象，由于转动角度可以无穷小，因此乙烷分子有无穷多的构象。其中两个碳原子上的氢原子彼此相距最近的构象，即两个甲基相互重叠的构象，叫做重叠式构象。另一种是两个碳原子上的氢原子彼此相距最远的构象，即一个甲基上的氢原子处于另一个甲基上两个氢原子正中间的构象，叫做交叉式构象。重叠式构象和交叉式构象是乙烷分子中两个典型的极限构象。

构象可用透视式和纽曼（Newman）投影式表示。例如，乙烷分子的构象可表示如下，如图 2-7 和 2-8 所示。

(1) 重叠式　　　　　　　　　　　(2) 交叉式

图 2-7　用透视式表示的乙烷分子的构象

(1) 重叠式　　　　　　　　　　　(2) 交叉式

图 2-8　用纽曼投影式表示的乙烷分子的构象

　　上述透视式好像锯木架，故也叫锯架式。纽曼式投影式是从 C—C σ 键的延长线上观察，两个碳原子在投影式中处于重叠位置，用 ⋏ 表示距离观察者较近的碳原子及其三个键，用 ⋎ 表示距离观察者较远的碳原子及其上的三个键。每一个碳原子上的三个键，在投影式中互呈 120° 角。

　　在重叠式构象中，两个碳原子上的 C—Hσ 键相距最近，σ 电子之间的相互排斥力最大，因此它是乙烷所有构象中能量最高、稳定性最小的构象。相反，在交叉式构象中，两个碳原子上的 C—H σ 键相距最远，σ 电子之间的相互排斥力最小，因此它是乙烷分子所有构象中能量最低、稳定性最大的构象。重叠式和交叉式构象之间的能量差约为 12.6kJ/mol，这个能量差叫做能垒，其他构象的能量介于这两者之间，如图 2-9 所示。

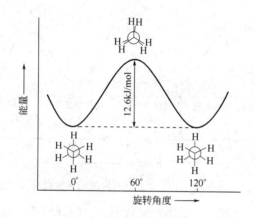

图 2-9　乙烷分子不同构象的能量曲线图

　　由交叉式经 C—C σ 键旋转 60° 可以转变成重叠式，但必须给予 12.6kJ/mol 的能量才能实现。在室温时，乙烷主要以较稳定的交叉式构象存在。但在室温时，要想分离出较稳定的交叉式构象是不可能的，因为在室温时分子所具有的动能已超过此能量，已足够使 σ 键自由旋转。通常所说的单键可以自由旋转就是基于这一点，但旋转是有条件的，并非绝对自由。

2.4.2　丁烷的构象

　　在讨论其他烷烃分子的构象时，可将它们看作是乙烷的一或二取代产物，然后按乙烷的构象进行分析，但它们的构象更为复杂。例如，正丁烷可看成是乙烷的 C-1 和 C-2（分别指第一个和第二个碳原子，余此类推）上的一个氢原子分别被一个甲基取代后的化合物，因此丁烷沿 C-2 和 C-3 σ 键键轴旋转至少也将产生重叠式和交叉式两种极限构象，但与乙烷不同，C-2 和 C-3 各连接两个氢原子和一个甲基而不是三个氢原子，由于两个甲基在空间的相对位置不同，极限构象重叠式和交叉式就不止一种，而是四种极限构象：

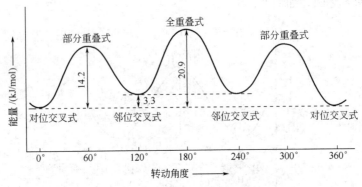

对位交叉式　　　　部分重叠式　　　　邻位交叉式　　　　全重叠式

在室温时，丁烷分子主要以能量最低最稳定的对位交叉式构象存在，其次是以能量较低、较稳定的邻位交叉式存在，能量较高、较不稳定的部分重叠式和能量最高、最不稳定的全重叠式甚少或不存在。与乙烷相似，丁烷分子的四种极限构象在室温时，即可相互转变。正丁烷的构象与能量的关系如图 2-10 所示。

图 2-10　丁烷分子不同构象的能量曲线

像在丁烷分子中那样，由于单键旋转而产生的异构体，叫做构象异构体，简称异象体。例如，丁烷分子的对位交叉式构象和邻位交叉式构象是构象异构体。

构象对有机化合物的性质和反应有重要的影响，在某些情况下甚至起着决定性的作用，因此，了解有机化合物分子的构象是非常必要的。

【问题 2-11】分别用透视式（锯架式）和纽曼投影式表示下列分子的极限构象：
(1) 丙烷　　　　　(2) 1,1-二氯乙烷　　　　　(3) 1,2-二氯乙烷

2.5　烷烃的物理性质

物理性质通常是指物质的状态、气味、相对密度、熔点、沸点、折射率和溶解度等。纯粹的有机化合物在一定条件下物理性质是不变的，其数值称为物理常数。利用物理常数不仅可以测定化合物的纯度，且可以鉴定有机化合物。总之无论在实验室还是工业上，任何有机化合物的制备、分离、提纯都离不开物理常数。

烷烃是一个同系列，不同的烷烃互为同系物。同系物的物理性质有一定的规

律性，因此了解其规律性是十分重要的。下面分别进行讨论。

2.5.1　物态

碳原子数少的烷烃（通常称之为低级烷烃）是气体，随着碳原子数的增加，分子间的作用力加大，烷烃逐渐变成液体。随着碳原子数的进一步增加，分子间作用力进一步加大，则由液体变成固体。碳原子数较高的烷烃（高级烷烃）是固体。对于直链烷烃，甲烷～丁烷是气体，戊烷～十六烷是液体，十七烷以上为固体。如表 2-2 所示。由于烷烃是由碳和氢两种元素组成，因此烷烃基本上是非极性分子。

表 2-2　一些直链烷烃的物理常数

烷烃	物态	沸点(bp)/℃	熔点(mp)/℃	相对密度(d_4^{20})	折射率(n^D)
甲烷	气	-161.7	-182.5	—	—
乙烷		-88.6	-183.3	—	—
丙烷	体	-42.1	-187.7	—	—
丁烷		-0.5	-138.3	—	—
戊烷		36.1	-129.8	0.5005	1.3575
己烷		68.7	-95.3	0.5787	1.3751
庚烷		98.4	-90.6	0.5572	1.3878
辛烷	液	125.7	-56.8	0.6603	1.3974
壬烷		150.8	-53.5	0.6837	1.4054
癸烷		174.0	-29.7	0.7026	1.4102
十一烷		195.8	-25.6	0.7177	1.4172
十二烷	体	216.3	-9.6	0.7299	1.4216
十三烷		235.4	-5.5	0.7402	1.4256
十四烷		253.7	5.9	0.7487	1.4290
十五烷		270.6	10	0.7564	1.4315
十六烷		(287)	(18)	—	1.4345
十七烷	固	(302)	(22)	—	—
二十烷		343	36.8	0.7886	—
三十烷	体	449.7	65.8	0.8097	—

2.5.2　沸点

沸点是液体有机化合物的重要物理常数之一。直链烷烃的沸点随相对分子质量的增加而升高，但升高的数值基本上逐渐减少，如表 2-2 所示。这是由于分子中碳原子数增多，分子间的范德华（van der Waals）力增大之故。若以沸点为纵坐标，碳原子数为横坐标作图，则得到一条比较平滑的曲线，如图 2-11 所示。

由表 2-2 可以计算出：戊烷和己烷的沸点相差 32.6℃，而十一烷和十二烷的沸点相差 20.4℃。虽然相邻两个烷烃的组成都差一个 CH_2，但沸点差值并不相同，一般是随着相对分子质量的增加相邻两个烷烃的沸点差值基本上逐渐减小。这是由于低级烷烃和高级烷烃相比，增加一个 CH_2 在相对分子质量中所增加的比例不同，因此对整个分子的影响不同，沸点变化也不同。

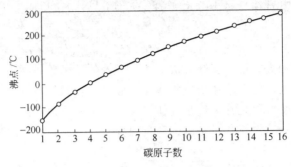

图 2-11　直链烷烃的沸点

在碳原子数相同的烷烃异构体中，直链烷烃的沸点较高，支链烷烃的沸点较低，支链越多，沸点越低。这是一般规律。例如：

$$CH_3CH_2CH_2CH_2CH_3 \qquad CH_3{-}\overset{\displaystyle }{\underset{\displaystyle CH_3}{CH}}{-}CH_2{-}CH_3 \qquad CH_3{-}\overset{\displaystyle CH_3}{\underset{\displaystyle CH_3}{\overset{|}{\underset{|}{C}}}}{-}CH_3$$

	正戊烷	异戊烷	新戊烷
沸点/℃	36	28	9.5

2.5.3　熔点

直链烷烃的熔点，其变化规律与沸点相似，也是随着相对分子质量的增加而逐渐升高，如表 2-2 所示。但又有所不同，一般是由奇数碳原子升到偶数碳原子，熔点升高的多些。而由偶数碳原子升到奇数碳原子，熔点升高的少些。若以熔点为纵坐标，碳原子为横坐标作图，则得到一条折线。在此折线中，分别将奇数和偶数碳原子的烷烃相连，则得到两条比较平滑的曲线，偶数在上，奇数在下，如图 2-12 所示。

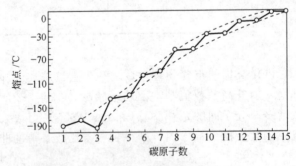

图 2-12　直链烷烃的熔点

从图 2-12 可以看出，含偶数碳原子烷烃的熔点，通常比含奇数碳原子烷烃的熔点升高较多，这是由于偶数碳原子烷烃的对称性比奇数碳原子烷烃的对称性高，在晶格中的排列比较紧密，故熔点较高。烷烃分子的对称性越高，其熔点一般较高。例如，新戊烷与正戊烷相比，新戊烷分子是高度对称的，其熔点比正戊烷高很多：

$$CH_3CH_2CH_2CH_2CH_3 \qquad\qquad CH_3\overset{\overset{\displaystyle CH_3}{|}}{\underset{\underset{\displaystyle CH_3}{|}}{C}}CH_3$$

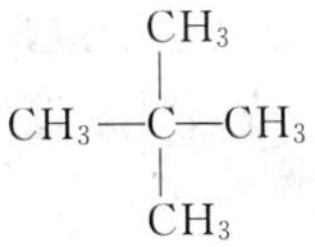

熔点/℃	−129.8	−17

2.5.4　相对密度

直链烷烃的相对密度也是随相对分子质量的增加而逐渐加大，但都小于 1 。即烷烃比水轻。如表 2-2 所示。

2.5.5　溶解度

由于烷烃几乎没有极性，故烷烃几乎不溶于极性很强的水，而溶于非极性的或极性很小的四氯化碳、苯等某些有机溶剂，另外，液体烷烃可作为非极性有机化合物的溶剂，符合"相似互溶"规则。

2.5.6　折射率

折射率也叫折光率，它也是有机化合物的重要常数之一。它是液体有机化合物的纯度标志，也可作为定性鉴定的手段之一。对于烷烃而言，不同的烷烃折射率不同，但其变化是有规律性的——直链烷烃的折射率随着碳原子数的增加逐渐缓慢加大，如表 2-2 所示。

【问题 2-12】预测下列各组化合物，哪一个沸点高，哪一个熔点高，并说明理由。

（1）正丁烷和异丁烷　　（2）正辛烷和 2,2,3,3-四甲基丁烷

【问题 2-13】石蜡能否溶于己烷，为什么？

2.6　烷烃的化学性质

烷烃分子中的碳原子和氢原子是通过 C—C σ 键 C—H σ 键结合而成，由于 σ 键比较牢固，分子中又没有官能团，这种结构特征决定了烷烃的化学性质比较稳定，在常温下与强酸、强碱和强氧化剂等大多数试剂不发生反应，但这种化学的稳定性是有条件的，在适当条件下，如在高温和/或催化剂作用下，烷烃能够发生一系列化学反应。

烷烃是由甲烷、乙烷、丙烷……一系列具体烷烃组成的同系列，要对每一个具体烷烃的化学性质都进行讨论，既不可能也无必要。因为，同系列中各化合物的结构是相似的，因此同系列的化学性质基本相似。根据这个道理，只要了解其中少数几个有代表性的化合物的化学性质，举一反三，即可了解一般。但结构上的差异也可能引起化学性质的不同，因此在研究同系列化学性质时，选择好代表物是重要的。一般说来，同系物中的第一个成员（如烷烃中的甲烷）性质比较特殊一些，其他类型的化合物中也有类似的情况。

烷烃没有官能团，所发生的反应只能是 C—H 键和 C—C 键断裂。σ键断裂的结果，可以是分子中的氢原子被其他原子或基团所取代，或碳原子数多的分子变成碳原子数少的分子和/或碳骨架发生改变等。现将一些常见的重要反应叙述如下。

2.6.1 氯化反应

烷烃分子中的氢原子被氯原子所取代的反应叫氯代反应，也叫氯化反应。某些其他原子或基团也可以取代烷烃分子中的氢原子，这种反应统称取代反应。

在常温下，烷烃与氯并不发生反应，但在强光照射下或加热，则发生剧烈反应，甚至爆炸。例如，在强光照射下，甲烷与氯的混合物发生爆炸生成游离碳和氯化氢：

$$CH_4 + Cl_2 \xrightarrow{\text{强烈日光}} C + 4HCl$$

生成的游离碳即炭黑，但这种方法不能用来制造炭黑，工业上生产炭黑是利用天然气（主要成分为甲烷）或其他烃类经高温裂化而成（生成炭黑和氢气）。

烷烃与氯的反应，若控制好反应条件，烷烃分子中的一个或几个氢原子可以被氯原子取代，生成氯代烷。

（1）甲烷的氯化

在光照（日光或紫外光）或加热（400～450℃）下，甲烷与氯反应，甲烷分子中的氢原子可依次被氯原子取代，生成氯甲烷、二氯甲烷、三氯甲烷（氯仿）和四氯化碳。

$$CH_4 + Cl_2 \xrightarrow[\text{或}400\sim450℃]{\text{日光}} CH_3Cl + HCl$$

氯甲烷

$$CH_3Cl + Cl_2 \xrightarrow[\text{或}400\sim450℃]{\text{日光}} CH_2Cl_2 + HCl$$

二氯甲烷

$$CH_2Cl_2 + Cl_2 \xrightarrow[\text{或}400\sim450℃]{\text{日光}} CHCl_3 + HCl$$

三氯甲烷

$$CHCl_3 + Cl_2 \xrightarrow[\text{或}400\sim450℃]{\text{日光}} CCl_4 + HCl$$

四氯化碳

产物通常是四种氯化物的混合物，但调节甲烷和氯气的摩尔比可使其中一种产物为主，这是工业上生产这些氯化物的一种方法。

（2）甲烷氯化的反应机理

反应物转变为产物所经历的途径，叫做反应机理或反应历程。甲烷与氯反应，在光或热的作用下，首先氯分子离解成氯原子（也叫自由基）（反应式①）：

$$Cl_2 \longrightarrow 2Cl \cdot \qquad\qquad\qquad ①$$

然后氯原子夺取甲烷分子中一个氢原子，生成氯化氢和·CH₃自由基（甲基自由基）：

$$Cl \cdot + CH_4 \longrightarrow CH_3 \cdot + HCl \qquad ②$$

生成的 $\cdot CH_3$ 自由基与氯分子反应，从氯分子中夺取一个氯原子，生成氯甲烷（CH_3Cl）和氯原子（$Cl \cdot$）：

$$CH_3 \cdot + Cl_2 \longrightarrow CH_3Cl + Cl \cdot \qquad ③$$

重复上述反应②和③，则甲烷与氯反应全部生成氯甲烷。

若氯原子夺取氯甲烷分子中的氢原子则生成氯化氢和氯甲基自由基。

$$CH_3Cl + Cl \cdot \longrightarrow \cdot CH_2Cl + HCl \qquad ④$$

氯甲基自由基再与氯反应，生成二氯甲烷和氯原子：

$$\cdot CH_2Cl + Cl_2 \longrightarrow CH_2Cl_2 + Cl \cdot \qquad ⑤$$

反应依次进行，可得三氯甲烷和四氯化碳。

若两个自由基相遇，如氯原子与氯原子相遇，或氯原子与甲基自由基相遇，或甲基自由基与甲基自由基相遇等，则两个自由基结合，使反应体系中的自由基消失，反应将终止：

$$Cl \cdot + Cl \cdot \longrightarrow Cl_2 \qquad ⑥$$

$$CH_3 \cdot + CH_3 \cdot \longrightarrow CH_3CH_3 \qquad ⑦$$

$$CH_3 \cdot + Cl \cdot \longrightarrow CH_3Cl \qquad ⑧$$

总之，甲烷的氯化反应是自由基链反应，分三个阶段进行：首先是自由基的产生，叫做链引发——反应式①；其次是自由基与反应物作用生成产物，叫做链增长——反应式②～③以及④～⑤等；最后是两种自由基结合使反应终止，叫做链终止——反应式⑥～⑧。自由基链反应通常都包括这三个阶段。

（3）其他烷烃的氯化

在光或热的作用下，除甲烷外的其他烷烃与甲烷相似，与氯也能发生氯化反应，但产物更复杂。例如：

$$2CH_3CH_2CH_3 + Cl_2 \xrightarrow[25℃]{日光} CH_3CH_2CH_2Cl + CH_3\underset{|}{C}HCH_3 + 2HCl$$
$$Cl$$

正丙基氯　　　　异丙基氯
45%　　　　　　55%

$$2CH_3\underset{|}{C}HCH_3 + Cl_2 \xrightarrow[25℃]{日光} CH_3\underset{|}{C}HCH_2Cl + (CH_3)_3CCl + 2HCl$$
$$CH_3 \qquad\qquad CH_3$$

仲丁基氯　　　　叔丁基氯
64%　　　　　　36%

在上述两个反应中，丙烷分子含有 6 个伯氢和 2 个仲氢，它们被取代的几率为：6∶2＝3∶1，但从实际所得氯化产物的相对量来看，氯化时夺取每个伯氢和仲氢的几率分别为：

$$\frac{伯氢}{仲氢} = \frac{45/6}{55/2} \approx \frac{1}{4}$$

说明仲氢比伯氢活泼，仲氢比伯氢容易被氯取代，异丁烷分子中含有 9 个伯氢和 1 个叔氢，它们被取代的几率为 9：1，但从实际所得氯化产物的相对量来看，氯化时夺取每个伯氢和仲氢的几率分别为：

$$\frac{伯氢}{叔氢}=\frac{64/9}{36/1}\approx\frac{1}{5}$$

说明叔氢比伯氢更活泼，叔氢比伯氢更容易被氯取代。

由以上可以看出，不同的氢原子被氯取代的难易程度不同，其活泼性次序一般是：

叔氢＞仲氢＞伯氢

造成这种次序的原因与自由基的稳定性有关。由于自由基的生成与共价键均裂时吸收的能量有关，键的离解能越小，自由基越容易生成。均裂时吸收的能量越小，生成的自由基的势能越低，生成的自由基要相对稳定。伯、仲、叔氢的 C—H 键的离解能分别为：

叔氢	$(CH_3)_3C-H$	380kJ/mol
仲氢	$(CH_3)_2CH-H$	395kJ/mol
伯氢	CH_3CH_2-H	410kJ/mol
伯氢	CH_3-H	435kJ/mol

因此，自由基的稳定性次序为：

$$(CH_3)_3C\cdot>(CH_3)_2CH_2\cdot>CH_3CH_2\cdot>CH_3\cdot$$

即叔烷基自由基＞仲烷基自由基＞伯烷基自由基＞甲基自由基。这与卤化反应中叔、仲、伯氢被取代的活泼次序一样。

烷烃的氯化反应可用来制备卤代烷，在工业上有重要价值。例如，生产洗涤剂十二烷基苯磺酸钠的原料之一——氯代十二烷，就是利用主要含十二个碳原子的直链烷烃经氯化而得：

$$C_{12}H_{26}+Cl_2\xrightarrow{120℃}C_{12}H_{25}Cl+HCl$$

又如，工业上利用固体石蜡（$C_{10}\sim C_{30}$，平均链长 C_{25}）在熔融状态下通入氯气生产氯化石蜡：

$$C_{25}H_{52}+7Cl_2\xrightarrow{95℃}C_{25}H_{45}Cl_7+7HCl$$

氯化石蜡是含氯量不等的混合物，可用作聚氯乙烯的助增塑剂、润滑油的增稠剂、石油制品的抗凝剂和塑料、化学纤维的阻燃剂。

【问题 2-14】烷烃高温气相氯代时，烷烃分子中的任何一个氢原子都可能被氯原子取代生成各种一氯代烷。试写出下列烷烃与氯反应可能生成的一氯代烷的构造式：

（1）异丁烷　　　（2）异戊烷　　　（3）2,4 - 二甲基己烷

【问题 2-15】写出 R-H ＋ Cl$_2$ ⟶ R-Cl ＋ HCl 的反应机理。

2.6.2　氧化反应

常温时，烷烃通常不与氧化剂反应，也不与氧气反应。但烷烃在空气中容易燃烧，当空气（氧气）充足时，生成二氧化碳和水，并放出大量的热能。例如：

$$CH_4 + 2O_2 \xrightarrow{\text{燃烧}} CO_2 + 2H_2O + 891kJ/mol$$

由于大量热气放出，使汽油、煤油和柴油可作为动力燃烧。但燃烧不完全时则生成游离碳，常见的动力车尾所冒的黑烟，就是油类燃烧不完全所产生的游离碳。

在适当条件下，烷烃可被氧化成醇、醛、酮和酸等有机含氧化合物，这类氧化反应在化学工业上具有重要意义。例如，工业上在二氧化锰等催化下，高级烷烃用空气或氧气氧化生成脂肪酸：

$$R\text{-}CH_2\text{—}CH_2\text{—}R \xrightarrow[107\sim110℃]{MnO_2} RCOOH + R'COOH + \cdots\cdots$$

所得产物是碳原子数不等的羧酸混合物，其中 $C_{12} \sim C_{18}$ 的脂肪酸可代替动植物油脂制造肥皂，故称皂用酸，用以代替食用油脂生产肥皂。又如，工业上以 Co^{2+} 为催化剂，在 $150 \sim 250℃$ 和 $5MPa$ 压力下，采用丁烷液相用空气氧化生产乙酸：

$$C_4H_{10} + O_2 \text{（空气）} \longrightarrow CH_3COOH + CO_2 + H_2O + CO + \text{有机物}$$

在有机化学中，通常是把有机化合物分子中引入氧或脱去氢的反应，叫做氧化反应；反之，脱去氧或引入氢的反应叫做还原反应。有时也用氧化值描述氧化和还原反应，这一点与无机化学相同。但不同于无机化学，由于有机化合物分子多由共价键构成，故很难用电子得失来描述。

2.6.3 异构化反应

化合物由一种异构体转变成另一种异构体的反应，叫做异构化反应。例如：

$$CH_3\text{—}CH_2\text{—}CH_2\text{—}CH_3 \underset{}{\overset{AlCl_3, HCl}{\rightleftharpoons}} CH_3\text{—}\underset{\underset{CH_3}{|}}{CH}\text{—}CH_3$$

异构化反应是可逆反应，支链异构体的多少与温度有关，温度低有利于生成支链的烷烃。烷烃的异构化通常在酸性催化剂作用下进行，常用的催化剂有 $AlCl_3$、$AlBr_3$、BF_3、$SiO_2\text{-}Al_2O_3$ 和 H_2SO_4 等。

异构化反应在石油工业中具有重要意义。例如，将直链烷烃异构化为支链烷烃可提高汽油的质量。又如，石蜡在适当条件下进行异构化，可以得到黏度和适用温度较好的润滑油。

2.6.4 裂化反应

烷烃在高温下发生分解的反应叫做裂化反应。反应时发生 C—C 键和 C—H 键断裂以及一些其他反应，生成低级烷烃、烯烃和氢等复杂的混合物。例如：

$$CH_3CH_2CH_2CH_3 \xrightarrow{500℃} \begin{cases} C_3H_6 + CH_4 \\ C_2H_6 + C_2H_4 \\ C_4H_8 + H_2 \end{cases}$$

对于直链烷烃，碳链越长越容易裂化。

裂化反应在工业上具有非常重要意义。由于反应温度和所需要的目的产物不同，工业上通常把低于 $700℃$，以主要获得油品（如汽油）为目的所进行的反应，叫裂化反应。把加热或加压加热完成的裂化反应，叫热裂化；而在催化剂存在下，经加热完成的裂化反应，叫催化裂化。其主要目的都是为了提高油品（如汽油、柴油等）的产量和质量。例如，在硅酸铝存在下，于450～470℃，石油高沸点馏分经裂化可得到汽油。利用这种方法生产的汽油叫催化裂化汽油，其质量比由原油直接蒸馏得到的汽油好（辛烷值高），可直接使用。

　　工业上在高于750℃，以获得乙烯等重要化工原料为主要目的所进行的反应叫裂解反应。目前世界许多国家采用不同的石油原料进行裂解以制备乙烯和丙烯等化工原料，并常常以乙烯的产量来衡量一个国家的石油化学工业的发展水平。

例　　题

　　[例题一] 写出庚烷（C_7H_{16}）的全部构造异构体的构造式。

　　答　这样比较简便和比较准确地写出某一烷烃的全部构造异构体，可以采用下面一般方法。

　　① 首先写出给定的烷烃的直链碳骨架；

　　② 从直链碳骨架中去掉一个碳原子作为取代基，然后与余下的直链碳骨架的 C-2、C-3……相连，至得到相同碳骨架为止。

　　③ 从直链碳骨架中去掉两个碳原子作为取代基，此时有两种情况：两个碳原子为一整体，即以 C-C 为取代基，然后与余下的直链碳骨架的 C-3、C-4……相连至得到相同碳骨架为止；将两个原子作为两个取代基，然后与余下的直链碳骨架的 C-2、C-3……相连，两个取代基可以连接同一碳原子上，也可以连接在不同碳原子上，直至得到相同碳骨架为止。

　　④ 依次从直链碳骨架上去掉三个、四个……碳原子作为取代基，并按类似③的方法进行，但去掉的碳原子数应小于余下的碳骨架的碳原子数，否则将得到完全相同的碳骨架。

　　⑤ 最后根据碳原子四价原则，凡碳骨架上的碳原子不满四价者，补以氢原子，则得到全部完整的构造异构体。

$$
①\quad \overset{1}{C}-\overset{2}{C}-\overset{3}{C}-\overset{4}{C}-\overset{5}{C}-\overset{6}{C}-\overset{7}{C} \tag{1}
$$

$$
②\quad \overset{1}{C}-\overset{2}{C}-\overset{3}{C}-\overset{4}{C}-\overset{5}{C}-\overset{6}{C} \atop {\ \ |\atop\ \ C} \tag{2}
$$

$$
\overset{1}{C}-\overset{2}{C}-\overset{3}{C}-\overset{4}{C}-\overset{5}{C}-\overset{6}{C} \atop {\ \ \ \ \ |\atop\ \ \ \ \ C} \tag{3}
$$

$$
\overset{1}{C}-\overset{2}{C}-\overset{3}{C}-\overset{4}{C}-\overset{5}{C}-\overset{6}{C} \quad 与（3）相同，删。
$$

$$
③\quad \overset{1}{C}-\overset{2}{C}-\overset{3}{C}-\overset{4}{C}-\overset{5}{C} \atop {\ \ \ \ \ |\atop\ \ \ \ \ C\atop\ \ \ \ \ |\atop\ \ \ \ \ C} \tag{4}
$$

$$\overset{1}{C}-\overset{2}{C}-\overset{3}{C}-\overset{4}{C}-\overset{5}{C}$$
$$\underset{C}{\overset{|}{\underset{|}{C}}}$$
与（3）相同，删。

$$\overset{C}{\underset{|}{\overset{|}{C}}}$$
$$\overset{1}{C}-\overset{2}{C}-\overset{3}{C}-\overset{4}{C}-\overset{5}{C}$$
$$\overset{|}{C}$$
(5)

$$\overset{C}{\underset{|}{\overset{|}{C}}}$$
$$\overset{1}{C}-\overset{2}{C}-\overset{3}{C}-\overset{4}{C}-\overset{5}{C}$$
$$\overset{|}{C}$$
(6)

$$\overset{C}{\underset{|}{\overset{|}{C}}}$$
$$\overset{1}{C}-\overset{2}{C}-\overset{3}{C}-\overset{4}{C}-\overset{5}{C}$$
$$\overset{|}{C}$$
与（5）相同，删。

$$\overset{1}{C}-\overset{2}{C}-\overset{3}{C}-\overset{4}{C}-\overset{5}{C}$$
$$\overset{|}{C}\quad\overset{|}{C}$$
(7)

$$\overset{1}{C}-\overset{2}{C}-\overset{3}{C}-\overset{4}{C}-\overset{5}{C}$$
$$\overset{|}{C}\quad\overset{|}{C}$$
(8)

$$\overset{1}{C}-\overset{2}{C}-\overset{3}{C}-\overset{4}{C}-\overset{5}{C}$$
$$\overset{|}{C}\quad\overset{|}{C}$$
与（7）相同，删。

④ $\overset{1}{C}-\overset{2}{C}-\overset{3}{C}-\overset{4}{C}$　C—C—C 与 C-4 相连，与端位碳原子相连等于未去掉之前，故无意义。

$$\overset{1}{C}-\overset{2}{C}-\overset{3}{C}-\overset{4}{C}$$
$$\overset{|}{C}\quad\overset{|}{C}$$
$$\overset{|}{C}$$
与（7）相同，删。

$$\overset{C}{\underset{|}{\overset{|}{C}}}$$
$$\overset{1}{C}-\overset{2}{C}-\overset{3}{C}-\overset{4}{C}$$
$$\overset{|}{C}\quad\overset{|}{C}$$
(9)

⑤ 最后将上述九个异构体的碳骨架上补上氢原子，则得到 C_7H_{16} 的全部完整的构造异构体：

$$CH_3CH_2CH_2CH_2CH_2CH_2CH_3 \tag{1}$$

$$CH_3CHCH_2CH_2CH_2CH_3 \tag{2}$$
$$\overset{|}{CH_3}$$

$$CH_3CH_2CHCH_2CH_2CH_3 \tag{3}$$
$$\overset{|}{CH_3}$$

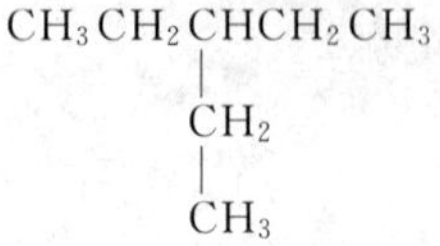

$$CH_3CH_2CHCH_2CH_3 \tag{4}$$
$$|$$
$$CH_2$$
$$|$$
$$CH_3$$

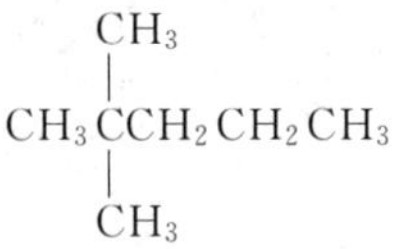

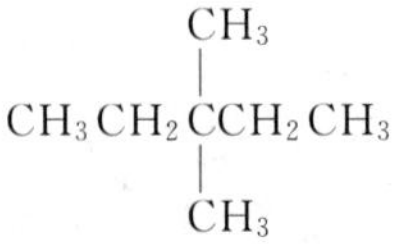

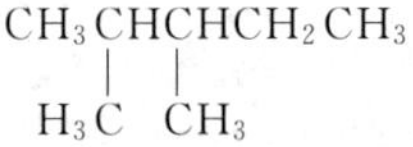

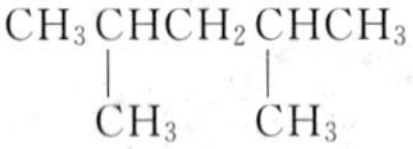

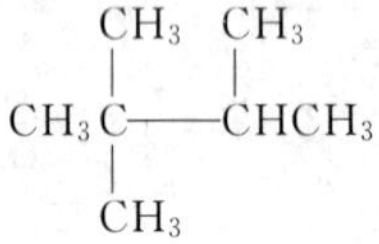

$$CH_3 \atop CH_3CCH_2CH_2CH_3 \tag{5}$$
$$|$$
$$CH_3$$

$$CH_3 \atop CH_3CH_2CCH_2CH_3 \tag{6}$$
$$|$$
$$CH_3$$

$$CH_3CHCHCH_2CH_3 \tag{7}$$
$$|~~~|$$
$$H_3C~~CH_3$$

$$CH_3CHCH_2CHCH_3 \tag{8}$$
$$|~~~~~~~|$$
$$CH_3~~~CH_3$$

$$CH_3~~CH_3$$
$$|~~~~~|$$
$$CH_3C——CHCH_3 \tag{9}$$
$$|$$
$$CH_3$$

[例题二] 用系统命名法命名下列烷烃:

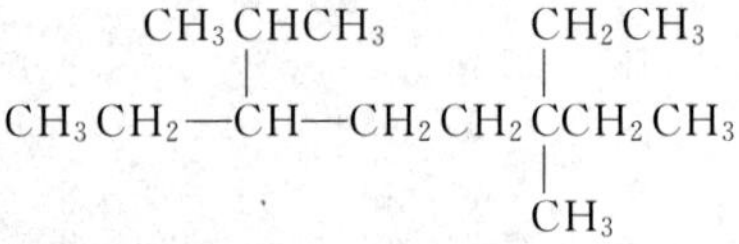

$$CH_3CHCH_3 \qquad\qquad CH_2CH_3$$
$$|\qquad\qquad\qquad\qquad |$$
$$CH_3CH_2—CH—CH_2CH_2CCH_2CH_3$$
$$|$$
$$CH_3$$

答　(1) 选择最长的碳链作为主链,称"某烷"。应注意:最长碳链不一定是直链,当不止一个最长碳链时,通常选择含支链多且支链小者为主链。该化合物的最长碳链如下:

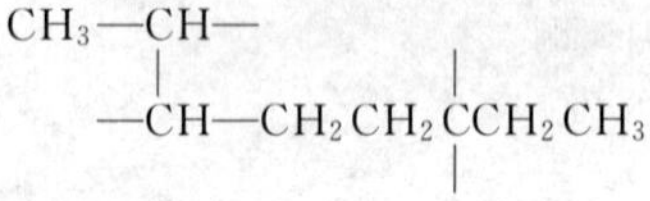

$$CH_3—CH—$$
$$—CH—CH_2CH_2CCH_2CH_3$$
$$|$$

按最长碳链应叫"辛烷"。

(2) 主链碳原子从靠近支链一端开始依次编号。

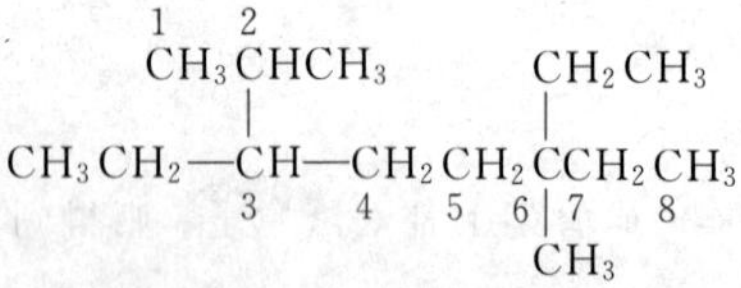

$$\overset{1}{C}H_3\overset{2}{C}HCH_3 \qquad\qquad CH_2CH_3$$
$$|\qquad\qquad\qquad\qquad |$$
$$CH_3CH_2—CH—CH_2CH_2CCH_2CH_3$$
$$\quad\quad\quad~~3\quad~4\quad~5~~6|7\quad8$$
$$CH_3$$

(3) 支链作为取代基,其名称写在主链烷烃名称之前,取代基在主链上所处的位次用主链碳原子上的编号表示,写在取代基名称之前,但需用半字线隔开。

(4) 该化合物有两个甲基、两个乙基,采用相同合并原则,称二甲基、二乙基,并分别将每个取代基的位次说明,相同者也应重复,同时两个位次之间要用逗号","分开。由于在"次序规则"中的编号甲基小、乙基大,故书写时甲基在前,乙基在后,同时在甲基与乙基位次之间要用半字线隔开。

综上所述,该化合物的名称是:2,6-二甲基-3,6-二乙基辛烷。

习 题

(一) 在下列构造式中,哪些只是写法不同,而实际上是同一化合物?

(1) $CH_3(CH_2)_4CH_3$

(2) $CH_3CH_2CH_2CH_2CH_2CH_3$

(3) $CH_3-\overset{\overset{\displaystyle CH_3}{|}}{\underset{\underset{\displaystyle CH_3}{|}}{C}}-CH_3$

(4) $CH_3CH_2CH_2-\overset{\overset{\displaystyle CH_3}{|}}{\underset{\underset{\displaystyle CH_3}{|}}{C}}-H$

(5) $(CH_3)_3CCH_2CH_3$

(6) $CH_3CH(CH_3)CH_2CH_2CH_3$

(7) $\underset{CH_3CH_2}{\overset{CH_3CH_2}{}}\!\!>\!\!C\!\!<\!\!\underset{H}{\overset{CH_3}{}}$

(8) $(C_2H_5)_2CHCH_3$

(9)

(10)

(11)

(12)

(二) 用 1°、2°、3°、4°标出下列化合物中伯、仲、叔、季碳原子:

(1) $H_3C-CH-\overset{\overset{\displaystyle CH_3}{|}}{\underset{\underset{\displaystyle CH_3}{|}}{C}}-CH_2-CH_3$ 其中 CH_3 在 CH 下方

$H_3C-\overset{\displaystyle CH_3}{\underset{\displaystyle CH_3}{C}}$

(2)

(三) 用系统命名法命名下列各化合物:

(1) $CH_3-\overset{\overset{\displaystyle C_2H_5}{|}}{\underset{\underset{\displaystyle C_2H_5}{|}}{CH}}-CH-CH_3$

(2) $(CH_3)_3CCH_2CH(CH_3)_2$

(3) $CH_3CH_2\overset{\overset{\displaystyle CH_3}{|}}{\underset{\underset{\displaystyle CH_3}{|}}{C}}-\overset{\overset{\displaystyle CH_3}{|}}{\underset{\underset{\displaystyle CH_2}{|}}{C}}-\overset{\overset{\displaystyle CH_3}{|}}{\underset{\underset{\displaystyle CH_3}{|}}{C}}-CH_3$ 中间下方 CH_3

(4)

(5)

(6)

(四) 写出己烷 (C_6H_{14}) 所有构造异构体的构造式。

(五) 写出下列化合物的构造式:

(1) 二甲基异丙基甲烷

(2) 2-甲基戊烷

(3) 甲基正丙基仲丁基甲烷

(4) 2,2-二甲基-4-乙基庚烷

(六) 写出符合下列条件的 C_5H_{12} 的构造式,并用衍生命名法命名。

(1) 只有伯氢，而无其他氢原子　　　(2) 只有一个叔氢原子

(3) 只有伯氢和仲氢，而无叔氢原子

（七）具有下列构造式的化合物的系统命名是否正确？若不正确，请改正。

(1) $CH_3-CH_2-\overset{\displaystyle |}{\underset{\displaystyle CH_2-CH_3}{CH}}-CH_3$

2- 乙基丁烷

(2) $CH_3-CH_2-\overset{\displaystyle CH_3}{\underset{\displaystyle CH_3}{\overset{\displaystyle |}{\underset{\displaystyle |}{C}}}}H-CH-CH_3$

2,3- 二甲基戊烷

(3) $CH_3-CH_2-CH_2-\overset{\displaystyle |}{\underset{\displaystyle CH_3-CH-CH_3}{CH}}-CH_2-CH_2-CH_3$

4- 丙基庚烷

(4) $CH_3CH_2C(CH_3)_2CH_2CH_2CH_3$

3- 二甲基己烷

(5) $CH_3-\overset{\displaystyle CH_3}{\overset{\displaystyle |}{C}}H-\overset{\displaystyle CH_3}{\overset{\displaystyle |}{C}}H-\overset{\displaystyle |}{\underset{\displaystyle CH_3-CH-CH_2-CH_3}{CH}}-CH_2-CH_2-CH_3$

2,3- 二甲基 -4- 仲丁基庚烷

(6) $\overset{\displaystyle CH_3}{\overset{\displaystyle |}{C}}H_2-CH_2-\overset{\displaystyle |}{\underset{\displaystyle C_2H_5}{CH}}-CH_2-\overset{\displaystyle CH_3}{\underset{\displaystyle CH_3}{\overset{\displaystyle |}{\underset{\displaystyle |}{C}}}}-CH_3$

2,2 二甲基-4-乙基庚烷

（八）用透视式和纽曼投影式表示下列分子最稳定的构象：

(1) CH_2Br-CH_2Br　　　　(2) $CH_3-CH_2-CH_2-C_2H_5$

　　　　　　　　　　　（沿 C-2 和 C-3 之间的 σ 键键轴旋转）

（九）写出下列分子的透视式和纽曼投影式所表示的构造式：

(1)

(2)

(3)

(4)

（十）回答下列问题：

(1) 在链状烷烃的系统命名法中，为什么没有 1-甲基取代的化合物？

(2) 为什么衣服上的油渍可以用汽油擦洗？

(3) 汽油着火时，为什么不能用水来灭火？

（4）在 2-甲基己烷、庚烷、3,3-二甲基戊烷三种化合物中，哪一个沸点高？哪一个沸点低？

（十一）写出符合下列条件的己烷（C_6H_{14}）异构体的构造式：

（1）一氯代产物有两种；

（2）一氯代产物有三种。

（十二）甲烷氯化时，观察到下列现象，试解释之。

（1）氯气先用光照，然后立即在黑暗中将氯气与甲烷混合，可得氯化产物。

（2）氯气用光照后在黑暗中放置一段时间，再将氯与甲烷混合，不发生氯化反应。

（十三）某烷烃相对分子质量为 114，高温氯化时只生成一种氯代产物，写出该烷烃的构造式。

（十四）在下列自由基中，哪一个最稳定？哪一个最不稳定？

（1）$CH_3CH_2\cdot$　　　　　　　　　　　　（2）$(CH_3)_2CH\cdot$

（3）$CH_3\overset{\cdot}{-}\underset{\underset{CH_3}{|}}{C}-CH_2CH_3$　　　　　　　（4）$CH_3\overset{\cdot}{C}HCH_2CH_3$

参 考 书 目

1　中国化学会有机化学命名原则. 1980. 见英汉化学化工词汇. 第四版. 北京：科学出版社，2000. 2186～2329

2　汪巩主编. 有机化合物的命名. 北京：高等教育出版社，1982

3　张明哲编. 有机化学命名浅谈. 北京：化学工业出版社，1991

4　高鸿宾编. 有机活性中间体. 北京：高等教育出版社，1988. 69～81

5　穆光照编. 自由基反应. 北京：高等教育出版社，1985. 61～81

第3章　环烷烃

分子中含有碳环结构且性质与烷烃相似的碳氢化合物，即分子中只含有C—C单键和 C—H 键的一类环状化合物，叫做环烷烃。例如：

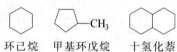

环己烷

甲基环戊烷

十氢化萘

3.1　环烷烃的分类

环烷烃可以根据分子中碳环的数目分为单环环烷烃、二环环烷烃和多环环烷烃等。例如：

单环环烷烃

环戊烷

环己烷

二环环烷烃

降冰片烷

十氢化萘

多环环烷烃

立方烷

金刚烷

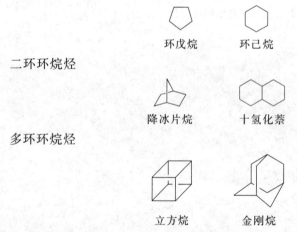

通常所说的环烷烃是指单环环烷烃而言。单环环烷烃按组成环的碳原子数不同，又可分为：小环——3～4元环；普通环——5～7 元环；中环——8～11 元环；大环——≥12 元环。其中以 5 和 6 元环、尤其是 6 元环最常见。

在单环环烷烃分子中，由于碳链闭合成环，它比相应的烷烃少两个氢原子，因此单环环烷烃的通式为 C_nH_{2n}。下面所讨论的环烷烃，均指单环环烷烃。

3.2 环烷烃的命名

环烷烃的命名与烷烃相似，只是以环为母体，并在名称之前加一个"环"字，叫做环某烷。例如：

环丙烷 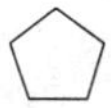　　环戊烷 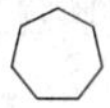　　环庚烷

环上的支链作为取代基，当环上连有两个或两个以上取代基时，由连有较小取代基的碳原子开始，依次将环上碳原子编号，并使取代基的位次尽可能小。然后将取代基的名称和位次写在"环某烷"之前。例如：

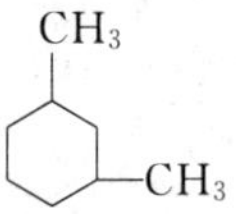

1,3 二甲基环己烷 　1-甲基-4-异丙基环己烷 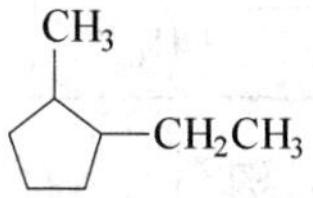　1-甲基-2-乙基环戊烷

当环上只有一个取代基时，只需将取代基的名称写在"环某烷"之前即可，而不需注明位次，这一点不同于烷烃。例如：

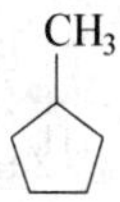

甲基环戊烷 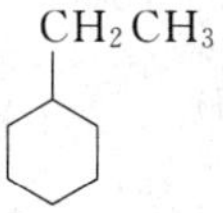　　乙基环己烷

3.3 环烷烃的异构现象

3.3.1 构造异构

碳原子数相同的环烷烃，除最简单的环丙烷外，从四个碳原子开始，由于组成环的碳原子数不同，而引起异构现象。例如，分子式为 C_4H_8 的环烷烃有以下两种构造异构体：

甲基环丙烷　　　　环丁烷

除这种组成环的碳架不同产生异构现象外，从含有五个和五个以上原子的环烷烃，还由于烷基在环上的相对位置不同和烷基碳架的不同，产生异构现象。例如，在下列化合物中，1,1-二甲基环丙烷、1,2-二甲基环丙烷和乙基环丙烷互为构造异构体，它们的分子式都是 C_5H_{10}。

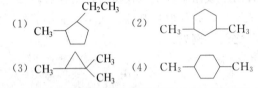

1,1-二甲基环丙烷　　　1,2-二甲基环丙烷　　　乙基环丙烷

【问题 3-1】写出分子式为 C_5H_{10} 的环烷烃的所有构造异构体。

【问题 3-2】写出下列化合物的构造式：

(1) 异丙基环戊烷　　　　　　　(2) 甲基环丁烷

(3) 1,1,4-三甲基环己烷　　　　(4) 乙烯基环戊烷

【问题 3-3】命名下列各化合物：

3.3.2 顺反异构

在环丙烷分子中，三个碳原子处在同一平面，每一个碳原子上的两个氢原子则分别排列在环平面的上面和下面。由于环的存在，限制了 σ 键的自由旋转，当两个或两个以上成环碳原子分别连有不同的原子或基团时，将产生异构现象。例如，1,2-二甲基环丙烷有如下两种顺反异构体：

顺-1,2-二甲基环丙烷　　　　　　反-1,2-二甲基环丙烷

其中两个甲基处于环平面同侧者叫做顺式，处于环平面两侧者叫做反式，它们是两个不同的化合物。

像顺和反-1,2-二甲基环丙烷这样的分子，它们的分子式相同，原子在分子中的排列和结合顺序也相同，即构造相同，但分子中原子在空间的排列是不同的。分子中原子在空间的排列叫做构型，即构型是不同的。顺和反-1,2-二甲基环丙烷是由于构型不同而产生的异构体，因此它们是构型异构体，是立体异构体中的一种。由于这种构型异构体常用顺反来区别，所以它们叫做顺、反异构体。这种异构现象叫做顺-反异构。过去也叫做几何异构。

环丁烷、环戊烷和环己烷的环虽然都不是平面形的，但在讨论它们的顺反异构时，将这些环看成是平面形的，所得结果与实际情况相符。与环丙烷相同，当环丁烷、环戊烷或环己烷的成环碳原子有两个或两个以上碳原子各连有不同的原子或基团时，同样有顺反异构现象。例如，1,3-二甲基环丁烷和1,4-二甲基环己烷的顺反异构体如下：

顺 - 1,3 - 二甲基环丁烷　　　　　　　　反 - 1,3 - 二甲基环丁烷

顺 - 1,4 - 二甲基环己烷　　　　　　　　反 - 1,4 - 二甲基环己烷

当环上的取代基增多时，顺反异构体的数目也相对增加。这里不再进一步讨论。

【问题 3-4】写出下列化合物顺反异构体的结构式：

（1）1,3-二甲基环己烷　　　　　　　　（2）1,2-二甲基环丁烷

3.4　环烷烃的结构

3.4.1　环的大小与稳定性

实验证明，在环烷烃分子中，环丙烷和环丁烷不稳定，其中环丁烷比环丙烷还稳定些；环戊烷和环己烷则较稳定，其中尤以环己烷稳定。现代理论认为，环丙烷和环丁烷的不稳定性，是由于成环碳原子的 sp^3（或接近 sp^3）杂化轨道未能形成最大程度交盖所致。例如，在环丙烷分子中，三个碳原子在同一平面上，环是正三角形，碳碳原子之间的夹角（∠C—C—C）是60°，碳原子是 sp^3（接近 sp^3）杂化的，而正常的 sp^3 杂化轨道对称轴之间的夹角是109.5°。因此，相邻两个碳原子以 sp^3 杂化轨道交盖形成 C—C σ 键时，只能以弯曲的方式交盖，即相邻两个 sp^3 杂化轨道的对称轴不在一条直线上。这样形成的 C—C σ 键是弯曲的，叫做弯曲键。物理方法测定结果表明，∠C—C—C 是 105.5°，C—C 键长为0.152nm（比烷烃中的C—C键长0.154nm短），说明 C—C 键是弯曲键。如图 3-1 所示。

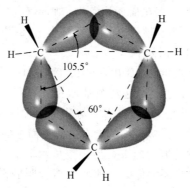

图 3-1　环丙烷分子中的 C—C σ 键

由于形成了弯曲键，使 C—C σ 键变弱，所以环丙烷与丙烷不同，其稳定性比烷烃差得多，一般称之为分子内存在着张力。这种张力是由于键角偏差引起的，叫做角张力。角张力是影响环烷烃稳定性的因素之一，尤其对于小环（如环丙烷和环丁烷）更为重要。

由四个和四个以上碳原子组成的环，成环原子不在一个平面上。对于环丁烷，虽然成环原子不在一个平面上，但其结构与环丙烷相似，C—C σ 键也是弯曲的，只是弯曲程度比环丙烷小，即角张力比较小，故比环丙烷稳定。对于环戊烷和环己烷，由于成环原子不在一个平面上，键角已能接近或是 109.5°，轨道接近或达到最大重叠，因此环戊烷和环己烷稳定。例如，在环己烷分子中，六个碳原子不在同一平面上，而是四个碳原子在同一平面上，另外两个碳原子在该平面的上方（或下方），或者是一个在该平面上方，一个在下方。可用模型表示如下，见图 3-2。

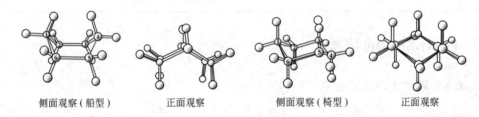

侧面观察（船型）　　　正面观察　　　侧面观察（椅型）　　　正面观察

图 3-2　环己烷分子的模型

3.4.2　环己烷及其一取代物的构象

从图 3-2 环己烷的模型可以看出，椅型环己烷和船型环己烷互为异构体，如果旋转 C-3 和 C-5 上的键，则椅型可以转变为船型，或者船型转变为椅型。这种由于单键旋转而产生的异构体，即构象异构体。椅型和船型是环己烷的两个极端的构象。

从环己烷的模型还可以看出，在椅型环己烷构象中，每一个 C—C 键上的基团，其构象都是邻位交叉式。但在船型构象中，C-2-C-3 和 C-5-C-6 上连接的基团为全重叠式。另外，在船型构象中，C-1 和 C-4 上的两个氢原子距离很近，因此相互之间的排斥力很大，而在椅型构象中，则不存在这种情况，所以椅型比船型稳定。在一般情况下，环己烷及其衍生物基本上都是以椅型存在. 环己烷的透视式和纽曼投影式如图 3-3 所示：

从椅型环己烷的模型可以看出，C-1、C-3 和 C-5 构成一个平面，它位于 C-2、C-4 和 C-6 构成的平面之上，这两个平面相互平行，如图3-4（I）所示。12 个 C—H 键可分为两类：一类是六个 C—H 键与分子的轴线平行，垂直于上述两个平面，叫做直立键，或 a 键，或竖键。其中在上面平面中的三个 a 键的方向向上，而在下面平面中的三个 a 键的方向向下；另一类是六个 C—H 键分别与六个直立键成 109.5°角，即分别与所在的环大体处于水平位置，叫做平伏键，或 e 键，或横键。其中在轴线右边的三个 e 键指向右方；左边的三个 e 键指向左方如图3-4（II）所示。

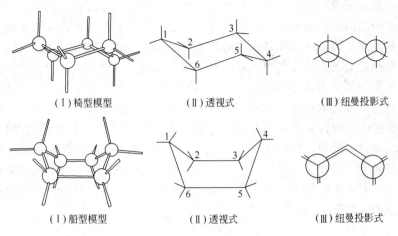

(Ⅰ)椅型模型
1
2
3
4
5
6
(Ⅱ)透视式
(Ⅲ)纽曼投影式
(Ⅰ)船型模型
(Ⅱ)透视式
(Ⅲ)纽曼投影式

图 3-3　环己烷分子的透视式和纽曼投影式

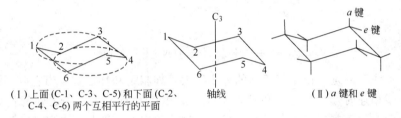

(Ⅰ)上面(C-1、C-3、C-5)和下面(C-2、C-4、C-6)两个互相平行的平面
C_3
轴线
a 键
e 键
(Ⅱ)a 键和 e 键

图 3-4　椅型环己烷分子中的 *a* 键和 *e* 键

在环己烷分子中，一种椅型构象可以转变成另一种椅型构象，在室温即能迅速转变。在相互转变中，原来的 *a* 键变成了 *e* 键，而原来的 *e* 键变成了 *a* 键。如图 3-5 所示：

a 键
e 键
e 键
a 键

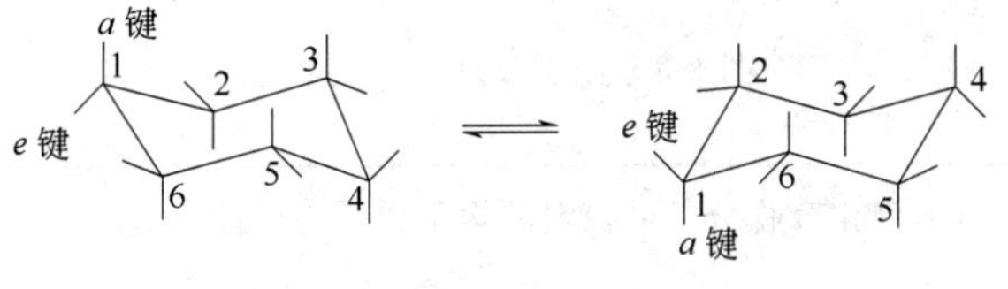

图 3-5　环己烷椅型构象之间的转变

当环己烷分子中的一个氢原子被其他原子或基团（如甲基）取代时，该原子或基团既可以以 *e* 键也可以以 *a* 键与碳原子相连，因此可以产生两种构象异构体。如图 3-6 所示：

Y
Y

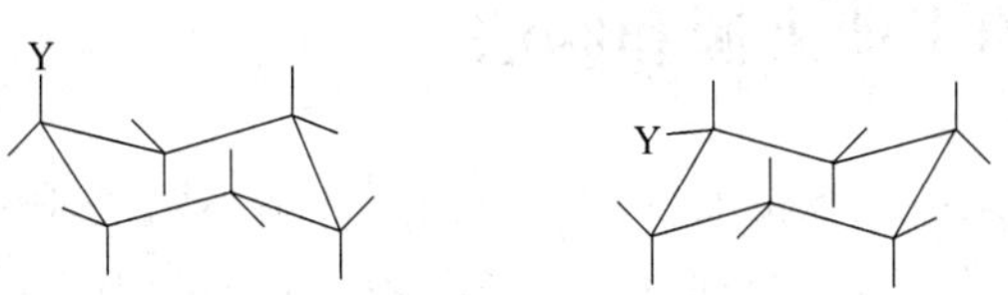

图 3-6　一取代椅型环己烷分子的构象

由构象式或模型可以看出，所有以 a 键相连的氢原子之间的距离比以 e 键相连的氢原子之间的距离近，当 a 键上的一个氢原子，如 C-1 上以 a 键相连的氢原子，被其他原子或基团如甲基取代后，则 C-1 上以 a 键相连的甲基与 C-3 和 C-5 上以 a 键相连的氢原子距离更近些，由于甲基比氢原子体积大，因此产生较大的排斥力（范德华张力），这种排斥力（也叫做非键张力）越大，能量就越高，稳定性就越小，因此取代基（如甲基）以 e 键相连时比以 a 键相连时稳定，即取代基以 e 键相连时的构象异构体较稳定。但对于一般取代基（叔丁基例外）来说，由于取代基以 e 键和 a 键相连所产生的两个构象异构体的能量差别不大，同时由于环的翻转使 e 键和 a 键可以相互转变，因此一取代环己烷是两个构象异构体的平衡体系，但以 e 键相连者为主。例如，甲基环己烷分子的两个构象异构体的平衡体系如图 3-7 所示：

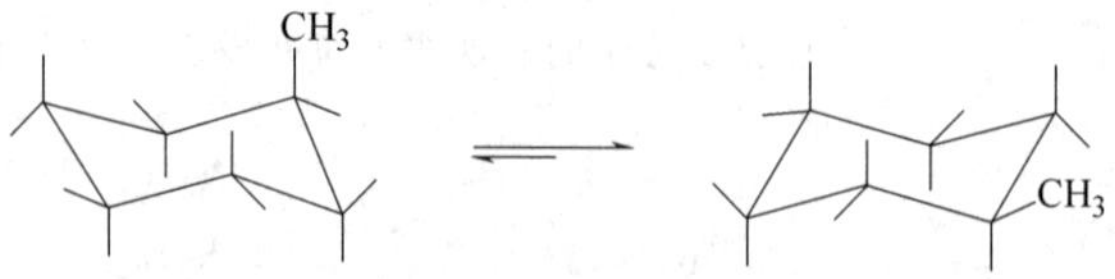

图 3-7　甲基环己烷分子的两个构象异构体

值得注意的是，由于叔丁基的体积很大，如叔丁基环己烷，当它以 a 键与环上碳原子相连时，它与 C-3 和 C-5 上以 a 键相连的两个氢原子之间的排斥力很大，因此，叔丁基环己烷分子几乎只以一种构象存在，即叔丁基以 e 键与环上碳原子相连。如图 3-8 所示：

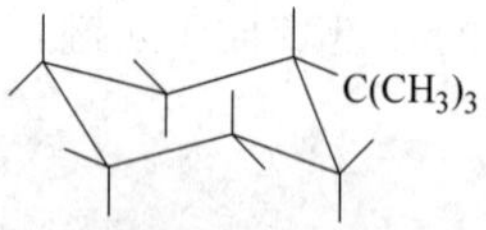

图 3-8　叔丁基环己烷的构象

【问题 3-5】写出下列化合物分子最稳定的构象式：

(1)  　　　　　　(2)

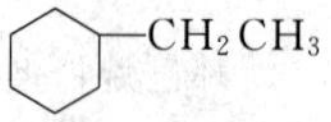

(3) 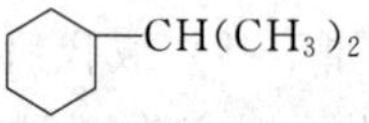 　　　　　　(4)

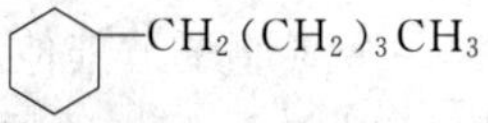

3.5　环烷烃的工业来源和制法

环烷烃存在于某些地区的石油中，石油因产地不同，环烷烃的含量不同。其中以俄罗斯和罗马尼亚所产石油含环烷烃较多。石油中所含的环烷烃主要是环戊烷和环己烷以及它们的烷基衍生物。例如：

环戊烷 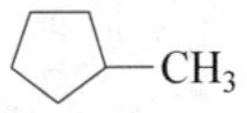　　甲基环戊烷 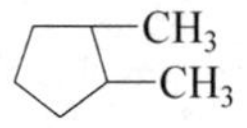　　1,2-二甲基环戊烷

环己烷 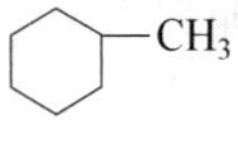　　甲基环己烷

在这些环烷烃中，工业上最重要的是环己烷。虽然环己烷可以从石油馏分中蒸馏得到，但目前工业上获得环己烷基本上都是由苯加氢生产。例如，用兰尼镍（Raney）为催化剂，于 200～240℃ 和 3.92MPa 压力下，苯液相加氢生成环己烷。

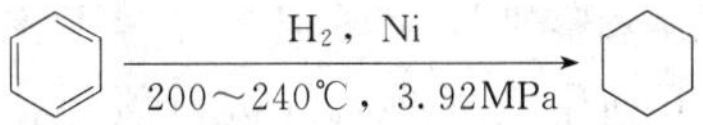

$$\xrightarrow[200\sim240℃,\ 3.92MPa]{H_2,\ Ni}$$

这是工业上生产环己烷的方法之一。我国有厂家利用此法生产环己烷。

3.6　环烷烃的物理性质

环烷烃的物理性质与烷烃相似，也是无色物质，比水轻，不溶于水。但其沸点、熔点和相对密度都比碳原子数相同的直链烷烃高。如表 3-1 所示：

表 3-1　环烷烃的物理性质（与相应直链烷烃对比）

名　　称	沸点/℃	熔点/℃	相对密度(20℃)	名　　称	沸点/℃	熔点/℃	相对密度(20℃)
环丙烷	−33	−127		环己烷	81	6.5	0.778
丙烷	−42.1	−187.7		己烷	68.7	−95.3	0.5787
环丁烷	13	−80		环庚烷	118	−12	0.810
丁烷	−0.5	−138.3		庚烷	98.4	−90.6	0.5572
环戊烷	49	−94	0.746	环辛烷	149	14	0.830
戊烷	36.1	−129.8	0.5005	辛烷	125.7	−56.8	0.6603

3.7　环烷烃的化学性质

通过对环丙烷结构的了解可知，在环丙烷分子中，由于形成了弯曲键，不仅 C—C σ 键变弱，同时电子云分布在两个碳原子核间连线的外侧，因此有利于亲电试剂如 Br₂、HBr 等的进攻，使环丙烷具有一定的烯烃性质（见第四章），开环进行加成反应。环丁烷由于也是弯曲键，因此也能开环进行加成反应，但键的弯曲程度比环丙烷小，所以发生开环反应也比环丙烷难一些。环戊烷和环己烷与环丙烷和环丁烷不同，由于环戊烷和环己烷分子中的键与开链烷烃分子中的键相同，因此其化学性质也相同，容易发生取代反应。由此可知，一般所说的环烷烃可以发生加成反应，主要指环丙烷和环丁烷而言；环烷烃可以发生取代反应，主要指环己烷和环戊烷而言。下面分别进行讨论。

3.7.1　取代反应

在光（日光或紫外光）或热的作用下，环戊烷和环己烷与卤素发生取代反应，生成卤代环烷烃。例如：

$$
\text{（环戊烷）} + Cl_2 \xrightarrow[\text{或热}]{\text{光}} \text{（环戊基）—Cl} + HCl
$$

$$
\text{（环己烷）} + Br_2 \xrightarrow[\text{或热}]{\text{光}} \text{（环己基）—Br} + HBr
$$

3.7.2　氧化反应

在常温下，一般氧化剂如高锰酸钾水溶液不能使环丙烷等环烷烃氧化，因此，可利用高锰酸钾水溶液来鉴别环烷烃与烯烃等不饱和烃。但在加热下利用强氧化剂，或在催化剂存在下利用空气或氧气进行氧化，则环烷烃与烷烃相似，也可被氧化。氧化条件不同时，所得产物不同。例如，在 $125\sim165℃$ 和 $0.8\sim1.5MPa$ 压力下，用环烷酸钴或环烷酸锰为催化剂，环己烷用空气氧化，生成环己醇和环己酮 1∶1 的混合物。

$$
\text{（环己烷）} \xrightarrow[125\sim165℃,\ 0.8\sim1.5MPa]{\text{空气，环烷酸钴（锰）}} \underset{\text{环己醇}}{\text{（—OH）}} + \underset{\text{环己酮}}{\text{（=O）}}
$$

这是工业上生产环己醇和环己酮的方法之一。环己醇和环己酮都是重要的化工原料。例如，环己酮可用来生产己内酰胺，后者是生产尼龙-6 的单体。

另外，环己醇和环己酮的混合物，以 $Cu(NO_3)_2$—NH_4VO_3 为催化剂，于 $50\sim80℃$，用 60% 硝酸进行氧化；或用醋酸铜和醋酸锰为催化剂，于 $80\sim85℃$ 和 $0.6MPa$ 压力下，在醋酸溶液中用空气氧化，则生成己二酸。这是工业上生产己二酸的重要方法。

$$
\underset{\text{环己醇}}{\text{（—OH）}} + \underset{\text{环己酮}}{\text{（=O）}} \xrightarrow{\text{氧化}} \underset{\text{己二酸}}{HOOC(CH_2)_4COOH}
$$

己二酸主要用于生产合成纤维（如尼龙-66）和工程塑料。

与环己烷氧化相似，环十二烷在一定条件下也可被氧化成环十二醇和环十二酮的混合物。例如，以硼酸为催化剂，于 $150\sim160℃$，用空气或氧气氧化环十二烷，生成环十二醇和环十二酮。

$$
\underset{\text{环十二烷}}{\text{（环十二烷）}} \xrightarrow[150\sim160℃]{\text{空气，}H_3BO_3} \underset{\text{环十二醇}}{\text{（—OH）}} + \underset{\text{环十二酮}}{\text{（=O）}}
$$

这是生产环十二酮的方法。所得环十二醇还可以进一步脱氢使之转变为环十二酮。环十二酮是生产尼龙 12 的重要原料。

另外，由环十二烷氧化得到的环十二醇和环十二酮的混合物，也可用硝酸氧化，则生成十二烷二酸 [HOOC $-$ $\left(\text{CH}_2\right)_{10}$ $-$ COOH]。后者是生产聚酰胺、聚酯及合成润滑油的原料。

　　这里顺便指出，环十二烷是由 1,3-丁二烯经三聚再加氢制得：

$$\xrightarrow{\text{TiCl}_4\text{-ClAl}(\text{C}_2\text{H}_5)_2} \qquad \xrightarrow[\text{200℃, 1\textasciitilde1.5MPa}]{\text{H}_2,\ \text{Ni}}$$

1,3-丁二烯　　　　　　　　　1,5,9-环十二烷三烯

3.7.3　小环的加成反应

（1）加氢

　　在催化剂 [如铂、钯或兰尼镍] 作用下，环丙烷和环丁烷可以和氢进行加成反应，生成开链烷烃。

$$\triangle + \text{H}_2 \xrightarrow[\text{80℃}]{\text{兰尼镍}} \text{CH}_3 - \text{CH}_2 - \text{CH}_3$$

$$\square + \text{H}_2 \xrightarrow[\text{200℃}]{\text{兰尼镍}} \text{CH}_3 - \text{CH}_2 - \text{CH}_2 - \text{CH}_3$$

（2）加溴

　　环丙烷和环丁烷能与溴发生加成反应，其中环丙烷在室温即可进行，而环丁烷需在加热下进行。

$$\triangle + \text{Br}_2 \xrightarrow{\text{室温}} \text{Br} - \text{CH}_2 - \text{CH}_2 - \text{CH}_2 - \text{Br}$$

1,3-二溴丙烷

$$\square + \text{Br}_2 \xrightarrow{\text{加热}} \text{Br} - \text{CH}_2 - \text{CH}_2 - \text{CH}_2 - \text{CH}_2 - \text{Br}$$

1,4-二溴丁烷

（3）加溴化氢

　　环丙烷能与溴化氢发生加成反应，环丙烷和环丁烷也能与氢碘酸发生加成反应。例如：

$$\triangle + \text{HBr} \longrightarrow \text{CH}_3 - \text{CH}_2 - \text{CH}_2 - \text{Br}$$

1-溴丙烷

$$\square + \text{HI} \longrightarrow \text{CH}_3 - \text{CH}_2 - \text{CH}_2 - \text{CH}_2 - \text{I}$$

1-碘丁烷

　　环丙烷的烷基衍生物与溴化氢等不对称试剂加成时，氢原子加到含氢较多的成环碳原子上，溴等原子加到含氢较少的成环碳原子上。例如：

$$\triangle - \text{CH}_3 + \text{HBr} \longrightarrow \overset{\underset{\displaystyle|}{\text{H}}}{\text{CH}_2} - \text{CH}_2 - \overset{\underset{\displaystyle|}{\text{Br}}}{\text{CH}} - \text{CH}_3$$

2-溴丁烷

　　从上述小环的加成反应可以看出，三元环比四元环容易发生开环反应。

【问题 3-6】完成下列反应式：

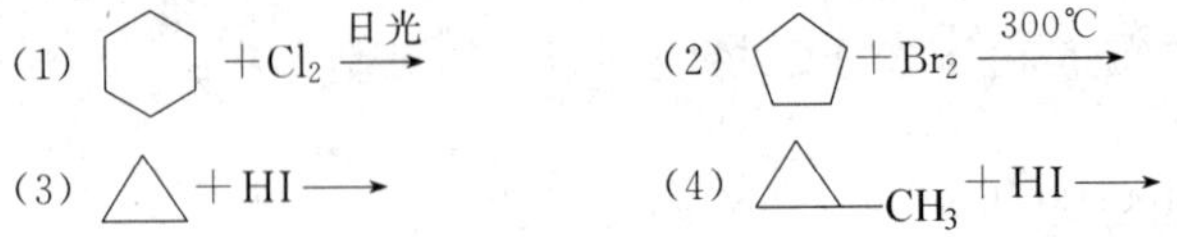

(1) ⬡ +Cl₂ $\xrightarrow{\text{日光}}$　　　　(2) ⬠ +Br₂ $\xrightarrow{300℃}$

(3) △ +HI ⟶　　　　　　(4) △CH₃ +HI ⟶

例　　题

[例题一] 用简便的化学方法鉴别环戊烷和1,2-二甲基环丙烷。

答　环戊烷和1,2-二甲基环丙烷均为环烷烃，且两者互为同分异构体，但环戊烷是普通环化合物，而1,2-二甲基环丙烷则是小环化合物，因此只能利用两类环状化合物不同的性质加以区别。

已知三元环稳定性差，容易发生加成反应，而五元环则不易发生加成反应。因此可利用溴的四氯化碳溶液分别与之作用，1,2-二甲基环丙烷能与溴加成，溴的红棕色消失，而环戊烷则否，达到鉴别的目的。

[例题二] 写出下列化合物分子最稳定的构象式：

(1) 反-1,4-二甲基环己烷　　　(2) 反-1-甲基-3-异丙基环己烷

答　(1) 在书写环己烷衍生物分子最稳定的构象式，通常按如下步骤进行。①写出环己烷最稳定的构象——椅型构象；②将环己烷环编号，以便将取代基连接在指定位置；③取代基连接在指定位置时，首先要满足题目要求，如反-1,4-二甲基环己烷，两个甲基不仅分别处于1,4位，且必须处于反式；④由于取代基处于 e 键一般比处于 a 键稳定，因此在符合前面提到的要求前提下，通常尽可能使取代基连接在 e 键上。

综上所述，反-1,4-二甲基环己烷最稳定的构象式如下所示：

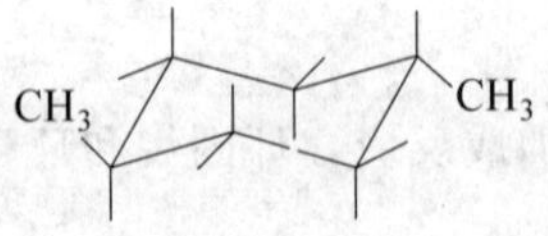

(2) 书写反-1-甲基-3-异丙基环己烷最稳定的构象式，其原则与（1）相同。不同之处是，不仅取代基的位置不同，更重要的是，两个取代基不同，因此在满足其他条件的前提下，若两个取代基不能均处于 e 键时，哪一个取代基取于 e 键更有利，是需要考虑的。

已知处于 a 键上的取代基与3,5-位处于 a 键上的氢原子存在着非键张力，取代基越大非键张力越大，因此应使较小的取代基处于 a 键，较大的取代基处于 e 键，是比较稳定的构象。

综上所述，反-1-甲基-3-异丙基环己烷最稳定的构象式如下所示：

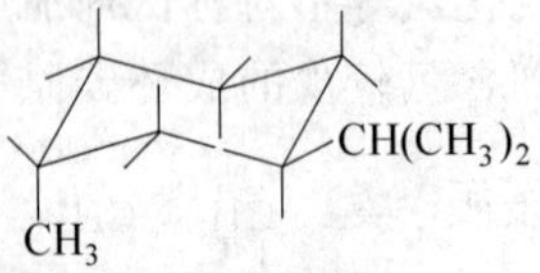

习　　题

（一）写出分子式为 C_6H_{12} 的环烷烃的所有构造异构体并命名。

（二）写出下列化合物的构造式：

（1）1,1-二乙基环丙烷

（2）1,1,4,4-四甲基己烷

（3）1,2-二甲基环戊烷

（三）完成下列反应式：

（1） 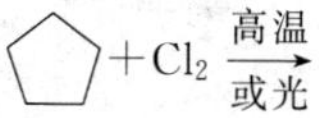 ＋Cl$_2$ $\xrightarrow{\text{高温}\atop\text{或光}}$

（2）—CH$_3$＋H$_2$ $\xrightarrow[\triangle]{\text{Ni}}$

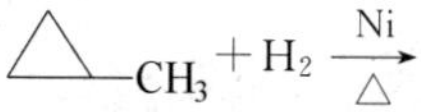

（3）—CH$_3$＋HBr $\longrightarrow$

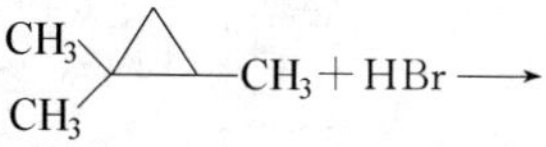

（四）用化学方法区别下列各组化合物：

（1）环丙烷、丙烷

（2）环己烷、丙基环丙烷

（五）下列化合物有无顺反异构体？若有，写出其顺反异构体。

（1）

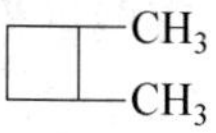

（2）

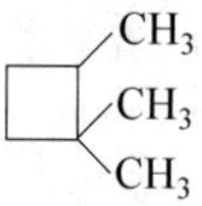

（3）CH$_3$——CH$_3$

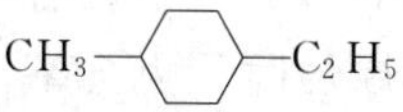

（4）CH$_3$——C$_2$H$_5$

（5）CH$_3$——CH$_3$

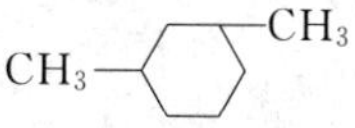

（六）写出下列化合物分子最稳定的构象式：

（1）异丙基环己烷 （2）1,1-二甲基环丙烷

（3）反-1,2-二甲基环己烷 （4）顺-1-甲基-4-叔丁基环己烷

参 考 书 目

1 ［英］F. J. 麦奎林，M. S. 贝尔德著，秦风英，白淑琴译. 脂环化学. 北京：高等教育出版社，1993

第 **4** 章 烯 烃

分子中含有一个碳碳双键（C＝C）的开链烃，叫做烯烃，也叫单烯烃。它比相应烷烃少两个氢原子，C＝C 双键是烯烃的官能团。烷烃分子中不含 C＝C 双键，这是两者的根本区别。烯烃比相应的烷烃少两个氢原子，故烯烃的通式为 C_nH_{2n}。在烯烃分子中，由于 C＝C 双键的存在，不是所有碳原子的价数都被饱和了，因此相对烷烃而言，烯烃又叫做不饱和烃。

与环烷烃相对应，若组成环的碳原子中含有一个 C＝C 双键，叫做环烯烃，其性质与烯烃相似。本章在讨论烯烃时，也会举一些环烯烃的例子。

4.1 乙烯的结构——碳原子的 sp^2 杂化、π键

烯烃与烷烃在结构上的差别，是烯烃分子中含有 C＝C 双键，因此考查烯烃的结构，主要是考查 C＝C 双键的结构。由于乙烯只有两个碳原子和一个双键，是最简单的烯烃，现以它为例进行讨论。

已知在烷烃分子中每个碳原子与四个原子相连，碳原子以 sp^3 杂化轨道与其他原子的轨道交叠形成 σ 键。但在乙烯分子中，每个分子只有二个碳原子和四个氢原子，每个碳原子与三个原子（一个碳原子和二个氢原子）相连。杂化轨道理论认为，乙烯分子中的碳原子是由一个 2s 轨道和两个 2p 轨道进行 sp^2 杂化，形成三个相等的 sp^2 杂化轨道。余下一个 $2p_z$ 轨道未参与杂化。sp^2 杂化轨道含有 1/3s 轨道和 2/3p 轨道成分。其能量略高于 2s 轨道而略低于 2p 轨道，如图 4-1 所示。

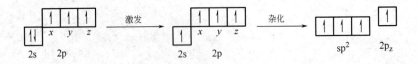

图 4-1 碳原子轨道的 sp^2 杂化

三个等同的 sp^2 杂化轨道在一个平面上对称地分布在碳原子核的周围，轨道对称轴的夹角互成 120°。如图 4-2（Ⅰ）所示。

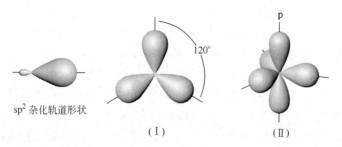

sp² 杂化轨道形状　　　　（Ⅰ）　　　　　（Ⅱ）

图 4-2　碳原子的 sp² 杂化轨道和垂直于 sp² 杂化轨道的 p 轨道

这样，两个轨道的电子之间排斥力最小，体系最稳定。余下 p 轨道的对称轴垂直 sp² 杂化轨道的对称轴所在平面。如图 4-2（Ⅱ）所示。碳原子以两个 sp² 杂化轨道分别与两个氢原子的 1s 轨道在对称轴的方向交盖，构成两个 C—Hσ 键，这种轨道叫 σ 轨道。余下的一个 sp² 杂化轨道与另一个碳原子余下的 sp² 杂化轨道在对称轴方向交盖，形成一个 C—C σ 键，这种轨道也叫 σ 轨道。如图 4-3（Ⅰ）所示。在每个 σ 轨道中各有一对电子。σ 轨道中的电子，也叫做 σ 电子。这六个原子（两个碳原子和四个氢原子）和五个 σ 键（一个 C—C σ 键和四个 C—H σ 键）的键轴处在同一平面内。如图 4-3（Ⅱ）所示。

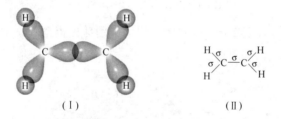

（Ⅰ）　　　　　　　　（Ⅱ）

图 4-3　乙烯分子中的键

每个碳原子余下的一个未参与杂化的 p 轨道，其对称轴垂直于乙烯分子 σ 键键轴所在平面，而且相互平行，它们在侧面相互交盖形成另一种键，叫做 π 键，如图 4-4（Ⅰ）和（Ⅱ）所示。这样形成的轨道，叫做 π 轨道，π 轨道中的电子，叫做 π 电子。

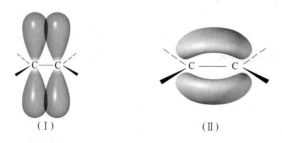

（Ⅰ）　　　　　　　　　（Ⅱ）

图 4-4　（Ⅰ）p 轨道侧面交盖　（Ⅱ）p 轨道侧面交盖形成的 π 键

从上述讨论可以看出，在 C═C 双键中，两个共价键是不同的，一个是 σ

键，另一个是 π 键。σ 键具有轴对称，可以自由旋转。而 π 键由于是侧面交盖形成的，没有轴对称，若绕键轴旋转，则交盖程度变小甚至被破坏，因此 π 键不能自由旋转。实验测定结果表明，C—C 单键的键能是 347kJ/mol，C＝C 双键的键能是 611kJ/mol，由此可知 C＝C 双键中 π 键的键能是 264kJ/mol。由此可以看出：①若使 C＝C 双键绕键轴旋转，必须提供 264kJ/mol 能量使 π 键被破坏才能实现，因此一般情况下，π 键不能自由旋转；②在 C＝C 双键中，σ 键较强，而 π 键较弱，因此在外界作用下（如与试剂反应），首先发生反应的是 π 键，而不是 σ 键，由于这种结构特征，故烯烃与烷烃不同，容易发生某些烯烃特有的反应，如加成反应等。

物理方法已经证明，在乙烯分子中，两个碳原子和四个氢原子分布在同一平面上，其键角也与碳原子的 sp² 杂化理论所预测的键角接近。如图 4-5 所示。

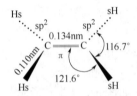

图 4-5　乙烯分子的键角和键长

为了形象地表示乙烯分子的立体结构，常用球棒模型和比例模型表示。如图 4-6 所示：

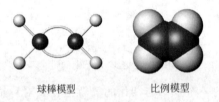

球棒模型　　　　　　　　　比例模型

图 4-6　用模型表示的乙烯分子

4.2　烯烃的异构现象

与烷烃相似，烯烃也存在同系列。两个相邻同系物之间也相差一个 CH_2，CH_2 也是烯烃同系列的系差。与烷烃相似，烯烃也存在异构现象，但比烷烃复杂得多。

4.2.1　构造异构

与烷烃相同，含有四个和四个以上碳原子的烯烃都具有构造异构体，但比烷烃多。因为烯烃除碳架不同可以产生异构体外，由于双键位次不同也可以产生异构体，这种异构体叫做官能团的位置异构。例如，丁烷有两个异构体，而丁烯则有三个异构体：

碳架异构：由碳架不同产生的异构体。

$$CH_3CH_2CH=CH_2 \qquad\qquad CH_3C=CH_2$$
$$\underset{CH_3}{|}$$

（Ⅰ）1-丁烯　　　　　　　（Ⅱ）2-甲基丙烯

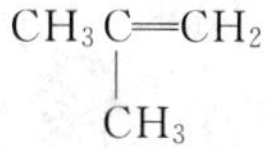

官能团位置异构：由双键位次不同产生的异构体。

$$CH_3CH_2CH=CH_2 \qquad\qquad CH_3CH=CHCH_3$$

（Ⅰ）1-丁烯　　　　　　　（Ⅲ）2-丁烯

其中 1-丁烯（Ⅰ）和 2-甲基丙烯（Ⅱ）是由于碳架不同而产生的异构体，叫做碳架异构；1-丁烯（Ⅰ）和 2-丁烯（Ⅲ）则是由于双键位次不同产生的异构体，叫做官能团位置异构。

【问题 4-1】 写出含有五个碳原子的戊烯（C_5H_{10}）各种构造异构体的构造式。

4.2.2　顺反异构

通过研究乙烯的结构已知：①乙烯分子是平面形的，两个碳原子和四个氢原子处于同一平面内；②C＝C 双键不能绕键轴自由旋转。由于这两种原因，当两个双键碳原子各连有两个不同的原子或基团时，可能产生两种不同的空间排列方式。例如，2-丁烯，由于每个双键碳原子各连接一个氢原子和一个甲基，有下列两种不同的空间排列，形成两个不同的化合物，它们具有不同的物理性质：

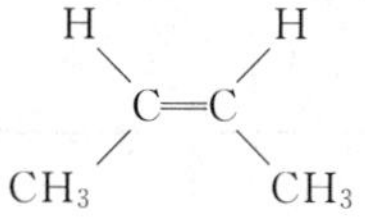

（Ⅰ）顺-2-丁烯 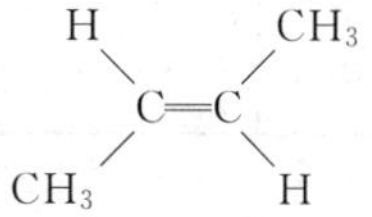　　　　　　　（Ⅱ）反-2-丁烯

	（Ⅰ）	（Ⅱ）
熔点	−139.3℃	−105.5℃
沸点	3.5℃	0.9℃
相对密度	0.6213	0.6042

（Ⅰ）和（Ⅱ）的分子式相同，原子在分子中的排列和结合顺序也相同，即构造相同，但分子中的原子在空间的排列是不同的，因此它们与 1,2-二甲基环丙烷相似，也是构型异构体，由于这种构型异构体也常用顺、反来区别，所以它们也叫做顺-反异构体。这种异构现象也叫做顺-反异构。其中，两个相同的原子或基团处于双键同一侧的，叫做顺式构型；两个相同的原子或基团处于双键两侧的，叫做反式构型。例如，在上式（Ⅰ）中，两个氢原子（或两个甲基）处于双键同一侧，叫做顺式——顺-2-丁烯；在上式（Ⅱ）中，两个氢原子（或两个甲基）处于双键的两侧，叫做反式——反-2-丁烯。这两种 2-丁烯可用球棒模型表示，如图 4-7 所示。

顺反异构现象在烯烃中很普遍，但不是所有的烯烃都存在顺反异构体。只有当两个双键碳原子都连接两个不同的原子或基团时，才产生顺反异构现象。例如，下列（Ⅰ）、（Ⅱ）和（Ⅲ）三种形式的烯烃都有顺反异构体，而其他形式的

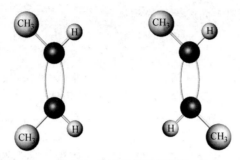

图 4-7　2-丁烯的球棒模型

烯烃则没有顺反异构体。

（Ⅰ）　　　　　　　　（Ⅱ）　　　　　　　　（Ⅲ）

（a、b、d、e 分别代表不同的原子或基团）

【问题 4-2】烯烃产生顺反异构现象的根本原因是什么？

【问题 4-3】下列烯烃有无顺反异构体，若有，写出其顺反异构体的结构式。

(1)（CH$_3$）$_2$C═C(CH$_3$)$_2$　　　　　　(2) CH$_3$CH═CHC$_2$H$_5$

(3) CH$_2$═CCH$_2$CH$_3$　　　　　　　　(4) CH$_3$CH$_2$CH═CHCH$_2$CH$_3$
　　　　|
　　　CH$_3$

4.3　烯烃的命名法

4.3.1　烯基

　　烯烃分子形式上去掉一个氢原子后剩下的基团叫做烯基。最常见的烯基有：

CH$_2$═CH—　　　　CH$_3$CH═CH—　　　　CH$_2$═CH—CH$_2$—　　　　CH$_3$—C═CH$_2$
　　　　　　　　　　　　　　　　　　　　　　　　　　　　　　　　　　|

乙烯基　　　　　　　丙烯基　　　　　　　烯丙基　　　　　　　异丙烯基

其中以烯丙基和乙烯基最常见。

4.3.2　烯烃的命名

　　烯烃的命名原则和烷烃基本相同，也有普通命名法、衍生命名法和系统命名法。其中，普通命名法只有个别烯烃适用。例如：

CH$_3$—C═CH$_2$
　　　|
　　CH$_3$

异丁烯

对于比较简单的烯烃，也可以采用衍生命名法。衍生命名法是以乙烯作为母体，将其他烯烃看作是乙烯的烷基衍生物来命名。例如：

$$CH_3-CH=CH-CH_3 \qquad \begin{matrix} CH_3-CH-CH=CH_2 \\ | \\ CH_3 \end{matrix} \qquad (CH_3)_2C=C(CH_3)_2$$

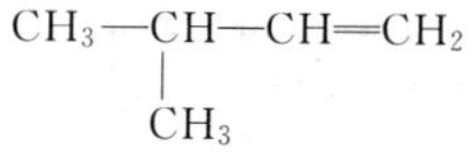

　　　　对称二甲基乙烯　　　　　　　　异丙基乙烯　　　　　　四甲基乙烯

烯烃的命名法主要采用系统命名法，系统命名法的要点如下：

（1）选择含有 C＝C 双键在内的最长碳链作为主链，支链作为取代基，根据主链所含碳原子数叫做"某烯"。

（2）将主链上的碳原子从 C＝C 双键最靠边的一端开始依次用阿拉伯数字 1，2，3……编号， C＝C 双键的位次用两个双键碳原子中编号小的碳原子的号数表示，放在"某烯"之前，数字与"某烯"之间用半字线相连。

（3）取代基的位次、数目、名称写在烯烃名称之前，其原则和书写格式与烷烃相同。例如：

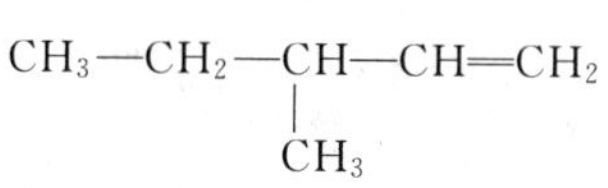

$$\begin{matrix} CH_3-CH_2-CH-CH=CH_2 \\ | \\ CH_3 \end{matrix}$$

　　　　　　3-甲基-1-戊烯

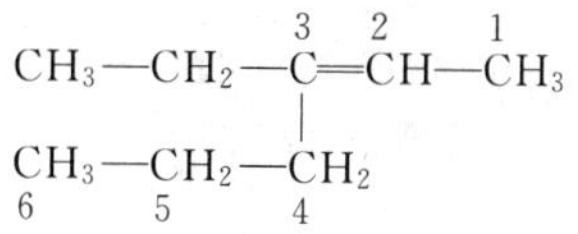

$$\begin{matrix} & & & 3 & 2 & 1 \\ CH_3-CH_2-C=CH-CH_3 \\ & & | \\ CH_3-CH_2 \\ 6 & 5 & 4 \end{matrix}$$

　　　　　　3-乙基-2-己烯

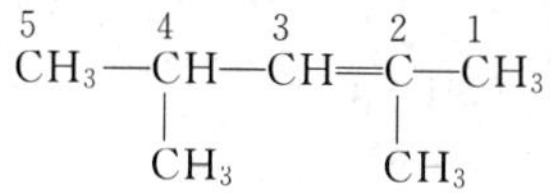

$$\begin{matrix} 5 & 4 & 3 & 2 & 1 \\ CH_3-CH-CH=C-CH_3 \\ | & & | \\ CH_3 & & CH_3 \end{matrix}$$

　　　　　2,4-二甲基-2-戊烯

$$\begin{matrix} & & 3 & 2 & 1 \\ CH_3-CH-C=CH_2 \\ | & | \\ CH_3-CH_2 & CH_2-CH_3 \\ 6 & 5 & 4 \end{matrix}$$

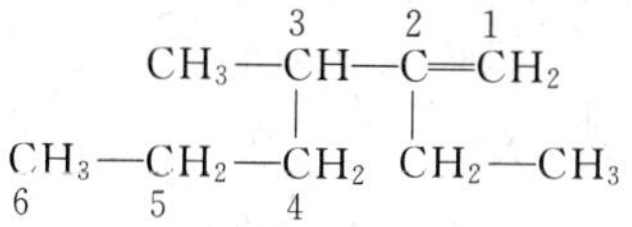

　　　　3-甲基-2-乙基-1-己烯

与烷烃不同，当烯烃主链的碳原子数多于十个时，命名时汉字数字与烯字之间应加一个"碳"字，而烷烃则无。例如：

$$CH_3(CH_2)_9CH=CH_2 \qquad CH_3(CH_2)_9CH_2CH_3$$
　　　　　　1-十二碳烯　　　　　　　　十二烷

通常将 C＝C 双键处于端位的烯烃，即双键在 C-1 和 C-2 之间的烯烃，统称为 α-烯烃。这一术语在石油化学工业中使用较多。例如，下列烯烃具体名称不同，但都可以笼统叫做 α-烯烃。

$$CH_3CH_2CH=CH_2 \qquad CH_3(CH_2)_{15}CH=CH_2 \qquad \begin{matrix} CH_3-CH_2-CH_2-C=CH_2 \\ | \\ CH_3 \end{matrix}$$

　　1-丁烯　　　　　　　1-十八碳烯　　　　　　　2-甲基-1-戊烯

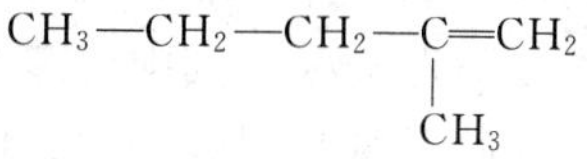

环烯烃的命名是以环为母体，根据组成环的碳原子数叫做"环某烯"，支链作为取代基。环上碳原子的编号是从双键碳原子开始（这一点与链状烯烃不同。由于双键的位次号必然是 1 和 2，故双键的位次不需注明），且使取代基的位次号尽可能小。其他原则与链状烯烃相同。例如：

　　　　　　　　　环戊烯 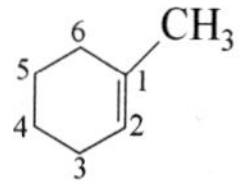　　1-甲基环己烯 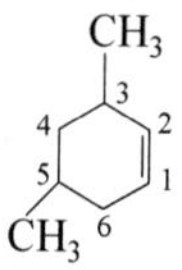　　3,5-二甲基环己烯

【问题 4-4】用衍生命名法命名下列烯烃：

(1) $CH_3-\overset{\displaystyle CH_3}{\underset{\displaystyle \|}{C}}=CH_2$　　　(2) $CH_3-\overset{\displaystyle CH_3}{\underset{\displaystyle \underset{\displaystyle CH_3}{|}}{C}}-CH=CH_2$

(3) $CH_3-\overset{\displaystyle CH_3}{\underset{\displaystyle \|}{C}}=CH-CH_3$　　　(4) $CH_2=\overset{\displaystyle CH_3}{\underset{\displaystyle \underset{\displaystyle CH_2-CH_3}{|}}{C}}-CH_2-CH_3$

【问题 4-5】用系统命名法命名下列烯烃，并指出哪些是 α-烯烃。

(1) $(CH_3)_3C-CH=CH_2$　　　(2) $(CH_3)_2CH-\overset{\displaystyle \|}{\underset{\displaystyle \underset{\displaystyle CH_2}{|}}{C}}-CH_2CH_3$

(3) $\underset{H}{\overset{(CH_3)_2CH}{C}}=\underset{CH_3}{\overset{H}{C}}$　　　(4) $\underset{CH_3CH_2CH_2CH_2}{\overset{CH_3CH_2}{C}}=\underset{CH_2CH_3}{\overset{CH_3}{C}}$

【问题 4-6】命名下列环烯烃：

(1) 　　(2) 　　(3)

4.3.3　顺反异构体的命名

　　烯烃顺反异构体的命名，可采用顺反命名法和 Z,E 命名法（也叫做 Z,E-标记法）两种方法。顺反命名法比较简单方便，但有局限性。Z,E 命名法适用于所有烯烃顺反异构体，故在烯烃的系统命名法中采用 Z,E 命名法。

　　（1）顺反命名法

　　烯烃顺反异构体的命名可分两步进行，首先写出烯烃的名称，然后指出是顺式还是反式，并将顺或反写在烯烃名称之前，在顺或反与烯烃名称之间用半字线相连，即得全称。其中何者为顺？何者为反？如本书"顺反异构"中所述：两个相同的原子或基团处于双键同一侧的，叫做顺式；反之叫做反式。例如：

$$\underset{CH_3}{\overset{H}{C}}=\underset{CH_2CH_3}{\overset{H}{C}} \qquad \underset{H}{\overset{CH_3}{C}}=\underset{CH_2CH_3}{\overset{H}{C}}$$

顺-2-戊烯　　　　　　　　反-2-戊烯

但当两个双键碳原子所连接的四个原子或基团都不相同时，则难用顺反命名法命名。例如：

$$\underset{H_3C}{\overset{H}{C}}=\underset{CH_2CH_2CH_3}{\overset{CH_2CH_3}{C}}$$

对于这种类型的烯烃，需用 Z,E 命名法命名。

（2）Z,E 命名法

（A）次序规则　在讨论 Z,E 命名法之前，首先介绍“次序规则”。为了表达某些立体化学关系，需要确定有关原子或基团的排列次序，这种方法叫次序规则。次序规则的主要内容如下：

① 将与双键碳原子直接相连的原子按原子序数大小排列，大的为“较优”基团。若是同位素，则质量高的定为“较优”基团，“较优”基团排在前面。未共用电子对（：）被规定为最小，排在氢原子以后。例如：

$$I > Br > Cl > S > F > O > N > C > D > H > :$$

在上式中，I 原子与其他原子相比为“较优”基团；C 原子与 D、H 原子和未共用电子对相比为“较优”基团。符号“>”表示“优先于”，即前者优先于后者。

② 如果与双键碳原子直接相连原子的原子序数相同，则需要再比较由该原子向外推算的第二原子的原子序数，依次外推，直到比较出较优的基团为止。例如，$—CH_3$ 和 $—CH_2CH_3$ 与双键碳原子直接相连的都是碳原子，因此需要外推至第二个原子，其中，在 $—CH_3$ 中与碳原子相连的第二个原子是三个氢原子（H，H，H），而在 $—CH_2CH_3$ 中则是一个碳原子和两个氢原子（C，H，H），由于碳原子的原子序数大于氢原子，所以 $—CH_2CH_3$ 是“较优”基团，即 $—CH_2CH_3 > —CH_3$。同理，$—C(CH_3)_3 > —CH(CH_3)_2 > —CH_2CH_3$。

③ 当基团是含有双键或叁键的不饱和基时，可以认为双键或叁键原子连有两个或三个相同的原子。例如：

$—CH{=}CH_2$　相当于

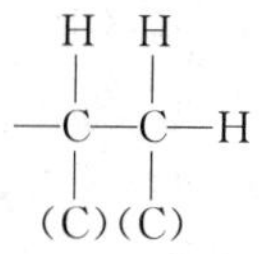

$—C{\equiv}CH$　相当于

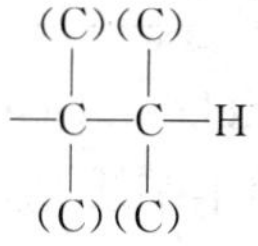

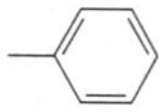

相当于

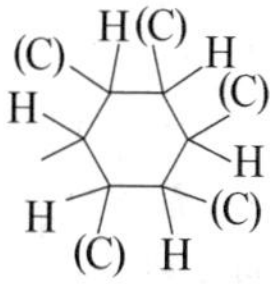

表 4-1 列出了一些原子和基团的优先次序，序号较大者优先序号较小者。

（B）Z，E 命名法　掌握次序规则以后，再用 Z，E 命名法命名烯烃的顺反异构体就比较容易了。利用 Z，E 命名法命名时，首先根据次序规则比较出两个双键碳原子上所连接的两个原子或基团哪个优先，当两个双键碳原子上的“较优”原子或基团都处于双键的同侧时，叫做 Z 式（Z 是德文 Zusammen 的字首，同一侧之意）；如果两个双键碳原子上的“较优”原子或基团处于双键的两侧，

表 4-1　"次序规则"中常见原子和基团的优先次序

序号	原子或基团名	构 造 式	序号	原子或基团名	构 造 式
1	甲基	$-CH_3$			$-C-OCH_2CH_3$
2	乙基	$-CH_2CH_3$	19	乙氧羰基	$\parallel$ O
3	丙基	$-CH_2CH_2CH_3$			
4	丁基	$-CH_2CH_2CH_2CH_3$	20	氨基	$-NH_2$
5	异丁基	$-CH_2CHCH_3$ 　　　　 CH_3	21	铵基	$-\overset{+}{N}H_3$
6	烯丙基	$-CH_2CH=CH_2$	22	甲氨基	$-NHCH_3$
7	苄基(苯甲基)	$-CH_2-\bigcirc$	23	乙酰氨基	$-NH-C-CH_3$ 　　　$\parallel$ O
8	异丙基	$-CH(CH_3)_2$	24	二甲氨基	$-N(CH_3)_2$
9	乙烯基	$-CH=CH_2$	25	三甲铵基	$-\overset{+}{N}(CH_3)_3$
10	仲丁基	$-CH(CH_3)CH_2CH_3$	26	亚硝基	$-NO$
11	环己基	$\bigcirc$	27	硝基	$-NO_2$
12	叔丁基	$-C(CH_3)_3$	28	羟基	$-OH$
13	乙炔基	$-C\equiv CH$	29	甲氧基	$-OCH_3$
14	苯基	$\bigcirc$	30	甲酰氧基(甲酸基)	$-O-C-H$ 　　　　$\parallel$ O
15	甲酰基	$-C-H$ 　$\parallel$ O	31	乙酰氧基	$-O-C-CH_3$ 　　　　$\parallel$ O
16	乙酰基	$-C-CH_3$ 　$\parallel$ O	32	氟	$-F$
17	羧基	$-C-OH$ 　$\parallel$ O	33	巯基	$-SH$
			34	甲硫基	$-SCH_3$
18	甲氧羰基 (甲酯基)	$-C-OCH_3$ 　　$\parallel$ O	35	磺基	$-SO_3H$
			36	氯	$-Cl$
			37	溴	$-Br$
			38	碘	$-I$

则叫做 E 式 (E 是 Entgegen 的字首,相反之意)。然后将 Z 或 E 加括号,放在烯烃名称之前,同时用半字线与烯烃名称相连,即得全称。例如:

$$\begin{array}{c} \underset{H_3C}{\overset{H}{\diagdown}}C=C\underset{CH_3}{\overset{H}{\diagup}} \\ (Z)\text{-2-丁烯} \end{array} \qquad CH_3>H \\ CH_3>H \qquad \begin{array}{c} \underset{H_3C}{\overset{H}{\diagdown}}C=C\underset{H}{\overset{CH_3}{\diagup}} \\ (E)\text{-2-丁烯} \end{array}$$

$$\begin{array}{c} \underset{H_3C}{\overset{H}{\diagdown}}C=C\underset{CH_3}{\overset{CH_2CH_3}{\diagup}} \\ (E)\text{-3-甲基-2-戊烯} \end{array} \qquad CH_3>H \\ CH_2CH_3>CH_3 \qquad \begin{array}{c} \underset{H_3C}{\overset{H}{\diagdown}}C=C\underset{CH_2CH_3}{\overset{CH_3}{\diagup}} \\ (Z)\text{-3-甲基-2-戊烯} \end{array}$$

有时为了清楚和方便,常常利用箭头表示双键碳原子上的两个原子或基团由序号大到小的方向,即大→小,当两个箭头方向一致时,是 Z 式,反之是 E 式。例如,上述两个化合物的顺反异构体也可以如下:

$$\begin{array}{ccc} H & & H \\ & C=C & \\ H_3C & & CH_3 \end{array}$$
$$(Z)\text{-}2\text{-丁烯}$$

$$\begin{array}{ccc} H & & CH_3 \\ & C=C & \\ H_3C & & H \end{array}$$
$$(E)\text{-}2\text{-丁烯}$$

$$\begin{array}{ccc} H & & CH_2CH_3 \\ & C=C & \\ H_3C & & CH_3 \end{array}$$
$$(E)\text{-}3\text{-甲基}\text{-}2\text{-戊烯}$$

$$\begin{array}{ccc} H & & CH_3 \\ & C=C & \\ H_3C & & CH_2CH_3 \end{array}$$
$$(Z)\text{-}3\text{-甲基}\text{-}2\text{-戊烯}$$

对于上述 2-丁烯和 3-甲基-2-戊烯的顺反异构体，若用顺反法命名时，(Z)-2-丁烯是顺-2-丁烯；(E)-2-丁烯是反-2-丁烯。但 (E)-3-甲基-2-戊烯是顺-3-甲基-2-戊烯；(Z)-3-甲基-2-戊烯是反-3-甲基-2-戊烯。由此可知，在顺反命名法和 Z,E 命名法中，顺和 Z、反和 E 不是对应关系，顺可以是 Z，也可以是 E，反之亦然，这一点必须明确。虽然在一些常见的烯烃顺反异构体中，顺式多数也是 Z 式，反式多数也是 E 式，但不是必然如此。

【问题 4-7】用 Z,E 命名法命名下列化合物：

(1)
$$\begin{array}{ccc} H_3C & & CH_2CH_3 \\ & C=C & \\ H & & CH(CH_3)_2 \end{array}$$

(2)
$$\begin{array}{ccc} H_3C & & CH_2CH_2CH_3 \\ & C=C & \\ H & & CH_2CH_3 \end{array}$$

(3)
$$\begin{array}{ccc} H_3C & & CH_2CH_3 \\ & C=C & \\ H_3CH_2C & & CH_3 \end{array}$$

(4)
$$\begin{array}{ccc} Br & & H \\ & C=C & \\ Cl & & F \end{array}$$

4.4　烯烃的来源和制法

4.4.1　从裂解气和炼厂气中分离

乙烯和丙烯是重要的化工原料，工业上对这两种化工原料都进行了大规模生产，其中乙烯的产量被认为是衡量一个国家石油化学工业发展水平的标志。

目前工业上是采用石油馏分或湿天然气（除主要含甲烷外，还含乙烷和丙烷等）为原料经热裂解大规模生产乙烯和丙烯。热裂解的实质是将原料与水蒸气混合，在 $750\sim930℃$ 进行反应，然后冷却到 $300\sim400℃$ 左右。这一过程需在不到一秒钟内完成。所得产物主要是一些低级烃的混合物，然后经分离得乙烯和丙烯。由乙烷、丙烷、丁烷和石脑油（石油中的一个馏分）热裂解生成的产品分布如表 4-2 所示。

另外，乙烯和丙烯还可以从炼油厂炼制石油时所得到的炼厂气分离得到。炼厂气组成的一个实例如表 4-3 所示。

炼厂气分离出的乙烷和丙烷以及石油馏分热裂化产品中分离出的乙烷和丙

表 4-2　石油馏分热裂解产品分布（质量分数，%）

产品组成＼原料	乙　烷	丙　烷	丁　烷	石脑油
氢	3.3	1.2	0.7	1.0
甲烷	5.1	25.3	23.3	15.0
乙炔	0.2	0.3	0.5	0.5
乙烯	47.7	36.5	31.2	31.3
乙烷	37.7	6.5	7.3	3.4
丙烯	2.1	14.1	17.8	13.1
丙烷	0.4	8.1	0.9	0.6
丁二烯			1.7	4.2
丁烯和丁烷	} 1.7	2.9	6.5	2.8
汽油				22.0
燃料油	} 1.8	5.0	10.1	6.0

表 4-3　炼厂气组成的一个实例（酸性气体和惰性气体已除去）

成　分	体积分数/%	成　分	体积分数/%
氢	12.5	丙烯	1.8
甲烷	44.8	丙烷	6.2
乙烯	9.5	>C₄ 的烃类	2.4
乙烷	22.8		

烷，仍可以进行循环裂化以提高乙烯和丙烯的收率。

4.4.2　醇脱水

　　醇在催化剂作用下加热，则醇脱去一分子水生成烯烃。这是实验室中制备烯烃的一种重要方法。例如：

$$
\begin{array}{c}
\text{CH}_2\text{—CH}_2 \\
\;\mid\quad\;\;\mid \\
\text{H}\quad\;\;\text{OH}
\end{array}
\xrightarrow[\text{或 Al}_2\text{O}_3, 350\sim360℃]{\text{浓 H}_2\text{SO}_4, 160\sim170℃}
\text{CH}_2\text{=CH}_2 + \text{H}_2\text{O}
$$

乙醇

$$
\begin{array}{c}
\text{CH}_3\text{—CH—CH}_2 \\
\quad\;\;\mid\quad\;\;\mid \\
\quad\;\;\text{H}\quad\;\;\text{OH}
\end{array}
\xrightarrow[350\sim400℃]{\text{Al}_2\text{O}_3}
\text{CH}_3\text{—CH=CH}_2 + \text{H}_2\text{O}
$$

异丙醇

$$
\begin{array}{c}
\quad\quad\;\;\text{CH}_3 \\
\quad\quad\;\;\mid \\
\text{CH}_3\text{—C—CH}_2\text{—CH}_3 \\
\quad\quad\;\;\mid \\
\quad\quad\;\;\text{OH}
\end{array}
\xrightarrow[<100℃, 70\%]{\text{浓 H}_2\text{SO}_4}
\begin{array}{c}
\quad\quad\;\text{CH}_3 \\
\quad\quad\;\mid \\
\text{CH}_3\text{—C=CH—CH}_3
\end{array}
\quad + \quad \text{H}_2\text{O}
$$

2-甲基-2-丁醇

4.4.3　卤烷脱卤化氢

　　卤烷与强碱的醇溶液（一般采用氢氧化钾或氢氧化钠的乙醇溶液）共热，则卤烷脱去一分子卤化氢生成烯烃。这是制备烯烃，也是生成 C＝C 双键的一种方法。例如：

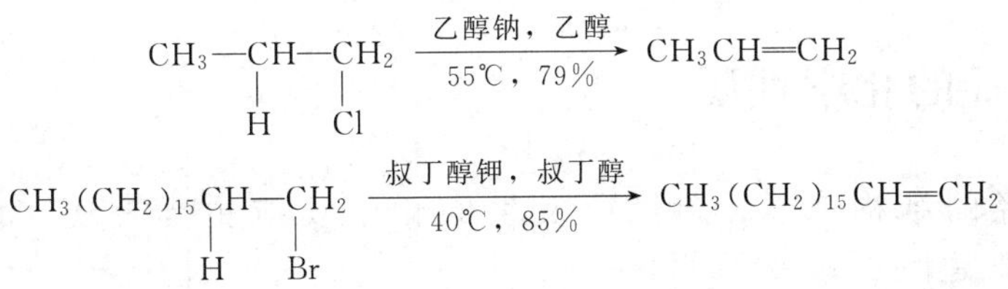

$$CH_3-\underset{\underset{H}{|}}{\overset{\overset{}{|}}{C}}H-CH_2 \xrightarrow[55℃,79\%]{\text{乙醇钠，乙醇}} CH_3CH=CH_2$$

$$CH_3(CH_2)_{15}\underset{\underset{H}{|}}{\overset{\overset{}{|}}{C}}H-CH_2 \xrightarrow[40℃,85\%]{\text{叔丁醇钾，叔丁醇}} CH_3(CH_2)_{15}CH=CH_2$$

4.5 烯烃的物理性质

烯烃的物理性质与烷烃相近，它们都是无色物质。常温时，具有 $C_2 \sim C_4$（指含有两个到四个碳原子，其余类推）的烯烃是气体，具有 $C_5 \sim C_{15}$ 的烯烃是液体，C_{16} 以上的烯烃是固体。直链 α-烯烃的沸点与直链烷烃相似，也是随相对分子质量的增大而升高，与相应的烷烃相比，直链 α-烯烃的沸点略低一些。烯烃比水轻，相对密度小于 1。烯烃不溶于水，但溶于苯、四氯化碳和乙醚等非极性和极性很弱的有机溶剂。一些常见烯烃的物理常数如表 4-4 所示。

表 4-4 一些常见烯烃的物理常数

名　称	构　造　式	熔　点/℃	沸　点/℃	相对密度 d_4^{20}
乙烯	$CH_2=CH_2$		−107.7	
丙烯	$CH_3CH=CH_2$		−47.4	0.5193
1-丁烯	$CH_3CH_2CH=CH_2$	−185.4	−6.3	0.5951
顺-2-丁烯	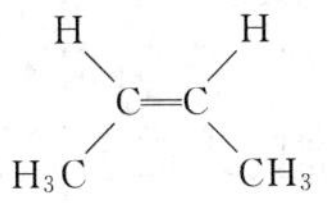 (结构式)	−139.3	3.7	0.6213
反-2-丁烯	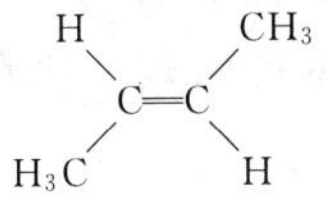 (结构式)	−105.5	0.9	0.6042
异丁烯	$(CH_3)_2C=CH_2$	−139	−6.9	0.5942
1-戊烯	$CH_3(CH_2)_2CH=CH_2$	−138	30.0	0.6405

由表 4-4 可以看出，对于碳原子数相同烯烃的顺反异构体，顺式异构体的沸点比反式异构体略高，而熔点则是反式异构体比顺式异构体略高。这是由于顺式异构体是非对称分子，偶极距不等于零，呈现微弱的极性，故沸点略高，而反式异构体是对称分子，它在晶格中的排列比顺式异构体较紧密，故熔点较高。例如，2-丁烯的顺反异构体的偶极距如下所示：

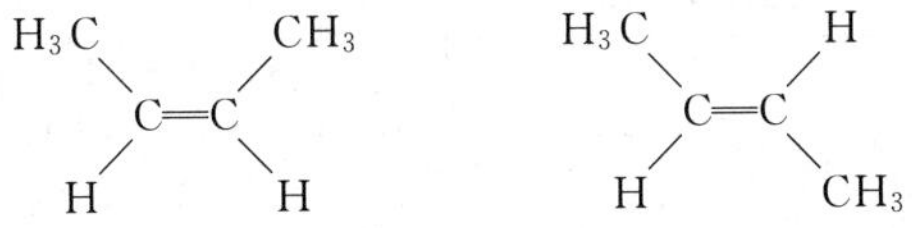

$$\mu = 1.10 \times 10^{-30} C \cdot m \qquad\qquad \mu = 0$$

4.6 烯烃的化学性质

从烯烃的结构来看，烯烃所发生的化学反应主要表现在两个部位：① C=C 双键上；②α-碳原子上。

4.6.1 加成反应

在一定条件下，烯烃与一些试剂作用，烯烃分子内的 C=C 双键中的 π 键断裂，两个双键碳原子分别与试剂中的两个一价原子或基团结合，生成加成产物，这种反应叫做加成反应。

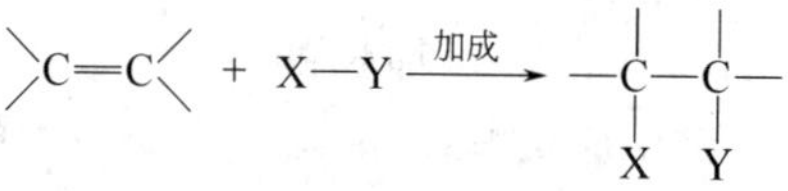

$$>C=C< \ + \ X-Y \ \xrightarrow{\text{加成}} \ -\underset{X}{\overset{|}{C}}-\underset{Y}{\overset{|}{C}}-$$

　　　烯烃　　　试剂　　　　　　加成产物

烯烃所发生的反应，多数是加成反应。通过加成反应，可以从烯烃合成出许多有用的化合物。

（1）催化加氢

在铂、钯或镍等金属催化剂存在下，烯烃能与氢发生加成反应，生成烷烃。

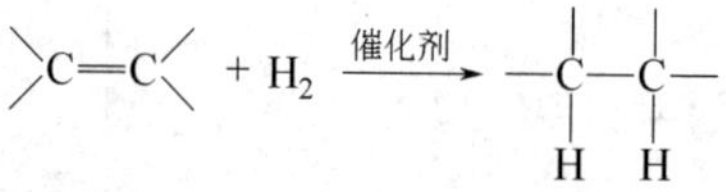

$$>C=C< \ + \ H_2 \ \xrightarrow{\text{催化剂}} \ -\underset{H}{\overset{|}{C}}-\underset{H}{\overset{|}{C}}-$$

　　　烯烃　　　　　　　　　烷烃

在反应过程中，烯烃和氢都被吸附在催化剂的表面上，氢分子在催化剂表面发生键的断裂生成活泼的氢原子，烯烃的键被催化剂活化甚至断裂，然后氢原子与双键碳原子结合生成烷烃。由于催化剂吸附烷烃较差，则烷烃解吸。催化剂再吸附反应物直至反应完成。

催化加氢反应是放热反应。1mol 烯烃催化加氢生成烷烃时放出的热量，叫做烯烃的氢化热。烯烃的氢化热越高，则原来烯烃分子的内能越高，相对来说，该烯烃的相对稳定性越低。因此，利用烯烃的氢化热不同，可用来研究和比较不同烯烃的相对稳定性。一些烯烃的氢化热如表 4-5 所示。例如，顺-2-丁烯和反-2-丁烯经催化加氢都生成丁烷，但顺-2-丁烯的氢化热为 119.7kJ/mol，而反-2-丁烯的氢化热为 115.5kJ/mol，说明顺-2-丁烯比反-2-丁烯含有较高的能量，故

表 4-5　一些烯烃的氢化热

烯　烃	氢化热/(kJ·mol^{-1})	烯　烃	氢化热/(kJ·mol^{-1})
$CH_2=CH_2$	137.2	顺—$CH_3CH=CHCH_3$	119.7
$CH_3CH=CH_2$	125.9	反—$CH_3CH=CHCH_3$	115.5
$CH_3CH_2CH=CH_2$	126.8	$(CH_3)_2C=CHCH_3$	112.5
$(CH_3)_2C=CH_2$	118.8	$(CH_3)_2C=C(CH_3)_2$	111.3

顺-2-丁烯比反-2-丁烯的稳定性差。在烯烃的顺反异构体中,一般是顺式异构体的稳定性小于反式异构体。

通过烯烃的催化加氢反应,不仅利用氢化热可以从实验上初步确定烯烃的稳定性,而且在工业上和实验室中都具有重要用途。例如,在石油加工工业中,从石油加工所得粗汽油常含有少量烯烃,由于烯烃易发生氧化或聚合等反应,而影响油品质量,若对粗汽油进行加氢处理,则得到无烯烃的汽油,可提高油品的稳定性。这种汽油叫做加氢汽油。

(2) 与卤素加成

(A) 与卤素加成　烯烃与卤素容易发生加成反应,生成连二卤化物(两个卤原子连在相邻两个碳原子上):

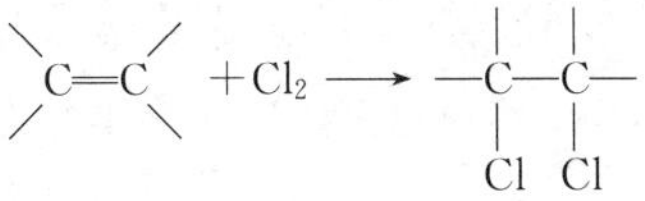

$$\diagdown C=C\diagup + Cl_2 \longrightarrow -\underset{Cl}{\overset{|}{C}}-\underset{Cl}{\overset{|}{C}}-$$

卤素中的氟非常活泼,它与烯烃进行加成反应时,不仅很难避免取代反应的发生,且往往得到碳键断裂的各种产物,因此没有实用价值。氯也很活泼,与烯烃进行加成反应时,也伴随着取代反应。为了使加成反应顺利进行,通常采取既加入溶剂稀释、又加入催化剂的办法。例如,工业上制备 1,2-二氯乙烷是在 40℃左右,以 1,2-二氯乙烷为溶剂,用三氯化铁作催化剂,使乙烯与氯进行加成反应而得。

$$CH_2=CH_2+Cl_2 \xrightarrow[40℃,\ 2MPa]{FeCl_3} \underset{Cl}{\overset{|}{C}H_2}-\underset{Cl}{\overset{|}{C}H_2}$$
1,2-二氯乙烷

产物 1,2-二氯乙烷除用作溶剂外,也是合成聚氯乙烯的原料氯乙烯的中间体。

溴与烯烃的加成反应很容易进行。例如,将乙烯通入到溴中即得到 1,2-二溴乙烷:

$$CH_2=CH_2+Br_2 \longrightarrow \underset{Br}{\overset{|}{C}H_2}-\underset{Br}{\overset{|}{C}H_2}$$
1,2-二溴乙烷

溴与烯烃的加成反应,不仅可用来制备连二溴代物,也可用来鉴别和定量测定含有 C=C 双键的化合物。作为鉴别反应,通常需要有明显的现象发生,反应前后如有颜色变化、有热量放出、有气体或沉淀生成等,以利于观察。由于烯烃和连二溴化物为无色而溴为红棕色,如果烯烃与溴混合后,若发生加成反应,溴的红棕色逐渐消失,故可判断此化合物是烯烃。

碘是最不活泼的卤素,除少数烯烃外,一般不与碘发生加成反应。在烯烃与卤素的加成反应中,反应活性的大小即反应速度的快慢,对烯烃而言,反应活性由大到小的顺序是:

$$(CH_3)_2C=C(CH_3)_2 > (CH_3)_2C=CHCH_3 > (CH_3)_2C=CH_2 > CH_3CH=CH_2 > CH_2=CH_2$$

对卤素而言，反应活性由大到小的顺序是：

$$Cl_2 > Br > I_2$$

（B）烯烃亲电加成的反应机理　　由乙烯的结构可知，π键的电子云分布在两个双键碳原子所在平面的上下两层，它受碳原子核的束缚力较小，容易极化，容易给出电子，因此双键碳原子容易受缺电子的试剂进攻发生加成反应。在反应过程中，如果试剂从有机化合物分子中与之发生反应的原子接受电子而两者共有，这种试剂叫做亲电试剂。由亲电试剂的进攻发生的加成反应，叫做亲电加成。相反，在反应过程中，如果试剂把它的电子给予与之发生反应的有机分子中的原子而两者共有，则这种试剂叫做亲核试剂。由亲核试剂的进攻而发生的加成反应，叫做亲核加成。烯烃发生的加成反应，多数是亲电加成反应。

烯烃与卤素等所发生的加成反应，不是卤素分子中的两个卤原子简单地分别同时加到烯烃的两个双键碳原子上，而是分两步进行。现以烯烃与溴的加成为例说明如下：

当溴分子与烯烃接近时，溴分子因受烯烃的 π 电子的影响，Br-Brσ 键发生极化，靠近 π 键的溴原子带有部分正电荷（用 δ^+ 表示），远离 π 键的溴原子则带有部分负电荷（用 δ^- 表示），然后极化了的 Br-Brσ 键发生异裂，并与双键碳原子相互作用，形成三元环状溴鎓离子中间体与溴负离子：

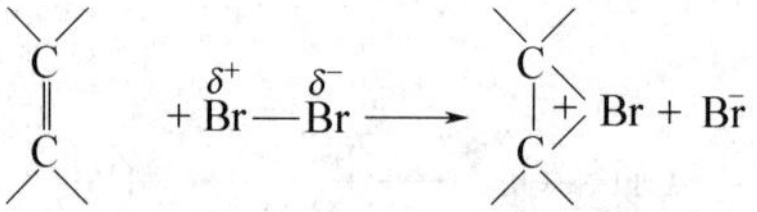

溴鎓离子

这一步是慢的一步，是决定反应速率的一步。这种由亲电试剂 Br^+ 进攻 C=C 双键碳原子而进行的加成反应叫做亲电加成。

最后，溴负离子从溴鎓离子空间阻碍较小的背面进攻两个原双键碳原子之一，生成连二溴化物

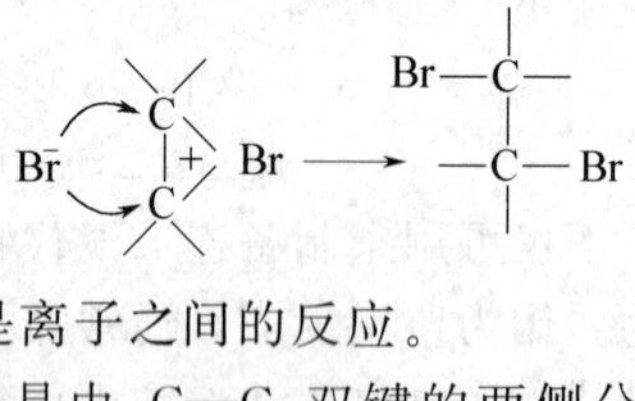

这一步反应是快的一步，是离子之间的反应。

实验证明，Br^+ 和 Br^- 是由 C=C 双键的两侧分别加到两个双键碳原子上的，人们把这种加成方式叫做反式加成。例如：

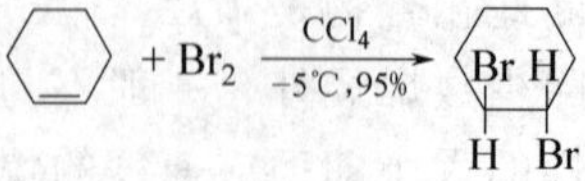

这种分步机理也通过"混杂"加成得到了进一步证实。例如，乙烯与溴在氯化钠水溶液中进行加成时，除生成 1,2-二溴乙烷外，还生成了 1-氯-2-溴乙烷和

2-溴乙醇：

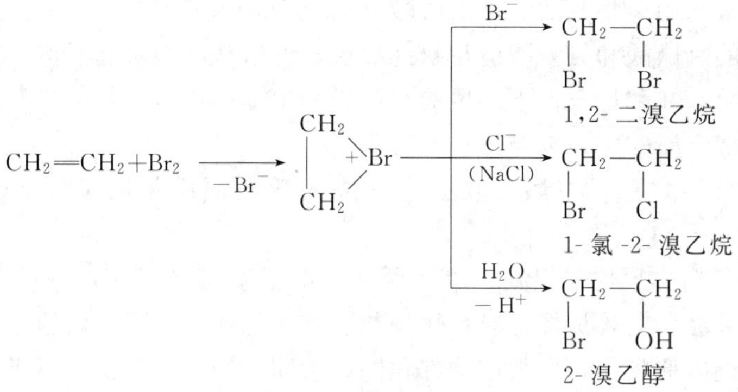

$$CH_2\!\!=\!\!CH_2 + Br_2 \longrightarrow\underset{-Br^-}{} \quad \overset{CH_2}{\underset{CH_2}{\big|}}\!\!+Br$$

经 Br^- → $\underset{Br}{CH_2}\!-\!\underset{Br}{CH_2}$　1,2-二溴乙烷

经 Cl^- (NaCl) → $\underset{Br}{CH_2}\!-\!\underset{Cl}{CH_2}$　1-氯-2-溴乙烷

经 H_2O ($-H^+$) → $\underset{Br}{CH_2}\!-\!\underset{OH}{CH_2}$　2-溴乙醇

【问题 4-8】 试用化学方法区别环己烷和环己烯。

（3）与卤化氢加成、马尔柯夫尼柯夫规则、过氧化物效应

（A）与卤化氢加成　卤化氢（氯化氢、溴化氢和碘化氢）能与烯烃发生加成反应，生成卤烷。

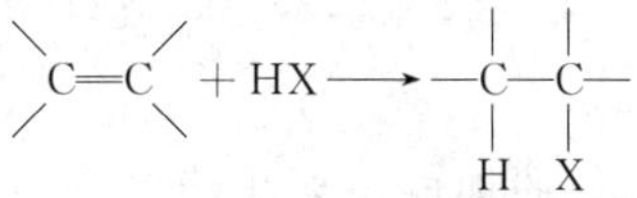

$$\underset{}{\overset{}{C}}\!\!=\!\!\underset{}{\overset{}{C}} + HX \longrightarrow \overset{|}{\underset{H}{C}}\!-\!\overset{|}{\underset{X}{C}}$$

例如，在三氯化铝催化下，于 $130\sim250\,℃$，乙烯与氯化氢反应生成氯乙烷。这是工业上生产氯乙烷的方法之一。

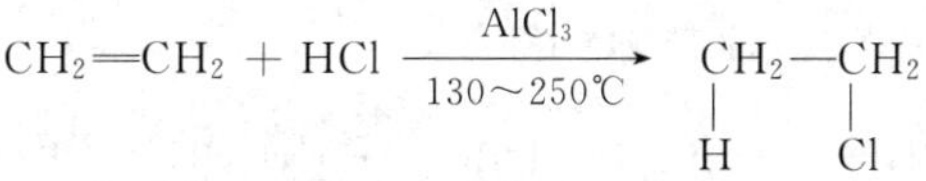

$$CH_2\!\!=\!\!CH_2 + HCl \xrightarrow[130\sim250\,℃]{AlCl_3} \overset{}{\underset{H}{CH_2}}\!-\!\overset{}{\underset{Cl}{CH_2}}$$

氯乙烷

氯乙烷可用作乙基化剂——在有机化合物分子中引入乙基。还可用作溶剂和冷冻剂等。由于它在皮肤上能很快蒸发，因此可使该部位冷至麻木而不致冻伤组织，故可用作局部麻醉剂。

溴化氢和碘化氢与烯烃发生同样反应，且比氯化氢容易进行。例如：

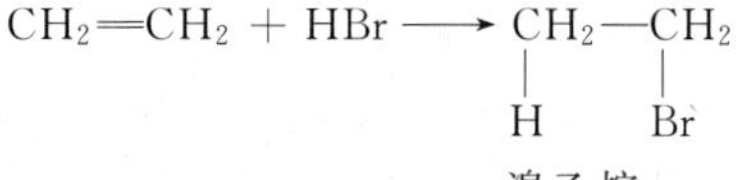

$$CH_2\!\!=\!\!CH_2 + HBr \longrightarrow \overset{}{\underset{H}{CH_2}}\!-\!\overset{}{\underset{Br}{CH_2}}$$

溴乙烷

$$CH_2\!\!=\!\!CH_2 + HI \longrightarrow \overset{}{\underset{H}{CH_2}}\!-\!\overset{}{\underset{I}{CH_2}}$$

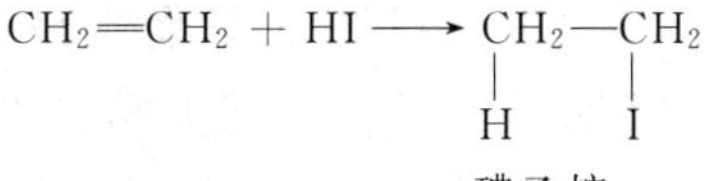

碘乙烷

卤化氢与烯烃加成的活泼顺序是：

$$HI > HBr > HCl$$

碘化氢虽然很活泼，但碘化氢具有还原性，如果碘化氢过量，则将得到还原产

物。因此，应用最多的是溴化氢和氯化氢。

反应通常采用卤化氢而不用氢卤酸（卤化氢的水溶液），因为氢卤酸的活性小，虽然浓的氢碘酸和氢溴酸能与双键加成，但浓盐酸很难起反应，另外，氢卤酸中有水，而水在酸性条件下，也能与烯烃发生加成反应，使产物复杂化。故通常将卤化氢溶于醋酸中，再与烯烃起反应。

烯烃的活性顺序，与烯烃和卤素加成的活性顺序相同（见烯烃与卤素的加成）。

（B）马尔柯夫尼柯夫规则　像乙烯这种两个双键碳原子所连接的原子或基团都相同的烯烃是对称烯烃，对称烯烃与卤化氢加成时，不论卤原子或氢原子加到哪一个双键碳原子上，所得产物都相同。然而，当两个双键碳原子上所连接的原子或基团不同时，这种烯烃是一种不对称烯烃，不对称烯烃与卤化氢加成时，就会出现两种可能。例如，丙烯与氯化氢加成时，由于丙烯是不对称烯，将可能得到以下两种产物：

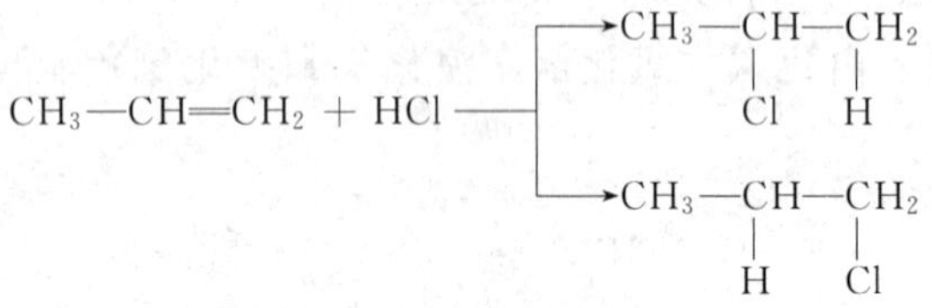

$$CH_3-CH=CH_2 + HCl \begin{cases} \longrightarrow CH_3-\underset{Cl}{CH}-\underset{H}{CH_2} \quad 2\text{-氯丙烷} \\ \\ \longrightarrow CH_3-\underset{H}{CH}-\underset{Cl}{CH_2} \quad 1\text{-氯丙烷} \end{cases}$$

实验结果表明，丙烯与氯化氢的加成主要生成 2-氯丙烷，即氯化氢分子中的氢原子加到含氢较多的双键碳原子上，而卤原子则加到含氢较少的双键碳原子上。

其他不对称烯烃与卤化氢的加成，与丙烯和氯化氢的加成相似，也是主要得到一种产物，甚至只得到一种产物。例如：

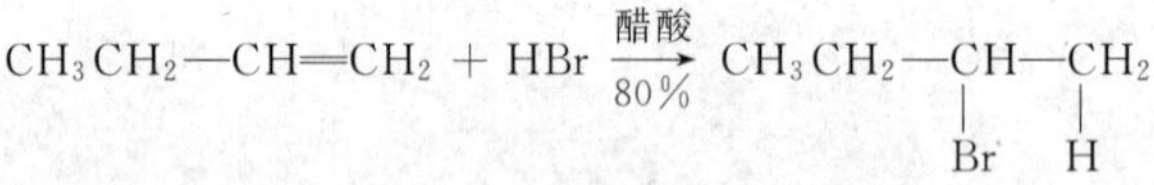

$$CH_3CH_2-CH=CH_2 + HBr \xrightarrow[80\%]{\text{醋酸}} CH_3CH_2-\underset{Br}{CH}-\underset{H}{CH_2}$$

$$2\text{-溴丁烷}$$

$$CH_3-\underset{CH_3}{C}=CH_2 + HI \xrightarrow[80\%]{\text{醋酸}} CH_3-\overset{CH_3}{\underset{I}{C}}-\underset{H}{CH_2}$$

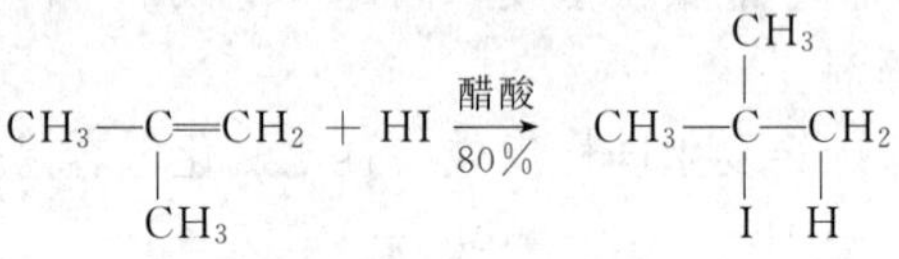

$$2\text{-甲基-2-碘丙烷}$$

马尔柯夫尼柯夫（Markovnikov）通过实验总结出一个规律，即不对称烯烃与卤化氢等不对称试剂加成时，卤化氢分子中的氢原子加到含氢较多的双键碳原子上，卤原子加到含氢较少的双键碳原子上。这个规律叫做马尔柯夫尼柯夫规则，简称马氏规则。马尔柯夫尼柯夫规则的另一表述形式是：不对称烯烃与卤化氢等不对称试剂加成时，卤化氢分子中的氢原子加到取代基较少的双键碳原子上，卤原子加到取代基较多的双键碳原子上。

（C）马尔柯夫尼柯夫规则的理论解释　烯烃与卤化氢等极性试剂的加成和

烯烃与卤素的加成相似，属于亲电加成，反应也是分步进行的，且反应机理相似。例如，烯烃与卤化氢加成的反应机理如下所示：

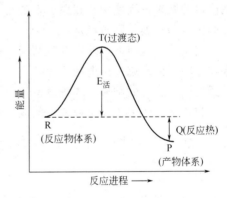

由上式可以看出，第一步是 C=C 双键与 H—X 中的 H$^+$ 加成，生成碳正离子和 X$^-$。由于这一步是吸热反应，且吸热较多，反应活化能高，反应速率较慢。这是反应速率的慢步骤，是反应速率的控制步骤，反应进行的难易应考查这一步。加成反应的速率和方向一般取决于碳正离子生成的难易，即反应活化能的高低。碳正离子越稳定，所需要的活化能越低，越容易生成。

活化能对反应速率的影响，可从过渡态理论得到解释。现对过渡态理论进行简单介绍。

化学反应是从反应物逐渐过渡到产物的一个连续过程。若把反应的中间阶段叫做过渡态，则化学反应的顺序是：

$$反应物 \longrightarrow 过渡态 \longrightarrow 产物$$

过渡态是旧键尚未完全断裂，而新键还未完全形成的一种状态，它是反应物吸收能量以后逐渐形成的，在能量-反应进程曲线上处于能垒的顶部，如图 4-8 所示。

在图 4-8 中，R 点代表反应物体系的能量，T 点代表过渡态的能量，P 点代表产物体系的能量，T 和 R 之间的能量差叫做活化能（常用 $E_活$ 表示），R 和 P 之间的能量差叫做反应热。如前所述，由反应物转变成产物要经过过渡态，从能量-反应进程曲线可以看出，必须克服高度等于反应活化能的能垒，反应才能

图 4-8　能量-反应进程图

进行。活化能越大，能垒越高，反应进程中到达过渡态越晚，反应越慢；相反，活化能越小，能垒越低，反应进程中到达过渡态越早，反应越快。由此可见，活化能是决定反应速率的主要因素。

可将过渡态看成是一个分子，通过分析其结构推测其稳定性。能稳定过渡态的因素将降低活化能。但过渡态只是一种短暂的原子排列，其寿命极短，且用实验方法观察不到，对其结构只能推测。哈蒙特（Hammond）假设，在反应过程中，分子的能量变化小的，分子的结构变化也小，因此过渡态的结构与能量相近

的分子（原料或产物）近似。对于放热反应，过渡态的能量与原料相近，过渡态的结构也与原料近似；对于吸热反应，过渡态的能量和结构则与产物近似。例如，在烯烃与卤化氢的加成反应中，由于第一步是吸热反应，过渡态的能量、结构均与碳正离子中间体近似，因此考查碳正离子的稳定性，即可从其稳定性不同推测其所需活化能的大小。据此，可进一步推断加成反应的定向。

不对称烯烃与不对称试剂的加成，为何按照马尔柯夫尼柯夫规则进行，可以根据过程中生成的碳正离子的稳定性进行解释。现以丙烯和氯化氢的加成为例说明如下。

丙烯与氯化氢的加成，第一步可能生成两种碳正离子（Ⅰ）和（Ⅱ）：

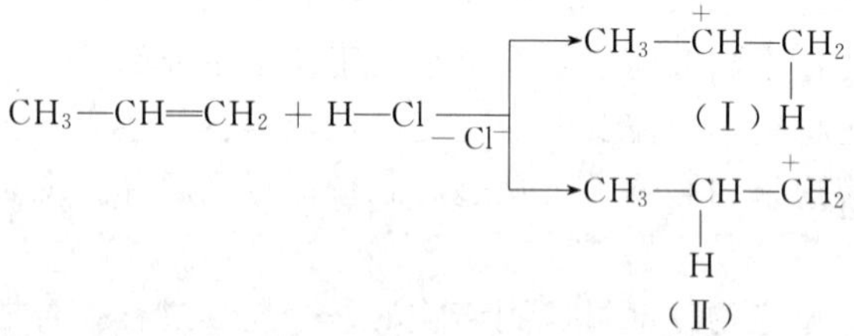

$$CH_3-CH=CH_2 + H-Cl \xrightarrow[-Cl^-]{} \begin{cases} \rightarrow CH_3-\overset{+}{CH}-CH_2 \quad (Ⅰ) \; H \\ \rightarrow CH_3-CH-\overset{+}{CH_2} \\ \qquad\qquad H \quad (Ⅱ) \end{cases}$$

碳正离子（Ⅰ）和（Ⅱ）哪一个比较稳定，与其结构有关。由于碳正离子的中心碳原子（带正电荷的碳原子）带有正电荷，是缺电子的，如果正电荷得到分散，则该碳正离子趋于稳定。碳正离子的中心碳原子与供电基相连时，由于供电基供电的结果，则使中心碳原子上的正电荷得到分散而趋于稳定。中心碳原子连接的供电基越多，则越稳定。

实验结果表明，烷基在多数情况下表现为供电性，当带正电荷的碳原子与烷基相连时，由于烷基供电的诱导效应（还有其他电子效应——超共轭效应，将在以后讨论）影响的结果，碳正离子比较稳定，烷基越多，这种影响越大，则碳正离子越稳定。即碳正离子稳定性的顺序是：

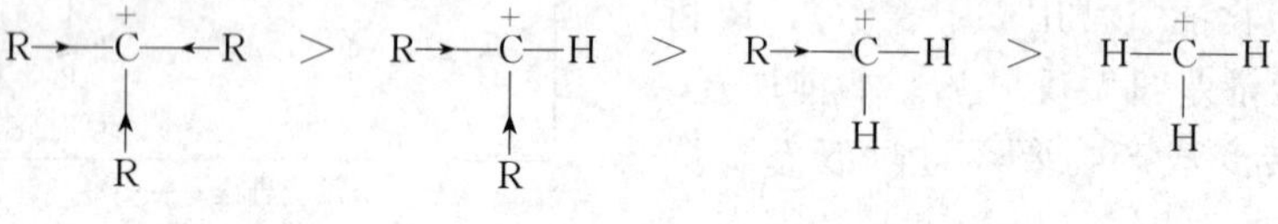

$$R\rightarrow\overset{\overset{\displaystyle R}{\uparrow}}{\underset{\underset{\displaystyle R}{\uparrow}}{\overset{+}{C}}}\leftarrow R \; > \; R\rightarrow\overset{\overset{\displaystyle H}{}}{\underset{\underset{\displaystyle R}{\uparrow}}{\overset{+}{C}}}-H \; > \; R\rightarrow\overset{\overset{\displaystyle H}{}}{\underset{\underset{\displaystyle H}{}}{\overset{+}{C}}}-H \; > \; H-\overset{\overset{\displaystyle H}{}}{\underset{\underset{\displaystyle H}{}}{\overset{+}{C}}}-H$$

　　叔烷基正离子　　　　仲烷基正离子　　　　伯烷基正离子　　伯烷基正离子
　　　　　　　　　　　　　　　　　　　　　　　　　　　　　　　（甲基正离子）

比较碳正离子（Ⅰ）和（Ⅱ），可以看出，碳正离子（Ⅰ）是仲烷基正离子，而碳正离子（Ⅱ）是伯烷基正离子，碳正离子（Ⅰ）比碳正离子（Ⅱ）稳定，生成（Ⅰ）所需活化能较低，因此（Ⅰ）比（Ⅱ）容易生成，反应速率也相应较大，如图 4-9 所示。

碳正离子（Ⅰ）是由氯化氢分子中的氢原子加到丙烯分子中含氢较多的双键碳原子上，即按照马尔柯夫尼柯夫规则进行的。因此，丙烯等不对称烯烃与氯化氢等不对称试剂的加成是按照马尔柯夫尼柯夫规则进行的。

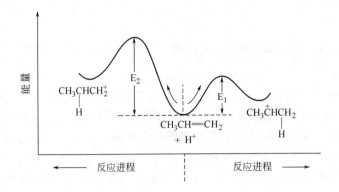

图 4-9　活性中间体与反应的取向

（D）过氧化物效应　与氯化氢和碘化氢不同，不对称烯烃与溴化氢加成时情况比较复杂。不对称烯烃与溴化氢加成时，一般符合马尔柯夫尼柯夫规则，但在过氧化物的存在下，则违反马尔柯夫尼柯夫规则，而出现反常现象。例如：

$$CH_3CH_2—CH\!=\!\!CH_2 + HBr \longrightarrow \begin{cases} \xrightarrow[90\%]{\text{无过氧化物}} CH_3CH_2—\underset{Br}{CH}—\underset{H}{CH_2} \quad （Ⅰ） \\[2em] \xrightarrow[95\%]{\text{有过氧化物}} CH_3CH_2—\underset{H}{CH}—\underset{Br}{CH_2} \quad （Ⅱ） \end{cases}$$

上述产物（Ⅱ）的生成不符合马尔柯夫尼柯夫规则。这种在过氧化物存在下，烯烃与溴化氢的加成违反马尔柯夫尼柯夫规则的叫做反马尔柯夫尼柯夫加成。又如：

$$CH_3—CH\!=\!\!CH_2 + HBr \xrightarrow{\text{过氧化物}} CH_3—\underset{H}{CH}—\underset{Br}{CH_2}$$

$$(CH_3)_3C—CH_2—CH_2—\underset{CH_3}{\overset{}{C}}\!=\!\!CH_2 + HBr \xrightarrow{\text{过氧化物}}$$

$$(CH_3)_3C—CH_2—CH_2—\underset{CH_3}{\overset{}{CH}}—CH_2Br$$

由于过氧化物的存在而引起烯烃加成定位的改变（即加成取向的改变），叫做过氧化物效应。烯烃与卤化氢的加成，只有溴化氢存在过氧化物效应。

在过氧化物存在下，利用 α-烯烃与溴化氢反应是制备 1-溴代烷的方法之一。

$$CH_3CH_2—CH\!=\!\!CH_2 + HBr \xrightarrow[95\%]{\text{过氧化物}} CH_3CH_2—\underset{H}{CH}—\underset{Br}{CH_2}$$

反应中所用的过氧化物是指有机过氧化物。有机过氧化物可看作是过氧化氢中的一个或两个氢原子被有机基团取代后的产物，其通式为

R—O—O—H 或 R—O—O—R。如过氧化乙酰 $CH_3-\overset{\displaystyle O}{\underset{\displaystyle ||}{C}}-O-O-\overset{\displaystyle O}{\underset{\displaystyle ||}{C}}-CH_3$ 和/过

氧化苯甲酰 $C_6H_5-\overset{\displaystyle O}{\underset{\displaystyle ||}{C}}-O-O-\overset{\displaystyle O}{\underset{\displaystyle ||}{C}}-C_6H_5$ 等。

（E）过氧化物效应的理论解释　不对称烯烃与溴化氢的加成能够违反马尔柯夫尼柯夫规则是由于过氧化物的存在而引起的，因此需要考查过氧化物在反应过程中的作用。与不对称烯烃和溴化氢的加成不同，在过氧化物存在下，首先不是溴化氢分子中的氢原子与不对称烯烃进行加成。由于过氧化物容易受热分解产生自由基，因此首先是过氧化物产生的自由基引发溴化氢发生均裂生成溴原子（自由基），然后溴原子再与烯烃进行加成生成烷基自由基，最后烷基自由基再与溴化氢反应，则溴化氢分子中的氢原子与烷基自由基结合，完成加成反应，同时产生溴原子，使反应继续下去。这种反应的第一步是由自由基的进攻而发生的加成反应，叫做自由基加成。

在过氧化物存在下，不对称烯烃与溴化氢的加成，是按自由基加成机理进行的。例如，在过氧化物存在下，丙烯与溴化氢的加成，其反应机理如下：

链引发：

$$RO-OR \overset{\triangle}{\longrightarrow} 2RO\cdot$$

有机过氧化物　　烷氧基自由基

$$RO\cdot + HBr \longrightarrow ROH + Br\cdot$$

醇　溴原子

链传递：

$$Br\cdot + CH_3-CH=CH_2 \longrightarrow CH_3-\overset{\displaystyle \cdot}{C}H-CH_2$$
$$|$$
$$Br$$

溴代仲烷基自由基

$$CH_3-\overset{\displaystyle \cdot}{C}H-CH_2 + HBr \longrightarrow CH_3-\underset{\displaystyle Br}{\overset{\displaystyle |}{C}}H-\underset{\displaystyle H}{\overset{\displaystyle |}{C}}H_2 + Br\cdot$$

重复链传递，直至链终止

链终止：

自由基＋自由基 ⟶ 分子

通过上述机理可以看出，由于过氧化物的存在。丙烯（不对称烯烃）与溴化氢的加成按自由基加成机理进行，而生成反马尔柯夫尼柯夫加成产物。如果进一步探讨其原因，也可以采用丙烯与卤化氢发生亲电加成，生成马尔柯夫尼柯夫加成产物的类似方法进行研究。即在过氧化物存在下，丙烯与溴原子的加成也有两种可能：①溴原子加到丙烯双键的亚甲基上，生成仲烷基自由基；②溴原子加到丙烯双键的次甲基上，生成伯烷基自由基。

$$Br \cdot + CH_3-CH=CH_2 \begin{cases} ① \rightarrow CH_3-\overset{\cdot}{C}H-CH_2 & \text{仲烷基自由基(仲自由基)} \\ \quad\quad\quad\quad | \\ \quad\quad\quad\quad Br \\ ② \rightarrow CH_3-CH-\overset{\cdot}{C}H_2 & \text{伯烷基自由基(伯自由基)} \\ \quad\quad\quad\quad | \\ \quad\quad\quad\quad Br \end{cases}$$

与亲电加成反应的取向相似,反应的取向也是越稳定的活性中间体越容易生成。在这里,活性中间体是自由基而不是碳正离子,因此越稳定的自由基应该越容易生成。已知自由基的稳定性是叔(烷基)自由基>仲(烷基)>伯(烷基)自由基。由于该反应按①进行生成的仲自由基比按②进行生成的伯自由基稳定,所需的活化能低,反应较易进行,故得到反马尔柯夫尼柯夫加成产物。

通过上述讨论可以看出,不对称烯烃与溴化氢的加成,有无过氧化物存在,加成取向不同,是由于反应机理不同导致的结果。

【问题 4-9】 写出下列反应的转变过程:

$$CH_3-CH=CH_2 \longrightarrow CH_3-CH_2-CH_2-Br$$

【问题 4-10】 完成下列反应式:

(1) $(CH_3)_2CHCH=CH_2 + HBr \longrightarrow$

(2) $(CH_3)_2CHCH=CH_2 + HBr \xrightarrow{ROOR}$

(3) $(CH_3)_2C=CHCH_3 + HCl \longrightarrow$

【问题 4-11】 丙烯和 2-甲基-1-丙烯,哪一个与溴化氢的加成反应速率快? 为什么?

---

(4) 与硫酸加成

烯烃能与冷的浓硫酸反应,生成硫酸氢酯:

$$\overset{|}{\underset{|}{C}}=\overset{|}{\underset{|}{C}} + H_2SO_4 \longrightarrow -\overset{|}{\underset{H}{C}}-\overset{|}{\underset{OSO_2OH}{C}}-$$

硫酸氢酯

在加成时,硫酸中的一个氢离子加到一个双键碳原子上,硫酸氢根负离子加到另一个双键碳原子上。对于不对称烯烃与硫酸的加成也符合马尔柯夫尼柯夫规则。例如:

$$CH_3-\overset{\overset{\displaystyle CH_3}{|}}{C}=CH_2 + H_2SO_4(63\%) \longrightarrow CH_3-\overset{\overset{\displaystyle CH_3}{|}}{\underset{\underset{\displaystyle OSO_2OH}{|}}{C}}-CH_3$$

硫酸氢叔丁酯

烯烃与冷的浓硫酸生成的硫酸氢酯溶于硫酸,这一事实可用来提纯某些类型的化合物。如利用烷烃不溶于硫酸,可用硫酸洗涤以除去其中少量的烯烃。

烯烃与硫酸加成时的活性顺序和烯烃与卤化氢的加成顺序相同。硫酸氢酯用水稀释并加热，则水解生成醇。例如：

$$\begin{array}{ccc} & CH_3 & & CH_3 \\ & | & & | \\ CH_3-\!\!\!\!&C-CH_3 + H_2O & \longrightarrow & CH_3-\!\!\!\!C-CH_3 \\ & | & & | \\ & OSO_2OH & & OH \end{array}$$

叔丁醇

烯烃与硫酸加成后再水解生成醇，总的结果可以看作是烯烃加一分子水生成醇，因此该反应叫做烯烃的间接水合。这是生产醇的一种方法，工业上利用石油裂解气中的低级烯烃——乙烯、丙烯、异丁烯等制备低级醇，这种方法叫做间接水合法，或硫酸法。例如，乙烯用 95％～98％的硫酸吸收，在 60～80℃和 0.78～1.96MPa 下进行反应，生成硫酸氢乙酯和硫酸二乙酯的混合物，然后在 80～100℃和 0.2～0.29MPa 水解生成乙醇，产率 90％；又如，丙烯用 75％～85％的硫酸吸收，在 50℃和低压下反应，生成硫酸氢异丙酯，然后用水稀释至硫酸浓度为 35％，再用低压水蒸气水解，则得到异丙醇，产率 90％以上。

$$CH_2\!=\!CH_2 \xrightarrow{H_2SO_4} CH_3CH_2OSO_3H + CH_3CH_2OSO_2OCH_2CH_3 \xrightarrow{H_2O} CH_3CH_2OH$$

乙醇

$$CH_3CH\!=\!CH_2 \xrightarrow{H_2SO_4} \begin{array}{c} CH_3CHCH_3 \\ | \\ OSO_2OH \end{array} \xrightarrow{H_2O} \begin{array}{c} CH_3CHCH_3 \\ | \\ OH \end{array}$$

异丙醇

【问题 4-12】 完成下列反应式：

$$CH_3CH_2CH\!=\!CH_2 \xrightarrow{H_2SO_4} A \xrightarrow{H_2O} B$$

（5）与水加成

在酸催化下，烯烃与水加成生成醇：

$$\begin{array}{ccc} & & & & | & | \\ \diagdown\!\!\!\diagup\!\!\!C=\!C\diagdown\!\!\!\diagup + H_2O & \xrightarrow{H^+} & -C-C- \\ & & & & | & | \\ & & & & H & OH \end{array}$$

烯烃　　　　　　　　醇

不同烯烃与水加成的活泼顺序和烯烃与卤化氢、与卤素加成的顺序相同〔见本章 4.6.1（2）〕。不对称烯烃与水加成也遵循马尔柯夫尼柯夫规则。

在酸性催化剂作用下，由烯烃与水反应生成醇的方法，叫做烯烃直接水合法。烯烃直接水合法是工业上生产乙醇、异丙醇等低级醇（含碳原子数比较少的醇）的重要方法之一。例如，在磷酸-硅藻土催化下，于 260～290℃和 7MPa 下，乙烯直接水合生成乙醇；在磷酸-硅藻土催化下，于 95℃和 1.96MPa（或在硅酸钨催化下，于 240～270℃和 14.7～19.6MPa）下丙烯直接水合生成异丙醇：

$$CH_2\!=\!CH_2 + H_2O \xrightarrow[260\sim290℃,7MPa]{\text{磷酸-硅藻土}} CH_3CH_2OH$$

$$CH_3-CH=CH_2 + H_2O \xrightarrow[95℃,1.9mpA]{磷酸-硅藻土} CH_3\underset{\underset{OH}{|}}{CH}CH_3$$

（6）与次卤酸加成

烯烃与次卤酸加成生成卤（代）醇。例如：

$$CH_2=CH_2 + HO-Cl \longrightarrow \underset{\underset{Cl}{|}}{CH_2}-\underset{\underset{OH}{|}}{CH_2}$$

氯乙醇

$$CH_3-CH=CH_2 + HO-Cl \longrightarrow CH_3-\underset{\underset{Cl}{|}}{CH}-\underset{\underset{OH}{|}}{CH_2}$$

2- 氯 -1- 丙醇

不对称烯烃与次卤酸的加成，可以将 HOX（次卤酸）看成是 HO^- 和 X^+（相当于 H-Cl 的 H^+），加成时也遵循马尔柯夫尼柯夫规则。例如：

$$(CH_3)_2C=CH_2 + HOBr \longrightarrow (CH_3)_2\underset{\underset{OH}{|}}{C}-\underset{\underset{Br}{|}}{CH_2}$$

此反应实际上是烯烃与卤素（氯和溴）在大量水存在下进行的加成反应。反应的第一步是卤素先与烯烃加成，所得活性中间体再与大量的水反应，生成卤（代）醇。现以乙烯与次卤酸的反应为例，其反应机理如下：

$$CH_2=CH_2 + Cl_2 \xrightarrow[-Cl^-]{} \underset{\underset{Cl}{|}}{CH_2}-\overset{+}{CH_2} \xrightarrow{H_2O} \underset{\underset{Cl}{|}}{CH_2}-\overset{\overset{+OH_2}{|}}{CH_2} \xrightarrow{-H^+} \underset{\underset{Cl}{|}}{CH_2}-\overset{\overset{OH}{|}}{CH_2}$$

工业上生产乙二醇和甘油的中间体（或叫中间产物）氯乙醇和 2,3-二氯丙醇，可以利用这种方法生产。

$$CH_2=CH_2 + Cl_2 + H_2O \longrightarrow \underset{\underset{Cl}{|}}{CH_2}-\underset{\underset{OH}{|}}{CH_2} + HCl$$

$$\underset{\underset{Cl}{|}}{CH_2}-CH=CH_2 + Cl_2 + H_2O \longrightarrow \underset{\underset{Cl}{|}}{CH_2}-\underset{\underset{Cl}{|}}{CH}-\underset{\underset{OH}{|}}{CH_2} + HCl$$

其中，由乙烯与氯和水反应生产氯乙醇，再进一步制备乙二醇或环氧乙烷的方法，已基本上被其他方法所代替（将在后面讨论，见 P208）。

【问题 4-13】回答下列问题：

（1）将乙烯通入溴的四氯化碳溶液中和将乙烯通入溴的水溶液中所得产物是否相同？为什么？

（2）将乙烯通入溴中，至红棕色消失后再加入水；将乙烯和水同时加入溴中至红棕色消失为止，这两种作法所得结果是否相同？为什么？

【问题 4-14】完成下列反应式：

（1）$(CH_3)_2C=CH_2 \xrightarrow{50\% H_2SO_4 - H_2O}$

(2) $(CH_3)_2C=CH_2 \xrightarrow{Br_2, H_2O}$

(7) 硼氢化反应

烯烃可以和硼氢化物进行加成反应，叫做硼氢化反应。硼氢化物又叫做硼烷，最简单的硼烷是乙硼烷 B_2H_6（甲硼烷 BH_3 不存在）。乙硼烷在无水四氢呋喃（THF）中离解成 BH_3-THF 络合物，它是反应时实际上进行硼氢化的试剂。

烯烃与硼烷的加成，首先是一个硼氢键断裂与烯烃双键加成，当烯烃过量时，硼烷的第二个和第三个硼氢键进行类似的反应，最后生成三烷基硼。例如，乙烯和乙硼烷反应生成三乙基硼，其反应式如下：

$$CH_2=CH_2 + \frac{1}{2}(BH_3)_2 \longrightarrow CH_3CH_2BH_2 \xrightarrow{CH_2=CH_2} (CH_3CH_2)_2BH$$

$$\xrightarrow{CH_2=CH_2} (CH_3CH_2)_3B$$

硼氢化反应通常在室温下就能迅速进行，操作简单，且反应几乎是定量完成的。硼氢化反应所使用的硼烷不限于乙硼烷，根据反应的需要，某些有机硼烷如烷基硼烷等也常常被用作硼氢化试剂。通过硼氢化反应所生成的有机硼烷能发生多种反应，是有机合成的重要中间体，它进一步反应可以转变成多种类型的有机化合物。

烷基硼烷若用过氧化氢的氢氧化钠水溶液处理，则被氧化，同时水解生成醇。例如

$$(CH_3CH_2)_3B \xrightarrow[NaOH, H_2O]{H_2O_2} 3CH_3CH_2OH + H_3BO_3$$

将上述两个反应合在一起叫做硼氢化-氧化反应。反应的总结果是由烯烃生成了醇，这也是烯烃间接水合制备醇的方法之一。用这种方法由烯烃制备醇，与由烯烃和硫酸反应再水解的间接水合法制醇不同，只要是 α-烯烃就可以通过硼氢化-氧化反应制备伯醇，这也是实验室由烯烃制备醇的非常有用的方法之一。例如：

$$CH_3(CH_2)_3CH=CH_2 \xrightarrow{\frac{1}{2}(BH_3)_2-THF} CH_3(CH_2)_3CH_2CH_2-\overset{|}{B}-$$

$$\xrightarrow{H_2O_2, OH^-} CH_3(CH_2)_4CH_2OH$$

1-己醇，90%

$$(CH_3)_3CCH=CH_2 \xrightarrow{\frac{1}{2}(BH_3)_2-THF} (CH_3)_3CCH_2CH_2-\overset{|}{B}-$$

$$\xrightarrow{H_2O_2, OH^-} (CH_3)_3CCH_2CH_2OH$$

3,3-二甲基-1-丁醇，67%

通过上述反应可以看出，不对称烯烃与硼烷的加成取向是反马尔柯夫尼柯夫

规则的。这一点值得注意，原因这里就不再讨论了。

【问题 4-15】完成下列反应式：

$$(CH_3)_2CH—CH=CH_2 \xrightarrow[\text{②}H_2O_2,OH^-]{\text{①}\frac{1}{2}(BH_3)_2-THF}$$

4.6.2 氧化反应

烯烃由于官能团 C=C 双键的存在较容易发生氧化反应。由于烯烃结构以及所用的氧化剂和氧化条件不同，氧化产物各异。

（1）用高锰酸钾氧化

烯烃容易被高锰酸钾氧化。当使用冷的、稀的高锰酸钾中性或微碱性水溶液氧化烯烃时，则烯烃 C=C 双键中的 π 键被打开，生成 α 二醇（两个羟基分别连接的两个碳原子直接相连。也叫连二醇，以前叫邻二醇），高锰酸钾被还原成二氧化锰，同时生成氢氧化钾。

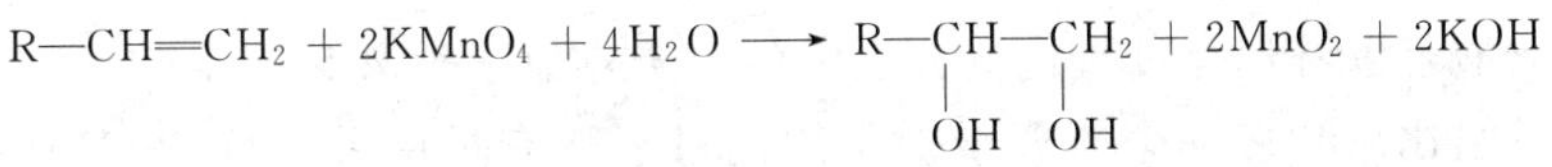

$$R—CH=CH_2 + 2KMnO_4 + 4H_2O \longrightarrow R—\underset{OH}{CH}—\underset{OH}{CH_2} + 2MnO_2 + 2KOH$$

α- 二醇

由于反应中生成氢氧化钾，因此反应时可以使用中性高锰酸钾水溶液，或最好是微碱性的高锰酸钾水溶液。由于 α-二醇比较活泼，在高锰酸钾溶液中容易被进一步氧化，使产物变得复杂，因此该反应无合成价值。但由于在反应过程中紫色的高锰酸钾的颜色逐渐消失，同时生成褐色的二氧化锰沉淀，因此该反应可作为鉴别烯烃之用。

如果利用酸性高锰酸钾水溶液作氧化剂，不仅 C=C 双键完全断裂，而且与双键碳原子直接相连的 C—H σ 键也发生断裂，生成氧化产物：

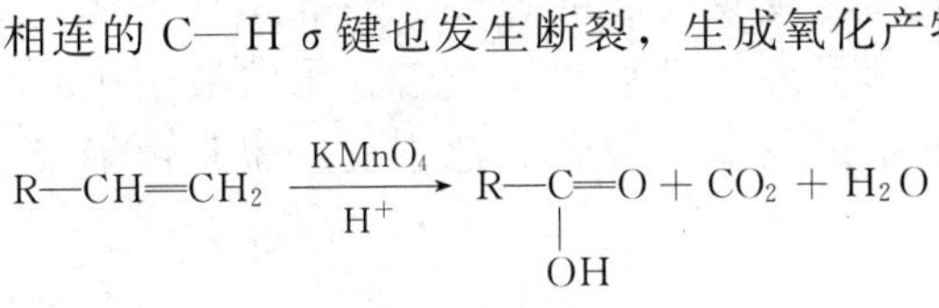

$$R—CH=CH_2 \xrightarrow[H^+]{KMnO_4} R—\underset{OH}{C}=O + CO_2 + H_2O$$

羧酸

$$R—CH=CR_2 \xrightarrow[H^+]{KMnO_4} R—\underset{OH}{C}=O + O=\underset{R}{C}—R$$

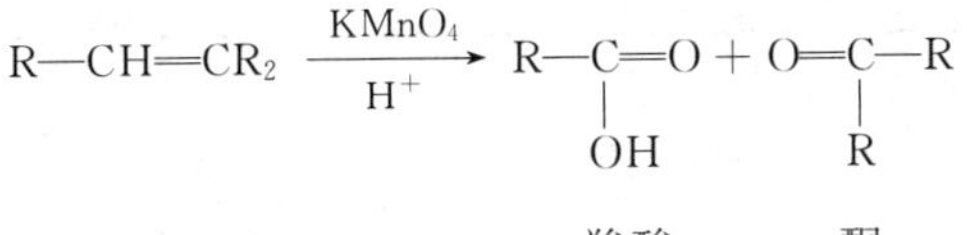

羧酸　　　酮

从上述反应可以看出，CH_2=构造被氧化成二氧化碳和水，R—CH=构造被氧化成羧酸，R_2C=（R 可以相同，也可以不相同）构造被氧化成酮。因此可根据所得产物的构造推测烯烃的构造。

【问题 4-16】 完成下列反应式：

$$(CH_3)_2CHC=CHCH_3 \xrightarrow[\text{水溶液}]{\text{浓 KMnO}_4}$$
$$\qquad\qquad\quad |$$
$$\qquad\qquad\quad CH_3$$

（2）用过氧酸氧化

烯烃被过氧酸氧化生成环氧化物。

$$\underset{\text{过氧酸}}{C=C} + \underset{}{R-\overset{O}{\underset{\|}{C}}-O-O-H} \longrightarrow \underset{\text{环氧化物}}{C-C} + \underset{\text{羧酸}}{R-\overset{O}{\underset{\|}{C}}-OH}$$

这种反应叫做环氧化反应，此反应是在无水的惰性溶剂中、在较温和的条件下进行，产物容易分离和提纯，产率通常也较高。它为环氧乙烷及其衍生物的制备提供了一个很好的方法。

过氧酸可以看作是过氧化氢分子中的一个氢原子被酰基（ $R-\overset{O}{\underset{\|}{C}}-$ ）取代的化合物，它比羧酸多一个氧原子。常用的过氧酸有过甲酸（ HCO_3H ）、过乙酸（ CH_3CO_3H ）、过苯甲酸（ $C_6H_5CO_3H$ ）、间氯过苯甲酸（ 结构式含 CO_3H 和 Cl ）和过三氟乙酸（ CF_3CO_3H ）等，其中尤以过苯甲酸和过乙酸最常用，以过三氟乙酸最有效。例如：

$$C_3H_7CH=CH_2 \xrightarrow[\text{CH}_2\text{Cl}_2,\ 81\%]{CF_3CO_3H,\ Na_2CO_3} C_3H_7-\underset{\underset{O}{\diagdown\diagup}}{CH-CH_2}$$

有时也可利用某些羧酸（如甲酸和乙酸等）与过氧化氢的混合物代替过氧酸制备环氧化物。另外，环氧化反应若在水溶液中进行，则中间生成的环氧化物将进一步被水解成 α-二醇，因此本反应也是由烯烃制备 α-二醇的简易方法。例如：

$$\underset{\text{环己烯}}{\bigcirc} + \underset{88\%\sim90\%}{HCO_2H} + \underset{30\%}{H_2O_2} \xrightarrow[69\%]{40\sim45℃} \underset{\text{1,2-环己二醇}}{\bigcirc\!\!\!\begin{array}{l}-OH\\-OH\end{array}}$$

【问题 4-17】 完成下列反应式：

$$CH_3(CH_2)_3CH=CH_2 + \underset{\text{(间氯过苯甲酸)}}{\bigcirc\!\!-\!\!\overset{O=C-OOH}{\underset{Cl}{}}} \xrightarrow{CHCl_3}$$

（3）催化氧化

在催化剂存在下，烯烃用空气或氧气氧化，C=C 双键中的 π 键被打开生成氧化产物。例如，在活性银的催化作用下，于 220～300℃，乙烯用空气或氧气氧化生成环氧乙烷。

$$CH_2{=}CH_2 + \frac{1}{2}O_2 \xrightarrow[\text{200～300℃，1～3MPa}]{\text{Ag-α Al}_2\text{O}_3} H_2C\underset{O}{\overset{\diagdown\diagup}{-}}CH_2$$

这是目前工业上生产环氧乙烷的主要方法。我国也是以这种方法为主。

用空气或氧气在氯化铅-氯化铜水溶液中氧化烯烃，则乙烯生成乙醛，丙烯生成丙酮，1-丁烯生成丁酮。例如：

$$CH_2{=}CH_2 + \frac{1}{2}O_2 \xrightarrow[\text{120～130℃，0.29MPa，95\%}]{\text{PdCl}_2\text{-CuCl}_2} CH_3{-}CHO$$
乙醛

$$CH_3{-}CH{=}CH_2 + \frac{1}{2}O_2 \xrightarrow[\text{120℃，92\%～94\%}]{\text{PdCl}_2\text{-CuCl}_2} CH_3\underset{O}{\overset{|}{-}}C{-}CH_3$$
丙酮

这种方法可用于工业上生产乙醛和丙酮，其中乙烯氧化生产乙醛的方法已成为主要的工业生产方法。由于这一方法的实施，使由其他路线生产乙醛的方法失去了工业意义。

（4）臭氧化

将臭氧于低温通入到烯烃的非水溶剂（如四氯化碳、二氯甲烷、氯仿、石油醚、甲醇、乙酸等）中，则烯烃生成臭氧化物：

$$\diagup\overset{}{C}{=}\overset{}{C}\diagdown + O_3 \longrightarrow \diagup\overset{}{C}\underset{O{-}O}{\overset{O}{\diagup\diagdown}}\overset{}{C}\diagdown$$
臭氧化物

臭氧化物在干燥状态有爆炸性，故反应时不需分离而直接进行。臭氧化物与水作用时，分解成醛和/或酮与过氧化氢。由于生成的过氧化氢可将醛氧化成羧酸，因此分解时通常在还原的条件下进行，如用水分解时通常加入锌粉、二甲硫醚（CH_3SCH_3），或在催化剂（如铂或钯-碳酸钙）存在下直接加氢分解。例如：

$$(CH_3)_2CH(CH_2)_3CH{=}CH_2 \xrightarrow[-78℃]{O_3} (CH_3)_2CH(CH_2)_2CH_2{-}CH\underset{O{-}O}{\overset{O}{\diagup\diagdown}}CH_2$$

$$\xrightarrow[\text{Zn}]{\text{50\%乙酸水溶液}} (CH_3)_2CH(CH_2)_3C{=}O + O{=}CH_2$$
$$\underset{H}{|}$$

5-甲基己醛，62%　甲醛

不同烯烃经臭氧化然后水解或还原，将得到不同的醛和/或酮。因此根据产物醛和/或酮的构造可以推测烯烃的构造。另外，烯烃经臭氧化然后再分解也用于有机合成中。例如，由环己烯可以合成己二醛。

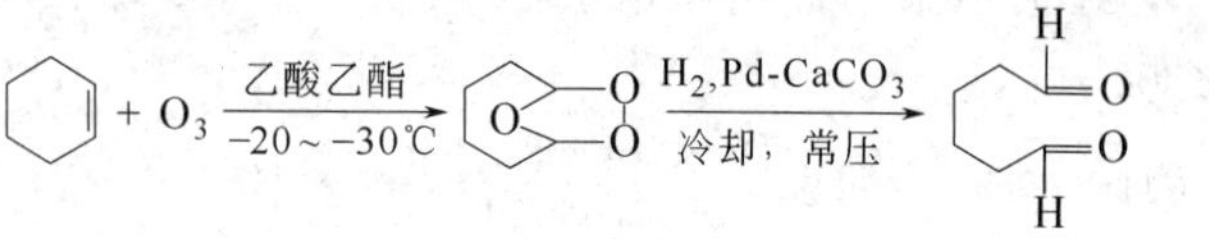

己二醛(61%)

【问题 4-18】某烯烃臭氧化后在锌粉存在下水解只得到丙酮[$(CH_3)_2C{=}O$]，试写出该烯烃的构造式。

4.6.3 聚合反应

烯烃分子中的C═C双键，不仅能与许多试剂加成，本身也可以进行加成。这种由分子间进行的加成反应叫做聚合，聚合生成的产物叫做聚合物。能与同种或其他种分子聚合的小分子叫做单体。

由于烯烃的构造和反应条件等的不同，烯烃聚合可以生成两类不同的聚合物。一类是由少数分子聚合成的相对分子质量小的聚合物，如二聚体、三聚体和四聚体等，这类聚合物叫做低聚物，也叫齐聚物。这类反应叫做低聚反应，也叫做齐聚反应。例如：异丁烯和65％的硫酸在100℃时进行反应，则两个分子异丁烯聚合生成二聚体。

$$CH_3-\underset{}{\overset{CH_3}{\overset{|}{C}}}{=}CH_2 \xrightarrow[100℃]{65\%H_2SO_4} CH_3-\underset{\underset{CH_3}{|}}{\overset{CH_3}{\overset{|}{C}}}-CH_2-\underset{\underset{CH_3}{|}}{C}{=}CH_2 + CH_3-\underset{\underset{CH_3}{|}}{\overset{CH_3}{\overset{|}{C}}}-CH{=}\underset{\underset{CH_3}{|}}{C}-CH_3$$

又如，在磷酸催化下，两个分子丙烯二聚成二聚体：

$$CH_3-CH{=}CH_2 \xrightarrow{H_3PO_4} CH_3-\underset{\underset{CH_3}{|}}{CH}-CH{=}CH-CH_3 + CH_3-\underset{\underset{CH_3}{|}}{CH}-CH_2-CH{=}CH_2$$

通过齐聚反应可以得到不同结构的含有高碳原子数的烯烃，这些烯烃是重要的化工原料和中间体。例如，丙烯二聚的产物之一——4-甲基-1-戊烯是合成光学塑料的单体，也是改性聚乙烯的单体。因此，对以合成特定结构、特殊用途的产品为目标的齐聚反应进行了广泛研究，有的品种已投入工业生产。

另一类是由许多分子聚合成的相对分子质量很大的聚合物，叫做高分子化合物或高分子聚合物，简称高聚物。例如：

$$nCH_2{=}CH_2 \longrightarrow \text{+}CH_2-CH_2\text{+}_n$$

聚乙烯

$$nCH_3CH{=}CH_2 \longrightarrow \text{+}CH_2-\underset{\underset{CH_3}{|}}{CH}\text{+}_n$$

聚丙烯

在上式中，像乙烯、丙烯这样的小分子化合物叫做单体。

$$\cdots CH_2-CH_2 \cdots 和 \cdots CH_2-\overset{\displaystyle CH_3}{\underset{\displaystyle |}{CH}} \cdots$$

叫做链节，n 叫做聚合度。在齐聚反应中也叫做齐聚度。下面介绍几个具有广泛用途的高聚物。

（1）聚乙烯

聚乙烯是工业上大量生产的聚烯烃之一。其生产方法有低压法、中压法和高压法。由于聚合方法不同，所得聚合物的结构和性能不同，用途各异。例如，在三乙基铝-四氯化钛[$Al(C_2H_5)_3$-$TiCl_4$]［由 I～III 族金属烷基化合物和 IV～VIII 族过渡金属衍生物（如烷基铝和四氯化钛或三氯化钛等）组成的催化剂统称为齐格勒-纳塔（Ziegler-Natta）催化剂（这类催化剂不是简单的混合物，其结构尚不很清楚。）］催化下，用加氢汽油（不含烯烃的汽油）为溶剂，于 60～75℃，常压或略高于常压的压力下，乙烯聚合生成聚乙烯。这种聚合方法，工业上叫做低压聚合法，所得聚合物叫做低压聚乙烯，它具有高结晶度结构，因此密度较高（约为 $0.95g/cm^3$），强度大，所以又叫做高密度聚乙烯或硬聚乙烯，适用于制造瓶、罐、盆、桶、槽、管、箱和壳体结构等工业制品和生活用品，也用于生产薄膜、板、带、单丝和电缆覆盖层等。

乙烯在过苯甲酸叔丁酯[$C_6H_5CO_3C(CH_3)_3$]引发下，于约 200℃ 和 150～160MPa 下也生成聚乙烯。这种聚合方法，工业上叫做高压聚合法，所得聚合物叫做高压聚乙烯。由于高压聚乙烯有许多支链，故结晶度较低（50%～70%）、密度也较低，约为 $0.92g/cm^3$ 左右，较柔软，所以又叫做低密度聚乙烯或软聚乙烯。由于它具有良好的力学性能、绝缘性、耐寒性和化学稳定性，以及无毒等特性，吸水性和透气性低，广泛用于生产包装薄膜、农用薄膜、抽丝织网、织袋、吹塑容器和注塑制品等。另外，也用作电缆包皮等绝缘材料。

（2）聚丙烯

在齐格勒-纳塔催化剂如二乙基氯化铝-三氯化钛 [$Al(C_2H_5)_2Cl$-$TiCl_3$] 催化下，用加氢汽油作溶剂，于 50～70℃ 和 1～2MPa 下，丙烯聚合生成聚丙烯。自 20 世纪 50 年代发现"等规聚丙烯"以来，其工业生产发展非常迅速。所谓"等规聚丙烯"是一种结构（是立体结构，这里不讨论）排列非常整齐的聚丙烯，它有很高的结晶度，密度约为 $0.90g/cm^3$，质轻，是最轻的聚合物之一。强度高，硬度大，耐磨，耐化学腐蚀，耐热性好，可在 120℃ 使用。因此其用途广泛，大量用于纺织、汽车、建筑、化工、医药、农业和家庭用品等方面。另外，由于它比水轻，有浮力，不吸湿，还用于制作缆绳、渔网等。

（3）乙丙橡胶

烯烃也可以进行不同分子（两种或三种分子）之间的加成反应，这种反应叫做共聚反应，生成的产物叫做共聚物。某些烯烃的共聚物是非常有用的化工产品。例如，在钒催化剂（如三氯氧钒等）和有机铝化合物（如一氯二乙基铝等）的催化下，并加入活化剂（如全氟丁二烯等），则乙烯和丙烯共聚合得到乙丙橡胶，也叫乙丙二元橡胶。

$$m\,H_2C{=}CH_2 + n\,CH_3{-}CH{=}CH_2 \longrightarrow \underset{\underset{\displaystyle CH_3}{|}}{(CH_2{-}CH_2{-}CH_2{-}CH)_{m+n}}$$

乙丙二元橡胶由于分子中不含 C=C 双键，因此耐气候老化、耐臭氧。另外还具有优异的绝缘性能，良好的耐高温和耐化学药品性能。乙丙二元橡胶主要用于电缆、电线、汽车门窗封带以及需要耐高温的橡胶制品等。

由于乙丙二元橡胶分子中没有 C=C 双键，因此不能用一般方法"硫化"，需采用特殊方法，如利用过氧化物使之交联（"硫化"）。如果聚合时加入第三单体［如双环戊二烯或 1,4-己二烯等非共轭二烯烃（见第 5 章）］，所得产物叫做乙丙三元橡胶。后者可用一般方法硫化，但其自黏性、冷流性和加工性能差。

4.6.4 α-氢的反应

碳碳双键的活泼性，不仅表现在能进行加成、氧化和聚合等反应，且由于它的存在，分子内原子间相互影响，尤其是与 C=C 双键官能团直接相连的 α-氢原子变得比较活泼，比较容易发生反应。

（1）氯化反应

烯烃与氯容易发生加成反应，对于含有 α-氢原子的烯烃，不仅能进行加成反应，还可以发生 α-氢原子被取代的反应，这主要取决于反应温度的高低。温度高，主要发生取代反应，温度低，主要发生加成反应。例如，丙烯与氯在约 500℃进行反应，则主要发生 α-氢原子被氯取代的反应，生成 3-氯-1-丙烯，产率 80%。

$$CH_2{=}CH{-}CH_3 \xrightarrow[80\%]{500℃} CH_2{=}CH{-}CH_2Cl$$

这是工业上生产 3-氯-1-丙烯的方法。

【问题 4-19】完成下列反应式：

$$CH_3CH_2CH{=}CHCH_3 + Cl_2 \xrightarrow{500℃}$$

（2）氧化反应

前面已经讨论过，丙烯经催化氧化生成丙酮。然而，当反应条件不同时，氧化反应也发生在 α-碳原子上。例如，将氧化铜载于氧化硅上作催化剂，于 350～450℃和 0.1～0.2MPa 下，用空气氧化丙烯生成丙烯醛。

$$CH_2{=}CH{-}CH_3 + O_2 \xrightarrow[350\sim450℃,\ 0.1\sim0.2MPa]{CuO\text{-}SiO_2} CH_2{=}CH{-}CHO + H_2O$$

丙烯醛

这是目前工业上生产丙烯醛的主要方法。丙烯醛是重要的有机合成中间体，它可以用于制造饲料添加剂蛋氨酸，也是制造甘油等的原料，国外还用作油田注水的杀菌剂。

若丙烯的氧化反应在氨的存在下进行，则生成丙烯腈：

$$CH_2\!=\!CH\!-\!CH_3 + \frac{3}{2}O_2 + NH_3 \xrightarrow[440℃，63\sim74kPa]{\text{磷、钼、铋系催化剂}} CH_2\!=\!CH\!-\!CHO + 3H_2O$$

丙烯腈

此反应既发生了氧化反应，也发生了氨化反应，故通常叫做氨氧化反应。丙烯用氨氧化法制造丙烯腈是目前工业上生产丙烯腈的主要方法。它具有原料便宜易得，工艺简单，产品成本低等优点。丙烯腈是合成纤维、合成树脂和合成橡胶的重要原料。

例　　题

[**例题一**] 下列烯烃哪些存在顺反异构体？写出其顺反异构体，并用 $Z，E$-命名法命名。

(1)　$CH_3CH_2\!-\!\underset{\underset{CH_3}{|}}{C}\!=\!CH_2$ 　　　　(2)　$CH_3CH_2\underset{\underset{H_3C}{|}}{C}\!=\!\underset{\underset{CH_3}{|}}{C}CH_2CH_3$

(3)　$CH_3CH_2\underset{\underset{H_5C_2}{|}}{C}\!=\!\underset{\underset{CH_3}{|}}{C}CH_3$

答　烯烃以及其他含有 C=C 双键的化合物是否存在顺反异构体，除 C=C 双键不能绕键轴自由旋转外，还必须是两个双键碳原子中的任何一个双键碳原子上所连接的两个原子或基团不同，至于两个双键碳原子上所连接的原子或基团是否相同则没有关系。由此可知：化合物（1）因双键碳原子之一连有两个氢原子（相同原子）；化合物（3）因两个双键碳原子分别连接两个甲基或乙基（相同基团），因此化合物（1）和（3）均不存在顺反异构体。化合物（2）因任何一个双键原子都连接甲基和乙基（不相同基团），故存在顺反异构体，其顺反异构体如下：

$$\underset{CH_3}{\overset{CH_3CH_2}{\searrow}}C\!=\!C\underset{CH_3}{\overset{CH_2CH_3}{\swarrow}} \qquad \underset{CH_3}{\overset{CH_3CH_2}{\searrow}}C\!=\!C\underset{CH_2CH_3}{\overset{CH_3}{\nearrow}}$$

（Ⅰ）　　　　　　　　（Ⅱ）

(Z)-3,4-二甲基-3-己烯　　　(E)-3,4-二甲基-3-己烯

为了判断异构体（Ⅰ）和（Ⅱ）哪个是 Z 哪个是 E，首先考察与双键碳原子直接相连的原子，它们都是碳原子、原子序数相同，无法判断，因此必须外推至第二个原子，其中—CH_3 的碳原子连接三个氢原子，而—CH_2CH_3 的碳原子则连接一个碳原子和两个氢原子，由于其中的一个碳原子的原子序数比一个氢原子大，因此—CH_2CH_3＞—CH_3。其中（Ⅰ）是两个优先顺序编号大的基团处于双键同侧，是 Z 型；（Ⅱ）是两个优先顺序编号大的基团处于双键异侧，是 E 型。

[**例题二**] 写出 3-甲基-4-乙基-3-庚烯的构造式及其顺反异构体的结构式。

答　已知化合物名称写构造式时，一种比较省时且较准确的方法可以采用，即写出母体碳架；再写出双键位次；然后写出取代基（即由化合物名称的后面往前面写）；最后将不满四价的碳原子用氢原子补齐，即得构造式。

写碳骨架　　　　　　　　　C—C—C—C—C—C—C

写双键位次　　　　　　　　$\overset{1}{C}\!-\!\overset{2}{C}\!-\!\overset{3}{C}\!=\!\overset{4}{C}\!-\!\overset{5}{C}\!-\!\overset{6}{C}\!-\!\overset{7}{C}$

连上取代基

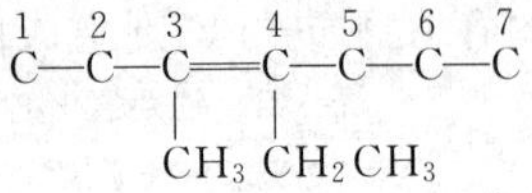

$$\overset{1}{C}-\overset{2}{C}-\overset{3}{C}=\overset{4}{C}-\overset{5}{C}-\overset{6}{C}-\overset{7}{C}$$
$$\quad\;\; \underset{CH_3}{|}\;\;\underset{CH_2}{|}\;\underset{CH_3}{|}$$

补齐氢原子得出构造式

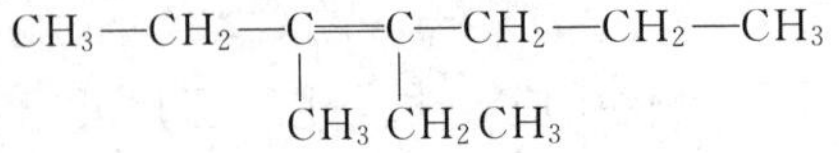

$$CH_3-CH_2-\overset{|}{\underset{|}{C}}=\overset{|}{\underset{|}{C}}-CH_2-CH_2-CH_3$$
$$\qquad\qquad CH_3\quad CH_2CH_3$$

已知构造式后再写顺反异构体的结构式时，可先写出 $C=C$ ，然后可任意写出每个双键碳原子上的两个取代基，则得到一个异构体，最后将此异构体中的一个双键碳原子上的两个取代基互换一下位置，即得另一个异构体，这两个异构体一个是顺式，另一个是反式。其结构式如下：

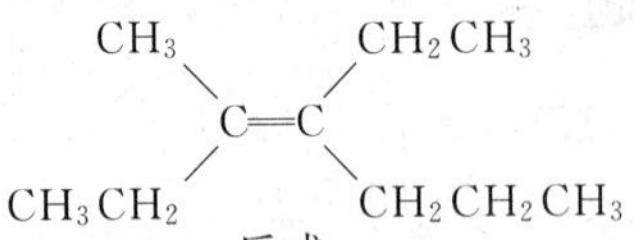

反式 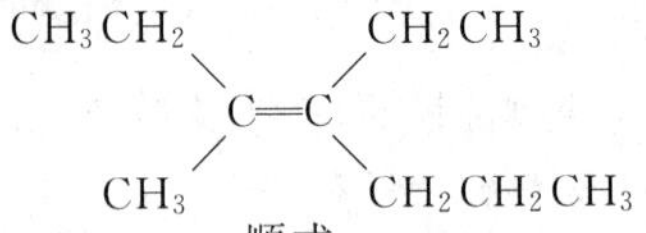　　　　　　　　　　　　　　　顺式

[例题三] 在甲醇溶液中，溴与乙烯加成不仅生成 1,2-二溴乙烷，还生成甲基-2-溴乙基醚（$BrCH_2CH_2-O-CH_3$）。试写出其反应机理，并说明之。

答　烯烃与溴的加成是分两步进行的：首先形成溴鎓离子，然后负离子从溴鎓离子的背面进攻溴鎓离子的一个碳原子完成加成反应。由于反应体系中有大量乙醇存在，它与负离子相似，也能进攻溴鎓离子的碳原子，而形成另一种加成产物。其反应机理可表示如下：

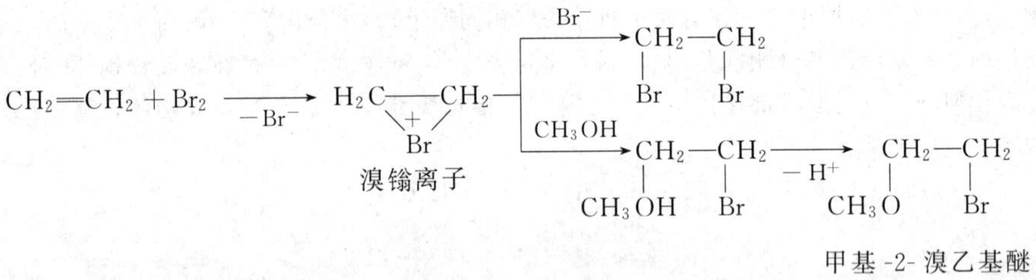

甲基 -2- 溴乙基醚

习　　题

（一）命名下列各化合物：

(1) $(CH_3)_3CCH=CHCH_2CH_3$

(2) $CH_3CH_2-\overset{|}{\underset{||}{C}}-CH_3$
$$\qquad\qquad\qquad\quad CH_2$$

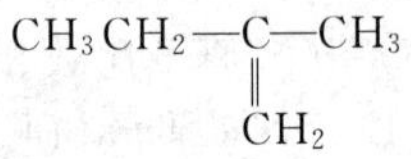

(3)

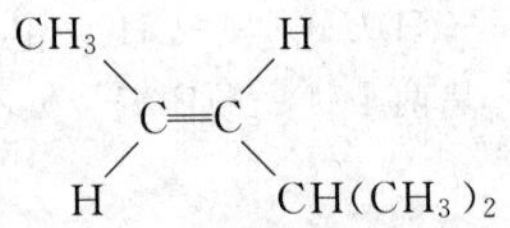

(4)

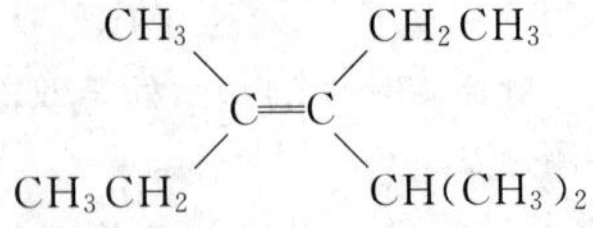

（二）写出下列各化合物的构造式或结构式：

(1) 3-甲基-4-乙基-3-己烯　　　　(2) 甲基三乙基乙烯

(3) 3,3-二甲基-1-戊烯　　　　　　(4) (Z)-4-甲基-2-戊烯

（三）写出含有 C_3H_5 的烃基的构造式，并命名。

（四）回答下列问题：

(1) 在下列化合物中，哪些化合物之间互为碳架异构体？哪些互为官能团位置异构体？

哪些属于构造异构体？哪些属于构型异构体？

（A）$CH_2=CHCH_2CH_2CH_3$ 　　　（B）$CH_3CH_2CH=CHCH_3$

（C）$CH_2=CHCHCH_3$
　　　　　　　$|$
　　　　　　　CH_3

（D）$CH_2=CCH_2CH_3$
　　　　　　　$|$
　　　　　　　CH_3

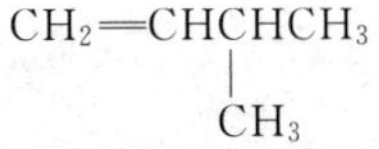

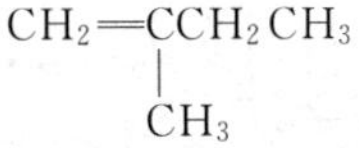

（E）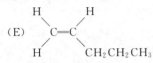　　　　　（F）

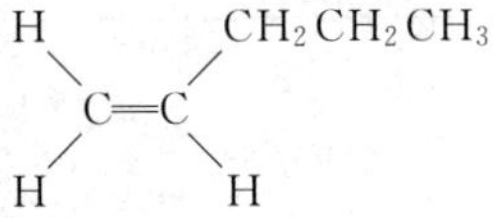

（G）　　　　　　　　　　　　　　（H）

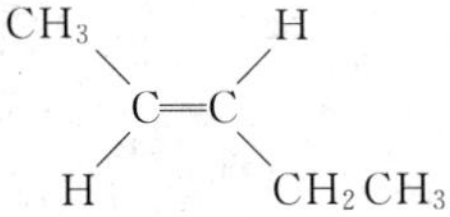

（2）在下列化合物中，哪一个沸点高？哪一个熔点高？

（A）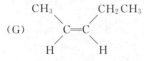　　　　　（B）

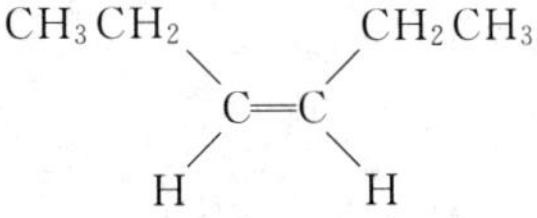

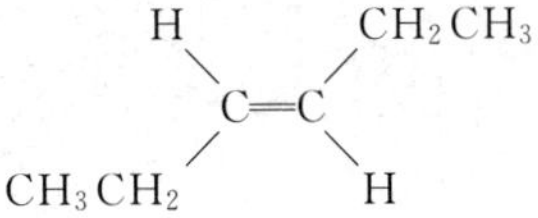

（C）$CH_3CH_2CH=CH_2$

（3）下列碳正离子哪一个较稳定？

（A）$CH_3CH_2\overset{+}{C}HCH_3$　　　　　（B）$CH_3CH_2CH_2\overset{+}{C}H_2$

（C）$CH_3\overset{+}{C}CH_3$
　　　$|$
　　　CH_3

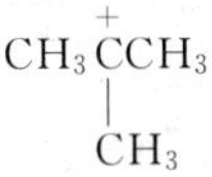

（4）将下列自由基按其稳定性由大到小排列成序：

（A）$CH_3\overset{\cdot}{C}HCH_3$　　　　　（B）$CH_3CHCH\overset{\cdot}{C}H_2$
　　　$|$　　　　　　　　　　　　　$|$
　　　CH_3　　　　　　　　　　　　CH_3

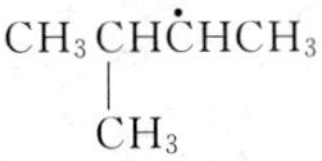

（C）$CH_3\overset{\cdot}{C}CH_2CH_3$
　　　$|$
　　　CH_3

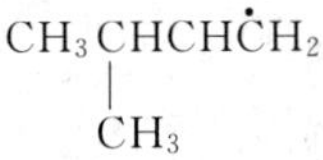

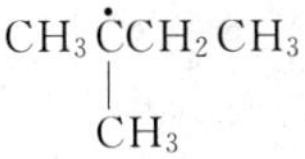

（5）在下列化合物中，哪一个偶极矩大？

（A） 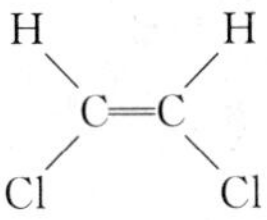　　　　　　　　　　　　　　（B）

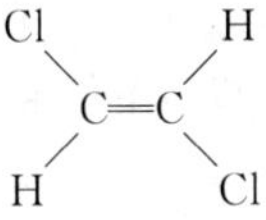

（6）比较下列化合物与 HBr 进行亲电加成反应的活性大小次序：

（A）1-己烯　　　　　　（B）2-甲基-2-戊烯

（C）2,3-二甲基-2-丁烯　　　（D）2-己烯

（五）完成下列反应式：

（1）$CH_3CH_2-C=CH_2 + Cl_2 + H_2O \longrightarrow$
　　　　　　　　　$|$
　　　　　　　　　CH_3

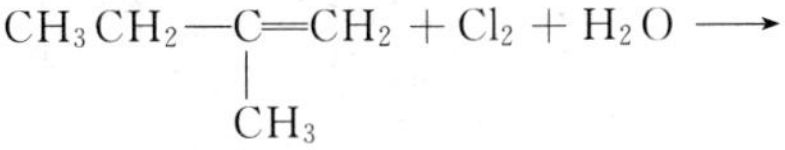

（2）$CH_3CH_2CHCH_2CH_3 \xrightarrow{\text{KOH,醇}}$
　　　　　　　$|$
　　　　　　　CH_3

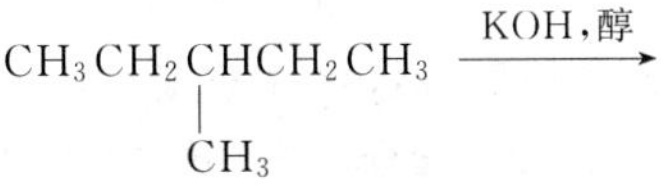

(3)
$$CH_3\!-\!\underset{\underset{OH}{|}}{\overset{\overset{CH_3}{|}}{C}}\!-\!\underset{\underset{CH_3}{|}}{\overset{\overset{H}{|}}{C}}\!-\!CH_3 \xrightarrow{H_2SO_4}$$

(4) $\bigcirc\!-\!CH\!=\!CH_2 \xrightarrow[\text{高温}]{Br_2}$

(5) $CH_3\!-\!\underset{\underset{CH_3}{|}}{C}\!=\!CH_2 \xrightarrow[\triangle]{KMO_4,H^+}$

(6) $\triangleleft\!-\!CH\!=\!CHCH_3 \xrightarrow[\triangle]{KMO_4}$

(7) $\bigcirc\!-\!CH_3 \xrightarrow{HCl}$

(8) $\bigcirc\!-\!CH_3 \xrightarrow[②H_2O_2,OH^-]{①\frac{1}{2}(BH_3)_2}$

(9) $CH_3\!-\!\underset{\underset{CH_3}{|}}{C}\!=\!CH\!-\!\underset{\underset{CH_3}{|}}{CH}\!-\!CH_3 \xrightarrow{HBr}$

(10) $CH_3\!-\!\underset{\underset{CH_3}{|}}{C}\!=\!CHCH_3 \xrightarrow[\text{过氧化物}]{HBr}$

(11) $CH_3\!-\!\underset{\underset{CH_3}{|}}{C}\!=\!CH_2 \xrightarrow[②H_2O,Zn]{①O_3}$

(12) $C_{10}H_{21}CH\!=\!CH_2 \xrightarrow[②H_2O,H]{①F_3CCO_3H}$

（六）写出下列反应的机理：

（1）在硝酸钠水溶液中，溴与乙烯加成，不仅生成 1,2-二溴乙烯，还生成硝酸-β-溴代乙酯（$\underset{\underset{Br}{|}}{CH_2}\!-\!\underset{\underset{ONO_2}{|}}{CH_2}$），为什么？写出反应机理。

（2）写出 2,4-二甲基-2-戊烯在过氧化物作用下与 HBr 加成的反应机理。

（七）推导化合物的结构：

（1）化合物 C_7H_{14} 经高锰酸钾氧化后的两个产物与臭氧化还原水解后的两个产物相同，写出 C_7H_{14} 的构造式。

（2）某化合物分子式为 C_7H_{14}，经臭氧化还原水解后，得到一分子乙醛和一分子酮，写出该化合物可能的构造式。

（3）某化合物分子式为 C_7H_{12} 能使溴水褪色，能溶于浓硫酸，加氢生成正己烷，用过量的酸性高锰酸钾水溶液氧化，可得到两种不同的羧酸。写出该化合物的构造式及各步反应式。

（八）化合物 $CH_3CH\!=\!CHCH_2CH(CH_3)_2$ 在高温进行氯化反应，其一元氯代产物主要有哪些？

（九）在聚丙烯生产中，常用己烷作溶剂，但要求该溶剂不能含有烯烃。你如何检验该溶剂中有无烯烃？若有，采用哪些方法可以除去？在你选择的这些方法中，你认为哪种方法最好？为什么？

（十）试用化学方法鉴别下列各组化合物：

（1）己烷、1-己烯、2-己烯。

（2）丙烷、丙烯、氮气。

（十一）由丙烯通过间接水合法制备醇，要求必须得到正丙醇，应选择什么合成路线？试用反应式表示之。

参 考 书 目

1　中国化学会有机化学命名原则 1980. 英汉化学化工词汇第四版. 北京：科学出版社，2000. 2186～2329

2　汪巩主编. 有机化合物的命名. 北京：高等教育出版社，1982

3　张明哲编. 有机化学命名浅谈. 北京：化学工业出版社，1991

4　冯海蕠编. 有机立体化学. 北京：高等教育出版社，1984. 90～104

5　高鸿宾编. 有机活性中间体. 北京：高等教育出版社，1988. 6～18、26～29

6　[德] Weisser. K 等著，工业有机化学. 周遊等译. 北京：化学工业出版社，1998. 46～69

第 **5** 章 二 烯 烃

分子中含有两个碳碳双键的开链不饱和烃，叫做二烯烃，也叫做双烯烃。由于它比烯烃多一个碳碳双键，故通式为 C_nH_{2n-2}。又因分子中含有两个碳碳双键，因此最简单的二烯烃至少具有三个碳原子。当分子中含有多个碳碳双键时，叫做多烯烃，但以二烯烃最重要。

5.1 二烯烃的分类

在二烯烃分子中，由于两个碳碳双键的相对位置不同，其结构不完全相同，致使其性质也有差异。因此通常根据二烯烃分子中两个碳碳双键相对位置的不同，将二烯烃分为三种类型：

① 累积双键二烯烃 分子中两个双键连接在同一个碳原子上的二烯烃，叫做累积双键二烯烃。例如：

$$CH_2=C=CH_2 \qquad CH_3CH_2CH=C=CH_2$$

丙二烯 　　　　　　　　1,2-戊二烯

由于累积双键不稳定，容易发生异构化——双键位置改变，因此一般较难存在，也不容易制备。在石油裂解制备乙烯和丙烯等低级烯烃时，发现其中含有极少量的累积双键二烯烃，如丙二烯。

② 共轭双键二烯烃 分子中两个双键被一个单键隔开的二烯烃，叫做共轭双键二烯烃。例如：

$$CH_2=CH-CH=CH_2 \qquad CH_3-CH=CH-CH=CH-CH_3$$

1,3-丁二烯（俗称丁二烯） 　　　　　2,4-戊二烯

共轭二烯烃是二烯烃中最重要的一类，它在理论和应用方面都具有重要价值。本章只讨论这一类化合物。

③ 隔离双键二烯烃 分子中两个双键被两个或两个以上单键隔开的二烯烃，叫做隔离双键二烯烃。它具有 $C=C\!\!+\!\!C\!\!\!\xrightarrow{}_{n}\!\!C=C$ （$n \geqslant 1$）碳骨架。例如：

$$CH_2=CH-CH_2-CH=CH_2 \qquad CH_2=CH-CH_2-CH_2-CH=CH_2$$

1,4-戊二烯 　　　　　　　　1,5-己二烯

隔离双键二烯烃的性质与烯烃相似，遇到这类化合物时，按烯烃处理即可。

5.2 二烯烃的命名

二烯烃的命名与烯烃的命名相似，不同之处是：①因分子中含有两个双键，故叫二烯，且两个双键都必须包括在主链内；②两个双键的位次都必须标明。例如：

$$\overset{4}{CH_3}-\overset{3}{CH}=\overset{2}{C}=\overset{1}{CH_2}$$

1,2-丁二烯

$$\overset{1}{CH_2}=\overset{2}{\underset{|}{C}}-\overset{3}{CH}=\overset{4}{CH_2}$$
$$\qquad CH_3$$

2-甲基-1,3-丁二烯
（俗名异戊二烯）

$$\overset{1}{CH_2}=\overset{2}{CH}-\overset{3}{\underset{|}{CH}}-\overset{4}{CH_2}-\overset{5}{CH}=\overset{6}{CH_2}-\overset{7}{CH_2}$$
$$\qquad\qquad CH_2CH_2CH_3$$

3-丁基-1,6-庚二烯

【问题 5-1】命名下列各化合物：

(1) $CH_2=CH-CH_2-\underset{\underset{CH_3}{|}}{C}=CH_2$

(2) $H_2C=C=C(CH_3)_2$

(3) $CH_3CH=CHC(CH_3)_2CH=CH_2$

(4) $C_2H_5CH=C=CHCH_3$

5.3 共轭二烯烃的制法

5.3.1 1,3-丁二烯的制法

目前工业上生产 1,3-丁二烯的主要方法有以下几种。

（1）从裂解气的 C_4 馏分提取

以石油中一些馏分（如石脑油和重油馏分）为原料生产乙烯和丙烯时，副产物含有大量（约 $45\%\sim50\%$）1,3-丁二烯的 C_4 馏分，这种 C_4 馏分用溶剂提取可以得到 1,3-丁二烯。生产中所用溶剂有丙酮 $[(CH_3)_2CO]$、糠醛（ ⟨O⟩—CHO）、乙腈（CH_3CN）、二甲基乙酰胺 $\left[\overset{CH_3\overset{\displaystyle}{C}-N(CH_3)_2}{\underset{O}{|\!|}}\,,\,DMA\right]$、二甲基甲酰胺 $\left[\overset{H-C-N(CH_3)_2}{\underset{O}{|\!|}}\,,\,DMF\right]$、N-甲基吡咯烷酮[, NMP]、和二甲基亚砜 $\left[CH_3-\overset{O}{\underset{|\!|}{S}}-CH_3\,,\,DMSO\right]$ 等，其中使用最多的是二甲基甲酰胺、二甲基乙酰胺和 N-甲基吡咯烷酮。由于乙烯生产的发展，这种方法的优点是原料来源丰富且价廉，与其他方法相比最经济。世界各国用此法生产 1,3-丁二烯的比例越来越大，西欧已全部采用此法。

（2）由丁烷和丁烯脱氢生产

丁烷或/和丁烯在催化剂作用下，在较高温度下脱氢生成 1,3-丁二烯。

$$CH_3\!-\!CH_2\!-\!CH_2\!-\!CH_3 \xrightarrow[\sim 600℃]{CrO_3\text{-}Al_2O_3} CH_2\!=\!CH\!-\!CH\!=\!CH_2 \ +2H_2$$

$$\begin{array}{l} CH_3CH_2\!-\!CH\!=\!CH_2 \\ CH_3\!-\!CH\!=\!CH\!-\!CH_3 \end{array}$$

在生产中，由于原料和生产方法不同，所用催化剂和温度等不尽相同。以丁烷为原料时，工业上又分一步法和两步法；以丁烯为原料时，又分催化脱氢和催化氧化脱氢。

$$\begin{array}{l} CH_3\!-\!CH_2\!-\!CH\!=\!CH_2 \\ CH_3\!-\!CH\!=\!CH\!-\!CH_3 \end{array} \xrightarrow[\text{加热}]{O_2,\text{催化剂}} CH_2\!=\!CH\!-\!CH\!=\!CH_2$$

1,3-丁二烯是无色气体，沸点−4.4℃，不溶于水，溶于汽油、苯等有机溶剂。是合成橡胶的重要单体。

5.3.2　2-甲基-1,3-丁二烯的制法

（1）从裂解气的 C_5 馏分提取

从石脑油裂解的 C_5 馏分中提取 2-甲基-1,3-丁二烯也是一个很经济的方法。分离 2-甲基-1,3-丁二烯的方法有萃取法（参见丁二烯的提取）和精馏法（采用这种方法的企业在不断增长）。

（2）由异戊烷或异戊烯脱氢生产

与丁烷、丁烯脱氢生产丁二烯的方法完全相似，异戊烷或异戊烯脱氢生成异戊二烯，已获得工业应用。

$$\underset{\overset{|}{CH_2}}{CH_3\!-\!C\!=\!CH\!-\!CH_3} \xrightarrow{\text{催化剂}} \underset{\overset{|}{CH_3}}{CH_2\!=\!CH\!-\!C\!=\!CH_2}$$

（3）合成法

工业上利用合成方法生产 2-甲基-1,3-丁二烯，目前主要有几种方法，这里只介绍以下两种方法。

异丁烯与甲醛水溶液在强酸性催化剂存在下主要生成 4,4-二甲基-1,3-二噁烷，后者在磷酸钙作用下，于 300℃ 左右分解生成 2-甲基-1,3-丁二烯：

$$\underset{\overset{|}{CH_3}}{CH_3\!-\!C\!=\!CH_2} +2HCHO \xrightarrow{H^+} \text{（4,4-二甲基-1,3-二噁烷）} \xrightarrow[\sim300℃]{Ca_3(PO_4)_2}$$

甲醛　　　4,4-二甲基-1,3-二噁烷

$$\underset{\overset{|}{CH_3}}{CH_2\!=\!CH\!-\!C\!=\!CH_2} +HCHO+H_2O$$

由于这一方法的原料丰富，所以用得较多。当利用丙烯和甲醛水溶液在硫酸催化下，于 108℃ 和 3.6MPa 下反应，主要生成 4-甲基-1,3-二噁烷，后者经水解、脱水则得丁二烯，这也是工业上生产丁二烯的方法。

另外，也可以用丙酮和乙炔为原料制备。丙酮和乙炔在氢氧化钾催化下生成

2-甲基-3-丁炔-2-醇，然后选择加氢使之变为 2-甲基-3-丁烯-2-醇，后者经脱水即生成 2-甲基-1,3-丁二烯。

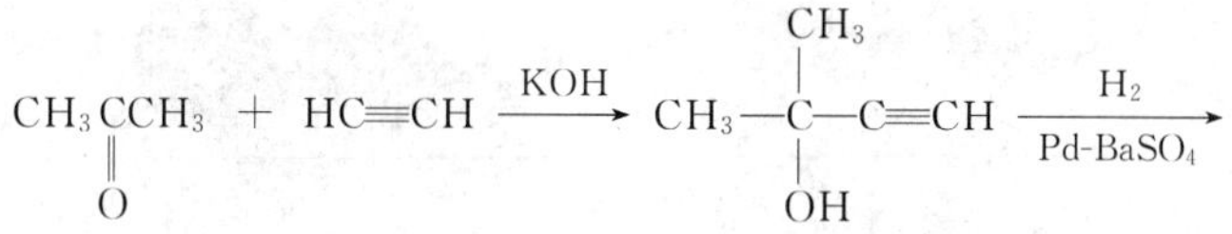

$$CH_3CCH_3 + HC{\equiv}CH \xrightarrow{KOH} CH_3{-}\overset{\overset{\displaystyle CH_3}{|}}{\underset{\underset{\displaystyle OH}{|}}{C}}{-}C{\equiv}CH \xrightarrow[Pd\text{-}BaSO_4]{H_2}$$

丙酮　　　　　乙炔　　　　　2-甲基-3-丁炔-2-醇

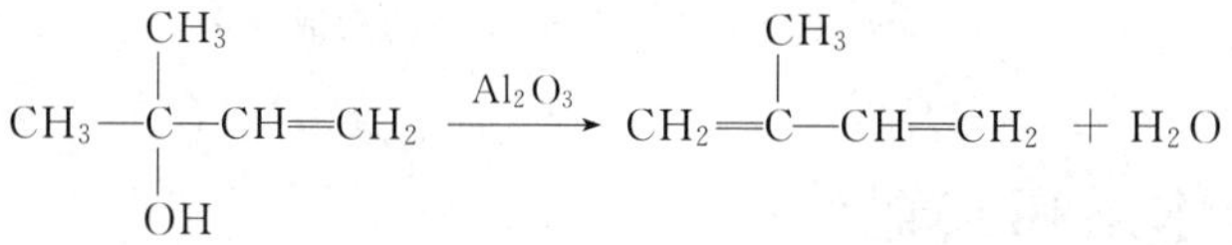

$$CH_3{-}\overset{\overset{\displaystyle CH_3}{|}}{\underset{\underset{\displaystyle OH}{|}}{C}}{-}CH{=}CH_2 \xrightarrow{Al_2O_3} CH_2{=}\overset{\overset{\displaystyle CH_3}{|}}{C}{-}CH{=}CH_2 + H_2O$$

2-甲基-1,3-丁二烯是无色液体，沸点 34℃，不溶于水，易溶于汽油、苯等有机溶剂，是生产"合成天然橡胶"的单体。

5.4　1,3-丁二烯的结构

近代实验方法测定结果表明，1,3-丁二烯分子中的四个碳原子和六个氢原子在同一平面内，所有键角都接近 120°，其 C=C 双键键长与乙烯 C=C 双键键长相近，C—C 单键键长是 0.146nm，比 C—C 单键键长 0.154nm 短。由此可见，1,3-丁二烯的结构特点是键长趋向于平均化。1,3-丁二烯分子的键角和键长如图 5-1 所示。

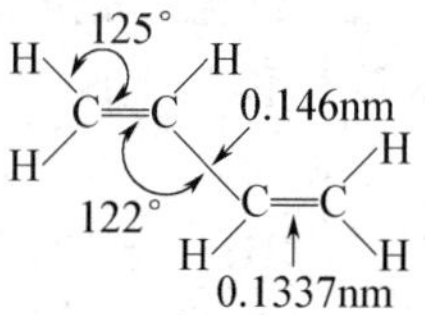

图 5-1　1,3-丁二烯分子的键角和键长

在 1,3-丁二烯分子中，所有四个碳原子都是 sp^2 杂化，相邻碳原子之间都是以 sp^2 杂化轨道相互交盖，形成 C—C σ键，每个碳原子其余的 sp^2 杂化轨道则分别与氢原子的 1s 轨道相互交盖，形成 C—H σ键。由于每个碳原子的三个 sp^2 杂化轨道都处于同一平面上，所以三个 C—C σ键和六个 C—H σ键都处在同一平面上，键角都接近 120°，1,3-丁二烯分子是一个平面分子。每个碳原子余下的一个 p 轨道垂直于该分子所在平面，且彼此相互平行，因此，不仅 C-1, C-2 的 p 轨道以及 C-3 和 C-4 的 p 轨道在侧面交盖，且 C-2 和 C-3 的 p 轨道之间也有一定程度的交盖，具有部分双键的性质。这些垂直于分子平面且相互平行的 p 轨道在侧面相互交盖的结果，形成了一个离域的 π 键。如图 5-2 所示。

总之，1,3-丁二烯分子中的单键和双键与一般的不同，但仍用 $CH_2{=}CH{-}CH{=}CH_2$ 来表示该分子的结构。

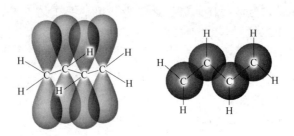

图 5-2　1,3-丁二烯 π 键的构成

5.5　共轭体系和共轭效应

　　如前所述，像 1,3-丁二烯这样的分子，每个原子（每个碳原子和与碳原子直接相连的原子—这里是氢原子）都在同一平面内，同时每个碳原子都有一个 p 轨道，这些 p 轨道垂直于这些原子所在平面且相互平行，若能满足这两个条件，则其他含有四个或四个以上原子体系的 p 轨道，也能在侧面相互交盖形成离域的 π 键。这样的体系叫做共轭体系，由于这种体系是由双键或三键与单键彼此相隔组成的，因此也叫 π,π-共轭体系。在 π,π-共轭体系中，π 键的 p 电子发生转移，使各键上的电子密度发生平均化，因此相邻的单键和双键（三键）之间的区别或多或少的消失，这种共轭体系中原子间的相互影响，叫做 π,π-共轭效应。π,π-共轭效应可归结为 π,π-共轭体系中 π 电子离域的结果。

　　在共轭体系中，由于电子离域的结果，化合物能量显著降低，稳定性明显增加。例如，1,3-戊二烯（共轭体系）和 1,4-戊二烯（非共轭体系）分别加氢时，它们放出的氢化热不同：

$$CH_3—CH\!=\!CH—CH\!=\!CH_2 \ +2H_2 \longrightarrow CH_3—CH_2—CH_2—CH_2—CH_3$$
氢化热 226kJ·mol^{-1}

$$CH_2\!=\!CH—CH_2—CH\!=\!CH_2 \ +2H_2 \longrightarrow CH_3—CH_2—CH_2—CH_2—CH_3$$
氢化热 254kJ·mol^{-1}

　　在上述两个反应中，都是加上两分子的氢，产物相同，只是反应物分子中双键的位置不同。因此氢化热的不同，只能归结为反应物的能量不同。即共轭二烯烃 1,3-戊二烯的能量比非共轭二烯烃 1,4-戊二烯的能量低 28kJ·mol^{-1}。能量较低则比较稳定，这种稳定性是由于 π 电子离域的结果，是共轭效应的具体表现之一。这种能量差值通常叫做离域能，或共轭能。离域能越大，表示该共轭体系越稳定。

　　从以上讨论可以看出，π,π-共轭体系的结构特征是双键（复键）、单键、双键（复键）交替结构，如 1,3-丁二烯等。但不限于双键，三键亦可。另外，组成共轭体系的原子也不限于碳原子，其他原子（如氧原子、氮原子）亦可。常见者有以下几种，将在以后章节中讨论。例如：

$$CH_2{=}CH{-}CH{=}CH_2 \qquad CH_2{=}CH{-}C{\equiv}CH$$

1,3-丁二烯　　　　　　　乙烯基乙炔

$$CH_2{=}CH{-}CH{=}O \qquad CH_2{=}CH{-}C{\equiv}N$$

丙烯醛　　　　　　　丙烯腈

在共轭体系中，π电子的转移可用弯箭头表示，弯箭头从双键到与该双键直接相连的原子上和/或单键上，π电子转移的方向为箭头的方向。例如：

$$\overset{\delta^+}{CH_2}{=}CH{-}CH{=}\overset{\delta^-}{CH_2}+H^+ \quad 和/或 \quad \overset{\delta^+}{CH_2}{=}\overset{\delta^-}{CH}{-}\overset{\delta^+}{CH}{=}\overset{\delta^-}{CH_2}+H^+$$

$$\overset{\delta^+}{CH_2}{=}\overset{\delta^-}{CH}{-}\overset{\delta^+}{CH}{=}\overset{\delta^-}{O} \quad 和/或 \quad \overset{\delta^+}{CH_2}{=}CH{-}CH{=}\overset{\delta^-}{O}$$

在上述两例中，1,3-丁二烯在 H^+ 的进攻（或在其他外界条件影响）下，π电子离域的方向如上所示，而丙烯醛则是由于分子中氧原子的电负性比碳原子大，在无外界条件影响下，π电子即按如上方向发生离域。

值得注意的是，共轭效应与诱导效应不同，只有共轭体系才存在共轭效应；共轭效应在共轭链上产生电荷正负交替现象；共轭效应的传递不因共轭链的增长而减弱。

共轭体系除 π,π 共轭体系外，还有其他几种类型，这里先介绍超共轭，其他将在以后章节中讨论。

在第四章关于"烯烃的催化加氢"一节的讨论中已经指出［见第 4 章 4.6.1 (1)］，利用氢化热可知，乙烯的甲基取代物比乙烯稳定，甲基越多越稳定。双键碳原子上连有甲基时所引起的稳定作用，一般认为与 π,π 共轭体系相似，也是由于电子离域的结果。现以丙烯为例说明如下。

在丙烯分子中，虽然 CH_3 中的 C—H σ 键轨道与 π 键的两个 p 轨道并不平行，但它们之间仍然可以在侧面相互交盖，只是交盖较少。如图 5-3 所示。

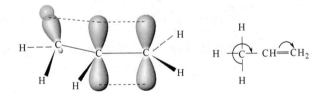

图 5-3　丙烯分子中的超共轭

丙烯分子中这种轨道交盖的结果，使 π 电子和 σ 电子发生离域，从而降低了分子的能量，增加了分子的稳定性。与共轭二烯烃相似，这种由 π 轨道和 C—H σ 键轨道参与的共轭，叫做 σ,π 共轭，也叫做超共轭。这种电子的离域叫做 σ,π-共轭效应，也叫做超共轭效应。由于 C—H σ 键轨道与 π 轨道之间的相互作用比 π 轨道与 π 轨道之间的相互作用弱得多。因此超共轭效应比 π,π-共轭效应弱得多。

在丙烯分子中，由于 C—C 单键的转动，CH_3 中的三个 C—H σ 键轨道都有

可能与 π 轨道在侧面交盖，参与超共轭。参与超共轭的 C—H σ 键轨道越多，则超共轭效应越强。例如：

$$CH_2{=}CH_2 \qquad\qquad CH_3{-}CH{=}CH_2$$

不存在超共轭　　　　　　　3 个 C—Hσ 键轨道参与超共轭

$$CH_3{-}CH_2{-}CH{=}CH_2 \qquad CH_3{-}CH{=}CH{-}CH_3$$

2 个 C—Hσ 键轨道参与超共轭　　6 个 C—Hσ 键轨道参与超共轭

在超共轭体系中，电子转移如下所示：

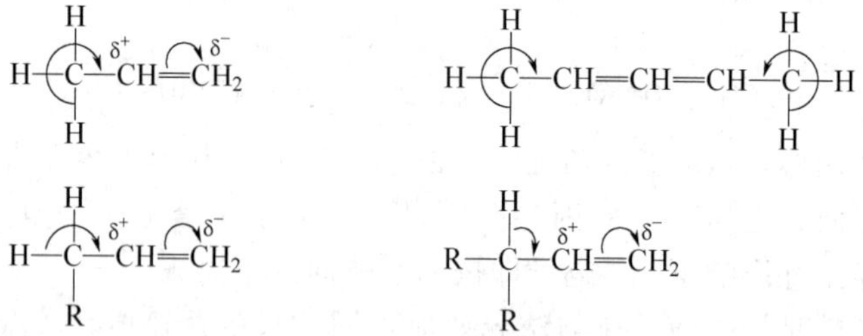

超共轭效应、共轭效应和以前讨论的诱导效应都是分子中原子之间相互影响的电子效应，利用它们可以解释有机化学中的许多问题。例如，除诱导效应可以解释碳正离子和自由基的稳定性外，还可以利用超共轭效应进行解释。

在碳正离子中，带正电荷的碳原子是 sp^2 杂化，余下的一个 p 轨道是空着的，如图 5-4 所示。因此与 σ,π-共轭相似，也存在着 C—H σ 键轨道与 p 轨道在侧面相互交盖，即存在着超共轭效应，使正电荷分散，故碳正离子得到稳定。

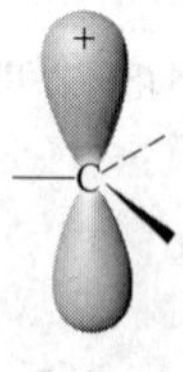

图 5-4　碳正离子的结构

参与超共轭的 C—H σ 键轨道越多，则正电荷的分散程度越大，碳正离子越稳定，因此，碳正离子的稳定性由大到小的顺序是 3°（碳正离子)＞2°＞1°。如下所示：

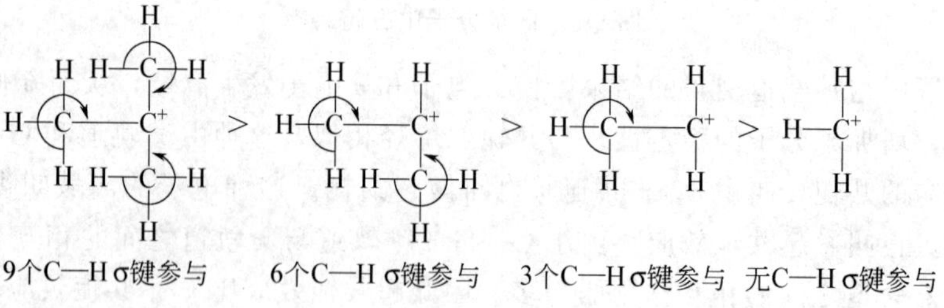

9 个 C—Hσ 键参与　　6 个 C—H σ 键参与　　3 个 C—Hσ 键参与　　无 C—Hσ 键参与

与碳正离子相似，烷基自由基也倾向于平面结构，未成对的独电子处于 p 轨道中，如图 5-5 所示。

图 5-5　自由基的结构

因此，与碳正离子稳定性的原因相似，自由基的稳定性也是由于超共轭效应起作用的结果。同样，参与的 C—H σ 键轨道越多，自由基越稳定，所以自由基的稳定性顺序如下：

$$CH_3\overset{CH_3}{\underset{CH_3}{-\overset{|}{\underset{|}{C}}}}\cdot \quad > \quad CH_3\overset{H}{\underset{CH_3}{-\overset{|}{\underset{|}{C}}}}\cdot \quad > \quad CH_3\overset{H}{\underset{H}{-\overset{|}{\underset{|}{C}}}}\cdot \quad > \quad H\overset{H}{\underset{H}{-\overset{|}{\underset{|}{C}}}}\cdot$$

$$3° \qquad\qquad 2° \qquad\qquad 1° \qquad\qquad 1°$$

【问题 5-2】下列化合物哪些是共轭体系？属于哪一种共轭？

(1) CH_3—CH=CH—CH_3

(2) $(CH_3)_3C$—CH=CH_2

(3) CH_3—CH=CH—CH=CH_2

(4) CH_2=CH—CH_2—CH=CH_2

【问题 5-3】下列碳正离子、自由基哪些是 π,π 共轭体系？哪些是超共轭体系？

(1) $(CH_3)_3C$—$\overset{+}{C}H_2$

(2) $(CH_3)_3C$—$\overset{\cdot}{C}H_2$

(3) $(CH_3)_3C\cdot$

(4) $(CH_3)_3C^+$

(5) $\overset{\cdot}{C}H_2$—CH_2—CH=CH_2

(6) $\overset{+}{C}H_2$—CH_2—CH=CH_2

(7) CH_3—$\overset{+}{C}H$—CH=CH_2

(8) $(CH_3)_2\overset{+}{C}$—CH_2—CH_3

【问题 5-4】比较下列碳正离子、自由基的稳定性：

(1) CH_3—CH_2—CH_2—CH_2—$\overset{+}{C}H_2$ 和 CH_3—CH_2—$\overset{+}{C}H$—CH_2—CH_3 哪一个稳定？

(2) CH_3—CH_2—CH_2—$\overset{\cdot}{C}H_2$ 、 CH_3—CH_2—$\overset{\cdot}{C}H$—CH_3 和 CH_3—$\overset{\cdot}{\underset{CH_3}{\overset{|}{C}}}$—$CH_3$ 哪一个比

较最稳定？哪一个比较最不稳定？

5.6　共轭二烯烃的化学性质

5.6.1　1,2-加成和 1,4-加成

与烯烃相似，共轭二烯烃也可以和卤素、卤化氢等亲电试剂进行加成反应，但又与烯烃不同，由于共轭二烯烃有两个双键，当它与一分子试剂加成时，将生

成两种不同产物。例如：

$$CH_2{=}CH{-}CH{=}CH_2 + Br_2 \longrightarrow$$

1,2-加成 → $\underset{\underset{Br}{|}}{CH_2}{-}\underset{\underset{Br}{|}}{CH}{-}CH{=}CH_2$
3,4-二溴-1-丁烯

1,4-加成 → $\underset{\underset{Br}{|}}{CH_2}{-}CH{=}CH{-}\underset{\underset{Br}{|}}{CH_2}$
1,4-二溴-2-丁烯

$$CH_2{=}CH{-}CH{=}CH_2 + HBr \longrightarrow$$

1,2-加成 → $\underset{\underset{H}{|}}{CH_2}{-}\underset{\underset{Br}{|}}{CH}{-}CH{=}CH_2$
3-溴-1-丁烯

1,4-加成 → $\underset{\underset{H}{|}}{CH_2}{-}CH{=}CH{-}\underset{\underset{Br}{|}}{CH_2}$
1-溴-2-丁烯

　　上述加成都生成两种产物是由于加成方式不同造成的。1,2-加成产物是一分子试剂加到同一个双键的两个碳原子上生成的；1,4-加成产物则是一分子试剂加到共轭双键两端的双键碳原子上生成的。为什么 1,3-丁二烯这种共轭二烯烃既能发生 1,2-加成也能发生 1,4-加成？可用共轭效应进行解释，现以 1,3-丁二烯与溴化氢的加成为例说明如下：

　　1,3-丁二烯与溴化氢的加成也属于亲电加成，反应的第一步是质子加到 1,3-丁二烯的一个双键碳原子上，生成碳正离子。这一步反应有两种可能：

$$\overset{1}{CH_2}{=}\overset{2}{CH}{-}\overset{3}{CH}{=}\overset{4}{CH_2} + HBr \longrightarrow$$

→ $\underset{\underset{H}{|}}{CH_2}{-}\overset{+}{CH}{-}CH{=}CH_2$ （Ⅰ）

→ $\underset{\underset{H}{|}}{\overset{+}{CH_2}}{-}CH{-}CH{=}CH_2$ （Ⅱ）

上式中碳正离子（Ⅰ）是仲碳正离子，（Ⅱ）是伯碳正离子。由于仲碳正离子比伯碳正离子稳定，因此反应按生成碳正离子（Ⅰ）的机理进行。

　　由碳正离子（Ⅰ）的结构可看出，它不同于别的仲碳正离子，它的带正电荷的碳原子与双键碳原子直接相连（是烯丙型正离子），因此，缺电子碳原子（中心碳原子）上的 p 轨道能与双键的 π 轨道在侧面相互交盖，如图 5-6 所示。

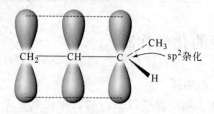

图 5-6　p 轨道与 π 轨道的交盖

交盖的结果，使轨道形成整体，导致电子离域。这种体系与 π,π-共轭体系相似，由于是一个 p 轨道与 π 轨道构成的，叫做 p,π-共轭体系。这种体系中的电子效应，叫做 p,π-共轭效应。由于电子离域的结果，中心碳原子上的正电荷得到分散，不仅 C-2 上带有部分正电荷，且 C-4 上也带有部分正电荷。

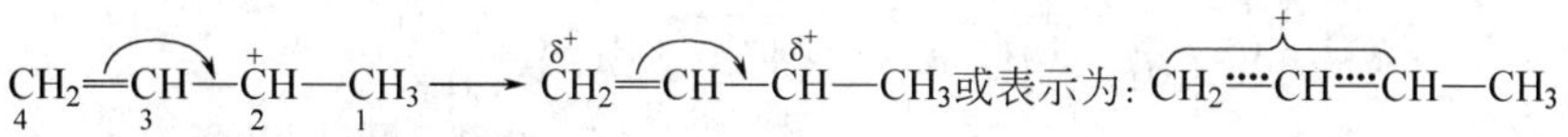

$$
\underset{4}{CH_2}=\underset{3}{CH}\longrightarrow\overset{+}{\underset{2}{CH}}-\underset{1}{CH_3}\longrightarrow\overset{\delta^+}{CH_2}=CH\longrightarrow\overset{\delta^+}{CH}-CH_3 \text{或表示为：}\overset{\quad+\quad}{CH_2\cdots CH\cdots CH}-CH_3
$$

因此，在第二步反应时，溴负离子既可以进攻 C-2，也可以进攻 C-4。进攻 C-2 生成 1,2-加成物，进攻 C-4 生成 1,4-加成物。其反应机理如下所示：

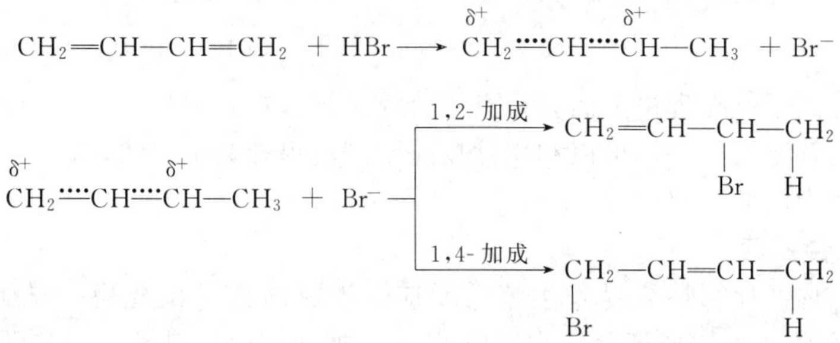

$$
CH_2=CH-CH=CH_2 + HBr \longrightarrow \overset{\delta^+}{CH_2}\cdots CH\cdots\overset{\delta^+}{CH}-CH_3 + Br^-
$$

由以上可以看出，共轭二烯烃可以进行 1,2-加成，也可以进行 1,4-加成，但究竟是以 1,2-加成为主还是以 1,4-加成为主，则取决于反应物的结构、试剂的性质、产物的稳定性以及反应条件，如温度、催化剂和溶剂的性质等。在一般情况下，由于 1,4-加成产物比较稳定，故以 1,4-加成产物为主；而在低温下，一般以 1,2-加成产物为主，在较高温度和/或使用催化剂时，则以 1,4-加成产物为主。例如：

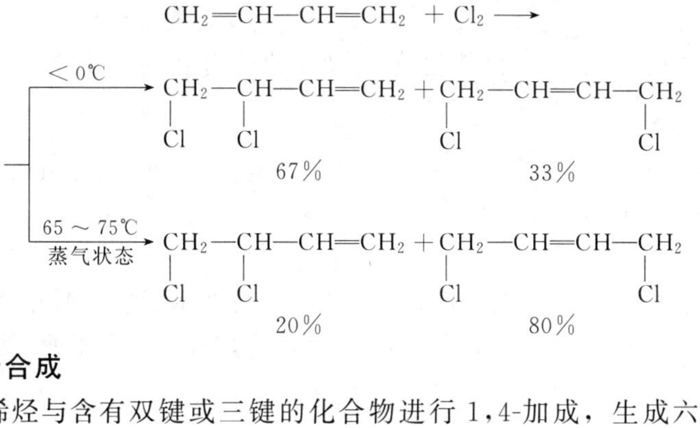

$$
CH_2=CH-CH=CH_2 + Cl_2 \longrightarrow
$$

5.6.2　双烯合成

共轭二烯烃与含有双键或三键的化合物进行 1,4-加成，生成六元环状化合物的反应，叫做双烯合成，也叫做狄尔斯-阿尔德（Diels-Alder）反应。例如：

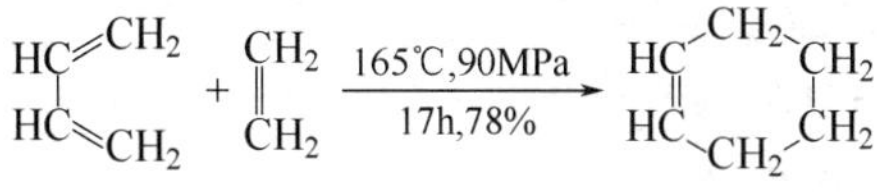

在这类反应中，共轭二烯烃叫做双烯体，含有双键或三键的化合物叫做亲双烯体。此反应不需要催化剂，一般在加热下完成。当双烯体含有供电基或/和亲双烯体含有吸电基时反应容易进行。例如：

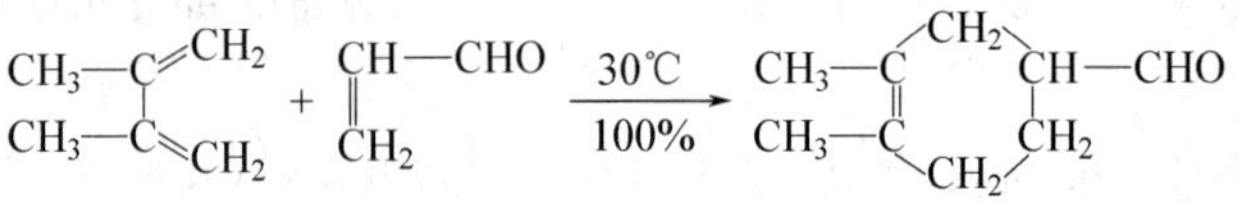

3,4-二甲基-3-环己烯甲醛

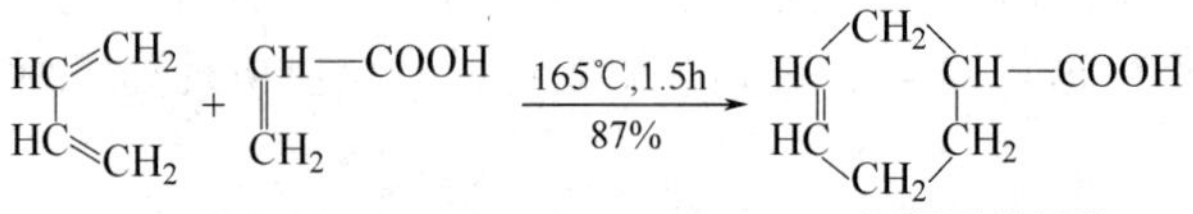

3-环己烯甲酸

双烯合成不仅在理论上而且在有机合成中占有重要地位，可利用此反应合成六元环状化合物。另外也可以利用此反应鉴别或提纯共轭二烯烃，以及用来测定有机化合物中的共轭双键。

5.6.3　聚合反应

共轭二烯烃比烯烃容易发生聚合反应，生成高分子化合物。与加成反应相似，既可发生 1,2-加成聚合，也可发生 1,4-加成聚合，甚至一分子发生 1,2-另一分子发生 1,4-加成聚合，生成各种加成聚合的混合物。但当反应物、反应条件和催化剂等不同时，产物组成不同。例如，在一定条件下，使用齐格勒-纳塔催化剂，1,3-丁二烯基本上按 1,4-加成聚合，生成顺 1,4-聚丁二烯：

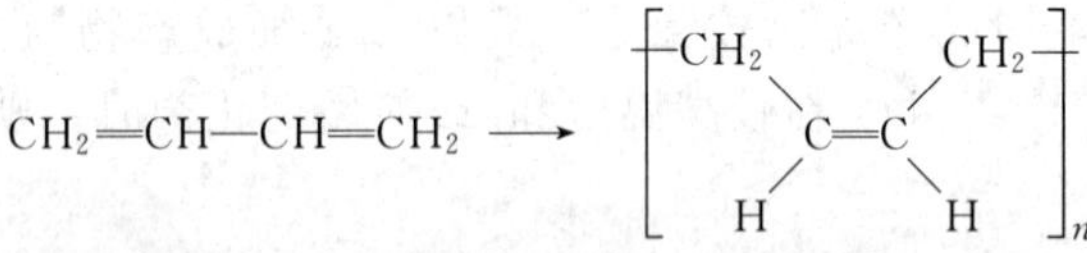

顺-1,4-聚丁二烯

另外，共轭二烯烃还可以和其他含有双键的化合物进行共聚，生成共聚物。例如：

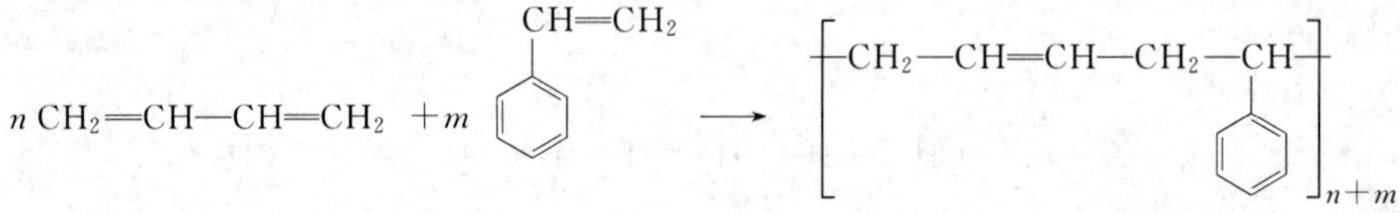

共轭二烯烃的聚合反应是工业上生产橡胶的基本反应，其中 1,3-丁二烯和 2-甲基-1,3-丁二烯的聚合物和共聚物是重要的合成橡胶，在工业、国防和生活等许多领域发挥着重要作用。

【问题 5-5】完成下列反应式：

(1) $CH_2 = CH - CH = CH_2 + Br_2 \xrightarrow{15℃}$

(2) $CH_2 = C - CH_2 - CH_2 - CH = CH_2 + Cl_2 \longrightarrow$
　　　　 |
　　　　 CH_3

(3) $CH_2=CH-\underset{\underset{CH_3}{|}}{C}=CH_2 + Br_2 \longrightarrow$

(4) $CH_2=CH-CH=CH_2 + HCl \longrightarrow$

(5) ![结构式] $+ \overset{O}{\underset{}{\parallel}}\!\!-\!OCH_3 \overset{\triangle}{\longrightarrow}$

(6) ![丁二烯] $+ \overset{\begin{array}{c}O\\ \parallel\end{array}}{\underset{\begin{array}{c}\parallel\\ O\end{array}}{}}\!\begin{array}{c}OCH_3\\ OCH_3\end{array} \overset{\triangle}{\longrightarrow}$

(7) ![丁二烯] $+ \equiv\!\!-CHO \overset{\triangle}{\longrightarrow}$

(8) ![丁二烯] $+ ![顺丁烯二酸酐] \overset{\triangle}{\longrightarrow}$

5.7　天然橡胶与合成橡胶

5.7.1　天然橡胶

　　天然橡胶可以从大约 2000 种含有橡胶的植物中提取得到，但有生产和经济价值者不多，目前来源于橡胶树。世界天然橡胶生产国有 37 个，我国是其中之一，产量以马来西亚居首位。割开橡胶树皮流出的新鲜胶乳含橡胶 20％～40％、糖 1％～2％、蛋白质 1％～2％、树脂物 1％～1.5％、水分 55％～75％、灰分小于 1％。经离心或浓缩等处理可制成浓缩胶乳或固体干胶。

　　天然橡胶是一种线型高分子化合物，平均相对分子质量约 20 万～50 万，其结构相当于顺-1,4-聚异戊二烯：

$$\left[\begin{array}{c} CH_2 \qquad CH_2 \\ \diagdown \qquad \diagup \\ C=C \\ \diagup \qquad \diagdown \\ CH_3 \qquad H \end{array}\right]_n$$

顺-1,4-聚异戊二烯

　　天然橡胶具有优良的弹性和机械性能，具有较好的抗曲绕性、气密性和绝缘性、耐碱，但不耐酸、不耐油、不耐有机溶剂（如溶于苯、溶剂汽油、二硫化碳、四氯化碳和氯仿等），加热至 $100℃$ 左右软化，至 $270℃$ 分解，冷至 $-70℃$ 变脆。化学性质比较活泼，可进行加成、取代、裂解等反应，易与卤素、氧、过氧化物、臭氧和硫等作用。橡胶与硫磺等在一定温度和压力下反应——此过程叫做橡胶硫化，使线型结构的不饱和度减少，同时交联而形成网状结构。从而使橡胶在较宽的范围内具有强度大、溶解度小和弹性高等优点。

天然橡胶广泛用于制造轮胎、胶管、胶袋、胶鞋、电线和电缆的绝缘材料等，是工业、国防、交通运输和日常生活中不可缺少的物资。

5.7.2　合成橡胶

合成橡胶是一类合成的弹性体，广泛用于橡胶制品等工业。因天然橡胶的产量受自然条件的限制，且不能满足一些特殊需要，因此在天然橡胶结构的基础上发展了合成橡胶，后者已成为现代世界上重要的三大合成材料之一，其产量已远远超过天然橡胶。下面简单介绍几种常用的合成橡胶。

（1）异戊橡胶

在齐格勒-纳塔催化剂（如三正辛基铝和四氯化钛）于 $40\sim50℃$，异戊二烯聚合成顺-1,4-聚异戊二烯橡胶，也叫做异戊橡胶或合成天然橡胶。

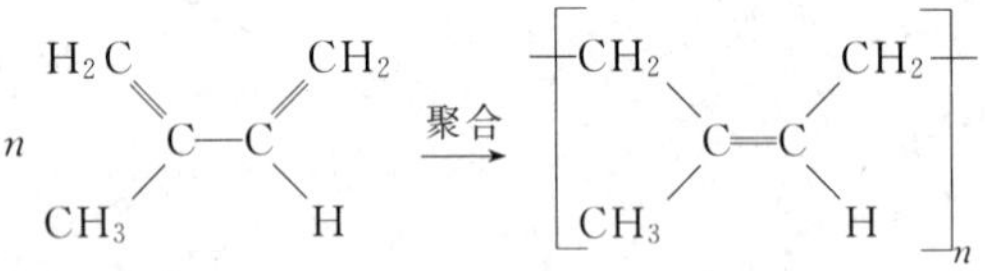

异戊橡胶

异戊橡胶与天然橡胶相同，理化性质相似，其用途与天然橡胶相同，可用来代替天然橡胶在各种橡胶制品中使用。

（2）顺丁橡胶

在催化剂（如三异丁基铝和四碘化钛）催化下，以苯为溶剂，在 $30℃$，1,3-丁二烯聚合成顺-1,4-聚丁二烯橡胶，也叫做顺丁橡胶。

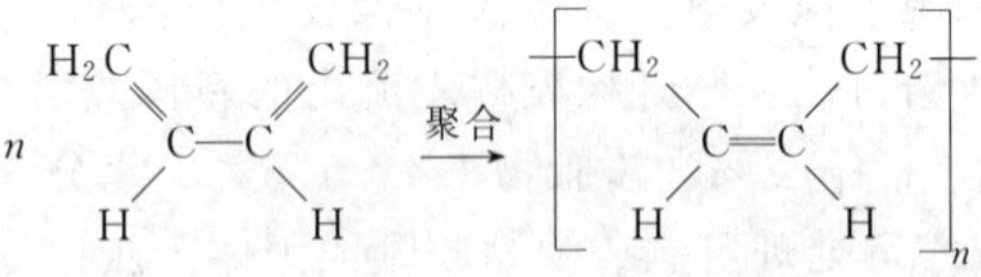

顺丁橡胶

顺丁橡胶在 $-100℃$ 仍能保持其弹性。耐磨性良好，其性能与天然橡胶接近，可代替天然橡胶用于制造轮胎、运输袋和胶管等橡胶制品。

（3）氯丁橡胶

在过硫酸盐的引发下，于 $30\sim50℃$，2-氯-1,3-丁二烯聚合成氯丁橡胶，也叫做氯丁二烯橡胶。

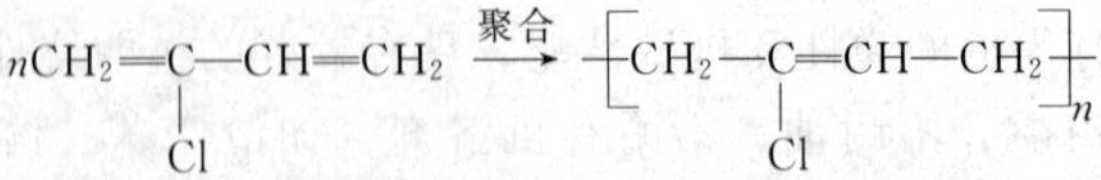

氯丁橡胶

氯丁橡胶的强度和弹性与天然橡胶相近，耐候性、耐臭氧性、耐油性及耐化学药品性良好，超过天然橡胶，但耐寒性和贮存稳定性差。用于制造运输带、输油软管、汽油内燃机垫圈、印刷胶辊等。

(4) 丁苯橡胶

在引发剂的引发下，于一定温度，1,3-丁二烯和苯乙烯共聚生成丁苯橡胶。

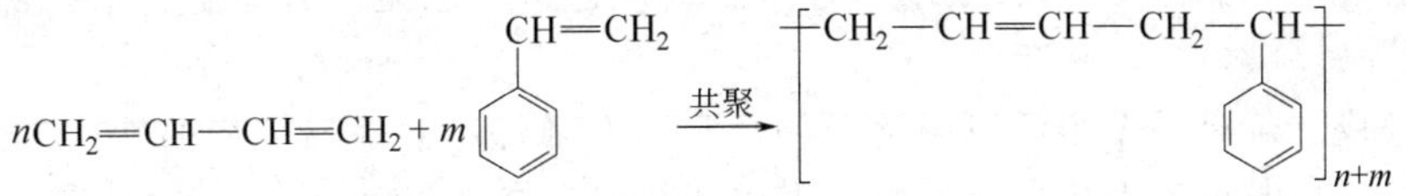

丁苯橡胶

由于聚合温度等不同，品种较多。丁苯橡胶耐磨性和耐老化性能较优。其耐酸、耐碱、介电性能和气密性与天然橡胶相近。主要用于制造轮胎和其他工业制品，是世界产量最大的合成橡胶，也是一种应用最广的合成橡胶。

(5) 丁基橡胶

在 $AlCl_3$ 催化作用下，于约 100℃，在氯甲烷溶液中，少量异戊二烯与异丁烯共聚，所得聚合物叫做丁基橡胶。

$$CH_2{=}CH{-}\underset{\displaystyle CH_3}{\underset{|}{C}}{=}CH_2 + \overset{\displaystyle CH_3}{\overset{|}{\underset{\displaystyle CH_3}{\underset{|}{C}}}}{=}CH_2 \xrightarrow{AlCl_3} \cdots\cdots -\overset{\displaystyle CH_3}{\overset{|}{\underset{\displaystyle CH_3}{\underset{|}{C}}}}-CH_2-CH_2-CH{=}\underset{\displaystyle CH_3}{\underset{|}{C}}-CH_2-\cdots\cdots$$

丁基橡胶由于饱和程度高，故气密性、热稳定性、化学稳定性和电绝缘性好。主要用于制造轮胎内胎，也用于电线、电缆和密封材料等。

5.8 环戊二烯

5.8.1 工业来源和生产

环戊二烯存在于煤焦油苯头馏分和石脑油热裂解的 C_5 馏分中。目前工业上主要是利用 C_5 馏分经分离获得。分离时只需将 C_5 馏分加热至约 100℃，则环戊二烯二聚为双环戊二烯（二聚环戊二烯），蒸出易挥发的其他 C_5 馏分后，将双环戊二烯加热至约 200℃，则双环戊二烯重新解聚为环戊二烯。

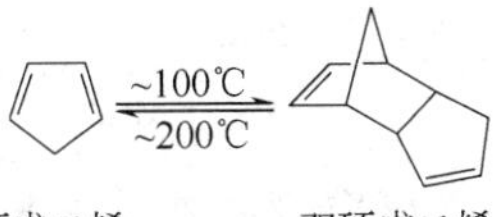

环戊二烯　　双环戊二烯

另外，环戊二烯也可以用环戊烯或环戊烷脱氢、或由 1,4-戊二烯等脱氢环化制备。例如，用活性氧化铝-氧化铬-氧化钾为催化剂，于 600℃和减压下，环戊烯或环戊烷脱氢生成环戊二烯。

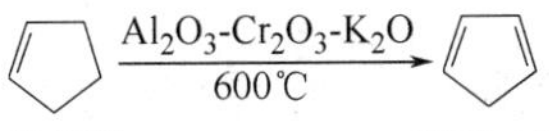

环戊烯　　环戊二烯

5.8.2　理化性质和用途

环戊二烯是 1,3-环戊二烯的简称。它是无色液体。熔点约 85℃，沸点 41.5～42℃，$d_4^{20}=0.8021$。不溶于水，溶于乙醇、乙醚、石油醚、苯和四氯化碳等。

环戊二烯是一个很活泼的化合物，它具有烯烃和共轭二烯烃的性质。例如，环戊二烯能与卤素发生加成反应，生成一系列含氯化合物：

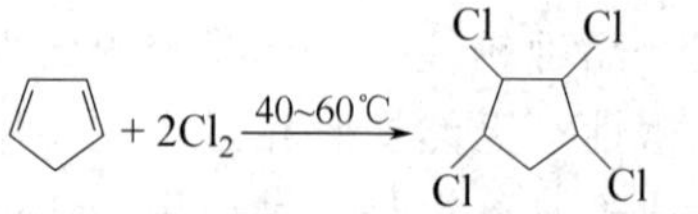

生成的四氯环戊烷能进一步反应转变成六氯环戊二烯，后者是合成艾氏剂、狄氏剂、氯丹和七氯等含氯高效杀虫剂的原料。但近年来发现这些农药对土壤和农作物污染较大，且能溶于人体脂肪组织中，因此其使用受到严格限制或禁用，但在化学阻燃剂方面的应用却在发展。例如，六氯环戊二烯与顺丁烯二酸酐通过双烯合成生成氯菌酸酐。氯菌酸酐是聚酯树脂的阻燃剂和环氧树脂的固化剂。

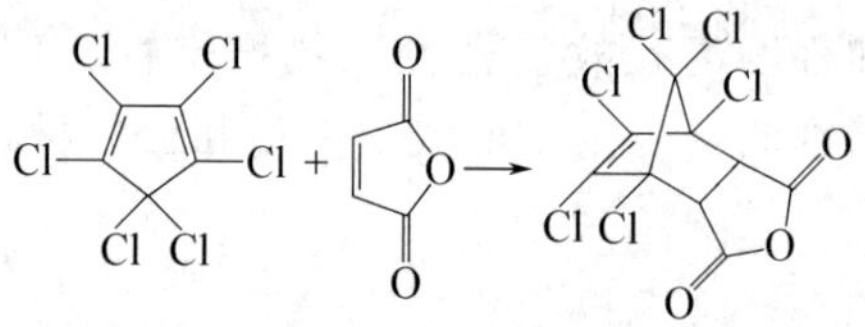

另外，环戊二烯分子中亚甲基的碳原子，因处于两个 C═C 双键的 α 位，亚甲基上的氢原子，即 α 氢原子，表现活泼，具有一定酸性（$pK_a=16$，其酸性与水相当），因此能与强碱或碱金属作用生成盐。例如：

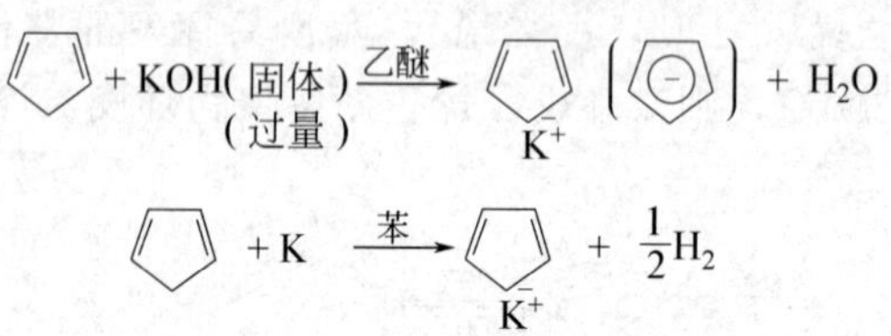

环戊二烯钾（或钠）盐的乙醚溶液与氯化亚铁的二甲基亚砜溶液反应则生成二环戊二烯基铁，也叫二茂铁。

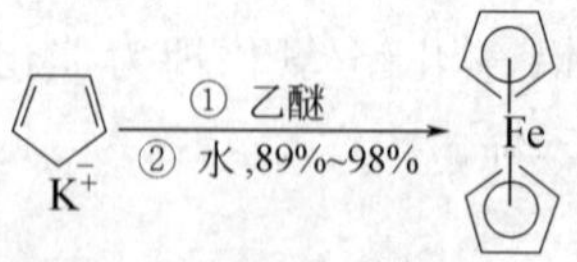

二茂铁是一种橙色针状晶体。有樟脑气味，熔点 173～174℃，沸点 249℃，在 100℃ 以上升华。在 400℃ 不分解。耐酸（氧化性酸除外）、耐碱。不溶于水，

溶于乙醇、乙醚、苯和石油醚等。可用作催化剂、紫外光吸收剂、火箭燃料添加剂。由于具有增加汽油抗震性能，可望取代造成公害的铅抗震剂。又由于具有特殊的电磁性能，将在电子工业中作为一种新型材料。

【问题 5-6】完成下列反应式：

(1) 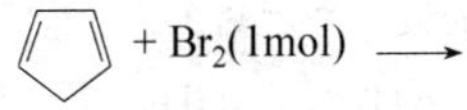 + Br$_2$(1mol) ⟶

(2) + $\xrightarrow{\triangle}$

(3) + H-C-COOCH$_3$ ‖ H-C-COOCH$_3$ 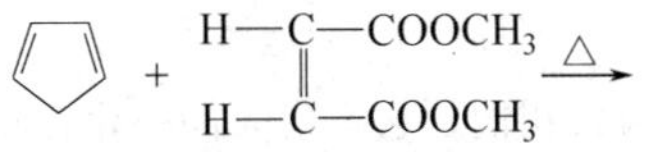 $\xrightarrow{\triangle}$

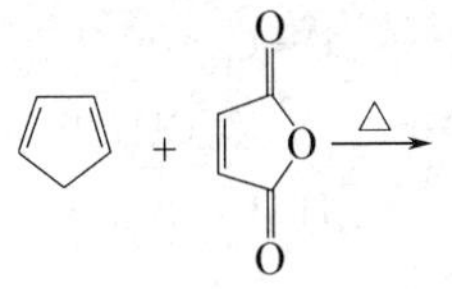

例　　题

[例题一] 下列化合物有无顺反异构体？若有，写出其顺反异构体，并用顺反命名法和 Z，E 命名法命名。

$\overset{1}{CH_2}=\overset{2}{CH}-\overset{3}{CH}=\overset{4}{CH_2}$　（Ⅰ）　　　　　　　$\overset{1}{CH_2}=\overset{2}{CH}-\overset{3}{CH}=\overset{4}{CH}-\overset{5}{CH_3}$　（Ⅱ）

$\overset{1}{CH_3}-\overset{2}{CH}=\overset{3}{CH}-\overset{4}{CH}=\overset{5}{CH}-\overset{6}{CH_3}$　（Ⅲ）

答　该三个化合物是二烯烃，有两个 C=C 双键，它们是否有顺反异构体的条件与烯烃相同（参见第 4 章习题中的例题一），不同之处是，二烯烃有两个 C=C 双键，因此顺反异构要比烯烃复杂。按照判断烯烃是否有顺反异构体的方法，即可确定该三个化合物是否有顺反异构体。

在化合物（Ⅰ）中，C-1 和 C-4 两个双键碳原子，各自所连接的原子都相同（两个氢原子）。在化合物（Ⅱ）中，C-1 双键碳原子连接两个相同的原子（两个氢原子），因此由 C-1 和 C-2 构成的 C=C 双键部分不能形成顺反异构体；C-3 和 C-4 构成的双键部分，由于每个双键碳原子所连接的两个原子或基团不同（分别为一个氢原子和一个乙烯基；一个氢原子和一个甲基），因此由 C-3 和 C-4 构成的 C=C 双键部分能形成顺反异构体，其顺反异构体的结构式和名称如下：

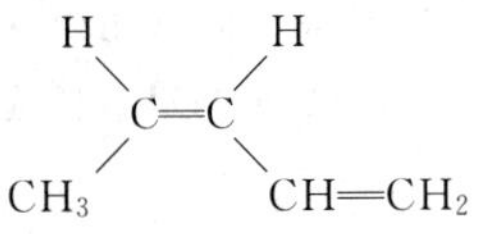

顺-1,3-戊二烯　　　　　　　　　　反-1,3-戊二烯

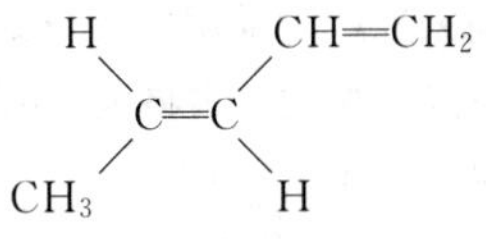

(Z)-1,3-戊二烯　　　　　　　　　　(E)-1,3-戊二烯

在化合物（Ⅲ）中，C-2、C-3、C-4 和 C-5 每个双键碳原子所连接的两个原子和基团都不相同，因此，该化合物有顺反异构体。由于该化合物有两个 C=C 双键，似应有两对顺反异构体。其顺反异构体的结构式和名称如下：

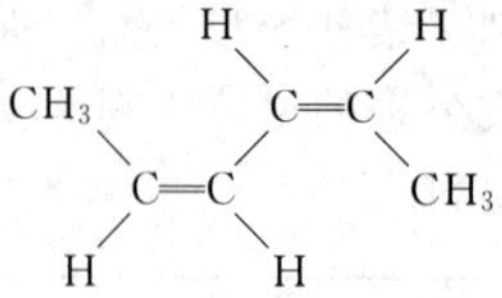

顺,顺-2,4-己二烯　　　　　　　　　　　　　　顺,反-2,4-己二烯
(Z,Z)-2,4-己二烯　　　　　　　　　　　　　　(Z,E)-2,4-己二烯

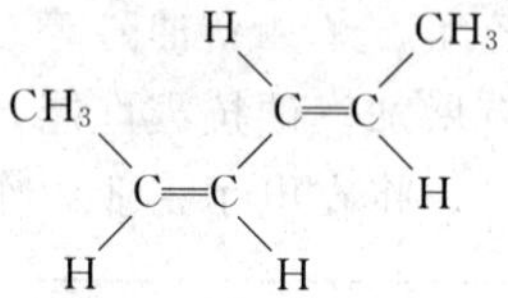

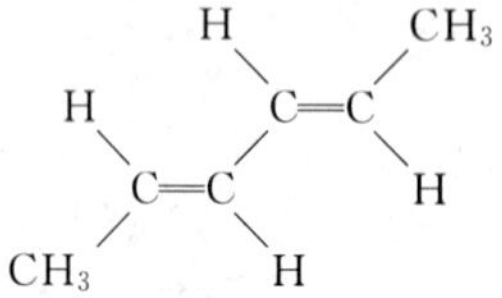

反,反-2,4-己二烯　　　　　　　　　　　　　　顺,顺-2,4-己二烯
(E,E)-2,4-己二烯　　　　　　　　　　　　　　(Z,Z)-2,4-己二烯

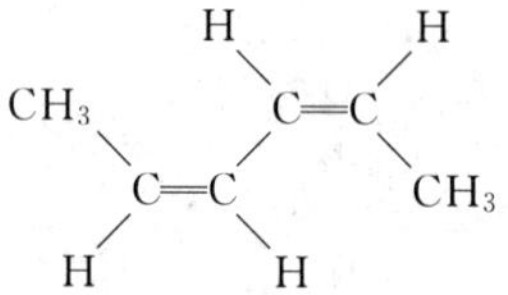

上述化合物（Ⅲ）的两对顺反异构体其中有两个结构式相同，它们代表同一化合物，即顺，顺-2,4-己二烯，所以化合物（Ⅲ）有三个顺反异构体。

　　[例题二] 用化学方法鉴别下列化合物：

$CH_2=CH—CH=CH_2$　　　　　　$CH_3—CH_2—CH_2—CH_3$　　　　　　$CH_3—CH_2—CH=CH_2$
　　（A）　　　　　　　　　　　　　　　（B）　　　　　　　　　　　　　　　（C）

　　答　用化学方法鉴别有机化合物时，通常应具备以下两个条件：（1）操作简便；（2）反应容易进行，且有明显现象，如有颜色变化、有温度变化（放热或吸热）有气体产生、发生浑浊或有沉淀生成等，以便于观察。在解答用化学方法鉴别有机化合物这一类问题时，首先分析所给的每一个化合物的结构及其官能团特征，看其是否属于同一类还是不同类的化合物，属于同类者，利用符合上述两个条件的每一个化合物的特有反应（物质的个性）进行鉴别，属于不同类者，则利用每类官能团的特征反应（物质的共性）进行鉴别。

　　在该题所给的三个化合物中，（A）和（C）分子中含有C=C双键官能团，属于烯烃；（B）无官能团，属于烷烃，因此，首先利用共性将（A）、（C）与（B）区分开。已知烯烃与溴（或溴水）或高锰酸钾等容易发生反应，且有明显现象发生（溴的红棕色消失；高锰酸钾的紫色消失，同时有褐色的二氧化锰沉淀生成），而烷烃与溴和高锰酸钾不发生反应，无明显现象发生。至此已将（B）鉴别。在（A）和（C）这一组中，（A）属于二烯烃，且是共轭二烯烃，因此需利用共轭二烯烃的特性将（A）和（C）区分开。已知共轭二烯烃与顺丁烯二酸酐能发生狄尔斯-阿尔德反应，生成的加成物是沉淀，而烯烃则不能发生此反应，因此可将两者分开。

　　确定鉴别方法后应采用简明方式进行表述，表述方式通常采用以下几种方式之一即可：叙述式；反应式表达式；表格式；图解式。现分别叙述如下（解题时自己可任选一种）。

　　（1）叙述式：

　　分别取一定量的（A）、（B）和（C）三种化合物，然后分别加入少量的溴（用溴水亦可），溴的颜色消失者为（A）和（C），无明显变化者为（B）。再分别取一定量的（A）和（C），然后加入少量顺丁烯二酸酐并加热，有沉淀产生者为（A），无明显变化者为（C）。

　　反应式表达式：

$$CH_2{=}CH{-}CH{=}CH_2 + Br_2 \longrightarrow CH_2{-}CH{-}CH{=}CH_2 + CH_2{-}CH{=}CH{-}CH_2$$

（溴的红棕色消失）

$$CH_3{-}CH_2{-}CH_2{-}CH_3 + Br_2 \longrightarrow 无明显变化（溴的红棕色仍存在）$$

$$CH_3{-}CH_2{-}CH{=}CH_2 + Br_2 \longrightarrow CH_3CH_2{-}CH{-}CH_2 \quad （溴的红棕色消失）$$

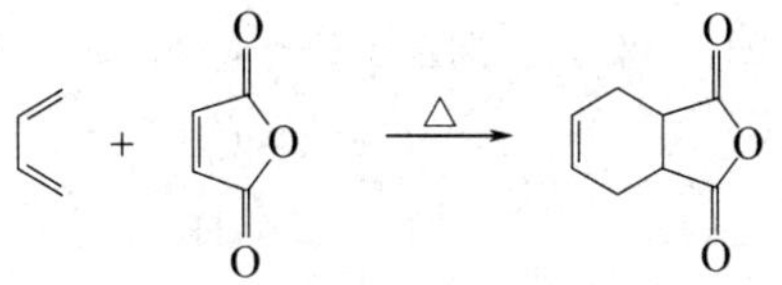

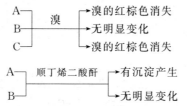

顺丁烯二酸酐   顺-△⁴-四氢化邻苯二甲酸酐
（△⁴表示在C-4 和 C-5 之间有双键）

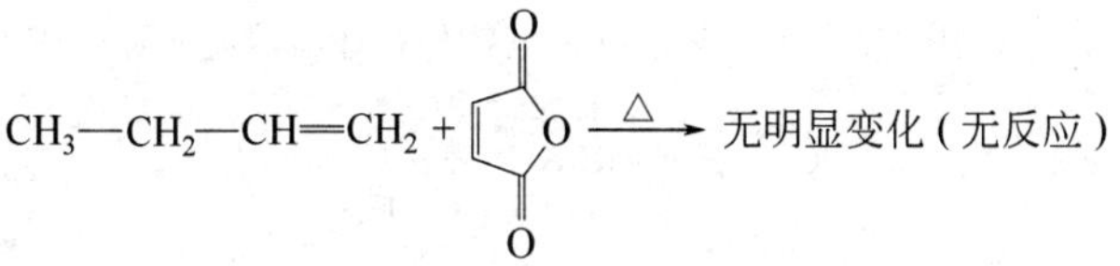

$$CH_3{-}CH_2{-}CH{=}CH_2 + \ \text{（顺丁烯二酸酐）} \xrightarrow{\triangle} 无明显变化（无反应）$$

（2）表格式：

试　　剂	反应现象	反　应　结　果		
		A	B	C
溴（或溴水）	红棕色消失	+	-	+
顺丁烯二酸酐	有沉淀产生	+	-	

注：表中"+"、"-"号分别代表起反应和不起反应。

（3）图解式：

```
A ┐                      ┌→ 溴的红棕色消失
B ├──── 溴 ────────────┤→ 无明显变化
C ┘                      └→ 溴的红棕色消失

A ┐                          ┌→ 有沉淀产生
B ┴──── 顺丁烯二酸酐 ────────┴→ 无明显变化
```

习　　题

（一）命名下列化合物，并按累积双键、共轭双键或隔离双键二烯烃进行分类。

(1)　$CH_3{-}CH{=}CH{-}CH{=}CH_2$

(2)　$CH_2{=}CHCH_2\overset{\overset{\textstyle CH_3}{|}}{C}{=}CHCH_2CH_3$

(3)　$CH_3{-}CH{=}C{=}CH_2$

(4)　$CH_2{=}CH{-}CH{=}CH{-}CH{=}CH_2$

(5)
$$\begin{array}{c} CH_3 \\ | \\ H_2C=C \end{array} \quad \begin{array}{c} H \\ | \\ C=C \\ | \quad | \\ H \quad CH_3 \end{array}$$

(6)
$$\begin{array}{c} C_2H_5 \quad H \\ \diagdown \quad \diagup \\ C=C \\ \diagup \quad \diagdown \\ H \quad C=C \\ \diagup \quad \diagdown \\ H \quad C_2H_5 \end{array}$$

（二）写出下列各化合物的构造式：

(1) 3-甲基-1,5-己二烯　　　　　(2) 2,3-二甲基-1,3-丁二烯

（三）在下列化合物中，哪些是构造异构体？哪些是构型异构体？

$CH_2=CH-CH_2-CH=CH_2$ （A）　　　　$CH_3-CH=CH-CH_2-CH=CH_2$ （B）

$CH_3-CH=CH-CH=CH-CH_3$ （C）　　　$\begin{array}{c} H_2C=C-C=CH_2 \\ | \quad | \\ CH_3 \ CH_3 \end{array}$ （D）

$$\begin{array}{c} H_3C \quad H \\ \diagdown \quad \diagup \\ C=C \\ \diagup \quad \diagdown \\ H \quad C=C \quad H \\ \diagup \quad \diagdown \\ H \quad CH_3 \end{array} \quad (E)$$

$$\begin{array}{c} H \quad H \\ \diagdown \quad \diagup \\ C=C \\ \diagup \quad \diagdown \\ CH_3 \quad C=C \quad H \\ \diagup \quad \diagdown \\ H \quad CH_3 \end{array} \quad (F)$$

（四）在下列碳正离子中，除 C-1 注明带有正电荷外，还有哪些碳原子带有部分正电荷？

$$\begin{array}{ccccccc} | & | & | & | & | & | & | \\ -C-C-C-C-C-C-C- \\ 7 & 6 & 5 & 4 & 3 & 2 & 1^+ \end{array}$$

（五）完成下列反应式：

(1) $\quad H_2C=CH-CH_2-CH=CH_2 + HBr \longrightarrow$

(2) $\quad \begin{array}{c} CH_2=C-CH=CH_2 + HI \xrightarrow{\triangle} \\ | \\ CH_3 \end{array}$

(3) $\quad \begin{array}{c} CH_2=C-C=CH_2 + HBr \xrightarrow{\triangle} \\ | \quad | \\ CH_3 \ CH_3 \end{array}$

(4) $\quad \diagup\!\!\diagdown\diagup\!\!\diagdown \; + \; \begin{array}{c} CN \\ | \\ | \\ CN \end{array} \xrightarrow{\triangle}$

(5) $\quad \diagup\!\!\diagdown\!\!\diagdown \; + \; \begin{array}{c} ||| \\ | \\ COOCH_3 \end{array} \xrightarrow{\triangle}$

（六）某二烯烃（A）与 1mol 溴加成，生成 2,5-二溴-3-己烯，（A）经臭氧化还原分解，生成 2mol 乙醛（CH_3CHO）和 1mol 乙二醛（$\begin{array}{c} H-C-C-H \\ \quad || \ || \\ \quad O \ O \end{array}$）写出二烯烃（A）的构造式。

（七）用化学方法鉴别下列化合物：

$CH_3(CH_2)_2CH_3$ （A）　　　$CH_3-CH=C=CH_2$ （B）　　　$CH_2=CH-CH=CH_2$ （C）

（八）在下列各组化合物或活性中间体中，哪一个比较更稳定些？为什么？

(1) 3-甲基-2,5-庚二烯和 5-甲基-2,4-庚二烯

(2) 2-戊烯和 2-甲基-2-丁烯

(3) $CH_3\overset{+}{C}H\underset{\underset{CH_3}{|}}{}-CH-CH=CH_2$ 和 $CH_3-\overset{+}{\underset{\underset{CH_3}{|}}{C}}-CH_2-CH=CH_2$

(4) $CH_3\overset{+}{C}HCH_2CH=CH_2$ 和 $\overset{+}{C}H_2CH=CHCH_2CH_3$

(5) $CH_3CH_2CH_2\overset{\cdot}{C}H_2$ 和 $CH_3\overset{\cdot}{C}HCH_2CH_3$

（九）由乙炔为主要原料（无机试剂任选）合成：

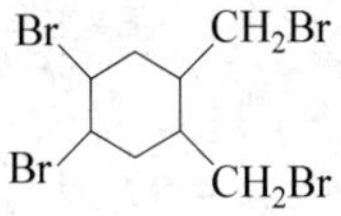

[提示：合成中利用"双烯合成反应"]

（十）下列化合物有无顺反异构体，若有，写出其顺反异构体，并用顺反命名法和 Z,E 命名法命名。

(1) 2-甲基-1,3-丁二烯　　　　　(2) 1,3-戊二烯

(3) 3,5-辛二烯

（十一）1,3-丁二烯在甲醇中与氯反应，可生成 $CH_3OCH_2CH=CHCH_2Cl(30\%)$ 和 $\underset{\underset{OCH_3}{|}}{CH_2=CHCHCH_2Cl}(70\%)$ 。试用反应机理解释之。

（十二）某化合物分子式为 $C_{15}H_{24}$，催化加氢吸收 4mol 氢气，生成 2,6,10-三甲基十二烷。该化合物经臭氧化分解生成 2mol HCHO、1mol $CH_3\overset{\overset{O}{\|}}{C}CH_3$ 、1mol $CH_3\overset{\overset{O}{\|}}{C}CH_2CH_2CHO$ 和 1mol $OHCCH_2CH_2\overset{\overset{O}{\|}}{C}CHO$ ，试写出该化合物可能的构造式。

参 考 书 目

1　[德] Weisser. K 等著，工业有机化学. 周遊等译. 北京：化学工业出版社，1998.82～98

2　高鸿宾编，有机活性中间体. 北京：高等教育出版社，1988.6～28、64～93

第**6**章 炔 烃

分子中含有一个碳碳三键（C≡C）的开链烃，叫做炔烃。C≡C 三键是炔烃的官能团。由于 C≡C 比双键还多一根键，炔烃比烯烃还少两个氢原子，故炔烃的通式为 C_nH_{2n-2}。此通式与二烯烃的通式相同，因此炔烃与二烯烃互为同分异构体。

6.1 乙炔的结构——碳原子的 sp 杂化

在乙炔分子中，只有两个碳原子和两个氢原子。杂化轨道理论认为，乙炔分子中的碳原子是由一个 2s 轨道和一个 2p 轨道进行 sp 杂化，形成两个相等的 sp 杂化轨道，sp 杂化轨道含有 1/2s 轨道成分和 1/2p 轨道成分。余下两个 p 轨道未参与杂化。如图 6-1 所示。

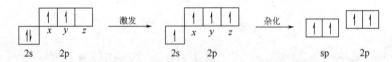

图 6-1　碳原子轨道的 sp 杂化

两个 sp 杂化轨道的对称轴同处于一条直线上，其对称轴形成 180°夹角。sp 杂化轨道在空间的分布如图 6-2 所示。

图 6-2　碳原子的 sp 杂化轨道

碳原子以一个 sp 杂化轨道与一个氢原子的 1s 轨道在对称轴的方向交盖，构成一个 C—Hσ 键，这种轨道叫 σ 轨道。余下的一个 sp 轨道与另一个碳原子余下的 sp 杂化轨道在对称轴方向交盖，形成一个 C—C σ 键，这种轨道也叫 σ 轨道。如图 6-3 所示。

每个碳原子余下的两个未参与杂化的 p 轨道，其对称轴相互垂直且都垂直于 sp 杂化轨道对称轴所在的直线。如图 6-4 所示。

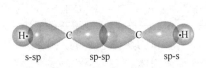

图 6-3　乙炔分子的 σ 键

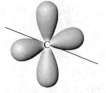

图 6-4　sp 杂化碳原子的 p 轨道分布

两个碳原子各余下的两个相互垂直的 p 轨道，其对称轴两两平行，且从侧面相互交盖形成两个相互垂直的 π 键。如图 6-5 所示。两个 π 键的电子云围绕在两个碳原子核联线对称分布在 C—C σ 键的周围。如图 6-6 所示。

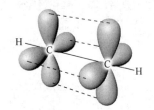

图 6-5　乙炔的 π 键

图 6-6　乙炔分子中的 π 键电子云形状

由以上讨论可以看出，乙炔分子的构造式虽然写成 H—C≡C—H，但 C≡C 三键一个是 σ 键两个是 π 键。实验测定结果表明，乙炔分子是直线型的，键角（∠HCC）是 $180°$，C≡C 三键键长 $0.120nm$，C—H 单键键长 $0.106nm$，C≡C 三键键能为 $837kJ \cdot mol^{-1}$。

为了形象地表示乙炔分子的立体结构，常用球棒模型和比例模型表示。如图 6-7 所示。

球棒模型　　　　　　　　　　　比例模型

图 6-7　用模型表示的乙炔分子

6.2　炔烃的构造异构和命名

6.2.1　炔烃的构造异构

与烯烃相似，最简单的炔烃如乙炔和丙炔没有构造异构体。含有四个和四个碳原子以上的炔烃，有可能因碳架不同和三键位次不同，产生同分异构现象。例如，含有四碳原子的炔烃，因三键位次不同产生异构体：

$$CH_3—CH_2—C≡C—H \qquad\qquad CH_3—C≡C—CH_3$$

1-丁炔　　　　　　　　　　　　　　　2-丁炔

含有五个和五个以上碳原子的炔烃，不仅因三键位次不同，还由于烷基碳架的不同，产生异构体。例如：

$$CH_3\!-\!CH_2\!-\!CH_2\!-\!C\!\equiv\!C\!-\!H \qquad CH_3\!-\!CH_2\!-\!C\!\equiv\!C\!-\!CH_3 \qquad CH_3\!-\!\underset{\underset{CH_3}{|}}{CH}\!-\!C\!\equiv\!C\!-\!H$$

　　　　1-戊炔　　　　　　　　　　2-戊炔　　　　　　　　　3-甲基-1-丁炔

与烯烃不同，由于乙炔分子是直线型的，乙炔和乙炔分子中的一个或两个氢原子被烃基取代后形成的其他炔烃，都没有顺反异构体。

6.2.2　炔烃的命名法

炔烃的命名方法通常采用衍生命名法和系统命名法，其中以系统命名法最常用。

（1）衍生命名法

与烯烃相似，比较简单的炔烃可以用衍生命名法命名。用衍生命名法命名时，是以乙炔为母体，其他炔烃看成是乙炔的烃基衍生物。例如：

$$CH_3\!-\!C\!\equiv\!C\!-\!CH_3 \qquad CH_3\!-\!\underset{\underset{CH_3}{|}}{CH}\!-\!C\!\equiv\!CH \qquad CH_2\!=\!CH\!-\!C\!\equiv\!CH$$

　　二甲基乙炔　　　　　异丙基乙炔　　　　　　乙烯基乙炔

（2）系统命名法

炔烃的系统命名法与烯烃相似，只需将名称中的"烯"字改成"炔"字即可。例如：

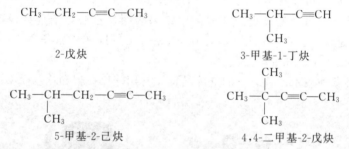

　　　　2-戊炔　　　　　　　　　　3-甲基-1-丁炔

　　5-甲基-2-己炔　　　　　　　　4,4-二甲基-2-戊炔

【问题 6-1】 用衍生命名法和系统命名法命名下列化合物：

（1）$CH_3CH_2CH_2CH_2C\!\equiv\!CCH_3$　　　　　　（2）$(CH_3)_2CHC\!\equiv\!CC(CH_3)_3$

（3）$CH_3\!-\!CH_2\!-\!\underset{\underset{CH_3}{|}}{CH}\!-\!C\!\equiv\!CH$　　　　　（4）$CH_3\!-\!\underset{\underset{CH_3}{|}}{CH}\!-\!CH_2\!-\!C\!\equiv\!CH$

【问题 6-2】 写出下列各炔烃的构造式：

（1）新戊基乙炔　　　　　　　（2）正丙基异丙基乙炔

（3）2,5-二甲基-3-庚炔　　　　（4）4-甲基-2-己炔

6.3　炔烃的制法

炔烃中最重要的是乙炔。乙炔是有机化学工业的基础原料之一。在石油化学

工业中常说的八大原料：三烯（乙烯、丙烯和丁烯）、三苯（苯、甲苯和二甲苯）、一炔（乙炔）、一萘（萘），乙炔就是其中之一。因此，这里主要讨论乙炔的工业制法。

6.3.1 乙炔的生产

（1）电石法

石灰和焦炭在高温电炉中加热至 $2200\sim2300℃$，生成碳化钙（俗称电石）。碳化钙与水反应生成乙炔（俗称电石气）。

$$CaO+C \xrightarrow{2200\sim2300℃} CaC_2+CO$$
$$CaC_2+H_2O \longrightarrow HC\equiv CH+Ca(OH)_2$$

电石法虽然应用很普遍，但生产电石能耗太高，故发展受到限制。

（2）部分氧化法

天然气（甲烷）与氧气的混合物于 $1500\sim1600℃$ 进行部分氧化裂解生成乙炔。反应时间约为 $0.01\sim0.001s$。

$$2CH_4 \xrightarrow{1500\sim1600℃} 2HC\equiv CH+3H_2$$

生成的反应气中，乙炔占 $8\%\sim9\%$，其余为：未反应的甲烷占 $24\%\sim25\%$；氢占 $54\%\sim56\%$；一氧化碳占 $4\%\sim6\%$；二氧化碳占 $3\%\sim4\%$；氧占 $0\%\sim0.04\%$。因此，乙炔必须用溶剂进行提取（提浓），我国采用 N-甲基吡咯烷酮提浓乙炔，取得了较好结果。

（3）其他方法

以天然气或原油及其加工产品（如石脑油、$C_1\sim C_4$ 烃、渣油）为原料，反应温度基本上都在 $1000℃$ 以上（因方法不同，反应温度差别很大，如电弧法反应温度为 $2000\sim3000℃$），也可得到乙炔。在这些以烃为原料生产乙炔的方法中，以部分氧化法用得较多。

6.3.2 其他炔烃的制法

制备炔烃的一般通则是：分子中碳骨架相同但无 $C\equiv C$ 三键时，从相邻两个碳原子上脱去原子或基团，使之形成 $C\equiv C$ 三键；分子中已有 $C\equiv C$ 三键，再引入烷基，使之成为所需要的炔烃。

（1）二卤代烷脱卤化氢

二卤代烷可以是两个卤原子在同一碳原子上，也可以在相邻两个碳原子上，它们分别脱去两分子卤化氢生成炔烃。

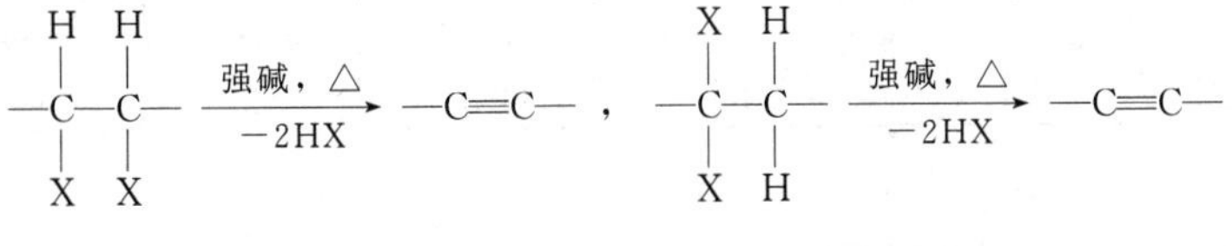

例如：

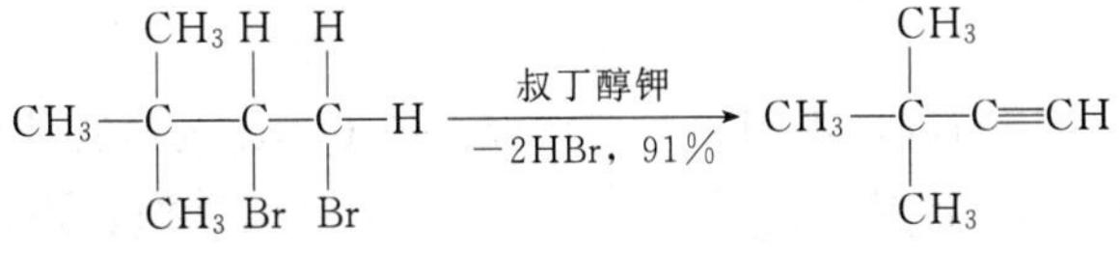

$$CH_3(CH_2)_6CH_2-\underset{\underset{Br}{|}}{C}H-\underset{\underset{Br}{|}}{C}H_2 \xrightarrow[9h]{NaNH_2,\ 65\sim70℃} CH_3(CH_2)_6CH_2-C\equiv CH$$

$$\underset{\underset{Cl}{|}}{\overset{\overset{Cl}{|}}{C}}-CH_3 \xrightarrow[\text{② }H^+,\ 46\%]{\text{① }NaNH_2,\triangle} C\equiv CH$$

$$CH_3(CH_2)_4CH_2CHCl_2 \xrightarrow[\text{②}H^+,\ 60\%]{\text{①}NaNH_2,\ \triangle} CH_3(CH_2)_4C\equiv CH$$

这是在分子中引入 C≡C 三键的一种方法。

（2）炔烃的烷基化

在乙炔或其他端位炔烃（R—C≡CH，C≡C 三键在 C-1 和 C-2 之间的炔烃）分子中引入烷基，可获得其他炔烃。例如：

$$R-C\equiv CH \xrightarrow[\text{液氨}]{NaNH_2} R-C\equiv CNa \xrightarrow[-NaX]{R'X} R-C\equiv C-R'$$

这类反应将在本章炔烃的化学性质中进一步介绍。

6.4　炔烃的物理性质

炔烃的物理性质与烷烃和烯烃相似。炔烃是无色的。低级炔烃（$C_2 \sim C_4$）是气体，从 C_5 开始是液体，高级炔烃是固体。相对密度都小于1。炔烃不溶于水，溶于氯仿、四氯化碳、苯和乙醚等有机溶剂中。一些炔烃的物理常数见表 6-1。

表 6-1　一些炔烃的物理常数

名　　称	构　造　式	沸点/℃	熔点/℃	相对密度 d_4^{20}
乙炔	HC≡CH	−83.4	−81.8（压力下）	0.618(沸点时)
丙炔	$CH_3C\equiv CH$	−23.3	−101.5	0.671(沸点时)
1-丁炔	$CH_3CH_2C\equiv CH$	8.5	−112.5	0.668(沸点时)
1-戊炔	$CH_3CH_2CH_2C\equiv CH$	39.7	−98	0.695
2-戊炔	$CH_3CH_2C\equiv CCH_3$	55.5	−101	0.7127(17.2℃)
3-甲基-1-丁炔	$(CH_3)_2CHC\equiv CH$	28〜29(10Kpa)		0.6854(0℃)
1-己炔	$CH_3(CH_2)_3C\equiv CH$	71.4	−124	0.719
1-庚炔	$CH_3(CH_2)_4C\equiv CH$	99.8	−80.9	0.733
1-十八碳炔	$CH_3(CH_2)_{15}C\equiv CH$	180(2kPa)	22.5	0.6896(0℃)

6.5　炔烃的化学性质

炔烃的化学性质与烷烃不同，由于炔烃含有 C≡C 三键官能团，因此它的化学性质主要表现在两个部位：①C≡C 三键；②与三键碳原子直接相连的氢原子。

由于 C≡C 三键与 C═C 双键都含有 π 键，因此炔烃的化学性质与烯烃相似，也比较容易进行加成、氧化和聚合反应。下面分别进行讨论。

6.5.1　加成反应

（1）催化加氢

由于 C≡C 三键含有两个 π 键，它既可以与一分子氢加成生成烯烃，又可以与两分子氢加成生成烷烃。例如：

$$HC\equiv CH \xrightarrow{\text{H}_2}{\text{Pd}} CH_2{=}CH_2 \xrightarrow{\text{H}_2}{\text{Pd}} CH_3{-}CH_3$$

在催化加氢反应中，炔烃比烯烃具有较大的反应活性，更容易氢化，因此可选择适当的催化剂，控制一定条件，使炔烃加氢停留在烯烃阶段。例如：

$$C_6H_5C{\equiv}CCH_3 + H_2 \xrightarrow{\text{Pd-Pb}} C_6H_5CH{=}CHCH_3$$

$$CH_3{-}CH_2{-}C{\equiv}C{-}CH_2{-}CH_3 \xrightarrow{\text{H}_2}{\text{Ni}_2\text{B}} CH_3{-}CH_2{-}CH{=}CH{-}CH_2{-}CH_3$$

用醋酸铅部分毒化了的 Pd-CaCO$_3$［林德拉（Lindler）催化剂］和用喹啉部分毒化的 Pd-BaSO$_4$ 是常用的选择性氢化催化剂，使 C≡C 三键还原成 C═C 双键。其中以喹啉部分毒化的 Pd-BaSO$_4$ 较佳。利用这种方法可以使炔烃及其衍生物还原成烯烃及其衍生物。例如，利用这种方法可以使石油裂解得到的乙烯中所含的微量乙炔转化为乙烯，以提高乙烯的纯度。

（2）与卤素加成

与烯烃相似，炔烃也能与卤素、卤化氢等亲电试剂进行亲电加成反应。但由于三键碳原子是 sp 杂化，它含有较多（50%）的 s 成分。由于轨道的 s 成分越多，则轨道越靠近原子核，在该轨道中的电子受原子核的束缚力越大，因此，虽然炔烃有两个 π 键，但炔烃不如烯烃那样容易给出电子进行加成反应，所以炔烃的亲电加成比烯烃较难。

炔烃与氯和溴容易发生加成反应。例如，乙炔与氯和溴可分别进行加成反应，与一分子加成生成二卤乙烯，与两分子加成则生成四卤乙烷。

$$HC{\equiv}CH \xrightarrow{\text{Cl}_2} \underset{\underset{\text{Cl}}{|}}{\overset{\overset{\text{Cl}}{|}}{CH}}{=}\underset{\underset{\text{Cl}}{|}}{\overset{\overset{\text{Cl}}{|}}{CH}} \xrightarrow{\text{Cl}_2} \underset{\underset{\text{Cl}}{|}}{\overset{\overset{\text{Cl}}{|}}{HC}}{-}\underset{\underset{\text{Cl}}{|}}{\overset{\overset{\text{Cl}}{|}}{CH}}$$

　　　　　　　　　　1,2-二氯乙烯　1,1,2,2-四氯乙烷

$$HC{\equiv}CH \xrightarrow{\text{Br}_2} \underset{\underset{\text{Br}}{|}}{\overset{\overset{\text{Br}}{|}}{CH}}{=}\underset{\underset{\text{Br}}{|}}{\overset{\overset{\text{Br}}{|}}{CH}} \xrightarrow{\text{Br}_2} \underset{\underset{\text{Br}}{|}}{\overset{\overset{\text{Br}}{|}}{HC}}{-}\underset{\underset{\text{Br}}{|}}{\overset{\overset{\text{Br}}{|}}{CH}}$$

　　　　　　　　　　1,2-二溴乙烯　1,1,2,2-四溴乙烷

炔烃与溴加成后，由于溴的红棕色消失，因此与烯烃相似，也可以通过溴（或溴水）的褪色来检验 C≡C 三键的存在。另外，通过炔烃与卤素的加成，还可用来

制备卤代烃。例如，以三氯化铁为催化剂，用四氯化碳为溶剂，于 80～85℃ 使乙炔与氯气反应，则得到 1,1,2,2-四氯乙烷，这是工业上制备四氯乙烷的方法。

（3）与卤化氢加成

炔烃也能与卤化氢加成，但比烯烃困难，通常需在催化剂催化下进行。例如，在氯化汞-活性炭催化下，于 180～200℃，乙炔与氯化氢反应生成氯乙烯：

$$HC\equiv CH + HCl \xrightarrow[180\sim200℃,>95\%]{HgCl_2\text{-}C} CH_2=CHCl$$

氯乙烯

氯乙烯主要用于生产聚氯乙烯。由于它显示高的致癌性，故接触氯乙烯时应特别注意安全。此反应是工业上早期生产氯乙烯的方法。它具有工艺简单、投资少、产率高的优点，但能耗大，原料成本高，催化剂汞盐毒性大，故一段时间以来已逐渐被由乙烯为原料的方法所代替。

不对称炔烃与卤化氢的加成，也服从马尔柯夫尼柯夫规则。例如：

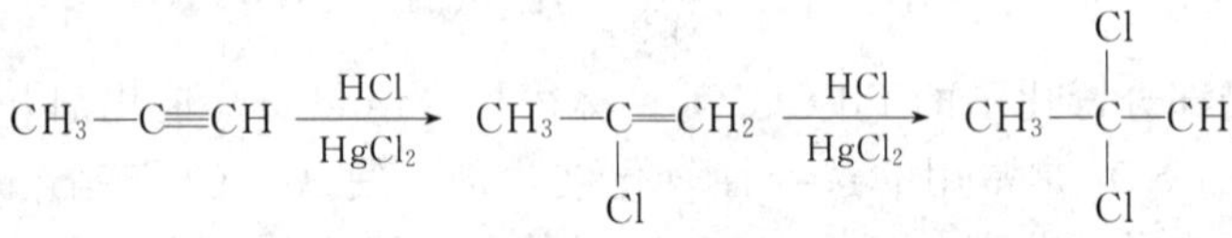

$$CH_3-C\equiv CH \xrightarrow[HgCl_2]{HCl} CH_3-\underset{Cl}{C}=CH_2 \xrightarrow[HgCl_2]{HCl} CH_3-\underset{Cl}{\overset{Cl}{C}}-CH_3$$

　　　　　　　　　　　　　　　　2-氯丙烯　　　　　　　2,2-二氯丙烷

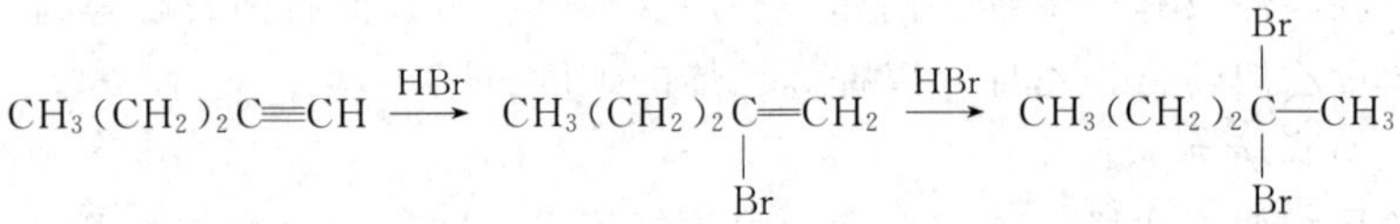

$$CH_3(CH_2)_2C\equiv CH \xrightarrow{HBr} CH_3(CH_2)_2\underset{Br}{C}=CH_2 \xrightarrow{HBr} CH_3(CH_2)_2\underset{Br}{\overset{Br}{C}}-CH_3$$

　　　　　　　　　　　　　　　2-溴-1-戊烯　　　　　　　2,2-二溴戊烷

【问题 6-3】 完成下列反应式：

（1）2-丁炔 $\xrightarrow[Pt]{H_2（过量）}$

（2）3-己炔 $\xrightarrow{Cl_2（1mol）}$

（3）1-戊炔 $\xrightarrow[HgCl_2]{HCl（过量）}$

【问题 6-4】 试用化学方法鉴别丙烷和丙炔这两种无色气体。

【问题 6-5】 以电石为原料合成下列化合物：

（1）1,2-二氯-1,2-二溴乙烷

（2）1,1,2-三氯乙烷

（3）1-氯-1-溴乙烷

（4）与水加成

与烯烃不同，炔烃在酸催化下直接加水是困难的，但在硫酸汞的稀硫酸溶液中，则炔烃与水可以顺利地进行加成反应。例如，在 90～95℃，0.1～0.2MPa 压力下，乙炔与水在硫酸汞催化下反应生成乙醛。

$$HC\equiv CH + HO-H \xrightarrow[90\sim95℃,0.1\sim0.2MPa]{HgSO_4,稀\ H_2SO_4} \left[\begin{array}{c}CH_2=CH\\ |\\ OH\end{array}\right] \xrightarrow{重排} \begin{array}{c}CH_3-CH\\ \|\\ O\end{array}$$

　　　　　　　　　　　　　　　　　　　　　　乙烯醇　　　　　　乙醛

　　反应首先生成乙烯醇，然后重排成乙醛。这是工业上生产乙醛的方法之一。反应中所用汞盐有剧毒，生产中存在污染问题，因此很早就开始非汞催化剂的研究，并已取得了很大进展，所用催化剂主要有锌、镉、铜盐等，已有生产装置。

　　炔烃与水加成，首先生成烯醇。羟基连接在双键碳原子上叫烯醇。烯醇一般很不稳定，容易发生分子重排，生成羰基化合物，这是一个普遍的规律。

$$\left[\begin{array}{c}|\ \ |\\ -C-C-\\ |\\ OH\end{array}\right] \rightleftharpoons \begin{array}{c}|\ \ |\\ -C-C-\\ |\\ O\end{array}$$

　　　　　　　烯醇式　　　　　　酮式

这种由烯醇式转变为酮式或相反的重排，叫做烯醇式和酮式的互变异构。互变异构是构造异构的一种特殊形式。

　　不对称炔烃与水的加成，也遵循马尔柯夫尼柯夫规则。加成得到的烯醇也进行重排，生成羰基化合物。除乙炔加水生成乙醛外，其他炔烃加水都生成酮。例如：

$$CH_3(CH_2)_5C\equiv CH + H_2O \xrightarrow[91\%]{HgSO_4,稀\ H_2SO_4} CH_3(CH_2)_5\underset{\underset{O}{\|}}{C}CH_3$$

$$CH_3(CH_2)_3C\equiv C(CH_2)_3CH_3 + H_2O \xrightarrow[91\%]{HgSO_4,稀\ H_2SO_4} CH_3(CH_2)_3\underset{\underset{O}{\|}}{C}CH_2(CH_2)_3CH_3$$

　　　　　　　　　　　　　　　　　　　　　　　　　　　　　　　5-癸酮

【问题 6-6】1-丁炔和 2-丁炔与硫酸汞和稀硫酸的水溶液起反应，所得产物是否相同？为什么？

（5）与醇加成

　　在碱催化下，乙炔与醇加成生成乙烯基醚，这是制备乙烯基醚的一种方法。例如在 20％氢氧化钠水溶液中，于 160～165℃和 2～2.2MPa 压力下，乙炔和甲醇加成生成甲基乙烯基醚。

$$HC\equiv CH + CH_3OH \xrightarrow[160\sim165℃,2\sim2.2MPa]{20\%NaOH} CH_2=CH-O-CH_3$$

　　　　　　　　　　　　　　　　　　　　　　　　甲基乙烯基醚

甲基乙烯基醚是无色气体。难溶于水，溶于乙醇和乙醚，是合成高分子材料、涂料、增塑剂和黏结剂等的原料。

（6）与乙酸加成

　　在催化剂作用下，乙炔和乙酸能够发生加成反应。例如，在乙酸锌-活性炭催化下，于 180～220℃，在气相使乙酸和乙炔加成，则生成乙酸乙烯酯。

$$HC\!\!=\!\!\!CH + CH_3\!\!-\!\!\overset{\displaystyle O}{\overset{\displaystyle \|}{C}}\!\!-\!\!OH \xrightarrow[180\sim220℃,略有压力,92\%\sim95\%]{乙酸锌\text{-}活性炭} CH_3\!\!-\!\!\overset{\displaystyle O}{\overset{\displaystyle \|}{C}}\!\!-\!\!OCH\!\!=\!\!CH_2$$

乙酸乙烯酯

这是工业上生产乙酸乙烯酯的方法之一。乙酸乙烯酯（醋酸乙烯酯，俗称醋酸乙烯）为无色液体，是生产聚乙烯醇——维纶（一种合成纤维）的原料。

6.5.2　氧化反应

与烯烃相似，炔烃也可被高锰酸钾氧化，发生 $C\!\!=\!\!\!C$ 三键断裂，生成羧酸，高锰酸钾则被还原成褐色二氧化锰。例如：

$$3HC\!\!=\!\!\!CH + 10KMnO_4 + 2H_2O \longrightarrow 6CO_2 + 10KOH + 10MnO_2$$

$$CH_3CH_2CH_2C\!\!=\!\!\!CCH_3 \xrightarrow[OH^-]{KMnO_4, H_2O} CH_3CH_2CH_2\overset{\displaystyle C}{\underset{\displaystyle OH}{|}}\!\!=\!\!O \; + \; O\!\!=\!\!\overset{\displaystyle C}{\underset{\displaystyle OH}{|}}\!\!-\!\!CH_3$$

丁酸　　　　　　乙酸

与烯烃相似，由于反应过程中紫色的高锰酸钾颜色逐渐消失，同时有褐色的二氧化锰沉淀生成，因此，可以利用此反应检验炔烃及含有 $C\!\!=\!\!\!C$ 三键化合物的存在。另外，还可以通过鉴定氧化产物羧酸的结构来确定炔烃的结构，这也是测定 $C\!\!=\!\!\!C$ 三键位置和炔烃结构的方法之一。

【问题 6-7】 某炔烃 A，用碱性高锰酸钾水溶液氧化生成产物 B，经测定得知 B 是丙酸，写出 A 的构造式。

【问题 6-8】 有两个化合物，其中一个是十八酸[$CH_3(CH_2)_{16}COOH$]，另一个是 9-十八炔酸，你能否用化学方法判断它们哪一个是十八酸？哪一个是 9-十八炔酸？（举出两种方法）。

6.5.3　聚合反应

乙炔能够发生聚合反应，随反应条件不同，聚合产物不同。例如，将乙炔通入氯化亚铜-氯化铵的强酸溶液中，则发生双分子聚合，生成乙烯基乙炔。

$$2HC\!\!=\!\!\!CH \xrightarrow[少量盐酸,\sim70℃]{CuCl\text{-}NH_4Cl} CH_2\!\!=\!\!CH\!\!-\!\!C\!\!=\!\!\!CH$$

乙烯基乙炔

乙烯基乙炔是制造氯丁橡胶单体 2-氯-1,3-丁二烯的原料。在约 45℃，在氯化亚铜-氯化铵的盐酸溶液中，乙烯基乙炔与氯化氢发生加成反应，生成 2-氯-1,3-丁二烯。

$$CH_2\!\!=\!\!CH\!\!-\!\!C\!\!=\!\!\!CH + HCl \xrightarrow[12\%\sim14\%HCl,\sim45℃]{CuCl\text{-}NH_4Cl} CH_2\!\!=\!\!CH\!\!-\!\!\overset{\displaystyle C}{\underset{\displaystyle Cl}{|}}\!\!=\!\!CH_2$$

2-氯-1,3-丁二烯

又如，乙炔在齐格勒-纳塔催化剂作用下，可以聚合成线型相对分子质量高的聚乙炔。

$$n\,HC\!\!=\!\!\!CH \xrightarrow{齐格勒\text{-}纳塔催化剂} \left[HC\!\!=\!\!CH\right]_n$$

聚乙炔

线型高分子聚乙炔是不溶、不熔、对氧敏感（因含有 C=C 双键）的结晶性高聚物半导体。它有两种立体异构体：①反式聚乙炔（电导率为 $10^{-5}\Omega^{-1}\cdot cm^{-1}$）；②顺式聚乙炔（电导率为 $10^{-9}\Omega^{-1}\cdot cm^{-1}$）。

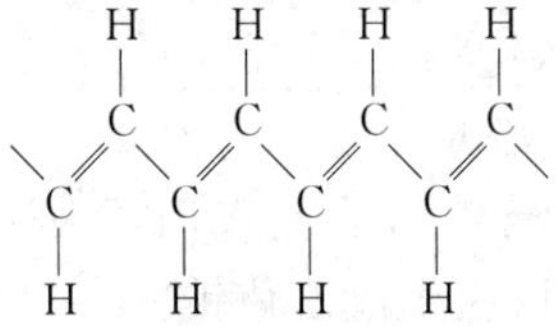

反式-聚乙炔 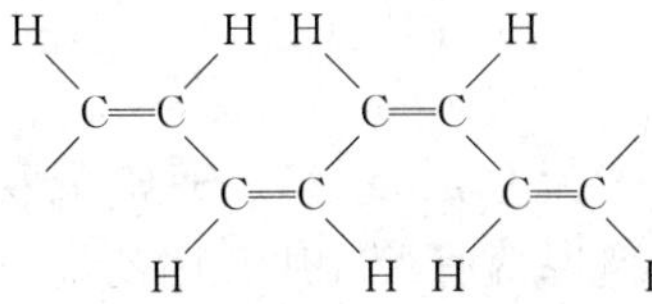   顺式-聚乙炔

若在聚乙炔中掺杂 I_2、Br_2 或 BF_3、AsF_5 等路易斯酸，可使电导率达到金属水平（约为 $10^3\Omega^{-1}\cdot cm^{-1}$），而被叫做"合成金属"。目前正在研究把聚乙炔用作太阳能电池、电极和半导体材料等。

【问题 6-9】用氰化镍[$Ni(CN)_2$]作催化剂，于 50℃和 1.5～2MPa 压力下，乙炔在溶剂四氢呋喃（  ）中聚合成环状四聚体，写出该反应的反应式。

6.5.4 炔氢的反应

（1）炔氢的酸性

与三键碳原子直接相连的氢原子叫做炔氢。由于三键碳原子是 sp 杂化，它与 sp^2 杂化的双键碳原子和 sp^3 杂化的单键碳原子相比，原子核对该轨道中的电子束缚力较大，即它的电负性较大，这三种不同杂化碳原子的电负性次序为：

$$sp > sp^2 > sp^3$$

由于 sp 杂化碳原子的电负性较强，所以与之相连的氢原子比较容易离解，而具有微弱的酸性。另外，当氢原子以质子形式离去形成碳负离子后，一对电子处于电负性较大的碳原子上时，显然比处于电负性较小的碳原子上要稳定，所以乙炔、乙烯和乙烷形成的碳负离子的稳定性次序是：

$$HC\equiv C^- > CH_2=CH^- > CH_3CH_2^-$$

由于越稳定的碳负离子越容易生成，因此乙炔比乙烯和乙烷更容易形成碳负离子。换言之，炔氢的活泼性较大，其酸性比乙烯和乙烷强。

	$HC\equiv CH$	$CH_2=CH_2$	CH_3CH_3
pK_a	25	36.5	42

炔氢虽具有酸性，但酸性很弱。例如乙炔的酸性比水（$pK_a=16$）还弱。

（2）金属炔化物的生成及其应用

由于炔氢具有弱酸性，能与碱金属（如钠或钾）以及强碱（如氨基钠）等作用，生成金属炔化物。例如，乙炔在 110℃能与熔化的金属钠作用，生成白色的乙炔钠——金属炔化物，同时放出氢气。若在 190～220℃使乙炔与钠作用，则乙炔分子中的两个炔氢都可被金属钠取代，生成乙炔二钠。

$$2HC\equiv CH + 2Na \xrightarrow{110℃} 2HC\equiv CNa + H_2$$
$$\text{乙炔一钠}$$

$$HC\equiv CH + 2Na \xrightarrow{190\sim220℃} NaC\equiv CNa + H_2$$
$$\text{乙炔二钠}$$

此反应在液氨中更容易进行。通常采取先将金属钠与液氨作用，使生成氨基钠（$NaNH_2$），然后再通入乙炔，则乙炔与氨基钠反应生成乙炔钠。

$$2Na + 2NH_3 \xrightarrow[-33℃]{\text{液氨}} 2NaNH_2 + H_2$$

$$HC\equiv CH + NaNH_2 \xrightarrow[-33℃]{\text{液氨}} HC\equiv CNa + NH_3$$

乙炔的一烷基衍生物，即端位炔烃（$R-C\equiv CH$），由于分子中仍有一个炔氢，故也能发生上述类似反应。例如：

$$CH_3CH_2CH\equiv CH + NaNH_2 \xrightarrow[-33℃]{\text{液氨}} CH_3CH_2CH\equiv CNa + NH_3$$

炔钠能与伯卤代烷（卤原子连接在伯碳原子上的卤化物）反应，在炔烃中引入烷基，生成高级炔烃。例如：

$$HC\equiv CNa + CH_3Br \xrightarrow[5h,84\%]{\text{液氨}} HC\equiv CCH_3$$

$$NaC\equiv CNa + 2CH_3CH_2CH_2Br \xrightarrow[-33℃,60\%\sim66\%]{\text{液氨}} CH_3CH_2CH_2C\equiv CCH_2CH_2CH_3$$

$$CH_3CH_2C\equiv CNa + CH_3CH_2Br \xrightarrow[6h,75\%]{\text{液氨}} CH_3CH_2C\equiv CCH_2CH_3$$

这是在乙炔和一取代乙炔分子中引入烷基的方法，叫做炔烃的烷基化反应。它是增长碳链的一种方法，是制备炔烃的方法之一。凡是端位炔烃均能发生此反应。

（3）炔烃的鉴定

乙炔和端位炔烃分子中的炔氢，还可以被 Ag^+ 离子或 Cu^+ 离子取代，生成炔银或炔亚铜。例如，将乙炔或端位炔烃分别加入到硝酸银的氨溶液或氯化亚铜的氨溶液中，则生成炔银或炔亚铜沉淀。

$$HC\equiv CH + 2Ag(NH_3)_2NO_3 \longrightarrow AgC\equiv CAg + 2NH_3$$
$$\text{乙炔银（白色）}$$

$$R-C\equiv CH + Ag(NH_3)_2NO_3 \longrightarrow R-C\equiv CAg + NH_3$$
$$\text{炔银}$$

$$HC\equiv CH + 2Cu(NH_3)_2Cl \longrightarrow CuC\equiv CCu + 2NH_3$$
$$\text{乙炔亚铜（红棕色）}$$

$$R-C\equiv CH + Cu(NH_3)_2Cl \longrightarrow R-C\equiv CCu + NH_3$$
$$\text{炔亚铜}$$

上述反应非常灵敏，现象明显，因此可被用来鉴别乙炔和含有炔氢的炔烃。

另外，这些金属衍生物容易被盐酸、硝酸分解为原来的炔烃，利用此性质可分离和精制端位炔烃。例如：

$$AgC\equiv CAg + 2HCl \longrightarrow HC\equiv CH + 2AgCl$$

炔银和炔亚铜等重金属炔化物，潮湿时比较稳定，干燥时受撞击、震动或受热容易发生爆炸。为避免危险，实验完后，应立即用酸处理。

【问题 6-10】由丙炔及必要的原料合成 2-庚炔。

【问题 6-11】用化学方法鉴别下列二组化合物：

（1）乙烯和乙炔　　　　（2）1-丁炔和 2-丁炔

例　题

[例题一]　以电石（碳化钙）为主要原料，合成 2-氯-1,3-丁二烯。

答　解答合成题时，以下一般通则常被采用。①写出指定原料和产物的构造式（或结构式——根据需要而定）；②由产物分子（也叫目标分子）的结构出发，将其逐步分解（也叫拆开），推导出合成产物（目标分子）所需要的简单的结构单元（也叫合成子），直到推导出合成产物所需要的原料为止（也叫逆推法）；③比较原料（或简单结构单元）和产物的碳骨架，看其是否相符。若不相符，考虑如何建立相同的碳骨架。其次，考查原料与产物分子中的官能团或取代基，考虑是否需要引入新的官能团或取代基。若需要，则在建立所需碳骨架后，引入官能团或取代基。现以该题为例，具体说明如下。

首先写出原料和产物的构造式：

$$(C\equiv C)^{2-} \ Ca^{2+} \qquad\qquad CH_2=CH-\underset{|}{\overset{}{C}}=CH_2$$
$$\qquad\qquad\qquad\qquad\qquad\qquad Cl$$

　　　　电石　　　　　　　　　2-氯-1,3-丁二烯

两者对比后可知，产物的碳骨架相当于原料碳骨架的两倍，即通过增长碳链的方法，可使原料的碳骨架转化为产物的碳骨架。

$$CH_2=CH\dotplus C=CH_2 \longrightarrow HC\equiv CH + CH_2=CH_2$$
$$\qquad\qquad\quad | $$
$$\qquad\qquad\ Cl$$

由于乙烯的活性不够，不能与乙炔加成，需转化为乙炔，乙炔恰好可从电石获得。最后在碳骨架上引入氯原子。

具体合成方法如下：

$$(C\equiv C)^{2-} Ca^{2+} + 2H_2O \longrightarrow 2HC\equiv CH + 2Ca(OH)_2$$

$$2HC\equiv CH \xrightarrow[\text{少量盐酸，}\sim 70℃]{CuCl\text{-}NH_4Cl} CH_2=CH-C\equiv CH$$

$$CH_2=CH-C\equiv CH + HCl \xrightarrow[12\%\sim14\%HCl，\sim45℃]{CuCl\text{-}NH_4Cl} CH_2=CH-\underset{|}{\overset{}{C}}=CH_2$$
$$\qquad\qquad\qquad\qquad\qquad\qquad\qquad\qquad\qquad\qquad\qquad Cl$$

这里需要说明的是：乙烯基乙炔与氯化氢的加成，不是 HCl 直接加到三键上，由于乙烯基乙炔是共轭体系，它与 HCl 发生 1,4-加成，然后重排，其结果相当于 HCl 加到 $C\equiv C$ 三键上。

$$HC\equiv C-CH=CH_2 + HCl \longrightarrow CH_2=C-CH-CH_2 \longrightarrow CH_2=C-CH=CH_2$$
$$\qquad\qquad\qquad\qquad\qquad\qquad\qquad\qquad | \qquad\qquad\qquad\qquad |$$
$$\qquad\qquad\qquad\qquad\qquad\qquad\qquad\qquad Cl \qquad\qquad\qquad\qquad Cl$$

[例题二]　有 A 和 B 两个化合物，它们互为构造异构体，都能使溴的四氯化碳溶液褪色。A 与 $Ag(NH_3)_2NO_3$ 反应生成白色沉淀，而 B 无反应。用 $KMnO_4$ 溶液氧化，A 生成丙酸和二氧化碳，而 B 只生成一种羧酸。写出 A 和 B 的构造式及各步反应式。

答　A 和 B 都能使溴的四氯化碳溶液褪色，说明 A 和 B 分子中含有 C=C 双键和/或 C≡C 三键。A 与 $Ag(NH_3)_2NO_3$ 反应生成白色沉淀，说明 A 中含有 —C≡CH 结构。B 虽不与 $Ag(NH_3)_2NO_3$ 反应但由于与 A 互为构造异构体，说明 B 分子中含有 —C≡C— 结构，且不含炔氢。A 用 $KMnO_4$ 溶液氧化生成丙酸和二氧化碳，说明 A 是只有四个碳原子的端位炔烃，即 $CH_3CH_2C\equiv CH$ 。B 用 $KMnO_4$ 溶液氧化只生成一种羧酸，说明 B 是 C≡C 三键两端连有相同基团的炔烃，又因 B 与 A 互为构造异构体，所以 B 是含有四个碳原子的炔烃，即 $CH_3C\equiv CCH_3$ 。

综上所述，A 的构造式为 $CH_3CH_2C\equiv CH$ ；B 的构造式为 $CH_3C\equiv CCH_3$ 。反应式如下：

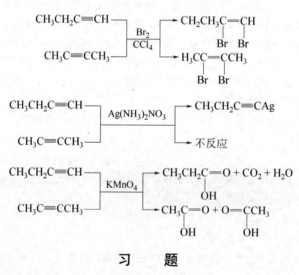

习　题

（一）命名下列各化合物或基：

(1)　$HC\equiv C-$

(2)　$CH_3-CH-CH_2-CH_2-CH_3$
$\qquad\qquad\ |$
$\qquad\qquad C\equiv CH$

(3)　$HC\equiv C-CH_2-$

(4)　$CH_3-C\equiv C-$

提示：炔基的命名参考烯基的命名。

（二）完成下列反应式：

(1)　$CH_3(CH_2)_2C\equiv CH \xrightarrow[\text{Pd-C}]{H_2(\text{过量})}$

(2)　$CH_3(CH_2)_2C\equiv CH \xrightarrow{Br_2(1mol)}$

(3) $CH_3(CH_2)_2C \equiv CH \xrightarrow[\text{乙酸锌}]{CH_3CO_2H}$

(4) $CH_3(CH_2)_2C \equiv CH \xrightarrow[\text{液氨}]{NaNH_2}$

(5) $CH_3(CH_2)_2C \equiv CH \xrightarrow{HBr(2mol)}$

(6) $CH_3(CH_2)_2C \equiv CH \xrightarrow[HgSO_4,H_2SO_4]{H_2O}$

(7) $CH_3(CH_2)_2C \equiv CH \xrightarrow{\text{浓 }KMnO_4}$

(8) $CH_3(CH_2)_2C \equiv CH \xrightarrow{Ag(NH_3)_2NO_3}$

(9) $CH_2 \equiv CH-C \equiv CH \xrightarrow[HgSO_4,H_2SO_4]{H_2O}$

(10) $CH_2 \equiv CH-CH_2CH_2-C \equiv CH \xrightarrow{Br_2(1mol)}$

（三）试用化学方法鉴别下列化合物：

(1) 戊烷，1-戊烯，1-戊炔

(2) 丁烷，1,3-丁二烯，2-丁炔

（四）化合物 A 的分子式为 C_6H_{10}，A 加氢后生成 2-甲基戊烷，A 在硫酸汞催化下加水则生成酮（ $R-\underset{\underset{O}{\|}}{C}-R'$ ），A 与氯化亚铜氨溶液作用有沉淀生成。写出 A 的构造式及各步反应式。

（五）完成下列转变（可经多步使转变完成）：

(1) $CH_3-CH \equiv CH_2 \longrightarrow CH_3C \equiv CCH_2CH_3$

(2) $CH_3CH_2CHCl_2 \longrightarrow CH_3-CCl_2-CH_3$

(3) $CH \equiv CH \longrightarrow CH_3\underset{\underset{O}{\|}}{C}CH_3$

(4) $CH_3CH_2CH_2CH_3 \longrightarrow CH_3CH_2C \equiv CH$

(5) $CH_3C \equiv CCH_3 \longrightarrow CH_3CH_2C \equiv CH$

（六）回答下列问题：

(1) $HC \equiv CNa$ 与水能否发生反应？为什么？

(2) 在硫酸汞的催化作用下，炔烃与水反应生成羰基化合物，但只有乙炔生成乙醛，其他炔烃都生成酮，为什么？

（七）选择填空：

(1) 在下列化合物中，_____是共轭体系，_____是非共轭体系。

$(CH_3)_3CCH \equiv CH_2$ （A）　　　　　$CH_2 \equiv \underset{\underset{CH_3}{|}}{C}-CH \equiv CH_2$ （B）

$CH_2 \equiv CH-C \equiv CH$ （C）　　　　　$RC \equiv C-C \equiv CR$ （D）

(2) 在下列化合物中，_____碳原子是 sp^3 杂化碳原子，_____碳原子是 sp^2 杂化碳原子，_____是 sp 杂化碳原子。

$$\underset{5}{CH_3}-\underset{4}{CH} \equiv \underset{3}{CH}-\underset{2}{C} \equiv \underset{1}{CH}$$

(3) 下列化合物中碳碳键键能大的是_____，键长最长的是_____。

$$\overset{①}{HC}\!\equiv\!\overset{②}{C}\!-\!\overset{③}{CH_2}\!-\!\overset{④}{CH}\!=\!CH_2$$

(4) 在下列化合物中，(a)、(b)、(c) 碳原子的电负性由大到小的次序是_____。

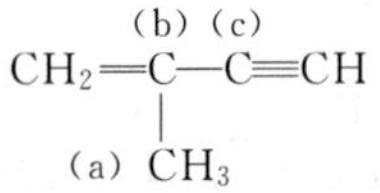

$$CH_2\!=\!\overset{(b)\ (c)}{C}\!-\!C\!\equiv\!CH$$
$$\underset{(a)\ |\ CH_3}{}$$

（八）以电石和其他必要的无机试剂为原料，合成丁酮。

（九）由乙炔和丙烯以及必要的其他试剂合成丙基乙烯基醚。

（十）有 A 和 B 两个化合物，它们的分子式都是 C_5H_8，都能使溴的四氯化碳溶液褪色。A 与 $Ag(NH_3)_2NO_3$ 反应生成白色沉淀，用 $KMnO_4$ 溶液氧化，则生成丁酸和二氧化碳。B 不与 $Ag(NH_3)_2NO_3$ 反应，而用 $KMnO_4$ 溶液氧化则生成乙酸和丙酸。写出 A 和 B 的构造式及各步反应式。

（十一）分别由下列化合物合成 $CH_3C\!\equiv\!CH$ （无机试剂任选）：

(1) $CH_3CCl_2CH_3$ (2) $CH_3CHBrCH_2Br$

(3) $CH_3CH(OH)CH_3$ (4) $CH_3CH\!=\!CH_2$

（十二）由乙炔和丙烯为主要原料（无机试剂任选）合成 2-戊酮（ $CH_3\overset{\|}{\underset{O}{C}}CH_2CH_2CH_3$ ）。〔提示：由丙烯合成 $CH_3CH_2CH_2Br$〕

参 考 书 目

1 邢其毅等. 基础有机化学. 第二版. 上册. 北京：高等教育出版社，1993. 215～229

2 〔德〕Weisser K 等著. 工业有机化学. 周遊等译. 北京：化学工业出版社，1998. 70～81

第**7**章 芳 烃

芳香族碳氢化合物叫做芳香烃，简称芳烃。芳烃及其衍生物统称芳香族化合物。"芳香族化合物"原来是指那些从天然的香树脂或香精油中提取而得且具有芳香气味的物质。但后来发现，有许多物质在化学性质上与有香味的物质相似，但自身并无香味。后来发现，这类化合物含有由六个碳原子和六个或少于六个氢原子组成的特殊碳环——苯环，因此，芳烃一般是指分子中含有苯环结构的烃。苯的分子式是 C_6H_6，因此含有苯环结构的烃与烯烃和炔烃相似，是一种高度不饱和烃，其通式为 C_nH_{2n-6}，但其性质与烯烃和炔烃不同，苯环较难进行加成和氧化反应，而较易进行取代反应。与不易进行加成反应相一致，芳烃具有异常的稳定性，表现出低的氢化热和燃烧热。20 世纪 30 年代以后，芳烃的含义又有了进一步的发展。有些化合物并不含有苯环结构，但其电子构型和性质与芳烃相似，这种烃类叫做非苯芳烃。这类化合物叫做非苯芳香族化合物。本书在以后的叙述中所提到的芳烃和芳香族化合物，均指分子中含有苯环结构的化合物，而不含苯环结构的芳烃，则用非苯芳烃这一名称。

7.1 芳烃的分类

芳烃按其构造不同分为单环芳烃和多环芳烃两大类。

（1）单环芳烃

分子中只有一个苯环的芳烃，叫做单环芳烃。例如：

苯 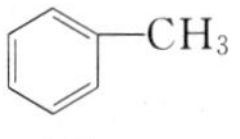　　　　甲苯 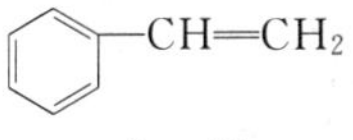　　　　　　　　苯乙烯

（2）多环芳烃

分子中含有两个或多个苯环的芳烃，叫做多环芳烃。多环芳烃又根据分子中苯环结合的方式不同，分为多苯代脂肪烃、联苯和稠环芳烃。在多环芳烃中，以稠环芳烃比较重要。

（A）多苯代脂肪烃　脂肪烃分子中的两个或多个氢原子被苯基或取代苯基取代的烃，叫做多苯代脂肪烃。例如：

二苯甲烷　　　　　　　　三苯甲烷　　　　　　　　1,2-二苯乙烯

（B）联苯　两个或多个苯环以单键直接相连的烃类化合物，叫做联苯类烃。例如：

联苯　　　　　　　　　　　三联苯

（C）稠环芳烃　两个或多个苯环共用两个相邻碳原子的烃叫做稠环芳烃。例如：

萘　　　　　　　　　　蒽　　　　　　　　　　菲

7.2　单环芳烃的构造异构和命名

7.2.1　构造异构

在苯分子中，由于六个碳原子和六个氢原子是等同的，故苯和一取代苯只有一种（不包括取代基本身的异构）。例如：

甲苯　　　　　　　　　　　乙苯

但当苯环上的取代基（也叫侧键）有三个或更多碳原子时，由于碳链异构，也可产生构造异构体。例如：

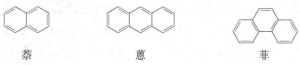

正丙苯　　　　　　　　　　异丙苯（俗称枯烯）

苯的二元、三元和四元取代物，因取代基在环上的相对位置不同，可以产生异构体。例如：

1,2,3-三甲苯　　　　　　　1,2,4-三甲苯　　　　　　　1,3,5-三甲苯
（连三甲苯）　　　　　　　（偏三甲苯）　　　　　　　（均三甲苯）

7.2.2　命名

单环芳烃的命名一般是以苯环为母体，烃基作为取代基，叫做某烃基苯（"基"字常省略），如前面例子所示。当苯环上连接两个或多个取代基时，通常

用阿拉伯数字表明取代基的相对位置。若苯环上仅有两个取代基时，也常用"邻"（*ortho*，缩写为 *o*）、"间"（*meta*，缩写为 *m*）、"对"（*para*，缩写为 *p*）等字头表示取代基的相对位置。例如：

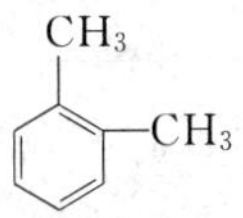

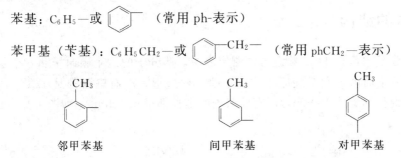

1,2-二甲苯	1,3-二甲苯	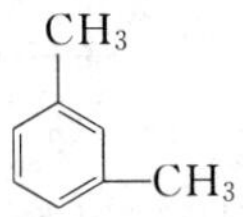 1,4-二甲苯	1,4-二乙烯苯
（邻或 *o*-二甲苯）	（间或 *m*-二甲苯）	（对或 *p*-二甲苯）	（对或 *p*-二乙烯苯）

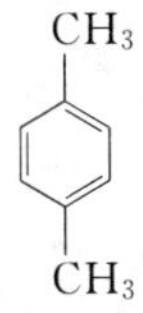

当苯环上连接较复杂的烃基，或烃链上有多个苯环，或连接乙烯基和乙炔基时，则通常以苯环作为取代基命名。例如：

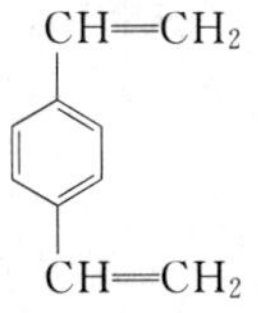

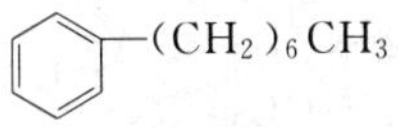

—(CH₂)₆CH₃	—CH=CH₂	—C≡CH
1-苯基庚烷	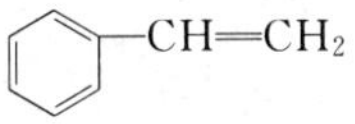 苯乙烯	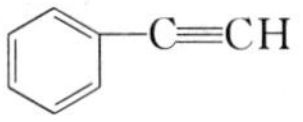 苯乙炔

7.2.3　芳基

芳烃从形式上去掉一个氢原子后所剩下的基团叫芳基，常用 Ar 表示。最常见的一价芳基如下所示：

苯基：C_6H_5— 或　　　　（常用 ph-表示）

苯甲基（苄基）：$C_6H_5CH_2$— 或　　　—CH_2—　（常用 $phCH_2$—表示）

邻甲苯基	间甲苯基	对甲苯基

【问题 7-1】命名下列各化合物：

(1) 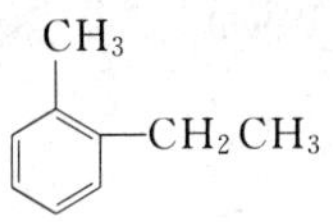　（邻-甲基乙苯结构）

(2) 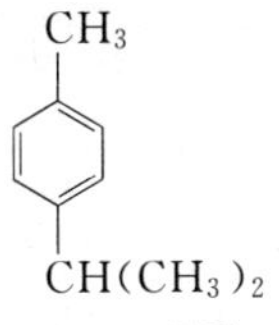　（对-甲基异丙苯结构）

(3)　$CH_3CH_2CH_2$—（苯环）—CH_3，CH_2CH_3

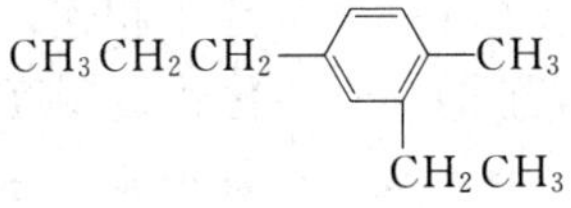

(4) 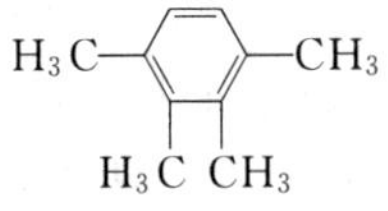　H_3C—（苯环）—CH_3，H_3C CH_3

【问题 7-2】写出下列各化合物的构造式：

(1) 异丁苯　　　　　　　(2) 叔丁苯

(3) 仲丁苯　　　　　　　(4) 间乙（基）丙（基）苯

(5) 2,4-二乙（基）-1-丙（基）苯　(6) 2,4,6-三甲（基）-1-乙（基）苯

【问题 7-3】在下列化合物中，哪几个是同一化合物？

(1) 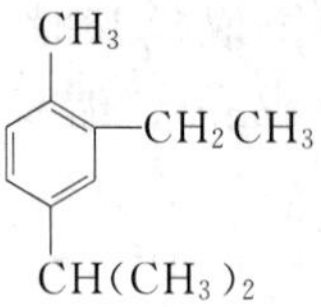 ![结构式] CH₃, CH₂CH₃, CH(CH₃)₂

(2) ![结构式] CH(CH₃)₂, C₂H₅, CH₃

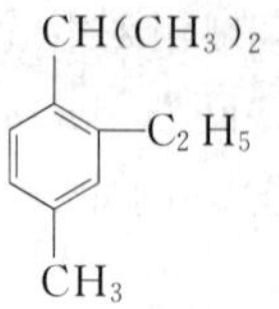

(3) 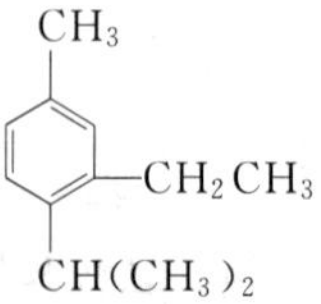 ![结构式] CH₃, CH₂CH₃, CH(CH₃)₂

(4) 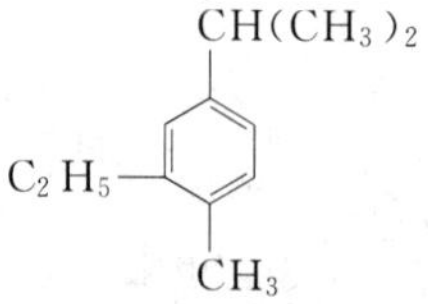 ![结构式] CH(CH₃)₂, C₂H₅, CH₃

(5) 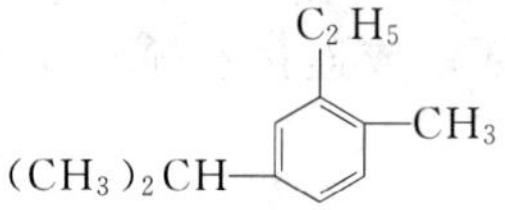 ![结构式] C₂H₅, CH₃, (CH₃)₂CH

(6) 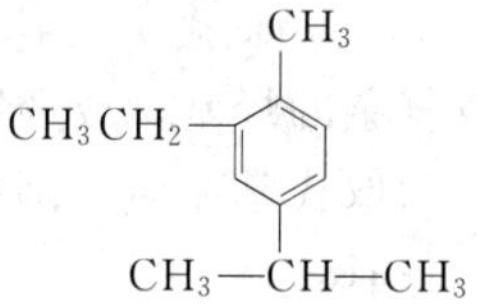 ![结构式] CH₃, CH₃CH₂, CH₃—CH—CH₃

(7) 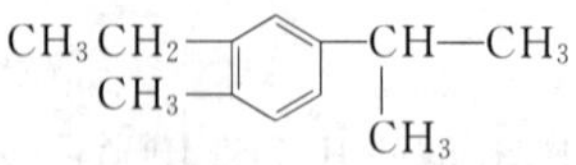 ![结构式] CH₃CH₂, CH₃, CH—CH₃, CH₃

(8) 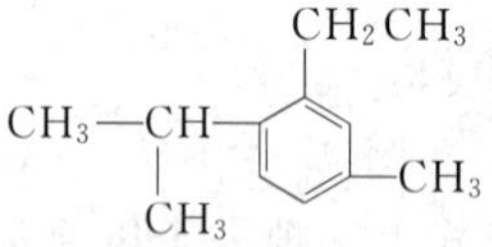 ![结构式] CH₂CH₃, CH₃—CH, CH₃, CH₃

7.3 苯的结构

苯的分子式是 C_6H_6。物理方法测定表明，苯分子的六个碳原子和六个氢原子都在同一平面内，六个碳原子构成平面正六边形，所有键角都是 120°，所有碳碳键的键长都是 0.139nm，所有碳氢键的键长都是 0.108nm。如图 7-1 所示。

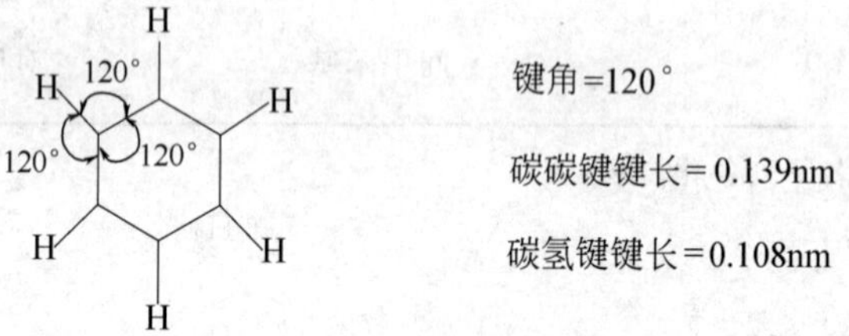

键角 =120°

碳碳键键长 = 0.139nm

碳氢键键长 = 0.108nm

图 7-1　苯分子的形状

在苯分子中，每一个碳原子分别与两个碳原子和一个氢原子相连，与烯烃相似，每个碳原子以 sp^2 杂化轨道与两个相邻碳原子的 sp^2 杂化轨道相互交盖，构成六个等同的 C—C σ 键，与一个氢原子的 1s 轨道构成 C—H σ 键。每一个碳原子还剩下一个 p 轨道，六个 p 轨道的对称轴垂直于碳原子所在平面，且相互平行，彼此在侧面相互交盖构成一个闭合的 π 轨道。如图 7-2 所示。

由于形成了闭合的 π 轨道，原来每一个 p 轨道中的 p 电子不再局限在每一个碳原子上，而是高度离域扩展到组成共轭 π 键的六个碳原子之上。因此，与烯烃不同，苯分子中不是单键、双键交替排列，而是闭合的环状共轭 π 键。

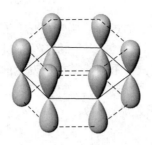

图 7-2 苯分子中的 π 键

苯的这种结构特点很难用经典的价键结构式表示，目前仍采用凯库勒（Kekulˊe）结构式 ⬡ 或 ⬡ 表示，有些书刊也采用结构式 ⬡ 表示。

7.4 芳烃的工业来源

工业上芳烃主要来源于煤和石油。过去主要从煤焦油中提取。近年来随着石油工业的发展而逐渐转移以石油为主要原料。

7.4.1 从煤焦油中分离

煤在炼焦炉内隔绝空气加热，使之分解为气体（焦炉气，即煤气）、液体（煤焦油）和固体（焦炭）产物的过程，叫做煤的干馏。煤干馏时生成的黑色黏稠状的煤焦油中含有许多芳烃，如苯、甲苯、二甲苯、萘、蒽、菲等。除芳烃外，还有芳香族含氧化合物以及含氮和含硫的杂环化合物等。一般煤焦油中所含的芳烃如表 7-1 所示。为了回收这些芳烃，首先按沸点将煤焦油分成若干馏分，然后再采用其他方法，如萃取法、磺化法或分子筛吸附法等，将芳烃从各馏分中分离出来。

表 7-1 芳烃在煤焦油各馏分中的大致分布

馏 分 名 称	沸点范围/℃	主 要 成 分
轻油	<170	苯、甲苯、二甲苯
酚油	170-210	异丙苯、均四甲苯等
萘油	210-230	萘、甲基萘、二甲基萘等
洗油	230-300	联苯、芴、芴等
蒽油	300-360	蒽、菲及其衍生物、芘、芴等

煤经干馏所得芳烃的组成与煤的质量和工艺条件有关，如表 7-2 所示。

表 7-2 干馏产物与温度关系

产物组成/%	干馏温度/℃	
	500～700	1200～1350
苯	5～6	60～75
甲苯	12～15	12～25
乙苯	2～3	1～2
二甲苯	12～15	5～10
多烷基苯	5～10	2～3

7.4.2 芳构化

烷烃或环烷烃转变为芳烃的过程，叫芳构化。石油中 C_6～C_8 的烃类，在铂或钯等催化剂作用下，于 450～500℃，～3MPa 下进行脱氢、环化和异构化等反应而转变为芳烃，此过程叫做铂重整，其中所发生的反应有些即芳构化反应。芳构化所涉及的主要反应如下：

① 环烷烃催化脱氢生成芳烃，例如：

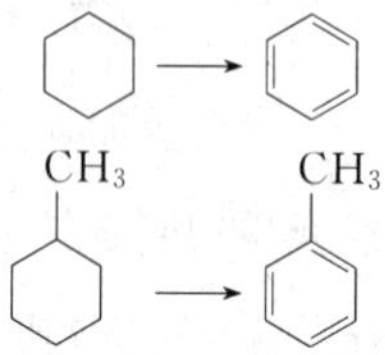
CH3
CH3

② 烷烃脱氢环化和再脱氢生成芳烃，例如：

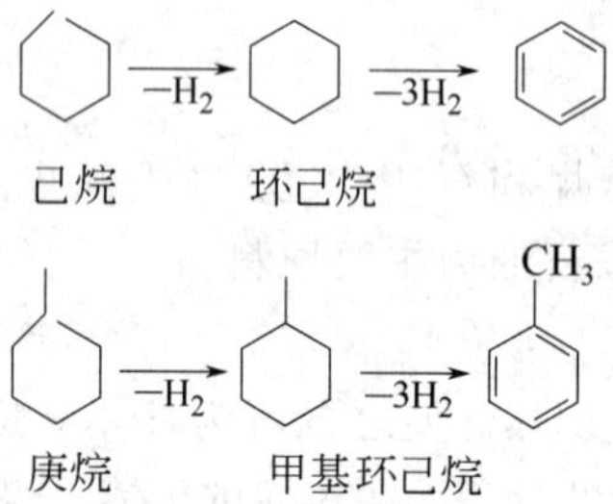
−H2
−3H2
己烷
环己烷
CH3
−H2
−3H2
庚烷
甲基环己烷

③ 环烷烃异构化和脱氢生成芳烃，例如：

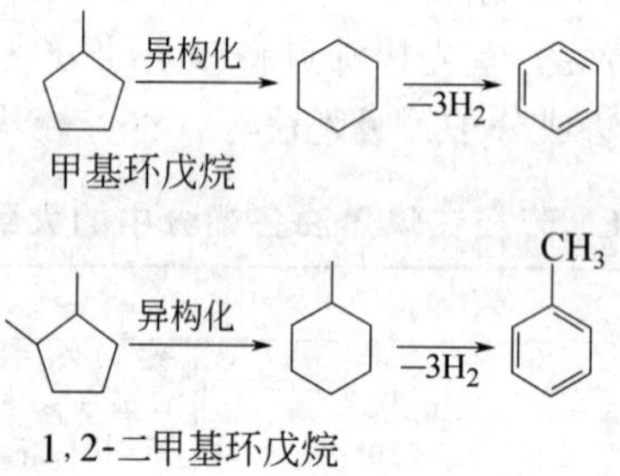
异构化
−3H2
甲基环戊烷
CH3
异构化
−3H2
1,2-二甲基环戊烷

某些石油馏分经铂重整可制得苯、甲苯和二甲苯等芳烃，但铂重整的目的不限于此，它还用来由直馏汽油和裂化汽油等馏分制备高级汽油。

石油某些馏分经重整和裂解得到的重整汽油和裂解汽油是获取芳烃的重要来源。一个典型的重整汽油和裂解汽油的组成如表 7-3 所示。

表 7-3 重整汽油和裂解汽油的组成（质量分数）/%

产　物	重整汽油	裂解汽油	产　物	重整汽油	裂解汽油
苯	3	30	乙苯	5	2～3
甲苯	13	20	高级芳烃	16	3
二甲苯	18	4～5	非芳烃	45	28～31

7.5 单环芳烃的物理性质

单环芳烃一般是无色液体，有特殊气味，有毒。比水轻，不溶于水，溶于汽油、四氯化碳和乙醚等有机溶剂。对于某些特殊溶剂，如二甘醇、环丁砜、N-甲基吡咯烷酮和 N,N-二甲基甲酰胺等，由于溶解芳烃有很高的选择性，常被用来萃取芳烃。一些单环芳烃的物理常数如表 7-4 所示。

表 7-4 单环芳烃的物理常数

名　称	熔点/℃	沸点/℃	相对密度 d_4^{20}	名　称	熔点/℃	沸点/℃	相对密度 d_4^{20}
苯	5.5	80.1	0.879	乙苯	−95	136.1	0.867
甲苯	−95	110.6	0.867	正丙苯	−99.6	159.3	0.862
邻二甲苯	−25.2	144.4	0.880	异丙苯	−96	152.4	0.862
间二甲苯	−47.9	139.1	0.864	苯乙烯	−31	145	0.907
对二甲苯	13.2	138.4	0.861				

7.6 单环芳烃的化学性质

苯及其同系物，由于分子中苯环结构的特殊性，它虽是高度不饱和的，但与烯烃和炔烃不同，苯环上所发生的反应主要是取代反应，而加成反应和氧化反应则较难进行。对于苯的同系物，当苯环上连接的是烷基时，其性质与烷烃相似，但与苯环直接相连的碳原子上的氢原子，则与丙烯相似，与苯环直接相连的碳原子也叫 α 碳原子，α 碳原子上的氢原子也叫 α 氢原子，α 氢原子因受苯环的影响，也比较活泼，容易发生反应。当苯环上连接的是烯基时，其性质则与烯烃相似，也容易发生加成和聚合等反应。苯和烷基苯所发生的化学反应主要表现在苯环上和 α 碳原子上：①苯环上的氢原子被取代；②苯环发生加成反应；③苯环发生氧化反应——环破裂；④α 碳原子上的取代反应和氧化反应等。

7.6.1 取代反应

（1）卤化

在催化剂如三氯化铁等的催化作用下，苯与卤素反应，苯环上的氢原子被卤原子取代生成卤原子取代的苯，此反应叫做卤化反应。例如：

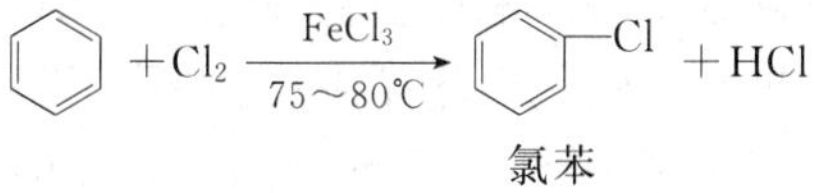

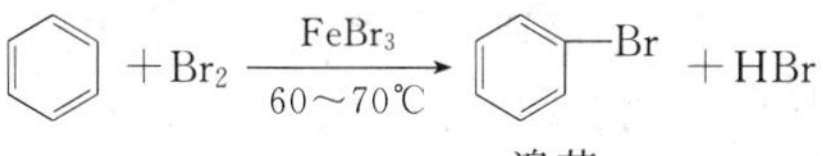

这是实验室和工业上制备氯苯和溴苯的方法之一。在类似的条件下，烷基苯与卤素的反应与苯相似，也在苯环上发生卤化反应。例如：

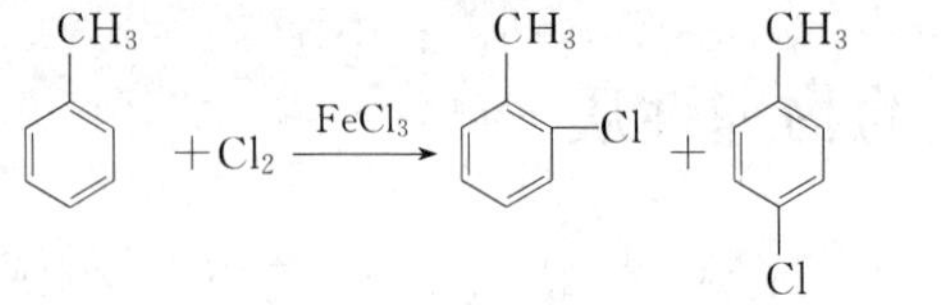

邻氯甲苯　对氯甲苯

这是工业上生产一氯甲苯的方法之一，当催化剂等条件不同时，邻氯甲苯和对氯甲苯生成的比例不同。但在加热和光的作用下，或有过氧化物存在时，烷基苯与卤素作用，则卤原子取代侧链上的氢原子。例如，在紫外光的作用下，甲苯与氯在 130～140℃反应生成苯氯甲烷。

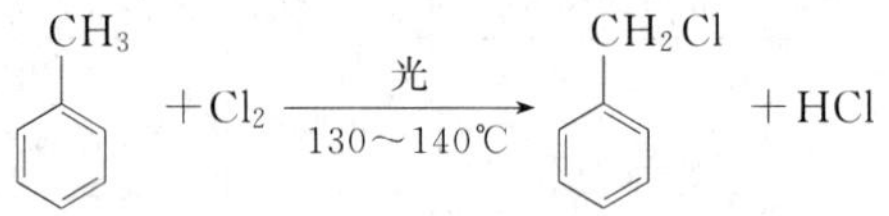

苯氯甲烷

这是工业上生产苯氯甲烷的方法之一。

（2）硝化

苯与浓硝酸和浓硫酸的混合物（俗称混酸）反应，苯环上的氢原子被硝基（—NO₂）取代生成硝基取代的苯，此反应叫做硝化反应。例如：

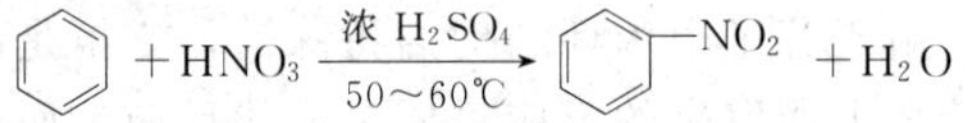

硝基苯

这是实验室和工业上制备硝基苯的方法之一。烷基苯在混酸的作用，也发生环上取代反应。例如，甲苯与混酸在约 30℃反应，主要生成邻硝基甲苯和对硝基甲苯。

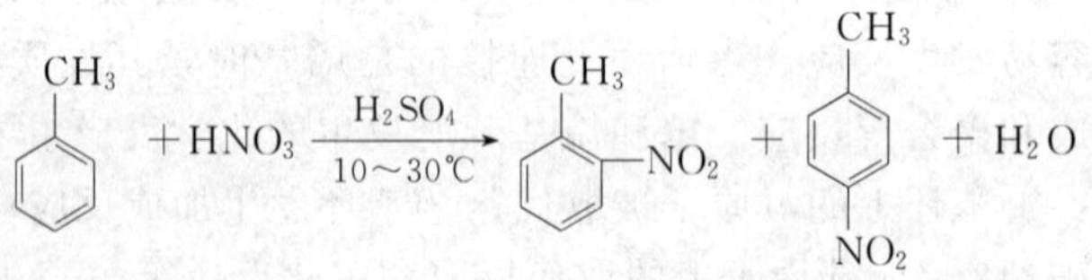

邻硝基甲苯　　　对硝基甲苯

这是工业上生产硝基甲苯的方法之一。常用的硝化试剂，除混酸外还有硝酸，发烟硝酸和浓硫酸，硝酸盐和硫酸，五氧化二氮，硝酸和乙酸等，但以混酸最常用。

（3）磺化

苯与浓硫酸或发烟硫酸作用，苯环上的氢原子被磺（酸）基（—SO₃H）取代生成磺基取代的苯，此反应叫做磺化反应。例如：

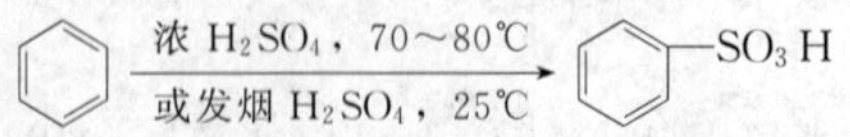

用浓硫酸为磺化剂时，磺化反应是一个可逆反应：

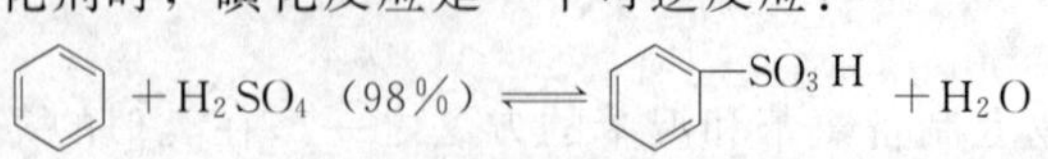

由于磺化反应有可逆性，芳磺酸在一定条件下可水解成原来的芳香族化合

物。例如，苯磺酸在加压下于 $150\sim200℃$ 水解生成苯。

$$\text{（苯）}-SO_3H + H_2O \xrightarrow[150\sim200℃，加压]{稀 HCl} \text{（苯）} + H_2SO_4$$

磺酸的这一性质，在有机化合物的合成和分离上已被采用。

烷基苯的苯环上也能发生磺化反应。例如，在回流的甲苯中滴加 $90\%\sim95\%$ 的硫酸，在 $115℃$ 以下回流 $5\sim15h$，生成对甲苯磺酸和邻甲苯磺酸等的混合物。

$$\text{（甲苯）} + H_2SO_4 \xrightarrow[5\sim15h]{115℃} \text{（邻甲苯磺酸）} + \text{（对甲苯磺酸）}$$

邻甲苯磺酸　　　对甲苯磺酸
$10\%\sim20\%$　　　$75\%\sim85\%$

（4）付列德尔-克拉夫茨反应

在催化剂作用下，芳烃与卤烷或酰卤（RCOX）等作用，环上的氢原子被烷基或酰基（—COR）取代的反应，叫做付列德尔-克拉夫茨（Friedel-Crafts）反应。俗称付氏反应。其中，在苯环上引入烷基的反应，叫做烷基化反应；在苯环上引入酰基的反应，叫做酰基化反应。

（A）烷基化反应　在无水氯化铝作用下，苯与溴乙烷于 $80℃$ 进行反应，生成乙苯。

$$\text{（苯）} + CH_3CH_2Br \xrightarrow[80℃]{AlCl_3} \text{（乙苯）}-CH_2CH_3 + HBr$$

溴乙烷　　　　　乙苯

这是烷基化反应的实例之一。在该反应中，溴乙烷提供了乙基，像溴乙烷这种能够提供乙基的试剂，叫做乙基化剂。像卤烷这种能够提供烷基的试剂，叫做烷基化剂。在烷基化反应中，常用的烷基化剂除卤烷外，还有烯烃和醇等。常用的催化剂有：$AlCl_3$、$FeCl_3$、BF_3、$SnCl_4$、$SbCl_3$、$ZnCl_2$ 等路易斯（Lewis）酸和 HF、H_2SO_4、H_3PO_4 等质子酸。例如：

$$\text{（苯）} + H_2C{=}CH_2 \xrightarrow{AlCl_3}_{90\sim100℃} \text{（乙苯）}-CH_2CH_3$$

这是工业上生产乙苯的方法之一。

值得注意的是：① 在进行烷基化反应时，当烷基化试剂所含的碳原子数 $\geqslant3$ 时，烷基常常发生异构化，例如：

$$\text{（苯）} + CH_3CH_2CH_2Br \xrightarrow[加热]{AlCl_3} \text{（苯）}-\underset{CH_3}{CHCH_3} + \text{（苯）}-CH_2CH_2CH_3$$

1-氯丙烷　　　　　　　（主）

由苯和丙烯制备异丙苯是工业上生产异丙苯的方法；

$$\text{（苯）} + H_3C{-}CH{=}CH_2 \xrightarrow{AlCl_3}_{90\sim100℃} \text{（苯）}-\underset{CH_3}{CHCH_3}$$

② 烷基化反应除得到一烷基化产物外，还生成多烷基化产物，例如：

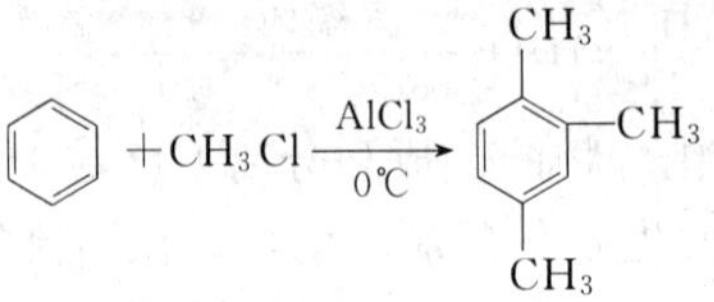

③ 由于烷基化反应是可逆反应，故反应时常发生歧化反应，即一分子烷基苯脱去烷基而另一分子烷基苯增加烷基，例如：

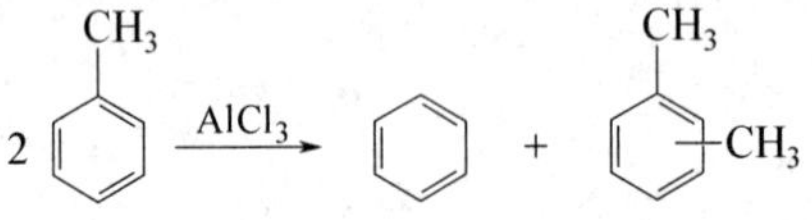

（邻、间、对三种异构体）

（B）酰基化反应　在无水氯化铝的催化下，苯与酰氯、酸酐等反应生成芳酮，例如：

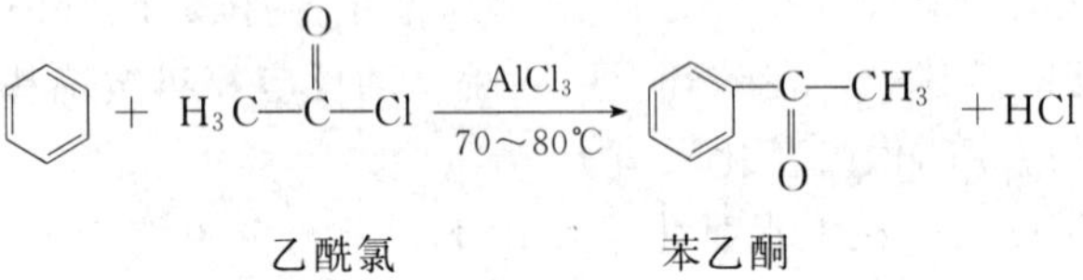

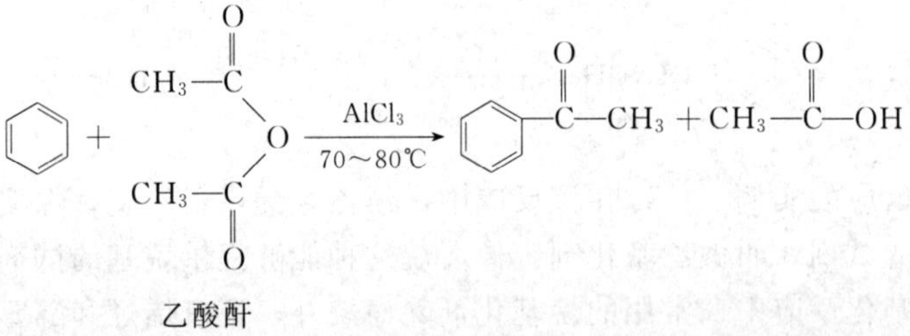

乙酰氯　　　　　　　　　　苯乙酮

乙酸酐

苯的酰基化反应是实验室和工业上制备芳酮的重要方法。在反应中所用的催化剂与烷基化相同。能够在苯环上提供酰基的试剂，叫做酰基化剂。常用的酰基化剂除酰氯和酸酐外，还有光气（$COCl_2$）和酯（$RCOOR'$）等。

值得注意的是，酰基化反应所需的催化剂（如 $AlCl_3$）的量比烷基化反应要多。由于酰基化试剂是弱的亲电试剂，当苯环上有甲基、甲氧基等第一类定位基时反应更容易进行，而有第二类定位基时，则反应很难发生，故常用硝基苯作溶剂，同样的原因，芳烃的酰基化反应停留在一酰基化产物阶段，且不发生重排。

【问题 7-4】完成下列反应式：

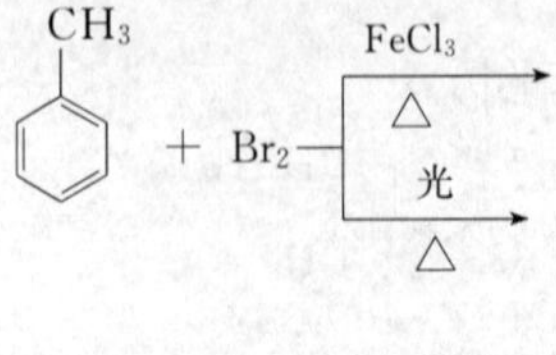

(2) ⬡ ＋CH₃(CH₂)₃Br $\xrightarrow{AlBr_3}$

(3) ⬡ ＋ ⬡—$\overset{\displaystyle}{\underset{O}{C}}$—Cl $\xrightarrow{AlCl_3}$

(4) ⬡ ＋ H₃C—$\overset{\displaystyle C}{\underset{CH_3}{|}}$＝CH₂ $\xrightarrow{AlCl_3}$

【问题 7-5】下列反应有无错误？若有，请改正。

(1) ⬡ ＋浓 HNO₃＋浓 H₂SO₄（混酸）⟶ ⬡NO₂ ＋ ⬡SO₃H

(2) ⬡CH(CH₃)₂ ＋Cl₂ $\xrightarrow[\triangle]{光}$ ⬡CH(CH₃)₂(Cl) ＋ ⬡CH(CH₃)₂(Cl)

(3) ⬡ ＋CH₃(CH₂)₁₀CH₂Cl $\xrightarrow{AlCl_3}$ ⬡CH₂(CH₂)₁₀CH₃

(4) ⬡ ＋CH₃CH₂CH＝CH₂ $\xrightarrow{AlCl_3}$ ⬡CH₂CH₂CH₂CH₃

7.6.2　苯环上亲电取代反应机理

由苯的结构可知，苯环上六个 π 电子离域的结果，负电荷集中在碳原子所在平面的上下两边，如图 7-3 所示。

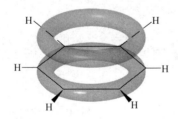

图 7-3　苯环 π 电子云的分布

因此，苯环上的碳原子比较容易受带正电荷或缺电子的试剂——亲电试剂的进攻，由亲电试剂的进攻而发生的取代反应，叫做亲电取代反应。苯及其同系物在苯环上所发生的卤化、硝化、磺化、付列德尔-克拉夫茨反应等，均属于亲电取代反应。现仅举两例说明。

（1）硝化反应的机理

现以苯与混酸反应生成硝基苯为例说明。以混酸为硝化试剂时，混酸中的硝酸作为碱，与酸性更强的硫酸作用，生成质子化的硝酸，后者分解成硝酰正离子和硫酸氢根负离子：

$$H-O-NO_2 + HOSO_3H \rightleftharpoons H-\overset{+}{\underset{|}{O}}-NO_2 + HSO_4^-$$
$$H$$

质子化硝酸

$$H-\overset{+}{\underset{|}{O}}-NO_2 + H_2SO_4 \rightleftharpoons \overset{+}{N}O_2 + H_3\overset{+}{O} + HSO_4^-$$
$$H$$

硝酰正离子

总反应 $HNO_3 + 2H_2SO_4 \rightleftharpoons \overset{+}{N}O_2 + H_3\overset{+}{O} + 2HSO_4^-$

硝酰正离子是一个强的亲电试剂，它与苯环的 π 电子作用生成 σ 络合物，后者的碳环已非闭合共轭体系，与苯环相比稳定性较差，容易失去质子，恢复苯环结构而生成硝基苯。

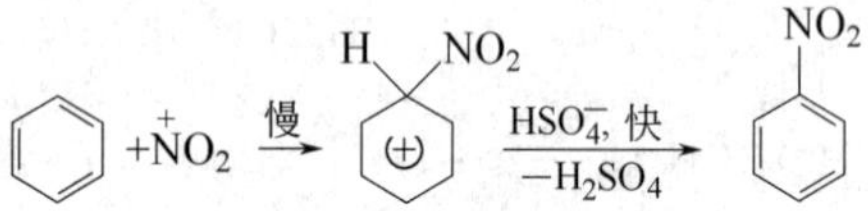

σ 络合物

（2）磺化反应的机理

现以苯与浓硫酸反应生成苯磺酸为例说明如下。一般认为磺化试剂可能是三氧化硫。由于硫原子是缺电子的，故是亲电试剂。三氧化硫来自硫酸中，磺化反应是可逆反应，其反应机理如下所示。

$$2H_2SO_4 \rightleftharpoons SO_3 + H_3\overset{+}{O} + HSO_4^-$$

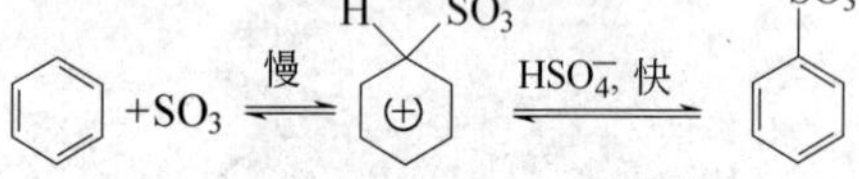

σ 络合物

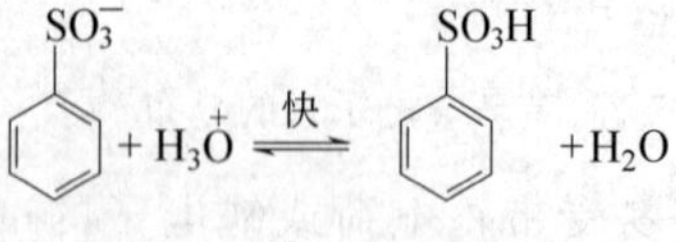

7.6.3 加成反应

由于苯的特殊稳定性，苯不易进行加成反应。但这只是相对的，在一定条件下，苯也能与氢和氯发生加成反应。

（1）加氢

在催化剂铂、钯、镍的催化作用下，苯能与氢加成生成环己烷（见 3.5）。

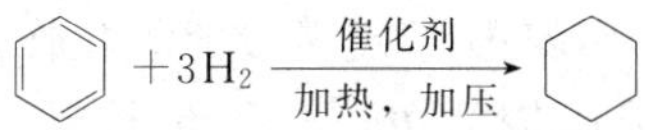

$$\text{苯} + 3H_2 \xrightarrow[\text{加热，加压}]{\text{催化剂}} \text{环己烷}$$

（2）加氯

在日光或紫外光的照射下，氯与苯加成，生成六氯化苯（俗名六六六）。

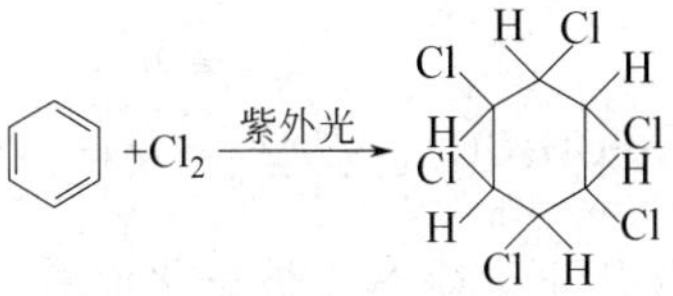

$$\text{苯} + Cl_2 \xrightarrow{\text{紫外光}} \text{六氯化苯}$$

六氯化苯

六六六有 9 个立体异构体，其中一种叫做 γ-异构体（也叫丙体），具有显著的杀虫活性，过去被用作杀虫剂，但由于其化学性质稳定，残毒很大，对人畜有害，已禁止使用。另外 8 种异构体无杀虫活性，叫无效体或无毒体。无毒体是制造六氯代苯和五氯苯酚的原料。六氯代苯俗称灭黑穗药，是一种农业杀菌剂，用于防治麦类黑穗病，五氯苯酚主要用作水稻田除草剂，纺织、皮革、纸张和木材的防腐剂和防霉剂。

7.6.4 氧化反应

（1）苯环的氧化

苯在高温和五氧化二钒等的催化作用下，被氧气（空气）氧化生成顺丁烯二酸酐：

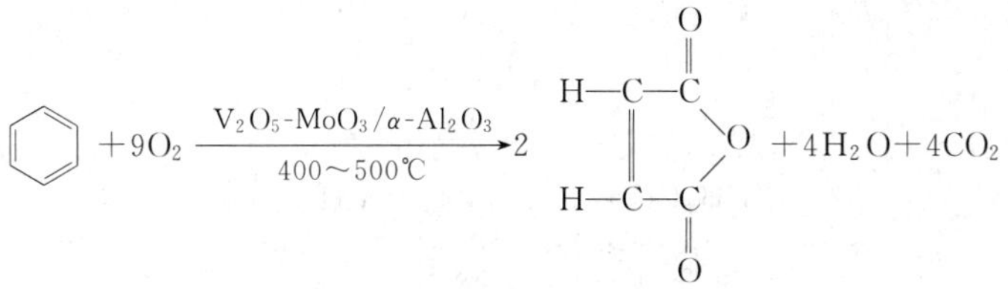

$$\text{苯} + 9O_2 \xrightarrow[400\sim500℃]{V_2O_5\text{-}MoO_3/\alpha\text{-}Al_2O_3} 2 \text{（顺丁烯二酸酐）} + 4H_2O + 4CO_2$$

这是工业上生产顺丁烯二酸酐的方法之一。

若苯的蒸气通过用浮石填充的 $700\sim800℃$ 的红热铁管子，则两分子苯各失去一个氢原子结合而成联苯。

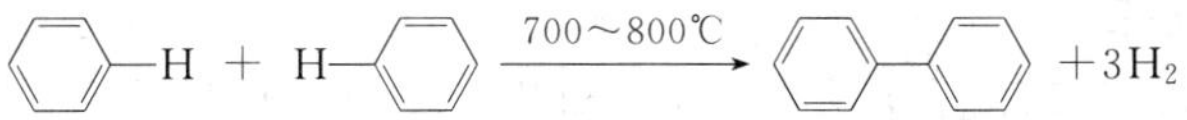

$$\text{苯}-H + H-\text{苯} \xrightarrow{700\sim800℃} \text{联苯} + 3H_2$$

联苯

此反应叫做脱氢反应。联苯主要用作热交换剂（载热体）。工业上用的载热体是由 26.5％ 的联苯与 73.5％ 二苯醚（Ph-O-Ph）的低共熔混合物，熔点是 12℃，沸点是 260℃，在 0.1MPa 压力下加热至 400℃ 不分解。

（2）侧链的氧化

一般氧化剂虽然不能氧化苯环，但可氧化芳烃的侧链，产物因氧化剂和反应条件不同而异。

在强氧化剂高锰酸钾、重铬酸钾或硝酸的氧化作用下，烷基被氧化成羧基，由于苯环的影响，α-氢原子比较活泼，故不论烷基长短，一般均生成苯甲酸。例如：

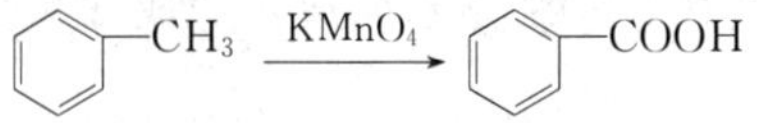

苯甲酸

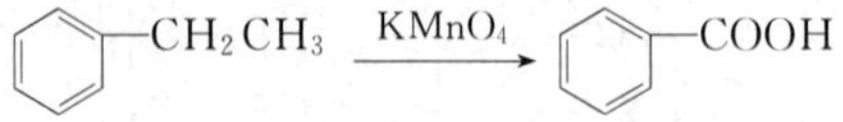

在较弱的氧化剂氧化作用下，烷基可被氧化成醛、酮或醇。例如：

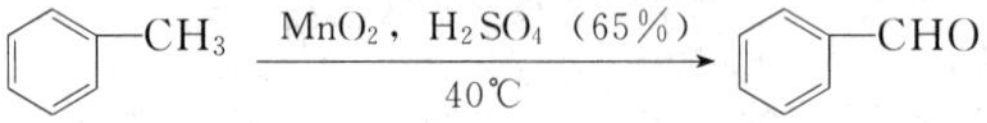

苯甲醛

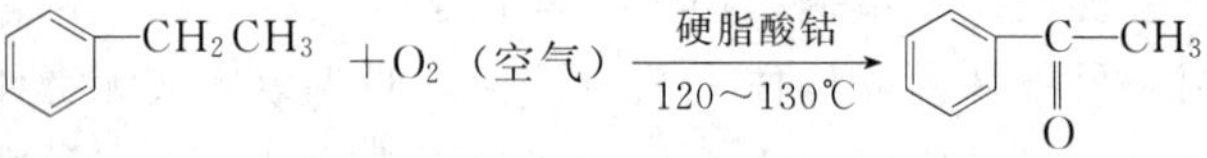

苯乙酮

乙苯在硬脂酸钴催化下，用空气氧化生成苯乙酮，是工业上生产苯乙酮的方法之一。

在一定条件下，烷基苯的烷基，可从两个相邻碳原子上各脱去一个氢原子，形成 C=C 双键。例如：

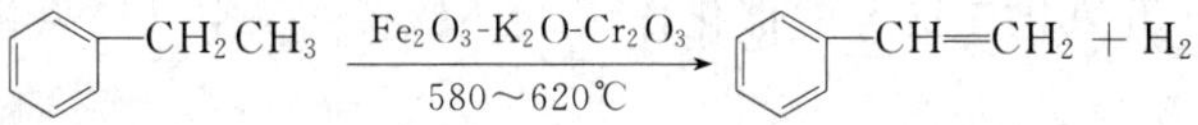

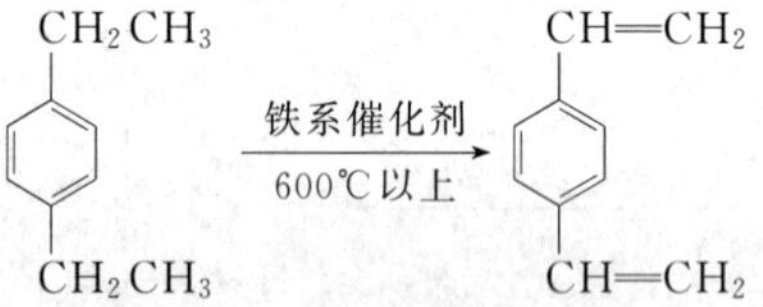

是工业上生产苯乙烯和二乙烯苯的方法之一。

7.7　苯环上亲电取代的定位规律

7.7.1　定位规律

与苯不同，当苯环已有一个取代基再进行亲电取代反应时，新引进的取代基可以进入原有取代基的邻、间和对位，生成三种异构体：

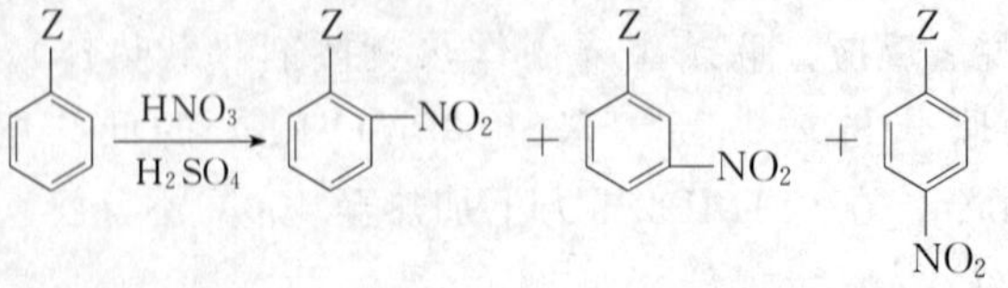

在一取代苯 Z—⬡ 分子中，还有五个位置可被取代，其中有两个位置是在原取代基的邻位，占 2/5（40%）；两个位置在原取代基的间位，占 2/5（40%）；

还有一个位置在原取代基的对位，占 1/5（20%）。从统计观点来看，一取代苯再进行亲电取代反应时，不仅得到三种异构体，且三种异构体的比例应符合这种统计规律。但大量实验表明，一取代苯进行亲电取代再引入第二个取代基时，新引进的取代基进入苯环的位置主要决定于环上原有取代基。例如，甲苯不论进行卤化、硝化还是磺化反应，都主要生成邻位和对位二元取代物（>60%），间位二元取代物较少；而硝基苯不论进行卤化、硝化还是磺化反应，则都主要生成间位二元取代物（>40%），邻位和对位二元取代物较少。如下所示：

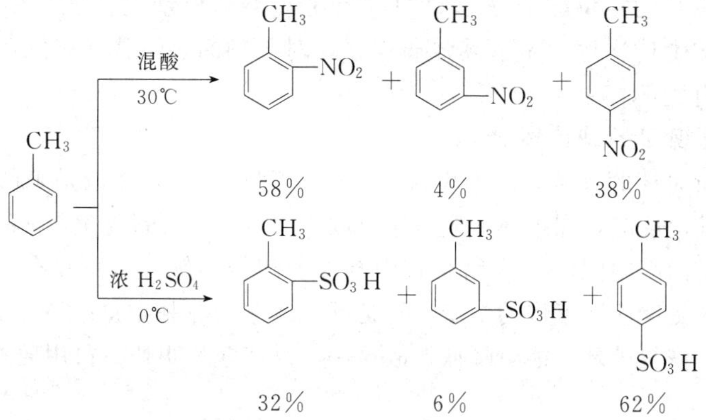

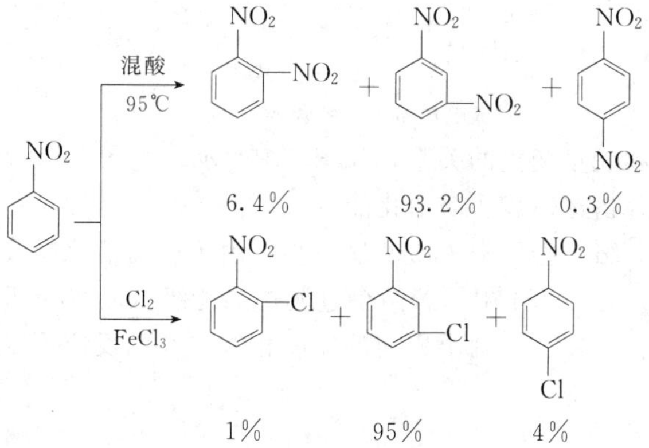

许多实验结果表明，一取代苯进行亲电取代反应时，苯环上原有取代基，或像甲基那样，使新引进的取代基主要进入原取代基的邻位和对位；或像硝基那样，使新引进的取代基主要进入原取代基的间位。因此，可以把取代基按其进行亲电取代时的定位效应，大致分为两类：

（1）第一类定位基——邻对位定位基

邻对位定位基使新进入的取代基主要进入它的邻位和对位（邻位和对位异构体之和大于 60%），同时除少数取代基（如卤素等）外，一般使苯环活化，即反应速率比苯快。常见的邻对位定位基如—O⁻（氧负离子基）、—N(CH₃)₂（二甲氨基）、—NH₂、—OH、—OCH₃（甲氧基）、—NHCOCH₃（乙酰氨基）、—OCOCH₃（乙酰氧基）、—CH₃、—Cl、—Br、—I、—C₆H₅ 等。

（2）第二类定位基——间位定位基

间位定位基使新进入的取代基主要进入它的间位（间位异构体大于 40%）同时这类定位基使苯环钝化，即反应速率比苯慢。常见的间位定位基如—$\overset{+}{N}(CH_3)_3$（三甲基铵基）、—NO_2、—CN（氰基）、—SO_3H、—CHO（甲酰基）、—$COCH_3$（乙酰基）、—$COOH$、—$COOCH_3$（甲氧羰基、甲酯基）、—$CONH_2$（氨基甲酰基）、—$\overset{+}{N}H_3$（铵基）等。

不同定位基的定位能力是不同的，上述两类定位基定位能力由强到弱的次序，基本上按上述次序。了解其强弱次序，对于判断多取代苯引入新基团进入苯环的位置是有益的。

7.7.2 定位规律的理论解释

从本章所讨论的"苯环上亲电取代反应机理"可知，无论是苯的硝化或磺化反应，还是其他反应，在苯环上进行亲电取代反应时，都首先生成 σ 络合物（也叫碳正离子，是活性中间体），σ 络合物中苯环的闭合共轭体系不复存在，其能量较高，在反应中是反应速率慢的一步，它是反应速率的控制步骤；第二步 σ 络合物失去一个质子，恢复苯环，能量降低，故这一步反应速率很快。可用通式表示如下：

$$\text{（苯）} + E^+ \xrightarrow{\text{慢}} \text{（σ络合物）} \xrightarrow{\text{快}} \text{（产物）} + H$$

亲电试剂   σ 络合物

该反应过程和能量变化的关系，如图 7-4 所示。由图可以看出，苯与亲电试剂作用生成 σ 络合物这一步所需活化能较大，是较难进行的一步，也是决定反应速率的一步；而 σ 络合物失去了质子这一步，由于所需活化能较小，反应较易进行，故反应很快。在图 7-4 中，若两个过渡态的能级（曲线上两个峰的高度）相近时，则 σ 络合物向左、右两个方向的速度相等，表明反应可以是可逆反应，如磺化反应和烷基化反应。

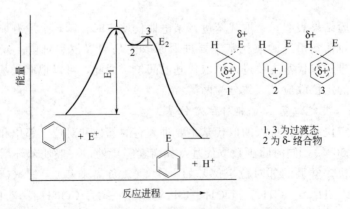

图 7-4 苯亲电取代反应的进程与能量关系图

当苯环上连有取代基时,它进行亲电取代反应的机理与苯相似,也是通过 σ 络合物完成的。但由于取代基的性质以及它与新进入的取代基之间的相对位置不同,它将对 σ 络合物的稳定性产生不同的影响。现举几例说明如下。

(1) 第一类定位基的定位效应

(A) 甲基 甲基直接与苯环相连时,由于甲基的供电诱导效应和超共轭效应的作用结果,不仅反应前苯环上的电子密度增加,而且使生成的 σ 络合物的正电荷得到分散,因此甲苯比苯较易进行亲电取代反应。除卤原子等少数原子和基团外,其他第一类定位基与甲基相似,也是活化苯环,比苯容易进行亲电取代反应。

与苯不同,甲苯进行亲电取代反应时,可以生成三种 σ 络合物:

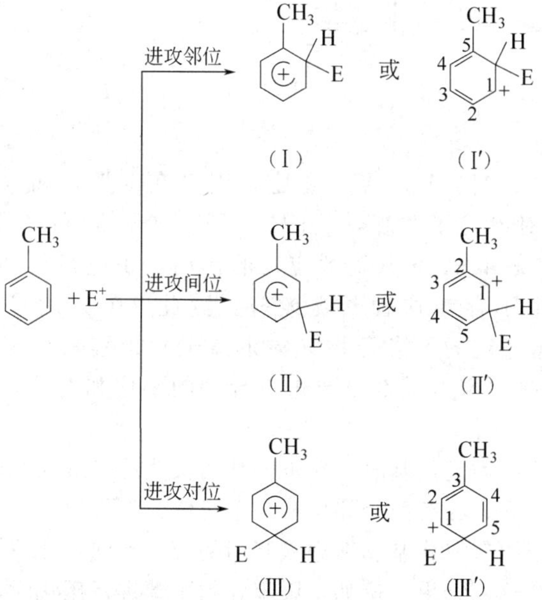

由于亲电试剂 (E^+) 进攻苯环位置的不同,生成的三种 σ 络合物 (即碳正离子) 的稳定性不同。碳正离子 (Ⅰ) 或 (Ⅰ′) [(Ⅰ′) 比 (Ⅰ) 较直观] 中,甲基是共轭体系的一部分 (与丙烯相似,是超共轭体系;其余部分是 π,π-和 p,π-共轭体系),由于共轭效应的存在,正电荷得到分散,因此 (Ⅰ) 较稳定。碳正离子 (Ⅲ) 与 (Ⅰ) 相似,也是共轭体系,也较稳定;但碳正离子 (Ⅱ) [(Ⅱ′) 更直观] 则与 (Ⅲ) 不同,在碳正离子 (Ⅱ) 中,碳正离子与甲基不存在超共轭效应;因此 (Ⅱ) 的稳定性较差。由于越稳定的碳正离子越容易生成,即 (Ⅰ) 和 (Ⅲ) 较 (Ⅱ) 易生成;因此甲基是第一类定位基,导致亲电试剂主要进攻甲基的邻位和对位,主要生成邻位和对位取代产物。

　（B）羟基　苯酚进行亲电取代反应时，可生成下列三种 σ 络合物：

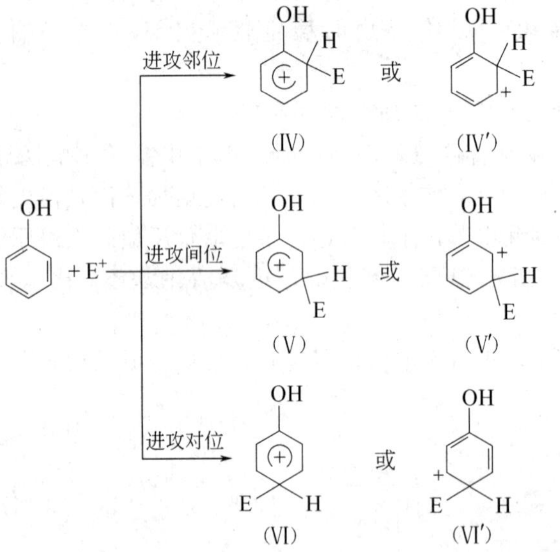

σ 络合物（Ⅳ）和（Ⅵ）比（Ⅴ）稳定，因为在（Ⅳ）和（Ⅵ）中，羟基氧上的未共用电子对参与了共轭，［比较（Ⅳ′）（Ⅴ′）和（Ⅵ′）更直观］，由于共轭效应（p，π-和 π，π-共轭效应）的作用，正电荷得到分散而稳定；但 σ 络合物（Ⅴ）中不存在这种共轭效应，因此（Ⅴ）的稳定性比（Ⅳ）和（Ⅵ）差。由于越稳定的 σ 络合物（碳正离子）越容易生成，因此，苯酚进行亲电取代反应时，亲电试剂主要进攻羟基的邻位和对位，主要生成邻位和对位取代产物。

　　当苯环上有第一类定位基时，新进入基团虽然可以进入原取代基的邻位和对位，由统计学角度看，因有两个邻位和一个对位，邻位取代产物应为对位取代产物的 2 倍。但由于原有取代基和新进入基团的大小不同，邻位和对位取代产物的比例并不完全符合这一结果。例如，甲苯和叔丁苯进行硝化时，其邻位和对位异构体的比例如下所示：

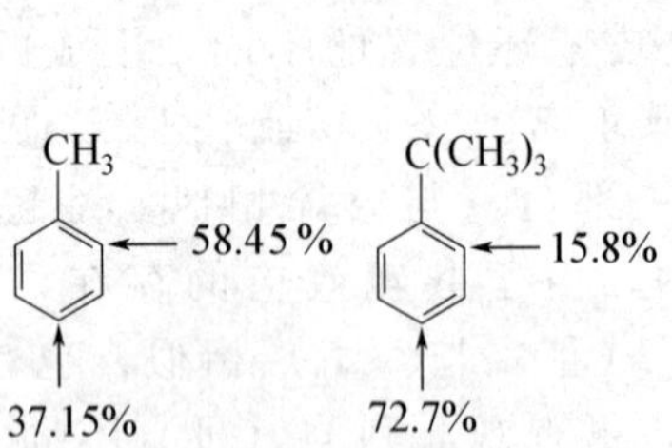

这是由于叔丁基的体积较大，对于硝基进入其邻位有阻碍作用。同理，如果新进入基团的体积较大，邻位取代物也较少。例如，叔丁苯的硝化虽然邻位异构体较少（15.8%），但叔丁苯进行磺化反应，由于磺基也较大，几乎生成 100% 的对位取代产物：

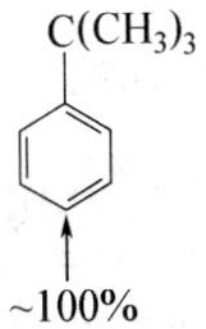

$$\sim 100\%$$

像上述这种由于分子中某些基团的体积较大，或反应时，新进入基团的体积较大，使反应过程中由于拥挤而产生的一种效应，叫做空间效应，也叫空间阻碍或位阻。

（2）第二类定位基的定位效应

（A）三甲铵基　三甲基苯基铵在进行亲电取代反应时，由于三甲铵基的氮原子是缺电子的，它是吸电基，它吸电子的结果，它使 σ 络合物的电子密度降低而不稳定，因此，三甲基苯（基）铵较难进行亲电取代反应，即三甲铵基钝化苯环。与三甲铵基相似，其他第二类定位基也是钝化苯环。

三甲基苯基铵进行亲电取代反应时，也可生成三种 σ 络合物：

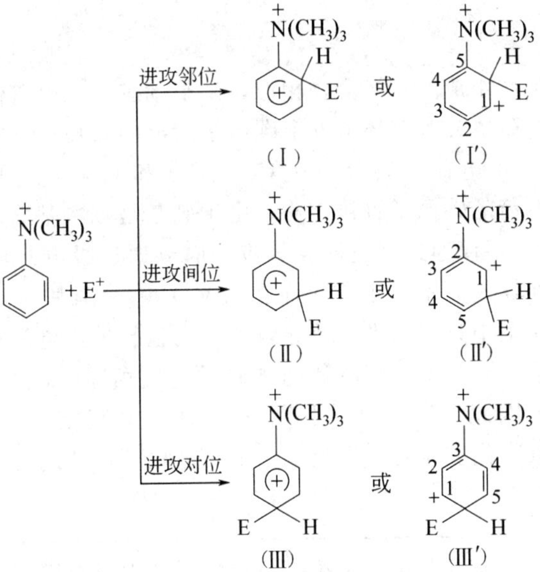

在上述三种 σ 络合物中，正电荷都分布在环上五个碳原子组成的共轭体系中，由于共轭体系中的极性是交替的，正电荷主要分布在 C-1、C-3 和 C-5 上（碳原子的编号见上式）：

（I′）和（III′）中，由于吸电基—$\overset{+}{N}(CH_3)_3$ 均直接与带正电荷的碳原子相连，它吸电子的结果，使正电荷更加集中而不稳定；（II′）中的—$\overset{+}{N}(CH_3)_3$ 则与不带正电荷的碳原子直接相连，故较稳定，而较容易生成；因此三甲基苯（基）铵在进行亲电取代反应时，亲电试剂主要进攻三甲铵基的间位，主要生成间位取代物。

（B）硝基　硝基苯在进行亲电取代反应时，也可以生成三种 σ 络合物：

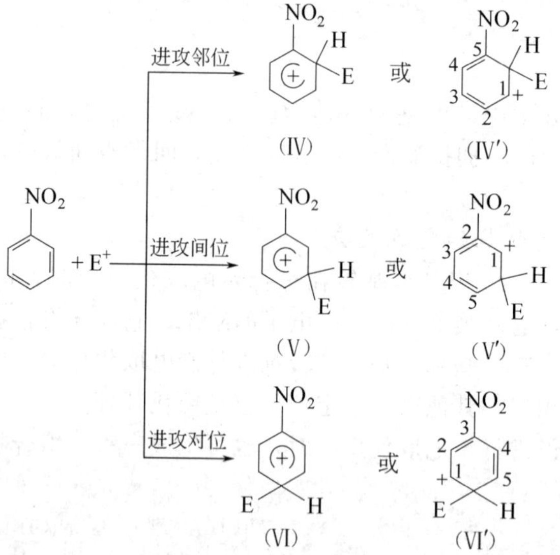

与三甲基苯基铵生成的 σ 络合物相似，硝基苯进行亲电取代反应所生成的三种 σ 络合物，正电荷也分布在环上五个碳原子组成的共轭体系中，根据共轭体系的极性交替原理，正电荷主要分布在 C-1、C-3 和 C-5 上。在（Ⅳ′）和（Ⅵ′）中，硝基与带正电荷的碳原子直接相连，由于硝基是吸电基（诱导效应和共轭效应都是吸电子的），不仅通过吸电诱导效应，而且通过吸电共轭效应使正电荷更加集中，故稳定性较差而不易生成。而在（Ⅴ′）中，硝基不与带正电荷的碳原子直接相连，且体系中只存在吸电诱导效应（硝基与带正电荷的碳原子直接相连时，构成共轭体系，而与不带正电荷的碳原子直接相连时，不是共轭体系），使正电荷增加较少，因此（Ⅴ′）比（Ⅳ′）和（Ⅵ′）较稳定，而较易生成。因此，硝基苯在进行亲电取代反应时，亲电试剂主要进攻硝基的间位，主要生成间位取代产物。

【问题 7-6】 下列一取代苯在进行硝化反应时，将主要得到什么产物，写出产物的构造式。

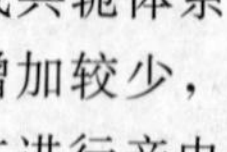

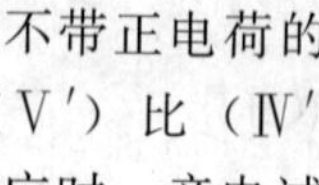

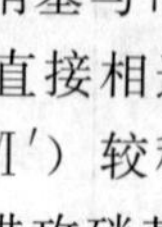

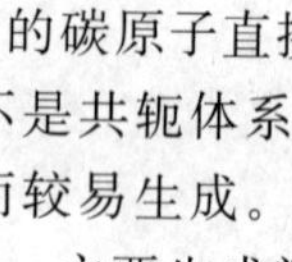

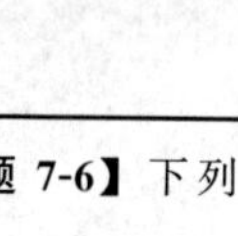

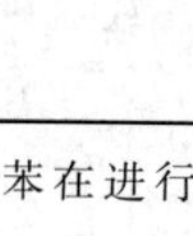

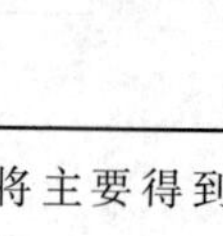

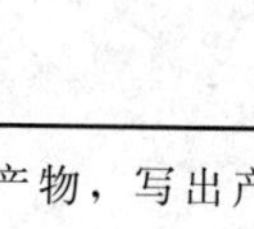

【问题 7-7】 下列反应式有无错误？若有，请改正。

(1) 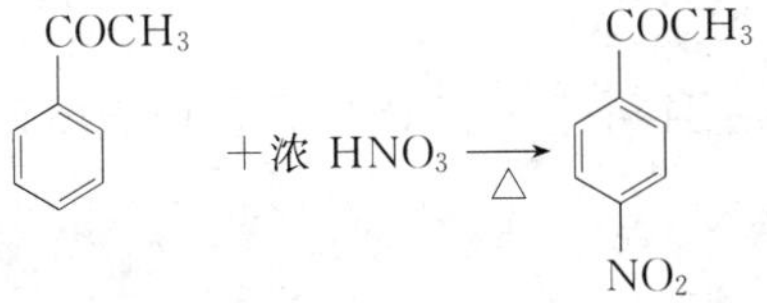　　　　＋浓 HNO₃ →△

(2) 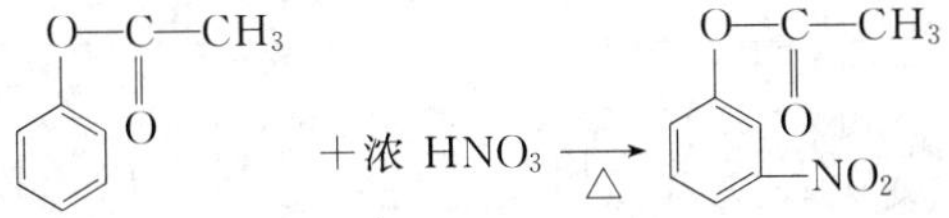　　　　＋浓 HNO₃ →△

(3) 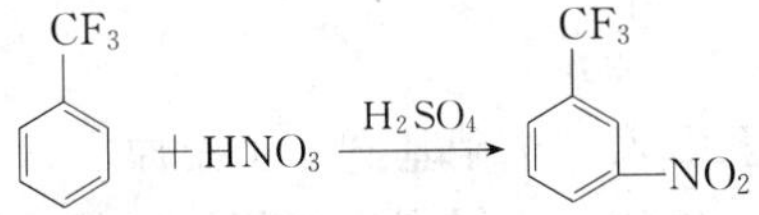　　　　＋HNO₃ →H₂SO₄

7.7.3　二取代苯的定位效应

苯环上有两个取代基时，第三个取代基进入苯环的位置，将由原有的两个取代基决定，与两个取代基的性质和在苯环上的位置有关。

① 环上原有的两个取代基对于引入第三个取代基的定位作用一致时，仍按上述定位规律进行。例如，下列化合物引入第三个取代基时，取代基将进入箭头所表示的位置。

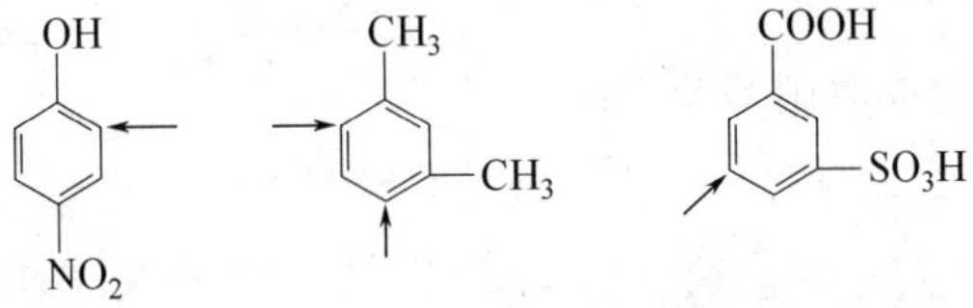

② 环上原有的两个取代基对于引入第三个取代基的定位作用不一致时，有两种情况：

（a）环上原有的两个取代基属于同一类时，第三个取代基进入苯环的位置，主要由较强的定位基决定。例如，下列化合物引入第三个取代基时，将主要进入箭头所表示的位置。

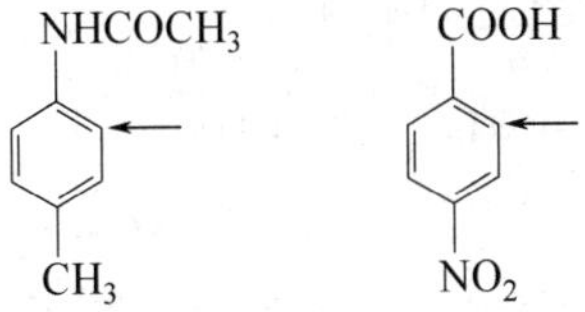

（b）环上原有的两个取代基属于不同类时，第三个取代基进入苯环的位置，一般是邻对位定位基起主要定位作用（因邻对位定位基能使苯环活化）。例如，下列化合物引入第三个取代基时，将主要进入箭头所表示的位置。

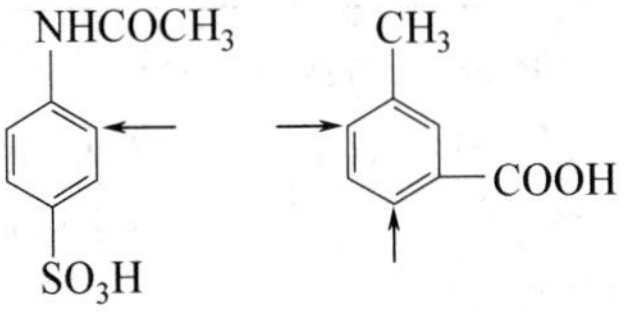

7.7.4　定位规律的应用

定位规律不仅可用来解释某些事实，且可用来指导合成多官能团取代的苯。现举几例说明。

例一　由苯合成对硝基溴苯。

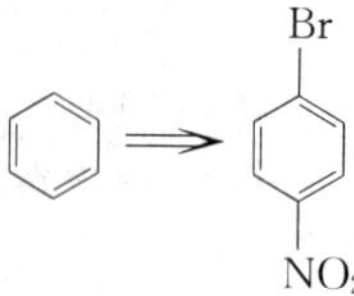

由苯合成对硝基溴苯，即是在苯环上引入一个硝基和一个溴原子，究竟先引入哪一个？应借助定位规律。如果先进行硝化，将得到硝基苯，硝基是间位定位基，再进行溴化则得到间硝基溴苯。如果先进行溴化，将得到溴苯，溴原子是邻对位定位基，溴苯再进行硝化，则得到邻硝基溴苯和对硝基溴苯，经分离可得到对硝基溴苯。

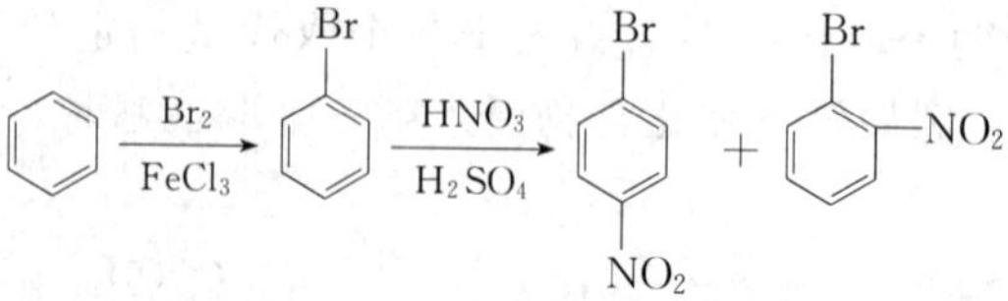

例二　由甲苯合成对硝基苯甲酸：

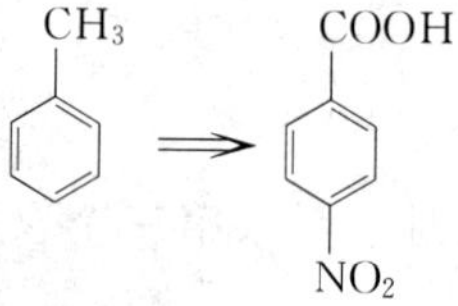

由甲苯合成对硝基苯甲酸有两种可能的合成路线：先氧化再硝化；先硝化再氧化。如下所示：

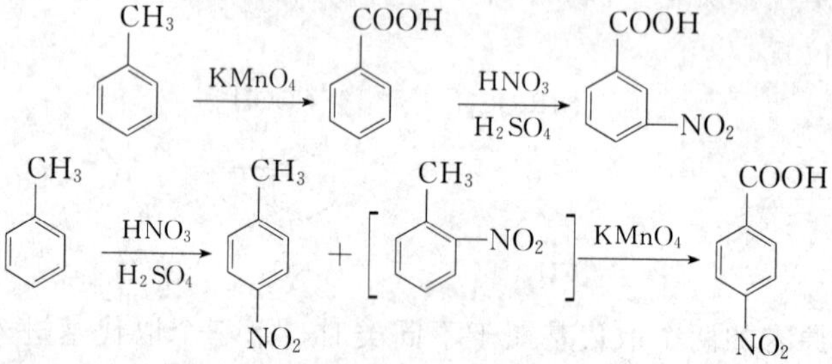

由此二式可以看出，应用定位规律采用先硝化再氧化的合成路线，可以得到预期的产物。

【问题 7-8】下列化合物进行硝化时，硝基将主要进入苯环的什么位置？试用箭头标出。

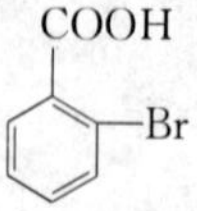

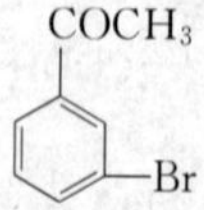

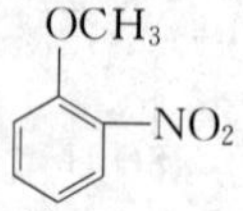

(4) 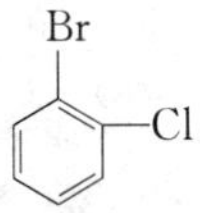 　(5) 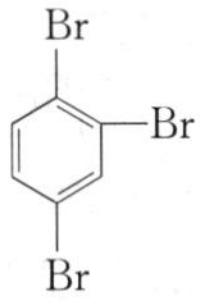 　(6)

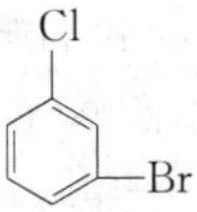

(7) 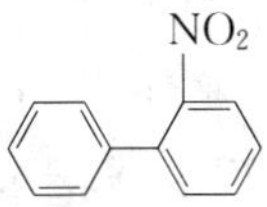 　(8)

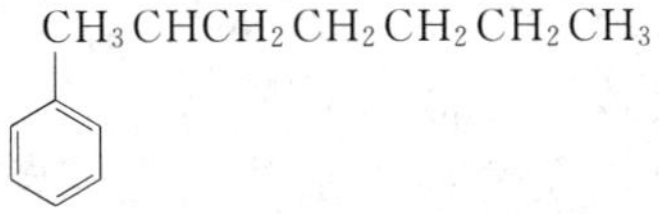

【问题 7-9】 完成下列转变：

(1)

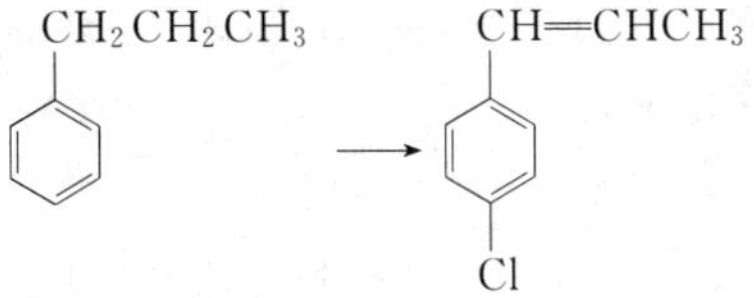

(2) 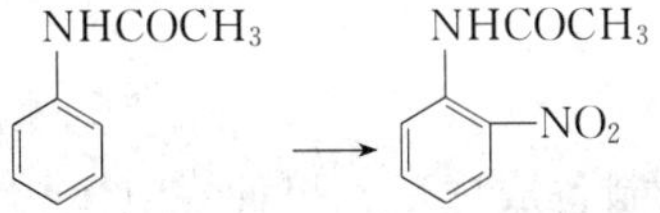 　（惟一产物）

(3)

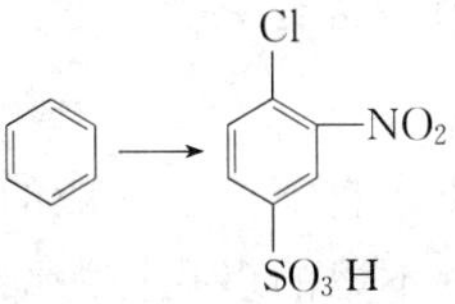

7.8　苯乙烯和离子交换树脂

7.8.1　苯乙烯

苯乙烯为无色液体，沸点 146℃。工业上是由乙苯脱氢制备 ［见本章 7.6.4 (2)］。由于分子中含有 C＝C 双键，能发生加成和聚合等反应。苯乙烯即使在室温放置也会逐渐聚合，因此贮存时应加入防止其聚合的物质——阻聚剂（如对苯二酚）。

苯乙烯可自身进行聚合生成聚苯乙烯：

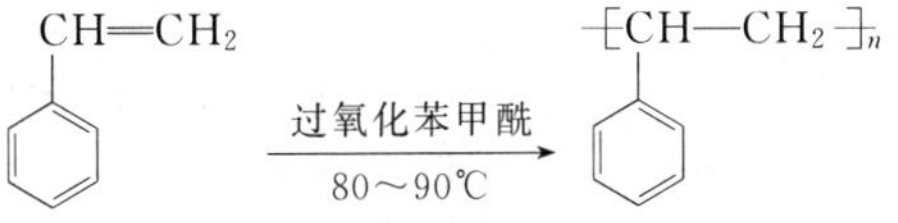

聚苯乙烯

聚苯乙烯透光性好，有良好的绝缘性和化学稳定性，但强度低，耐热性差，主要用于制造无线电、电视和雷达等的绝缘材料，并用于制造硬质泡沫塑料、薄膜、日用品和耐酸容器等。

苯乙烯还可与其他不饱和化合物共聚，如与 1,3-丁二烯共聚，可制备丁苯橡胶 [见 5.7.2 (4)]；与二乙烯基苯共聚，可制造聚苯乙烯二乙烯（基）苯树脂。

在引发剂如过氧化苯甲酰或偶氮二异丁腈 [用量为苯乙烯重量的 (0.5%～1.0%)] 存在下，苯乙烯和二乙烯苯（两者用量比为 9：1）在含有分散剂（质量分数）[聚乙烯醇（0.1%～0.5%）或明胶（0.5%～1.0%）] 的水介质中，在搅拌下加热，经悬浮共聚合生成聚苯乙烯二乙烯苯树脂：

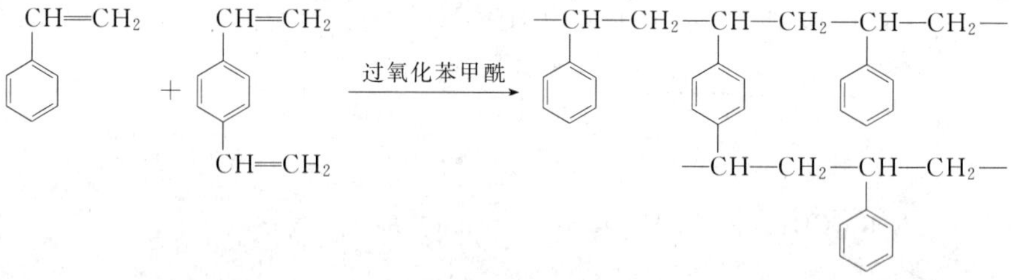

工业上一般是将聚苯乙烯二乙烯苯树脂制备成球形，以便在其上引入功能基（能够交换离子的基团），使之成为性能优良的离子交换树脂。

7.8.2　离子交换树脂

离子交换树脂是可以进行离子交换的高分子物质。它不溶于一般的酸、碱以及烃类、乙醇和丙酮等有机溶剂，结构上属于不溶、不熔的多孔性海绵状固体高分子物质。

离子交换树脂种类繁多，一般根据离子交换树脂上功能基的特性进行分类。带有酸性功能基、能交换阳离子者，叫做阳离子交换树脂；带有碱性功能基、能交换阴离子者，叫做阴离子交换树脂。然后再按其功能基的酸或碱的强弱程度分类：阳离子交换树脂通常分为强酸（—SO_3H）、中酸 [—$PO(OH_2)$] 和弱酸（—COOH）；阴离子交换树脂则按照氨基的性质分为强碱（—$\overset{+}{N}R_3Cl$）和弱碱（—NH_2、—NHR、—NR_3），对于带 —$\overset{+}{\underset{|}{S}}$— 基和 —$\overset{|}{\underset{|}{P}}{}^{+}$— 基者，也列入强碱树脂。离子交换树脂的骨架有多种，其中较常见的是聚苯乙烯二乙烯苯树脂作为骨架。下面简单介绍两种常用的离子交换树脂。

(1) 强酸性阳离子交换树脂

将聚苯乙烯二乙烯苯树脂的球状体，在二氯乙烷中溶胀后，加热至 80～120℃，用浓硫酸或氯磺酸进行磺化，则苯环上的氢原子被磺基取代，得到强酸性阳离子交换树脂。

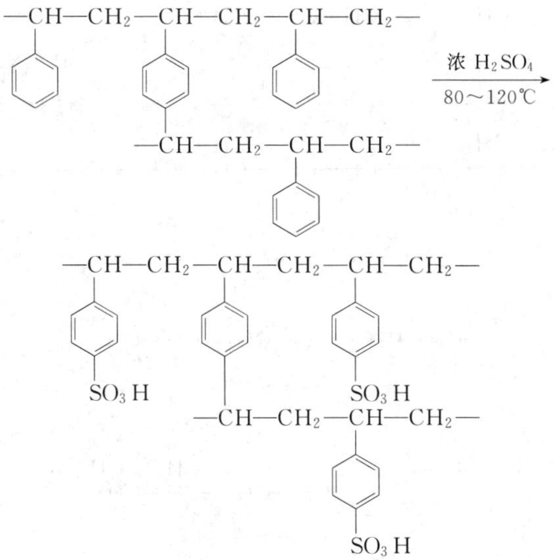

$$—CH—CH_2—CH—CH_2—CH—CH_2—$$

$$\xrightarrow[80\sim120℃]{浓\ H_2SO_4}$$

$$—CH—CH_2—CH—CH_2—$$

$$—CH—CH_2—CH—CH_2—CH—CH_2—$$

$$SO_3H \qquad SO_3H$$

$$—CH—CH_2—CH—CH_2—$$

$$SO_3H$$

这种阳离子交换树脂的功能基是磺酸基，它能交换阳离子，如下式所示。式中 $\boxed{R}$—SO$_3$H 代表该离子交换树脂。

$$\boxed{R}—SO_3H + NaCl \underset{再生}{\overset{交换}{\rightleftharpoons}} R—SO_3Na + HCl$$

磺酸型阳离子交换树脂与稀的氯化钠溶液接触时，由于树脂上氢离子浓度较大，且 SO_3^- 对 Na^+ 的亲和力比对 H^+ 大，故树脂上的 H^+ 与溶液里的 Na^+ 发生交换。交换以后，树脂由原来的氢型变为钠型，已不再具有交换能力。

若将使用过的树脂（如钠型树脂）放入浓度较大的（5%）盐酸等强酸（叫再生剂）中，由于溶液中的 H^+ 浓度较大，因浓度差的影响，容易将树脂上的 Na^+ 交换下来，使钠型再转变为氢型，树脂恢复交换能力。上式中的逆过程即离子交换树脂的再生过程。

（2）强碱性阴离子交换树脂

将聚苯乙烯二乙烯苯树脂的球状体，在路易斯（Lewis）酸催化下，与甲醛和氯化氢或氯甲醚（CH_3OCH_2Cl）反应，则苯环上的氢原子被氯甲基（—CH_2Cl）取代（这种反应叫做氯甲基化反应），然后再与三甲胺反应，使之转变成季铵盐，最后用氢氧化钠处理，即得到强碱性阴离子交换树脂。

$$—CH—CH_2—CH—CH_2—CH—CH_2—$$

$$\xrightarrow[ZnCl_2]{HCHO,HCl}$$

$$—CH—CH_2—CH—CH_2—$$

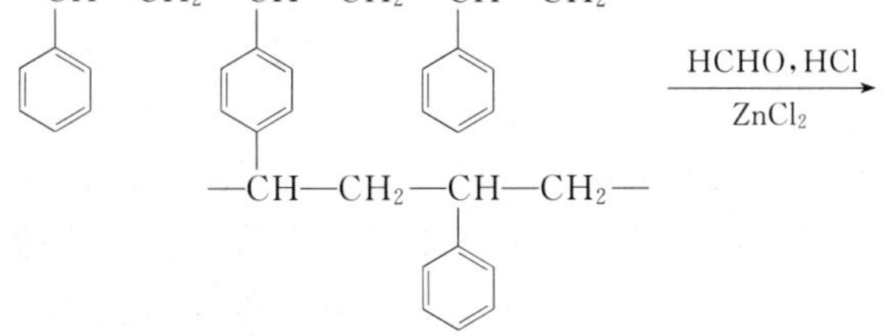

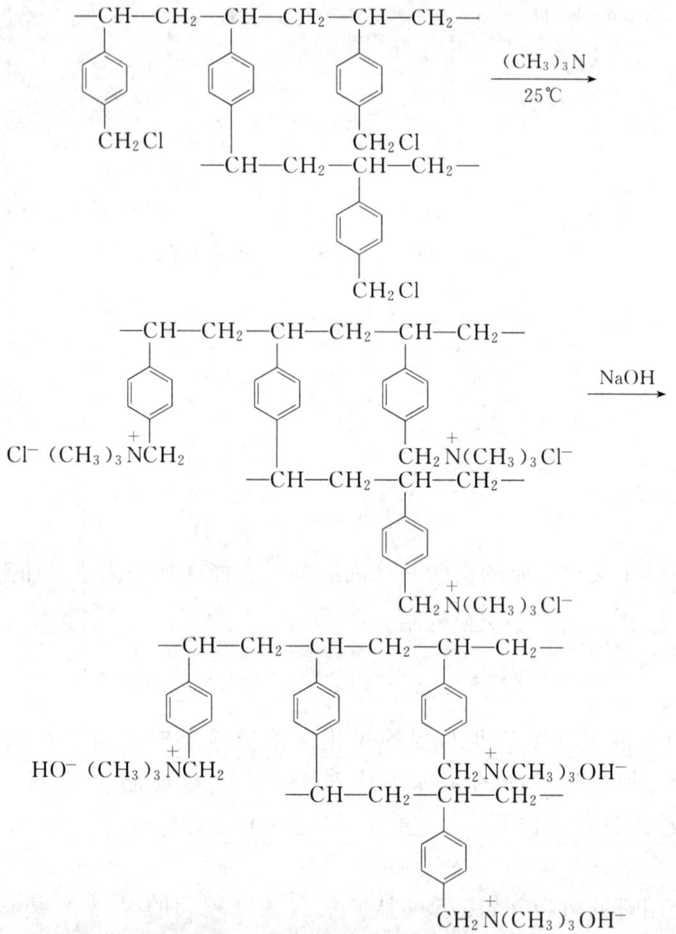

这种阴离子交换树脂的功能基是季铵基,它能交换阴离子,如下式所示:

$$\boxed{R}\!-\!\overset{+}{N}(CH_3)_3OH^- + NaCl \underset{再生}{\overset{交换}{\rightleftharpoons}} \boxed{R}\!-\!\overset{+}{N}(CH_3)_3Cl^- + NaOH$$

上述逆过程即离子交换树脂的再生过程,碱性阴离子交换树脂可用约 5% 氢氧化钠再生。

根据阴、阳离子交换树脂的作用原理,将两种(阴和阳)树脂配合使用,可将溶液里的阴阳离子几乎全部交换出来。

7.9 稠环芳烃

7.9.1 萘

在稠环芳烃中,萘是最重要的一员。萘是光亮的片状晶体,有特殊气味,熔点 80.2℃,沸点 218℃,易升华。不溶于水,不溶于冷的乙醇而溶于热的乙醇,溶于乙醚等有机溶剂。可用作驱虫剂(俗称卫生球或樟脑丸),广泛用作制备染料、树脂、溶剂等的原料。萘可由煤焦油中分离得到，也可由裂解焦油中分馏得到，还可由甲基萘脱甲基得到。

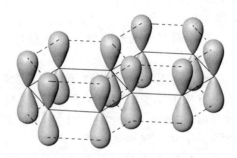

2-甲基萘

（1）萘的结构

萘的分子式为 $C_{10}H_8$，是由两个苯环共用两个相邻碳原子稠合而成。与苯相似，萘的两个苯环在同一平面内，每一个碳原子也都是以 sp^2 杂化轨道与相连的碳原子或氢原子的轨道成键，构成 C—C σ 键和 C—H σ 键。每一个碳原子剩下的一个 p 轨道（含一个 p 电子）垂直于萘环所在平面，且彼此相互平行，它们彼此在侧面相互交盖，构成包括 10 个碳原子（10 个电子）在内的闭合的共轭 π 轨道，如图 7-5 所示。

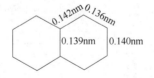

图 7-5　萘分子的共轭 π 键

由此可知，萘分子与苯分子相同，也没有典型的 C—C 单键和 C═C 双键，但又与苯分子不同，萘分子中的碳碳键长是不完全等同的，如图 7-6 所示。

0.142nm 0.136nm
0.139nm　0.140nm

图 7-6　萘分子的键长

萘具有芳香性，但其芳香性比苯差。萘的共轭能约为 254.98kJ/mol，比苯的共轭能（150.48kJ/mol）高，但比 2mol 苯的共轭能 $2\times150.48=300.96$（kJ/mol）低，所以萘环不如苯环稳定。

萘分子可用下列构造式表示，本书采用（Ⅰ）式：

（Ⅰ）　　　　　　　　　　　　　　　　　　　（Ⅱ）

与苯分子不同，萘分子中的碳原子是不等同的，通常采用下列两种标记以示区别：

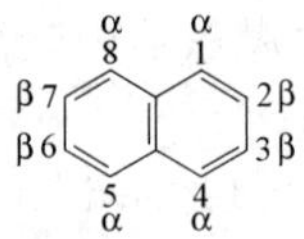

1,4,5,8 四个碳原子都与共用碳原子直接相连，其位置相同，叫 α 位。其中任何一个碳原子上的氢原子被取代，都得到相同的一元取代物，叫 α-取代物。2,3,6,7四个位置也是等同的，但与 α 位不同，叫做 β 位。β 位上的氢原子被取代后的产物，叫 β-取代物。因此，当取代基相同时，萘的一元取代物有两种异构体：α-取代物（1-取代物）；β-取代物（2-取代物）。例如：

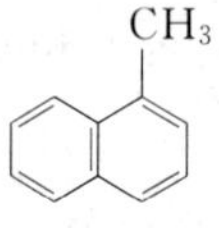

α-甲基萘（1-甲基萘） 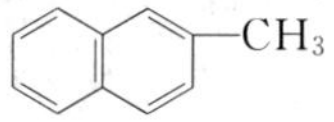   β-甲基萘（2-甲基萘）

（2）萘的化学性质

萘的化学性质大致与苯相似，也能够发生取代反应、加成反应和氧化反应等。

（A）取代反应 与苯相似，萘环上的氢原子也可以被其他原子或基团取代，进行亲电取代反应。但由于是 p 电子的离域并不像苯环那样完全平均化，而是在 α-碳原子上的电子密度较高，β-碳原子上次之，中间两个共用碳原子上更低，因此亲电取代反应一般发生在 α 位。现举例说明如下。

ⓐ **卤化** 在氯化铁的作用下，将氯气于 $100 \sim 110℃$ 通入熔融萘中，主要得到 α-氯萘，这是工业上生产 α-氯萘的方法；萘与溴反应，主要生成 α-溴萘。

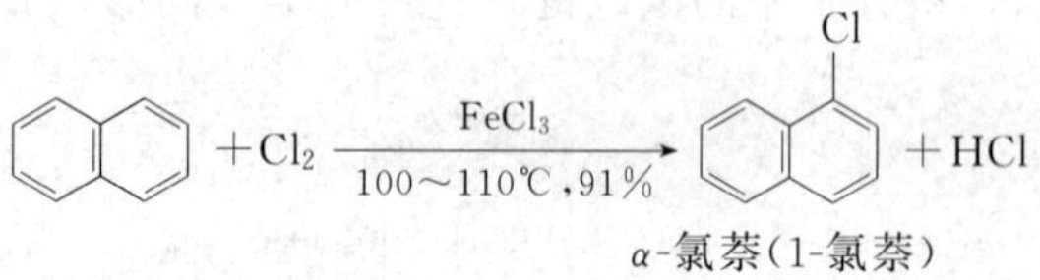

α-氯萘（1-氯萘）

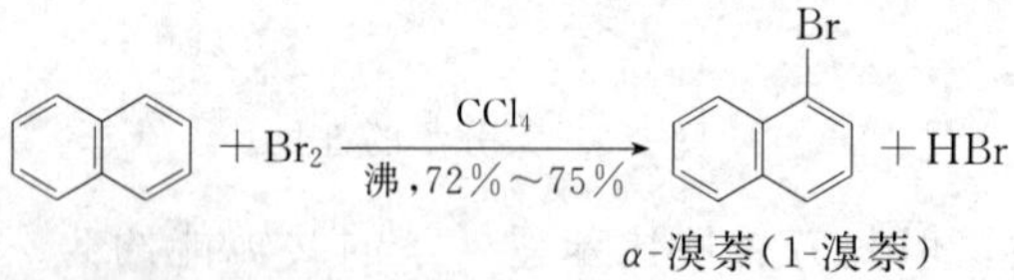

α-溴萘（1-溴萘）

α-氯萘（1-氯萘）是无色液体，沸点 259℃，可用作高沸点溶剂和增塑剂等。α-溴萘（1-溴萘）是无色或浅黄色油状液体。沸点 $279 \sim 281℃$。微溶于水，溶于苯、乙醇和乙醚等。

ⓑ **硝化** 萘与混酸在较低温度下反应，主要生成 α-硝基萘。

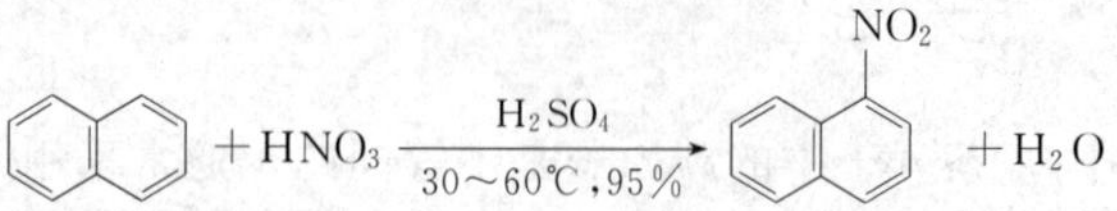

α-硝基萘

α-硝基萘是黄色针状晶体，熔点 61℃。不溶于水，溶于乙醇和乙醚等有机溶剂。用于制造 α-萘胺和染料等。

ⓒ **磺化** 萘在较低温度（～60℃）磺化时，主要生成 α-萘磺酸；在较高温度（～165℃）磺化时，主要得到 β-萘磺酸。α-萘磺酸与硫酸共热至 165℃ 时，也转变成 β-萘磺酸。

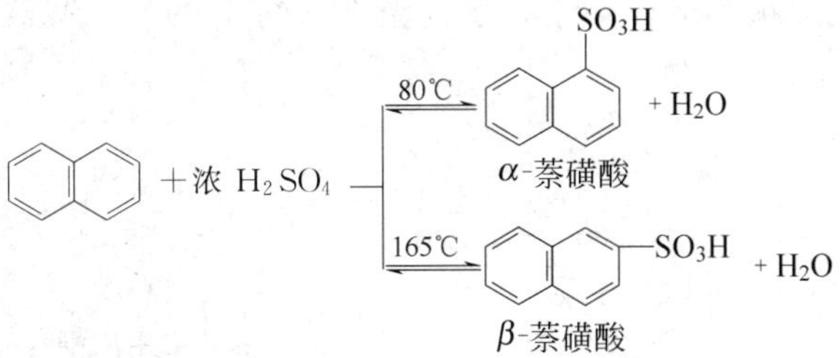

α-萘磺酸带一分子结晶水时为白色晶体，熔点 90℃；β-萘磺酸带一分子结晶水时为白色片状晶体，溶点 124～125℃。两者都溶于水、乙醇和乙醚等。它们用于制造萘酚和萘胺磺酸等。

与氯乙酸的反应 在三氧化二铁和溴化钾的作用下，于 185～210℃，萘与一氯乙酸（简称氯乙酸）反应，生成 α-萘乙酸。

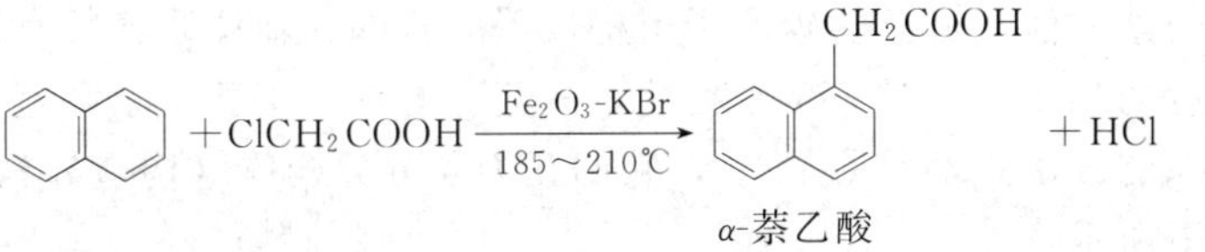

此反应属于付列德尔-克拉夫茨烷基化反应。这是生产 α-萘乙酸的方法之一。α-萘乙酸是无色晶体，无臭、无味。熔点 131℃。难溶于冷水，易溶于热水，乙醇和乙酸等。是一种植物生长激素，用于水稻浸秧和小麦浸种，可以使之增产；还能促进植物生根、开花、早熟、多产，也能防止果树和棉花的落花、落果。对人畜无害。通常加工成钠盐或钾盐的水溶液使用。

（B）**加成反应** 由于萘的不饱和性比苯强，故比苯容易进行加成反应，但比烯烃难。例如，在催化剂（如 Ni 或 Pd 等）作用下，于一定温度和压力，萘可与氢加成，生成四氢化萘和十氢化萘。

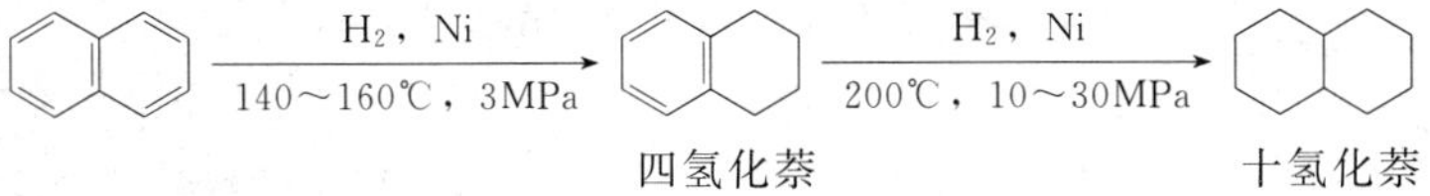

1,2,3,4-四氢化萘简称四氢化萘，也叫萘满，沸点 207.2℃；十氢化萘也叫萘烷，沸点 191.7℃。它们都是无色液体，不溶于水，溶于乙醇、乙醚、丙酮和苯等有机溶剂和某些高分子化合物，是优良的高沸点溶剂，还可与苯和乙醇配成混合物，用作内燃机的燃料。

（C）**氧化反应** 萘比苯容易氧化，反应条件不同，氧化的产物不同。例如，在乙酸中用铬酐氧化生成 1,4-萘醌。

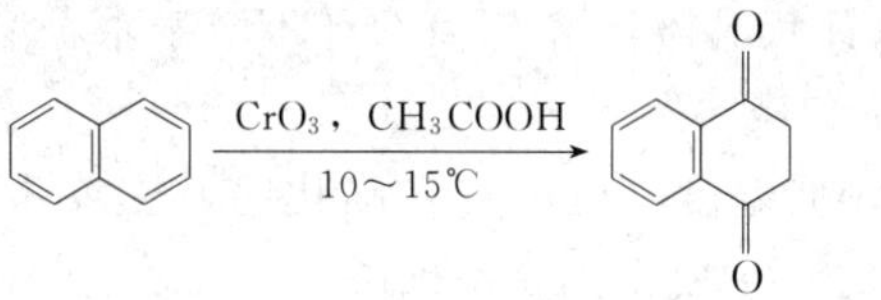

1,4-萘醌

在催化剂五氧化二钒等的作用下，于高温下（约 450℃），萘被空气氧化成邻苯二甲酸酐。

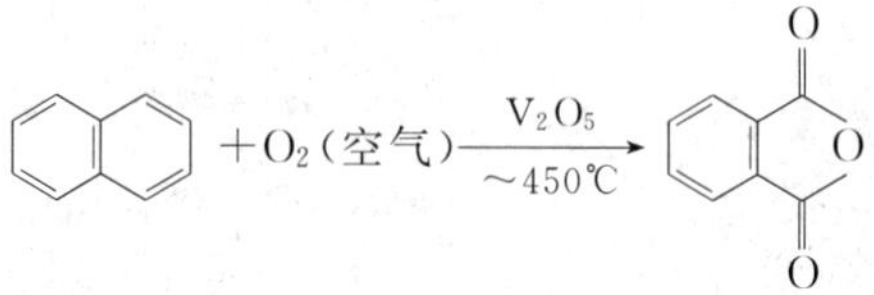

邻苯二甲酸酐

这是工业上生产邻苯二甲酸酐的方法之一。

7.9.2　其他稠环芳烃

稠环芳烃除萘以外，比较重要的还有蒽、菲等，它们都是由三个苯环彼此通过两个相邻碳原子稠合而成，其中蒽分子中的三个苯环形成一条直线，而菲分子中的三个苯环以一定角度相连（角式相连）。它们的分子中所有的原子都在同一平面内，与萘相似，成环的碳原子也构成了闭合的共轭体系，具有芳香性，但由于电子密度的分布也不是完全平均化，故其芳香性比苯甚至萘都差。

蒽和菲的分子式都是 $C_{14}H_{10}$，它们互为同分异构体（构造异构体），它们的构造式如下所示：

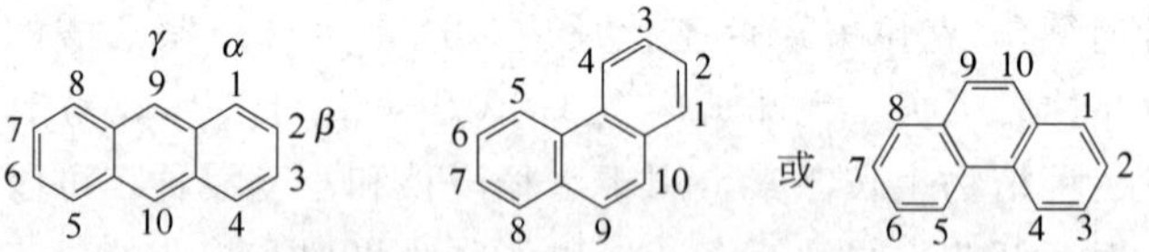

蒽　　　　　　　　　　　菲

与萘相似，蒽和菲也能发生取代、加成和氧化反应，但反应主要发生在 9 和 10 位上。例如：

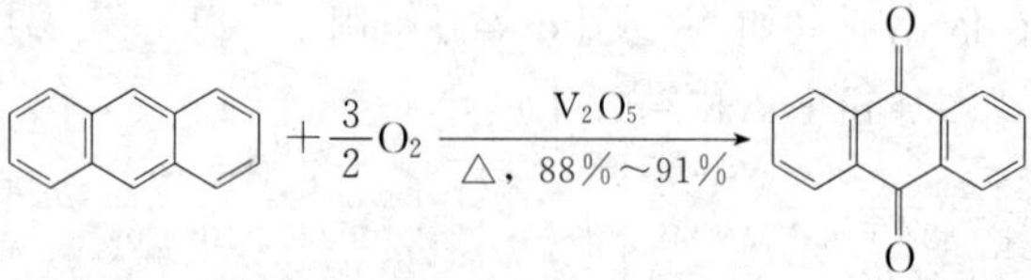

9,10-蒽醌

这是工业上生产 9,10-蒽醌（简称蒽醌）的方法之一。蒽醌是淡黄色的晶体，熔点 286℃。用于制造染料等。

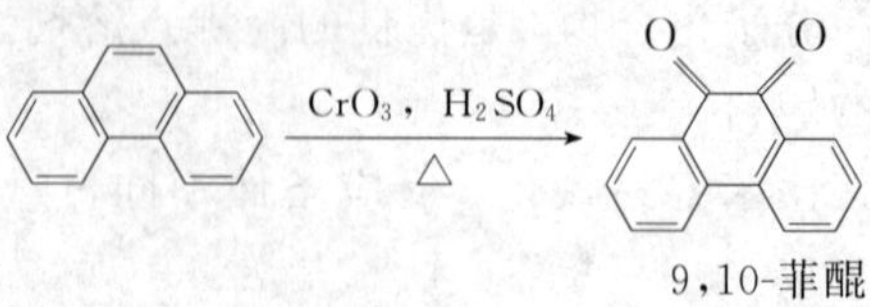

9,10-菲醌

9,10-菲醌简称菲醌，是橙红色针状晶体，熔点 206～207℃。用于制造染料和药物等，农业上用作杀菌拌种剂。

在稠环芳烃中，有的具有致癌性。例如：

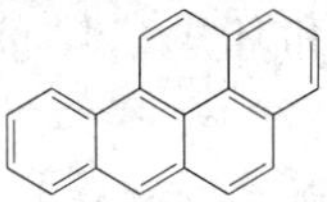

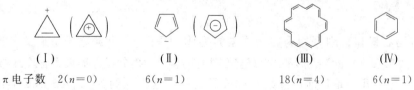

苯并[a]芘　　　　　　　　二苯并[a,h]蒽　　　　　　　　3-甲基胆蒽

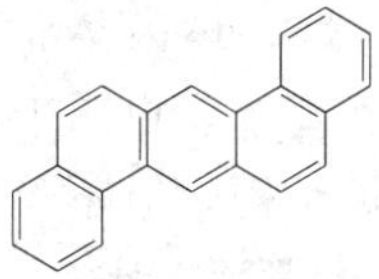

1,2-苯并芘　　　　　　　1,2,5,6-二苯并蒽

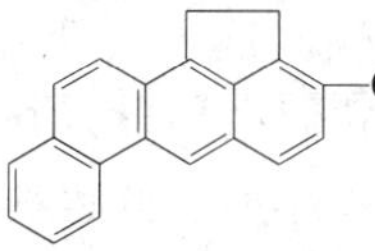

具有致癌性质的稠环芳烃，叫做致癌烃。有些致癌烃在煤、石油、木材和烟草等不完全燃烧时能够产生。

7.10　非苯芳烃

本章前文所讨论的芳烃，都是含有苯环结构的分子，它们具有芳香性。如果在某些化合物的分子中虽不含苯环结构，但组成分子的碳氢比很高，分子是高度不饱和的，又与烯烃和炔烃不同，它们像苯那样，很稳定，分子不易起加成反应，而较易进行亲电取代反应，氢化热和燃烧热较低；从结构来考虑，分子也是环状结构，组成环的碳原子也在同一平面内，其电子的构型也相似，这样的分子是否与苯相似，也具有苯的那种特性——芳香性呢？1931 年休克尔（Hückel）指出：对于单环共轭多烯分子，其成环原子都在一个平面或接近一个平面内，且离域的 π 电子数是 $4n+2$ 时，该分子具有芳香性，此即休克尔（$4n+2$）π 电子规则，简称休克尔规则，或 $4n+2$ 规则。例如，环丙烯正离子（Ⅰ）、环戊二烯负离子（Ⅱ）、[18] 轮烯（Ⅲ）等，它们均与苯（Ⅳ）相似，也具有芳香性。

　　　　（Ⅰ）　　　　　　　　（Ⅱ）　　　　　　　　（Ⅲ）　　　　　　　（Ⅳ）

π 电子数　2($n=0$)　　　　　6($n=1$)　　　　　18($n=4$)　　　　6($n=1$)

在（Ⅰ）、（Ⅱ）、（Ⅲ）和（Ⅳ）中，除（Ⅲ）的 18 个碳原子接近同一平面外，其余组成环的碳原子都在同一平面内，且 π 电子数符合 $4n+2$ 规则，因此，它们都具有芳香性。

像萘那样的稠环芳烃等，如果只考虑成环碳原子的外围 π 电子，也可以用休克尔规则判断其芳香性。例如，萘（Ⅴ）、薁（Ⅵ）。

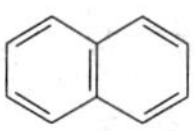

　　　　　　（Ⅴ）　　　　　　　　　　　　（Ⅵ）

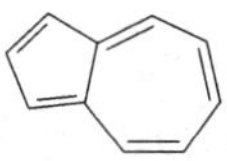

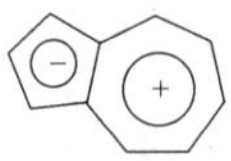

π 电子数　10（$n=2$）　　　　　　　　　10（$n=2$）

萘和蒽都是由两个环稠合而成的稠环烃，组成环的碳原子也都在同一平面内，离域的 π 电子数符合 $4n+2$ 规则，因此，它们也具有芳香性。

像［18］轮烯和䓵分子那样，分子中虽然没有苯环，但符合休克尔规则，具有芳香性，这种烃类统称非苯芳烃，环丙烯正离子（Ⅰ）和环戊二烯负离子（Ⅱ），它们也具有芳香性，是芳香离子，也属于非苯芳烃。

有些烃类，虽然具有环状多烯结构，但不符合休克尔规则，也没有芳香性。如环丁二烯（Ⅶ）、环辛四烯（Ⅷ）都无芳香性。

π 电子数　　　　　　　　　4　　　　　　　　　　8

环丁二烯虽然组成环的碳原子在同一平面内，但 π 电子数不符合 $4n+2$ 规则，环辛四烯（Ⅸ）不仅 π 电子数不符合 $4n+2$ 规则，且组成环的碳原子不在同一平面内（如下所示）。因此，环丁二烯和环辛四烯都不具有芳香性。

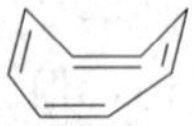

（Ⅸ）

【问题 7-10】 指出下列化合物、离子或自由基哪个具有芳香性？

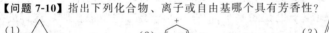

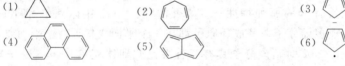

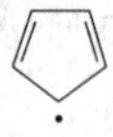

7.11　C_{60}

C_{60} 与石墨和金刚石均为碳的同素异型体，是由 60 个碳原子组成的，具有 12 个五边形和 20 个六边形的 32 面空心球体，其中 12 个五边形最大程度地被 20 个六边形分隔开，是目前已知最对称分子之一。其直径约为 0.8nm，60 个顶点为 60 个碳原子占据，每个碳原子以近似 sp^2 杂化轨道与相邻碳原子的轨道形成 σ 键，余下的一个近似的 p 轨道彼此在侧面有一定程度交叠，因此具有一定的芳香性。在 C_{60} 分子中五边形和六边形共用的键的键长约为 0.146nm，两个六边形共用的键的键长约为 0.140nm。键角约为 116°。其立体结构如图 7-7 所示。

由于 C_{60} 的分子结构很像美国著名设计师 R. B. Fuller 所设计的蒙特利尔世界博览会网格球体建筑，而被命名为 fullerene，其中 fuller 音译为"富勒"，ene 是烯烃的词尾，因此叫做"富勒烯"。C_{60} 以及由 50 个碳原子组成的 C_{50} 和由 70 个碳原子组成的 C_{70} 等，统称富勒烯。其中 C_{60} 又叫富勒烯-60。由于其形似足球，又叫做足球分子或足球烯或碳笼。

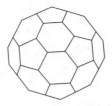

图 7-7　C_{60} 分子结构的平面示意图

研究结果表明，C_{60} 是纳米级材料，可用作记忆元件等；C_{60} 可以进行许多种反应，经不同的反应后，可以得到有机超导体、光学材料、功能高分子材料等。因此为化学、物理学、电子学、天文学、材料科学、生命科学和医学开辟了新的研究领域，其应用前景非常广阔。H. W. Kroto 等人也因发现 C_{60} 而获得 1996 年诺贝尔化学奖。

7.12　多官能团化合物的命名

通过以前各章和本章的学习可知，在一个分子内含有两个或多个官能团的化合物为数不少，这种含有两个或两个以上官能团的化合物，叫做多官能团化合物。对于这类化合物的命名，以哪个官能团为母体，哪个（些）官能团作为取代基，是有规定的，即按照多官能团化合物的命名原则进行。多官能团化合物的命名要点如下。

① 按照表 7-5 列出的官能团的优先次序表，首先确定母体官能团，即以较优基团为母体，根据母体官能团的名称叫做"某 X"（X 为化合物的类名）。

表 7-5　**官能团的优先次序**（按优先递降排列）

类　别	官　能　团	类　别	官　能　团	类　别	官　能　团
羧酸	—COOH	醛	—CHO	炔烃	—C≡C—
磺酸	—SO₃H	酮	$\overset{\displaystyle -\underset{\parallel}{\text{C}}-}{\underset{\text{O}}{}}$	烯烃	$\overset{}{\underset{}{\text{C=C}}}$
羧酸酯	—COOR	醇	—OH	醚	—O—
酰氯	—COCl	酚	—OH	氯化物	—Cl
酰胺	—CONH₂	硫醇	—SH	硝基化合物	—NO₂
腈	—CN	胺	—NH₂		

② 母体确定后，所余下的官能团和取代基（如烷基等）均作为取代基，取代基的排列顺序则按"次序规则"中原子或基团的优先顺序排列（见第四章表 4-1），较优基团后列出。

③ 最后将取代基的名称依次排放在母体名称之前，即得全名。

为了掌握多官能团化合物的命名，现举例说明如下。例如：

OH
／＼
｜　｜
＼／
NO₂
（Ⅰ）　　　　　COOH
／＼—OH
｜　｜
＼／
NH₂
（Ⅱ）　　　　　SO₃H
／＼
H₃C—｜　｜—NH₂
＼／
（Ⅲ）

　　化合物（Ⅰ）含有—OH 和—NO₂，根据表 7-5 可知，—OH 优先于—NO₂，应以—OH 为母体，由于—OH 直接与苯环相连，应叫做"苯酚"。—NO₂ 作为取代基。苯环的编号应以母体官能团所在碳原子为 1，这样—NO₂ 则处于 4 位（对位），然后将取代基的名称和位次放在母体名称之前，即得全名——4-硝基苯酚。

　　化合物（Ⅱ）含有—COOH、—OH 和—NH₂ 三个官能团，其中—COOH 优先于—OH 和—NH₂，因此应以—COOH 为母体命名为"酸"，由于—COOH 直接与苯环相连，应叫做"苯甲酸"，—OH 和—NH₂ 作为取代基。同样将—COOH 所连接的碳原子定为 1，然后将苯环编号，且使取代基的位次号尽可能的小，其中—OH 在 2-位，—NH₂ 在 4-位。—OH 和—NH₂ 排列的顺序，则按取代基在"次序规则"中的次序和优先基团后列出的原则进行。由于—OH 优先于—NH₂，故—NH₂ 排在前，—OH 排在后，然后将—OH 和—NH₂ 的位次和名称放在母体名称"苯甲酸"之前，则得到（Ⅱ）的全名为 4-氨基-2-羟基苯甲酸。

　　同理，在化合物（Ⅲ）中，磺基优先于氨基，而甲基只能作为取代基，故以磺（酸）基为母体，按磺酸来命名。其中的氨基和甲基作为取代基，根据取代基在次序规则中氨基较优于甲基，故化合物（Ⅲ）叫做 3-甲基-5 氨基苯磺酸。

　　多官能团化合物的命名原则，不仅适用于芳香族化合物，也适用于其他各族化合物。下面列举几例说明。

$$H_2NCH_2CH_2OH \qquad\qquad CH_2{=}CH{-}C{\equiv}CH \qquad\qquad HO{-}\!\!\bigcirc\!\!{-}COOH$$

　　　　（Ⅳ）　　　　　　　　　　　（Ⅴ）　　　　　　　　　　　（Ⅵ）

　　化合物（Ⅳ）俗称乙醇胺，它既可以命名为 2-羟基乙胺，也可以命名为 2-氨基乙醇。但根据多官能团化合物的命名原则，官能团的优先次序（见表 7-5）是羟基优先于氨基，应以羟基为母体，按醇来命名，而以氨基作为取代基，命名为 2-氨基乙醇。

　　在化合物（Ⅴ）中，根据表 7-5 可知，由于 C≡C 三键优于 C=C 双键，应以 C≡C 三键为母体叫做炔，双键为取代基。含有双键和三键的碳链编号时，首先要使双键和三键位次之和最小，且使双键的位次号尽可能小，因此化合物（Ⅴ）应叫做 1-丁烯-3-炔。

　　同理，在化合物（Ⅵ）中，羧基优先于羟基，应以羧基为母体命名为酸，羟基作为取代基，故化合物应叫做 4-羟基环己烷甲酸。

　　值得注意，多官能团化合物命名时所规定的官能团的优先次序，与取代基在"次序规则"中的原子或基团的优先顺序是不同的。多官能团化合物命名时所规定的官能团的优先次序，仅是为了命名时确定以何种官能团为母体，何者为取代基。而"次序规则"中原子或基团的优先顺序，则是分子中作为取代基的原子或基团存在两个以上时，规定其在命名时列出的顺序。多官能团化合物命名时，首先根据"官能团的优先次序"确定母体，然后根据次序规则中原子或基团的优先次序，确定不同官能团的列出顺序，两者结合在一起即可完成多官能团化合物的命名。

例　题

[例题一]　在二甲苯的三种构造异构体中，哪一个异构体最容易磺化？

解：三种二甲苯（即邻二甲苯、间二甲苯和对二甲苯）异构体中，虽然两个甲基由于诱导效应和超共轭效应都使所在苯环电子密度升高，有利于亲电取代——磺化反应，但由于两个甲基在苯环上的相对位置不同，它们使苯环上不同位置的碳原子上的电子密度增加的程度不同，因此三种二甲苯的活性不同。由于间二甲苯的两个甲基均使 C-4（或 C-6，与 C-4 等同）上的电子密度增加（C-2 上存在空间效应），而其他两个异构体中的两个甲基的作用并不一致，因此，间二甲苯最活泼，最容易被磺化。

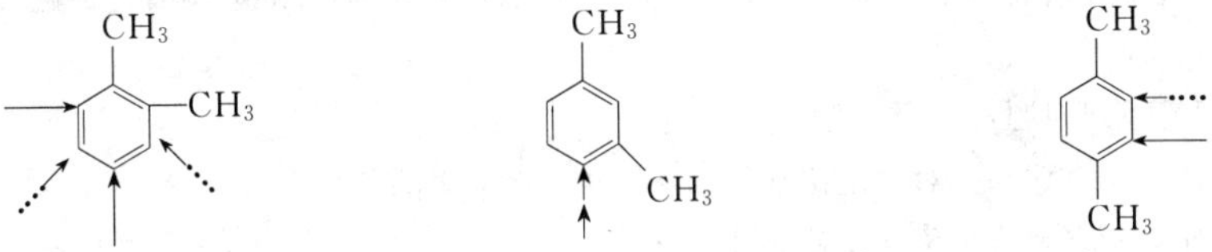

[例题二]　由 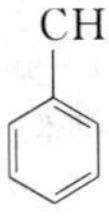 合成

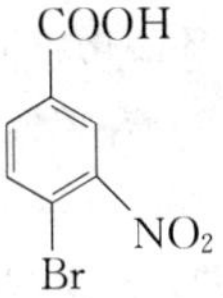

解：将 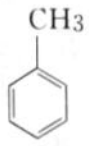 和 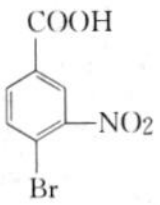 对比可知：由甲苯合成产物，需在苯环上引入—Br 和—NO_2；另外，—CH_3 需转变成—COOH；—Br 处在原—CH_3 的对位，—NO_2 处于原—CH_3 的间位，因此，—Br 需在—CH_3 未转变成—COOH 之前引入苯环，而—NO_2 需在—CH_3 转变成—CO_2H 之后再引入苯环。由此可知，由  合成 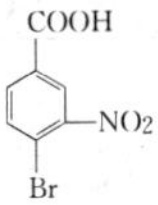 的路线应该是：甲苯首先进行溴化；然后进行氧化，将甲基氧化成羧基；最后进行硝化，此时 Br 和 COOH 均引导 NO_2 进入同一位置（即 Br 的邻位和 COOH 的间位），则得到所需要的产物。反应式如下所示：

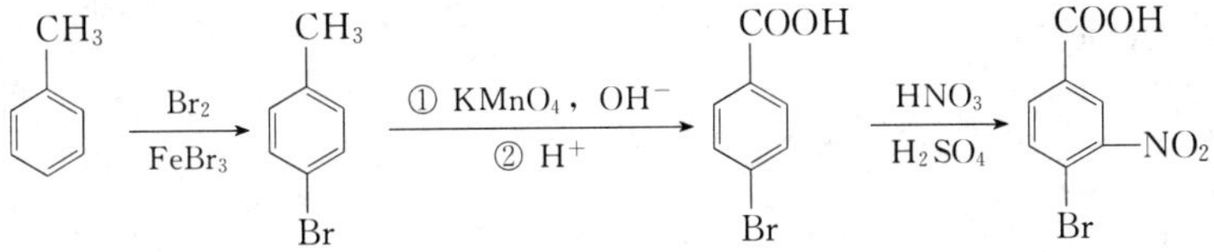

（分出邻溴甲苯）

若采取其他路线，或得到另外结果，或产物的单一性较差，使产率较低。

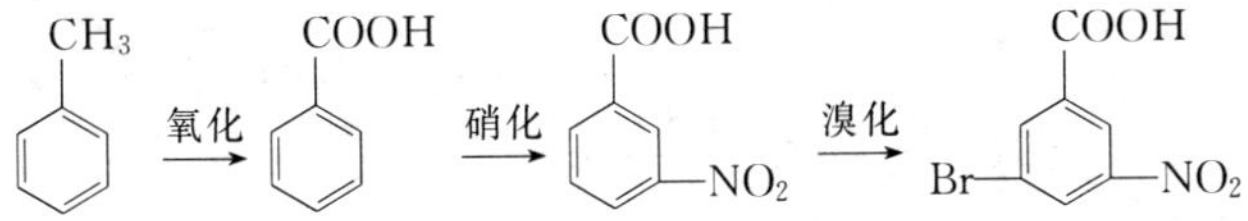

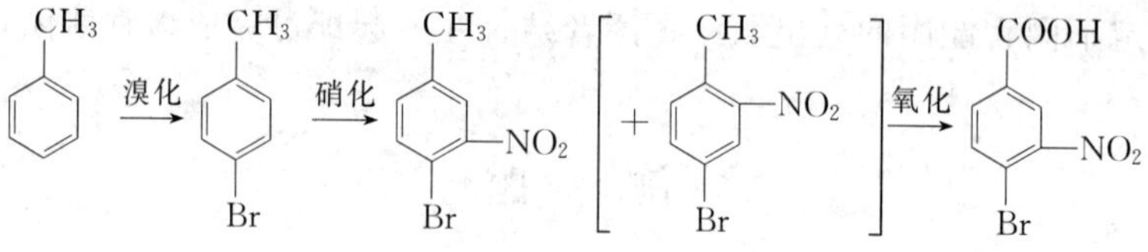

（分出邻溴甲苯）　　　（需分出邻硝基对溴甲苯）

由以上可知，第一种合成路线最佳。

习　题

（一）写出分子式为 C_6H_{12} 烃的构造异构体的构造式，并命名。

（二）将苯、甲苯、氯苯、苯酚和硝基苯按硝化反应由难到易排列成序。

（三）用化学方法鉴别苯、环己烷和环己烯。（提示：苯在常温易被 10% 发烟硫酸磺化而溶于硫酸中）。

（四）回答下列问题：

（1）为什么大多数邻、对位定位基使苯环活化（卤素等除外）？

（2）为什么所有间位定位基使苯环钝化？

（3）—OH、—O⁻、—OCOCH₃ 哪一个对苯环活化作用最大？

（4）甲苯磺化时得到 32% 邻位和 62% 对位产物，但氯苯磺化则得到 ～100% 对位产物。为什么？

（5）在三种二甲苯中，哪一个溴化时只生成两种一溴代物？

（五）完成下列反应式：

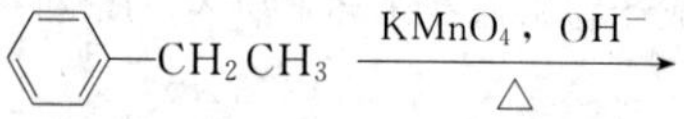

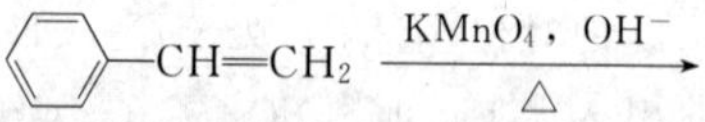

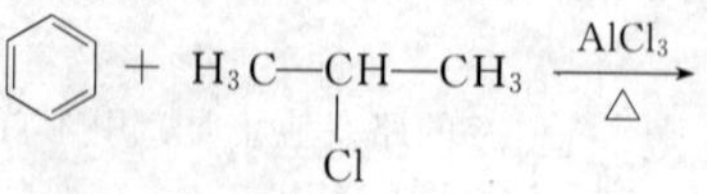

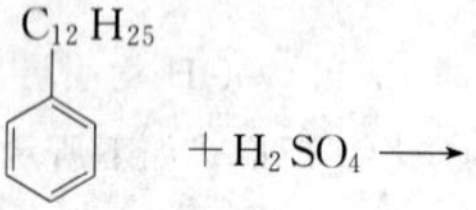

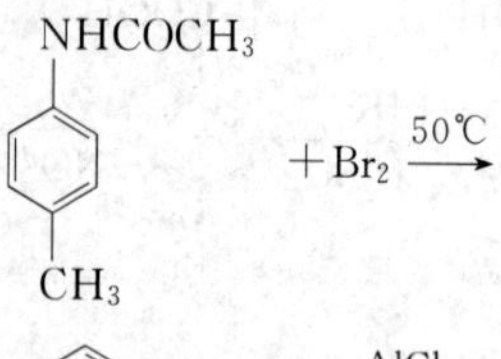

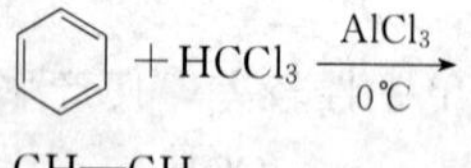

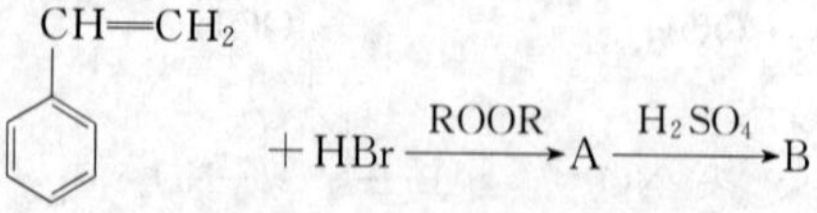

(8)

$$\underset{\text{C}(\text{CH}_3)_3}{\overset{\text{CH}_2\text{CH}_3}{\bigcirc}} \xrightarrow{\text{KMnO}_4,\ \text{OH}^-}$$

(9) $\bigcirc + \overset{O}{\underset{O}{\bigcirc\!\!\!\bigcirc}} \xrightarrow[\triangle]{\text{AlCl}_3}$

(10) $\underset{}{\overset{\text{Br}}{\bigcirc}} + \underset{\text{CH}_3-\text{C}}{\overset{\text{CH}_3-\text{C}}{\text{O}}} \xrightarrow[\triangle]{\text{AlCl}_3}$

（六）写出下列反应的机理：

(1) $\bigcirc + \text{Br}_2 \xrightarrow{\text{FeBr}_3} \overset{\text{Br}}{\bigcirc} + \text{HBr}$　(2) $\bigcirc + \text{CH}_3\text{Cl} \xrightarrow{\text{AlCl}_3} \overset{\text{CH}_3}{\bigcirc} + \text{HCl}$

(3) $\overset{\text{SO}_3\text{H}}{\bigcirc} + \text{H}_2\text{O} \xrightarrow[\triangle]{\text{H}^+} \bigcirc + \text{H}_2\text{SO}_4$

〔提示：根据微观可逆性原理，在可逆反应中，正反应与逆反应经过相同机理。本题可参考苯的磺化机理〕

（七）下列化合物进行一元硝化反应时，主要生成什么产物？

(1) $\bigcirc\!-\text{CH}_2\!-\!\bigcirc$

(2) $\text{H}_3\text{C}\!-\!\bigcirc\!-\!\underset{O}{\overset{}{\text{C}}}\!-\!\bigcirc$

(3) $\bigcirc\!-\text{O}\!-\!\underset{O}{\overset{}{\text{C}}}\!-\!\bigcirc$

(4) $\bigcirc\!-\!\underset{C}{\overset{}{\text{C}}}\!-\!\text{NH}\!-\!\bigcirc$

（八）合成：

(1) 苯 ——→ 2,4,-二硝基氯苯　　(2) 甲苯 ——→ 3,5,-二硝基苯甲酸

(3) 甲苯 ——→ 4-硝基-2-氯甲苯　　(4) 苯 ——→ 4-氯二苯甲烷

(5) 苯 ——→ 对硝基苯甲酸

（九）某芳烃（A），分子式为 C_9H_{12}，用重铬酸钾氧化后，可得一种二元酸。将原来的芳烃进行硝化，所得一元硝基化合物有两种，写出该芳烃的构造式和各步反应式。

（十）某芳烃（A）分子式 $C_{16}H_{16}$，（A）能使 Br_2 的 CCl_4 溶液和冷的 $KMnO_4$ 水溶液褪色。（A）能加等摩尔的氢，生成分子式为 $C_{16}H_{18}$ 的芳烃（B）。（A）用热的 $KMnO_4$ 水溶液氧化，一摩尔（A）生成两摩尔二元酸（C）。（C）进行溴化反应，只生成一种一溴取代的二元酸（D）。写出（A）、（B）、（C）、（D）的构造式及各步反应式。

（十一）命名下列各化合物：

(1) $CH_2\!=\!CHCH_2Cl$

(2) $CH_3CHCH\!=\!CH_2$
　　　　$\overset{|}{OH}$

(3) $CH_3CH_2\overset{||}{\underset{O}{C}}CH_2CH_2COOH$

(4) $CH_3CH_2\overset{||}{\underset{O}{C}}CH_2CHO$

(5) 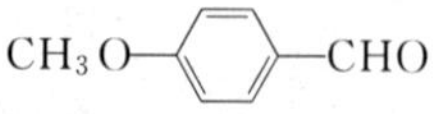 $CH_3O\!-\!\langle\!\!\bigcirc\!\!\rangle\!-\!CHO$

(6) 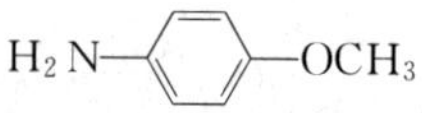 $H_2N\!-\!\langle\!\!\bigcirc\!\!\rangle\!-\!OCH_3$

(7)

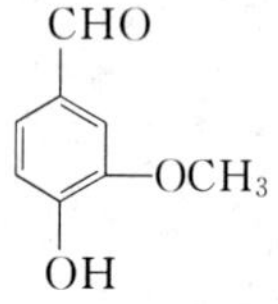

(8)

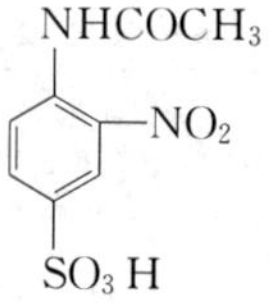

参 考 书 目

1 〔美〕R.T.莫里森　R.N.博伊德著，有机化学．上册．复旦大学化学系有机化学教研室译，第二版．北京：科学出版社，1992.485～572

2 〔德〕Weisser K 等著，工业有机化学．周游等译，北京：化学工业出版社，1998.242～312

第**8**章 对映异构

对映异构是立体异构中的一种。凡分子的分子式和构造式都相同，只是原子在空间排列不同，这样产生的异构叫做立体异构体。立体异构包括构型异构和构象异构［见 2.4］，构型异构又分为对映异构和非对映异构，前面讨论过的烯烃等的顺反异构属于非对映异构，本章主要讨论对映异构。

8.1 物质的旋光性和比旋光度

8.1.1 物质的旋光性

通过物理学的学习已知，光波是一种电磁波。它的振动方向与其传播方向垂直。普通光的光波可在垂直于它前进方向所有平面内振动，但如使之通过一个尼科尔（Nicol）棱镜（经过特殊加工的方解石晶体，其作用象一个栅栏），则只有与棱镜的晶轴平行的平面上振动的光线通过，这种只在一个平面上振动的光，叫做平面偏振光，简称偏振光或偏光。

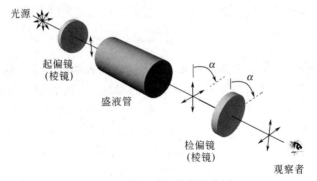

图 8-1　测定物质的旋光性的原理

如果使偏振光再通过某种物质的液体或溶液，则会有两种可能：①偏振光可以通过这种物质，即这种物质对偏振光没有影响，仍维持原来的振动平面；②偏振光不能通过该物质，必须将原来的振动平面旋转一定角度后，原来的偏振光才能通过。即在某一平面内振动的偏光，通过这种物质出来时，将在另一个平面内振动。物质的这种能使偏振光振动平面旋转的性质，叫做物质的旋光性或物质的光学活性。具有旋光性的物质叫做旋光物质或光学活性物质。例如，葡萄糖、乳酸等是旋光物质。测定物质的旋光性的原理如图 8-1 所示。

有些旋光物质能使偏振光的振动平面向右（顺时针方向）旋转，叫做右旋物质。例如，从自然界得到的葡萄糖是右旋物质，叫右旋葡萄糖，用（＋）葡萄糖表示。有些旋光物质能使偏振光的振动平面向左（反时针方向）旋转，叫做左旋物质。左旋通常用（一）表示。例如，从自然界得到的果糖是左旋物质，叫左旋果糖，用（一）果糖表示。

8.1.2　比旋光度

偏振光通过旋光物质时，偏振光的振动平面需要转动的角度，叫做旋光物质的旋光度，通常用 α 表示，测定旋光度的仪器叫旋光仪。旋光仪的原理如图 8-1 所示。旋光仪主要由光源（单色光，如钠光灯）、两个尼科尔棱镜（固定的叫起偏镜，可转动的叫检偏镜）、盛液管（盛被测定物质的溶液或液体）等组成。单色光依次通过第一个棱镜（起偏镜）、盛液管、第二个棱镜（检偏镜），最后到达人的眼睛。使用前盛液管是空的，调节检偏镜，令偏振光完全通过（此时两个棱镜的轴平行），使光亮最大。当盛液管中装有旋光性物质时，则人可观察到的光亮变暗（这是由于旋光性物质将偏振光平面旋转了一定角度所致）。然后向左或向右旋转检偏镜（旋转的数值可由刻度盘上表示出，如图 8-1 中的虚线所示），仍令光亮最大，此时旋光仪刻度盘上所示数值即为旋光度。

物质的旋光度与旋光管的长度、溶液的浓度、溶剂、测定时的温度以及光源的波长都有关系。条件不同不仅可改变旋光的度数，甚至可改变旋光的方向。当条件固定时，即旋光管的长度为 1dm，被测定物质的浓度为 1g 溶质/1mL 溶剂，测出的旋光度叫比旋光度，通常用 $[\alpha]$ 表示。它与旋光度的关系是：

$$[\alpha]_\lambda^t = \frac{\alpha}{l \times \rho_B}$$

式中 α 代表旋光仪上所测得的旋光度数；λ 代表测定时光源的波长，当用钠光作光源时，则用 D 代替；t 代表测定时的温度；l 代表旋光管的长度（单位 dm），ρ_B 代表质量浓度（单位 g/mL），被测定的物质是液体时，则 ρ 代替 ρ_B，ρ 代表液体的密度（单位 g/cm³）。例如，天然葡萄糖水溶液是右旋的，在 20℃ 时用钠光灯作光源（$\lambda = 589.3$nm），测得的比旋光度是 52.5°；则表示为：

$$[\alpha]_D^{20} = +52.5°（水）$$

天然果糖是左旋的，其比旋光度为：

$$[\alpha]_D^{20} = -93°（水）$$

在测定物质的比旋光度时，当用水作溶剂时，有时也不注明，但使用其他溶剂如乙醇、丙酮等时，则必须注明。例如，于 20℃ 时，测定 5% 的右旋酒石酸的乙醇溶液所得的比旋光度应表示为：

$$[\alpha]_D^{20} = +3.79°（乙醇，5\%）$$

8.2　分子的手性和对映异构

8.2.1　基本概念

实验证明：从肌肉得到的乳酸是右旋乳酸 [（＋）乳酸]。葡萄糖在左旋乳酸菌的作用下发酵得到的乳酸是左旋乳酸 [（－）乳酸]。实验还证明，这两种乳酸虽然旋光性相同、旋光方向相反，但具有相同的构造，分子中有一个碳原子连接—CH_3、—H、—OH和—COOH四个不同的原子或基团。这种连有四个不同的一价原子或基团的碳原子，叫做手性碳原子或不对称碳原子。通常用 C^* 标志。乳酸的这种构造，在空间可能有两种排列方式，如图 8-2 所示：

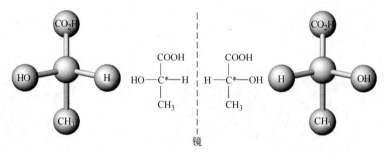

图 8-2　乳酸分子的对映异构体

这两个乳酸分子，好像人的左手和右手一样，在空间不能重叠，如果将其中之一看成是实物，则另一个化合物恰好是它的镜像。像右旋乳酸和左旋乳酸这样，其实物和镜像不能重合而产生的异构现象，叫做对映异构。这样的异构体，叫做对映异构体，简称对映体。其物体和镜像不能重合的分子，统称手性分子，手性分子是有旋光性的，反之，具有旋光性的分子也必然是手性的。

8.2.2　对称因素

一个有机分子是否是手性分子，是否具有旋光性，除了根据分子的实物与镜像是否能重合来判断外，还可从分子是否具有对称因素来判断。在有机化学中应用较多的对称因素是对称面和对称中心。这里只讨论这两种对称因素。

（1）对称面

如果组成分子的所有原子都在一个平面上，或一个平面通过分子将分子分成互为镜像两部分，这种平面叫做对称面。例如，E-1,2-二氯乙烯有一个包含所有原子在内的一个平面，这个平面为 E-1,2-二氯乙烯的对称面，如图 8-3（Ⅰ）所示；丙酸有一个通过 α-碳原子、COOH、CH_3 和两个氢原子边线中点的平面，该平面是丙酸的对称面，如图 8-3（Ⅱ）所示。

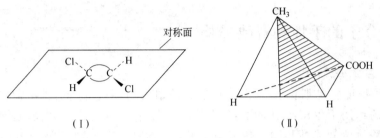

图 8-3   分子的对称面

（2）对称中心

任何直线通过分子中心，在距离中心等距离处遇到完全相同的原子，则这个中心被叫做对称中心。例如，1,3-二氟-2,4-二氯环丁烷有一个对称中心，如图 8-4 所示。

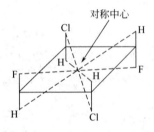

图 8-4   1,3-二氟-2,4-二氯环丁烷及其对称中心

没有对称面和对称中心的分子，一般是手性分子，具有旋光性。当然判断分子是否是手性分子，除这两种对称因素外，还有对称轴和交错对称轴（这里不再讨论）等对称因素需要考虑。将这几种对称因素全部考虑在内，才能更正确地判断出分子是否是手性分子。

【问题 8-1】下列分子有无手性碳原子？若有，用 * 标出。

（1）$CH_3CH_2CH_2CH_3$　　　　　　　（2）$CH_3CH_2CHCH_2CH_2CH_3$
　　　　　　　　　　　　　　　　　　　　　　　　　　　　$|$
　　　　　　　　　　　　　　　　　　　　　　　　　　　　CH_3

（3）$CH_3CHCH_2CH_3$　　　　　　　　（4）$CH_3\!-\!C\!-\!CH_2\!-\!CH_3$
　　　　　　　$|$　　　　　　　　　　　　　　　　　　$\|$
　　　　　　　OH　　　　　　　　　　　　　　　　　　O

（5）⬡—Cl　　　　　　　　　　　　　（6）⬡〈Cl／Br〉

【问题 8-2】写出符合下列条件的化合物的构造式：

（1）含有一个手性碳原子的己烯；

（2）含有一个手性碳原子的一氯丁烷；

（3）含有一个手性碳原子的戊醇；

（4）含有一个手性碳原子的戊醛。

8.3　具有一个手性碳原子的对映异构

在旋光物质中，最简单的是含有一个手性碳原子的化合物。前面介绍的乳酸就是具有一个手性碳原子的化合物的例子。

（＋）-乳酸和（－）-乳酸是一对对映体，它们都是手性分子。对映体的性质与环境有关，在非手性环境中，对映体的性质是相同的，例如，熔点和沸点相同等；而在手性环境中，它们的性质则不相同，例如，利用偏振光（手性环境）测定其比旋光度，它们的比旋光度虽然大小相同，但方向是不同的。如果将等量的（＋）-乳酸和（－）-乳酸混合，所得混合物叫做外消旋体，用（±）-乳酸表示。但外消旋体的获得通常并不是由混合等量的右旋体和左旋体构成，而是在合成中得到。外消旋体可利用适当的方法拆分为右旋体和左旋体。外消旋体的物理性质与右旋体和左旋体不同，例如，（＋）-乳酸和（－）-乳酸的熔点都是 26℃，而（±）-乳酸的熔点则是 18℃。

具有一个手性碳原子的化合物还有不少，例如，甘油醛和 2-丁醇等。

甘油醛　　　　　　2-丁醇

它们也都有左旋体和右旋体，等量的左旋体和右旋体同样构成外消旋体。

8.4　分子构型

8.4.1　构型的表示方法

在 3.3.2 一节中已指出，分子组成相同，分子中原子相互连接的方法和次序也相同，但分子中原子在空间排列不同的化合物，叫做构型异构体。换言之，分子组成和构造相同，但构型不同的化合物叫做构型异构体。（＋）-乳酸和（－）-乳酸是由于分子内的原子在空间排列不同造成的，它们是构型异构体。

表示分子构型的方法可采用模型，这是一种既简单又直观的方法。图 8-2 就是一种表示乳酸两个对映体的模型。表示分子构型，除利用模型外，还可利用在纸上写成透视式和费歇尔（Fischer）投影式来表示。

利用透视式的表示是将手性碳原子置于纸面，与手性碳原子相连的四个键，两个用一般实线（细实线）表示处于纸面，一个用楔形实线表示伸向纸面前方，一个用虚线表示伸向纸面后方。例如，乳酸的一对对映体可表示如下：

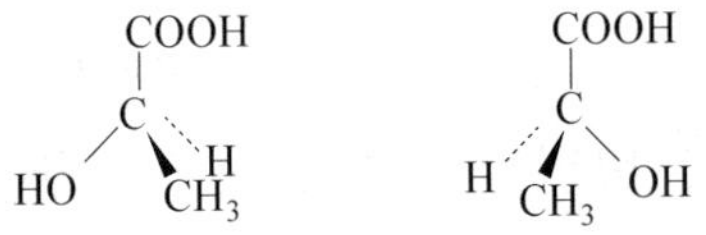

这种表示方法也比较直观，但书写麻烦。比较方便的方法是费歇尔投影式。

费歇尔投影式是利用模型在纸面上投影得到的表达式。投影的规定是：将手性碳原子置于纸面，横竖两线的交点代表手性碳原子，含碳基团作为竖的两个基放在纸面下方（即碳链竖着摆放），且将命名时编号最小的碳原子（氧化态较高的碳原子）放在上端，横的两个基放在纸面上方。例如，乳酸对映体的费歇尔投影式如下所示：

$$
\begin{array}{c}
COOH \\
H \quad\rule{1em}{0.4pt}\quad OH \\
CH_3
\end{array}
\qquad\qquad
\begin{array}{c}
COOH \\
HO \quad\rule{1em}{0.4pt}\quad H \\
CH_3
\end{array}
$$

在使用费歇尔投影式时，需要注意以下几点：①投影时的几点规定必须共同遵守，才能保证投影式的一致性；②由于投影时规定竖的两个基团在纸面下方，横的两个基团在纸面上方，因此不能把投影式在纸面上旋转 90°或 270°，但允许旋转 180°；③同样由于投影的规定，不能把投影式离开纸面翻转 180°，因为翻转后相当于竖的两个基团在纸面上方，而横的两个基团则在纸面上方，因此从模型来看，它们是两个化合物，是对映体。

模型、透视式和费歇尔投影式之间的相互转换，以乳酸为例，如图 8-5 所示。

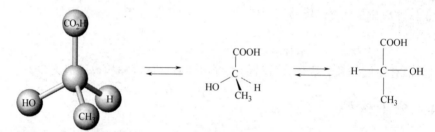

图 8-5　乳酸的模型、透视式和费歇尔投影式之间的相互转换

8.4.2　相对构型和绝对构型

一对对映体具有不同的构型，其一代表右旋体，另一个则为左旋体。但究竟何种是右旋体何种是左旋体则很难确定。因此需要选择一个指定构型的分子作为标准，然后与之进行关联。最初选定（＋）-甘油醛为标准，（＋）-甘油醛的费歇尔投影式除醛基和羟甲基分别在手性碳原子的上方和上方外，羟基在手性碳原子的右边，氢原子在手性碳原子的左边，这种构型被定为 D 型。因此（＋）-甘油醛则是 D-（＋）-甘油醛。它的对映体（－）-甘油醛的费歇尔投影式则是羟基在手性碳原子的左边，氢原子在手性碳原子的右边，这种构型则被定为 L 型。因此（－）-甘醛则是 L-（－）-甘油醛。

$$
\begin{array}{c}
CHO \\
H \quad\rule{1em}{0.4pt}\quad OH \\
CH_2OH
\end{array}
\qquad\qquad
\begin{array}{c}
CHO \\
HO \quad\rule{1em}{0.4pt}\quad H \\
CH_2OH
\end{array}
$$

D-（＋）-甘油醛　　　　　　　　L-（－）-甘油醛

这种人为规定的构型是相对构型。其他化合物的构型则可与甘油醛进行关联：在不涉及手性碳原子的前提下，通过化学反应可以从 D-（＋）-甘油醛得到的，或能够生成 D-（＋）-甘油醛的，即为 D 型。同理，与 L-（－）-甘油醛有相同构型的化合物则是 L 型。例如，D-（＋）-甘油醛氧化生成 （－）-甘油酸。反应未涉及手性碳原子，构型不会改变。因此，（－）-甘油酸也是 D-型。即 D-（－）-甘油酸。

$$\begin{array}{ccc}
\text{CHO} & & \text{COOH} \\
| & & | \\
\text{H—C—OH} & \xrightarrow{\text{HgO}} & \text{H—C—OH} \\
| & & | \\
\text{CH}_2\text{OH} & & \text{CH}_2\text{OH} \\
\text{D-（＋）-甘油醛} & & \text{D-（－）-甘油酸}
\end{array}$$

像 D-（－）-甘油酸这样，其构型的确定，是通过与 D-（＋）-甘油醛相互关联得到的，因此也是相对构型。值得注意的是，D 和 L 只代表构型，与旋光方向无关。即 D-型不一定是右旋，L-型也不一定是左旋。

　　1951 年通过实验确定了 （＋）-酒石酸的绝对构型，然后根据甘油醛与酒石酸构型之间的关系证实了 D-甘油醛是右旋的，L-甘醛是左旋的。这与原来人为确定的（＋）-甘油醛是 D 型，（－）-甘油醛是 L-型恰好吻合。即原来人为规定甘油醛的相对构型，恰好是绝对构型，因此，以前与甘油醛相关联的相对构型就是绝对构型了。

8.4.3　构型的命名法

　　构型的命名法也叫构型标记法。前面讨论的甘油醛和甘油酸的构型用 D 和 L 表示，叫做 D,L-命名法或 D,L-标记法。由于有些化合物不易与甘油醛相关联，采用不同的方法关联时得到不同的构型，因此 D,L-命名法有一定局限性，使用受到限制。但目前在氨基酸和碳水化合物 （糖） 中仍然采用这种命名方法，而在其他方面则采用了 R,S-命名法。

　　R,S-命名法也叫 R,S-标记法。R,S-命名法与顺反异构体中的 Z,E-命名法相似。原子或基团的排列也是按次序规则进行，其要点如下：①根据次序规则 ［见 4.3.3 (2)］ 将手性碳原子所连接的四个原子或基团按优先次序排列；②将优先顺序中编号最小的原子或基团 （通常是氢原子） 放在距离眼睛最远处，并令最小原子或基团、手性碳原子和眼睛三者成一条直线，其他三个原子或基团则离眼睛最近，并在同一平面上；③观察其他三个原子或基团排列位次，如果优先次序编号由大到小是按顺时针排列，则该化合物的构型是 R 型，如果是反时针排列，则是 S 型。例如：2-丁醇的一对对映体，其中一个是 R-2-丁醇，另一个是 S-2-丁醇。如下所示：

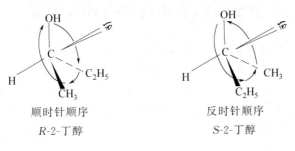

顺时针顺序　　　　　　　　　　反时针顺序
　R-2-丁醇　　　　　　　　　　S-2-丁醇

当化合物以费歇尔投影式表示时，确定化合物的构型勿需再改画成透视式，可直接采用投影式。确定构型的方法是：当优先顺序中最小原子或基团处于投影式的上方或下方时，其他三个原子或基团的位次若编号按顺时针由大到小排列，该化合物的构型是 R 型；如果其他三个原子或基团是按反时针排列，则该化合物的构型是 S 型。例如：

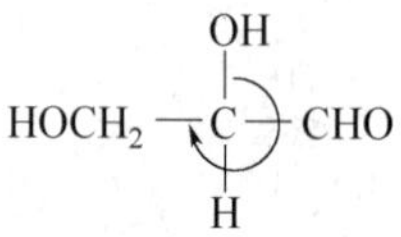

R-甘油醛 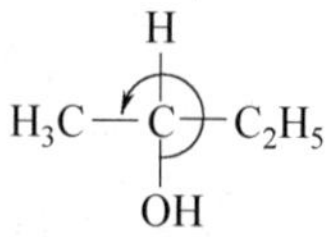　　　　　　　　　　　　　　S-2-丁醇

当优先顺序中编号最小原子或基团处于投影式的左面或右面时，如果其他三个原子或基团按顺时针编号由大到小排列，该化合物的构型是 S 型。反之，三个原子或基团编号由大到小呈逆时针排列，则是 R 型。例如：

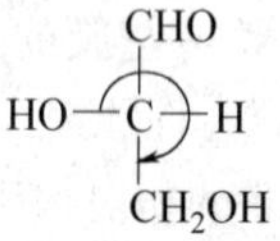

S-甘油醛 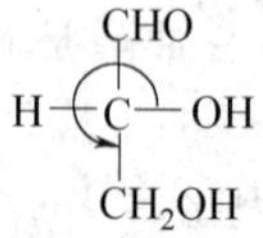　　　　　　　　　　　　　　R-甘油醛

【**问题 8-3**】写出下列化合物的透视式和费歇式投影式：

（1）R-2-氯丁烷　　　　　　　　　　（2）S-2-羟基丙醛

（3）R-2-羟基丙酸（R-乳酸）　　　　（4）S-氟氯溴甲烷

【**问题 8-4**】用 D，L-命名法或 R，S-命名法命名下列化合物：

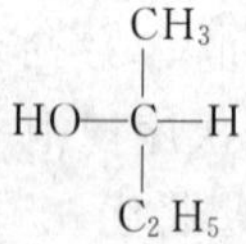

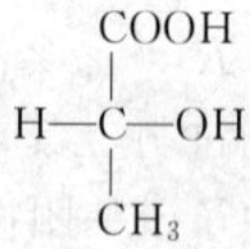

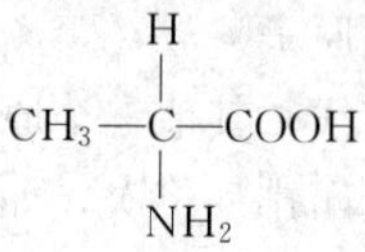

8.5　具有两个手性碳原子化合物的对映异构

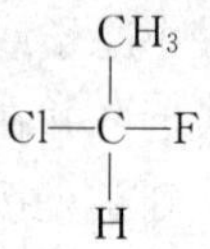

自然界中有许多化合物如碳水化合物、多肽和生物碱等常常具有不止一个手性碳原子，因此，了解具有多个手性碳原子化合物的对映异构是必要的。其中具有两个手性碳原子的化合物比较简单且具有代表性。由于两个手性碳原子可以相同，也可以不相同，因此对映异构现象比较复杂，对于了解具有更多手性碳原子化合物的对映异构是有借鉴价值的。

8.5.1　具有两个不相同手性碳原子化合物的对映异构

已知具有一个手性碳原子的分子有一对对映体，即两个构型异构体。如果分子中具有不止一个手性碳原子，则构型异构体就不止两个，事实表明：含有 n（$n=1$，2，$3\cdots$）个不相同的手性碳原子的分子，具有 2^n 个构型异构体。例如，2-羟基-3-氯丁二酸（氯代苹果酸）具有两个不相同的手性碳原子，根据 $2^n = 2^2 = 4$ 可知，它具有四个构型异构体，如图 8-6 所示。

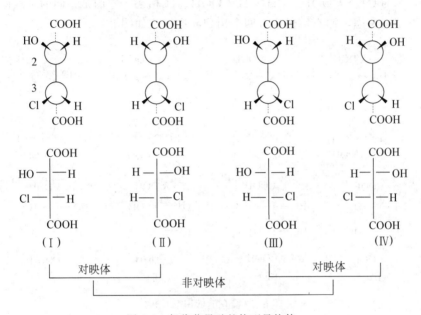

图 8-6　氯代苹果酸的构型异构体

在氯代苹果酸的四个构型异构体中，（Ⅰ）与（Ⅱ）、（Ⅲ）与（Ⅳ）分别是物象关系，即（Ⅰ）与（Ⅱ）是对映体，（Ⅲ）与（Ⅳ）也是对映体。对映体的等量混合物构成外消旋体。但（Ⅰ）与（Ⅲ）、（Ⅰ）与（Ⅳ）、（Ⅱ）与（Ⅲ）、（Ⅱ）与（Ⅳ）则分别不是物象关系，因此，它们分别不是对映体。这种不互为对映体的构型异构体，叫做非对映异构体，简称非对映体。非对映体与对映体不同，非对映体之间不仅比旋光度不同，其他物理性质也不相同。

具有两个不同手性碳原子的分子，其手性碳原子构型的标记与具有一个手性碳原子的分子相同。现以氯代苹果酸的构型异构体（Ⅰ）的费歇尔投影式为例说明如下：

在（Ⅰ）中，C-2 所连的四个原子或基是：$OH > CHClCOOH > COOH > H$，其中最小原子 H 处于手性碳原子的右面，其他三个基团在投影式中由大到小是按反时针方向排列的，因此 C-2 的构型是 R 型；C-3 所连接的四个原子或基是：$Cl > COOH > CH(OH)COOH > H$，其中最小原子 H 也处于手性碳原子右面，其他三个基团在投影式中由大到小也是按反时针，因此 C-3 构型也是 *R* 型。构型确定后，氯代苹果酸的系统名称应是：（2R，3R)-2-羟基-3-氯丁二酸。

8.5.2 具有两个相同手性碳原子化合物的对映异构

分子中两个手性碳原子相同的化合物所发生的对映异构现象，与两个手性碳原子不相同时情况不同。例如，2,3-二羟基丁二酸（酒石酸）分子中两个手性碳原子，都与 OH、COOH、CH(OH)COOH、H 相连，它们是相同的。从两个手性碳原子来考虑，酒石酸也应有四个构型异构体，如图 8-7 所示。

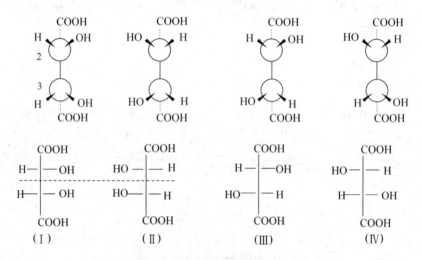

图 8-7 酒石酸的构型异构体

从图 8-7 可以看出，（Ⅲ）和（Ⅳ）是物象关系，是对映体。从表面上看（Ⅰ）和（Ⅱ）也是物象关系，是对映体，但若将其中之一在纸面上旋转 180°，即与另一个重合，说明（Ⅰ）和（Ⅱ）是同一种化合物。另外，（Ⅰ）和（Ⅱ）分子中都有一个对称面（如图中虚线所示），因此这种化合物没有旋光性。

具有两个相同手性碳原子的分子，其手性碳原子的标记与两个手性碳原子不相同的一样，如图 8-7 中的（Ⅲ），其 C-2 构型是 *R* 型，C-3 构型也是 *R* 型；图 8-7 中的（Ⅳ），C-2 是 *S* 型，C-3 也是 *S* 型，由此也可以看出（Ⅲ）和（Ⅳ）是对映体。对于酒石酸这样的化合物，构型相同，旋光能力加强。但（Ⅰ）和（Ⅱ）的情况与此不同，（Ⅰ）中的 C-2 是 *R* 型，C-3 是 *S* 型，两者构型相反，旋光能力抵消，分子无旋光性。（Ⅱ）和（Ⅰ）相同。这样的分子叫内消旋体，通常用 m 表示。与外消旋体不同，内消旋体不能拆分为两个具有旋光性的对映体。因此，酒石酸有三个构型异构体——（2R,3S)-m-酒石酸［或（2R,3S)-m-二羟基丁二酸］、（2R,3R)-(＋)-酒石酸和(2S,3S)-(－)-酒石酸。右旋体与左旋体是对映体，而与内消旋体是非对映体。由以上讨论可以看出，含有相同手性碳原子的对映体比含有不相同手性碳原子的异构体少。

【问题 8-5】用 R,S-命名法命名图 8-6 中氯代苹果酸构型异构体（Ⅱ）（Ⅲ）和（Ⅳ）。

【问题 8-6】指出下列化合物中的手性碳原子：

(1) 3-苯基-2-丁醇　　　　　　　　　(2) 2,3-二氯戊烷

(3) 2,3,4-己三醇　　　　　　　　　(4) 2,3-二溴丁烷

8.6　异构体的分类

在有机化学中，异构现象是非常普遍的，是造成有机化合物数目繁多的原因之一。异构现象和异构体也是有机化学中最重要和最基本的概念之一。学习本书内容至此，各种异构现象基本上都涉及到了，现将异构体进行总结和分类，以便有一总体概念，便于更好地掌握。现将异构体的分类列表如下：

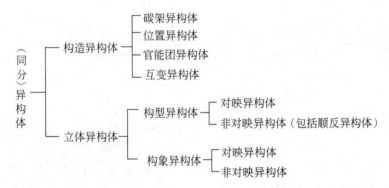

现举例说明如下：

（A）碳架异构体，例如：

(1) $CH_3{-}CH_2{-}CH_2{-}CH_3$　　　　　　　$CH_3{-}CH{-}CH_3$
　　　　　　　　　　　　　　　　　　　　　　　　　　　　$|$
　　　　　　　　　　　　　　　　　　　　　　　　　　　　CH_3

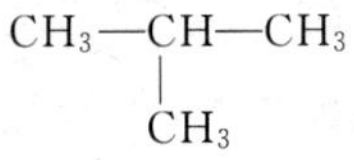

　　　　　正丁烷　　　　　　　　　　　　　　异丁烷

　　　　　　　　　　　　　　　　　　　　　　CH_3
　　　　　　　　　　　　　　　　　　　　　　$|$
(2) $CH_3{-}CH_2{-}CH{=}CH_2$　　　　　　$CH_3{-}C{=}CH_2$ 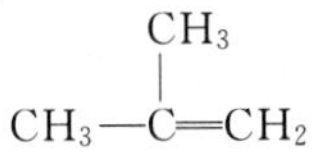
　　　　　1-丁烯　　　　　　　　　　　　　2-甲基丙烯

（B）位置异构体，例如：

(1) $CH_3{-}CH_2{-}CH{=}CH_2$　　　　　　$CH_3{-}CH{=}CH{-}CH_3$
　　　　　1-丁烯　　　　　　　　　　　　　　2-丁烯

(2) 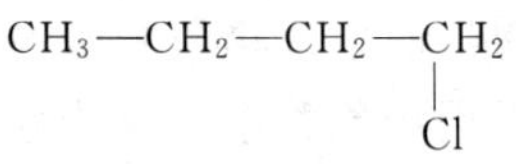 $CH_3{-}CH_2{-}CH_2{-}CH_2$　　　　　$CH_3{-}CH_2{-}CH{-}CH_3$
　　　　　　　　　　　　　　$|$　　　　　　　　　　　　　　　　$|$
　　　　　　　　　　　　　　Cl　　　　　　　　　　　　　　　Cl

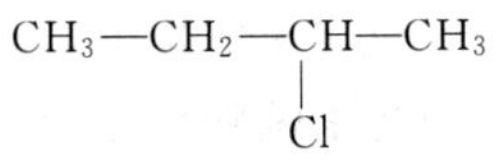

　　　　　1-氯丁烷　　　　　　　　　　　　2-氯丁烷

（C）官能团异构体（将在以后章节中讨论），例如：

(1)　$CH_3—O—CH_3$　　　　　　　$CH_3—CH_2—OH$

　　　　二甲醚　　　　　　　　　　　　乙醇

(2) 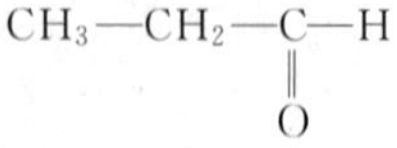 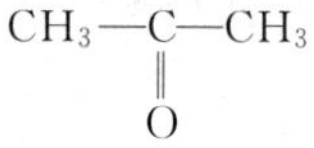　$CH_3—CH_2—\overset{\displaystyle}{\underset{\|\ \ O}{C}}—H$　　　　　　$CH_3—\overset{\displaystyle}{\underset{\|\ \ O}{C}}—CH_3$

　　　　丙醛　　　　　　　　　　　　丙酮

（D）互变异构体　互变异构是官能团异构的一种特殊表现形式（将在以后章节中讨论），例如：

$$CH_3—\underset{C}{\overset{\|}{C}}—CH_2—\underset{O}{\overset{\|}{C}}—OC_2H_5 \ \rightleftharpoons \ CH_3—\underset{OH}{\overset{\|}{C}}=CH—\underset{O}{\overset{\|}{C}}—OC_2H_5$$

　　　　酮式（92.5%）　　　　　　　　烯醇式（7.5%）

以上四类异构体均属于构造异构体。

（E）对映异构体，例如：

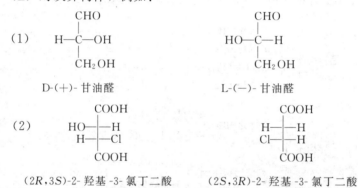

(1)　D-(+)- 甘油醛　　　　　　　　L-(−)- 甘油醛

(2)　(2R,3S)-2- 羟基 -3- 氯丁二酸　　　(2S,3R)-2- 羟基 -3- 氯丁二酸

（F）非对映异构体，例如：

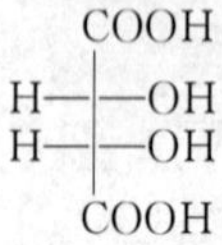

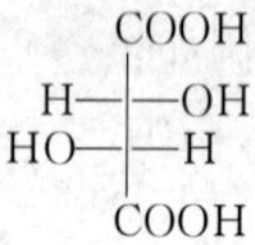

(2R,3S)-m- 酒石酸　　　　　　　(2R,3R)-(+)- 酒石酸

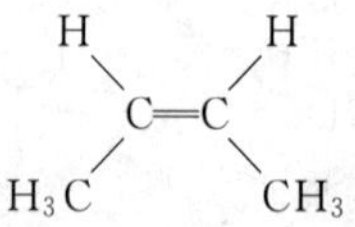

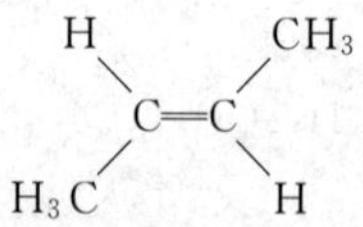

顺-2-丁烯（Z-2-丁烯）　　　　　反-2-丁烯（E-2-丁烯）

（E）、（F）两类异构体均属于构型异构体。

在异构体的分类表中指出，构象异构体也包括对映异构体和非对映异构体。例如，丁烷的两个邻位交叉式构象，它们互为实物与镜象（物象）关系，是构象对映异构体。但它们与丁烷的对位交叉式构象则不是物象关系，是构象非对映异构体。如下所示。

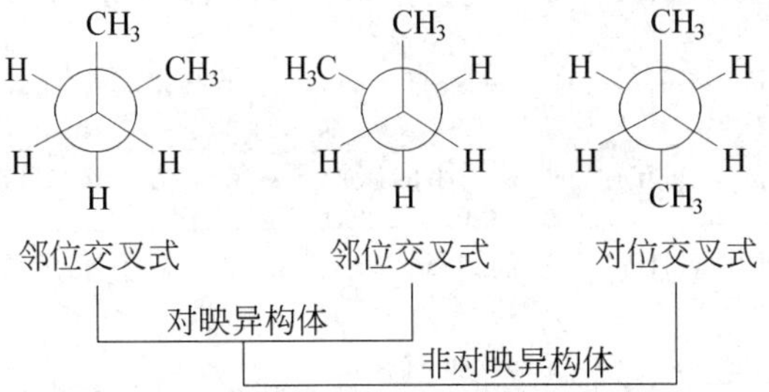

邻位交叉式　　　　邻位交叉式　　　　对位交叉式

对映异构体

非对映异构体

值得注意的是，丁烷的构象异构体是由于分子绕着 C-2-C-3 单键转动形成的，而未涉及到分子的构型，因此构象异构体的构型是相同的。同理，构象对映体和构象非对映体的构型也是相同的，因此它们不属于构型异构体。构型异构体可以分离出来，而构象异构体一般是不能分离出来的。

例　　题

[例题一]　在一溴丁烷（C_4H_9Br）的构造异构体中，哪些个有手性碳原子？

答　由于含有四个碳原子分子式符合 C_4H_9Br 的都叫一溴丁烷，因此应首先写出一溴丁烷所有的构造异构体，然后根据手性碳原子的定义来确定。具体说明如下。

一溴丁烷所有构造异构体的构造式如下，然后标出每个手性碳原子。

$$CH_3{-}CH_2{-}CH_2{-}CH_2Br$$

$$CH_3{-}\overset{*}{C}H{-}CH_2{-}CH_3$$
$$\vert$$
$$Br$$

$$CH_3{-}CH{-}CH_2Br$$
$$\vert$$
$$CH_3$$

$$CH_3{-}\overset{\displaystyle CH_3}{\underset{\displaystyle Br}{\overset{\vert}{\underset{\vert}{C}}}}{-}CH_3$$

在四个异构体中只有 2-溴丁烷有一个手性碳原子。

[例题二]　写出 R-2-丁醇的构型式。

答　为了正确写出 R-2-丁醇的构型式，可按下列顺序书写：①写出 2-丁醇的构造式 $CH_3{-}CH_2{-}\underset{\displaystyle OH}{\overset{\vert}{C}H}{-}CH_3$ ；②写出手性碳原子及其四根键 $\overset{\vert}{\underset{\vert}{-C-}}$ ；③将与手性碳原子相连的四个原子或基团，按次序规则由大到小排列，$OH>C_2H_5>CH_3>H$ ；④将 H 与手性碳原子相连，并且放在手性碳原子下方，$\overset{\vert}{\underset{\displaystyle H}{-C-}}$ ；⑤其他三个基团与手性碳原子连接次序按 OH、CH_2CH_3、CH_3 顺时针方向排列，分别与手性碳原子的其余三个键相连，则得到构型式：

$$HO{-}\overset{\displaystyle CH_2CH_3}{\underset{\displaystyle H}{\overset{\vert}{\underset{\vert}{C}}}}{-}CH_3$$

R-2-丁醇

如果书写成费歇尔投影式，则将上述④和⑤改为：⑥将 H 与手性碳原子相连，并放在手性碳原子的左面或右面 $H-\overset{|}{\underset{|}{C}}-$ 或 $-\overset{|}{\underset{|}{C}}-H$ ；其他三个基团与手性碳原子连接的次序以含碳原子在手性碳原子的上下方，且将编号小的碳原子放在上方，按OH、CH_2CH_3、CH_3 以反时针方向排列，分别与手性碳原子的其余三个键相连，至于采用⑥中的 $H-\overset{|}{\underset{|}{C}}-$ 还是 $-\overset{|}{\underset{|}{C}}-H$ ，以符合 R 为准，因此需采用 $-\overset{|}{\underset{|}{C}}-H$ ，则得 R-2-丁醇构型式：

$$\begin{array}{c} CH_3 \\ | \\ HO-C-H \\ | \\ C_2H_5 \end{array}$$

习　题

（一）下列化合物有无手性碳原子？若有，用"＊"标出。

(1) $CH_3CH_2CHBrCH_3$

(2) $BrCH_2-CHD-CH_2Cl$

(3)
$$\begin{array}{c} CH_3CH_2 \qquad\qquad H \\ \diagdown\quad\diagup \\ C=C \\ \diagup\quad\diagdown \\ H \qquad CH-CH_2CH_3 \\ | \\ CH_3 \end{array}$$

(4)
$$\begin{array}{c} O \\ \diagup\diagdown \\ H_2C-CH-CH_3 \end{array}$$

（二）写出一氯代异戊烷所有的构造式，并指出哪一种化合物分子中含有手性碳原子，用"＊"标出。

（三）下列各组构型式中，哪些是相同的，哪些是对映体？

(1)
$$\begin{array}{ccc} Cl & H_3C & Br \\ | & | & | \\ H_3C\overset{C}{\diagdown}Br & Cl\overset{C}{\diagdown}Br & H\overset{C}{\diagdown}CH_3 \\ H & H & Cl \\ (A) & (B) & (C) \end{array}$$

(2)
$$\begin{array}{ccc} CHO & OH & CHO \\ | & | & | \\ HO-C-H & H-C-CHO & HO-C-CH_2OH \\ | & | & | \\ CH_2OH & CH_2OH & H \\ (A) & (B) & (C) \end{array}$$

$$\begin{array}{c} CHO \\ | \\ HOCH_2-C-H \\ | \\ OH \\ (D) \end{array}$$

（四）（＋）-乳酸与甲醇反应生成了（－）-乳酸甲酯，旋光方向发生了变化，构型有无变化？为什么？

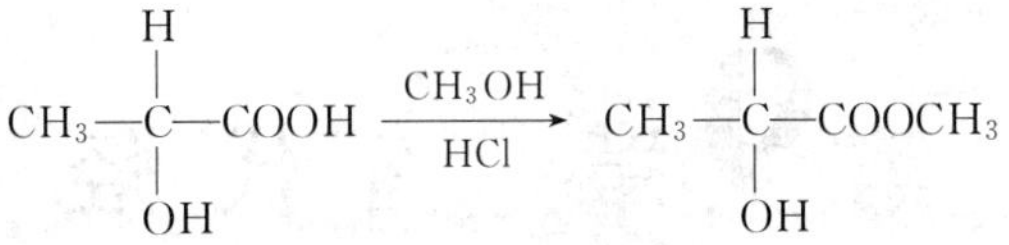

$$CH_3—\overset{\overset{\displaystyle H}{|}}{\underset{\underset{\displaystyle OH}{|}}{C}}—COOH \xrightarrow[HCl]{CH_3OH} CH_3—\overset{\overset{\displaystyle H}{|}}{\underset{\underset{\displaystyle OH}{|}}{C}}—COOCH_3$$

　　(＋)-乳酸 $[\alpha]_D^{20}=+3.3°$　　　　(－)-乳酸甲酯 $[\alpha]_D^{20}=-8.2°$

（五）写出下列化合物的构型式：

(1) L-甘油酸（L-α-羟基丙酸）　　　　(2) S-2-氯戊烷

(3) 2,3-二溴-m-丁烷　　　　　　　　(4) (2R,3S)-2,3-二溴丁烷

（六）写出下列化合物的费歇尔投影式：

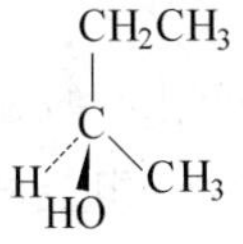

　　　　　(1) 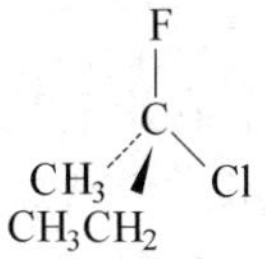　　　　　　　　　　　　　　(2)

（七）写出下列化合物的透视式：

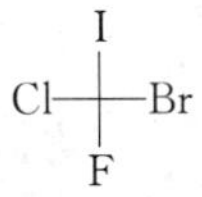

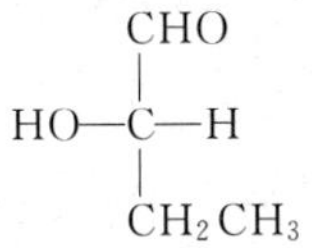

(1) 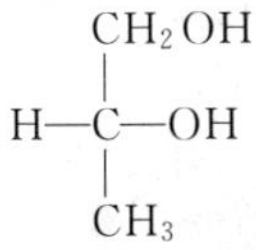　$H—\overset{\overset{\displaystyle CH_2OH}{|}}{\underset{\underset{\displaystyle CH_3}{|}}{C}}—OH$　　　　　(2)　$Cl—\overset{\overset{\displaystyle I}{|}}{\underset{\underset{\displaystyle F}{|}}{}}—Br$

(3)　$HO—\overset{\overset{\displaystyle CHO}{|}}{\underset{\underset{\displaystyle CH_2CH_3}{|}}{C}}—H$　　　(4)　$H—\overset{\overset{\displaystyle COOH}{|}}{\underset{\underset{\displaystyle CH_3}{|}}{C}}—NH_2$

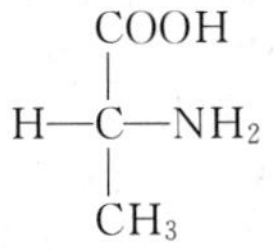

（八）在下列化合物中，哪个有对称面？哪个有对称中心？

(1) 水　　　　　　　　　　　　　　　(2) 二氯甲烷

(3) 反-1,4-二甲基环己烷　　　　　　　(4) 顺-1,2-二氯环己烷

　　（九）写出二氯丁烷（$C_4H_8Cl_2$）的所有异构体。指出哪些是构造异构体？哪些是立体异构体？哪些是对映体？哪些是非对映体？哪个是内消旋化合物？

参 考 书 目

1　[美] R. T. 莫里森，R. N. 博伊德著，有机化学. 复旦大学化学系有机化学教研室译，
　　上册. 第二版. 北京：科学出版社，1992. 99～135
2　叶秀林编，立体化学. 北京：高等教育出版社，1983. 1～39

第9章 卤代烃

烃分子中的一个或几个氢原子被卤原子取代后的化合物，叫做卤代烃。卤原子是卤代烃的官能团。卤代烃是由烃基和卤原子两部分组成的。按烃基结构的不同，卤代烃可分为：饱和卤代烃（如卤代烷烃）、不饱和卤代烃（如卤代烯烃和卤代炔烃）、卤代芳烃。例如：

饱和卤代烃：　　　　　CH_3CH_2Br　　　　　　　▷—Cl

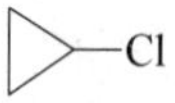

　　　　　　　　　　　溴乙烷　　　　　　　　　氯代环丙烷

不饱和卤代烃：　　　$H_2C=CHCl$　　　$H_2C=CH—CH_2—Cl$

　　　　　　　　　　　氯乙烯　　　　　　　3-氯-1-丙烯

卤代芳烃：　　　　　　⬡—Br　　　　　　　⬡—CH_2Cl

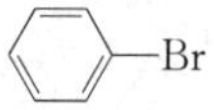

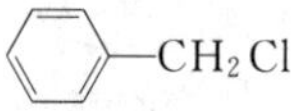

　　　　　　　　　　　　溴苯　　　　　　　　　苯氯甲烷

另外，按分子中所含卤原子数目的多少，又可分为一元卤代烃、二元卤代烃、三元卤代烃等，二元和三元以上统称多元卤代烃。例如：

一元卤代烃：　　　　　　CH_3Cl　　　　　　　⬡—Cl

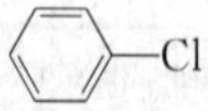

　　　　　　　　　　　　氯甲烷　　　　　　　　氯苯

多元卤代烃：　　　$\underset{Cl\quad Cl}{H_2C—CH_2}$　　　Br—⬡—Br　　　　CHI_3

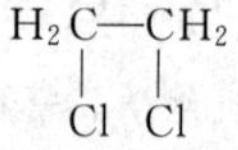

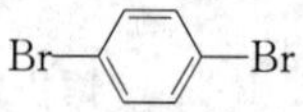

　　　　　　　　1,2-二氯乙烷　　　　　　对二溴苯　　　　　三碘甲烷

在卤代烃分子中，虽然卤素包括氟、氯、溴、碘，但由于氟化烃的制法和性质与其他卤代烃不同，因此一般所指的卤代烃不包括氟化烃。另外，由于碘太贵，因此碘代烃在工业上没有意义。本章主要讨论含氯或溴的卤代烷烃、卤代烯烃和卤代芳烃。

9.1 卤代烷的分类和命名

烷烃分子中的一个或几个氢原子被卤原子取代后的化合物，叫做卤代烷，简称卤烷。一卤代烷可用R—X来表示，其通式为 $C_nH_{2n+1}X$。

9.1.1 卤代烷的分类

卤代烷可根据卤原子所连接的碳原子的不同分类。卤原子连接在伯碳原子上的卤烷，叫做伯卤烷；连接在仲碳原子上的卤烷，叫做仲卤烷；连接在叔碳原子上的卤烷，叫做叔卤烷。例如：

伯卤烷：　　　CH_3Br　　　　　　$CH_3CH_2CH_2CH_2Cl$
　　　　　　　　溴甲烷　　　　　　　　　1-氯丁烷

仲卤烷：　　CH_3CHCH_3　　　　　$CH_3CHCH_2CH_3$
　　　　　　　　　|　　　　　　　　　　　　|
　　　　　　　　Br　　　　　　　　　　　Cl

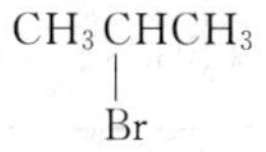

　　　　　　　2-溴丙烷 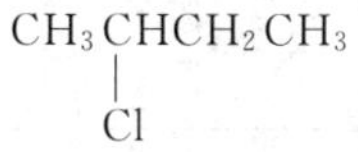　　　　　　　　2-氯丁烷

　　　　　　　　CH_3　　　　　　　　CH_3
　　　　　　　　　|　　　　　　　　　　|
叔卤烷：　　$CH_3—C—CH_3$　　　$CH_3CCH_2CH_2CH_3$
　　　　　　　　　|　　　　　　　　　　|
　　　　　　　　Cl　　　　　　　　　　Br

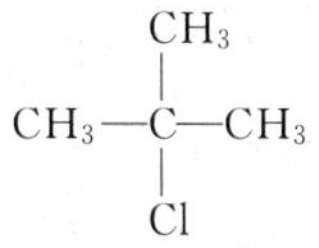

　　　　　　2-甲基-2-氯丙烷 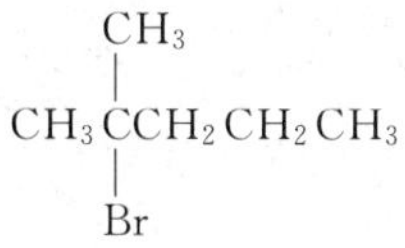　　　2-甲基-2-溴戊烷

9.1.2 卤代烷的命名

（1）普通命名法

简单卤代烷的命名，是由烷基的名称加上卤原子的名称而得名。例如：

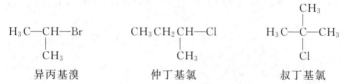

　　　　　异丙基溴　　　　　　仲丁基氯　　　　　　　叔丁基氯

这种命名法一般用于常见的几个烷基与卤原子相连的卤代烷，对于比较复杂的卤代烷则用系统命法命名。

（2）系统命名法

卤代烷系统命名法的要点是：

① 选择连有卤原子的碳原子在内的最长碳链作为主链，根据主链碳原子数叫做某烷。

② 主链碳原子的编号与烷烃相同，也是从靠近支链或取代基（卤原子也看成取代基）的一端开始依次编号。但是，当有两个或多个支链和/或取代基且从两端编号相同时，若两端的支链和/或取代基之一是卤原子，则不从靠近卤原子一端编号。

③ 命名时把支链和/或取代基的名称写在主链烷烃名称之前，但支链和/或取代基需按立体化学次序规则的顺序排列（较优基团后列出）。例如：

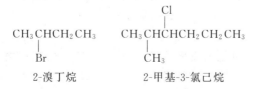

　　　　　2-溴丁烷　　　　　　　2-甲基-3-氯己烷

$$CH_3CH_2CHCH_2CHCH_2CH_3$$
$$\quad\quad\;\;|\quad\quad\;\;|$$
$$\quad\quad\;\;CH_3\quad\;Cl$$

3-甲基-5-氯庚烷

$$CH_2CH_2CHCH_2CH_3$$
$$|\quad\quad\quad|$$
$$Br\quad\quad C_2H_5$$

3-乙基-1-溴己烷

$$\qquad\qquad Cl$$
$$\qquad\qquad |$$
$$H_3C-C-CH-CH_2-CH_3$$
$$\qquad\;\; |\quad\; |$$
$$\qquad\;\; Cl\;\;CH_3$$

3-甲基-2,2-二氯戊烷

$$\qquad\qquad Br$$
$$\qquad\qquad |$$
$$CH_3CH_2CHCH_2CH_2CH_3$$
$$\qquad\qquad |$$
$$\qquad\qquad Cl$$

3-氯-4-溴己烷

【问题 9-1】用普通命名法命名下列各化合物，并指出它们属于伯、仲、叔卤代烃中的哪一种？

(1) CH_3CH-CH_2
$\qquad\;\;|\qquad\;\;|$
$\qquad\;\;CH_3\;\;Br$

(2) $CH_3CH_2CH_2CH_2Br$

(3) CH_3CH_2F

(4)
$$\qquad\qquad CH_3$$
$$\qquad\qquad |$$
$$H_3C-C-CH_2Cl$$
$$\qquad\qquad |$$
$$\qquad\qquad CH_3$$

【问题 9-2】用系统命名法命名下列各化合物：

(1) $CH_3CH-CHCH_3$
$\qquad\;\;|\qquad\;\;|$
$\qquad\;\;Cl\qquad CH_3$

(2) $CH_3CH_2CHCHCH_2CH_3$
$\qquad\qquad\quad |\quad\; |$
$\qquad\qquad\quad Cl\;\;CH_3$

(3)
$$\qquad\qquad\qquad\quad Cl$$
$$\qquad\qquad\qquad\quad |$$
$$H_3C-CH-CH_2-C-CH-CH_3$$
$$\qquad\;\; |\qquad\qquad |\quad\; |$$
$$\qquad\;\; Cl\qquad\qquad Cl\;\;CH_3$$

(4)
$$\qquad\qquad |$$
$$\qquad\qquad Cl$$

(5)
$$\qquad\qquad\qquad Cl$$

(6) $(CH_3)_3CCH_2CH_2Cl$

9.2　卤代烷的制法

9.2.1　烷烃直接卤化

在光或热的作用下，烷烃与卤素发生卤化反应生成卤代烷［见 2.6.1］。例如：

$$(CH_3)_3CH \xrightarrow[\text{光}]{Br_2} (CH_3)_3CBr + (CH_3)_2CHCH_2Br$$
$$\qquad\qquad\qquad >99\%\qquad\qquad <1\%$$

烷烃的卤化反应通常生成卤代烷的混合物，虽然控制反应条件可使其中一种为主。但此反应只适用于制备少数卤代烷。

9.2.2　由醇制备

醇与氢卤酸（或卤化氢或卤化钠-硫酸）反应，生成一卤代烷，这是工业上和实验室中制备一卤代烷广泛采用的方法［见 10.1.4 (2)］。例如：

$$(CH_3)_3-OH + HCl(浓) \xrightarrow[94\%]{25℃} (CH_3)_3-Cl + H_2O$$

$$CH_3(CH_2)_{10}CH_2OH + HBr(48\%) \xrightarrow[回流,5\sim6h,91\%]{H_2SO_4,ZnCl_2} CH_3(CH_2)_{10}CH_2Br + H_2O$$

$$CH_3(CH_2)_2CH_2OH \xrightarrow[回流,2h,\sim77\%]{NaCl,H_2SO_4} CH_3(CH_2)_2CH_2Cl$$

由醇制备卤代烷所用试剂除上述者外，尚有卤化磷［PX_3］和亚硫酰氯［$SOCl_2$］。例如：

$$CH_3(CH_2)_2CH_2OH + PBr_3 \xrightarrow[1h,90\%\sim93\%]{165\sim170℃} CH_3(CH_2)_2CH_2Br + H_3PO_3$$

$$CH_3(CH_2)_{10}CH_2OH + SOCl_2 \xrightarrow[60\%\sim70\%]{吡啶,回流} CH_3(CH_2)_{10}CH_2Cl + SO_2 + HCl$$

醇与卤化磷反应是制备溴代烷和碘代烷的方法之一，醇与亚硫酰氯的反应是制备氯代烷的一种方法。

9.2.3 由烯烃制备

烯烃与卤化氢反应生成一卤代烷［见 4.6.1（3）］。工业上利用此反应生产氯乙烷等个别卤代烷。例如：

$$H_2C=CH_2 + HCl \xrightarrow[0.3\sim0.4MPa]{AlCl_3,30\sim40℃} H_3C-CH_2Cl$$

另外，烯烃与卤素作用则是工业上和实验室中制备连二卤化物［两个卤原子所在碳原子直接相连］常用方法。例如：

$$H_2C=CH_2 + Cl_2 \xrightarrow{FeCl_3 \atop \sim40℃} \underset{\substack{| \quad |\\ Cl \ Cl}}{H_2C-CH_2}$$

9.3 卤代烷的物理性质

在常温时，除氟代烷外，其他卤代烷只有氯甲烷、氯乙烷和溴甲烷是气体，其余则是无色液体或固体。一卤代烷有不愉快气味，其蒸汽有毒。

表 9-1 一些卤代烷的物理常数

名 称	构 造 式	沸点/℃	相对密度	名 称	构 造 式	沸点/℃	相对密度
氯甲烷	CH_3Cl	-24	0.920	碘乙烷	CH_3CH_2I	72.3	1.933
氯乙烷	CH_3CH_2Cl	12.2	0.910	1-碘丙烷	$CH_3CH_2CH_2I$	102.4	1.747
1-氯丙烷	$CH_3CH_2CH_2Cl$	46.6	0.892	二氯甲烷	CH_2Cl_2	40	1.336
溴甲烷	CH_3Br	3.5	1.732	三氯甲烷	$CHCl_3$	61.2	1.489
溴乙烷	CH_3CH_2Br	38.4	1.430	四氯化碳	CCl_4	76.8	1.595
1-溴丙烷	$CH_3CH_2CH_2Br$	71.0	1.351	1,2-二氯乙烷	CH_2ClCH_2Cl	83.5	1.257
碘甲烷	CH_3I	42.5	2.279	1,2-二溴乙烷	CH_2BrCH_2Br	131	2.17

卤代烷的沸点随着分子中碳原子数的增加而升高。具有相同碳原子数的卤代

烷，碘代烷的沸点最高，溴代烷次之，氯代烷的沸点最低。

一氯代烷的相对密度小于 1，一溴代烷和一碘代烷的相对密度大于 1；在同系列中，卤代烷的相对密度随着分子中碳原子数的增加而下降。表 9-1 列出了某些卤代烷的物理常数。卤代烷不溶于水，溶于醇、醚和烃等有机溶剂。某些卤代烷本身也可用作溶剂。

9.4　卤代烷的化学性质

在卤代烷分子中，由于卤原子的电负性比碳原子大，碳卤键是极性键，卤原子容易离去，它是较好的离去基团，故能与许多试剂发生反应，生成多种有机化合物，尤其是某些化合物不能直接合成时，可以通过卤代烷间接制备。因此，卤代烷在有机合成中具有一定的重要性。

9.4.1　取代反应

在一定条件下，卤代烷分子中的卤原子可以被其他原子或基团取代，生成其他的有机化合物，这种反应也叫取代反应。能与卤代烷发生取代反应的试剂通常是负离子或带有未共用电子对的分子，如 H_2O、OH^-、ROH、RO^-、CN^-、NH_3 等。

（1）水解

在一定条件下，卤代烷与水作用，卤原子被羟基取代生成醇的反应，也叫做水解反应。反应中所用卤代烷，通常是指伯卤代烷。例如：

$$CH_3CH_2CH_2CH_2Cl + H_2O \rightleftharpoons CH_3CH_2CH_2CH_2OH + HCl$$
正丁醇

卤代烷的水解反应是可逆反应，且进行得很慢，为了加速反应和使反应完全，通常利用稀的氢氧化钠或氢氧化钾水溶液进行卤代烷的水解，由于碱中和了生成的 HX，使反应成为不可逆，且提高了醇的产率。例如，工业上利用一氯戊烷的碱性水解制备混合戊醇，作为工业用溶剂。

$$C_5H_{11}Cl + NaOH \xrightarrow{H_2O} C_5H_{11}OH + NaCl$$

一般的醇不用此法制备，因为卤代烷通常由醇得到。但某些复杂的醇常用此法制备。

（2）与醇钠作用

卤代烷与醇钠作用，卤原子被烷氧基（RO—）取代生成醚，此反应也叫醇解，反应通常在相应的醇中进行。例如：

$$CH_3CH_2Br + CH_3CH_2ONa \xrightarrow[55℃,90\%]{CH_3CH_2OH} CH_3CH_2-O-CH_2CH_3$$
乙醚

$$CH_3CH_2I + CH_3CH_2CH_2ONa \xrightarrow[\triangle,70\%]{CH_3CH_2CH_2OH} CH_3CH_2-O-CH_2CH_2CH_3$$

这是制备混醚（两个烃基不同的醚）的一种常用方法。反应中所用卤代烷通常是伯卤代烷。

（3）与氰化钠作用

卤代烷与氰化钠或氰化钾反应，卤原子被氰基（—CN）取代生成腈。例如：

$$CH_3CH_2CH_2CH_2Cl + NaCN \xrightarrow[\text{回流},85\%]{\text{二甲亚砜}} CH_3CH_2CH_2CH_2CN + NaCl$$
$$\text{戊腈}$$

$$Br(CH_2)_3Br + 2NaCN \xrightarrow[\text{回流},77\%\sim86\%]{\text{乙醇-水}} NC(CH_2)_3CN + 2NaBr$$
$$\text{1,5-戊二腈}$$

与卤代烷的水解和醇解相似，此反应主要适用于伯卤代烷。卤代烷转变为腈后，分子中增加了一个碳原子，是一种增碳反应，这是有机合成中增长碳键的方法之一。另外，此反应也用于制备腈。由于腈基还可转变为羧基（—COOH）或其他基团，因此该反应可用于有机合成，但因氰化钠（钾）有剧毒，应用受到很大限制。

（4）与氨作用

卤代烷与过量的氨作用，卤原子被氨基（—NH₂）取代生成伯胺。此反应也叫氨解。例如：

$$CH_3CH_2CH_2CH_2Br + 2NH_3 \longrightarrow CH_3CH_2CH_2CH_2NH_2 + NH_4Br$$
$$\text{正丁胺}$$

$$ClCH_2CH_2Cl + 4NH_3 \xrightarrow[115\sim120℃,5h]{\text{封闭容器}} H_2NCH_2CH_2NH_2 + 2NH_4Cl$$
$$\text{乙二胺}$$

所用卤代烷通常也是伯卤代烷。

（5）与硝酸银作用

卤代烷与硝酸银的乙醇溶液作用生成卤化银沉淀。

$$R-X + AgNO_3 \longrightarrow R-O-NO_2 + AgCl\downarrow$$
$$\text{硝酸酯}$$

对于卤代烷，当烷基结构相同而卤原子不同时，其活性次序是：$RI > RBr > RCl$〔卤代烷的水解、醇解、与氰化钠（钾）作用和氨解，其活性次序与此相同。〕；当卤原子相同而烷基结构不同时，其活性次序是：叔卤代烷＞仲卤代烷＞伯卤代烷。其中伯卤代烷通常需要加热才能使反应进行。卤代烷与硝酸银-乙醇溶液的反应，可用于卤代烷的定性分析。

【问题 9-3】完成下列反应式：

（1）$CH_3Cl + 2NH_3 \longrightarrow$

（2）$CH_3CH_2CH_2CH_2ONa + CH_3(CH_2)_4CH_2Cl \xrightarrow{\triangle}$

（3）$CH_3(CH_2)_6CH_2Cl + NaCN \xrightarrow[\triangle]{H_2O}$

（4）$CH_3CH_2CH_2CH_2Br + AgNO_3 \longrightarrow$

【问题 9-4】 下列卤代烷中与硝酸银反应最快的是_____，最慢的是_____。

(1) $CH_3CH_2CH_2Cl$　　　　　　　(2) $CH_3CH_2CH_2I$

(3) $CH_3CH_2CH_2Br$

【问题 9-5】 用最简单的化学方法鉴别下列化合物：

(1)
$$\underset{\underset{Cl}{|}}{\overset{\overset{CH_3}{|}}{H_3C-C-CH_3}}$$
　　　　　(2)
$$\underset{\underset{Cl}{|}}{CH_3CH_2CHCH_3}$$

(3) $CH_3CH_2CH_2CH_2Cl$

9.4.2　消除反应

卤代烷与氢氧化钠或氢氧化钾水溶液反应时，不仅可以发生卤原子被羟基取代的反应，而且还可以发生卤代烷分子脱去卤化氢的反应，这种从一个有机分子中除去两个原子或基团的反应，叫做消除反应。当碱的浓度越大时，消除反应越明显。例如，1-溴丁烷与稀的氢氧化钠水溶液共热时，主要生成正丁醇——取代反应；而与浓的氢氧化钠乙醇溶液共热时，则主要生成 1-丁烯——消除反应。

$$CH_3(CH_2)_2CH_2Br+NaOH(稀水溶液) \xrightarrow[\triangle]{稀\ NaOH} CH_3(CH_2)_2CH_2OH+NaBr$$
$$正丁醇$$

$$CH_3(CH_2)_2CH_2Br+NaOH(浓乙醇溶液) \xrightarrow[\triangle]{浓\ NaOH} CH_3CH_2CH{=}CH_2+KBr+H_2O$$
$$1\text{-}丁烯$$

卤代烷与强碱反应时，主要生成取代的产物还是消除的产物，与很多因素有关，不仅与碱的浓度有关，卤代烷的结构也是主要影响因素之一。如前所述，卤代烷与氢氧化钠、醇钠、氰化钾、氨等发生取代反应，通常是指伯卤代烷而言，因为许多仲卤代烷、尤其是叔卤代烷与这些试剂反应时，主要生成消除产物。例如：

$$CH_3CH_2Br \xrightarrow[C_2H_5OH,55℃]{C_2H_5ONa} H_2C{=}CH_2+CH_3CH_2{-}O{-}CH_2CH_3$$
$$\qquad\qquad\qquad\qquad 10\%\qquad\qquad\quad 90\%$$

$$\underset{\underset{Br}{|}}{CH_3CHCH_3} \xrightarrow[C_2H_5OH,55℃]{C_2H_5ONa} H_3C{-}CH{=}CH_2+\underset{\underset{CH_3}{|}}{CH_3CH{-}O{-}CH_2CH_3}$$
$$\qquad\qquad\qquad 79\%\qquad\qquad\qquad 21\%$$
$$\qquad\qquad\qquad\qquad\qquad\qquad\qquad 乙异丙醚$$

$$\underset{\underset{Br}{|}}{\overset{\overset{CH_3}{|}}{H_3C-C-CH_3}} \xrightarrow[C_2H_5OH,55℃]{C_2H_5ONa} \underset{\underset{CH_3}{|}}{\overset{\overset{CH_3}{|}}{H_3C-C{=}CH_2}}+\underset{\underset{CH_3}{|}}{\overset{\overset{CH_3}{|}}{H_3C-C-O-CH_2CH_3}}$$
$$\qquad\qquad\qquad 91\%\qquad\qquad\qquad 9\%$$
$$\qquad\qquad\qquad\qquad\qquad\qquad\qquad 乙叔丁醚$$

综上所述，卤代烷与碱作用所发生的取代和消除反应，是两个同时发生的相互竞争反应。稀的水溶液有利于取代，而浓的醇溶液有利于消除；伯卤代烷有利于取代，叔卤代烷有利于消除。

当卤代烷进行消除反应时，若有两个不同的氢原子可被消除时，究竟以何者为主？实验结果表明：卤代烷脱卤化氢时，氢原子较易从含氢较少的相邻碳原子上脱去。这是一条经验规律，叫做查依采夫（Saytzeff）规则。查依采夫规则的另一表述形式是：卤代烷脱卤化氢时，较易生成双键碳原子上连有较多烷基的烯烃。例如：

$$H_3C-CH_2-\underset{\underset{Br}{|}}{CH}-CH_3 \xrightarrow[C_2H_5OH]{C_2H_5ONa} H_3C-HC=CH-CH_3 + CH_3-CH_2-CH=CH_2$$
$$\phantom{H_3C-CH_2-CH-CH_3 \xrightarrow{} } 81\% 19\%$$

$$H_3C-CH_2-\underset{\underset{Br}{|}}{\overset{\overset{CH_3}{|}}{C}}-CH_3 \xrightarrow{C_2H_5ONa} H_3C-HC=\underset{\overset{|}{CH_3}\;\text{(error)}}{} \;$$

$$H_3C-CH_2-\underset{\underset{Br}{|}}{\overset{\overset{CH_3}{|}}{C}}-CH_3 \xrightarrow{C_2H_5ONa} H_3C-HC=\overset{\overset{CH_3}{|}}{C}-CH_3 + H_3C-CH_2-\overset{\overset{CH_3}{|}}{C}=CH_2$$
$$\phantom{H_3C-CH_2-C-CH_3 \xrightarrow{} } 80\% 20\%$$

卤代烷脱卤化氢是制备烯烃的一种方法。

【问题 9-6】写出下列反应的主要产物：

(1) $CH_3CH_2CH_2Br \xrightarrow[C_2H_5OH]{C_2H_5ONa}$

(2) $CH_3CH_2CH_2\underset{\underset{Br}{|}}{CH}CH_3 \xrightarrow[C_2H_5OH]{C_2H_5ONa}$

(3) $CH_3\underset{\underset{Br}{|}}{CH}CH_2\underset{\underset{Br}{|}}{CH}CHCH_3 \xrightarrow[C_2H_5OH]{NaOH}$

(4) $CH_3\underset{\underset{Cl}{|}}{\overset{\overset{Cl}{|}}{C}}CH_2CH_2CH_3 \xrightarrow[C_2H_5OH]{KOH}$

9.4.3　与金属镁作用

在纯的乙醚（无水的乙醚、也叫无水乙醚或干醚或绝对乙醚）中，卤代烷与金属镁屑作用生成烷基卤化镁。例如：

$$R-X + Mg \xrightarrow{\text{干醚}} R-MgX$$
$$\text{烷基卤化镁}$$

$$C_2H_5Br + Mg \xrightarrow[\text{回流}]{\text{干醚}} C_2H_5MgBr$$
$$\text{乙基溴化镁}$$

烷基卤化镁和其他烃基卤化镁等统称格利雅（Grignard）试剂。它是一种有机镁化合物，分子中含有碳-镁键，是一种金属有机化合物。在有机分子中，凡含有碳-金属［C—M（M 代表金属）］键者，均属于金属有机化合物。

在制备格利雅试剂时，卤代烷的活性次序是：碘代烷＞溴代烷＞氯代烷。但由于碘代烷很贵，而氯代烷的活性又较差，因此在实验室中制备格利雅试剂是多采用溴代烷。

格利雅试剂很活泼，能被水、醇、酸、氨等含有活泼氢的化合物分解生成烃。例如：

$$CH_3MgI + HOH \longrightarrow CH_4 + Mg(OH)I$$
$$CH_3MgI + C_2H_5OH \longrightarrow CH_4 + Mg(OC_2H_5)I$$
$$CH_3MgI + HCl \longrightarrow CH_4 + Mg(Cl)I$$
$$CH_3MgI + NH_3 \longrightarrow CH_4 + Mg(NH_2)I$$

这类反应，可用通式表示如下：

$$RMgI + H-Z \longrightarrow R-H + Mg(Z)I$$
$$Z = OH、OR、Cl、NH_2 \text{ 等}$$

这类反应在有机化合物的结构分析中被用于鉴定活泼氢原子。

格利雅试剂还能被空气中的氧缓慢氧化，生成氧化产物：

$$RMgX + \frac{1}{2}O_2 \longrightarrow ROMgX$$

氧化产物遇水分解成醇：

$$ROMgX + H_2O \longrightarrow ROH + Mg(OH)X$$

由于格利雅试剂的上述性质——能被含活泼氢的化合物分解和被空气氧化，以及它能溶解在乙醚中，因此制备格利雅试剂时所用乙醚必须无水、无乙醇，制备的格利雅试剂不需分离直接使用。

格利雅试剂还能与多种化合物进行反应，因此在有机合成中具有较广泛的用途，将在以后章节中讨论。

【问题 9-7】写出下列反应的主要产物并命名：

(1) $H_3C-\underset{\underset{Cl}{|}}{CH}-CH_3 + Mg \xrightarrow{\text{干醚}}$　　(2) 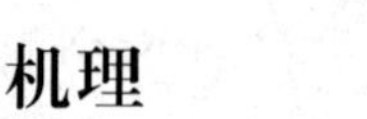 $\underset{Br}{\diagup\diagdown\diagup} \xrightarrow[\text{干醚}]{Mg}$

(3) $CH_3MgI + CH_3COOH \longrightarrow$

【问题 9-8】在干醚中，$HOCH_2CH_2Br$ 与 Mg 作用，能否生成格利雅试剂，为什么？

9.5　亲核取代反应和消除反应的机理

9.5.1　饱和碳原子上的亲核取代反应机理

在前面讨论的卤代烷的取代反应中，卤代烷的水解、醇解、氨解和与氰化钠反应等之所以能够发生，是由于卤代烷分子中卤原子的电负性比碳原子大，碳原子与卤原子之间成键的共有电子对靠近卤原子一端，使卤原子带有部分负电荷，而与卤原子直接相连的碳原子则带有部分正电荷。由于水解、醇解和氨解等所用试剂，是负离子或带有未共用电子对的分子，它们与卤代烷反应时，将进攻带有部分正电荷的碳原子，最后取代了卤原子生成产物，如下所示：

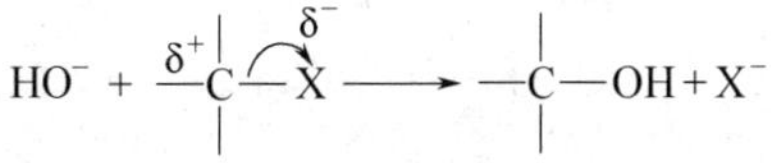

$$HO^- + \overset{\delta^+}{\underset{|}{C}} \overset{\delta^-}{X} \longrightarrow -\underset{|}{\overset{|}{C}}-OH + X^-$$

但还有另一种可能：在卤代烷分子中，由于卤原子吸引电子的结果，首先发生碳-卤键断裂，生成碳正离子和卤负离子，然后水解、醇解和氨解等所用试剂进攻碳正离子生成产物，如下所示：

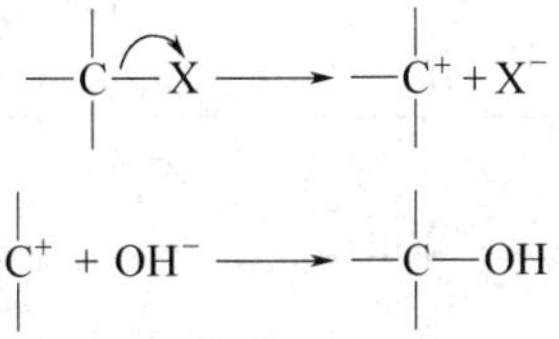

$$-\underset{|}{\overset{|}{C}}-X \longrightarrow -\underset{|}{\overset{|}{C}}{}^+ + X^-$$

$$-\underset{|}{\overset{|}{C}}{}^+ + OH^- \longrightarrow -\underset{|}{\overset{|}{C}}-OH$$

由此可见，在水解、醇解和氨解等这类反应中，是负离子或带有未共用电子对的分子，如 H_2O、HO^-、CN^-、RO^- 和 NH_3 等，进攻带有正电荷或部分正电荷的碳原子完成取代反应，因此这些试剂叫做亲核试剂。由亲核试剂的进攻而发生的取代反应，叫做亲核取代反应。常用 S_N 表示。其中 S 表示取代，N 表示亲核的。这种亲核取代反应，是由亲核试剂进攻饱和碳原子（sp^3 杂化碳原子）而进行的，所以，这类反应又叫做饱和碳原子上的亲核取代反应。

由以上可以看出，饱和碳原子上的亲核取代反应机理有两种极限情况：双分子机理。常用 S_N2 表示（2 表示双分子）；单分子机理，常用 S_N1 表示（1 表示单分子）。现分别讨论如下。

（1）S_N2 机理

溴甲烷的碱性水解反应是按 S_N2 机理进行的。

$$H_3C-Br + OH^- \longrightarrow H_3C-OH + Br^-$$

在此反应中，HO^- 沿着溴甲烷分子中的 C—Br 键键轴的延长线，从背面进攻带有部分正电荷的碳原子。此时，溴甲烷分子中的溴原子带着一对成键电子逐渐离开碳原子，即 C—Br 键开始变长、变弱，逐渐裂断；而 HO^- 中的氧用它的一对电子开始与溴甲烷分子中的碳原子键合，形成微弱的 C—O 键。即 C—Br 键未完全断裂；C—O 键未完全形成，而且它们是同时进行的，O……C……Br 在一条直线上。此时能量最高，叫做过渡态。反应进一步进行，最后 C—Br 键完全断裂，O—C 键完全形成，得到产物甲醇（CH_3OH）和溴负离子（Br^-）。其反应机理如下所示。

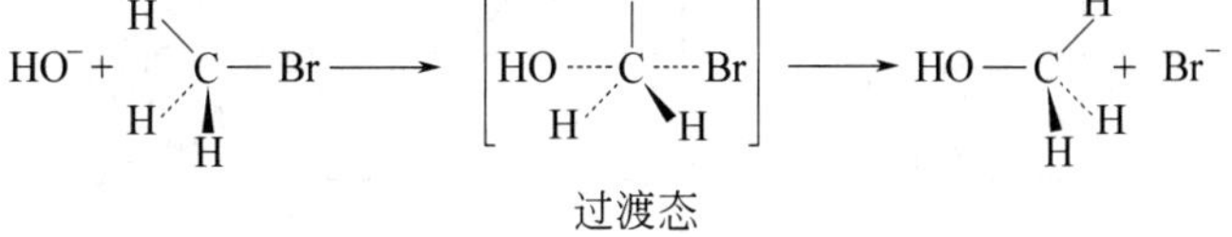

$$HO^- + \underset{H}{\overset{H}{C}}-Br \longrightarrow \left[HO\cdots\underset{H}{\overset{H}{C}}\cdots Br \right] \longrightarrow HO-\underset{H}{\overset{H}{C}} + Br^-$$

过渡态

反应的能量曲线如图 9-1 所示。

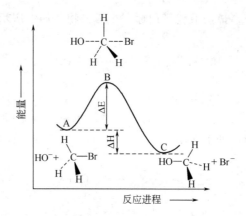

图 9-1　溴甲烷 S_N2 反应的能量曲线

　　这种反应的反应速率与溴甲烷和碱的浓度都有关系，因此叫做 S_N2 反应。除溴甲烷外，按 S_N2 机理进行反应的卤代烷，通常是伯卤代烷以及许多仲卤代烷。

　　（2）S_N1 机理

　　叔丁基溴的碱性水解反应是按 S_N1 机理进行的。

$$(CH_3)_3C—Br+OH^- \longrightarrow (CH_3)_3C—OH+Br^-$$

　　与 S_N2 反应的机理不同，S_N1 反应的机理是分步进行的。反应的第一步是，在 OH^- 进攻叔丁基溴之前，叔丁基溴分子中的 C—Br 键逐渐断裂，经过渡态（此时能量最高）最后完全断裂，生成 $(CH_3)_3C^+$ 和 Br^-，这是慢的一步，由于 $(CH_3)_3C^+$ 很活泼（活性中间体），容易与体系中的 OH^- 结合，经过另一个过渡态生成产物 $(CH_3)_3C—OH$ 和 Br^-。其反应机理如下所示：

$$(CH_3)_3C—Br \xrightarrow{\text{慢}} \left[(CH_3)_3 \overset{\delta^+}{C} \cdots \overset{\delta^-}{Br} \right]^{\neq} \longrightarrow (CH_3)_3C^+ + Br^-$$

过渡态

$$(CH_3)_3C^+ + OH^- \longrightarrow \left[(CH_3)_3 \overset{\delta^+}{C} \cdots \overset{\delta^-}{OH} \right]^{\neq} \longrightarrow (CH_3)_3C—OH$$

过渡态

反应的能量曲线如图 9-2 所示。

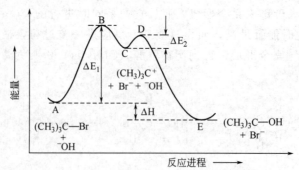

图 9-2　叔丁基溴 S_N1 反应的能量曲线

这种决定反应速率的一步（慢的一步）只与叔丁基溴的浓度有关，因此叫做 S_N1 反应。除叔丁基溴外，按 S_N1 机理进行反应的卤代烷，通常是叔卤代烷以及被共轭效应所稳定的仲卤代烷。

当卤代烷的亲核取代反应按 S_N1 机理进行时，有时会发生重排反应，生成重排产物，甚至重排产物成为主要产物。例如，2-甲基-3-溴丁烷的水解反应，生成 2-甲基-2-丁醇。

$$\underset{\underset{\text{Br}}{\overset{|}{\text{CH}_3}}}{\overset{\overset{\text{CH}_3}{\overset{|}{\vphantom{|}}}}{\text{CH}_3-\text{CH}-\text{CH}-\text{CH}_3}} \xrightarrow[-\text{Br}^-]{\text{慢}} \underset{\overset{|}{\text{CH}_3}}{\text{CH}_3-\text{CH}-\overset{+}{\text{CH}}-\text{CH}_3} \xrightarrow[\text{重排}]{\text{快}} \underset{\overset{|}{\text{CH}_3}}{\text{CH}_3-\overset{+}{\text{C}}-\text{CH}_2-\text{CH}_3} \xrightarrow[\text{快}]{\text{H}_2\text{O}}$$

$$\underset{\overset{|}{\text{CH}_3}}{\text{CH}_3-\overset{\overset{+\text{OH}_2}{\overset{|}{\vphantom{|}}}}{\text{C}}-\text{CH}_2-\text{CH}_3} \xrightarrow[-\text{H}^+]{\text{快}} \underset{\overset{|}{\text{CH}_3}}{\text{CH}_3-\overset{\overset{\text{OH}}{\overset{|}{\vphantom{|}}}}{\text{C}}-\text{CH}_2-\text{CH}_3}$$

9.5.2　消除反应的机理

通过前面讨论的消除反应〔9.4.2〕可知，饱和碳原子上的亲核取代反应和消除反应常常同时发生。这是由于亲核试剂同时也是碱，它不仅能够进攻带有部分正电荷的碳原子发生取代反应，而且也能进攻 β-氢原子除去一个质子，同时分解出负离子（X^-）生成烯烃，即发生消除反应。由于氢原子处于与卤原子相连碳原子的 β 位，所以这种消除反应叫做 β-消除反应。也叫 1,2-消除反应。

$$\underset{\overset{|}{\text{H}}\overset{|}{\text{X}}}{\overset{\overset{21}{\overset{\beta\alpha}{\vphantom{|}}}}{-\text{C}-\text{C}-}}$$

进攻 α-C 发生取代反应
进攻 β-H 发生消除反应

与取代反应机理相似，消除反应机理也有两种，它们之间的关系与 S_N1 和 S_N2 之间的关系相同，反应速率取决于卤代烷和碱的浓度，叫做双分子消除，常用 $E2$ 表示（E 代表消除，2 代表双分子）；反应速率只决定于卤代烷的浓度，叫做单分子消除，常用 $E1$ 表示（E 代表消除，1 代表单分子）。下面分别进行讨论。

（1）$E2$ 机理

与 S_N2 机理相似，$E2$ 机理也是旧键的断裂和新键的生成同时进行的一步协同反应。即 OH$^-$ 与卤代烷反应时，首先是 OH$^-$ 进攻 β-氢原子，并与之逐渐接合形成键，与此同时 C—X 键逐渐断裂，形成一个过渡态。反应继续进行，最后 OH$^-$ 与 β-H 结合生成水，C—X 键完全断裂生成 X$^-$，卤代烷其余部分的电子云进行重新分配形成烯烃。如下所示：

$$\underset{\overset{|}{\text{X}}}{\overset{\overset{\text{HO}^-\!\rightarrow\text{H}}{\vphantom{|}}}{\text{R}-\text{CH}-\text{CH}_2}} \xrightarrow{\text{快}} \left[\underset{\overset{|}{\text{X}^{\delta^-}}}{\overset{\overset{\text{HO}\cdots\text{H}}{\vphantom{|}}}{\text{R}-\text{CH}\text{=\!=}\text{CH}_2}}\right]^{\neq} \longrightarrow \text{H}_2\text{O} + \text{R}-\text{CH}\!=\!\text{CH}_2 + \text{X}^-$$

过渡态

（2）$E1$ 机理

与 S_N1 机理相似，$E1$ 机理也是分步进行的。即首先是卤代烷分子中的 C—X 键逐渐断裂，生成过渡态，最后完全断裂，生成活泼的碳正离子（活性中间体）和卤负离子，然后碱进攻碳正离子中的 β C—H，β C—H 键逐渐断裂经另一个过渡态生成烯烃和 H^+，两步合在一起相当于从卤代烷分子中除去 HX 并得到烯烃。其反应机理以叔丁基溴为例表示如下。

$$(CH_3)_3C-Br \xrightarrow{\text{慢}} \left[(CH_3)_3\overset{\delta^+}{C} \cdots \overset{\delta}{Br} \right]^{\neq} \longrightarrow (CH_3)_3C^+ + Br^-$$

过渡态

$$CH_3-\overset{H\leftarrow OH^-}{\underset{\underset{CH_3}{|}}{\overset{+}{C}}}-CH_2 \xrightarrow{\text{快}} \left[CH_3-\underset{\underset{CH_3}{|}}{\overset{\delta^+}{C}}\overset{H\cdots\overset{\delta^-}{OH}}{=\!=\!=}CH_2 \right]^{\neq} \longrightarrow CH_3-\underset{\underset{CH_3}{|}}{C}=CH_2 + H_2O$$

9.6　氟代烃

9.6.1　氟里昂

分子中含有氟和氯或溴的多卤代烷，叫做氟氯代烷，商品名氟里昂（Freon），氟里昂实际是指含一个和两个碳原子的氟氯代烷。常用 F 表示。对于不同的氟氯代烃，通常利用其各自含有的碳、氢、氟、氯或溴的原子数来区别，用 F-abc 表示：

F— a b c 　　　　a＝碳原子数－1　　　　a＝0 时不列

↑↑↑　　　　b＝氢原子数＋1

百十个　　　　c＝氟原子数

位位位　　　氯原子数不列

数数数

例如 $ClF_2C\text{-}CF_2Cl$ 的商品名代号为 F-114，其中 a＝2－1＝1；b＝0＋1＝1；c＝4。又如 $CFCl_3$ 的商品名代号为 F-11，其中 a＝1－1＝0；b＝0＋1＝1；c＝1。对于含溴的氟氯代烃，溴原子用 B 表示，其个数用数字表示写在 B 的右下角。例如 CF_2Br_2 代号为 $F\text{-}12B_2$，其中 a＝1－1＝0；b＝0＋1＝1；c＝2，有两个溴原子故是 B_2。

在常温下，氟里昂是无色气体或易挥发液体，略有香味，无毒、无腐蚀性、不燃，具有较高的化学稳定性。主要用作制冷剂。近年来发现，它破坏大气臭氧层，使紫外线大量照射到地球上，造成人类免疫系统失调，患白内障、皮肤癌的人增多，另外，还使农作物减产，影响海洋浮游生物生长等。为防止大气臭氧层进一步被破坏，近年来已签订国际协定，将停止生产和使用氟里昂一类的制冷剂。

9.6.2　四氟乙烯和聚四氟乙烯

工业上生产四氟乙烯的方法是，在五氯化锑催化作用下，用干燥的氟化氢与三氯甲烷反应，首先制得二氟氯甲烷（F-22），后者于 700℃ 左右进行裂解得到四氟乙烯。

$$CHCl_3 + 2HF \xrightarrow{SbCl_5} CHF_2Cl + 2HCl$$

$$2CHF_2Cl \xrightarrow{\sim 700℃} F_2C = CF_2 + 2HCl$$

四氟乙烯是无色气体，无臭、低毒，熔点 $-142.5℃$，沸点 $-76.3℃$，易溶于四氯化碳和 1,2-二氯乙烷等有机溶剂。是最主要的含氟单体，主要用于生产聚四氟乙烯，也可与乙烯共聚，制造用途广泛的热塑性材料。

在引发剂（如过硫酸钾等）作用下，于 $40 \sim 80℃$ 和 $0.3 \sim 3MPa$ 压力下，四氟乙烯聚合生成聚四氟乙烯。

$$nF_2C = CF_2 \xrightarrow[40 \sim 80℃, \ 0.3 \sim 3MPa]{K_2S_2O_8} \left[CF_2 - CF_2 \right]_n$$

聚四氟乙烯是白色或浅灰色固体，不燃，不溶于任何溶剂。不与强酸、强碱反应，甚至在王水中煮沸也无变化，具有优异的化学稳定性和热稳定性。另外，还具有良好的耐磨性、很好的电性能和良好的不黏附性。用其制造的垫圈、阀门、管件、衬里材料和电绝缘材料等，主要用于国防、电器、电子、化工和航空等工业部门，但因加工困难和价格高而受到限制。

【问题 9-9】聚四氟乙烯是一种最重要的含氟树脂。除此之外，其他含氟树脂还有聚三氟氯乙烯和聚全氟丙烯。试写出由三氟氯乙烯和全氟丙烯分别聚合成聚合物的反应式。

9.7　卤代烯烃和卤代芳烃

9.7.1　乙烯型和苯基型卤化物

现以氯乙烯和氯苯为例讨论如下。在氯乙烯分子中，氯原子的 p 轨道与 C＝C 双键的 π 轨道构成共轭体系，分子中存在着 p，π-共轭效应，如图 9-3 所示。

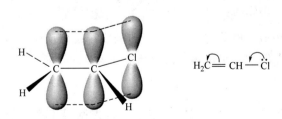

图 9-3　氯乙烯分子中的 p 轨道交盖

这样就增强了 $CH_2 = CH—Cl$ 分子中 Cl 原子与相邻 C 原子之间的结合能力，使得 Cl 原子较难离去，因此氯乙烯与亲核试剂 NaOH、NaOR、NaCN、NH_3 等很难发生取代反应，同样也难与 $AgNO_3$ 的醇溶液反应。即使溴乙烯与 $AgNO_3$ 醇溶液一起加热数日也不发生反应。这一性质可用来鉴别卤烷和乙烯基卤。

氯苯分子与氯乙烯相似，从氯苯的构造 〈苯〉—Cl 可以看出，分子中也存在着 p，π-共轭效应，如图 9-4 所示。

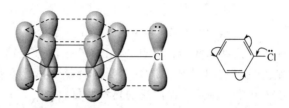

图 9-4　氯苯分子中的 p 轨道交盖

因此氯苯与氯乙烯相似，氯苯分子中的氯原子也较难离去。在一般条件下，也不与 NaOH、NaOR、NaCN、NH_3 反应，需在强烈条件下，才能发生反应。例如：

$$〈苯〉—Cl + 2NaOH \xrightarrow[350～370℃，20MPa]{Cu} 〈苯〉—ONa + NaCl + H_2O$$

（水溶液）

$$〈苯〉—Cl + 2NH_3 \xrightarrow[180～220℃，6～7.5MPa]{CuCl-NH_4Cl} 〈苯〉—NH_2 + NH_4Cl$$

另外，氯苯和氯乙烯在干醚中也难与金属镁生成格利雅试剂，需在四氢呋喃或某些溶剂（如乙二醇二甲醚等）中，才能生成格利雅试剂。

$$〈苯〉—Cl + Mg \xrightarrow{四氢呋喃} 〈苯〉—MgCl$$

$$CH_2=CH—Cl + Mg \xrightarrow[40～60℃，>90\%]{四氢呋喃，I_2} CH_2=CH—MgCl$$

溴苯则比氯苯较易生成格利雅试剂。但溴乙烯仍需在四氢呋喃中进行反应才能生成格利雅试剂。

$$〈苯〉—Br + Mg \xrightarrow[35℃，95\%]{干乙醚} 〈苯〉—MgBr$$

$$H_2C=CH—Br + Mg \xrightarrow[90\%]{四氢呋喃} H_2C=CH—MgBr$$

与乙烯基卤相似，卤苯与 $AgNO_3$ 醇溶液也难发生反应。

氯乙烯的工业制法，早期是由乙炔与氯化氢反应制备：

$$HC≡CH + HCl \xrightarrow[100～180℃]{HgCl_2/C} H_2C=CH—Cl$$

后来改为由乙烯生产。即由乙烯与氯加成，首先制得 1,2-二氯乙烯，后者经裂解即得氯乙烯和氯化氢。

$$H_2C=\!\!\!=\!\!CH_2 \xrightarrow[\sim 40℃]{FeCl_3} H_2C\!-\!CH_2 \xrightarrow{500℃} H_2C=\!\!\!=\!\!CH\!-\!Cl + HCl$$
$$\qquad\qquad\qquad\quad \overset{|}{Cl}\ \overset{|}{Cl}$$

为了避免氯气转变成氯化氢的损失，在 20 世纪 60 年代以后发展的一种方法，叫做乙烯的氧氯化法。即将上述反应中生成的氯化氢分离出来，再与乙烯和空气混合，在载于固体载体上的氯化铜和氯化钾混合物的催化下，于 250~350℃ 反应，则得到 1,2-二氯乙烷，然后脱氯化氢即得氯乙烯。

$$H_2C=\!\!\!=\!\!CH_2 + 2HCl + \frac{1}{2}O_2 \xrightarrow{CuCl_2-KCl} H_2C\!-\!CH_2 + H_2O$$
$$\qquad\qquad\qquad\qquad\qquad\qquad\quad \overset{|}{Cl}\ \overset{|}{Cl}$$

9.7.2 烯丙型和苄基型卤化物

现以烯丙基氯和苄基氯为例讨论如下。

与乙烯型氯化物不同，烯丙型氯化物分子中的氯原子与亲核试剂 NaOH、NaOR、NaCN、NH_3 等比较容易发生取代反应。同样，也较容易与金属镁或 $AgNO_3$ 的醇溶液反应，这后一个性质常被用来鉴别烯丙型卤化物。例如：

$$CH_2=\!\!\!=\!\!CH\!-\!CH_2\!-\!Cl + NaOH \xrightarrow[70\%]{150℃} H_2C=\!\!\!=\!\!CH\!-\!CH_2\!-\!OH + NaCl$$

（水溶液）

氯原子的特殊活泼性，是由于其构造的特殊性所决定的。当烯丙基氯失去 Cl^- 离子后生成了 $CH_2=\!\!\!=\!\!CH\!-\!\overset{+}{C}H_2$ 正离子。在该正离子中，带正电荷的碳原子（原来与氯原子相连的碳原子）的空 p 轨道与 C=C 双键的 π 轨道构成共轭体系，如图 9-5（Ⅰ）所示。由于共轭效应的存在，正电荷不再集中在原来与氯原子相连的碳原子上，而是分散在共轭体系的碳原子上，如图 9-5（Ⅱ）所示。

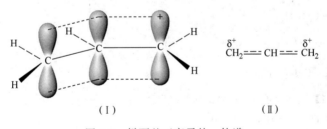

（Ⅰ）　　　　　　　　　　（Ⅱ）

图 9-5　烯丙基正离子的 p 轨道

从而降低了 $CH_2=\!\!\!=\!\!CH\!-\!\overset{+}{C}H_2$ 正离子的能量，稳定了 $CH_2=\!\!\!=\!\!CH\!-\!\overset{+}{C}H_2$ 正离子，越稳定的碳正离子越容易生成，这是烯丙基氯分子中氯原子比较活泼的原因。

苄基氯分子中的氯原子与烯丙基氯分子中的氯原子相似，也比较活泼，苄基氯也比较容易与亲核试剂 NaOH，NaOR，NaCN，NH_3 发生取代反应。例如：

$$2\ \langle\!\!\!\bigcirc\!\!\!\rangle\!-\!CH_2Cl + Na_2CO_3 + H_2O \xrightarrow[74\%\sim\text{几乎}100\%]{95℃} 2\ \langle\!\!\!\bigcirc\!\!\!\rangle\!-\!CH_2OH + NaCl + CO_2$$

$$\langle\!\!\!\bigcirc\!\!\!\rangle\!-\!CH_2Cl + NaCN \xrightarrow[\text{4h, }80\%\sim88\%]{\text{蒸汽浴}} \langle\!\!\!\bigcirc\!\!\!\rangle\!-\!CH_2CN + NaCl$$

与氯苯不同，苄基氯也较容易与 Mg 生成格利雅试剂。

$$\text{}—CH_2Cl + Mg \xrightarrow{\text{干醚}} \text{}—CH_2MgCl$$

也较容易与 $AgNO_3$ 的醇溶液反应，故可用此反应鉴定苄基型卤化物。

　　苄基氯分子中的氯原子活泼的原因，是由于氯原子离去后生成了稳定的苄基正离子之故。

$$\text{}—CH_2Cl \longrightarrow \text{}—\overset{+}{C}H_2 + Cl^-$$

苄基正离子稳定的原因与烯丙基正离子相似，是由于亚甲基碳原子的空 p 轨道与苯环的 π 轨道构成了共轭体系，由于 p，π 共轭效应的影响，正电荷得到分散，从而使苄基正离子得以稳定。

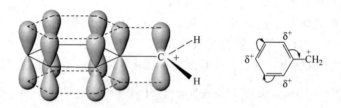

图 9-6　苄基正离子的 p 轨道

【问题 9-10】完成下列反应式：

(1) $H_2C=CHCH_2Br + CuCN \longrightarrow$

(2) $H_2C=CHCH_2Br \xrightarrow[\text{KOH}]{H_2O}$
　　　　　｜
　　　　Br

(3) $H_2C=CHCH_2I + NH_3 \longrightarrow$

(4) $\text{}—CH_2Cl + RONa \xrightarrow{\triangle}$

(5) $\text{}—CH_2Cl + NH_3 \longrightarrow$

【问题 9-11】试用化学方法区别下列各组化合物：

(1) CH_3CH_2Br 和 $H_2C=CHBr$

(2) $CH_3CH_2CH_2CH_2CH_2CH_2Cl$ 和 $\text{}—Cl$

(3) $H_2C=CHCH_2Br$ 和 $CH_3CH_2CH_2Br$

(4) $\text{}—CH_2Br$ 和 $\text{}—Br$

例　　题

[例题一]　写出 $(CH_3)_3COH + HCl \longrightarrow (CH_3)_3CCl + H_2O$ 的反应机理。

答　醇与卤化氢作用生成卤烷的反应，属于饱和碳原子上的亲核取代反应。$(CH_3)_3COH$

是叔醇。它和 HCl 的反应与 $(CH_3)_3C—Cl$ 与 H_2O 的反应机理相似，主要也是按 S_N1 反应机理进行。其反应机理可表示如下：

$$(CH_3)_3C—OH+HCl \xrightarrow{\text{快}} (CH_3)_3C—\overset{+}{O}H_2+Cl^-$$

$$(CH_3)_3C—\overset{+}{O}H_2 \xrightarrow{\text{慢}} (CH_3)_3C^+ +H_2O$$

$$(CH_3)_3C^+ +Cl^- \xrightarrow{\text{快}} (CH_3)_3C—Cl$$

[例题二]　$CH_2{=}CHCH_2—Cl$ 的水解反应比 $(CH_3)_3C—Cl$ 快，为什么？

答　此两个化合物在大量水存在下的水解反应，由于水是大量，故按 S_N1 反应机理进行。在 S_N1 反应中，不同反应物在相同条件下的反应快慢，决定于生成的碳正离子中间体的稳定性，稳定性越大越容易生成。

反应按 S_N1 机理进行时，$CH_2{=}CH—CH_2—Cl$ 生成 $CH_2{=}CH—\overset{+}{C}H_2$；$(CH_3)_3C—Cl$ 生成 $(CH_3)_3C^+$。$CH_2{=}CH—\overset{+}{C}H_2$ 由于 p，π-共轭效应正电荷得到分散，正电荷离域的结果 $(\overset{\delta^+}{CH_2}{=\!=\!=}CH{=\!=\!=}\overset{\delta^+}{CH_2})$，$CH_2{=}CH—\overset{+}{C}H_2$ 得以稳定。而 $(CH_3)_3C^+$ 碳正离子，虽由于超共轭效应影响得到稳定，但稳定性比 $CH_2{=}CH—\overset{+}{C}H_2$ 差，因此 $CH_2{=}CH—CH_2—Cl$ 的水解反应速率比 $(CH_3)_3C—Cl$ 快。

习　题

（一）写出分子式为 $C_6H_{13}Cl$ 的构造异构体，用系统命名法命名，并指出它们分别属于伯、仲、叔氯代烷中哪一种？

（二）用系统命名法命名下列各化合物：

（1）$CH_3CH_2CH_2\underset{\underset{CH_3}{|}}{\overset{\overset{CH_3}{|}}{C}}Br$

（2）

（4）

（3）

（三）写出下列各化合物的构造式：

（1）异戊基溴　　　　　　（2）1,1-二氯-2-溴丙烯

（3）对氯叔丁苯　　　　　（4）2-甲基-4-氯-5-溴-2-戊烯

（四）分别写出正丁基溴和叔丁基氯与下列试剂反应时生成的主要产物：

（1）$NaOH/H_2O$　　　　　　（2）CH_3CH_2ONa/CH_3CH_2OH

（3）$NaCN$　　　　　　　　（4）NH_3（过量）

（5）$AgNO_3/CH_3CH_2OH$　　（6）浓 KOH/CH_3CH_2OH，△

（7）$Mg/$干醚

（五）完成下列反应式：

（1）$CH_3CH{=}CH_2+HBr \xrightarrow{\text{过氧化物}} A \xrightarrow[\text{干醚}]{Mg} B$

（2）$ClCH_2CH_2CH{=}CHCl+NaCN \xrightarrow{\text{乙醇}}$

(3) $\xrightarrow{Br_2}$ A $\xrightarrow[\text{醇溶液，}\triangle]{KOH}$ B

(4) $CH_3\underset{\underset{OH}{|}}{C}HCH_3 \xrightarrow{A} CH_3\underset{\underset{Br}{|}}{C}HCH_3 \xrightarrow[\text{醇溶液，}\triangle]{AgNO_3}$ B

(5) $(CH_3)_2C\!=\!CH\!-\!\underset{\underset{Cl}{|}}{C}H\!-\!CH_3 \xrightarrow[\text{醇溶液，}\triangle]{KOH}$

(6) $CH_3CH\!=\!CH_2 \xrightarrow{HBr} A \xrightarrow{NaCN} B$

(7) $H_3C\!-\!\underset{\underset{CH_3}{|}}{C}H\!-\!\underset{\underset{Cl}{|}}{C}H\!-\!CH_3 \xrightarrow[\text{醇溶液，}\triangle]{KOH} A \xrightarrow{Br_2} B \xrightarrow[\text{醇溶液，}\triangle]{KOH} C$

（六）用化学方法鉴别下列各组化合物：

(1) 1-溴丙烷、2-溴丙烯和 3-溴丙烯

(2) 溴化苄和对溴甲苯

(3) 环己烷、环己烯、溴代环己烷和 3-溴环己烯

（七）由指定原料合成下列各化合物：

(1) 由丙烯合成烯丙醇（$CH_2\!=\!CHCH_2OH$）

(2) 由苯和甲苯合成 $Cl\!-\!\langle\!\!\langle\ \rangle\!\!\rangle\!-\!CH_2\!-\!\langle\!\!\langle\ \rangle\!\!\rangle\!-\!Cl$

(3) 由甲苯合成对甲苯甲醇 $\left(H_3C\!-\!\langle\!\!\langle\ \rangle\!\!\rangle\!-\!CH_2OH\right)$

(4) 由乙炔合成三氯乙烯

（八）完成下列转变：

(1) $CH_3\underset{\underset{Br}{|}}{C}HCH_3 \longrightarrow CH_3CH_2CH_2Br$

(2) $\longrightarrow$

(3) $CH_3\underset{\underset{Cl}{|}}{C}HCH_3 \longrightarrow H_3C\!-\!\underset{\overset{\overset{Cl}{|}}{\underset{\underset{Cl}{|}}{C}}}{}\!-\!CH_3$

(4) $CH_3\underset{\underset{I}{|}}{C}HCH_3 \longrightarrow H_2\underset{\underset{Br}{|}}{C}\!-\!\underset{\underset{Br}{|}}{C}H\!-\!\underset{\underset{Br}{|}}{C}H_2$

（九）推测下列化合物的结构：

(1) 某化合物（A）$C_6H_{13}I$，用 KOH 醇溶液处理后，所得产物经臭氧化、还原水解生成 $(CH_3)_2CHCHO$ 和 CH_3CHO。写出（A）的构造式及全部反应式。

(2) 有两种同分异构体（A）和（B），分子式都是 $C_6H_{11}Cl$，都不溶于浓硫酸。（A）脱氯化氢生成 C_6H_{10}（C），（C）用高锰酸钾氧化生成 $HOOC(CH_2)_4COOH$；（B）脱氯化氢生成分子式相同的（D）（主要产物）和 E（次要产物），用高锰酸钾氧化（D）生成 $CH_3\underset{\underset{O}{\|}}{C}CH_2CH_2CH_2COOH$，

用高锰酸钾氧化（E）生成惟一的有机化合物环戊酮（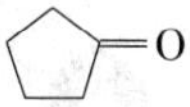），写出（A）和（B）的构造式及各步反应式。

（十）写出下列反应的机理：

（1）$CH_3CH_2CHCH_3$（Br 连于 CH 上）$\xrightarrow[CH_3CH_2OH]{CH_3CH_2OK}$ $CH_3HC{=}CHCH_3$

（2）$(CH_3)_3CBr \xrightarrow{KOH}$ 写出主要产物和反应机理

（3）$CH_3CH_2Br \xrightarrow[H_2O]{KOH} CH_3CH_2OH$

（4）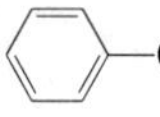$—CH_3 + Cl_2 \xrightarrow[\triangle]{光}$ 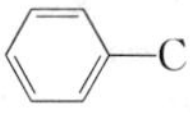$—CH_2Cl + HCl$ ［提示：此反应与甲烷氯化相似，也是自由基反应。］

参 考 书 目

1　张黯主编．有机化学教程．上册．北京：高等教育出版社，1990．270～306

2　［德］Weisser K 等著．工业有机化学．周遊等译．北京：化学工业出版社，1998．168～177

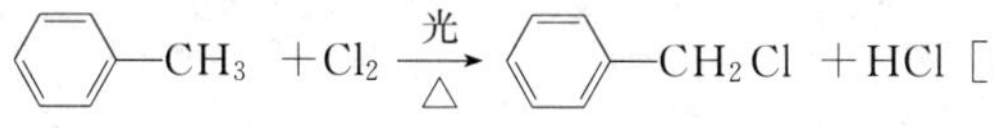

第 **10** 章 醇 和 酚

10.1 醇

醇可以看成是烃分子中饱和碳原子上的氢原子被羟基（—OH）取代的化合物。例如：

$$CH_3CH_2CH_2{-}OH \qquad CH_2{=}CHCH_2{-}OH$$

$$\begin{array}{ccc} CH_2 & CH & CH_2 \\ | & | & | \\ OH & OH & OH \end{array}$$

丙醇　　　　　　　　　　　丙烯醇　　　　　　　　　　丙三醇

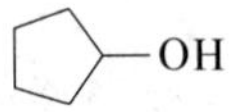

环戊醇 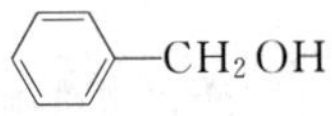　　　　　　　　　苯甲醇（苄醇）

烃分子中 C=C 双键碳原子（不饱和碳原子）上的氢原子被羟基取代的化合物，叫做烯醇式醇或烯醇（enol）。与羟基连接在饱和碳原子上的 2-丙烯醇等不同，羟基连接在不饱和碳原子上的烯醇，一般是不稳定的，容易发生重排而转变成相应的醛或酮〔见 6.5.1（4）〕。

10.1.1 醇的分类、构造异构和命名

（1）醇的分类

醇可根据其分子中所含羟基的数目分为一元醇、二元醇、三元醇等。二元和三元醇以上的醇，统称多元醇。例如：

$$CH_3OH \qquad \begin{array}{cc} CH_2 & CH_2 \\ | & | \\ OH & OH \end{array} \qquad \begin{array}{ccc} CH_2 & CH & CH_2 \\ | & | & | \\ OH & OH & OH \end{array}$$

甲醇（一元醇）　　　乙二醇（二元醇）　　　丙三醇（三元醇）

醇还可根据其分子中的烃基不同而分为脂肪醇、芳（香）醇；饱和醇、不饱和醇等。其中以饱和一元醇最重要。饱和一元醇可用 R—OH 表示，其通式为 $C_nH_{2n+1}OH$ 或写成 $C_nH_{2n+2}O$。饱和一元醇还可根据羟基所连接的碳原子不同分为：伯醇——羟基与伯碳原子相连；仲醇——羟基与仲碳原子相连；叔醇——羟基与叔碳原子相连。例如：

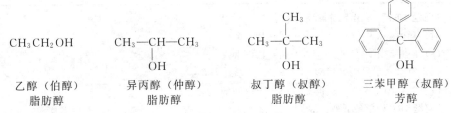

乙醇（伯醇）　　异丙醇（仲醇）　　叔丁醇（叔醇）　　三苯甲醇（叔醇）
脂肪醇　　　　　　脂肪醇　　　　　　脂肪醇　　　　　　芳醇

（2）醇的构造异构

具有相同碳原子的饱和一元醇，因碳架不同和羟基位次不同而产生异构体。例如，具有四个碳原子的丁醇，由于碳架异构和羟基位次异构，可以产生四个异构体。

CH$_3$CH$_2$CH$_2$CH$_2$OH　　CH$_3$—CH—CH$_2$OH　　CH$_3$—C—CH$_3$　　CH$_3$CH$_2$—CH—CH$_3$

正丁醇　　　　　　异丁醇　　　　　　叔丁醇　　　　　　仲丁醇

（3）醇的命名

（A）普通命名法　普通命名法是根据烃基名称命名，即烃基名称后面加醇字而得。例如：

(CH$_3$)$_2$CH—OH　　　　CH$_3$CH$_2$CH$_2$CH$_2$CH$_2$OH　　　　⬡—OH

异丙醇　　　　　　　　正戊醇　　　　　　　　　环己醇

普通命名法简单，是一种常用的命名方法。

（B）衍生命名法　衍生命名法是以甲醇为母体，将其他醇看作是甲醇的衍生物来命名。例如：

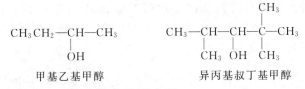

甲基乙基甲醇　　　　　　　　　　异丙基叔丁基甲醇

（C）系统命名法　系统命名法的要点是：

① 选择连有羟基的最长碳链作为主链，支链作为取代基；

② 主链碳原子的位次从靠近羟基的一端开始依次编号；

③ 根据主链所含碳原子数叫做"某醇"，羟基的位次用阿拉伯数字注明写在"某醇"之前（羟基在 1 位时，"1"字有时可省略），取代基的位次和名称依次放在"某醇"的最前面。例如：

CH$_3$CH—CH—CH$_3$　　　　　CH$_3$—CH—C—CH$_2$CH$_3$

3-甲基-2-丁醇　　　　　　　　2,3-二甲基-3-戊醇

【问题 10-1】 写出下列各醇的构造式：

(1) 异丙醇　　　　　　　　　(2) 仲丁醇

(3) 2-甲基-1-戊醇　　　　　　(4) 炔丙醇

(5) 甲基乙基异丙基甲醇　　　(6) 2-乙基-1-己醇

(7) 3-甲基-2-戊烯-1 一醇　　(8) 季戊四醇

【问题 10-2】 命名下列各醇：

(1) $CH_3CH_2CHCH_2OH$
　　　　　　　|
　　　　　　CH_3

(2) 环戊烷，带 CH_3 和 OH 取代基

(3) $(CH_3CH_2CH_2)_3COH$

(4) $(CH_3)_2CC\!\equiv\!CCH_3$
　　　　　|
　　　　OH

(5) $(CH_3)_3CCH_2OH$

(6) $(CH_3)_2C(CH_3)CH_2CH_2OH$

(7) $(CH_3)_2CHCH_2CHCH(CH_3)CH_2CH_3$
　　　　　　　　　|
　　　　　　　　OH

(8) $CH_3CHBrCHClCH_2OH$

(9) CH_3-环己烷$-OH$

(10)
　　　H
　　　|
苯$-C-$苯
　　　|
　　OH

10.1.2　醇的制法

(1) 烯烃水合

烯烃水合是工业上生产低级醇的方法。烯烃水合分为直接水合法 ［见 4.6.1 (5)］ 和间接水合法 ［见 4.6.1 (4)］。

(2) 醛、酮、酸、酯的还原

醛、酮、酸、酯在不同的条件下均可被还原成相应的醇 ［分别见 12.5.3 (2)、13.5.3 和 14.3.4］，有些已被用于工业生产。例如，工业上以巴豆醛为原料，在铜催化下加压氢化得到正丁醇。

$$CH_3CH\!=\!CHCHO \xrightarrow[\text{加压,加热}]{H_2,Cu} CH_3CH_2CH_2CHO \xrightarrow[\text{加压,加热}]{H_2,Cu} CH_3CH_2CH_2CH_2OH$$

高级脂肪醇可由天然产物脂肪和油——脂肪酸酯氢解（加氢分解）制备。由于这种甘油三酸酯经氢解释放出的甘油给分离醇带来困难，因此一般是在甲醇钠作用下，先用甲醇与甘油三酸酯进行酯交换反应（见 14.3.2），然后将生成的脂肪酸甲酯在 $290\sim370℃$ 和 $30MPa$ 下进行氢解，则得到脂肪醇。

$$\begin{array}{l} CH_2O_2CR \\ | \\ CHO_2CR \\ | \\ CH_2O_2CR \end{array} +3CH_3OH \xrightarrow{CH_3ONa} \begin{array}{l} CH_2OH \\ | \\ CHOH \\ | \\ CH_2OH \end{array} +3RCOOCH_3$$

$$RCOOCH_3 +2H_2 \xrightarrow[30MPa]{290\sim370℃} RCH_2OH+CH_3OH$$

由于脂肪和油是不同脂肪酸的混合甘油酯，所以氢解后得到混合醇，经分馏

后可供工业上使用。

（3）由格利雅试剂制备

格利雅试剂与醛、酮反应生成醇［见 12.5.1（4）］。

$$HCHO + R'MgX \longrightarrow R'CH_2OMgX \xrightarrow{H_2O} R'CH_2OH$$

$$RCHO + R'MgX \longrightarrow \underset{\underset{R'}{|}}{RCH}-OMgX \xrightarrow{H_2O} \underset{\underset{R'}{|}}{RCH}-OH$$

$$\underset{\underset{O}{\|}}{R-C-R} + R'MgX \longrightarrow \underset{\underset{R'}{|}}{\overset{\overset{R}{|}}{R-C}}-OMgX \xrightarrow{H_2O} \underset{\underset{R'}{|}}{\overset{\overset{R}{|}}{R-C}}-OH$$

由甲醛得到伯醇；其他醛得到仲醇；由酮得到叔醇。此反应是实验室合成醇的重要方法，常用于合成构造较复杂、而且难用其他方法合成的醇。

【问题 10-3】分别利用合适的烯烃合成下列各醇：

（1）仲丁醇　　　　　　　　　　　（2）叔丁醇

（3）$\underset{\underset{OH}{|}\ \ \underset{CH_3}{|}}{CH_3CH-CH-CH_3}$　　　　（4）$\underset{\underset{OH}{|}}{\overset{\overset{CH_3}{|}}{CH_3-C-CH_3}}$

【问题 10-4】由指定的有机原料（无机试剂任选）合成：

（1）由正庚醛合成正庚醇　　　　（2）由十二酸甲酯合成十二醇

10.1.3　醇的物理性质　氢键

饱和一元醇是无色物质。一些常见的一元醇的物理常数如表 10-1 所示。

表 10-1　一元醇的物理常数

名　称	构　造　式	熔点/℃	沸点/℃	相对密度(d_4^{20})	溶解度/(g/100g)
甲醇	CH_3OH	-97	64.5	0.793	∞
乙醇	CH_3CH_2OH	-115	78.3	0.789	∞
正丙醇	$CH_3CH_2CH_2OH$	-126	97.3	0.804	∞
异丙醇	$CH_3CH(OH)CH_3$	-86	82.5	0.789	∞
正丁醇	$CH_3CH_2CH_2CH_2OH$	-90	118	0.810	7.9
异丁醇	$(CH_3)_2CHCH_2OH$	-108	108	0.802	10.0
仲丁醇	$CH_3CH_2CH(OH)CH_3$	-114	99.5	0.806	12.5
叔丁醇	$(CH_3)_3COH$	25.5	83	0.789	∞
正戊醇	$CH_3(CH_2)_3CH_2OH$	-78.5	138	0.817	2.3
正己醇	$CH_3(CH_2)_4CH_2OH$	-52	156.5	0.819	0.6
正庚醇	$CH_3(CH_2)_5CH_2OH$	-34	176	0.822	0.2
正辛酸	$CH_3(CH_2)_6CH_2OH$	-16	195	0.825	0.05
正壬醇	$CH_3(CH_2)_7CH_2OH$	-5	214	0.827	不溶
正癸醇	$CH_3(CH_2)_8CH_2OH$	6	228	0.829	不溶
正十二醇	$CH_3(CH_2)_{10}CH_2OH$	24	259		不溶
正十四醇	$CH_3(CH_2)_{12}CH_2OH$	38			不溶

续表

名　称	构　造　式	熔点/℃	沸点/℃	相对密度(d_4^{20})	溶解度/(g/100g)
正十六醇	$CH_3(CH_2)_{14}CH_2OH$	49			不溶
正十八醇	$CH_3(CH_2)_{16}CH_2OH$	58.5			不溶
烯丙醇	$CH_2=CHCH_2OH$	−129	97	0.855	∞
环己醇	◯—OH	24	161.5	0.962	3.6
苄醇	$phCH_2OH$	−15	205	1.046	4
二苯甲醇	ph_2CHOH	69	298		0.05
三苯甲醇	ph_3OH	162.5			

（1）熔点

从表 10-1 可以看出，少数几个低级的直链饱和一元醇的熔点变化比较特殊，没有规律性。但从正丁醇开始，与烃和卤代烃相似，其熔点随分子中碳原子数的增加而升高，呈现规律性变化。

（2）沸点

饱和一元醇的沸点比相应的烃高，这种差别在低级醇中表现最明显，随着相对分子质量的增大，其沸点差距越来越小，如表 10-2 所示。脂环醇和芳醇也有类似的现象。

表 10-2　醇与烃的沸点比较

化合物	相对分子质量	沸点/℃	沸点差/℃	化合物	相对分子质量	沸点/℃	沸点差/℃
甲醇	32	65		十一烷	156	195.9	32.1
乙烷	30	−88.6	153.6	环己醇	100	161.5	
戊醇	88	138		甲基环己烷	98	100	61.5
己烷	86	68.7	69.3	苄醇	108	205	
癸醇	158	228		乙苯	106	136	69

醇的沸点比与它相对分子质量相近的烃的高，这是由于醇分子间存在着氢键，而烃分子间不存在氢键之故。醇分子与水分子相似，由于醇分子中羟基的高度极化，使醇分子中羟基上带有部分正电荷的氢原子与另一个醇分子中羟基上带有部分负电荷的氧原子相互吸引，就形成了氢键：

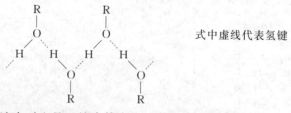

式中虚线代表氢键

与水一样，醇在液态时也是以缔合体存在。但醇以蒸气形式存在时，分子间并不存在氢键。将液态醇变成气态醇，必须供给较多的能量使氢键断裂，因此醇的沸点比相应的烃高。但随着碳链的增长，较大的烃基阻碍了醇分子间生成氢键，使氢键的作用降低，因此随着相对分子质量的增加，醇与相应烃之间的沸点差变小。

从表 10-1 可看出，具有相同碳原子数的饱和一元醇、直链醇的沸点比带有支链的异构体高，支链越多则沸点越低。

（3）溶解度

从表 10-1 可以看出，直链饱和低级醇与水无限混溶，随着分子中碳原子数增多，溶解度逐渐减低，正壬醇实际上已不溶于水。这是由于低级醇与水相似，烷基在醇分子中所占比例较小，与水能形成分子间氢键，故溶于水。而高级醇由于烃基较大，羟基在分子中的比例变小，整个分子像烷烃，醇分子的羟基与水很难或不能形成氢键，因此不溶于水。

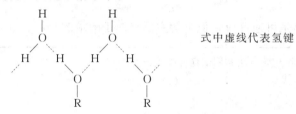

式中虚线代表氢键

（4）相对密度

饱和一元醇的相对密度小于 1，比水轻。芳香醇的相对密度大于 1，比水重。

【问题 10-5】 在下列各组化合物中，哪一个化合物的沸点较高，为什么？

（1）正丁醇和正戊烷　　　　　　　　（2）异丙醇和异丙基氯

（3）正戊醇和异戊醇

【问题 10-6】 指出下列化合物哪些能溶于水，为什么？

（1）乙烯　　　　　　　　（2）氯乙烷

（3）戊烷　　　　　　　　（4）叔丁醇

（5）异戊二烯　　　　　　（6）正丁基溴

【问题 10-7】 在下列各组化合物中，哪一个在水中的溶解度较大，为什么？

（1）丙烷和乙醇　　　　　　　　（2）正丁醇和 1,4-丁二醇

（3）正丁醇和正己醇

10.1.4　醇的化学性质

醇的化学性质主要表现在醇分子中的官能团羟基上，以及因受羟基吸电诱导效应的影响而较活泼的 α 和 β 氢原子上，尤其是 α-氢原子。

（1）与金属的反应

醇与水相似，由于 O—H 键是极性键，容易发生断裂而离解出氢离子，故能与活泼金属或强碱反应生成醇盐，这是醇羟基中氢原子的反应。羟基中的氢原子也叫活泼氢。例如：

$$HOH + Na \longrightarrow NaOH + H_2$$
$$ROH + Na \longrightarrow RONa + H_2$$

醇钠（醇盐）

$$ROH + NaH \longrightarrow RONa + H_2$$

由于醇与金属钠反应，除生成醇钠外还有氢气产生，具有明显的现象发生，因此可用此反应鉴别六个碳原子以下的低级醇，而高级醇则不易反应。各类低级醇与金属钠的反应速率是：甲醇＞伯醇＞仲醇＞叔醇。另外，醇钠很活泼，在有机合成中常被用作强碱、缩合剂和烷氧基化剂（在有机物分子中引入烷氧基）。

醇与金属钠（强碱）作用生成醇盐的反应，可以看成是酸与碱的反应，其中醇可看作是酸。醇与金属钠的反应比水慢。另外，醇钠遇水分解为醇和氢氧化钠，这些都说明醇的酸性比水还弱。

$$RONa + H_2O \rightleftharpoons ROH + NaOH$$
$$\quad 碱 \qquad 酸 \qquad 酸 \qquad 碱$$

醇钠的水解是可逆反应，但平衡主要趋向于醇钠的分解。

【问题 10-8】用化学方法鉴别下列各组化合物：

(1) 戊醇和异戊烷　　　　　　　　　　(2) 1-丁醇和 1-氯丁烷

【问题 10-9】完成下列反应式：

(1) ⬡—OH ＋Na ⟶　　　　　　(2) ⬡—CH₂CH₂OH ＋Na ⟶

（2）卤代烃的生成

醇容易与卤化氢反应，生成卤代烃和水：

$$ROH + HX \rightleftharpoons RX + H_2O$$

此反应是可逆反应。为提高卤代烃的产量，通常采取使反应物之一过量或除去一种产物的方法，以使平衡向右移动。

常用的反应试剂是干燥的卤化氢气体或氢卤酸。溴化氢还可利用溴化钠和硫酸作用产生。这是实验室制备卤代烃常用的方法之一。例如：

$$⬡—OH + HCl \xrightarrow[10h, 76\%]{CaCl_2} ⬡—Cl$$

$$⬡—CH_2CH_2OH + HBr \xrightarrow[92\%]{110℃} ⬡—CH_2CH_2Br$$

$$CH_3CH_2OH \xrightarrow[76\%\sim87\%]{KBr + H_2SO_4} CH_3CH_2Br$$

醇与卤化氢或氢卤酸反应的难易程度，与醇的结构和卤化氢或氢卤酸的类型有关。醇的反应活性是：烯丙型醇、苄基型醇＞叔醇＞仲醇＞伯醇。例如：

$$\underset{\underset{OH}{|}}{\overset{\overset{CH_3}{|}}{CH_3—C—CH_3}} \xrightarrow[常温]{浓\ HCl} \underset{\underset{Cl}{|}}{\overset{\overset{CH_3}{|}}{CH_3—C—CH_3}}$$

$$CH_3CH_2CH_2CH_2OH \xrightarrow[常温]{NaBr + H_2SO_4} CH_3CH_2CH_2CH_2Br$$

HX 的反应活性是：HI＞HBr＞HCl。如果采用不活泼的浓盐酸作为试剂，则需使用烯丙型醇、苄基型醇或叔醇，反应才能顺利进行，仲醇和伯醇则较难或不发生反应。根据这一事实，可以利用浓盐酸与无水氯化锌配制的混合溶液［叫做卢卡斯（Lucas）试剂］鉴别伯、仲、叔醇。即在常温下，将卢卡斯试剂分别与伯、仲、叔醇作用，叔醇很快生成卤代烷，由于卤代烷不溶于水使溶液很快发生混浊或分层；仲醇反应较慢，放置后才发生反应使溶液变混浊；伯醇则无变化，只有在加热时才发生反应。卢卡斯试剂适用于六个碳原子以下的醇，因这些醇溶于卢卡斯试剂；而大于六个碳原子的醇则难溶或不溶。例如：

$$(CH_3)_3COH + HCl \xrightarrow[20℃,1min]{ZnCl_2} (CH_3)_3C—Cl$$

$$\underset{\underset{OH}{|}}{CH_3CH_2CHCH_3} + HCl \xrightarrow[20℃,10min]{ZnCl_2} \underset{\underset{Cl}{|}}{CH_3CH_2CHCH_3}$$

$$CH_3CH_2CH_2CH_2OH + HCl \xrightarrow[20℃,1h\ 不反应]{ZnCl_2} CH_3CH_2CH_2CH_2OH$$

低级醇与卢卡斯试剂较易发生反应，是由于卢卡斯试剂中的氯化锌催化的结果。与此相似，若醇与氢卤酸反应时加入硫酸，也会加速卤代烃的生成。因为醇分子中的氧原子上具有未共用电子对，能与强酸电离出的质子结合，生成质子化醇，也叫做𬭩盐。例如：

$$R—\overset{..}{\underset{..}{O}}—H + H_2SO_4 \rightleftharpoons \underset{\underset{H}{|}}{R—\overset{..}{O}{}^+—H} HSO_4^-$$

$$𬭩盐$$

生成𬭩盐后，由于氧原子上带有正电荷而具有吸电性，使得 C—O 键极性增加而容易断裂，因此醇分子中的 —$^+$OH$_2$ 比 —OH 容易离去，这是醇在酸催化下容易发生反应的原因。

醇与强酸生成𬭩盐的反应，也可以看成是酸碱反应，在这里醇是碱。由醇与金属钠和醇与氢卤酸的反应可以看出，醇既显示弱酸性也显示弱碱性，酸性和碱性都是相对的，将依具体条件而定。实际上，醇对 pH 试纸表现为中性，是中性化合物。

值得注意的是，醇和 HX 的反应与卤代烷的亲核取代反应相似，反应机理也有两种：S_N1 和 S_N2 机理。大多数伯醇按 S_N2 机理进行，许多仲醇尤其是叔醇按 S_N1 机理进行。当醇与 HX 反应按 S_N1 机理进行时，有时也会发生重排反应，得到重排产物，甚至主要生成重排产物。例如：

$$\underset{\underset{H}{|}\ \underset{OH}{|}}{\overset{CH_3\ H}{CH_3—C—C—CH_3}} \xrightarrow[S_N1]{HCl} \underset{\underset{Cl}{|}\ \underset{H}{|}}{\overset{CH_3\ H}{CH_3—C—C—CH_3}}$$

$$\underset{\underset{CH_3}{|}}{\overset{CH_3}{CH_3—C—CH_2OH}} \xrightarrow[S_N1]{HCl} \underset{\underset{Cl}{|}}{\overset{CH_3}{CH_3—C—CH_2CH_3}}$$

除 HX 与醇作用生成卤代烃外，PX$_3$（三卤化磷）和 SOCl$_2$（亚硫酰氯）也是较常用的试剂。例如：

$$CH_3CH_2CH_2CH_2OH \xrightarrow[90\%\sim93\%]{PBr_3,\ 165℃} CH_3CH_2CH_2CH_2Br$$

$$CH_3OH \xrightarrow[70\sim75℃,\ 84\%\sim95\%]{P+I\ (PI_3)} CH_3I$$

以上由醇转变为卤代烃的反应，属于醇羟基的反应。

【问题 10-10】 完成下列反应式：

(1) $CH_3(CH_2)_{14}CH_2OH \xrightarrow[\triangle]{P+Br_2}$

(2) 苯基 $CHCH_3 \xrightarrow{PBr_3}$, 带 OH

(3) $CH_3(CH_2)_6CH_2OH \xrightarrow{NaBr+H_2SO_4}$

(4) $CH_2=CHCH_2OH \xrightarrow[CuCl,\ H_2SO_4]{HCl}$

(5) $CH_3(CH_2)_3CH_2OH \xrightarrow[ZnCl_2]{HCl}$

(6) $HO(CH_2)_6OH \xrightarrow{PBr_3}$

(7) $HOCH_2CH_2CH_2OH \xrightarrow[ZnCl_2]{HCl}$

(8) $(CH_3)_2CHCH_2OH \xrightarrow{SOCl_2}$

（3）酯的生成

醇与无机含氧酸和有机酸作用，发生分子间脱水生成酯。常见的无机酸酯有硫酸酯、硝酸酯和磷酸酯等；常见的有机酸酯有羧酸酯等。

醇与硫酸作用，生成酸性酯和中性酯。例如，甲醇与浓硫酸或发烟硫酸作用，首先生成硫酸氢甲酯（酸性硫酸甲酯），后者经减压蒸馏则得到硫酸二甲酯（中性硫酸酯）：

$$CH_3OH+H_2SO_4 \Longrightarrow CH_3OSO_3H+H_2O$$
硫酸氢甲酯

$$2CH_3OSO_3H \xrightarrow{减压蒸馏} (CH_3O)_2SO_2+H_2SO_4$$
硫酸二甲酯

硫酸二甲酯还可由发烟硫酸和过量甲醇制备：

$$2CH_2OH+SO_3 \Longrightarrow (CH_3O)_2SO_2+H_2O$$

硫酸二甲酯是无色油状液体，蒸气有剧毒，可能有致癌性。沸点 188℃（分解）。稍溶于水，溶于乙醇和丙酮等。主要用作甲基化剂。

硫酸与乙醇作用可以得到硫酸氢乙酯和硫酸二乙酯。另外，纯的硫酸氢乙酯还可由乙醇与三氧化硫在 0℃ 制备；硫酸二乙酯还可由将过量乙烯通入冷的浓硫酸中制得：

$$C_2H_5OH+SO_3 \longrightarrow C_2H_5OSO_3H$$

$$2C_2H_4+H_2SO_4 \longrightarrow (C_2H_5O)_2SO_2$$

硫酸二乙酯是无色油状液体，有毒，沸点 210℃（微分解）。不溶于水，溶于乙醇和乙醚。可用作乙基化剂。

　　醇与浓硝酸作用脱水生成硝酸酯。最重要的硝酸酯之一是三硝酸甘油酯。工业上是将甘油于 30℃ 以下加入到浓硝酸和浓硫酸的混合物中而制得：

$$\begin{array}{l} CH_2{-}OH \\ | \\ CH{-}OH \\ | \\ CH_2{-}OH \end{array} + 3HONO_2 \xrightarrow{10\sim20℃} \begin{array}{l} CH_2{-}ONO_2 \\ | \\ CH{-}ONO_2 \\ | \\ CH_2{-}ONO_2 \end{array} + 3H_2O$$

　　三硝酸甘油酯也叫做硝化甘油，是无色或淡黄色黏稠液体，撞击或快速加热能猛烈爆炸。几乎不溶于水，溶于乙醇、乙醚、丙酮和苯等。主要用作炸药。由于它有扩张冠状动脉的作用，在医药上被用作心绞痛的急救药。

　　醇与有机酸作用脱水生成有机酸酯 ［见 13.5.2 (3)］。例如：

$$CH_3COOH + C_2H_5OH \underset{}{\overset{H_2SO_4,\ 140℃}{\rightleftharpoons}} CH_3COOC_2H_5 + H_2O$$
$$67\%$$

$$\bigcirc{-}COOH + C_2H_5OH \underset{}{\overset{H_2SO_4,\ 12h}{\rightleftharpoons}} \bigcirc{-}COOC_2H_5 + H_2O$$
$$97\%$$

（4）脱水反应

　　在一定条件下，醇可以发生脱水反应。醇的脱水有两种方式：①分子内脱水形成烯烃；②分子间脱水形成醚。

$$\begin{array}{l} H\ \ H \\ | \ \ \ | \\ R{-}C{-}C{-}H \\ | \ \ \ | \\ H\ \ OH \end{array} \xrightarrow{分子内脱水} R{-}CH{=}CH_2 + H_2O$$

$$R{-}OH + HO{-}R \xrightarrow{分子间脱水} R{-}O{-}R + H_2O$$

　　反应按何种方式进行，与反应条件和醇的结构有关。通常，在较高温度下发生分子内脱水；在较低温度下发生分子间脱水。例如：

$$CH_3CH_2OH \xrightarrow[\text{或 } Al_2O_3,\ 360℃]{H_2SO_4,\ 170℃} CH_2{=}CH_2 + H_2O$$

$$CH_3CH_2OH + HOCH_2CH_3 \xrightarrow[\text{或 } Al_2O_3,\ 240℃]{H_2SO_4,\ 140℃} CH_3CH_2OCH_2CH_3 + H_2O$$

　　醇进行分子内脱水生成烯烃的活性次序是：叔醇＞仲醇＞伯醇。例如：

$$CH_3CH_2CH_2CH_2OH \xrightarrow[140℃]{75\%H_2SO_4} CH_3CH{=}CHCH_3$$
$$主要产物$$

$$\begin{array}{c} CH_3CH_2CHCH_3 \\ | \\ OH \end{array} \xrightarrow[100℃]{60\%H_2SO_4} CH_3CH{=}CHCH_3$$
$$主要产物$$

$$\begin{array}{c} CH_3 \\ | \\ CH_3{-}C{-}CH_3 \\ | \\ OH \end{array} \xrightarrow[85\sim90℃]{20\%H_2SO_4} \begin{array}{c} CH_3 \\ | \\ CH_3{-}C{=}CH_2 \end{array}$$

醇的结构对脱水的方式有很大影响，一般叔醇较易进行分子内脱水，而较难进行分子间脱水。

不对称的醇进行分子内脱水可能有两种不同的取向时，消除的取向与卤烷消除卤化氢相似，也符合查依采夫规则。即醇脱水时氢原子是从含氢较少的 β-碳原子上脱去，生成双键碳原子上连有较多烃基的乙烯衍生物。例如：

$$CH_3CH_2\underset{\underset{OH}{|}}{\overset{\overset{CH_3}{|}}{C}}CH_3 \xrightarrow[90\sim95℃]{46\%H_2SO_4} CH_3CH{=}\underset{84\%}{\overset{\overset{CH_3}{|}}{C}}{-}CH_3$$

$$(CH_3)_2CHCH_2\underset{\underset{OH}{|}}{C}HCH_3 \xrightarrow[300\sim400℃]{Al_2O_3} \underset{90\%}{(CH_3)_2CHCH{=}CHCH_3}$$

醇的脱水反应在酸催化下进行时，首先生成质子化醇，然后失水生成碳正离子，由于碳正离子的生成，当烷基的结构允许时会发生重排反应（由一种碳正离子重排为更稳定的碳正离子），生成重排产物。例如：

$$CH_3\underset{\underset{OH}{|}}{C}HC(CH_3)_3 \xrightarrow{H_2SO_4} \underset{3\%}{CH_2{=}CHC(CH_3)_3} + \underset{61\%}{(CH_3)_2C{=}C(CH_3)_2} + \underset{31\%}{(CH_3)_2\overset{\overset{CH_3}{|}}{C}HC{=}CH_2}$$

醇分子内脱水是在分子中引入 C=C 双键的方法之一。最常用的脱水剂是硫酸和三氧化二铝，其次还有磷酸和氯化亚砜等。例如：

$$\text{〈六元环〉}{-}OH \xrightarrow[\triangle,84\%]{H_3PO_4} \text{〈环己烯〉}$$

当醇用氧化铝或硅酸盐催化进行分子内脱水时，不发生重排反应。例如：

$$CH_3{-}\underset{\underset{CH_2OH}{|}}{\overset{\overset{CH_3}{|}}{C}}{-}CH{-}CH_3 \xrightarrow[350\sim400℃]{Al_2O_3} CH_3{-}\underset{\underset{CH_3}{|}}{\overset{\overset{CH_3}{|}}{C}}{-}CH{=}CH_2$$

【问题 10-11】完成下列反应式：

(1) $CH_3CH_2CH_2CH_2OH \xrightarrow[310\sim400℃]{Al_2O_3}$

(2) 〈苯基〉${-}CH_2\underset{\underset{OH}{|}}{C}HCH_3 \xrightarrow[\triangle]{H^+}$

(3) $CH_3CH_2CH_2\underset{\underset{OH}{|}}{C}HCH_3 \xrightarrow[90\sim95℃]{60\%H_2SO_4}$

【问题 10-12】指出下列各醇用硫酸脱水后的产物，并指出哪一个醇最容易脱水。

(1) $(CH_3)_3CCH_2OH$　　　　　　　(2) $CH_3CH_2C(CH_3)_2OH$

(3) $CH_3CH_2CH_2CH(OH)CH_3$

（5）氧化和脱氢

在醇分子中，由于羟基的影响，α 氢原子比较活泼，较易被氧化剂氧化或在催化剂作用下脱氢。伯醇氧化生成醛，醛可继续氧化生成酸；仲醇氧化生成酮；叔醇较难氧化，在强烈氧化条件下，发生 C—C 键断裂，生成小分子的氧化产物。

$$RCH_2OH \xrightarrow[\text{或脱氢}]{\text{氧化}} RCHO \xrightarrow{\text{氧化}} R-\underset{\underset{O}{\|}}{C}-OH$$

醛　　　　　酸

常用的氧化剂有重铬酸盐（钠或钾）、三氧化铬，有时也采用高锰酸钾和浓硝酸等。例如：

$$CH_3(CH_2)_5\underset{\underset{OH}{|}}{C}HCH_3 \xrightarrow[\triangle, 95℃]{Na_2Cr_2O_7, H_2SO_4} CH_3(CH_2)_5\underset{\underset{O}{\|}}{C}CH_3$$

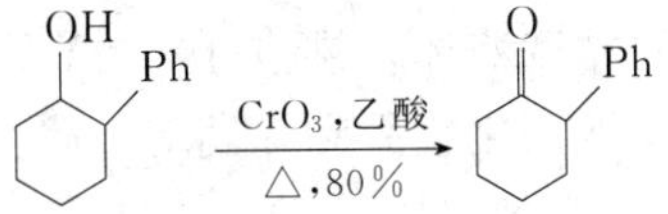

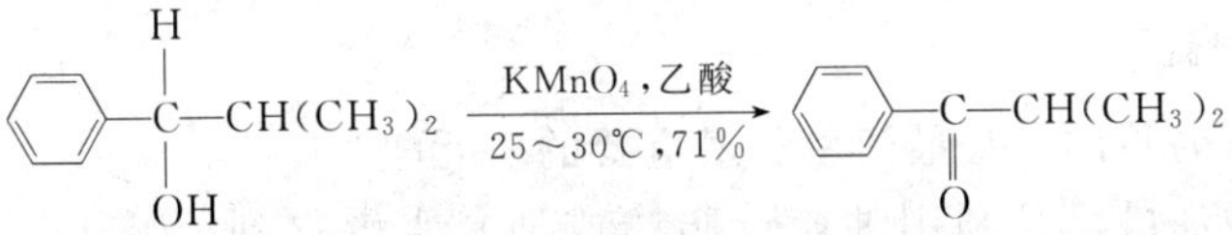

伯醇氧化时，若能将生成的醛及时从反应体系中分出，则可避免进一步被氧化而得到醛。例如：

$$CH_3CH_2CH_2OH \xrightarrow[\triangle, 45\%\sim49\%]{NaCr_2O_7, H_2SO_4} CH_3CH_2CHO$$

在金属铜或银催化剂的催化下，伯醇和仲醇在高温下脱氢分别生成醛和酮。叔醇分子中因与羟基相连的碳原子上没有氢原子，因此不发生脱氢反应。例如：

$$CH_3CH_2OH \xrightarrow[270\sim300℃]{Cu} CH_3CHO$$

$$CH_3\underset{\underset{OH}{|}}{C}HCH_3 \xrightarrow[400\sim480℃]{Cu} CH_3-\underset{\underset{O}{\|}}{C}-CH_3$$

醇在脱氢时还可通入空气进行氧化脱氢，也得到相应的醛或酮。例如：

$$CH_3OH + \frac{1}{2}O_2 \xrightarrow[250℃]{Ag} HCHO + H_2O$$

$$CH_3\underset{\underset{OH}{|}}{C}HCH_3 + \frac{1}{2}O_2 \xrightarrow[380℃]{ZnO} CH_3-\underset{\underset{O}{\|}}{C}-CH_3 + H_2O$$

低级醇的催化脱氢已用于工业生产。

【问题 10-13】完成下列反应式：

(1)

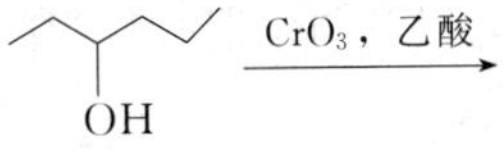

(2)

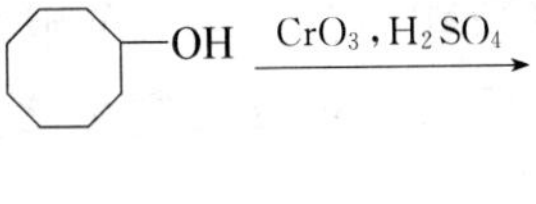

$$(3)\quad HC\!\equiv\!C\!-\!CH_2OH \xrightarrow{\text{CrO}_3,\text{H}_2\text{SO}_4}$$

$$(4)\quad CH_3CH(CH_2)_5CH_3 \xrightarrow{\text{KMnO}_4,\text{稀 H}_2\text{SO}_4}$$
$$\qquad\qquad\quad |$$
$$\qquad\qquad\;OH$$

10.1.5　乙二醇

乙二醇俗名甘醇，是最简单最重要的二元醇。

工业上生产乙二醇的方法主要是由乙烯经环氧乙烷再水合制备：

$$H_2C\!=\!CH_2 \xrightarrow[250\sim280℃]{\text{Ag}} H_2C\underset{O}{\diagdown\!\diagup}CH_2 \xrightarrow[H^+]{\text{H}_2\text{O}} \underset{\;OH\;\;\;\;OH}{CH_2\!-\!CH_2}$$

乙二醇是无色有甜味的黏稠液体，沸点 197.2℃，与水无限混溶。主要用于制造树脂、增塑剂、合成纤维、化妆品和炸药等。也用作溶剂配制汽车发动机的防冻剂等。

10.1.6　丙三醇

丙三醇俗名甘油，是最简单和最重要的三元醇。

工业上甘油最早是利用油脂（脂肪或油）水解得到 [见 14.8.1]。近些年来，由于需求量增大而主要利用合成法制备。其中重要的合成方法是以丙烯为原料，经下列反应得到：

$$CH_3CH\!=\!CH_2 \xrightarrow[500℃]{\text{Cl}_2} \underset{Cl}{H_2C\!-\!CH\!=\!CH_2} \xrightarrow[\text{(HOCl)}]{\text{Cl}_2+\text{H}_2\text{O}} \underset{Cl\;\;\;\;Cl\;\;\;OH}{CH_2\!-\!CH\!-\!CH_2}+\underset{Cl\;\;\;OH\;\;\;Cl}{H_2C\!-\!CH\!-\!CH_2}$$

$$\xrightarrow{\text{Ca(OH)}_2} \underset{Cl\qquad\quad O}{CH_2\!-\!CH\!-\!CH_2} \xrightarrow[\text{H}_2\text{O}]{\text{NaOH}} \underset{OH\;\;\;OH\;\;\;OH}{CH_2\!-\!CH\!-\!CH_2}$$

另一种方法是由丙烯氧化首先制得丙烯醛，然后依次用过氧化氢氧化（羟基化）、催化加氢（还原）制备。

$$CH_2\!=\!CH\!-\!CH_3 \xrightarrow{\text{O}_2\text{(空气)},\text{Cu}_2\text{O}} CH_2\!=\!CH\!-\!CHO \xrightarrow{\text{H}_2\text{O}_2} \underset{OH\;\;\;OH}{CH_2\!-\!CH\!-\!CHO}$$

$$\xrightarrow{\text{H}_2} \underset{OH\;\;\;OH\;\;\;OH}{CH_2\!-\!CH\!-\!CH_2}$$

甘油是具有甜味的无色黏稠液体。沸点 290℃。有吸湿性，能吸收空气中的水分，与水无限混溶，用途很广。主要用于制造三硝酸甘油酯、炸药和醇酸树脂，还用于制取医药软膏、牙膏和化妆品，用作保持烟草湿度、制动液体（液压制动）、胶片软化剂、打字色带和印刷油墨的吸水性添加剂，以及与水混合作为冷冻剂等。

10.1.7　硫醇

硫醇可以看作是醇分子中的氧原子被硫原子取代的化合物，可用 R—SH 表示，—SH 叫做巯基或氢硫基。其命名法与醇相似，只需在醇字之前加一个

"硫"字即可。例如：

$$CH_3SH \qquad\qquad CH_3-\underset{\underset{\displaystyle CH_3}{|}}{CH}-CH_2SH \qquad\qquad CH_3CH_2CH_2CH_2\underset{\underset{\displaystyle SH}{|}}{CH}CH_3$$

甲硫醇　　　　　　　　2-甲基-1-丙硫醇　　　　　　　2-己硫醇

$$CH_3-\underset{\underset{\displaystyle SH}{|}}{\overset{\overset{\displaystyle CH_3}{|}}{C}}-CH_3 \qquad\qquad \text{环己硫醇-SH}$$

　　2-甲基-2-丙硫醇　　　　　　　　　　环己硫醇

　　低级硫醇有毒且有恶臭气味。臭鼬的分泌液中含有多种硫醇，能散发出恶臭以防外敌。目前从石油中分离和鉴定的硫醇约有 50 余种，分别属于烷基硫醇、环烷基硫醇和芳香族硫醇。通常它们主要集中在石油的低沸点馏分中，且以烷基硫醇居多。硫醇等含硫化合物在石油中的存在，对石油的加工和石油产品的质量有很大影响。但不同地区的原油，硫醇的含量有很大差别，有的地区硫醇含量很少。我国含硫原油中的硫醇尚未进行系统研究，有些油田的原油中含有异丙硫醇、异丁硫醇、正己硫醇和正辛硫醇等 20 多种硫醇。

　　低浓度的低级硫醇有强烈气味。例如，每升空气中含有 1×10^{-8} g 乙硫醇时，即可嗅到臭味，故可在煤气中加入少量低级硫醇，利用其特殊臭味，检查煤气管线是否漏气。随硫醇分子中碳原子数的增加，臭味逐渐变弱，高级硫醇（$>C_9$）已没有不愉快气味。

　　由于硫原子的电负性比氧原子小，硫醇与醇不同，硫醇分子之间以及硫醇和水分子之间不能像醇那样形成强的分子间氢键，因此硫醇与相应的醇相比，沸点及其在水中的溶解度都较低。

　　像醇可以看成是水（HOH）分子中的一个氢原子被烃基取代的化合物一样，硫醇可以看成是硫化氢（H—SH）分子中的一个氢原子被烃基取代的化合物，由于硫化氢的酸性比水强，故硫醇的酸性也比醇强。例如，乙硫醇的酸性（$pK_a=10.6$）比乙醇的酸性（$pK_a=15.9$）强。硫醇能与氢氧化钠反应生成硫醇钠。

$$RSH+NaOH \longrightarrow RSNa+H_2O$$

硫醇具有弱酸性，故硫酸钠用强酸处理又重新生成硫醇。

$$RSNa+HCl \longrightarrow RSH+NaCl$$

利用这一性质可从石油馏分或其他物质中除去硫醇，或用于鉴别硫醇。

　　硫醇还能与重金属盐形成不溶于水的硫醇盐，例如铅盐、汞盐、铜盐和银盐等。

$$2RSH+(CH_3COO)_2Pb \longrightarrow (RS)_2Pb+2CH_3COOH$$

　　　　　　　　乙酸铅　　　　　　黄色

$$2RSH+(CH_3COO)_2Hg \longrightarrow (RS)_2Hg+2CH_3COOH$$

　　　　　　　　　　　　　　白色

该性质可用来鉴定硫醇。另外，医学上根据这一性质，用 2,3-二巯基-1-丙醇（简称二巯基丙醇）作为砷和汞等重金属中毒的解毒药。

$$\begin{array}{c} CH_2{-}OH \\ | \\ CH{-}SH \\ | \\ CH_2{-}SH \end{array} + Hg^{2+} \longrightarrow \left[\begin{array}{c} CH_2{-}OH \quad\quad HO{-}CH_2 \\ | \quad\quad\quad\quad\quad | \\ CH{-}S \quad\quad\quad S{-}CH \\ \quad\quad \diagdown \quad Hg \quad \diagup \\ CH_2{-}S \quad\quad S{-}CH \\ \quad\quad\quad\quad\quad\quad\quad | \\ \quad\quad\quad\quad\quad\quad HO{-}CH_2 \end{array}\right]^{2-} + 4H^+$$

$$\begin{array}{c} CH_2{-}OH \\ | \\ CH{-}SH \\ | \\ CH_2{-}SH \end{array} + \begin{array}{c} R \\ | \\ As \\ \| \\ O \end{array} \longrightarrow \begin{array}{c} CH_2{-}OH \\ | \\ CH{-}S \\ \quad\quad \diagdown \\ CH_2{-}S \quad As{-}R \end{array} + H_2O$$

砷化合物

砷和汞进入人体后，与细胞酶系统的巯基结合，抑制了酶的活性，出现金属中毒症状。二巯基丙醇能与金属络合，不仅能防止金属离子与酶的巯基结合，减少酶的毒害，还能夺取已经与酶结合的金属离子，使酶的活性恢复。二巯基丙醇与汞形成的络合物比与人体内酶的巯基形成的络合物稳定，且无毒、离解小、可溶于水，可随尿迅速排出，能达到解毒的目的。但治疗要及时，并反复使用足够量的二巯基丙醇，直到金属离子排出为止。由于二巯基丙醇毒性较大，现已逐渐被其他解毒药代替，如我国创制的二巯基丁二酸钠（NaOOCCHSHCHSHCOONa）等。

硫醇与醇不同，容易被弱氧化剂如 H_2O_2 和 I_2 等氧化成二硫化物。

$$2RSH + H_2O_2 \longrightarrow R{-}S{-}S{-}R + 2H_2O$$

$$2RSH + I_2 + NaOH \longrightarrow R{-}S{-}S{-}R + 2H_2O + 2NaI$$

硫醇与碘的反应可用于定量测定硫醇。通过氧化反应，可除去石油产品中有臭味并腐蚀设备的硫醇，达到除臭和减少设备腐蚀的目的。

硫醇在橡胶工业中用作乳液聚合的调节剂。也可用作催化剂以及合成农药的原料等。

【问题 10-14】命名下列各化合物：

$$\begin{array}{c} CH_3 \\ | \\ (1) \quad CH_3CH_2{-}C{-}CH_3 \\ | \\ SH \end{array} \quad\quad\quad\quad \begin{array}{c} CH_3 \\ | \\ (2) \quad CH_3{-}C{-}CH_2SH \\ | \\ CH_3 \end{array}$$

$$\begin{array}{c} (3) \quad CH_3CH{-}CHCH_3 \\ \quad\quad\quad | \quad\quad | \\ \quad\quad\quad CH_3 \quad SH \end{array} \quad\quad\quad\quad \begin{array}{c} (4) \quad CH_3CH{-}CHCH_2CH_3 \\ \quad\quad\quad\quad | \quad\quad | \\ \quad\quad\quad\quad CH_3 \quad SH \end{array}$$

10.2 酚

羟基与芳环直接相连的化合物叫做酚。其简式为 Ar-OH，羟基也是酚的官能团。

10.2.1 酚的命名

酚可根据分子中芳环上所连接的羟基数目分为一元酚、二元酚等。酚的命名

是在芳环名称之后加上"酚"字,若环上还有取代基,一般在前面再冠以取代基的位次和名称。某些酚还有俗名。例如:

一元酚

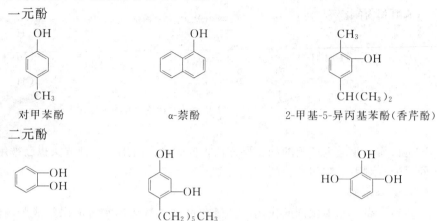

对甲苯酚   α-萘酚   2-甲基-5-异丙基苯酚(香芹酚)

二元酚

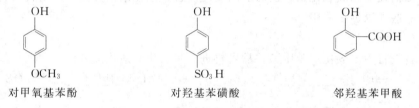

邻苯二酚(儿茶酚)   4-己基-1,3-苯二酚   1,2,3-苯三酚(连苯三酚)

当苯环上有某些取代基时,由于这些取代基在命名时也可以作为母体,这类化合物的命名,则按照多官能团化合物的命名原则进行命名。例如:

对甲氧基苯酚   对羟基苯磺酸   邻羟基苯甲酸

【问题 10-15】命名下列化合物:

(1) 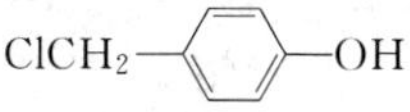 ClCH₂——OH

(2)

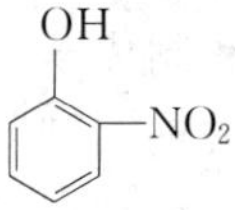

(3)

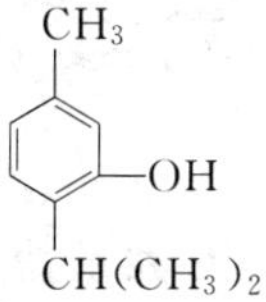

(4)

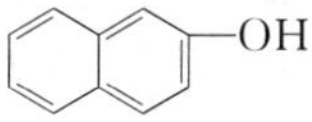

【问题 10-16】写出下列化合物的构造式:

(1) 对叔丁基苯酚   (2) 4-甲基-2-氯苯酚
(3) 对苯二酚   (4) 1-硝基-2-萘酚

10.2.2 酚的制法

酚中最重要的是苯酚。本节主要讨论苯酚的工业制法。

(1) 由异丙苯制备

首先在无水氯化铝催化下,大约于 95℃使苯与丙烯反应生成异丙苯;然后在 90～120℃、0.4～0.6MPa 下，用空气氧化异丙苯得到氢过氧化异丙苯；最后用～2％硫酸（或酸性离子交换树脂）、于 60～65℃、常压分解氢过氧化异丙苯则得到苯酚和丙酮。

$$\text{苯} + CH_3CH{=}CH_2 \xrightarrow[\sim 95℃]{AlCl_3} \text{苯}-CH(CH_3)_2 \xrightarrow[0.4\sim0.6MPa]{O_2,90\sim120℃} \text{苯}-\underset{\underset{CH_3}{|}}{\overset{\overset{CH_3}{|}}{C}}-OOH$$

$$\xrightarrow[60\sim65℃]{\sim2\% H_2SO_4} \text{苯}-OH + CH_3-\underset{\underset{O}{\|}}{C}-CH_3$$

这是目前工业上生产苯酚的主要方法，同时联产丙酮。这种方法也已被用来生产间甲酚、对甲酚和间苯二酚等。

（2）氯苯水解

在高温、高压和催化剂的作用下，氯苯可被氢氧化钠水溶液水解成苯酚钠，后者经酸化即得苯酚。

$$\text{苯}-Cl \xrightarrow[360\sim390℃,30\sim36MPa]{NaOH,铜催化剂} \text{苯}-ONa \xrightarrow{H^+} \text{苯}-OH$$

此法因消耗氯和氢氧化钠，同时需耐腐蚀设备，已逐渐被异丙苯法所代替，但目前有一些国家仍在采用。

（3）由甲苯氧化制备

首先将甲苯氧化成苯甲酸，后者再进一步氧化脱羧生成苯酚。

$$\text{苯}-CH_3 \xrightarrow[110\sim120℃,0.2\sim0.3MPa]{O_2,钴盐} \text{苯}-COOH \xrightarrow[220\sim250℃]{O_2/H_2O,铜盐} \text{苯}-OH$$

目前已有一些国家利用此法生产苯酚。

（4）碱熔法

首先将苯经磺化、中和制成苯磺酸钠；然后与氢氧化钠共熔得到苯酚钠；最后酸化即得苯酚。其中磺酸钠（钾）与碱共熔生成酚盐，叫碱熔。

$$\text{苯} \xrightarrow[140\sim160℃]{92.5\% H_2SO_4} \text{苯}-SO_3H \xrightarrow{Na_2SO_3} \text{苯}-SO_3Na \xrightarrow[330\sim340℃]{NaOH} \text{苯}-ONa$$

$$\xrightarrow[\sim70℃]{SO_2,H_2O} \text{苯}-OH$$

此法消耗大量强酸、强碱，腐蚀性大，生产工序多，能耗高，有大量盐类生成。但设备简单，产率和产品纯度高。目前仍有一些小厂利用此法生产。

碱熔法也可用来制备其他的酚。例如：

$$\underset{SO_3Na}{\overset{CH_3}{\text{苯}}} \xrightarrow[②H^+]{①NaOH{-}KOH,230\sim330℃} \underset{OH}{\overset{CH_3}{\text{苯}}}$$

$$\text{萘}-SO_3Na \xrightarrow[②H^+]{①KOH,300\sim310℃} \text{萘}-OH$$

10.2.3 酚的物理性质

常温下，除个别烷基酚是液体外，其他酚都是固体。与醇相似，酚分子间也能形成氢键，因此它们具有很高的沸点。许多酚本身无色，但因易被氧化成氧化物而带有颜色。酚常具有特殊气味。一元酚微溶或不溶于水，溶于乙醇、乙醚等有机溶剂。多元酚因分子中的羟基增多而在水中的溶解度加大。一些常见酚的物理常数如表 10-3 所示。

表 10-3 酚的物理常数

名 称	熔点/℃	沸点/℃	溶解度/(g/100g 水)	名 称	熔点/℃	沸点/℃	溶解度/(g/100g 水)
苯酚	40.8	181.8	8	邻苯二酚	105	245	45
邻甲苯酚	30.5	191	2.5	间苯二酚	110	281	123
间甲苯酚	11.9	202.2	2.6	对苯二酚	170	285.2	8
对甲苯酚	34.5	201.8	2.3	1,2,3-苯三酚	133	309	62
邻硝基来酚	44.5	214.5	0.2	α-萘酚	94	279	
间硝基苯酚	96		2.2	β-萘酚	123	286	0.1
对硝基苯酚	114	295	1.3				

【问题 10-17】乙醇和苯酚分子中含有相同的官能团羟基，但在常温时，乙醇与水无限混溶，而苯酚在水中的溶解度则较小（见表 10-3），为什么？

10.2.4 酚的化学性质

酚和醇分子中具有相同的官能团羟基，应有相同或相似的性质，但由于酚的羟基直接与芳环相连，羟基与芳环相互影响的结果，使得酚的性质与醇相比有较大的差别。酚的化学反应发生在羟基和芳环上。

（1）酚羟基的反应

酚羟基所发生的反应，既有与醇羟基相同或相似之处，又有不同之处。

（A）弱酸性　与醇相比，酚的酸性（如苯酚 $pK_a=10$）比醇（如乙醇 $pK_a=15.9$，环己醇 $pK_a=18$）强，酚能与氢氧化钠水溶液作用，生成可溶于水的酚钠。例如：

$$\text{⟨⟩—OH} + \text{NaOH} \longrightarrow \text{⟨⟩—ONa} + \text{H}_2\text{O}$$

但酚的酸性比碳酸弱（碳酸 $pK_a=6.38$）。例如，在苯酚钠的水溶液中通入二氧化碳，则游离出苯酚。利用这一性质可鉴别和分离难溶或不溶于水的酚和醇。

$$\text{⟨⟩—ONa} + \text{CO}_2 + \text{H}_2\text{O} \longrightarrow \text{⟨⟩—OH} + \text{NaHCO}_3$$

苯酚具有酸性，是由于羟基氧原子上的未共用电子对所在的 p 轨道与苯环的 π 轨道构成共轭体系，由于共轭效应的影响，氧原子上的电子发生离域，使得羟基中的氢原子容易以质子形式离去，同时生成苯氧负离子；也由于共轭效应的影响，氧原子上的负电荷分散到苯环上，使得苯氧负离子得到稳定。如下所示：

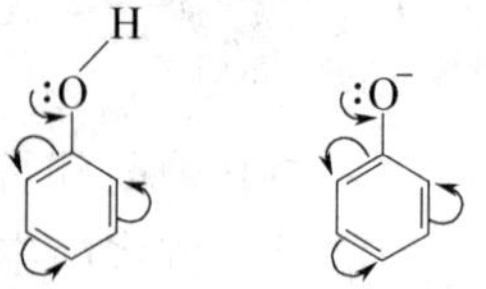

取代酚酸性的强弱与取代基的性质有关。当苯环上连有吸电基时，由于吸电子的共轭和/或诱导效应的影响，羟基氧原子上的电子密度降低，因此酸性增加。例如，硝基苯酚的酸性比苯酚强；相反，当苯环上连有供电基时，因不利于羟基氧原子上电荷的分散，故酸性降低。例如，烷基酚的酸性比苯酚弱，如表 10-4 所示。

表 10-4　酚的酸性

名　称	pK_a	名　称	pK_a	名　称	pK_a
苯酚	9.98	对甲苯酚	10.14	对硝基苯酚	7.15
邻甲苯酚	10.28	邻硝基苯酚	7.23	2,4-二硝基苯	4.09
间甲苯酚	10.08	间硝基苯酚	8.40		

（B）醚的生成　与醇相似，酚也能生成醚。但又与醇不同，酚的两分子之间不能脱水生成醚；酚钠与醇钠相似，醇钠与卤代烷容易生成醚 [见 9.4.1 (2)]，酚钠也能与卤代烷等生成芳基烷基醚；但难与芳卤化合物生成醚。例如：

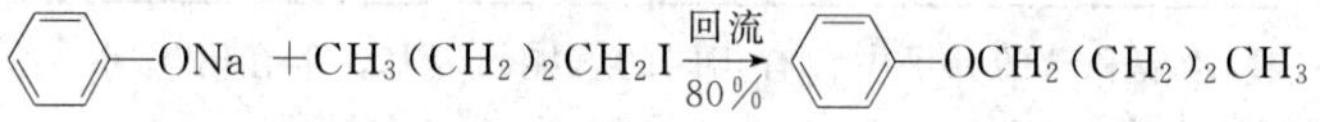

$$C_6H_5ONa + CH_3(CH_2)_2CH_2I \xrightarrow[80\%]{回流} C_6H_5OCH_2(CH_2)_2CH_3$$

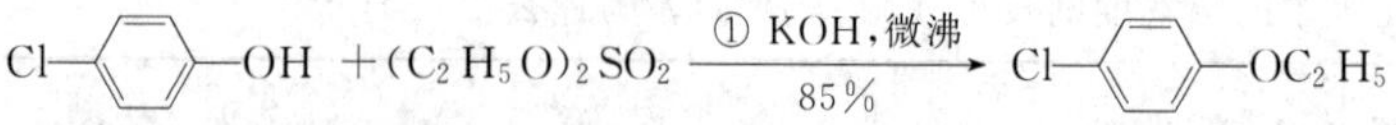

$$Cl\text{—}C_6H_4\text{—}OH + (C_2H_5O)_2SO_2 \xrightarrow[85\%]{① KOH,微沸} Cl\text{—}C_6H_4\text{—}OC_2H_5$$

此反应已用于医药和农药等工业生产中。例如：

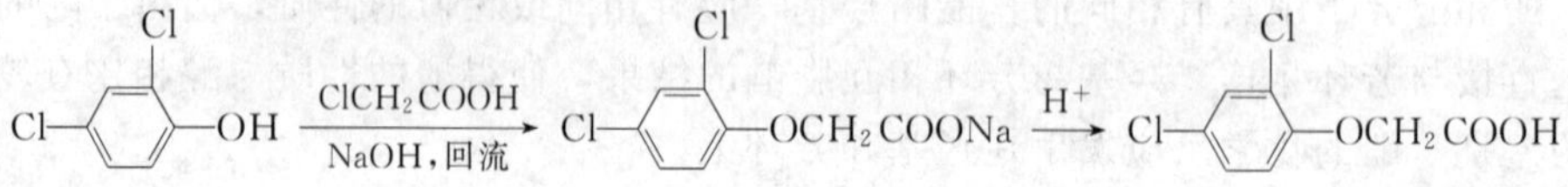

$$Cl_2C_6H_3\text{—}OH \xrightarrow[NaOH,回流]{ClCH_2COOH} Cl_2C_6H_3\text{—}OCH_2COONa \xrightarrow{H^+} Cl_2C_6H_3\text{—}OCH_2COOH$$

2,4-二氯苯氧乙酸

2,4-二氯苯氧乙酸简称 2,4-D，熔点 138℃。其钠盐、铵盐和酯类被用作植物生长调节剂，也是双子叶杂草的除草剂。

（C）酯的生成　与醇相似，酚也能够酯化，但较难与酸酯化，一般采用酰氯或酸酐与酚反应。例如：

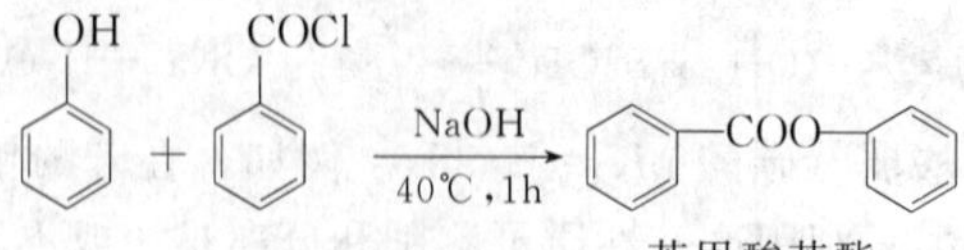

$$C_6H_5OH + C_6H_5COCl \xrightarrow[40℃,1h]{NaOH} C_6H_5COOC_6H_5$$

苯甲酸苯酯

$$C_6H_5\text{—}OH + (CH_3CO)_2O \xrightarrow[<30℃,4h]{NaOH} CH_3\text{—}\overset{\displaystyle O}{\underset{\displaystyle}{C}}\text{—}O\text{—}C_6H_5$$

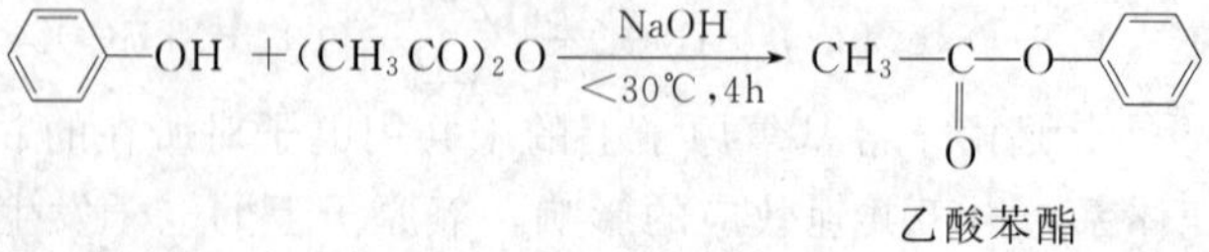

乙酸苯酯

【问题 10-18】试用化学方法鉴别下列各组化合物：

(1) 甲苯和苯酚　　　　　　　　(2) 环己醇和苯酚

(3) 1-氯乙烷和对氯苯酚　　　　(4) 苯酚和 2,4-二硝基苯酚

【问题 10-19】完成下列反应式：

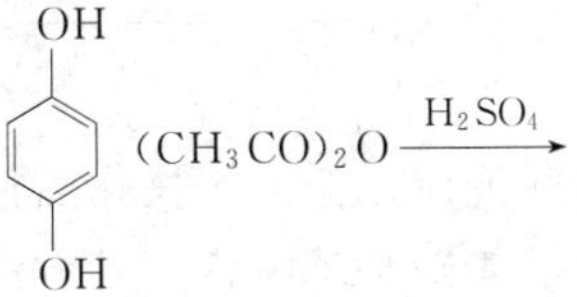

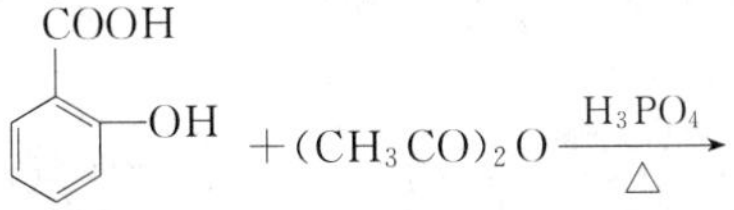

(2) 芳环上的反应

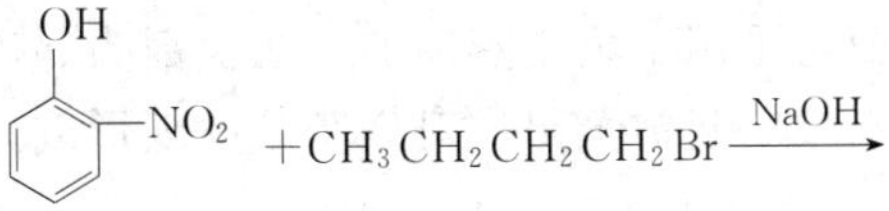

(A) 催化加氢　在催化剂（如兰尼（Raney）镍、铜等）的作用下，苯酚可与氢加成生成环己醇。

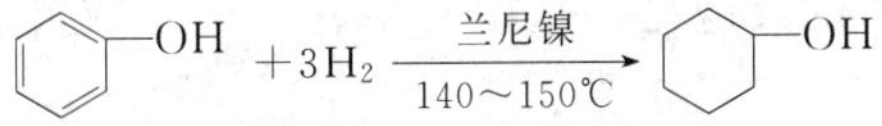

这是工业上生产环己醇的方法之一。

环己醇是无色吸湿性晶体或液体，有樟脑气味。熔点 $23\sim25℃$，沸点 $161℃$，$d_4^{20}=0.962$。微溶于水，溶于乙醇、乙醚和苯等有机溶剂。可用作溶剂，是生产己内酰胺、己二酸等的重要原料。

(B) 亲电取代反应　当羟基与苯环相连时，它是一个较强的邻对位定位基，因此酚很容易进行卤化、硝化、磺化和付列德尔-克拉夫茨等亲电取代反应。例如，苯酚与溴水反应，立即生成 2,4,6-三溴苯酚沉淀：

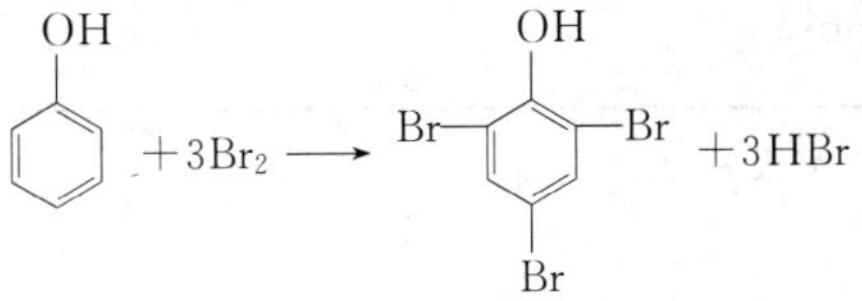

此反应可用来鉴定苯酚。若想得到一溴苯酚需控制反应条件才能实现。如在极性较小的溶剂中，于较低温度使苯酚与溴作用，可得到以对位为主的一溴苯酚：

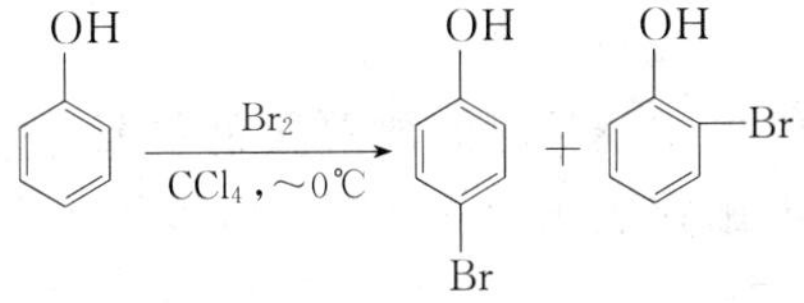

又如，苯酚比苯容易进行硝化反应。在常温时，苯酚即可与稀硝酸反应，生成邻

硝基苯酚和对硝基苯酚的混合物，其中以邻位为主。

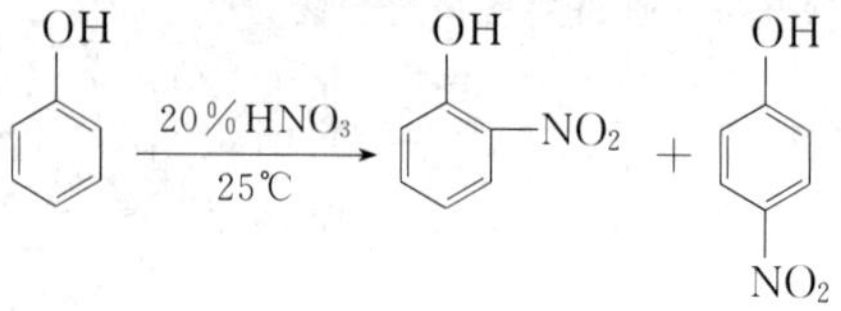

$$30\% \sim 40\% \qquad 15\%$$

由于苯酚易被硝酸氧化，虽产率较低，无工业生产价值，但由于操作简便，邻位和对位异构体容易分离，因而是实验室中制备少量邻硝基苯酚常用的方法。

在实验室中分离邻和对硝基苯酚是采用水蒸气蒸馏的方法。因为邻硝基苯酚能形成分子内氢键，易挥发而随水蒸气一起被蒸出；对硝基苯酚因形成分子间氢键，不易挥发而仍留在反应器中。

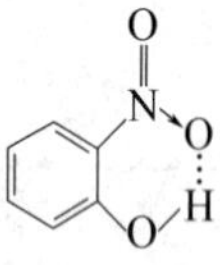

邻硝基苯酚 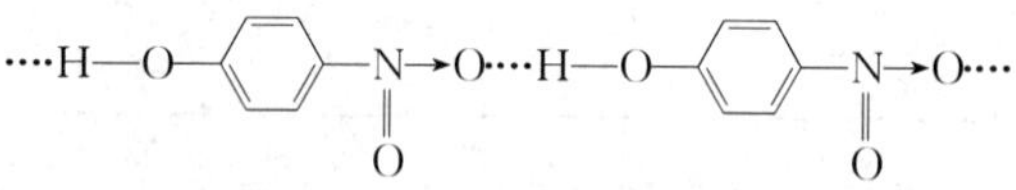　　　　　　　　　　　　　　　　对硝基苯酚

酚也容易进行付列德尔-克拉夫茨反应，但制备烷基酚时，产率一般较低。在工业上具有实用价值的反应之一是由对甲基苯酚（或混合甲酚）制备 4-甲基-2,6-二叔丁基苯酚：

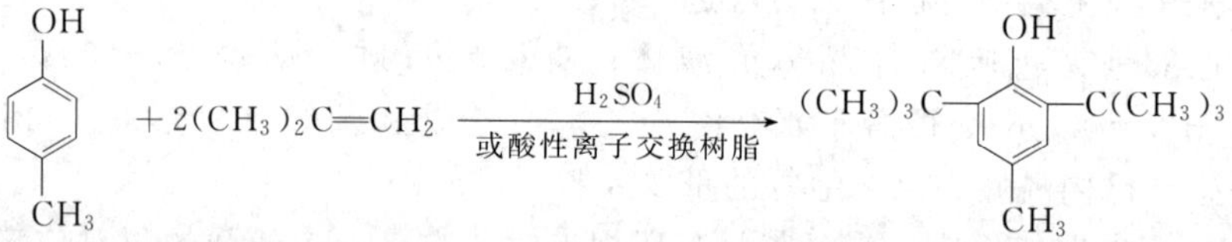

4-甲基-2,6-二叔丁基苯酚又名防老剂 264，是白色或微黄色晶体，熔点 $70 \sim 71℃$。不溶于水，溶于乙醇和苯等有机溶剂。用作橡胶和塑料的防老剂，也用作汽油、变压器油等的抗氧剂。

【问题 10-20】完成下列反应式：

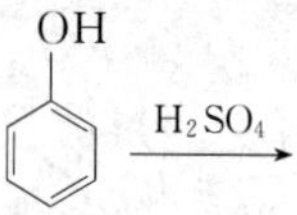

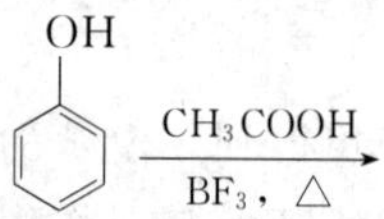

（3）氧化反应

酚易被氧化，酚在空气中较长时间放置颜色变深，即是被空气氧化的结果，其氧化产物很复杂。某些酚在氧化剂作用下，可被氧化成醌。例如：

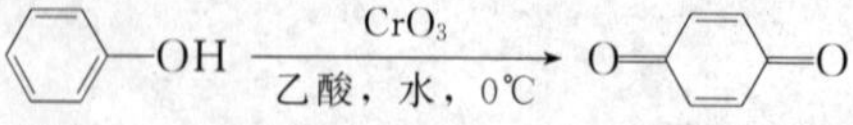

对苯醌

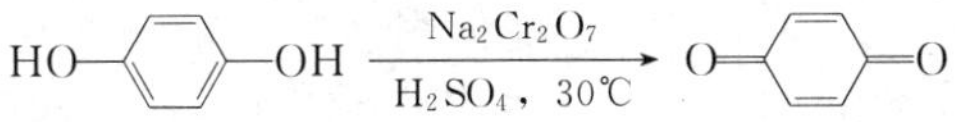

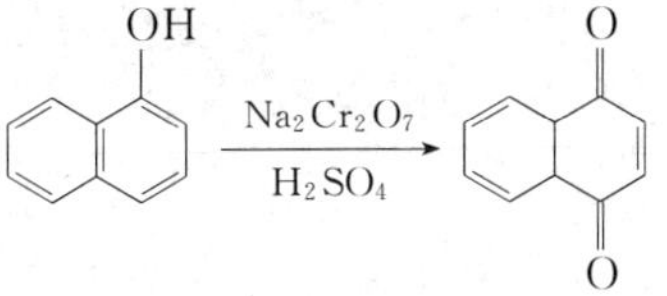

α-萘醌

（4）与三氯化铁的显色反应

许多酚与三氯化铁稀溶液作用产生颜色，如表 10-5 所示。因此可利用该反应鉴别酚（烯醇式化合物也能产生颜色反应）。酚与三氯化铁的显色反应，可能是生成了离子型络合物，也可能是生成了共价型螯合物。这决定于酚的结构和溶剂的性质。例如：

$$6C_6H_5OH + FeCl_3 \longrightarrow [Fe(OC_6H_5)_6]^{3+} + 3Cl^- + 6H^+$$

表 10-5　酚与三氯化铁的显色反应

化 合 物	显 色	化 合 物	显 色
苯酚	紫	邻苯二酚	绿
邻甲苯酚	红	对苯二酚	暗绿结晶
间甲苯酚	紫	间苯二酚	蓝～紫
对甲苯酚	紫	1,2,3-苯三酚	紫～红棕
邻硝基苯酚	红～棕	α-萘酚	紫
对硝基苯酚	棕	β-萘酚	黄～绿

10.2.5　酚醛树脂和杯芳烃

（1）酚醛树脂

酚醛树脂是由酚和醛经缩合聚合（简称缩聚）而成的一类高分子化合物。其中以由苯酚和甲醛制备的酚醛树脂为主。

在酸的催化下，苯酚主要在其羟基的邻位与甲醛发生缩合反应，生成线型缩合物：

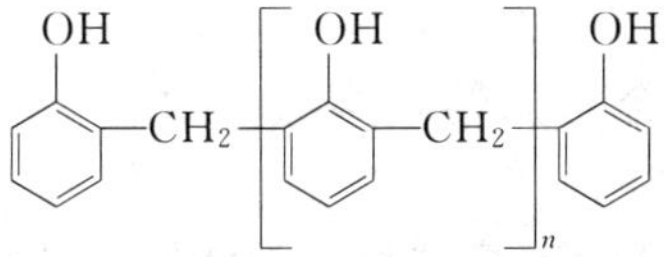

这种线型缩合物受热熔化，叫做热塑性酚醛树脂。主要用作模塑粉。在使用时需加入环六亚甲基四胺（固化剂，用来产生甲醛）使树脂固化，而生成体型（网状）缩合物。另外，苯酚与过量甲醛在碱性介质中反应时（碱催化反应），可得到线型直至体型（网状）缩合物：

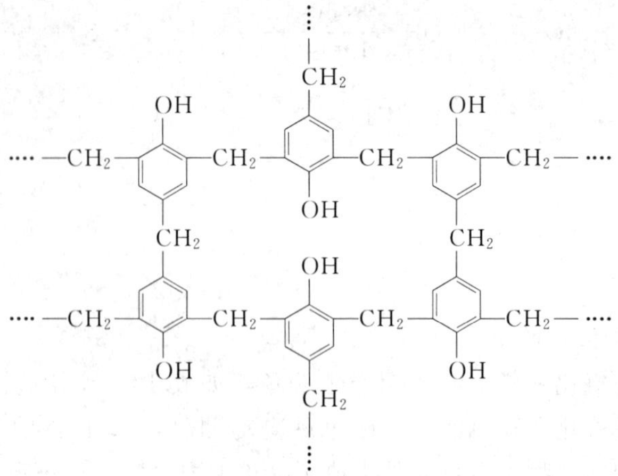

这种体型缩合物叫做热固性酚醛树脂，俗名"电木"。它具有电绝缘性好、耐酸性好等优点，但耐碱性差。主要用于制造日用品等。

(2) 杯芳烃

在一定条件下，某些酚与甲醛缩合聚合还能形成环状寡聚物。例如，在氢氧化钠存在下，对叔丁基苯酚与甲醛水溶液反应，生成环状四聚体：

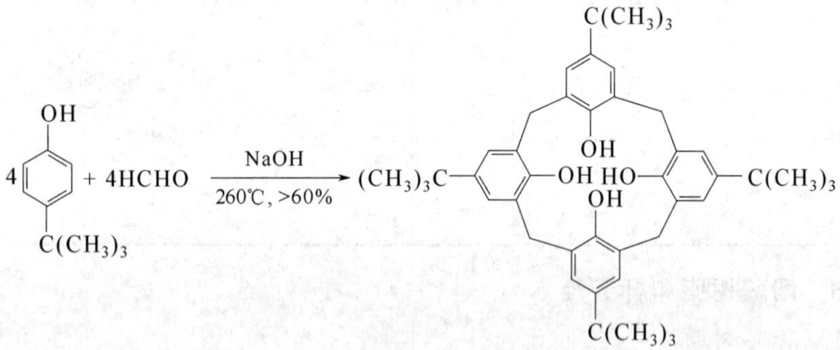

这种环状寡聚物由于结构形似酒杯，而被称为杯芳烃。杯芳烃的命名规则是，将苯酚环上的取代基放在"杯芳烃"名称之前，将组成杯芳烃的酚的结构单元数写在方括号内，放在"杯"和"芳烃"之间即可。例如，上述杯芳烃的苯环上，在羟基的对位有一个叔丁基，构成杯芳烃环共有四个酚的结构单元，因此叫做对叔丁基杯 [4] 芳烃。

杯芳烃比相应链状化合物的熔点高（多数在 250℃ 以上）。几乎不溶于水，在有机溶剂中的溶解度也很小。

杯芳烃由于结构的特殊性而具有自身的特性。其分子的上部是具有疏水性的空腔，能与氯甲烷、苯、甲苯等中性分子形成配合物，其分子底部是羟基，能与锂、钠、钾、钙和银等阳离子螯合，因此，杯芳烃既能与中性分子也能与离子形成包结物。

杯芳烃可被用作离子交换剂、相转移催化剂等。另外由于其具有酶模拟性能，因此在超分子化学中作为主体分子，而具有很大的应用潜力。

10.2.6　双酚 A 和环氧树脂

（1）双酚 A

在酸催化下，两分子苯酚与丙酮缩合生成 2,2-二对羟苯基丙烷（俗名双酚 A）：

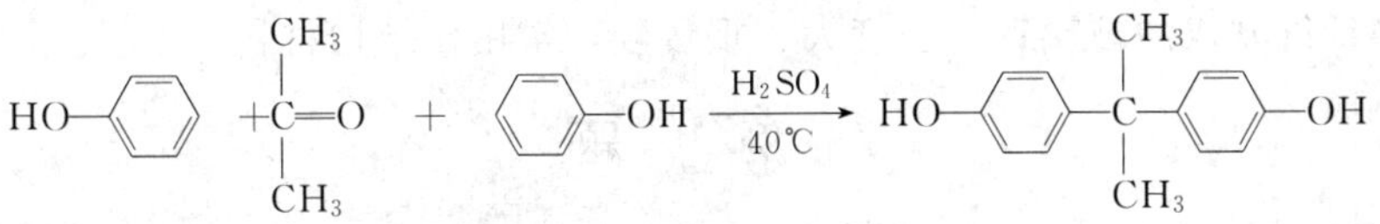

双酚 A 为白色粉末，熔点 154℃，是制造环氧树脂、聚砜、聚碳酸酯等的原料。

（2）环氧树脂

在碱的作用下，双酚 A 与环氧氯丙烷反应生成线型高分子化合物，叫做环氧树脂。其反应大致如下：

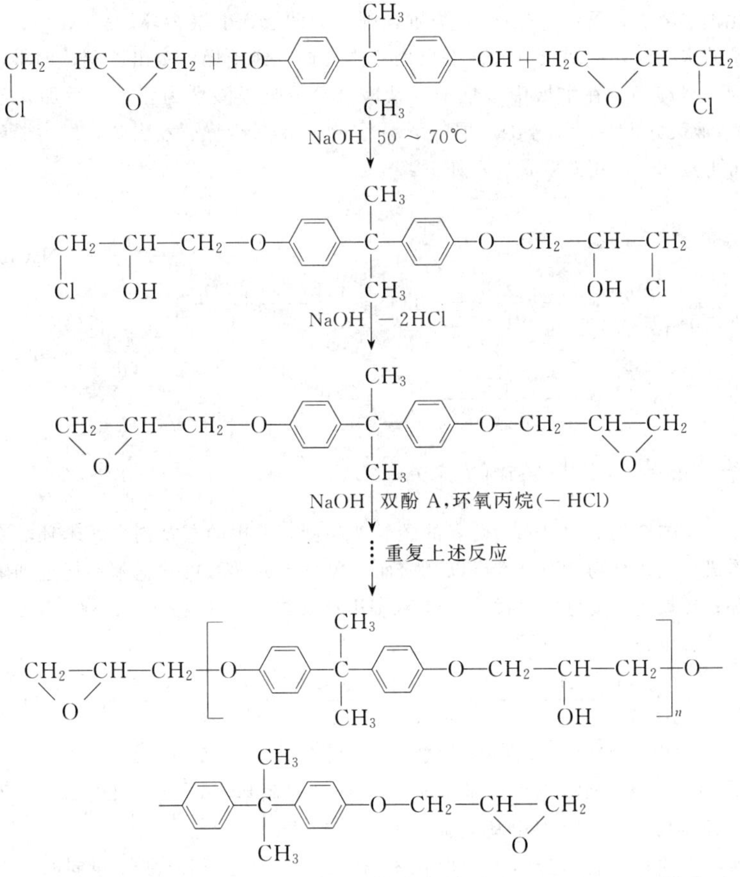

工业上的环氧树脂的平均相对分子质量大约为 350～4000，物态由液体至脆性固体。线型环氧树脂需加固化剂使之交联成体型结构，加固化剂后所形成的体型结构，以乙二胺为例示意如下：

$$
\begin{array}{ccc}
\cdots\cdot\text{CH--CH}_2 & & \text{CH}_2\text{--CH}\cdots\cdot \\
\quad\ |\ \ \quad \text{OH} & & \text{OH}\ \ | \\
& \text{N--CH}_2\text{--CH}_2\text{--N} & \\
\quad\ |\ \ \quad & & \ \ | \\
\cdots\cdot\text{CH--CH}_2 & & \text{CH}_2\text{--CH}\cdots\cdot \\
\quad\ |\ \ \quad \text{OH} & & \text{OH}\ \ |
\end{array}
$$

环氧树脂用途广泛。例如，用于表面涂层和黏合剂（俗称万能胶）；用于浸渍玻璃纤维制成的玻璃钢，强度大、重量轻，常用作结构材料。

例 题

[例题一] 今有苯酚和环己醇的混合物，如何将两者分开？

答　分离混合物的一般程序，是利用它们的化学和/或物理性质来考虑的。但分离与提纯或鉴别是不完全相同的，分离时，每个化合物经一系列变化后必须能够复原。

本题中两个化合物属不同类型，因此可考虑利用各化合物的通性将其分开。苯酚具有酸性，环己醇近似中性，因此可利用其酸性的不同将两者分开。即：在苯酚和环己醇混合物中加入氢氧化钠水溶液，摇晃（搅拌），静置，则分为两层，上层为环己醇（$d_4^{20}=0.962$），下层为苯酚钠的水溶液，将两层分开。上层用乙醚提取，经干燥、蒸出乙醚，即得环己醇，后者再经蒸馏可得纯品。在水层中慢慢加入盐酸至溶液显强酸性为止，然后加入苯（萃取苯酚），此时溶液又分为两层，分出水层（下层），苯层依次干燥、蒸出苯，即得苯酚。若要得纯苯酚也可再蒸馏。可用图解式表示如下：

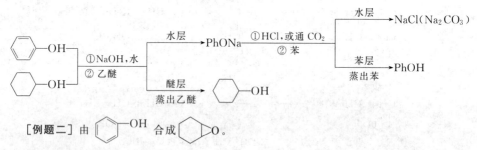

[例题二] 由 ⟨Ph⟩—OH 合成 环氧化合物。

答　将原料与产物对比可知，两者的碳骨架相同，酚中的羟基消失，苯环转变为环己烷环，同时形成环氧化合物。通过本章以及前面有关章节的学习可知：苯环通过加氢可以转变为环己烷环；环氧化合物可以通过 C=C 双键用过氧酸氧化得到；而 C=C 双键可以通过醇脱水得到。其合成路线如下所示：

$$
\bigcirc\!\!-\text{OH} \xrightarrow[\triangle]{\text{H}_2,\ \text{Ni}} \bigcirc\!\!-\text{OH} \xrightarrow[\triangle]{\text{浓 H}_2\text{SO}_4} \bigcirc \xrightarrow{\text{过氧酸}} \bigcirc\!\!\!<\!\!\text{O}
$$

[例题三] 比较下列化合物的酸性强弱。

(A) 苯酚　　　(B) 对甲氧基苯酚　　　(C) 对硝基苯酚　　　(D) 2,4-二硝基苯酚

(E) 对溴苯酚　　　(F) 对甲基苯酚

答　所给出的化合物，为苯酚和取代苯酚，因此比较其相对酸性强弱时，能以苯酚为"标准"，然后考查各苯环上的取代基。已知吸电基使酚的酸性增强，供电基使酚的酸性减弱，且取代基越多影响越大。

在取代酚中，取代基均处于羟基的对位，[其中（D）在羟基的邻位还有一个取代基]，它

们对羟基的影响是通过共轭效应和诱导效应起作用。其中（B）的—OCH₃ 通过 p，π 共轭效应表现为供电基，（F）的—CH₃ 通过超共轭效应亦表现为供电基，但比—OCH₃ 的影响小。（C）和（D）中的—NO₂ 通过 π，π 共轭效应表现为吸电基，且（D）中有两个—NO₂ 影响更大。（E）中的-Br 通过 p，π 共轭效应表现为供电性，但溴的强诱导效应又表现出吸电基，总的结果显示吸电性，但吸电性比—NO₂ 差。

通过上述讨论可知，它们的相对酸性强弱次序为：（D）＞（C）＞（E）＞（A）＞（F）＞（B）。

习　题

（一）写出分子式为 $C_6H_{14}O$ 醇的构造异构体，用系统命名法命名，并分别指出它们是伯、仲、叔醇中的哪一种？分子式为 $C_6H_{14}O$ 醇的构造异构体的数目与分子式为 $C_6H_{13}Cl$ 氯代烷的构造异构体的数目是否相同？为什么？

（二）回答下列问题：

（1）将下列化合物按其酸性由大到小排列成序：

（A）苯酚　　　（B）苄醇　　　（C）间硝基苯酚　　　（D）间甲基苯酚

（2）将下列化合物按其与 Na 反应的活性由大到小排列成序：

（A）CH_3OH　　　（B）$(CH_3)_2CHOH$　　　（C）$(CH_3)_3COH$

（3）将下列化合物按其脱水反应的活性由大到小排列成序：

（A）$(CH_3)_2CHCH_2CH_2OH$　　　（B）$(CH_3)_3COH$　　　（C）$(CH_3)_2CHCHCH_3$
　　　　　　　　　　　　　　　　　　　　　　　　　　　　　　　　　｜
　　　　　　　　　　　　　　　　　　　　　　　　　　　　　　　　　OH

（4）将下列化合物按其与卢卡斯试剂反应的难易，由易到难排列成序：

（A）正丙醇　　　（B）2-甲基-2-戊醇　　　（C）二乙基甲醇

（5）1-戊醇微溶于水，但 1,5-戊二醇易溶于水，为什么？

（三）用化学方法鉴别下列各组化合物：

（1）1-己醇和 1-溴己烷

（2）α-苯乙醇和 β-苯乙醇

（3）1-丁醇和 2-丁烯-1-醇

（四）完成下列反应式；

（1）

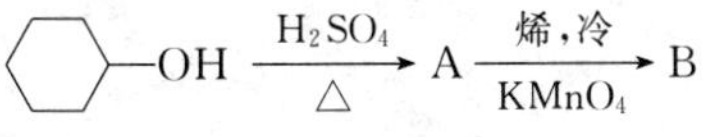

（2）

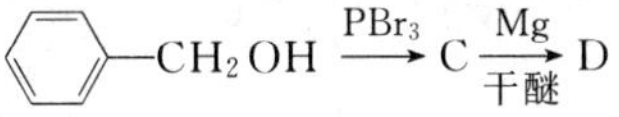

（3）$CH_3CH_2OH \xrightarrow[170℃]{H_2SO_4} E \xrightarrow[Ag, \triangle]{O_2} F$

（4）

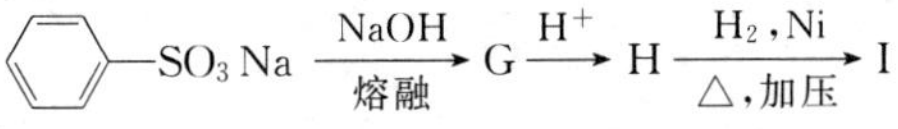

（5）

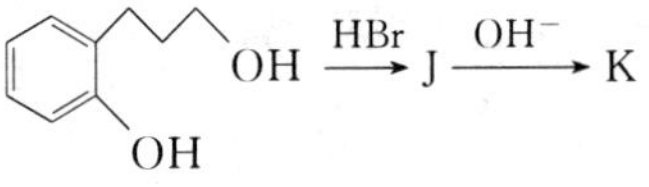

（6）

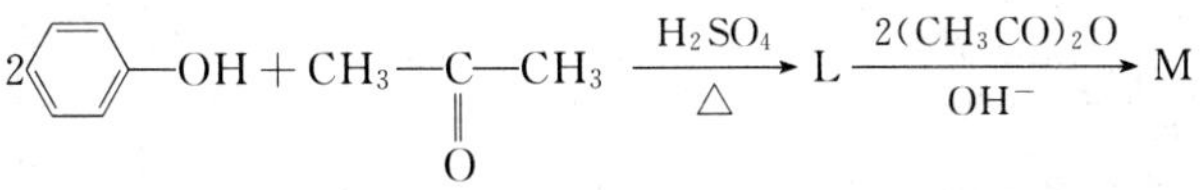

（五）合成：

（1）由 C_2 以下醇和需要的无机试剂为原料合成 l-丙醇。

（2）以苯为主要原料合成 $CH_3(H_2C)_4CH_2$—〔苯环 —OH，OH〕。

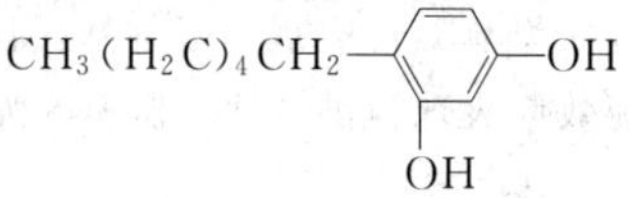

（3）在汽油中加入甲基叔丁基醚可提高汽油的辛烷值，以减少或避免使用含铅汽油。试由不多于四个碳原子的烃合成甲基叔丁基醚。

（4）以苯酚为原料合成 2,6-二氯苯酚（一种昆虫诱引剂）

（六）推导结构

（1）某醇 $C_5H_{12}O$ 氧化后生成酮，脱水生成一种不饱和烃，此烃氧化生成酮和羧酸两种产物的混合物，试写出该醇的构造式。

（2）化合物（A）的分子式为 C_7H_8O，不溶于 $NaHCO_3$ 溶液，而溶于 $NaOH$ 水溶液。（A）用溴水处理得（B）$C_7H_6OBr_2$。写出（A）和（B）的构造式。

参 考 书 目

1　张黯主编. 有机化学教程. 上下册. 北京：高等教育出版社，1990. 313～342 、628～648

2　高鸿宾主编. 有机化学. 第三版. 北京：高等教育出版社，1999.212～227 、314～327

第 **11** 章　醚和环氧化合物

醇分子内羟基中的氢原子被烃基取代的化合物叫做醚。醚也可以看作是水分子中的两个氢原子被两个烃基取代的化合物。其中两个烃基可以相同，也可以不同。两个烃基相同时，叫做单醚（R—O—R）。两个烃基不同时，叫做混醚（R—O—R'）。两个烃基都是饱和烃基时，叫做饱和醚；若两个烃基中有一个是不饱和烃基时，叫做不饱和醚；若两个烃基中有一个是芳香烃基时，叫做芳醚；醚一般用简式 R—O—R 表示，其中—O—叫做醚键，是醚的官能团。饱和醚的通式与饱和一元醇相同，也是 $C_nH_{2n+2}O$，故碳原子数相同的饱和醚与饱和一元醇是同分异构体。

11.1　醚的命名

构造比较简单的醚，一般以烃基的名称命名。对于单醚，叫做二某烃基醚，"二"和"基"有时也可省略。例如：

$$C_2H_5—O—C_2H_5 \qquad CH_2{=}CH—O—CH{=}CH_2$$

　　（二）乙（基）醚　　　　　　二乙烯基醚　　　　　　（二）苯（基）醚

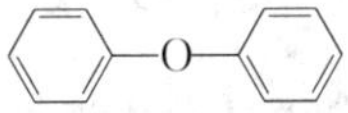

对于混醚，基团排列的先后次序按"次序规则"排列，即"较优"基因后列出。例如：

$$CH_3—O—CH(CH_3)_2 \qquad CH_3CH_2—O—CH{=}CH_2$$

　　　甲（基）异丙（基）醚　　　　乙（基）乙烯（基）醚　　　　甲（基）苯（基）醚

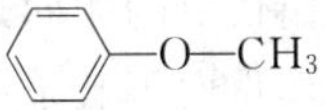

（或苯甲醚、或茴香醚）

构造比较复杂的醚，按"次序规则"将分子中优先顺序编号较小的烃氧基（R—O—）作为取代基，其余部分作为母体来命名。例如：

$$CH_3CH_2CH_2CHCH_3 \qquad CH_3CH_2CH_2CH—O—CH_2CH_3 \qquad CH_3—O—CH—CH—O—CH_3$$
$$\quad | \qquad\qquad\qquad\qquad | \qquad\qquad\qquad\qquad\qquad | \quad |$$
$$\quad OCH_3 \qquad\qquad\qquad\quad CH_2CH_3 \qquad\qquad\qquad\qquad CH_3\ CH_3$$

　　2-甲氧基戊烷　　　　　　3-乙氧基己烷　　　　　　2,3-二甲氧基丁烷

【问题 11-1】命名下列化合物或写出构造式：

(1) $C_2H_5—O—CH(CH_3)_2$　　　　　　　　(2) $CH_2{=}CHCH_2—O—CH_3$

（3）$CH_3—O—CH_2CH_2CH_2—O—CH_3$　　　（4）$CH_3—\langle\text{苯环}\rangle—O—CH_3$

（5）异戊醚　　　　　　　　　　　　　　（6）2-乙氧基乙醇

11.2　醚的制法

11.2.1　醇脱水

在 [10.1.4（4）] 中曾指出，醇发生分子间脱水生成醚。通常在酸催化下，醇经加热脱水生成醚。例如：

$$CH_3CH_2CH_2CH_2OH \xrightarrow[\text{回流}]{H_2SO_4} CH_3CH_2CH_2CH_2—O—CH_2CH_2CH_2CH_3$$

$$\underset{\underset{CH_3}{|}}{CH_3CHCH_2CH_2OH} \xrightarrow[\sim150\text{℃}]{H_2SO_4} \underset{\underset{CH_3}{|}}{CH_3CHCH_2CH_2—O—CH_2CH_2CHCH_3}$$

这是合成单醚的常用方法。对于伯、仲、叔醇而言，伯醇产率较佳，仲醇产率很低，叔醇一般不能生成醚（通常生成烯烃）。

11.2.2　威廉森合成法

威廉森（Williamson）合成法是用卤代烃或硫酸烷酯与醇钠或酚钠作用生成醚的方法。例如：

$$CH_3(CH_2)_4CH_2OH \xrightarrow{Na} CH_3(CH_2)_4CH_2ONa \xrightarrow[\text{微沸},2h,46\%]{CH_3CH_2I} CH_3(CH_2)_4CH_2OCH_2CH_3$$

$$(CH_3)_2CHONa+\langle\text{苯环}\rangle—CH_2Cl \xrightarrow{84\%} (CH_3)_2CHOCH_2—\langle\text{苯环}\rangle$$

$$\langle\text{萘}\rangle—OH+(CH_3)_2SO_4 \xrightarrow[70\sim80\text{℃},84\%]{NaOH} \langle\text{萘}\rangle—OCH_3$$

威廉森合成法是合成混醚和单醚（尤其是混醚）的有效方法。

在利用威廉森合成法合成醚时，必须注意原料的选择。当合成脂肪醚时，由于卤代烷脱卤代氢的倾向是 3°>2°>1°，故伯卤烷生成醚的产率较好，叔卤烷由于消除反应特别严重而不被采用。即合成伯烷基叔烷基醚，需采用伯卤烷与叔醇钠（钾）反应，而不采用叔卤烷与伯醇钠（钾）反应，因为后者将主要得到烯烃。例如：

$$\underset{\underset{ONa}{|}}{(CH_3)_2CCH_2CH_3}+CH_3CH_2Br \longrightarrow \underset{\underset{OCH_2CH_3}{|}}{(CH_3)_2CCH_2CH_3}$$

$$\underset{\underset{Br}{|}}{(CH_3)_2CCH_2CH_3}+CH_3CH_2ONa \xrightarrow{CH_3CH_2OH} \underset{\underset{\substack{OC_2H_5\\2\%}}{|}}{(CH_3)_2CCH_2CH_3}$$

$$+(CH_3)_2C\!=\!\underbrace{CHCH_3+CH_2}\!=\!\underset{\underset{CH_2CH_3}{|}}{\overset{\overset{CH_3}{|}}{C}}CH_2CH_3}$$
$$\underbrace{}_{98\%}$$

当用威廉森合成法制备芳基烷基醚时，需用酚盐和卤代烷，而不用芳基卤化物和醇钠。因为芳基卤化物对醇盐而言非常不活泼。例如：

$$\text{C}_6\text{H}_5\text{—ONa} + \text{CH}_3\text{CH}_2\text{CH}_2\text{Br} \longrightarrow \text{C}_6\text{H}_5\text{—O—CH}_2\text{CH}_2\text{CH}_3$$

$$\text{CH}_3\text{CH}_2\text{CH}_2\text{ONa} + \text{C}_6\text{H}_5\text{—Br} \longrightarrow 不反应$$

【问题 11-2】合成下列化合物（原料自选）：

(1) 正丁醚　　　　　　(2) 甲异丁醚

(3) 异丙醚　　　　　　(4) 对氯苯甲醚

(5) 苯基烯丙基醚　　　(6) 苯氧基乙酸

【问题 11-3】由指定的四种原料中任选两种原料合成指定的醚，并说明你选用的两种原料的理由。

(1) 由 $\text{C}_2\text{H}_5\text{Br}$、$\text{C}_2\text{H}_5\text{ONa}$、$(\text{CH}_3)_3\text{CCl}$ 和 $(\text{CH}_3)_3\text{CONa}$ 合成 $\text{C}_2\text{O}_5\text{—O—C}(\text{CH}_3)_3$

(2) 由 PhCH_2Br、PhCH_2ONa、PhBr 和 PhONa 合成 PhOCH_2Ph

(3) 由 $(\text{CH}_3)_3\text{CBr}$、$\text{PhCH}_2\text{Br}$、$(\text{CH}_3)_3\text{CONa}$ 和 PhCH_2ONa 合成 $(\text{H}_3\text{C})_3\text{C—O—CH}_2\text{Ph}$

11.3　醚的物理性质

常温时，除甲醚和甲乙醚是气体外，其他醚是无色液体。醚具有一定气味，易溶于有机溶剂，也能溶解很多有机物，故本身是良好溶剂。醚的沸点比相对分子质量接近的醇低。例如甲醚（相对分子质量 46）的沸点是 -24℃，而乙醇（相对分子质量 46）的沸点是 78.34℃。这是由于醇能形成分子间氢键，而醚分子则不能形成分子间氢键。但低级醚中的氧原子能与水中的氢原子形成氢键，故

$$\begin{matrix} R & & H \\ & \diagdown & | \\ & O \cdots H\text{—O} \\ & \diagup & \\ R & & \end{matrix}$$

低级醚在水中的溶解度与相对分子质量相同的醇近似。例如，乙醚和正丁醇在水中的溶解度大致相同（约 $8\text{g}/100\text{g}$ 水）。常见醚的物理常数如表 11-1 所示。

表 11-1　醚的物理常数

名　称	熔点/℃	沸点/℃	相对密度 d_4^{20}	水中溶解度
甲醚	-140	-24		1 体积水溶解 37 体积气体
乙醚	-116	34.5	0.713	$\sim 8\text{g}/100\text{g}$ 水
正丙醚	-122	91	0.736	微溶
正丁醚	-95	142	0.773	微溶
正戊醚	-69	188	0.774	不溶
乙烯醚	< -30	28.4	0.773	微溶

续表

名　称	熔点/℃	沸点/℃	相对密度 d_4^{20}	水中溶解度
乙二醇二甲醚	−58	82～83	0.836	溶于水
苯甲醚	−37.5	155.5	0.996(d_4^{18})	不溶
二苯醚	28	259	1.075	不溶
β-萘甲醚	72～73	274		不溶

　　值得注意的是，多数醚易挥发、易燃。尤其是常用的乙醚极易挥发和着火，且其蒸气与空气能形成爆炸混合物，爆炸极限 1.85%～36.5%（体积），因此在使用时要注意安全。

11.4　醚的化学性质

　　醚键（—O—）对于碱、氧化剂、还原剂和金属钠都很稳定，因此醚是一类比较不活泼的化合物。但醚分子中的氧原子可与强酸生成镁盐，甚至醚键也可以发生断裂。

11.4.1　镁盐的生成

　　醚分子中氧原子上带有未共用电子对，可以给出电子（路易斯碱），故与强酸（如浓盐酸和浓硫酸等）和缺电子的路易斯酸（如氯化铝和三氟化硼等）作用能够生成镁盐和酸碱加合物。

$$R—\overset{\cdot\cdot}{\underset{\cdot\cdot}{O}}—R + H_2SO_4 \rightleftharpoons \left[R—\overset{\cdot\cdot}{\underset{|}{O}}—R \right]^+ HSO_4^-$$
$$\qquad\qquad\qquad\qquad\qquad H$$

质子化醚

$$R—\overset{\cdot\cdot}{\underset{\cdot\cdot}{O}}—R + BF_3 \rightleftharpoons R—\overset{\cdot\cdot}{\underset{BF_3}{O}}—R$$

酸碱加合物

　　醚与强酸生成的盐，溶于冷的浓酸中。由于镁盐是一种弱碱强酸盐，很不稳定，遇水分解成原来的醚，因此可利用此性质鉴别和分离醚。

$$\left[R—\overset{}{\underset{|}{O}}—R \right]^+ + H_2O \longrightarrow R—O—R + H_3O^+$$
$$\quad H$$

11.4.2　醚键的断裂

　　醚与氢碘酸共热，发生 C—O 键断裂，生成一分子碘代烷和一分子醇。若使用过量的氢碘酸，则生成两分子碘代烷。

$$R—O—R + HI \xrightarrow{\triangle} R—I + R—OH$$

$$R—O—R + 2HI \xrightarrow{\triangle} 2R—I + H_2O$$

　　在此反应中，氢碘酸首先与醚形成镁盐（ R—$\overset{+}{\underset{|}{O}}$—R ），由于带正电荷氧吸
$$\qquad\qquad\qquad\qquad\qquad\qquad H$$

电子的结果，$\overset{+}{R-O}$ 键比母体醚中的 R—O 键容易断裂，又由于 I^- 是很强的亲核试剂，它进攻$\overset{+}{R-O}$中与带正电荷氧相连的碳原子，结果生成碘代烷和醇。

除氢碘酸外，氢溴酸和盐酸也可使用，但由于它们的活性较差，尤其是盐酸需用浓酸和较高的温度，故氢碘酸是最有效和最常用的试剂。

对于芳基烷基醚，由于芳环与氧相连的键比较牢固，故发生烷基与氧相连的键断裂，生成酚和碘代烷。例如：

$$\text{C}_6\text{H}_5\text{—O—CH}_3 \xrightarrow[120\sim130℃]{57\%\,HI} \text{C}_6\text{H}_5\text{—OH—CH}_3\text{I}$$

11.4.3　过氧化物的生成

乙醚等低级醚与空气长期接触，会慢慢生成过氧化物。过氧化物不稳定，受热易发生爆炸。因此在蒸馏乙醚时，若乙醚中含有过氧化物，由于它难挥发，在蒸馏过程中就会引起爆炸。为了避免过氧化物造成的危险，可用少量乙醚、碘化钾溶液和几滴淀粉溶液一起摇荡，若呈现蓝色，表示有过氧化物存在。当乙醚中有过氧化物时，可用硫酸亚铁和硫酸的水溶液洗涤，即可除去过氧化物。

【问题 11-4】完成下列反应式：

(1) $\text{C}_2\text{H}_5\text{OC}_2\text{H}_5 + \text{HCl} \longrightarrow$　　　　(2) $\text{C}_2\text{H}_5\text{OC}_2\text{H}_5 + \text{BF}_3 \longrightarrow$

(3) $\text{CH}_3\text{CH}_2\text{CH}_2\text{OCH}_2\text{CH}_3 + \text{HI} \longrightarrow$　　　(4) $(\text{CH}_3)_2\text{CHOCH}(\text{CH}_3)_2 + 2\text{HI} \longrightarrow$

(5) ![萘]–OC_2H_5 + HI $\longrightarrow$　　　(6) $\text{CH}_3\text{CH}_2\text{CH}_2\text{CH}_2\text{OCH}_3 + \text{HI} \longrightarrow$

【问题 11-5】1-溴丁烷中含有少量正丁醇和正丁醚，试将这两种杂质除去。

11.5　环醚

组成环的原子除碳原子外，还有氧原子的环状化合物，叫做环醚或环氧化合物。例如：

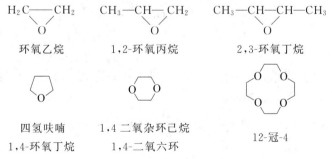

环氧乙烷	1,2-环氧丙烷	2,3-环氧丁烷

四氢呋喃　　1,4 二氧杂环己烷
1,4-环氧丁烷　　1,4-二氧六环　　　　12-冠-4

11.5.1　环氧乙烷

环氧乙烷是最简单和最重要的环醚。也叫做氧化乙烯或噁烷。工业上主要由乙烯氧化制备［见 4.6.2（3）］。另一种最早实现工业化的方法，是由乙烯经氯

醇 [见 4.6.1（6）]，然后脱氯化氢制备：

$$CH_2{=}CH_2 + Cl_2 + H_2O \longrightarrow \underset{\underset{Cl}{|}}{CH_2}{-}\underset{\underset{OH}{|}}{CH_2} + HCl$$

$$2\underset{\underset{Cl}{|}}{CH_2}{-}\underset{\underset{OH}{|}}{CH_2} + Ca(OH)_2 \longrightarrow 2H_2C\underset{\diagdown O \diagup}{-}CH_2 + CaCl_2 + H_2O$$

由于氯醇法耗氯量大，且排污严重，现已不用于生产环氧乙烷，但仍用于环氧丙烷的生产。

环氧乙烷常温常压下是气体。沸点是 10.7℃，与空气能形成爆炸混合物，爆炸极限 3.6%～78%（体积）。能溶于水、乙醇和乙醚。

环氧乙烷是一个三元环状化合物，由于三元环具有张力而不稳定，能与多种化合物反应而开环，生成很多重要的有机化合物，因此环氧乙烷是重要的化工原料。

（1）与水反应

在酸催化下，环氧乙烷与水反应生成乙二醇。这是工业上生产乙二醇的方法之一。

$$H_2C\underset{\diagdown O \diagup}{-}CH_2 + H_2O \xrightarrow[50\sim70℃]{0.5\%H_2SO_4} \underset{\underset{OH}{|}}{CH_2}{-}\underset{\underset{OH}{|}}{CH_2}$$

乙二醇与水相似，也能与环氧乙烷反应：

$$H_2C\underset{\diagdown O \diagup}{-}CH_2 + \underset{\underset{OH}{|}}{CH_2}{-}\underset{\underset{OH}{|}}{CH_2} \xrightarrow[50\sim70℃]{0.5\%H_2SO_4} \underset{\underset{OH}{|}}{CH_2}{-}CH_2{-}O{-}CH_2{-}\underset{\underset{OH}{|}}{CH_2}$$

二甘醇（一缩二乙二醇）

二 甘 醇 再 与 环 氧 乙 烷 反 应 则 生 成 三 甘 醇 [二 缩 三 乙 二 醇，HO—(CH_2CH_2—O)_3H] 等。在生产乙二醇时，不可避免地要有少量二甘醇和三甘醇等生成。二甘醇、三甘醇等统称多缩乙二醇或聚乙二醇。

（2）与醇反应

在酸催化下，环氧乙烷与醇反应生成乙二醇（单）烷基醚：

$$H_2C\underset{\diagdown O \diagup}{-}CH_2 + ROH \xrightarrow{H^+} \underset{\underset{OH}{|}}{H_2C}{-}\underset{\underset{OR}{|}}{CH_2}$$

乙二醇（单）烷基醚

生成的乙二醇（单）烷基醚，由于分子中仍有羟基，可进一步与环氧乙烷反应，生成二甘醇（单）烷基醚：

$$\underset{\underset{OR}{|}}{H_2C}{-}\underset{\underset{OH}{|}}{CH_2} + H_2C\underset{\diagdown O \diagup}{-}CH_2 \xrightarrow{H} \underset{\underset{OR}{|}}{H_2C}{-}CH_2{-}O{-}CH_2{-}\underset{\underset{OH}{|}}{CH_2}$$

二甘醇（单）烷基醚

反应继续进行则生成聚乙二醇（单）烷基醚。这类化合物具有醇和醚双重性质，是一种优良溶剂。

工业上生产乙二醇醚通常采用碱性催化剂（如碱金属的氢氧化物或醇盐），醇则常用甲醇、乙醇和正丁醇。

（3）与氨反应

环氧乙烷在 60～150℃，3～15MPa 条件下与 20%～30% 的氨水反应首先生成（一）乙醇胺（习惯名称，或称氨基乙醇）：

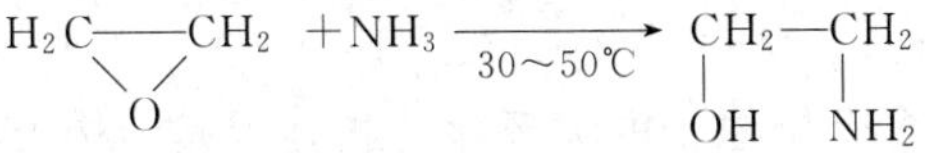

$$H_2C\overset{\diagdown\diagup}{\underset{O}{}}CH_2 + NH_3 \xrightarrow{30\sim50℃} \underset{OH}{CH_2}-\underset{NH_2}{CH_2}$$

一乙醇胺

由于一乙醇胺分子中的氨基上有氢原子，可与环氧乙烷继续反应生成二乙醇胺和三乙醇胺：

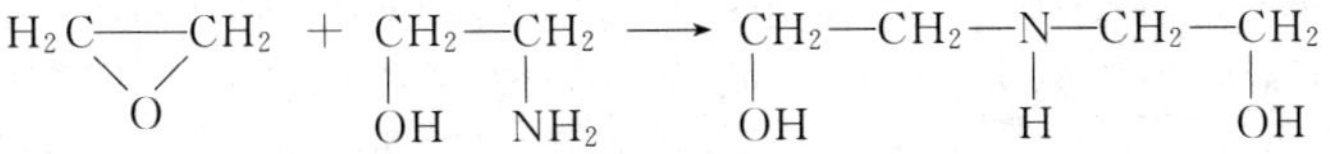

$$H_2C\overset{\diagdown\diagup}{\underset{O}{}}CH_2 + \underset{OH}{CH_2}-\underset{NH_2}{CH_2} \longrightarrow \underset{OH}{CH_2}-\underset{H}{CH_2}-\underset{}{N}-\underset{OH}{CH_2}-CH_2$$

二乙醇胺

$$H_2C\overset{\diagdown\diagup}{\underset{O}{}}CH_2 + \underset{OH}{CH_2}-\underset{H}{CH_2}-N-\underset{OH}{CH_2}-CH_2 \longrightarrow HOCH_2CH_2-\underset{CH_2CH_2OH}{N}-CH_2CH_2OH$$

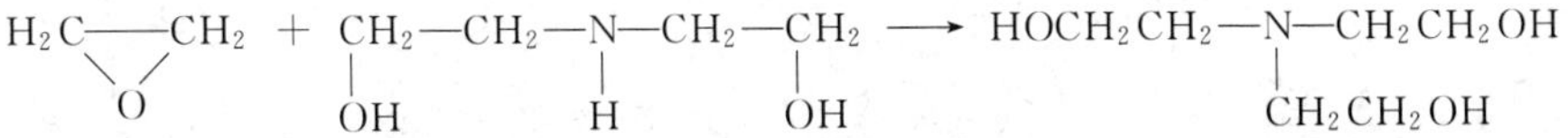

三乙醇胺

这是工业上生产三种乙醇胺的方法，其中以何者为主，取决于原料配比和反应条件。

一乙醇胺为无色黏稠液体，有氨气味，沸点 170.5℃，与水和乙醇无限混溶。它具有碱性，可用于除去天然气和石油气中的酸性气体，并用于制造非离子型洗涤剂和乳化剂等。二乙醇胺也是无色黏稠液体，沸点 268.8℃，溶于水、乙醇和丙酮。有碱性，能吸收空气中的二氧化碳和硫化氢等。可用于焦炉气等工业气体的净化，也用于制造洗涤剂和擦光剂等。三乙醇胺也是黏稠液体，沸点 360℃，溶于水、乙醇和氯仿。有碱性，能用于焦炉气等工业气体的净化，还可用作纺织品、化妆品等的增湿剂，染料、树脂和橡胶浆等的分散剂。

（4）与格利雅试剂的反应

环氧乙烷与格利雅试剂反应，所得产物再经水解得到伯醇。例如：

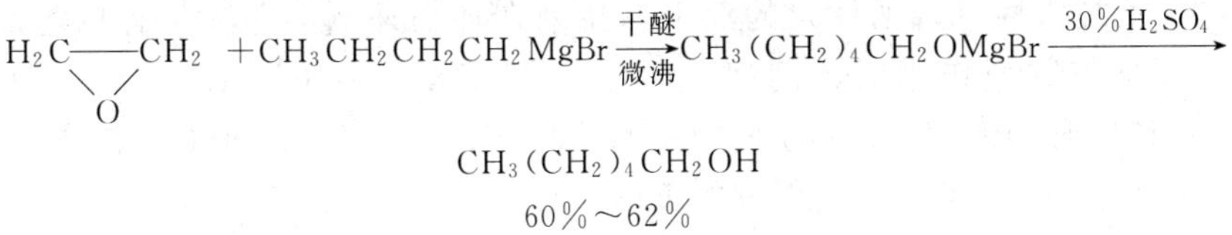

$$H_2C\overset{\diagdown\diagup}{\underset{O}{}}CH_2 + CH_3CH_2CH_2CH_2MgBr \xrightarrow[微沸]{干醚} CH_3(CH_2)_4CH_2OMgBr \xrightarrow{30\% H_2SO_4}$$

$$CH_3(CH_2)_4CH_2OH$$

$$60\%\sim62\%$$

此反应在有机合成中可用来增长碳链，是制备伯醇的一种方法。

【问题 11-6】完成下列反应式：

（1） 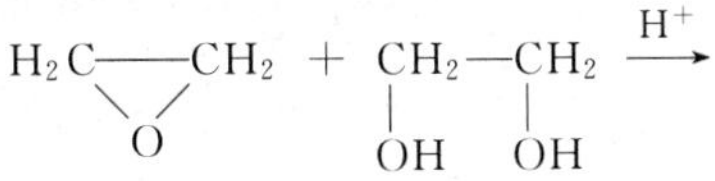　$H_2C\overset{\diagdown\diagup}{\underset{O}{}}CH_2 + \underset{OH}{CH_2}-\underset{OH}{CH_2} \xrightarrow{H^+}$

（2）　$H_2C\overset{\diagup\diagdown}{\underset{O}{}}CH_2 + HBr \longrightarrow$

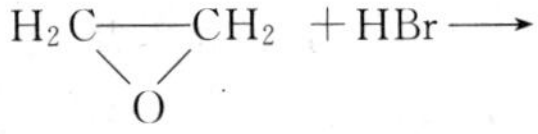

(3) 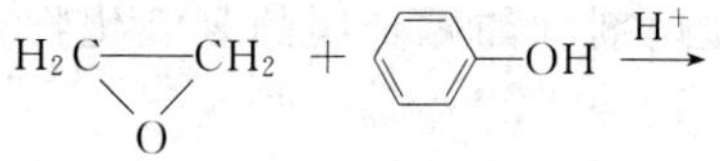 $\underset{\displaystyle O}{H_2C\text{—}CH_2}$ + —OH $\xrightarrow{H^+}$

(4) 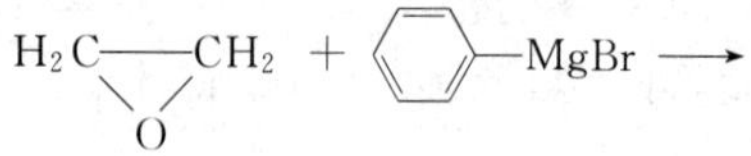 $\underset{\displaystyle O}{H_2C\text{—}CH_2}$ + —MgBr $\longrightarrow$

11.5.2 冠醚

冠醚是一类含有多个氧原子的大环化合物，因其结构形状似外国王冠，故叫做冠醚，也叫大环醚。

冠醚的命名可用"通式"X-冠-Y 表示，其中 X 代表组成环的总原子数，Y 代表环上的氧原子数；当环上连有烃基时，则烃基的名称和数目作为词头。例如：

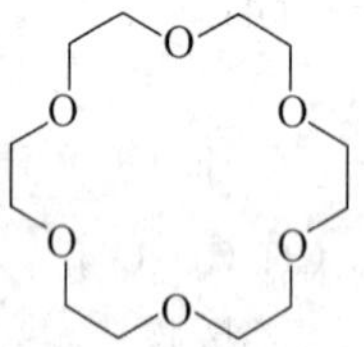

18-冠-6 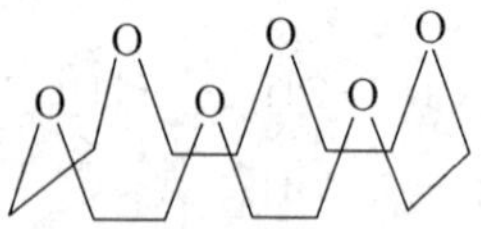   形似王冠 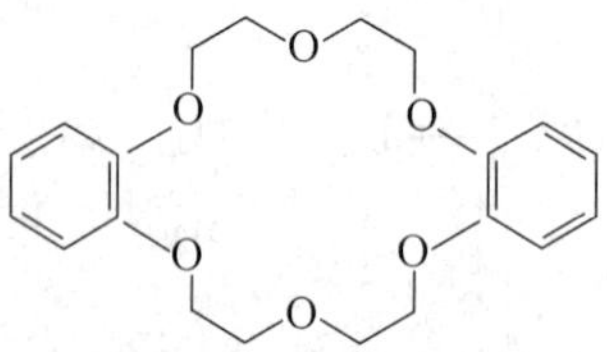   二苯并-18-冠-6

冠醚通常采用威廉森合成法，由卤代烷与醇钠（钾）反应制备。例如：

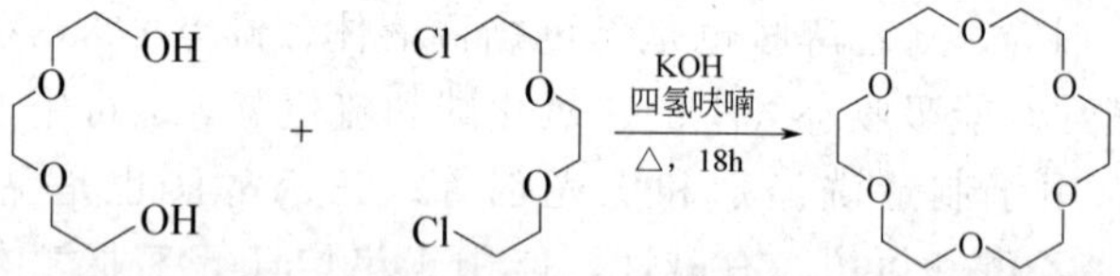

冠醚由于结构的特点，即冠醚氧原子上的未共用电子对向着环的内侧，当适合于环的大小的金属正离子进入环内时〔例如，K^+ 的半径为 0.133nm，可进入18-冠-6 的空穴（0.26～0.32nm）中〕，则氧原子与金属离子通过静电吸引形成络合物，而疏水性（亲油性）的亚甲基排列在环的外侧，它溶于有机溶剂，因此，当冠醚与试剂作用时，例如，18-冠-6 与 KX（F、Cl、Br、I）、KCN 或 $KMnO_4$ 作用时，则 18-冠-6 与 K^+ 络合，而将 X^-、CN^- 或 MnO_4^- 裸露在外边，形成"裸负离子"（没有溶剂包围的负离子）：

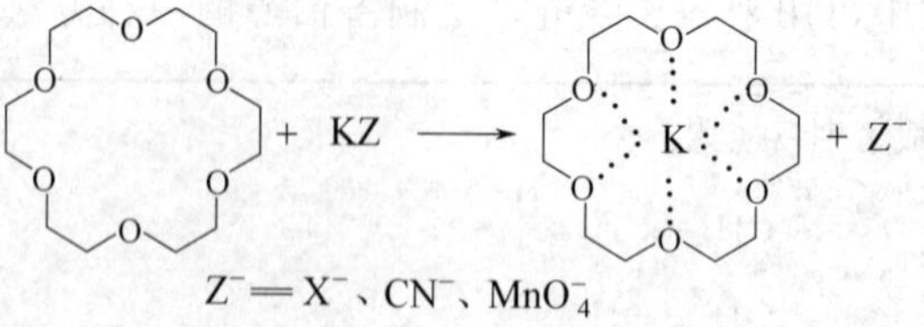

$$Z^- = X^-、CN^-、MnO_4^-$$

试剂（如 KX、KCN 或 $KMnO_4$ 等）与反应物反应时，由于反应物是有机物，一般不溶于水，而 KX、KCN、$KMnO_4$ 等无机盐易溶于水而不溶于有机物，因此两者较难进行反应。若在其中加入冠醚，则冠醚首先与试剂作用，形成上述形式的"试剂"。由于冠醚能与 KX、KCN 或 KMnO$_4$ 在水相中作用，与 K$^+$ 络合而将试剂从水相转移到有机相，然后具有较高活性的"裸负离子"（X$^-$、CN$^-$、MnO$_4^-$）与反应物迅速发生反应，使反应顺利进行。例如：

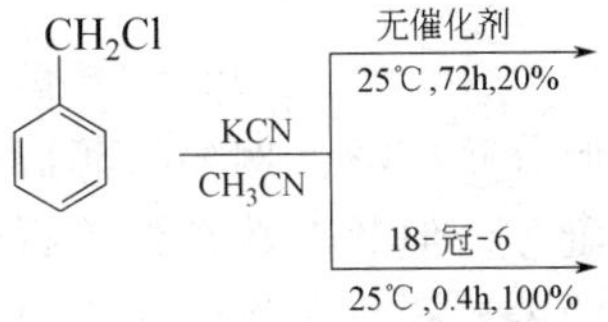

11.5.3　相转移催化反应

像 18-冠-6 这样的催化剂，在非均相反应中，能将反应物之一由反应系统中的一相转移到另一相，叫做相转移催化剂（或相转移剂）。这样发生的反应叫做相转移催化反应。

相转移催化反应是化学反应的方式之一，它比传统方法具有反应速度快、条件温和、操作方便、产率高等优点。例如：

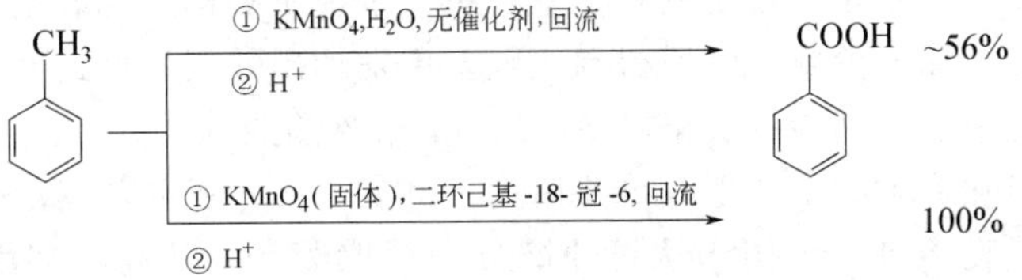

值得注意的是，利用冠醚作为相转移催化剂时，对于不同的离子应选择不同冠醚，因为冠醚随环的大小不同而选择与不同的金属离子络合。例如，12-冠-4 与锂离子络合而不与钾离子络合；18-冠-6 与钾离子络合而不与锂和钠离子络合。其中应用最广的是 18-冠-6。由于冠醚价格昂贵、有毒、回收较难等，在实验室已被采用，而工业上尚未利用。

相转移催化剂除冠醚外，常用的还有以下几种：

① 鎓盐类：其中以季铵盐类最常用。例如，溴化三乙基十六烷基铵，三乙基苄基铵，四丁基硫酸氢铵等。这类催化剂是使用最广泛的一类。

② 聚乙二醇类：例如聚乙二醇 400、600、800 等，以及聚乙二醇的一烷基醚和二烷基醚等。

目前相转移催化反应在很多有机合成反应中已被采用，有的已用于工业生产。

11.6　硫醚

硫醚可以看成是醚分子中的氧原子被硫原子取代的化合物，也可以看成硫化氢分子中的两个氢原子被烃基取代的化合物，可用简式 R-S-R 表示。

硫醚的命名与醚相似。只需在醚字之前加一"硫"字即可。例如：

$$CH_3CH_2SCH_2CH_3 \qquad CH_3SCH_2CH_3$$

乙硫醚　　　　　　　　　甲乙硫醚

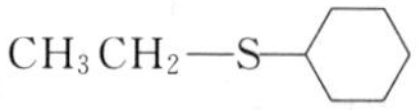

$$CH_3CH_2{-}S{-}\bigcirc \qquad CH_2{=}CHCH_2{-}S{-}CH_2CH{=}CH_2$$

乙（基）环己（基）硫醚　　　　　　　烯丙基硫醚

硫醚在自然界中虽然很少，但分布广泛。例如，薄荷油中含有甲硫醚，大蒜和葱头中含有乙硫醚和烯丙基硫醚等。但其多数存在于石油及石油产品中，其中以石油的中质馏分中含量较多，约占含硫化合物的 50% 或更多。

硫醚是无色液体或固体。不溶于水，溶于某些有机溶剂。硫醚可被氧化，最初的氧化产物是亚砜，进一步氧化可得砜：

$$R{-}S{-}R \xrightarrow{\text{氧化}} R{-}S{-}R \xrightarrow{\text{氧化}} R{-}\overset{\overset{\textstyle O}{\uparrow}}{\underset{\underset{\textstyle O}{\downarrow}}{S}}{-}R$$

亚砜　　　　　　砜

硫醚的氧化产物是砜还是亚砜，主要决定于硫醚的构造、氧化剂的性质和氧化条件。例如，用硝酸氧化一般得到亚砜，用发烟硝酸氧化得到砜。所用的氧化剂还有过氧化氢、高锰酸钾、铬酐-醋酸、铬酸-冰醋酸等。

硫醚的氧化产物在工业上有重要用途。例如，二甲亚砜是近年来工业上使用较多的一种优良溶剂，可用于从石油馏分中萃取芳烃，从高温裂解气中萃取乙炔，以及用作丙烯腈聚合与拉丝的溶剂等。又如，环丁砜 $\left(\bigcirc\!\!\!\!\underset{O\ \ O}{S}\right)$ 可用作液-汽萃取的选择性溶剂、萃取芳烃的溶剂，以及在合成氨工业中用于脱除原料气中的硫化氢、二氧化碳和有机硫化物。

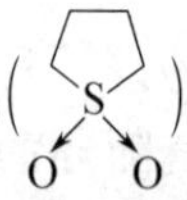

【问题 11-7】命名下列各化合物：

(1) $CH_3{-}S{-}\underset{\underset{\textstyle CH_3}{|}}{CH}{-}CH_3$

(2) $(CH_3)_3C{-}S{-}C_2H_5$

(3) $(CH_2{=}CHCH_2)_2S$

(4) 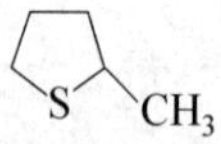 $\bigcirc\!\!\!\!\underset{S}{}\!\!{-}CH_3$

例　题

[例题一] 试由甲苯和必要的原料合成 $C_6H_5CH_2CH_2COOH$。

答　解答合成题的一般通则见第 5 章例题一。首先写出原料和产物的构造式：

原料　　　　　　　　　产物

$$C_6H_5{-}CH_3 \qquad\qquad C_6H_5{-}CH_2CH_2COOH$$

通过两者对比可知，原料需增加两个碳原子才能形成产物的碳架，即由原料需进行增碳反应。又由于产物是伯醇，即还需要引入羟基。已知环氧乙烷与格利雅试剂反应，得到比格利雅试剂多两个碳原子的伯醇，因此该醇的合成应采用 C_6H_5—CH_2MgBr 和 H_2C——CH_2 为

原料。

然后对比甲苯和卤化甲基镁可知，甲苯经侧链卤化、然后与镁反应可得格利雅试剂。具体合成方法可用反应式表示如下：

$$C_6H_5\text{—}CH_3 \xrightarrow[-HBr]{Br_2.} C_6H_5\text{—}CH_2Br \xrightarrow[\text{乙醚}]{Mg}$$

$$C_6H_5\text{—}CH_2MgBr \xrightarrow[\text{②}H^+,\ H_2O]{\text{①}\ H_2C\text{——}CH_2} C_6H_5\text{—}CH_2CH_2COOH$$

[例题二] 有一芳香族化合物（A），分子式为 C_7H_8O。（A）不与 Na 反应，但能与浓氢碘酸作用生成两个化合物（B）和（C）。（B）溶于 NaOH 水溶液，与 $FeCl_3$ 作用显色。（C）与 $AgNO_3$ 溶液作用生成黄色碘化银。试写出（A）、（B）和（C）的构造式。

答　根据题意（A）是分子式为 C_7H_8O 的芳香族化合物，因此除构成苯环的六个碳原子外，侧链只有一个碳原子，其氧原子与碳原子连接的方式有如下三种可能：

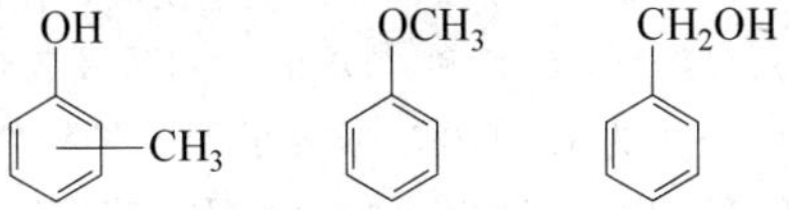

（Ⅰ）邻、间、对　　（Ⅱ）　　　　（Ⅲ）

根据题意，（A）不与钠反应，能与 HI 作用生成（B）和（C），因此（A）只能是（Ⅱ）。（B）溶于 NaOH，与 $FeCl_3$ 显色，说明（B）是酚（苯酚）；（C）与 $AgNO_3$ 作用生成 AgI，说明（C）是碘代烷（CH_3I）。综上所述，（A）、（B）和（C）的构造式分别为。

（A） 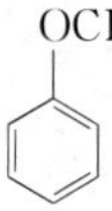　　　　　（B） 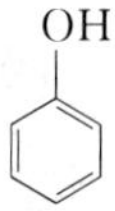　　　　（C）CH_3I

习　题

（一）命名下列化合物

（1）$ClCH_2OCH_2CH_2CH_3$　　　　（2）$CH_3O\text{—}\bigcirc\text{—}NO_2$　　　（3）

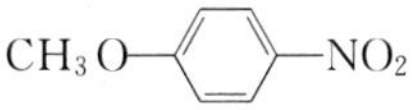

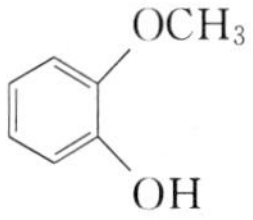

（二）将下列化合物按沸点由高到低排列，并说明理由。

（1）$\begin{matrix}CH_2OH\\|\\CH_2OH\end{matrix}$　　（2）$\begin{matrix}CH_2OCH_3\\|\\CH_2OCH_3\end{matrix}$　　（3）$\begin{matrix}CH_2OH\\|\\CH_2OCH_3\end{matrix}$

（三）用化学方法鉴别下列各组化合物：

（1）己烷、1-丁醇、苯酚、丁醚、1-溴丁烷

（2）乙二醇（单）甲醚、乙二醇二甲醚

(3) 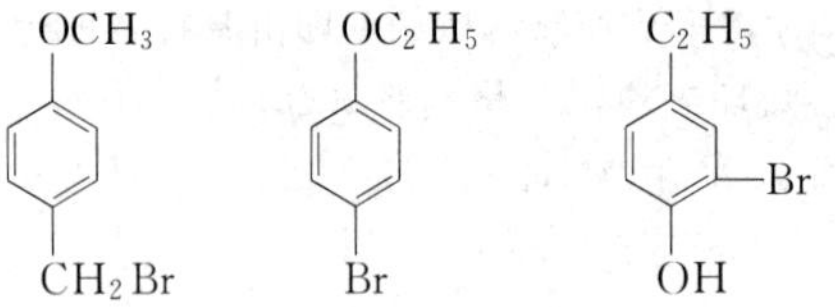

（四）用化学方法分离氯苯、苯甲醚和对甲苯酚。

（五）完成下列反应式；

(1) 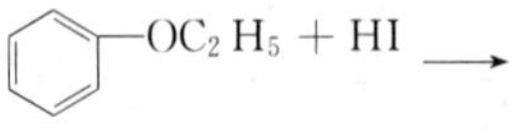　　(2) $(CH_3)_2CHCH_2OCH_3 + HBr \longrightarrow$

(3) 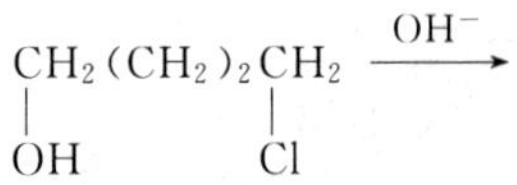　　(4) 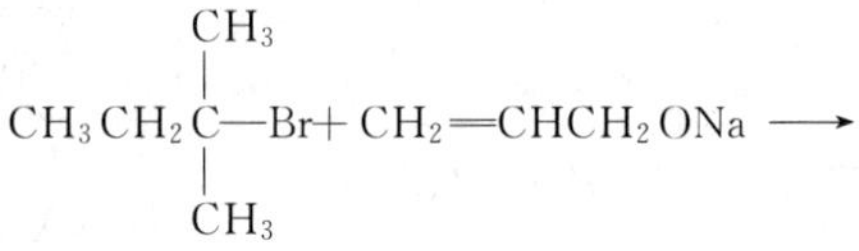

（六）合成：

(1) 以丙烯为主要原料合成正丙基烯丙基醚。

(2) 以 C_4 以下烯烃为原料合成正丁基叔丁基醚。

（七）推测化合物的结构

(1) 某化合物（A）分子式为 $C_6H_{14}O$，它不与钠作用，与氢碘酸反应生成一分子碘代烷（B）和一分子醇（C）。（C）与卢卡斯试剂立即发生反应，在加热下它与氧化铝作用只生成一种烯烃（D)。写出（A)、(B)、（C）和（D）的构造式及各步反应式。

(2) 化合物（A）的分子式为 C_7H_8O，不溶于碳酸氢钠溶液而溶于氢氧化钠水溶液。（A）用溴水处理得（B）$C_7H_6OBr_2$。写出（A）和（B）的构造式。

(3) 两个芳香族化合物（A）和（B)，分子式均为 C_7H_8O。（A）可与金属钠作用，而（B）则不能。（A）用氢碘酸处理转变为（C）C_7H_7I，（B）用浓氢碘酸处理，生成（D）C_6H_6O，（D）遇溴水迅速产生白色沉淀。写出（A)、(B)、（C）和（D）的构造式及各步反应式。

参 考 书 目

1　张黯主编．有机化学选论．第二辑．北京：高等教育出版社，1987．165～180

2　陈光旭主编．有机化学选论（一）．北京：北京师范大学出版社，1987．3～127

3　［德］Weisser K 等著．工业有机化学．周遊等译．北京：化学工业出版社，1998．113～129

第12章 醛、酮和醌

12.1 醛和酮的分类和命名

醛和酮分子中都含有羰基（$\diagdown \mathrm{C}{=}\mathrm{O}$），羰基是它们的官能团，因此醛和酮统称羰基化合物。羰基碳的两端至少有一端与氢原子相连（$-\overset{\|}{\underset{\mathrm{O}}{\mathrm{C}}}-\mathrm{H}$）者叫做醛，

例如 $\mathrm{H}-\overset{\mathrm{O}}{\underset{\|}{\mathrm{C}}}-\mathrm{H}$（甲醛）和 $\mathrm{CH_3}-\overset{\mathrm{O}}{\underset{\|}{\mathrm{C}}}-\mathrm{H}$（乙醛）。醛基是醛的官能团。羰基的两端都与烃基相连（$\mathrm{R}-\overset{\|}{\underset{\mathrm{O}}{\mathrm{C}}}-\mathrm{R}\ \ \mathrm{R}-\overset{\|}{\underset{\mathrm{O}}{\mathrm{C}}}-\mathrm{R'}$）者，叫做酮，例如 $\mathrm{CH_3}-\overset{\|}{\underset{\mathrm{O}}{\mathrm{C}}}-\mathrm{CH_3}$（丙酮）和 $\mathrm{CH_3}-\overset{\|}{\underset{\mathrm{O}}{\mathrm{C}}}-\mathrm{CH_2}-\mathrm{CH_3}$（丁酮）。酮分子中的羰基也叫做酮基，是酮的官能团。分子式相同的醛和酮互为异构体，例如，$\mathrm{CH_3}-\mathrm{CH_2}-\mathrm{CHO}$（丙醛）和 $\mathrm{CH_3COCH_3}$（丙酮），它们属于官能团异构。

12.1.1 醛和酮的分类

根据醛和酮分子中烃基的不同，可将醛和酮分成若干类。按照烃基是脂肪的、脂环的或芳香的，可分为脂肪族醛（酮）、脂环族醛（酮）、芳香族醛（酮）；按照烃基是否是饱和的，又分为饱和醛（酮）、不饱和醛（酮）。根据酮分子中的两个烃基是否相同，而分为单酮和混酮。详见下页上表所示。

12.1.2 醛和酮的命名

（1）普通命名法

醛的普通命名法与醇相似。例如：

$$\mathrm{CH_3CH_2CHO} \qquad \mathrm{H_3C-\underset{\underset{\mathrm{CH_3}}{|}}{CH}-CHO} \qquad \text{〇}-\mathrm{CHO}$$

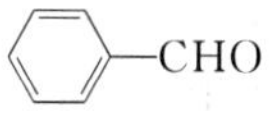

丙醛 　　　　　　　异丁醛 　　　　　　苯甲醛

醛(酮)

- 脂肪族醛(酮)
  - 饱和醛(酮)，例如：CH_3CH_2CHO　CH_3COCH_3（单酮）
  - 不饱和醛(酮)，如：$CH_2{=}CHCHO$　$CH_2{=}CH\underset{\underset{O}{\|}}{C}{-}CH_3$
    - 丙烯醛　3-丁烯-2-酮（混酮）
  - 多元醛(酮)。例如：$H\underset{\underset{O}{\|}}{C}{-}\underset{\underset{O}{\|}}{C}H$　$CH_3\underset{\underset{O}{\|}}{C}CH_2\underset{\underset{O}{\|}}{C}CH_3$
    - 乙二醛　2,4-戊二酮
- 脂环族醛(酮)　例如：

环己基甲醛

环己酮

- 芳香族醛(酮)　例如：

苯甲醛

苯乙醛

苯乙酮（混酮）

二苯甲酮（单酮）

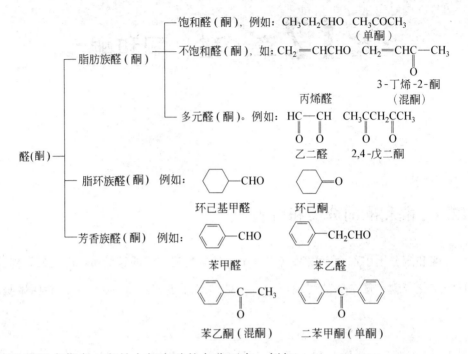

有些醛还有俗名。它是由相应酸的名称而来。例如：

$HCHO$	$CH_3(CH_2)_{10}CHO$	$CH_3CH{=}CHCHO$	$C_6H_5CH{=}CHCHO$
蚁醛	月桂醛	巴豆醛	肉桂醛

酮的普通命名法是按照羰基所连接的两个烃基的名称命名。例如：

$CH_3\underset{\underset{O}{\|}}{C}CH_2CH_3$　　甲基乙基甲酮（甲乙酮）

$CH_3\underset{\underset{O}{\|}}{C}CH{=}CH_2$　　甲基乙烯基甲酮（甲乙烯酮）

（2）系统命名法

醛和酮的命名与醇相似。脂肪族一元醛和酮的命名，是选择含有羰基的最长碳链作为主链，从靠近羰基的一端开始将主链编号，支链作为取代基。值得注意的是：由于醛基总是在碳链一端，因此不需注明位次；但酮基需要注明位次（只有少数例外）。例如：

$CH_3\underset{\underset{CH_3}{|}}{C}HCH_2CHO$　　3-甲基丁醛

$H_2C{=}CHCH_2CH_2CHO$　　4-戊烯醛

$CH_3\underset{\underset{O}{\|}}{C}CH_2CH_3$　　丁酮

$CH_3\underset{\underset{O}{\|}}{C}CH_2CH_2CH_3$　　2-戊酮

$CH_3\underset{\underset{O}{\|}}{C}CH_2\underset{\underset{CH_3}{|}}{C}{=}CH_2$　　4-甲基-4-戊烯-2-酮

芳香族醛和酮的命名，是将芳环作为取代基。当芳环上连有其他某些取代基时，则从与羰基相连的碳原子开始编号，并使其他某些取代基的位次最小。例如：

$$\text{苯}-CH_2CHO \qquad \overset{CHO}{\underset{NO_2}{\text{苯}}} \qquad Br-\overset{}{\underset{O}{\text{苯}}}-\overset{\parallel}{C}-CH_3$$

苯乙醛   间硝基苯甲醛   对溴苯乙酮

有机化合物中取代基位次的表示方法，除以前谈到的用阿拉伯数字 $1,2$，3……表示外，常用的另一种表示方法是用希腊字母 α、β、γ……表示。两者的区别是：用 $1,2,3$……表示时，是从官能团或连接官能团的碳链一端开始；用 α、β、γ……表示时，则是从与官能团直接相连的碳原子开始。例如：

$$\underset{\underset{CH_3}{|}}{\overset{\delta}{\underset{5}{CH_3}}\overset{\gamma}{\underset{4}{CH}}-\overset{\beta}{\underset{3}{CH_2}}\overset{\alpha}{\underset{2}{CH_2}}\overset{}{\underset{1}{CHO}}} \qquad \text{苯}-\overset{\beta}{\underset{3}{CH}}=\overset{\alpha}{\underset{2}{CH}}\overset{}{\underset{1}{CHO}} \qquad ClCH_2-\overset{\alpha'}{\underset{3}{\underset{\underset{O}{\parallel}}{C}}}-\overset{\alpha}{\underset{1}{CH_2}}Cl$$

4-甲基戊醛   3-苯基丙烯醛   1,3-二氯丙酮

γ-甲基戊醛 β-苯基丙烯醛 α,α'-二氯丙酮

【问题 12-1】 命名下列各化合物：

(1) $CH_3CH_2\underset{\underset{CH_3}{|}}{CH}CHO$ (2) $(CH_3)_2C=CHCH_2CH_2CHO$

(3) $(CH_3)_3C-\underset{\underset{O}{\parallel}}{C}-CH_2CH_3$ (4) $H_3C-\underset{\underset{Cl}{|}}{CH}-\underset{\underset{O}{\parallel}}{C}-CH_2CH_2Cl$

(5) $\overset{\text{环己基}}{}-CH_2-\underset{\underset{O}{\parallel}}{C}-CH_3$ (6) $\overset{}{\underset{Br}{\text{苯}}}-\underset{\underset{O}{\parallel}}{C}-CH_3$

(7) $\overset{COCH_3}{\text{萘}}$ (8) $H_3C-O-\text{苯}-CHO$

【问题 12-2】 写出下列化合物的构造式：

(1) 新戊醛   (2) 三氯乙醛

(3) 对溴苯乙醛   (4) 邻硝基苯甲醛

(5) 2,4-二硝基二苯甲酮   (6) 4-甲基-2-戊酮

(7) 乙基环己基甲酮   (8) 甲基苄基甲酮

12.2 羰基的结构

在羰基中，碳原子和氧原子之间的连接与 $C=C$ 双键相似，也是以双键相连，其中也是一个 σ 键和一个 π 键。即碳原子以一个 sp^2 杂化轨道与氧原子的一个轨道交形成一个 σ 键，碳原子的另外两个 sp^2 杂化轨道则与氢原子的 $1s$ 轨道或

碳原子的 sp² 杂化轨道交盖形成另外两个 σ 键，这三个 σ 键在同一平面上，键角约为 120°。碳原子余下的一个 p 轨道与氧原子的一个 p 轨道在侧面相互交盖形成 π 键。如图 12-1 所示。

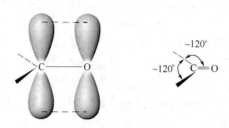

图 12-1   羰基的结构

但 C＝O 双键又与 C＝C 双键不同，由于氧原子的电负性比碳原子大，它吸引电子的结果，碳氧双键之间的电子密度强烈地偏向氧原子一边，使羰基氧原子带有较多的部分负电荷，碳原子带有较多的部分正电荷，因此，羰基是极性基团。如图 12-2 所示。

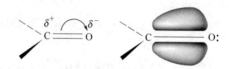

图 12-2   羰基的 π 电子分布示意图

12.3 醛和酮的制法

12.3.1 醇的氧化或脱氢

醇的氧化或脱氢是制备相应的醛或酮的方法之一［见 10.1.4（5）］。例如：

$$CH_3CH_2CH_2OH \xrightarrow[\text{沸，}45\%\sim49\%]{K_2Cr_2O_7,\ H_2SO_4,\ H_2O} CH_3CH_2CHO$$

$$CH_3CH_2CH_2\underset{\underset{OH}{|}}{C}HCH_2CH_3 \xrightarrow[30℃,\ 65\%]{CrO_3,\ CH_3COOH,\ H_2O} CH_3CH_2CH_2\underset{\underset{O}{\|}}{C}CH_2CH_3$$

$$CH_3\underset{\underset{OH}{|}}{C}HCH_2CH_3 \xrightarrow[400\sim500℃]{Zn-Cu} CH_3\underset{\underset{O}{\|}}{C}CH_2CH_3$$

由于醛更容易被氧化成羧酸，因此反应过程中必须随时使醛脱离反应体系，以免醛进一步被氧化。为达此目的，可利用醛比相应醇的沸点低的特点，将生成的醛立即从反应体系中分离（如采用蒸馏的方法）出来。这个方法可用于实验室制备乙醛、丙醛和丁醛等低级醛。

因芳醇不易得到，且芳醛和芳酮与原料芳醇的挥发性都较小，故氧化和脱氢一般不适用于制备芳醛和芳酮。

12.3.2　羰基合成

在催化剂作用下，低级烯烃或 α-烯烃与 CO 和 H_2 作用生成醛的反应，叫做羰基合成，也叫做烯烃的醛化，或（临）氢甲酰化反应。这是工业上生产脂肪醛的一种方法。例如：

$$H_2C=CH_2 + CO + H_2 \xrightarrow[100\sim115℃,\ 20MPa]{Co} CH_3CH_2CHO$$

$$CH_3CH=CH_2 + CO + H_2 \xrightarrow[\sim170℃,\ 25MPa]{[Co(CO)_4]_2}$$

$$CH_3CH_2CH_2CHO + CH_3\underset{CH_3}{\overset{|}{C}HCHO}$$

　　　　　　　75%　　　　　　　　　　25%

烯烃氢甲酰化反应的应用范围是 $C_2 \sim C_{20}$ 的烯烃，所得产物以直链醛为主。利用羰基合成制备的醛，是合成醇、羧酸、醇醛缩合产物的重要中间体。另外，还可用于合成伯胺。其中最重要的最终产品是增塑剂和洗涤剂。

12.3.3　芳烃侧链的氧化

芳烃侧链的 α 氢原子受苯环的影响比较活泼，甲基可被氧化成醛基，亚甲基可被氧化成酮基［见 7.6.4（2）］。此法已用于工业生产。例如：

$$\text{⟨苯⟩}-CH_3 \xrightarrow[\sim500℃,\ 0,\ 1MPa]{空气，VO_3-MnO_2} \text{⟨苯⟩}-CHO$$

$$O_2N-\text{⟨苯⟩}-CH_2CH_3 \xrightarrow[催化剂]{O_2} NO_2-\text{⟨苯⟩}-COCH_3$$

12.3.4　同碳二卤化物的水解

同碳二卤化物水解可得到相应的羰基化合物。例如：

$$\text{⟨苯⟩}-CHCl_2 \xrightarrow[90\sim100℃]{H_2O,\ Fe} \text{⟨苯⟩}-CHO$$

$$\text{⟨苯⟩}-\underset{Cl}{\overset{Cl}{\underset{|}{\overset{|}{C}}}}-CH_3 \xrightarrow[H_2O]{OH^-} \text{⟨苯⟩}-\underset{O}{\overset{}{\underset{\|}{C}}}-CH_3$$

这是工业上生产苯甲醛的方法之一。

12.3.5　芳醛的制备

在催化剂作用下，芳烃与一氧化碳和氯化氢作用可得到相应的芳醛。例如：

$$\text{⟨苯⟩}-CH_3 + CO + HCl \xrightarrow[20℃,\ 50\%\sim55\%]{CuCl,\ AlCl_3} CH_3-\text{⟨苯⟩}-CHO$$

12.3.6　芳酮的制备

利用付列德尔-克拉夫茨酰基化反应可得到芳酮［见 7.6.1(4)］。例如：

$$Br-\text{⟨苯⟩} \xrightarrow[回流，69\%\sim79\%]{(CH_3CO)_2O,\ AlCl_3,\ CS_2} Br-\text{⟨苯⟩}-\underset{O}{\overset{}{\underset{\|}{C}}}-CH_3$$

$$\langle\!\!\!\!\!\!\bigcirc\!\!\!\!\!\!\rangle\!\!-COCl + \langle\!\!\!\!\!\!\bigcirc\!\!\!\!\!\!\rangle \xrightarrow[\text{回流}]{AlCl_3} \langle\!\!\!\!\!\!\bigcirc\!\!\!\!\!\!\rangle\!\!-\!\!\underset{\underset{O}{\|}}{C}\!\!-\!\!\langle\!\!\!\!\!\!\bigcirc\!\!\!\!\!\!\rangle$$

12.4　醛和酮的物理性质

常温下甲醛是气体，其他低级醛和酮是液体，高级醛和酮是固体。低级醛具有强烈的刺激气味。某些醛和酮有果香味（可用于配制香精）。

由于羰基的影响，醛和酮是极性分子，分子间存在静电引力，故它们的沸点比相对分子质量接近的烃或醚高。由于醛和酮分子之间不能形成氢键，故沸点比相应的醇低很多，但羰基氧原子能与水分子中的氢原子形成氢键，故低级醛和酮在水中有一定的溶解度，随碳原子数的增加，羰基的影响减弱，高级醛和酮不溶于水，而溶于有机溶剂。某些醛和酮的物理常数如表 12-1 所示。

表 12-1　醛和酮的物理常数

名　称	熔点/℃	沸点/℃	溶解度/(g/100gH$_2$O)	名　称	熔点/℃	沸点/℃	溶解度/(g/100gH$_2$O)
甲醛	−92	−21	易溶	丁酮	−86	80	26
乙醛	−121	20	∞	2-戊酮	−78	102	6.3
丙醛	−81	49	16	3-戊酮	−41	101	5
正丁醛	−99	76	7	2-己酮	−57	127	2.0
正戊醛	−91	103	微溶	3-己酮		125	微溶
苯甲醛	−26	178	0.3	环己酮	−45	157	2
苯乙醛		194	微溶	苯乙酮	21	202	
丙酮	−94	56	∞	二苯甲酮	48	306	

12.5　醛和酮的化学性质

醛和酮的化学性质主要表现在它们的官能团羰基上，以及受羰基影响较大的 α-氢原子上。由于醛和酮分子中都含有羰基，因此它们的化学性质有许多相同之处。但由于醛基中含有一个氢原子，因此醛在化学性质上又与酮有不同之处。

12.5.1　羰基的加成反应

C＝O 双键与 C＝C 双键相同，也能够进行加成反应。由于 C＝O 双键是极性键，碳原子带有较多的部分正电荷，它比带有部分负电荷的氧原子活性大，因此 C＝O 双键的加成不同于 C＝C 双键的加成。C＝O 双键加成时，首先是试剂的亲核部分加到羰基的碳原子上，这是慢的一步；第二步是试剂的亲电部分加到羰基氧原子上，这是快的一步。因此与 C＝C 双键的亲电加成不同，C＝O 双键的加成是亲核加成。可简单表示如下：

$$\underset{\diagdown}{\overset{\diagup}{}}C{=}O + Nu^- \xrightarrow{\text{慢}} \overset{|}{\underset{|}{\underset{O^-}{C}}}\!\!-Nu \xrightarrow[\text{快}]{E^+} \overset{|}{\underset{|}{\underset{OE}{C}}}\!\!-Nu$$

下面的一些加成反应，基本上是按这种方式进行的。

（1）与氢氰酸的加成

在少量碱催化下，醛和酮与氢氰酸加成生成氰醇，也叫羟基腈。例如：

$$H_3C-\underset{O}{\overset{\|}{C}}-H + HCN \xrightarrow{OH^-} H_3C-\underset{OH}{\overset{|}{C}H}-CN$$

乙醛氰醇

$$\bigcirc-CHO + HCN \xrightarrow{OH^-} \bigcirc-\underset{OH}{\overset{|}{C}H}-CN$$

苯甲醛氰醇

$$H_3C-\underset{O}{\overset{\|}{C}}-CH_3 + HCN \xrightarrow{OH^-} H_3C-\underset{OH}{\overset{CN}{\underset{|}{C}}}-CH_3$$

丙酮氰醇

上述反应在碱催化下进行得很快，产率也很高。若无碱存在，反应进行较慢。若在酸存在下，反应速率显著减小，甚至反应较难进行。根据这些事实，人们认为：氢氰酸与羰基化合物的加成，起决定作用的是 CN^- 离子。碱使 CN^- 离子的浓度增加，酸则降低 CN^- 的浓度。其反应机理如下所示：

$$HCN \underset{H^+}{\overset{OH^-}{\rightleftharpoons}} H^+ + CN^-$$

$$\underset{H(R)}{\overset{R}{C}}=O + CN^- \overset{慢}{\rightleftharpoons} \underset{H(R)}{\overset{R}{\underset{CN}{C}}}-O^- \underset{}{\overset{HCN,快}{\rightleftharpoons}} \underset{H(R)}{\overset{R}{\underset{CN}{C}}}-OH + CN^-$$

决定反应速度的步骤是第一步，即 CN^-（亲核试剂）进攻带有部分正电荷的羰基碳原子，这种由亲核试剂进攻而引起的加成反应，叫做亲核加成反应。

由以上反应可以看出，产物氰醇比原来的醛和酮多一个碳原子，这是一种增碳反应。另外，氰醇是一类较活泼的化合物，它能转化为多种化合物，故该反应在有机合成中具有重要作用。

醛和酮与氢氰酸的加成是可逆反应。不同的醛和酮与氢氰酸加成的速率不同。加成速率的快慢不仅与化合物的电子效应有关，还与空间效应（空间位阻）有关，即与羰基相连的烃基体积越大，反应速率越慢。对于羰基化合物，其加成的活性次序是：甲醛＞醛＞甲基酮＞一般酮，即

$$\underset{H}{\overset{H}{C}}=O > \underset{R}{\overset{H}{C}}=O > \underset{H_3C}{\overset{H_3C}{C}}=O > \underset{R}{\overset{H_3C}{C}}=O > \underset{R}{\overset{R}{C}}=O$$

其中，脂肪醛＞芳香醛；脂肪酮＞芳香酮。在有机合成中，可用于制备氰醇的是醛和空间位阻较小的脂肪酮、脂环酮。而 ArCOR 类型的芳酮产率较低，

ArCOAr 类型的芳酮则不发生反应。

【问题 12-3】将下列化合物按它们与 HCN 加成的反应速率由快到慢排列成序：

(1)　$CH_3CH_2\underset{\underset{O}{\|}}{C}CH_2CH_3$　　$CH_3\underset{\underset{O}{\|}}{C}CH_2CH_2CH_3$　　CH_3CHO　$CH_3\underset{\underset{O}{\|}}{C}CH_3$　$C_6H_5{-}CHO$

(2) 环己酮，3-己酮，苯甲醛

---

(2) 与亚硫酸氢钠的加成

醛和空间位阻较小的酮与过量的饱和亚硫酸氢钠溶液一起摇荡，发生加成反应生成亚硫酸氢钠加成物（统称），也统称 α-羟基磺酸钠。反应首先是亚硫酸氢钠分子中带有未共用电子对的硫原子（不是氧原子）进攻羰基碳原子进行亲核加成形成 C—S 键（不是 C—O 键），然后氢离子转移到羰基氧原子上形成羟基：

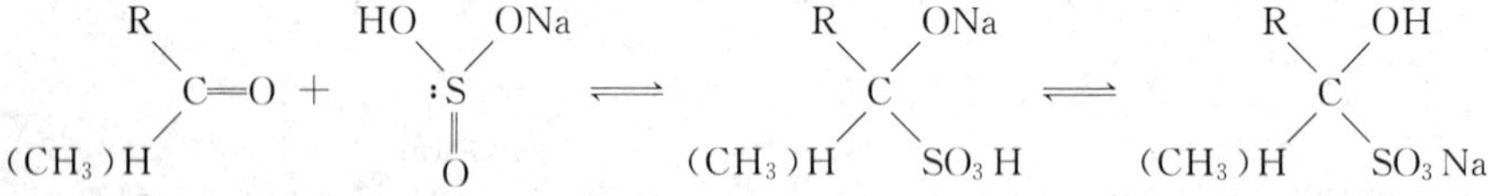

$$\underset{(CH_3)H}{\overset{R}{\diagdown}}C{=}O \; + \; \underset{\underset{O}{\|}}{:S}\underset{}{\overset{HO\quad ONa}{\diagup\diagdown}} \;\rightleftharpoons\; \underset{(CH_3)H\quad SO_3H}{\overset{R\quad ONa}{\diagdown\,\diagup}}C \;\rightleftharpoons\; \underset{(CH_3)H\quad SO_3Na}{\overset{R\quad OH}{\diagdown\,\diagup}}C$$

　　　　　过量亚硫酸氢钠　　　　　　　　　　　　　　　　　亚硫酸氢钠加成物

亚硫酸氢钠与不同的醛和酮加成的反应速率与氢氰酸相似。一般来说，醛、甲基酮和七元以下脂环酮能与亚硫酸氢钠加成，其他酮如 3-戊酮等空间位阻较大的脂肪酮、苯乙酮等芳酮基本上或完全不起反应。

亚硫酸氢钠加成物是无色晶体，溶于水，但不溶于饱和亚硫酸氢钠，因此可用于鉴别醛和某些酮。另外，醛和酮与亚硫酸氢钠的加成反应是可逆反应，在加成物或其溶液中加入酸或碱，则加成物分解重新生成原来的醛和酮，因此该反应可用来分离和精制醛和某些酮。

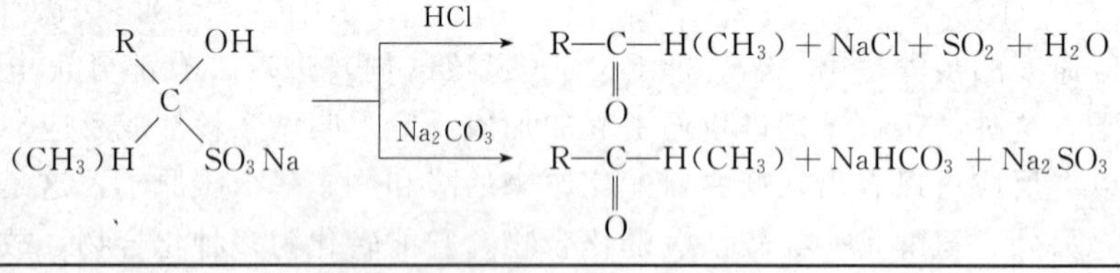

$$\underset{(CH_3)H\quad SO_3Na}{\overset{R\quad OH}{\diagdown\,\diagup}}C \quad \begin{cases} \overset{HCl}{\longrightarrow} R{-}\underset{\underset{O}{\|}}{C}{-}H(CH_3) + NaCl + SO_2 + H_2O \\[2mm] \underset{Na_2CO_3}{\longrightarrow} R{-}\underset{\underset{O}{\|}}{C}{-}H(CH_3) + NaHCO_3 + Na_2SO_3 \end{cases}$$

【问题 12-4】试用化学方法将环己醇和环己酮的混合物分开。

【问题 12-5】试用化学方法鉴别苯酚、环己醇、苯甲醛。

【问题 12-6】试用化学方法鉴别环己酮和 2,4-二甲基-3-戊酮。

---

(3) 与醇的加成

在干燥氯化氢等无水酸作用下，醛和酮与过量醇反应，经半缩醛和半缩酮最后生成缩醛和缩酮。

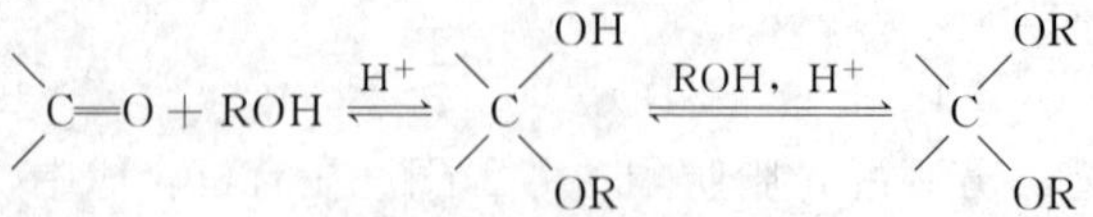

$$\overset{}{\diagup}C{=}O + ROH \;\overset{H^+}{\rightleftharpoons}\; \underset{\underset{OR}{}}{\overset{OH}{\diagdown\,\diagup}}C \;\overset{ROH,\,H^+}{\rightleftharpoons}\; \underset{\underset{OR}{}}{\overset{OR}{\diagdown\,\diagup}}C$$

　　　　　　　　　　　　　半缩醛（酮）　　　　缩醛（酮）

与醛相比，酮与一元醇较难生成半缩酮和缩酮，当采用二元醇（如乙二醇、1,3-丙二醇等）时则较容易。例如：

$$\begin{matrix} R \\ \backslash \\ C=O \\ / \\ (R')R \end{matrix} + \begin{matrix} HO—CH_2 \\ | \\ HO—CH_2 \end{matrix} \xrightarrow{H^+} \begin{matrix} R \quad O—CH_2 \\ \backslash / \quad | \\ C \\ / \backslash \quad | \\ (R')R \quad O—CH_2 \end{matrix}$$

环状缩酮

半缩醛（酮）是同一碳原子上连有羟基和烷氧基的化合物，是不稳定的，它既是醇又是醚，在酸催化下容易与醇进一步反应生成缩醛（酮）。缩醛（酮）是同碳二元醚，很稳定，具有醚的性质。它们对碱稳定，但在酸催化下可水解成原来的醛（酮）和醇，因此可利用此反应在有机合成中"保护"羰基。另外，半缩醛（酮）和缩醛（酮）的化学对于学习碳水化合物是非常必要的［见第 17 章］。

缩醛（酮）在工业上也具有重要意义。例如，聚乙烯醇是一个不稳定的溶于水的高分子化合物，不能作为纤维使用。但加入一定量甲醛使之部分形成缩醛，则生成性能优良且不溶于水的合成纤维，商品名维纶，也叫维尼纶。

$$\cdots—CH_2—CH—CH_2—CH—CH_2—CH—\cdots \xrightarrow[H^+]{HCHO}$$
$$\begin{matrix} | & | & | \\ OH & OH & OH \end{matrix}$$

$$\cdots—CH_2—CH—CH_2—CH—CH_2—CH—\cdots$$
$$\begin{matrix} | & | & | \\ O & O & OH \\ \backslash & / & \\ CH_2 & & \end{matrix}$$

聚乙烯醇缩甲醛（维纶）

【问题 12-7】下面一系列反应是说明在有机合成中羰基需要保护的一个例子，试在括号内填上产物的构造式。

$$\begin{matrix} \text{环己酮—Br} \end{matrix} \xrightarrow[H^+]{\substack{H_2C—CH_2 \\ | \quad | \\ OH OH}} (\quad) \xrightarrow[CH_3CH_2OH]{NaOH} (\quad) \xrightarrow[H^+]{H_2O} (\quad)$$

（4）与格利雅试剂的加成

醛和酮与格利雅试剂作用生成加成产物，然后水解则得到醇［见 10.1.2（3）］

$$\begin{matrix} \backslash \\ C=O \\ / \end{matrix} + R—MgX \xrightarrow{干醚} \begin{matrix} | \\ —C—R \\ | \\ OMgX \end{matrix} \xrightarrow[H^+]{H_2O} \begin{matrix} | \\ —C—R \\ | \\ OH \end{matrix}$$

醛或酮

此反应也是一种增碳反应，所增加的碳原子数随格利雅试剂中烃基的碳原子数的变化而定。例如：

$$\begin{matrix} C_6H_5—C—CH_3 \\ \| \\ O \end{matrix} + C_2H_5MgBr \xrightarrow{干醚} \begin{matrix} CH_3 \\ | \\ C_6H_5—C—C_2H_5 \\ | \\ OMgBr \end{matrix} \xrightarrow{H_2SO_4} \begin{matrix} CH_3 \\ | \\ C_6H_5—C—C_2H_5 \\ | \\ OH \end{matrix}$$

70%甲基乙基苯基甲醇

$$HCHO + \boxed{}-MgCl \xrightarrow{\text{干醚}} H_2C-\underset{OMgCl}{\boxed{}} \xrightarrow[\text{冰}]{H_2SO_4} H_2C-\underset{OH}{\boxed{}}$$

64%～69%

环己基甲醇

$$CH_3CHO + \boxed{}-MgBr \xrightarrow[\text{回流}]{\text{干醚}} H_3C-\underset{BrMgO}{CH}-\boxed{} \xrightarrow[H_2O]{NH_4Cl} H_3C-\underset{HO}{CH}-\boxed{}$$

82.5%～88%

甲基间氯苯基甲醇

【问题 12-8】 利用格利雅试剂和羰基化合物合成 $CH_3CH_2-\underset{OH}{\overset{CH_3}{\underset{|}{\overset{|}{C}}}}-CH_2CH_2CH_3$，你能设计

几种格利雅试剂和羰基化合物，试写出全部反应式。

（5）与氨衍生物的反应

醛和酮可与羟胺、苯肼、2,4-二硝基苯肼和氨基脲等一些氨的衍生物发生缩合反应，脱去一分子水，分别生成肟、苯腙、2,4-二硝基苯腙和缩氨脲（都是类名）等含有 C═N 双键的化合物（亚胺）。可用通式表示如下：

$$\underset{}{\overset{}{C}}{=}O + H_2N-Z \rightleftharpoons \left[-\underset{O^-}{\overset{}{\underset{|}{\overset{|}{C}}}}-\overset{+}{N}H_2-Z \right] \rightleftharpoons \left[-\underset{OH}{\overset{}{\underset{|}{\overset{|}{C}}}}-\underset{H}{\overset{}{\underset{|}{\overset{|}{N}}}}-Z \right] \xrightarrow{-H_2O} \underset{}{\overset{}{C}}{=}N-Z$$

$$Z= \quad -OH \qquad -NH-\boxed{} \qquad -NH-\underset{NO_2}{\overset{NO_2}{\boxed{}}}-NO_2 \qquad -NH-\underset{O}{\overset{}{\underset{\|}{\overset{\|}{C}}}}-NH_2$$

醛和酮生成的肟、苯腙、2,4-二硝基苯腙和缩氨脲都是具有一定熔点的晶体，故可用于醛和酮的鉴定。其中尤以 2,4-二硝基苯肼试剂最常用，因为在室温将醛和酮加到 2,4-二硝基苯肼溶液中，立即生成 2,4-二硝基苯腙黄色沉淀，根据该沉淀的熔点，可确定原来的反应物是何种醛和酮。另外，肟、苯腙、2,4-二硝基苯腙和缩氨脲在稀酸水溶液中发生水解生成原来的醛和酮，因此，还可利用此反应分离和精制醛和酮。

【问题 12-9】 完成下列反应式：

（1） $\boxed{}=O + H_2NOH \longrightarrow$

（2） $CH_3CHO + H_2N-NH-\boxed{} \longrightarrow$

（3） $C_6H_5CHO + H_2N{-}NH{-}\overset{\displaystyle O}{\underset{\displaystyle \|}{C}}{-}NH_2 \longrightarrow$

（6） 与维悌希试剂的反应

三苯（基）膦和卤代烷作用形成较稳定的卤化烷基三苯基膦，后者用强碱（如正丁基锂）处理则生成磷叶立德，系统名为亚烷基三苯基膦烷，也叫做维悌希（Wittig）试剂。可用通式表示如下：

$$R_2CHBr + Ph_3P \longrightarrow R_2CH\overset{+}{P}Ph_3\,\overset{-}{Br} \xrightarrow{\ C_4H_9Li\ } R_2\overset{-}{C}{-}\overset{+}{P}Ph_3$$

（R 为烷基或氢原子）

维悌希试剂与醛和酮反应，将 C=O 转变为 C=CR₂，羰基氧原子则转移到磷原子上，使维悌希试剂中的 Ph_3P 部分变成 Ph_3PO，这一反应叫做维悌希反应。可用通式表示如下：

$$\underset{\text{醛和酮}}{\diagdown C{=}O} + R_2\overset{-}{C}{-}\overset{+}{P}Ph_3 \longrightarrow \diagdown C{=}CR_2 + Ph_3PO$$

维悌希反应对于合成 C=C 双键化合物非常有用，利用它可以合成一些用其他方法难以得到的产物。例如由环己酮合成亚甲基环己烯，用其他方法很难完成，而利用维悌希反应则可实现。

$$CH_3Br + Ph_3P \longrightarrow Ph_3\overset{+}{P}{-}CH_3\,\overset{-}{Br} \xrightarrow{\ C_4H_9Li\ } Ph_3\overset{+}{P}{-}\overset{-}{CH_2}$$

$$Ph_3\overset{+}{P}{-}\overset{-}{CH_2} + O{=}\bigcirc \xrightarrow{\ DMSO\ } CH_2{=}\bigcirc + Ph_3PO$$

$$35\%\sim40\%$$

又如：

$$(H_3C)_2N{-}\!\!\bigcirc\!\!{-}CH{=}O + Cl_2\overset{-}{C}{-}\overset{+}{P}Ph_3 \xrightarrow{\ 39\%\sim56\%\ } (H_3C)_2N{-}\!\!\bigcirc\!\!{-}CH{=}CCl_2$$

$$\bigcirc\!\!{-}CH{=}CH{-}CH{=}O + \overset{-}{CH_2}{-}\overset{+}{P}Ph_3 \xrightarrow{\ 69\%\ } \bigcirc\!\!{-}CH{=}CH{-}CH{=}CH_2$$

【问题 12-10】完成下列反应式：

（1） $\bigcirc\!\!{-}CHO + C_6H_5{-}\overset{-}{CH}{-}\overset{+}{P}Ph_3 \longrightarrow$

（2） $\bigcirc\!\!\overset{\displaystyle \underset{O}{\|}}{C}\!\!\bigcirc + Ph_3\overset{+}{P}{-}\overset{-}{CH_2} \longrightarrow$

（3） $\bigcirc\!\!{-}CHO + C_6H_5{-}CH{=}CH{-}\overset{-}{CH}{-}\overset{+}{P}Ph_3 \longrightarrow$

12.5.2 α-氢的反应

醛和酮的 α-氢原子，因受羰基吸电子效应的影响，比较活泼，具有一定的酸性，可被其他原子或基团取代。

(1) 醇醛缩合

在稀碱（常用的碱如 NaOH 等）或稀酸的催化作用下，两分子含有 α-氢原子的醛相互作用生成 β-羟基醛，这种反应叫做醇醛缩合，也叫羟醛缩合。例如：

$$CH_3CH=O + CH_3CH=O \xrightarrow[H_2O]{OH^-} CH_3\underset{\underset{OH}{|}}{C}HCH_2CHO$$

$$\beta\text{-羟基丁醛}$$

$$CH_3CH_2CH=O + CH_3CH_2CH=O \xrightarrow[H_2O]{OH^-} CH_3CH_2\underset{\underset{HO}{|}}{C}H\underset{\overset{|}{CH_3}}{C}H-CHO$$

$$\alpha\text{-甲基-}\beta\text{-羟基戊醛}$$
$$(2\text{-甲基-3-羟基戊醛})$$

上述反应结果，相当于一个醛分子中 α-氢原子加到另一个醛分子中的羰基氧原子上，其余部分加到羰基碳原子上，此反应可用来制备 β-羟基醛。

β-羟基醛很容易脱水生成 α,β-不饱和醛。如反应温度较高或/和碱的浓度较大等，都得不到 β-羟基醛，而是 α,β-不饱和醛。例如：

$$2CH_3CH_2CH_2CHO \xrightarrow[500\sim600kPa,\ 97\%]{20\sim25g/LNaOH,\ 132\sim135℃} CH_3CH_2CH_2CH=\underset{\underset{CH_2CH_3}{|}}{C}-CHO$$

$$2\text{-乙基-2-己烯醛}$$

与醛相似，在碱催化下，具有 α-氢原子的酮也发生类似的缩合反应，叫做醇酮缩合，统称为醇醛缩合。与醛相比，酮的缩合反应较难进行，但也已在实验室和工业上得到应用。例如，工业上利用两分子丙酮经醇酮缩合则得到 β-羟基酮——4-甲基-4-羟基-2-戊酮，俗称二丙酮醇：

$$CH_3\underset{\underset{O}{\|}}{C}CH_3 + CH_3\underset{\underset{O}{\|}}{C}CH_3 \xrightarrow{Ba(OH)_2} H_3C-\underset{\underset{OH}{|}}{\overset{\overset{CH_3}{|}}{C}}-CH_2-\underset{\underset{O}{\|}}{C}-CH_3$$

$$4\text{-甲基-4-羟基-2-戊酮}$$

实验室也可利用此法制备二丙酮醇，但需要提取装置——索氏提取器，产率约 71%。若采用弱酸性阳离子交换树脂作催化剂，不仅反应时间缩短，不需要提取装置，且产率可达 87.4%。

与 β-羟基醛相似，β-羟基酮脱水生成 α,β-不饱和酮。例如，二丙酮醇在碘或磷酸存在下加热，则脱水生成 α,β-不饱和酮 —— 亚异丙基丙酮（又称4-甲基-3-戊烯-2-酮）：

$$H_3C-\underset{\underset{OH}{|}}{\overset{\overset{CH_3}{|}}{C}}-CH_2-\underset{\underset{O}{\|}}{C}-CH_3 \xrightarrow{I_2} H_3C-\overset{\overset{CH_3}{|}}{C}=CH-\underset{\underset{O}{\|}}{C}-CH_3$$

$$4\text{-甲基-3-戊烯-2-酮}$$

当采用两种不同的含 α-氢原子的醛进行醇醛缩合时，则可能生成四种 β-羟基醛的混合物，因此无制备价值。但当有一个醛分子无 α-氢原子时，不仅可减少两个产物，若控制好条件也可用于制备。例如，工业上生产季戊四醇就是利用乙醛和甲醛（无 α-氢原子）反应而得：

$$CH_3CHO + 4HCHO \xrightarrow[\text{或 } Ca(OH)_2，45\sim60℃]{NaOH，25\sim32℃} HOCH_2-\overset{\overset{\displaystyle CH_2OH}{|}}{\underset{\underset{\displaystyle CH_2OH}{|}}{C}}-CH_2OH$$

季戊四醇

此反应首先是一个乙醛分子中的三个 α-氢原子与三个甲醛分子发生醇醛缩合生成三羟甲基乙醛：

$$3HCHO + H-\overset{\overset{\displaystyle H}{|}}{\underset{\underset{\displaystyle H}{|}}{C}}-CHO \longrightarrow HOCH_2-\overset{\overset{\displaystyle CH_2OH}{|}}{\underset{\underset{\displaystyle CH_2OH}{|}}{C}}-CHO$$

三羟甲基乙醛

这类两种不同的醛所进行的醇醛缩合叫做交叉醇醛缩合。乙醛和甲醛经交叉醇醛缩合生成的三羟甲基乙醛，再与另一分子甲醛经坎尼扎罗（Cannizarro）反应即得季戊四醇［见本章 12.5.3（3）］。

交叉醇醛缩合反应所采用的无 α-氢原子的醛，除甲醛外，苯甲醛等无 α-氢原子的芳醛也具有制备价值。例如，在稀碱存在下，芳醛（如苯甲醛）与具有 α 氢原子的醛或酮发生交叉醇醛缩合反应，然后脱水生成 α,β-不饱和醛或酮，这种反应叫做克莱森（Claisen）-施密特（Schmidt）缩合。此反应可用来合成 α,β-不饱和醛或酮。例如：

$$\text{⟨◯⟩}-CHO + CH_3CHO \xrightarrow[\text{室温，5h，32\%}]{10\% \text{ NaOH，} C_2H_5OH} \text{⟨◯⟩}-CH=CHCHO$$

$$\text{⟨◯⟩}-CHO + CH_3\underset{\underset{\displaystyle O}{\|}}{C}CH_3 \xrightarrow[\text{回流}\sim2h，68\%\sim78\%]{10\%NaOH} \text{⟨◯⟩}-CH=CH-\underset{\underset{\displaystyle O}{\|}}{C}-CH_3$$

醇醛缩合与交叉醇醛缩合都是一种增碳反应，在有机合成中具有重要用途。

芳醛与脂肪族酸酐在相应酸的碱金属盐存在下加热，发生缩合，生成 α,β-不饱和酸的反应，叫做柏金（Perkin）反应（脂肪醛通常不发生此反应）。这是制备 α,β-不饱和酸的一种方法。例如：

$$\text{⟨◯⟩}-CHO + \overset{\overset{\displaystyle O}{\|}}{\underset{\underset{\displaystyle O}{\|}}{\overset{CH_3-C}{\underset{CH_3-C}{\big\rangle O}}}} \xrightarrow[160\sim180℃，62\%]{CH_3COOK} \text{⟨◯⟩}-CH=CH-COOH$$

【问题 12-11】完成下列反应式：

(1) $CH_3CH_2CH_2CHO \xrightarrow{OH^-} A \xrightarrow{H^+} B \xrightarrow{\text{催化加氢}} C$

(2) $2HCHO+CH_3CH_2CH_2CHO \xrightarrow[H_2O]{K_2CO_3}$

(3) $HCHO+ \underset{O}{CH_3\overset{||}{C}CH_3} \xrightarrow[H_2O]{NaOH}$

(4) $\text{⬡}-CHO + \underset{O}{CH_3\overset{||}{C}C(CH_3)_3} \xrightarrow[C_2H_5OH\text{-}H_2O]{NaOH}$

(5) $\text{⬡}-CHO+\text{⬡}-CH_2CHO \xrightarrow[C_2H_5OH]{NaOH}$

(6) $\text{⬡⬡}-CHO + (CH_3CO)_2O \xrightarrow{CH_3COONa}$

---

(2) 卤化和卤仿反应

醛和酮分子中的α-氢原子容易被卤原子取代，生成α-卤代醛和α-卤代酮。例如：

$$\underset{O}{CH_3\overset{||}{C}CH_3} + Br_2 \xrightarrow[65℃, 43\%\sim44\%]{CH_3COOH} \underset{O}{CH_3\overset{||}{C}CH_2Br}+ HBr$$

$$\text{⬡}-\underset{O}{\overset{||}{C}}-CH_3 + Br_2 \xrightarrow[64\%\sim66\%]{AlCl_3, (C_2H_5)_2O} \text{⬡}-\underset{O}{\overset{||}{C}}-CH_2Br$$

当醛和酮分子中含有 $CH_3-\underset{O}{\overset{||}{C}}-$ 构造时，它们与卤素的氢氧化钠水溶液反应，则生成卤仿和羧酸钠。例如：

$$\underset{O}{CH_3\overset{||}{C}CH_3}+3NaOX \xrightarrow{(X_2+NaOH)} H_3C-\underset{O}{\overset{||}{C}}-ONa+ CHX_3 + 2NaOH$$

这种反应叫做卤仿反应。当使用碘时，则生成碘仿。可用来合成碘仿，由于碘仿是不溶于水的黄色固体，且有特殊气味，因此常利用碘仿反应鉴别具有 $CH_3-\underset{O}{\overset{||}{C}}-$ 构造的醛（乙醛）和酮（甲基酮）。又由于碘的氢氧化钠溶液中的次碘酸钠（NaOI）是氧化剂，能将 $CH_3-\underset{OH}{\overset{|}{C}H}-$ 构造的化合物（如乙醇和具有这种构造的仲醇）氧化成 $CH_3-\underset{O}{\overset{||}{C}}-$ 构造的化合物，因此，它们也发生碘仿反应。故乙醇和具有 $CH_3-\underset{OH}{\overset{|}{C}H}-$ 构造的仲醇也可用碘仿反应进行鉴别。

卤仿反应的另一用途，是制备用其他方法不易得到的羧酸。例如：

$$(CH_3)_2C\!=\!CHCCH_3 \xrightarrow[3\sim4h, 49\%\sim52\%]{Cl_2, NaOH, 回流} (CH_3)_2C\!=\!CH-\underset{O}{\overset{||}{C}}-OH$$

3-甲基-2-丁烯酸

所得产物比母体化合物少一个碳原子，这种反应是一种减碳反应。

【问题 12-12】下列化合物中哪些可以发生卤仿反应？

(1) $C_6H_5CH_2CH_2OH$

(2) $C_6H_5-\underset{\underset{OH}{|}}{CH}-CH_3$

(3) $CH_3CH_2CH_2OH$

(4) $C_6H_5-COCH_3$

(5) $C_6H_5CH_2CHO$

(6) $(CH_3)_3CCOCH_3$

(7) CH_3CHO

(8) $CH_3CH_2-\underset{\underset{OH}{|}}{CH}-\underset{\underset{CH_3}{|}}{CH}-CHO$

【问题 12-13】用化学方法鉴别下列各组化合物：

(1) ⬡—CH_2—OH，　⬡—CHO，　⬡—$\underset{\underset{O}{||}}{C}$-$CH_3$

(2) CH_3COCH_3，　CH_3CH_2CHO，　$CH_3CH_2CH_2OH$

12.5.3　氧化和还原反应

(1) 氧化反应

醛和酮都能被强氧化剂（如 $KMnO_4$、$K_2Cr_2O_7 + H_2SO_4$、HNO_3 等）氧化。其中醛较易被氧化，生成碳原子数相同的羧酸；酮较难氧化，在强烈条件下氧化，发生碳链断裂，生成碳原子数较少的羧酸混合物，但脂环酮的氧化则可得到单一的二元酸。例如：

$$CH_3(CH_2)_5CHO \xrightarrow[20℃,75\%]{KMnO_4,H_2SO_4} CH_3(CH_2)_5COOH$$

$$RCH_2\overset{①}{-}\underset{\underset{O}{||}}{C}\overset{②}{-}CH_2R' \xrightarrow{\text{氧化}} \begin{cases} ① \quad RCOOH + R'CH_2COOH \\ ② \quad R'COOH + RCH_2COOH \end{cases}$$

$$⬡{=}O \xrightarrow[30\sim40℃]{65\% \ HNO_3} \underset{\underset{CH_2CH_2COOH}{|}}{CH_2CH_2COOH}$$

己二酸

己二酸是制备尼龙-66 的原料。

醛由于构造的特殊性——含有醛基，比酮容易被氧化，弱氧化剂也能将醛氧化成羧酸。例如，醛与弱氧化剂吐伦（Tollens）试剂——硝酸银的氨溶液作用，醛被氧化成羧酸，Ag^+ 被还原成 Ag，可用通式表示如下：

$$RCHO+[Ag(NH_3)_2]^+OH^- \xrightarrow{\triangle} RCOONH_4 + 2Ag\downarrow + 3NH_3 + H_2O$$

脂肪醛和芳香醛都能与吐伦试剂作用得此反应，酮不发生此反应。故用来鉴别醛。

另外，脂肪族醛还能被费林（Fehling）溶液氧化，费林溶液是由硫酸铜溶液与酒石酸钾钠的氢氧化钠溶液混合而成，脂肪醛与费林试剂作用，醛被氧化成羧酸，费林溶液中的 Cu^{2+} 被还原成砖红色的 Cu_2O，可用通式表示如下：

$$RCHO + 2Cu(OH)_2 + NaOH \xrightarrow{\triangle} RCOONa + Cu_2O\downarrow + 3H_2O$$

芳香醛和酮均不被费林试剂氧化，因此费林试剂可用来鉴别脂肪醛。

【问题 12-14】试用化学方法鉴别下列各组化合物：

(1) 1-丙醇，丙醛和丙酮

(2) 乙醛和苯甲醛

---

(2) 还原反应

醛和酮可被还原剂或催化加氢还原，分别生成伯醇和仲醇。例如：

$$CH_3CH_2CH_2CHO \xrightarrow[85\%]{NaBH_4,\ H_2O} CH_3CH_2CH_2CH_2OH$$

$$\underset{\underset{O}{\|}}{CH_3CCH_2CH_3} \xrightarrow[87\%]{NaBH_4,\ H_2O} \underset{\underset{OH}{|}}{CH_3CHCH_2CH_3}$$

$$\begin{matrix} (H)RCH_2CH_2CHO \\ (H)R\underset{\underset{CH_3}{|}}{CHCHO} \end{matrix} \xrightarrow[0.2\sim0.3MPa,115℃]{气相,H_2,Ni} \begin{matrix} (H)RCH_2CH_2CH_2OH \\ (H)R\underset{\underset{CH_3}{|}}{CHCH_2OH} \end{matrix}$$

上式中通式所表示的两种醛可通过羰基合成得到，然后经加氢得到醇，也叫做"羰基合成醇"，在这里醛是中间体。

除硼氢化钠和氢化铝锂等还原剂外，异丙醇铝-异丙醇也是一个很好的还原剂，尤其是当分子中含有 $C=C$ 双键和硝基（$-NO_2$）等易被还原的基团时，利用异丙醇铝-异丙醇作还原剂时，只有羰基被还原，其他基团不被还原，因此异丙醇铝-异丙醇是一个选择性很强的还原剂。例如：

$$CH_3CH=CHCHO + CH_3\underset{\underset{OH}{|}}{CHCH_3} \xrightarrow[-100\%]{Al[OCH(CH_3)_2]_3} CH_3CH=CHCH_2OH + CH_3\underset{\underset{O}{\|}}{CCH_3}$$

$$Cl-\langle\ \rangle-\underset{\underset{O}{\|}}{C}-CH_3 + CH_3\underset{\underset{OH}{|}}{CHCH_3} \xrightarrow[81\%]{Al[OCH(CH_3)_2]_3} Cl-\langle\ \rangle-\underset{\underset{OH}{|}}{CH}-CH_3 + CH_3\underset{\underset{O}{\|}}{CCH_3}$$

反应是可逆反应，其逆反应是从醇氧化成醛或酮的反应。

羰基除能被还原成羟基外，还可被直接还原成亚甲基（$C=O\to CH_2$），常用的还原方法有以下两种。

(A) 克莱门森还原 酮或醛与锌汞齐和盐酸共热，则羰基被还原成亚甲基，此反应叫做克莱门森（Clemmensen）还原。

$$\langle\ \rangle-\underset{\underset{O}{\|}}{C}-CH_2CH_3 \xrightarrow[80\%]{Zn-Hg,HCl} \langle\ \rangle-CH_2CH_2CH_3$$

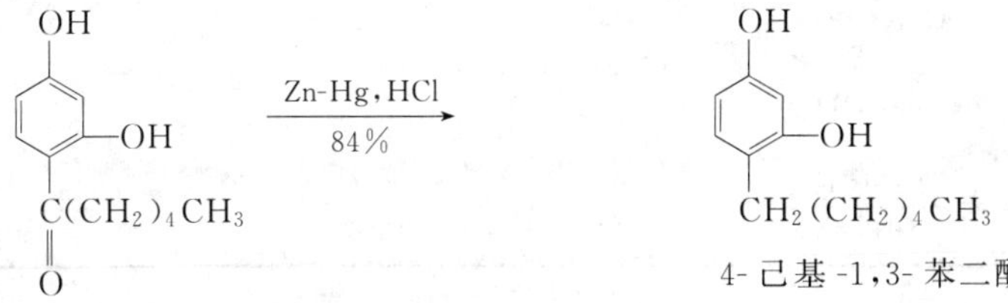

$$\text{(structure with OH groups)} \xrightarrow[84\%]{\text{Zn-Hg,HCl}} \text{(product)}$$

4-己基-1,3-苯二酚

克莱门森还原是由芳脂混合酮（如上例酮）制备相应烃的好方法，产率很好，但醛很少用。另外，对酸敏感的酮不能使用。

（B）黄鸣龙还原 醛或酮与氢氧化钠、肼的水溶液和高沸点水溶性溶剂一起加热，醛和酮首先生成腙，继续加热则腙分解生成产物，此时羰基转变成了亚甲基。此反应叫做伍尔夫-基施纳还原（Wolff-Kishner）或伍尔夫-基施纳-黄鸣龙还原反应，也叫黄鸣龙还原。

$$\text{C=O} \xrightarrow{H_2N-NH_2} \text{C=N-NH_2} \xrightarrow{NaOH} \text{CH_2}$$

例如：

$$(CH_3)_2C=CH(CH_2)_2CHCH_2CHO \xrightarrow[\text{二甘醇，△，80\%}]{H_2NNH_2，KOH}$$
$$\underset{CH_3}{|}$$

$$(CH_3)_2C=CH(CH_2)_2CHCH_2CH_3$$
$$\underset{CH_3}{|}$$

$$\text{Ph}\underset{O}{\overset{||}{C}}-CH_2CH_3 \xrightarrow[200℃，82\%]{NH_2-NH_2，NaOH，二甘醇} \text{Ph}-CH_2CH_2CH_3$$

$$\text{Ph}-O-\text{(benzene)}-\underset{O}{\overset{||}{C}}-CH_2CH_2COOH \xrightarrow[\text{二醇，195℃，95\%}]{NH_2-NH_2，H_2O，KOH}$$

$$\text{Ph}-O-\text{(benzene)}-CH_2CH_2CH_2COOH$$

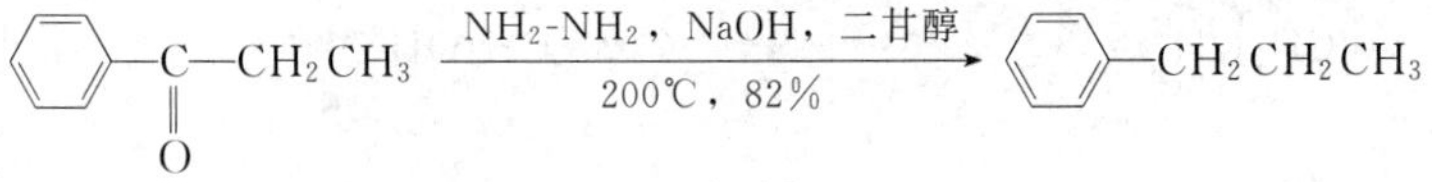

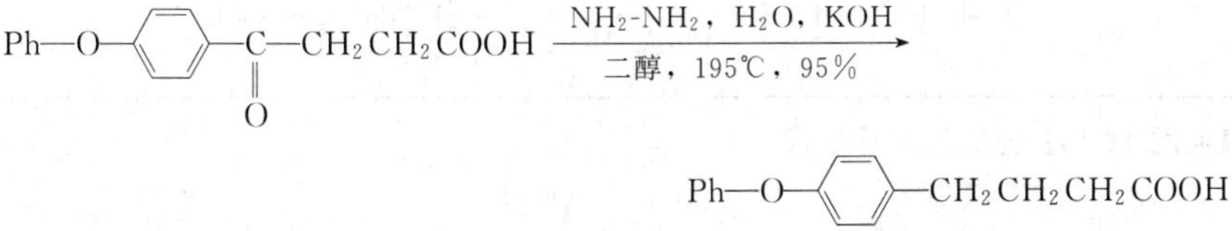

4-(对苯氧基苯基)丁酸

某些对酸敏感的化合物，虽不能使用克莱门森还原，但利用黄鸣龙还原常常能得到满意的结果。黄鸣龙还原不适用于对碱敏感的化合物，但可采用克莱门森还原，因此两种方法可以互补。

【问题 12-15】完成下列反应式：

(1) 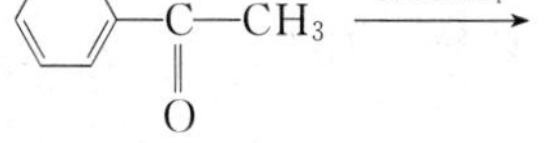 $\text{Ph}-\underset{O}{\overset{||}{C}}-CH_3 \xrightarrow{LiAlH_4}$

(2) $\text{(benzene)}-CHO + CH_3\underset{OH}{\overset{|}{CH}}CH_3 \xrightarrow{Al[OCH(CH_3)_2]_3}$
$$\underset{NO_2}{}$$

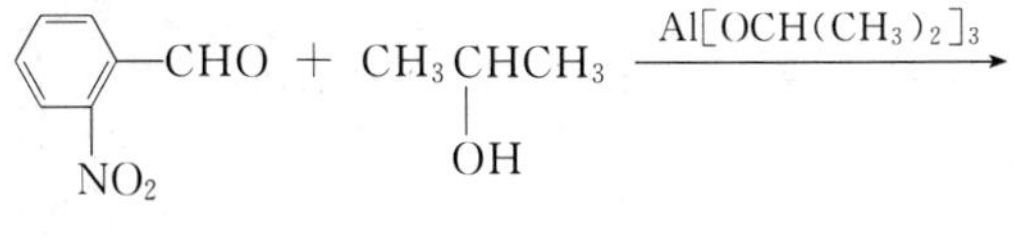

(3)

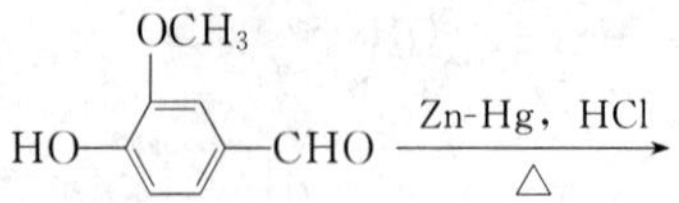

(4)

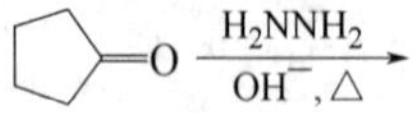

（3）坎尼扎罗反应

无 α-氢的醛在浓碱（如 NaOH）溶液作用下，一分子醛被氧化成羧酸（盐），一分子醛被还原成醇的反应，叫做坎尼扎罗（Cannizzaro）反应，也叫歧化反应。例如：

$$2HCHO \xrightarrow[\text{②}H^+]{\text{①}50\%NaOH} HCOOH + CH_3OH$$

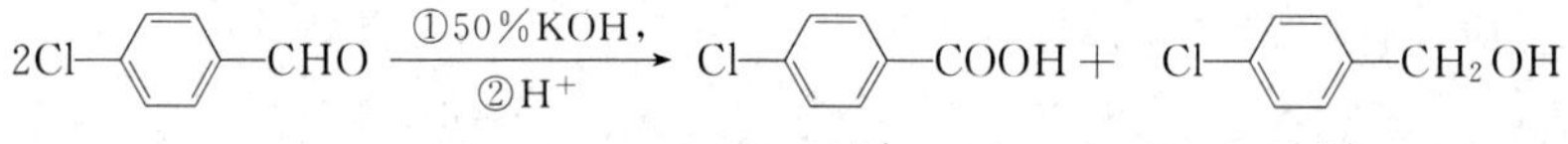

两种不同的没有 α-氢的醛在碱的作用下，也能发生坎尼扎罗反应，叫做交叉坎尼扎罗反应。若其中一种是甲醛，由于甲醛还原性比其他醛较强，则甲醛被氧化成甲酸（盐），而另一种无 α-氢的醛被还原成相应的醇。例如：在 12.5.2（1）中提到的季戊四醇的生产就应用了交叉坎尼扎罗反应。

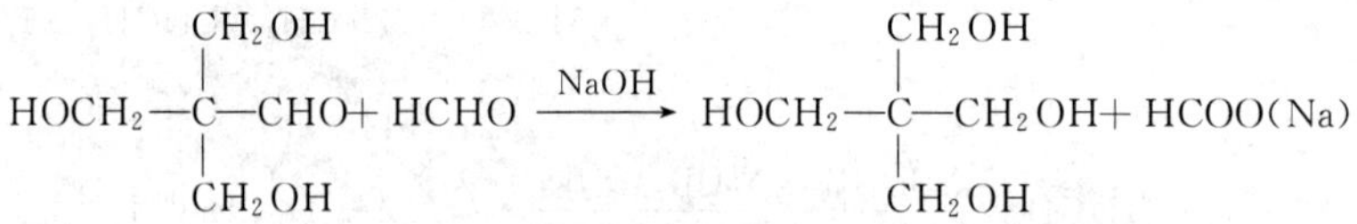

又如：

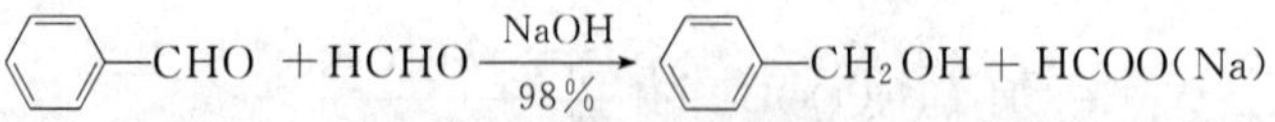

【问题 12-16】完成下列反应式：

(1) $2(CH_3)_3CCHO \xrightarrow{NaOH}$

(2)

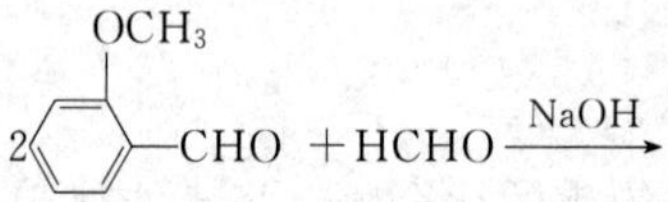

12.6　乙烯酮

乙烯酮是最简单和最重要的不饱和酮。工业上是由乙酸和丙酮裂解制备。

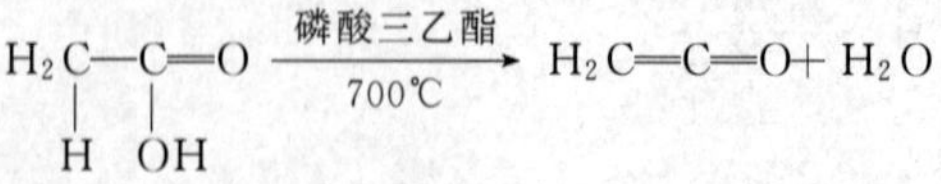

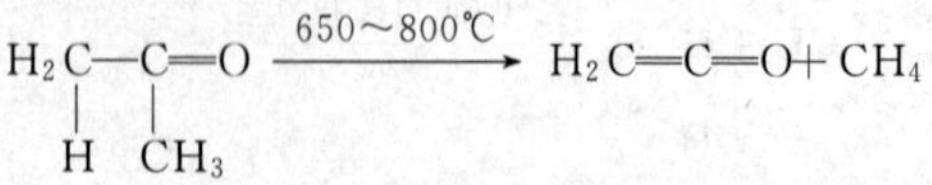

乙烯酮是无色有刺激性气体，有剧毒。沸点－56℃。易溶于丙酮，微溶于乙醚、苯等。因分子中具有累积双键，化学性质很活泼，能与含有活泼氢的化合物水、醇、氨、酸等发生加成反应，在这些分子中引入乙酰基，因此它是一种乙酰化剂。可用通式表示如下：

$$H_2C=C=O + H-Z \longrightarrow CH_3-\underset{Z}{\overset{\displaystyle O}{C}}$$

例如：

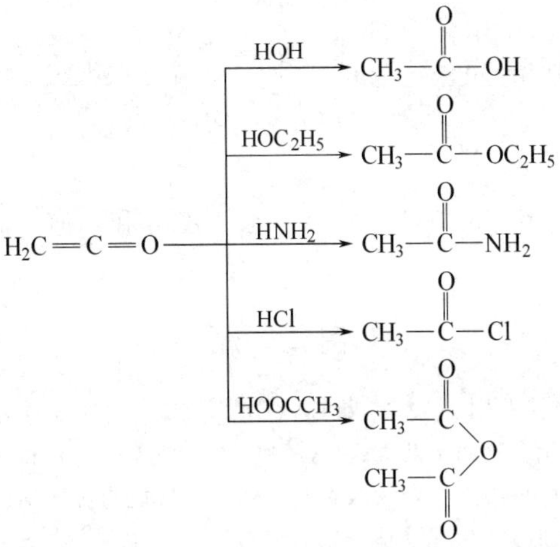

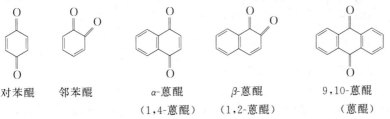

乙烯酮不稳定，易聚合成二聚体——二乙烯酮（双乙烯酮）：

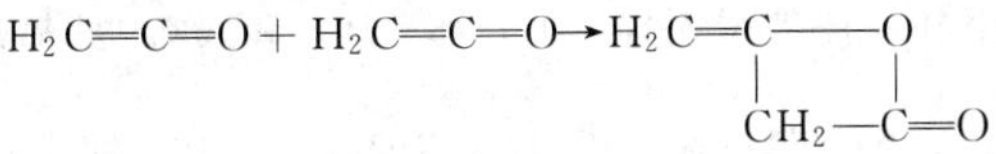

$$H_2C=C=O + H_2C=C=O \longrightarrow \begin{array}{c} H_2C-C=O \\ | \quad \quad | \\ CH_2-C=O \end{array}$$

二乙烯酮是无色有刺激臭味的液体，沸点 217.4℃，不溶于水，溶于一般有机溶剂，是重要的有机合成原料。

12.7　醌

醌是一类共轭的环状二酮，包括一系列化合物，它们都具有颜色。它们的命名是作为芳烃的衍生物来命名的。由苯得到的醌叫苯醌，由萘得到的醌叫萘醌，由蒽得到的醌叫蒽醌等。例如：

对苯醌　　邻苯醌　　　α-萘醌　　　β-萘醌　　　9,10-蒽醌
　　　　　　　　　　　（1,4-萘醌）　（1,2-萘醌）　　（蒽醌）

醌可由适当的酚或芳胺氧化制备，例如：

$$\text{（苯胺）} \xrightarrow[\text{或 MnO}_2，\text{ H}_2\text{SO}_4]{\text{Na}_2\text{Cr}_2\text{O}_7，\text{ H}_2\text{SO}_4} \text{（对苯醌）}$$

对苯醌也叫苯醌。黄色晶体，熔点 116℃。微溶于水，溶于乙醇和乙醚。用于制造对苯二酚和染料等。

醌还可由相应的芳烃氧化制备。见 7.9.1（2）和 7.9.2。

蒽醌还可由苯与邻苯二甲酸酐制备。

$$\text{（邻苯二甲酸酐）} + \text{（苯）} \xrightarrow[50\sim60℃]{\text{AlCl}_3} \text{（邻苯甲酰基苯甲酸）} \xrightarrow[130\sim140℃]{97\%\text{H}_2\text{SO}_4} \text{（蒽醌）}$$

蒽醌是淡黄色晶体，熔点 286℃。微溶于水，乙醇和乙醚，较易溶于热苯，用于制造染料。

例　题

[例题一] 用化学方法鉴别 （A）2-戊醇，（B）2-戊酮，（C）3-戊醇，（D）3-戊酮。

答　本题所给四个化合物属于两类：（A）和（C）是醇；（B）和（D）是酮。因此可以利用两类不同化合物的共性将两类化合物区别开。例如，醇能与金属钠产生氢气，而酮则不能；或酮能与 2,4-二硝基苯肼作用生成晶体产物，而醇则不发生。

对于同一类化合物醇（A）和（C）以及酮（B）和（D），则根据各类化合物中具体化合物构造上的差异，利用其个性进行鉴别。如，醇（A）和（C）虽都是仲醇，但（A）具有

$$\begin{array}{c} \text{CH}_3\text{—CH—} \\ | \\ \text{OH} \end{array}$$

构造，可发生碘仿反应，而（C）则不能。（B）和（D）中，（B）是甲基酮，能发生碘仿反应，而（D）则不能。至此达到了全部鉴别。为简便起见，可用图解式表示如下：

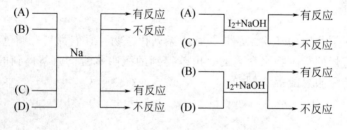

[例题二] 由不超过四个碳原子的烃合成

$$\begin{array}{c} \text{CH}_3\text{CH}_2 \quad \text{O—CH}_2 \\ \diagdown C \diagup \\ \text{CH}_3 \quad \text{O—CH}_2 \end{array}$$

答　该化合物（目标分子）是一个环状缩酮。从缩酮生成的原理可知，缩酮是由酮与醇缩合而得，因此，该环状缩酮可分解为丁酮和乙二醇（目标分子的两个前体）。即：

$$CH_3CH_2 \quad O—CH_2$$
$$\underset{CH_3}{\overset{}{C}} \quad \underset{O—CH_2}{\overset{}{}} \quad \Longleftarrow \quad \underset{CH_3}{\overset{CH_3CH_2}{C}}=O + \underset{HO—CH_2}{\overset{HO—CH_2}{}}$$

下面的问题就是如何从 C_4 以下的烃类以最合理的方法合成丁酮和乙二醇。

乙二醇的合成：

$$CH_2=CH_2 \xrightarrow[\sim 220℃]{O_2,\ Ag} H_2C—CH_2 \xrightarrow[H^+]{H_2O} \underset{OH}{\overset{}{H_2C}}—\underset{OH}{\overset{}{CH_2}}$$

丁酮的合成：

$$CH_3CH_2CH=CH_2 \xrightarrow[H^+]{H_2O} \underset{OH}{\overset{}{CH_3CH_2CHCH_3}} \xrightarrow[-H_2]{Cu} \underset{O}{\overset{}{CH_3CCH_2CH_3}}$$

缩酮的合成：

$$\underset{O}{\overset{}{CH_3CCH_2CH_3}} + \underset{OHOH}{\overset{}{H_2C—CH_2}} \xrightarrow{H^+} \underset{CH_3}{\overset{CH_3CH_2}{C}}\underset{O—CH_2}{\overset{O—CH_2}{}}$$

习   题

（一）写出下列化合物的构造式：

(1) 甲基异丁基甲酮　　　　　(2) α'-氯-β-溴丁酮

(3) 乙醛肟　　　　　　　　　(4) 丁酮-2,4-二硝基苯腙

(5) 异丁醛缩氨脲　　　　　　(6) 丁二酮二肟

（二）鉴别下列各组化合物：

(1) 异丙醚、异丙醇、丙醛和丙酮

(2) 3-戊醇、正戊醛、2-戊酮

(3) 苯甲醛、苯甲醇、对甲苯酚、苯乙酮、正庚醛、3-庚酮

（三）分离下列各组混合物：

(1) 己醛和戊醇　　　　　　(2) 正丁基溴、正丁醚和正丁醛

（四）提纯下列化合物：

(1) 乙醇中含有少量乙醛　　　　(2) 丁酮中含有少量丁醛

（五）试由正庚醛为主要原料合成下列化合物：

(1) 1-溴庚烷　　　　(2) 正庚醚

(3) 正庚醇　　　　　(4) 正庚酸

（六）将下列化合物按亲核加成反应的活性由大到小排列成序：

(1) HO—⟨　⟩—CHO　　　　　　(2) ⟨　⟩—CHO

(3) CH_3—⟨　⟩—CHO　　　　　(4) O_2N—⟨　⟩—CHO

（七）回答下列问题：

(1) 乙醛无限溶于水，而正己醛则微溶于水，为什么？

(2) $CH_2=CHCH_2CH_2OH$ 和 CH_3CHO 的沸点哪一个高，为什么？

(3) 下列化合物哪些能发生碘仿反应?

(A) CH_3CH_2CHO 　　　　　　　(B) $(CH_3)_2CHCH_2OH$

(C) $CH_3CH_2COCH_3$ 　　　　　　(D) $CH_3CH_2CH(OH)CH_3$

(E) $CH_3COCH(CH_3)_2$

(八) 由指定原料合成下列各化合物 (其他原料任选):

(1) 乙炔——→正丁醇　　　　　　　(2) 甲苯——→4-甲基-3-硝基苯乙酮

(3) 环戊酮——→1,2-二溴环戊烷　　(4) 甲苯——→1-对甲苯基-2-丙酮

(5) 苯——→对乙基苯乙烯　　　　　(6) $C_1 \sim C_4$ 醇——→4-甲基-2-戊酮

(7) 甲苯——→间硝基苯甲醇　　　　(8) 苯——→异丁苯

(9) 丙烯——→2-乙基-1-己醇 (提示: 经过正丁醛)

(九) 化合物 (A) 的分子式为 $C_5H_{12}O$, 有旋光性, 当 (A) 用碱性 $KMnO_4$ 强烈氧化则变成没有旋光性的 $C_5H_{10}O$ (B)。化合物 (B) 与正丙基溴化镁作用后再水解生成 (C), 后者能拆分出两个对映体。写出化合物 (A)、(B) 和 (C) 的构造式及各步反应式。

(十) 化合物 (A) 能与羟胺反应, 但不与吐伦试剂和亚硫酸氢钠饱和溶液反应。经催化加氢得到化合物 (B) $C_6H_{14}O$。(B) 与浓硫酸作用脱水生成 (C) C_6H_{12}。(C) 经臭氧化分解生成分子式为 C_3H_6O 的两种化合物 (D) 和 (E)。(D) 有碘仿反应而无银镜反应。(E) 有银镜反应而无碘仿反应。写出 (A)、(B)、(C)、(D)、(E) 的构造式及各步反应式。

(十一) 化合物 (A) 与高锰酸钾反应生成环戊甲酸, 与浓硫酸作用后再水解生成醇 (B) $C_7H_{14}O$, (B) 能发生碘仿反应。写出 (A) 和 (B) 的构造式及各步反应式。

(十二) 某化合物 (A) ($C_7H_{16}O$), 它被氧化后的产物能与苯肼作用生成苯腙, (A) 用浓硫酸加热脱水得 (B)。(B) 经酸性高锰酸钾氧化后生成两种产物: 一种产物发生碘仿反应; 另一种产物为正丁酸。写出 (A) 的构造式。

(十三) 加入少量 NaCN, 可使 HCN 与 $R_2C{=}O$ 加成生成羟基腈 $R_2C(OH)CN$ 的速度加快, 为什么?

(十四) 提出 OH^- 催化乙醛的醇醛缩合的反应机理 (提示: OH^- 先夺取乙醛的 α-氢原子生成碳负离子, 然后再进行反应)。

参 考 书 目

1 [美] R. T. 莫里森. R. N. 博伊德著, 有机化学. 上册. 复旦大学化学系有机化学教研室译 第二版. 北京: 科学出版社, 1992. 624~660

2 金世美主编. 有机分析教程. 北京: 高等教育出版社, 1992. 120~124

第13章 羧酸

13.1 羧酸的分类及命名

分子中含有羧基（—COOH）的化合物叫做羧酸。其通式为 R—COOH 或 Ar—COOH。羧基是羧酸的官能团。

13.1.1 分类

根据羧酸分子中与羧基相连的烃基结构的不同分为脂肪族羧酸、脂环族羧酸和芳香族羧酸。按烃基是否饱和分为饱和羧酸和不饱和羧酸。

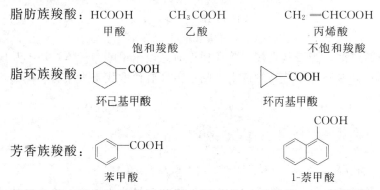

脂肪族羧酸：HCOOH　　　　CH_3COOH　　　　　CH_2＝CHCOOH
　　　　　　　甲酸　　　　　　乙酸　　　　　　　　丙烯酸
　　　　　　　饱和羧酸　　　　　　　　　　　不饱和羧酸

脂环族羧酸：　　　　—COOH　　　　　　　　—COOH
　　　　　　　环己基甲酸　　　　　　　　环丙基甲酸

芳香族羧酸：　　　　—COOH

　　　　　　　苯甲酸　　　　　　　　　　1-萘甲酸

根据分子中所含羧基数目不同又可分为一元羧酸、二元羧酸、三元羧酸等，二元以上的羧酸统称多元羧酸。

一元羧酸：$CH_3CH_2CH_2COOH$　　　　　　—COOH
　　　　　　　　丁酸　　　　　　　　　　　环戊基甲酸

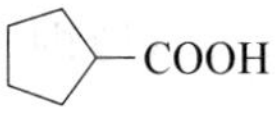

二元羧酸：HOOC—COOH　　　HOOC（CH_2）$_2$COOH　　　HOOC—〈〉—COOH
　　　　　　乙二酸　　　　　　　丁二酸　　　　　　对苯二甲酸

多元羧酸：$HOOC—CH_2—\overset{\displaystyle OH}{\underset{\displaystyle COOH}{C}}—CH_2—COOH$

柠檬酸（3-羟基-3-羧基戊二酸）　　　1,3,5-苯三甲酸

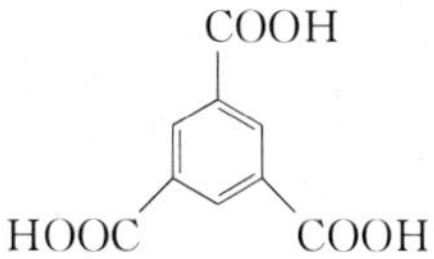

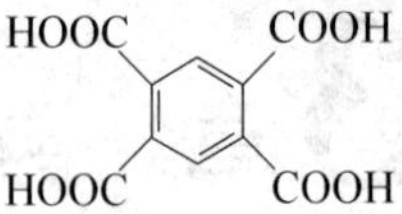

$$HOOC \diagdown \diagup COOH$$
$$HOOC \diagup \diagdown COOH$$

均苯四甲酸 (1,2,4,5-苯四甲酸)

13.1.2 命名

许多羧酸最初是由其来源而得名。如甲酸最初来自蚂蚁，故也叫蚁酸；乙酸存在于食醋中，故也叫醋酸，苯甲酸最初由安息香胶制得，故也叫安息香酸。

羧酸的系统命名原则为：选择含羧基在内的最长碳链为主链，按主链碳原子数目叫做某酸，主链碳原子从羧基开始编号，取代基的名称和位次写在"某酸"之前。例如：

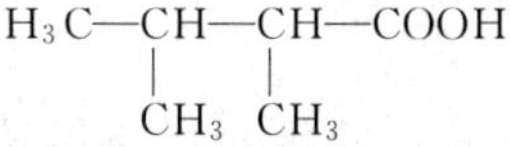

$$H_3C-CH-CH-COOH$$
$$\qquad | \qquad |$$
$$\quad CH_3 \ CH_3$$

2,3-二甲基丁酸

取代基的位次有时也用希腊字母表示，即从与羧基直接相连的碳原子起依次用 α，β，γ……表示。这与用阿拉伯数字表示是不同的。例如：

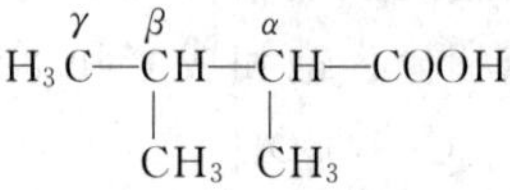

$$\overset{\gamma}{H_3C}-\overset{\beta}{CH}-\overset{\alpha}{CH}-COOH$$
$$\qquad | \qquad |$$
$$\quad CH_3 \ CH_3$$

α,β-二甲基丁酸

对于芳香族羧酸，当羧基直接与芳环相连时，以苯甲酸为母体，环上其他基团作为取代基；如羧基连在芳环侧链上，则把芳环看作取代基来命名。例如：

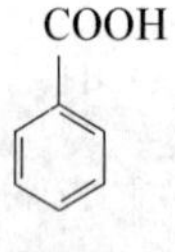

苯甲酸 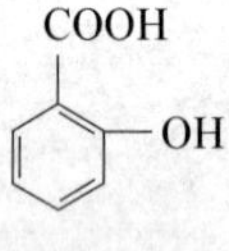　　　　　　邻羟基苯甲酸（水杨酸） 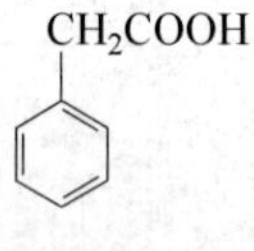　　　　苯乙酸

对于二元羧酸，选择包括两个羧基在内的最长碳链为主链，根据主链的碳原子数叫做"某二酸"；芳香族二元酸则需注明两个羧基的位次。例如：

$$HOOC-(CH_2)_4-COOH \qquad HOOC-CH_2CH-COOH \qquad HOOC-\diagdown\diagup-COOH$$
$$\qquad\qquad\qquad\qquad\qquad\qquad\qquad\qquad | $$
$$\qquad\qquad\qquad\qquad\qquad\qquad\qquad CH_3$$

己二酸　　　　　　　2-甲基丁二酸 　　　　　　　1,4-苯二甲酸
　　　　　　　　　　　　　　　　　　　　　　　　（对苯二甲酸）

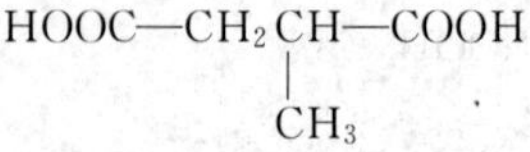

对于不饱和羧酸，选择包括羧基和重链在内的最长碳链为主链，叫做某烯酸或某炔酸。例如：

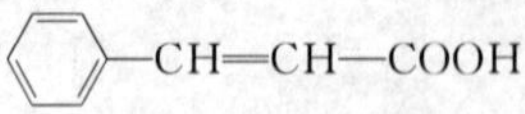

$$\diagdown\diagup-CH=CH-COOH \qquad H_3C-C\equiv C-CH-CH_2-COOH$$
$$\qquad\qquad\qquad\qquad\qquad\qquad\qquad\qquad\qquad |$$
$$\qquad\qquad\qquad\qquad\qquad\qquad\qquad\qquad CH_3$$

3-苯基丙烯酸（肉桂酸） 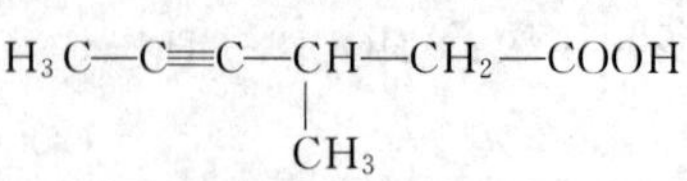　　　　　　　3-甲基-4-己炔酸

【问题 13-1】命名下列化合物:

(1) $CH_3CH(CH_3)C(CH_3)_2COOH$

(2) $CH_3C\!=\!CHCOOH$
    $\quad\quad\ \ |$
    $\quad\quad\ CH_3$

(3) $CH_3CH_2CH\!-\!COOH$
    $\quad\quad\quad\ \ |$
    $\quad\quad\quad\ COOH$

(4) $CH_3CH_2\!-\!\!\!\bigcirc\!\!\!-COOH$

【问题 13-2】写出下列化合物构造式:

(1) 顺-丁烯二酸

(2) α,γ-二甲基戊酸

(3) 3,3-二甲基戊二酸

(4) 2,6-二苯基庚二酸

13.2 羧酸的制法

13.2.1 伯醇或醛氧化

伯醇首先被氧化生成醛,醛进一步被氧化成羧酸。伯醇和醛氧化制羧酸,是一种常用的方法。例如,工业上生产丁酸是由正丁醇或正丁醛的直接氧化:

$$CH_3CH_2CH_2CH_2OH \xrightarrow[\text{丁酸钴}]{O_2} CH_3CH_2CH_2CHO \xrightarrow[\text{丁酸钴}]{O_2} CH_3CH_2CH_2COOH$$

乙醛空气氧化(或氧气氧化)是工业上生产乙酸的方法之一。

$$CH_3CHO+O_2(空气) \xrightarrow[55\sim60℃, 800kPa]{\text{乙酸锰}} CH_3COOH$$

13.2.2 烃氧化

高级脂肪烃即石油的高沸点馏分(含 $C_{20}\sim C_{30}$),在高锰酸钾、二氧化锰等催化下,用空气或氧气氧化,可制得高级脂肪酸。

$$RCH_2CH_2R'+O_2 \xrightarrow[107\sim110℃]{MnO_2} RCOOH+R'COOH+其他羧酸$$

产物是高级脂肪酸的混合物,并含有醇、醛、酮等。其中 $C_{12}\sim C_{18}$ 脂肪酸用于制肥皂,故也叫做皂用酸。

工业上芳香酸一般用相应的烷基苯氧化制备。甲苯液相空气氧化法是生产苯甲酸的主要方法。

$$\bigcirc\!-CH_3+3O_2(空气) \xrightarrow[140\sim160℃, 0.29MPa]{\text{环烷酸钴}} \bigcirc\!-COOH+2H_2O$$

对二甲苯空气氧化法为对苯二甲酸生产的主要方法。工业上一般分为高温氧化法和低温氧化法。高温氧化法以醋酸为溶剂,醋酸钴、醋酸锰为催化剂,在四溴乙烷存在下,于 $221\sim225℃$ 和 $2.55MPa$ 压力下,对二甲苯用空气氧化生成对苯二甲酸。低温氧化法是对二甲苯在醋酸溶剂中,以醋酸钴(或醋酸锰)及溴化物为催化剂,以三聚乙醛为氧化促进剂,在 $130\sim140℃$ 和 $1.5\sim4.0MPa$ 压力下,用空气氧化生成对苯二甲酸。

$$CH_3—\langle\ \rangle—CH_3 + 3O_2(空气) \xrightarrow[221\sim225℃，2.55MPa]{乙酸锰，乙酸钴} HOOC—\langle\ \rangle—COOH + 2H_2O$$

对苯二甲酸是合成纤维和合成塑料——聚酯树脂的原料之一。

13.2.3　腈水解

脂肪族腈和芳香族腈在酸或碱溶液中水解得到相应羧酸。

$$RCN + H_2O \longrightarrow \begin{cases} \xrightarrow{H^+} RCOOH + NH_4^+ \\ \xrightarrow{OH^-} RCOO^- + NH_3 \end{cases}$$

例如：苯乙酸的工业生产可由苯乙腈经酸或碱性水解制备。

$$\langle\ \rangle—CH_2CN + H_2SO_4(70\%) + 2H_2O \xrightarrow[2h]{130℃} \langle\ \rangle—CH_2COOH + NH_4HSO_4$$

$$\langle\ \rangle—CH_2CN + KOH(50\%) + H_2O \longrightarrow \langle\ \rangle—CH_2COOK + NH_3$$

$$\langle\ \rangle—CH_2COOK + HCl \longrightarrow \langle\ \rangle—CH_2COOH + KCl$$

　　腈由卤代烷与氰化钠反应制得。腈水解所得羧酸比相应卤代烷多一个碳原子，这是从卤代烷制羧酸的一个方便的方法。从伯卤代烷制备腈的产率很高，仲卤代烷产率不太好，叔卤代烷与氰化钠反应时，往往脱卤化氢产生烯烃。芳香卤代烷不能用于制备芳香腈。

13.3　羧基的结构

　　在羧基中，碳原子是 sp^2 杂化，它的三个 sp^2 杂化轨道分别与羰基氧原子的一个原子轨道、羟基氧原子的一个原子轨道、碳原子的一个 sp^3 杂化轨道（不饱和烃基时为 sp^2 杂化轨道，甲酸时为氢原子的 1s 轨道）形成三个 σ 键。它们同处在一个平面上，键角约为 120°。羧基碳原子的未杂化的 p 轨道与羰基氧原子的一个 p 轨道均垂直该平面且互相平行，在侧面相互交盖形成 π 键（如图 13-1 所示）。

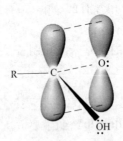

图 13-1　羧基的结构

　　羟基氧原子的未共用电子对，与羰基的 π 电子形成 p，π-共轭体系。在此共轭体系中，由于共轭效应的影响，体系中电子云密度发生平均化，结果使羟基氧原子上的电子云密度有所降低，羰基碳原子上的电子云密度有所增高。

$$R-\overset{\displaystyle O}{\underset{\displaystyle }{C}}-\overset{..}{\underset{..}{O}}-H$$

13.4　羧酸的物理性质

直链脂肪酸中甲酸、乙酸、丙酸都是具有刺激性气味的液体，正丁酸至正壬酸是具有腐败气味的油状液体，正癸酸以上为无臭固体。芳酸和二元酸都是结晶固体。

饱和一元脂肪族羧酸的沸点比相对分子质量相近的醇的沸点高。例如，甲酸和乙醇的相对分子质量均为 46，甲酸的沸点是 100.5℃，而乙醇是 78.3℃，产生这种差别的原因，是由于羧酸在固态和液态主要以通过氢键形成的环状二聚体形式存在：

$$R-\overset{O\cdots H-O}{\underset{O-H\cdots O}{C}}C-R$$

甲酸和乙酸等低级羧酸，根据蒸汽密度的测定，表明在气相仍以二聚体形式存在。羧酸分子间这种氢键比醇分子间氢键强，因此，羧酸的沸点比相对分子质量相近的醇高。随着相对分子质量增加，羧酸沸点升高。

低级羧酸也可以与水形成氢键，甲酸至丁酸与水混溶，戊酸部分溶于水，随着碳链增长，分子中烃基部分增加，氢键不易生成，溶解度明显下降，十二酸和十四酸等已不溶于水。

在直链饱和一元羧酸中，含偶数碳原子的羧酸，比其前后相邻的两个奇数碳原子的羧酸熔点高。某些羧酸的物理常数列于表 13-1 中。

表 13-1　一些羧酸的物理常数

名　　称	熔点/℃	沸点/℃	溶解度(25℃)(g/100g 水)	pK_a(25℃) pK_a 或 pK_{a_1}	pK_{a_2}
甲酸(蚁酸)	8	100.5	∞	3.76	
乙酸(醋酸)	16.6	118	∞	4.76	
丙酸(初油酸)	−21	141	∞	4.87	
丁酸(酪酸)	−6	164	∞	4.81	
戊酸(缬草酸)	−34	187	4.97	4.82	
己酸(羊油酸)	−3	205	1.08	4.88	
癸酸	31	269	0.015	4.85	
十二酸(月桂酸)	44	179(2399.8Pa)	0.006		
十四酸(肉豆蔻酸)	54	200(2666.4Pa)	0.002		
十六酸(软脂酸)	63	219(2666.5Pa)	0.0007		
十八酸(硬脂酸)	70	235(2666.4Pa)	0.0003		
苯甲酸(安息香酸)	122	250	0.34	4.19	
1-萘甲酸	160		不溶	3.70	
2-萘甲酸	185		不溶	4.17	
乙二酸(草酸)	189(分解)		10.2	1.23	4.19

续表

名　称	熔点/℃	沸点/℃	溶解度(25℃) (g/100g 水)	pKₐ(25℃) pKₐ 或 pKₐ₁	pKₐ₂
丙二酸(缩苹果酸)	136		138	2.85	5.70
丁二酸(琥珀酸)	182	235(脱水分解)	6.8	4.16	5.60
己二酸(肥酸)	153	330.5(分解)		4.43	5.62
顺丁烯二酸(马来酸)	131		78.8	1.85	6.07
反丁烯二酸(富马酸)	287		0.70	3.03	4.44
邻苯二甲酸	210~211 (分解)		0.7	2.89	5.41
间苯二甲酸	345 升华(330)		0.01	3.54	4.60
对苯二甲酸	384~420 升华(300)		0.003	3.51	4.82

【问题 13-3】羧酸和醇分子间都存在着氢键，为什么下列两组化合物中相对分子质量相近的醇的沸点低于酸的沸点？试解释之。

构造式	相对分子质量	沸点/℃
(1) $CH_3CH_2CH_2OH$	60	97
CH_3COOH	60	118
(2) $CH_3CH_2CH_2CH_2OH$	74	118
CH_3CH_2COOH	74	141

13.5　羧酸的化学性质

　　羧酸的性质主要取决于官能团羧基。羧基虽由羰基和羟基组成，但羧酸的性质不是这两类官能团特性的简单加合。由于羧基中存在 p，π-共轭效应，以及羧基中氧原子的电负性比碳原子大，氧原子吸引电子的结果，羧基成为一个吸电基，并使与羧基直接相连的 α 碳原子上的氢原子比较活泼，因此，羧酸具有某些特殊性质。羧酸的化学反应主要发生在羧基和 α 碳原子上。

13.5.1　酸性

　　在羧酸分子中，由于羧基存在 p，π-共轭效应，羟基氧原子上的电子云密度降低，促使了羧基较易离解为质子和负离子，从而使羧酸具有酸性。羧酸离解成羧酸负离子后，由于电子离域的结果，负电荷均匀分布在两个氧原子上，如下所示：

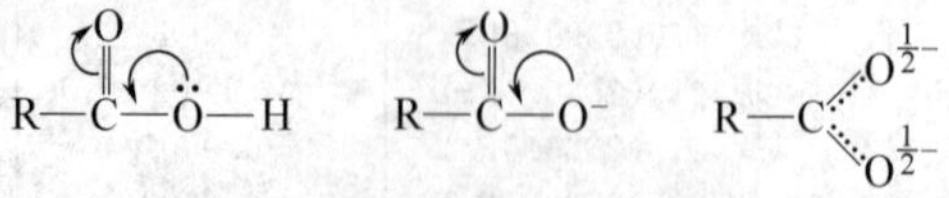

因此，$RCOO^-$ 很稳定，有利于羧酸的离解。例如，在甲酸中 C ═O 键长为 0.123nm，C—O 键长为 0.134nm。在甲酸根负离子中，根据 X 射线研究证明，两个碳氧键的键长是一样的，都等于 0.127nm。说明在甲酸根负离子中，由于

电子的离域而发生键长的平均化，已没有一般碳氧双键和碳氧单键。

羧酸的酸性比碳酸强，但比强的无机酸弱。它们的 pK_a 值如下：

	无机强酸	羧酸	碳酸
pK_a	1～2	3.5～5	6.38

羧酸能和氢氧化钠、碳酸钠作用，生成羧酸盐：

$$R-\overset{O}{\underset{}{C}}-OH + NaOH \longrightarrow R-\overset{O}{\underset{}{C}}-ONa + H_2O$$

$$R-\overset{O}{\underset{}{C}}-OH + Na_2CO_3 \longrightarrow R-\overset{O}{\underset{}{C}}-ONa + H_2O + CO_2$$

羧酸盐与无机强酸作用，又转变成羧酸。例如：

$$R-\overset{O}{\underset{}{C}}-ONa + HCl \longrightarrow R-\overset{O}{\underset{}{C}}-OH + NaCl$$

这一性质可用来使羧酸与不溶解于水的或易挥发的物质分离。另外，已知苯酚不能和碳酸钠、碳酸氢钠作用。因此，利用上述性质可用来区别或分离酚和羧酸。

具有 12～18 个碳原子的羧酸盐具有可溶性，其中 COO⁻ Na (K)⁺ 是极性基团，可溶于水，是亲水的；长碳链的烃基不溶于水，是憎水的（亲油的）；因此它们是两性分子，由于这种特性，它们具有乳化和净化作用。人们长期以来利用 C_{12}～C_{18} 羧酸盐作为"肥皂"使用，它们也属于表面活性剂的一种（见本章 13.7）。

13.5.2 羧酸衍生物的生成

羧酸分子中的羟基可以被卤原子（Cl、Br、I）、酰氧基（ $-O-\overset{O}{\underset{}{C}}-R$ ）、烷氧基（—OR）、氨基（—NH₂）等原子或基团取代，分别生成酰卤、酸酐、酯和酰胺。

$$
R-\overset{O}{\underset{}{C}}-OH
\begin{cases}
\xrightarrow{PX_3} & R-\overset{O}{\underset{}{C}}-X \quad \text{酰卤} \\
\xrightarrow{\text{脱水剂}} & R-\overset{O}{\underset{}{C}}-O-\overset{O}{\underset{}{C}}-R \quad \text{酸酐} \\
\xrightarrow[H^+]{R'OH} & R-\overset{O}{\underset{}{C}}-OR' \quad \text{酯} \\
\xrightarrow[\triangle]{NH_3} & R-\overset{O}{\underset{}{C}}-NH_2 \quad \text{酰胺}
\end{cases}
$$

（1）酰卤的生成

羧酸与三氯化磷、五氯化磷、亚硫酰氯（SOCl₂）等作用时，分子中的羟基被氯原子取代，生成酰氯。例如：

$$CH_3CH_2COOH + PCl_3 \xrightarrow{45℃} CH_3CH_2COCl + H_3PO_4$$

$$CH_3(CH_2)_{14}COOH + 2SOCl_2 \xrightarrow[\text{回流}]{\text{苯}} CH_3(CH_2)_{14}COCl + HCl + SO_2$$

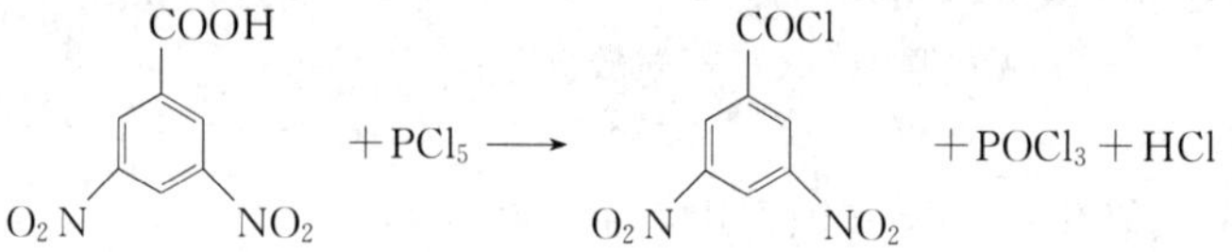

制备酰氯时，采用哪种试剂，取决于原料、产物和副产物之间的沸点差，其差值越大，越容易分离。其中亚硫酰氯是较好的试剂，因为反应生成的二氧化硫、氯化氢都是气体，容易与酰氯分离。

(2) 酰酐的生成

羧酸在脱水剂（如五氧化二磷、乙酸酐等）作用下脱水生成酸酐：

$$R-\overset{O}{\overset{\|}{C}}-OH + HO-\overset{O}{\overset{\|}{C}}-R \xrightarrow[\triangle]{P_2O_5} R-\overset{O}{\overset{\|}{C}}-O-\overset{O}{\overset{\|}{C}}-R + H_2O$$

例如：

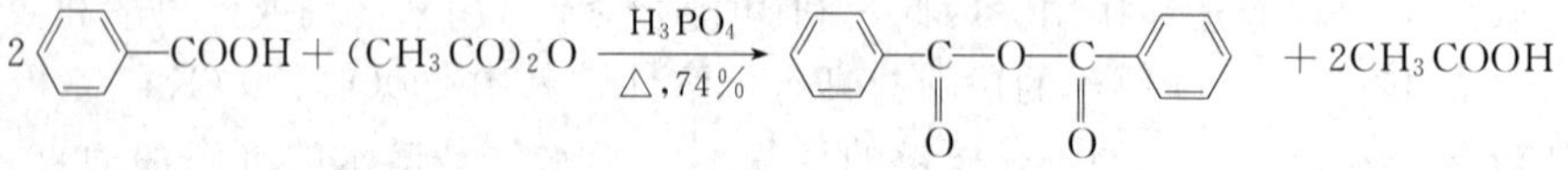

（脱水剂）　　　苯甲酸酐　　　（蒸出乙酸）

加热某些二元酸，如丁二酸，戊二酸和邻苯二甲酸等，也可分子内脱水形成五元或六元环状的酸酐。例如：

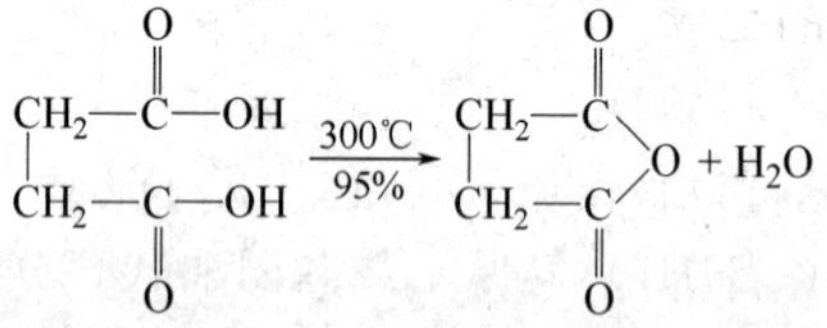

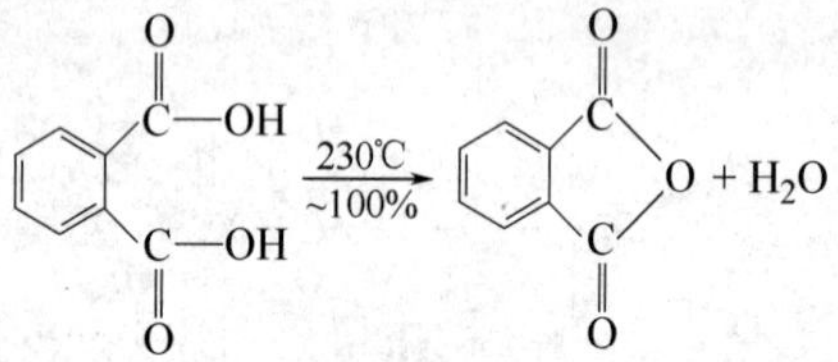

(3) 酯的生成

在酸催化下，羧酸和醇作用生成羧酸酯的反应叫做酯化反应。

$$R-\overset{O}{\overset{\|}{C}}-OH + HOR' \xrightleftharpoons{H^+,\ \triangle} R-\overset{O}{\overset{\|}{C}}-OR' + H_2O$$

例如：

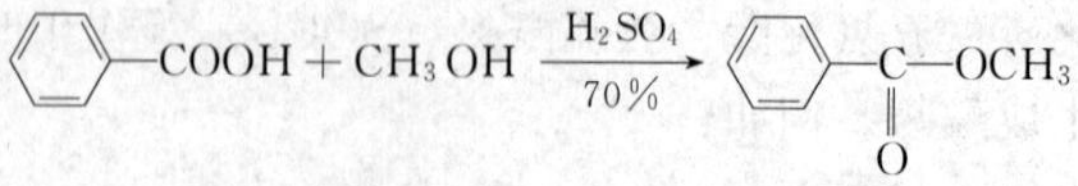

酯化反应是可逆反应，必须在酸催化及加热下进行，否则反应速率很慢。由于酯

化反应是可逆反应，所以要提高酯的产率，一种方法是增加反应物的用量，即使用过量的酸或过量的醇；另一种方法是不断从反应体系中移去生成物以使平衡右移。生产中，增加哪种反应物的量或从反应体系中移去哪种生成物，依具体情况而定。

（4）酰胺的生成

羧酸与氨作用，先生成铵盐，将铵盐加热后脱水形成酰胺：

$$R-\underset{\underset{O}{\|}}{C}-OH + NH_3 \longrightarrow R-\underset{\underset{O}{\|}}{C}-ONH_4 \xrightarrow{\triangle} R-\underset{\underset{O}{\|}}{C}-NH_2 + H_2O$$

例如：

$$CH_3COOH + NH_3 \longrightarrow CH_3\underset{\underset{O}{\|}}{C}-O^- NH_4^+ \xrightarrow{100℃} CH_3\underset{\underset{O}{\|}}{C}-NH_2 + H_2O$$

13.5.3　还原反应

在一般条件下羧酸不易被还原。但在强的还原剂，如氢化铝锂作用下，可将羧酸还原成醇。例如：

$$\triangleright-COOH \xrightarrow[②H^+]{①\ LiAlH_4} \triangleright-CH_2OH$$
$$74\%$$

$$\bigcirc-COOH + LiAlH_4 \xrightarrow[200℃,30MPa]{钴催化剂} \bigcirc-CH_2OH$$

13.5.4　脱羧反应

羧酸的碱金属盐与碱石灰（NaOH＋CaO）共热，则发生脱羧反应，生成烷烃。

$$RCOONa + NaOH(CaO) \longrightarrow RH + Na_2CO_3$$

此反应由于副反应多，实际上只应用于低级羧酸盐。在实验室中用于少量甲烷的制备。例如：

$$CH_3COONa + NaOH(CaO) \longrightarrow CH_4 + Na_2CO_3$$

当羧酸分子中的 α-碳原子上连有较强的吸电基时，如—NO_2、—CN、$\diagdown$C=O 和 Cl 等，受热易脱羧。例如：

$$CH_3COCH_2COOH \xrightarrow{\triangle} CO_2 + CH_3COCH_3$$

$$HOOCCH_2COOH \xrightarrow{\triangle} CO_2 + CH_3COOH$$

$$O_2N-\underset{NO_2}{\bigcirc}\overset{COOH}{\underset{}{-NO_2}} \xrightarrow{\triangle} O_2N-\underset{NO_2}{\bigcirc}-NO_2 + CO_2$$

13.5.5 α-氢原子的取代反应

受羧基的影响，羧酸的 α-氢原子比较活泼，可被其他原子或基团取代生成取代酸。如在少量红磷或碘存在下，α-氢原子可被卤原子（Cl、Br）取代生成 α-卤代酸。

$$RCH_2COOH + X_2 \xrightarrow[\triangle]{P} \underset{\underset{X}{|}}{R}CHCOOH$$

常用的氯乙酸就是由乙酸和氯气在微量碘催化下作用而得。控制氯的用量，可以得到一氯代、二氯代和三氯代乙酸。

$$CH_3COOH \xrightarrow[I_2]{Cl_2} ClCH_2COOH \xrightarrow[\triangle]{Cl_2} Cl_2CHCOOH \xrightarrow[\triangle]{Cl_2} Cl_3CCOOH$$

【问题 13-4】写出异丁酸和下列试剂作用的主要产物：

(1) PBr_3 (2) $SOCl_2$

(3) $(CH_3CO)_2O$, $\triangle$ (4) C_2H_5OH, $\triangle$

(5) NH_3, $\triangle$ (6) Br_2, P

【问题 13-5】完成下列反应式

(1) $HOOC(CH_2)_3COOH \xrightarrow{\triangle}$ (2) ⬡—COONa + HCl ⟶

13.6 羧酸的结构与酸性的关系——诱导效应

不同结构的羧酸，其酸性强弱不同。例如，乙酸的 α-氢原子被氯原子取代后生成的 α-氯乙酸，其酸性比乙酸强。例如：

	CH_3COOH	$ClCH_2COOH$
pK_a	4.75	2.81

α-氯乙酸酸性强是由于氯原子的电负性比碳原子或氢原子都高，它吸电子的结果，使氯原子和碳原子（亚甲基的）之间的电子云偏向氯原子。氯原子这种吸电子作用，沿着碳链传递下去（这种传递如式中箭头所示）使氧原子和氢原子之间的电子云偏向氧原子，容易离解出质子。使氯乙酸的酸性增强。

$$\underset{\text{乙酸}}{H-CH_2-\overset{\overset{O}{\|}}{C}-O-H} \qquad \underset{\text{氯乙酸}}{Cl \leftarrow CH_2 \leftarrow \overset{\overset{O}{\|}}{C} \leftarrow O \leftarrow H}$$

同理，所取代的氯原子愈多，酸性愈强。

比较甲酸和乙酸的酸性：

	$H-COOH$	CH_3-COOH
pK_a	3.75	4.75

与氢相比，甲基一般是供电基。甲基的供电作用使得甲基和羧基碳原子之间的电子云偏向羧基碳原子，而且这种影响沿着碳链传递下去，使氧原子和氢原子间电子云偏向氢原子，使氢较难离解为质子，故乙酸的酸性比甲酸弱。

$$CH_3 \rightarrow \overset{\displaystyle \overset{O}{\|}}{C} \rightarrow O \rightarrow -H$$

这种由于烷基的不同或引入取代基的不同使羧酸酸性发生的变化，是由于某些原子或取代基电负性不同而引起的，这种影响不仅仅局限在两个成键原子之间，而是沿着分子链传递下去，这种电子效应叫做诱导效应。诱导效应沿着分子链由近及远传递下去，距离愈远受到的影响也愈小，一般经过三个原子之后这种影响就很小了。表 13-2 中几种不同氯丁酸的酸性变化就说明了这一点。不同结构的羧酸的酸性不同，如表 13-2 所示。

表 13-2　不同羧酸的酸性

名　称	构　造　式	pK_a	名　称	构　造　式	pK_a
甲酸	HCOOH	3.77	对氯苯甲酸	$Cl-\langle\bigcirc\rangle-COOH$	4.03
乙酸	CH_3-COOH	4.76		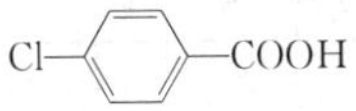	
丙酸	CH_3-CH_2-COOH	4.88	苯甲酸	$\langle\bigcirc\rangle-COOH$	4.17
异丁酸	$CH_3-\underset{\underset{CH_3}{\|}}{CH}-COOH$	5.05			
氯乙酸	$ClCH_2-COOH$	2.86	2-氯丁酸	$CH_3-CH_2-\underset{\underset{Cl}{\|}}{CH}-COOH$	2.84
二氯乙酸	$Cl_2CH-COOH$	1.29			
三氯乙酸	$Cl_3C-COOH$	0.65	3-氯丁酸	$CH_3-\underset{\underset{Cl}{\|}}{CH}-CH_2-COOH$	4.08
溴乙酸	$BrCH_2-COOH$	2.90			
碘乙酸	ICH_2-COOH	3.18	4-氯丁酸	$ClH_2C-CH_2-CH_2-COOH$	4.52
对硝基苯甲酸	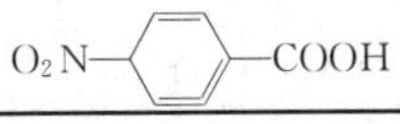 $O_2N-\langle\bigcirc\rangle-COOH$	3.40	丁酸	$CH_3CH_2CH_2COOH$	4.82

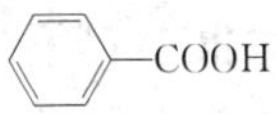

诱导效应通常以氢原子为标准，如果电子对偏向取代基，则这个取代基具有吸电子的诱导效应；如果电子对偏离取代基，则这个取代基具有给电子的诱导效应。

$$G \longleftarrow CR_3 \qquad\qquad H \longrightarrow CR_3 \qquad\qquad G \longrightarrow CR_3$$
吸电子诱导效应　　　　　　标准　　　　　　给电子诱导效应

取代基的诱导效应影响了羧酸的酸性，因此，通过测量各种取代酸的离解常数，就能推测取代基的诱导效应的强弱。其一般规律如下：

与碳原子直接相连的原子，同一族的随原子序数增加吸电子诱导效应降低，同一周期的自左至右吸电子诱导效应增加。

$$-F > -Cl > -Br > -I$$
$$-F > -OH > -NH_2 > -CH_3$$

不同杂化状态的碳原子，s 成分多，吸电子能力强；

$$-C\equiv CR > -CR=CR_2 > -CR_2-CR_3$$

烷基具有给电子的诱导效应，其相对强度为：

$$(CH_3)_3C- > (CH_3)_2CH- > CH_3CH_2- > CH_3-$$

带正电荷的基团具有吸电子诱导效应，带负电荷的基团具有给电子诱导效应。如以乙酸为母体化合物，按取代乙酸离解常数的大小，得到其诱导效应顺序是：

吸电子基团（吸电基）：

$$NO_2 > CN > F > Cl > Br > I > C \equiv C > OCH_3 > OH > C_6H_5 > C = C > H$$

给电子基团（给电基）：

$$(CH_3)_3C > (CH_3)_2CH > CH_3CH_2 > CH_3 > H$$

【问题 13-6】在 HOOC—CH—CH$_2$—CH$_2$—COOH 中哪个羧基酸性强？为什么？
　　　　　　　　　　　|
　　　　　　　　　　　Br

【问题 13-7】将下列两组化合物的酸性由强到弱排列成序：

(1) CH$_3$CHClCOOH，CH$_3$CCl$_2$COOH，CH$_3$CH$_2$COOH，ClCH$_2$CH$_2$COOH

(2) 草酸、丙二酸、乙酸、苯酚

【问题 13-8】乙二酸（HOOC—COOH）的 pK_{a_1} 为 1.46，pK_{a_2} 为 4.40，试用电子效应解释为什么二次离解困难？

13.7　表面活性剂

13.7.1　烷基苯磺酸钠

　　最重要的烷基苯磺酸钠是十二烷基苯磺酸钠，它是市售合成洗涤剂的主要成分。可由 C$_{10}$～C$_{14}$（以 C$_{12}$ 为主）的直链 α-烯烃与苯在 AlCl$_3$、HF 或 HBF$_4$ 存在下进行烷基化反应，再经磺化、中和而得：

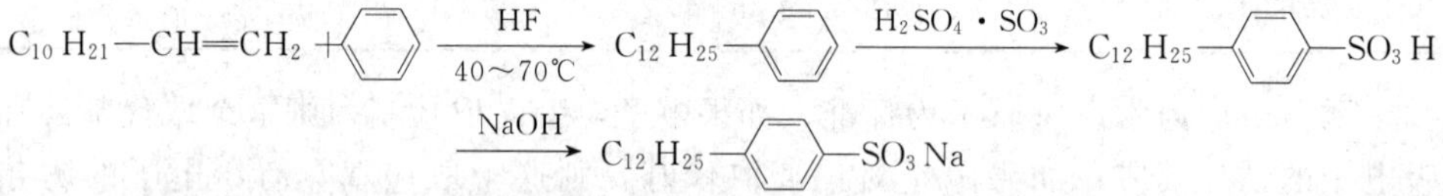

　　也可由 C$_{10}$～C$_{13}$（以 C$_{12}$ 为主）正构烷烃经氯化，生成氯代烷烃，然后在三氯化铝作用下，与苯反应生成烷基苯，后者经磺化、中和即得十二烷基苯磺酸钠。

　　十二烷基苯磺酸钠和肥皂都是优良的洗涤剂，但与肥皂相比，十二烷基苯磺酸钠有一个优点，肥皂在硬水中使用时，硬水中含有的钙、镁等离子，与肥皂生成不溶于水的盐，这些盐无去污能力，浪费了这部分肥皂。而十二烷基苯磺酸钠的钙盐、镁盐都溶于水。因此，它在软水和硬水中都有良好的去污能力。

13.7.2　表面活性剂

　　能明显改变液体表面张力或两相间界面张力的物质叫做表面活性剂。表面活性剂分子有一个共同的基本结构，分子中既有亲水基，又有亲油基（疏水基、憎水基）。亲油基是碳链较长的烃基。如：

肥皂

对十二烷基苯磺酸钠

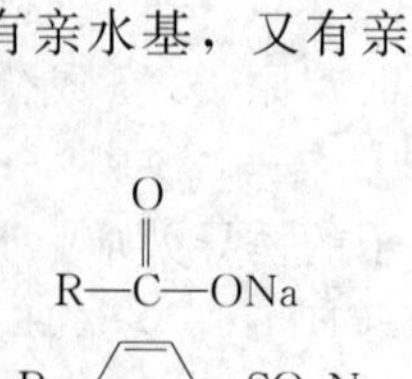

亲油基　　　　　亲水基

表面活性剂按照分子构造不同可分为阴离子表面活性剂、阳离子表面活性剂、两性表面活性剂和非离子表面活性剂。

阴离子表面活性剂　在水中离解成离子，表面活性是由阴离子产生的。这类表面活性剂种类较多、用量较大。例如：肥皂、十二烷基苯磺酸钠等。

阳离子表面活性剂　在水中离解成离子，表面活性是由阳离子产生的。阳离子表面活性剂绝大部分是含氮化合物，一般常用者为季铵盐。例如：溴化二甲基十二烷基苄基铵 $[C_{12}H_{25}N(CH_3)_2CH_2C_6H_5]^+Br^-$ 等。

两性表面活性剂　习惯上是指分子中同时由阴和阳两种离子组成的表面活性剂。例如：二甲基十二烷基甜菜碱 $[C_{12}H_{25}N^+(CH_3)_2CH_2COO^-]$ 等。

非离子表面活性剂　在水中不离解成离子，表面活性是由整个分子产生的。非离子表面活性剂有多种类型。例如，聚氧乙烯烷基醚 $RO(CH_2CH_2O)_nH$（R＝$C_{12}\sim C_{18}$ 的烷基，$n=16\sim17$），是市售洗涤剂主要成分。其中，亲油基是长链烷基，亲水基是羟基和易溶于水的基团 $[-O(CH_2CH_2O)-_n]$。

按照使用目的不同，表面活性剂可分为洗涤剂、乳化剂、润湿剂、分散剂、破乳剂、发泡剂、消泡剂、浮选剂、抗静电剂、柔软剂等，而被广泛用于人类生活的各个方面，如家用洗涤剂以及纤维、医药、化妆品、食品、建筑、采矿、塑料等许多工业领域。

例　题

[例题一] 比较下列化合物的酸性强弱，并按由强到弱排列成序：

(1) CH_3CH_2OH　　　　　　　　　　　(2) CH_3COOH

(3) $HOOC—CH_2—COOH$　　　　　　　(4) $HOOC—COOH$

答　本题所要比较的化合物属于醇和羧酸两类化合物。其酸性强弱顺序是：羧酸＞醇。

对于要比较的 CH_3COOH，$HOOC—CH_2COOH$ 和 $HOOC—COOH$，可看成是甲酸分子中与羧基相连的氢原子分别被 $CH_3—$，$HOOC—CH_2—$ 和 $HOOC—$ 取代。$CH_3—$是供电基，直接与—COOH相连，不利于羧酸的离解，故 CH_3COOH 酸性比 $HCOOH$ 弱；$HOOC—$是吸电基，直接与—COOH相连，有利于羧酸的离解，故 $HOOC—COOH$ 酸性比甲酸强。即：

$$HOOC—COOH>CH_3COOH$$

$HOOC—CH_2—$其供电能力比甲基弱，$HOOC—CH_2—COOH$ 酸性比 CH_3COOH 强；$HOOC—CH_2—$的吸电能力又比 $HOOC—$弱，$HOOC—CH_2—COOH$ 酸性比 $HOOC—COOH$ 弱，所以三种羧酸酸性强弱顺序是：

$$HOOC—COOH>HOOC—CH_2—COOH>CH_3COOH$$

本题所要比较的四个化合物的酸性强弱顺序是：

$$HOOC—COOH>HOOC—CH_2—COOH>CH_3COOH>CH_3CH_2OH$$

[例题二] 试由溴化苄及必要的原料合成苯乙酸。

答　首先对比主要反应物和产物的构造式：

通过对比可知，产物比主要原料多一个碳原子，且转变成COOH。因此要进行增碳反应和官能团的转变。已知主要原料为卤代烃，因此增加一个碳原子可以利用以下方法：①卤代烃与 Na（K）CN 反应；②将卤代烃转变成格利雅试剂后与 CO_2 反应。最后将引进的官能团转变成羧基。其合成可通过以下路线来完成。

① $C_6H_5-CH_2Br + NaCN \longrightarrow C_6H_5-CH_2CN \xrightarrow[H^+]{H_2O} C_6H_5-CH_2COOH$

② $C_6H_5-CH_2Br + Mg \xrightarrow{干醚} C_6H_5-CH_2MgBr \xrightarrow{CO_2} C_6H_5-CH_2-\underset{OMgBr}{\overset{C=O}{|}} \xrightarrow[H^+]{H_2O}$

$C_6H_5-CH_2COOH$

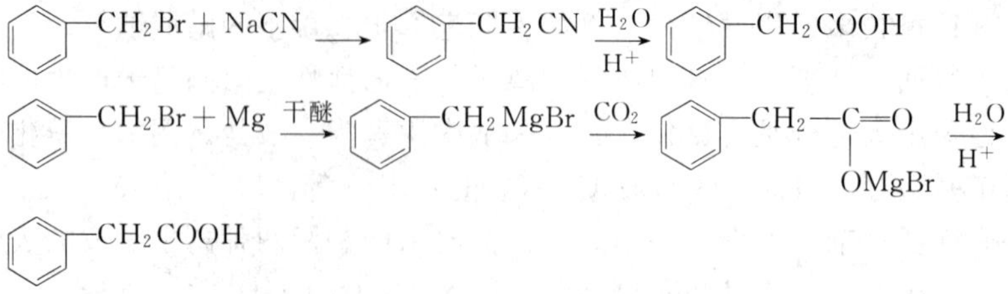

习　　题

（一）命名下列各化合物：

(1) $\underset{H}{CH_3(CH_2)_7}C=\underset{H}{C(CH_2)_7COOH}$　　　　　(2) $(CH_3)_2C(COOH)_2$

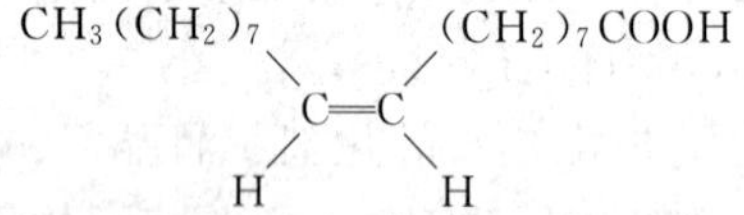

（二）写出下列化合物的构造式：

(1) 2,3-二甲基丁烯二酸　　　(2) 邻苯甲酰基苯甲酸

（三）鉴别下列各组化合物：

(1) HCOOH　　CH_3COOH

(2) 邻-$C_6H_4(COOH)(OCH_3)$　　　邻-$C_6H_4(COOH)(OH)$

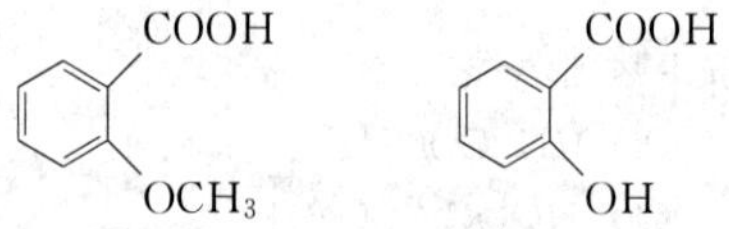

(3) $CH_3-C_6H_4-COOH$ 、　$HO-C_6H_4-COCH_3$ 、　$HO-C_6H_3(CH=CH_2)(OH)$

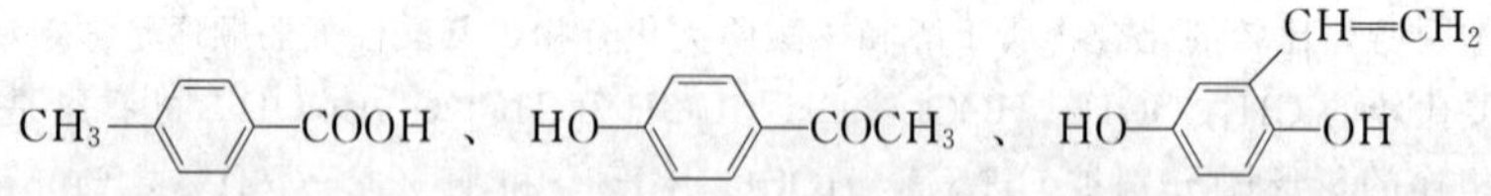

(4) C_6H_5OH、C_6H_5CHO、$C_6H_5COCH_3$、C_6H_5COOH

（四）试比较下列化合物的酸性强弱，并按由强到弱排列成序：

(1) 乙酸、苯酚、碳酸、水、乙烷、乙醇

(2) CH_3CH_2COOH，$HOOC-CH_2-COOH$，$HOOC-CH_2-COO^-$

(3) $C_5H_6-CH_2COOH$，　$C_5H_6-\underset{Br}{\overset{|}{CH}}-COOH$，　$C_5H_6-\underset{CH_3}{\overset{|}{CH}}-COOH$

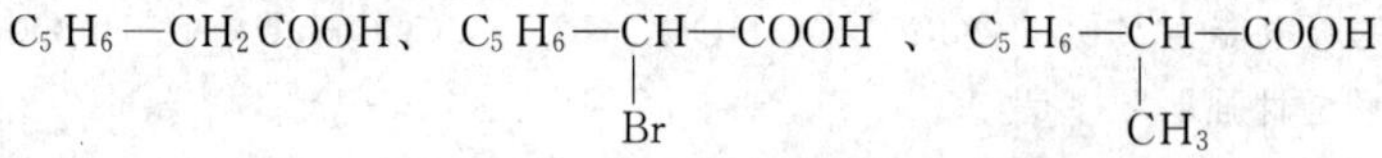

(4) $(CH_3)_3N^+-C_6H_4-COOH$ 、　$CF_3-C_6H_4-COOH$ 、　C_6H_5-COOH 、

$H_3C-C_6H_4-COOH$ 、　$HO-C_6H_4-COOH$

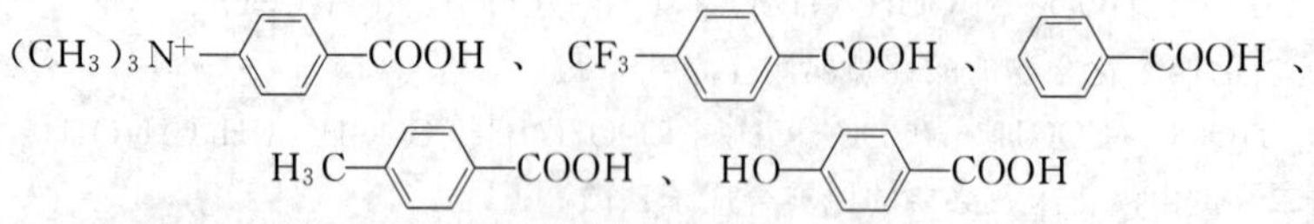

（五）完成下列反应式：

(1) $CH_3CH_2CH_2COOH \xrightarrow[P]{Br_2} A \xrightarrow{NaCN} B \xrightarrow{?} HOOC-\underset{C_2H_5}{\overset{|}{CH}}-COOH$

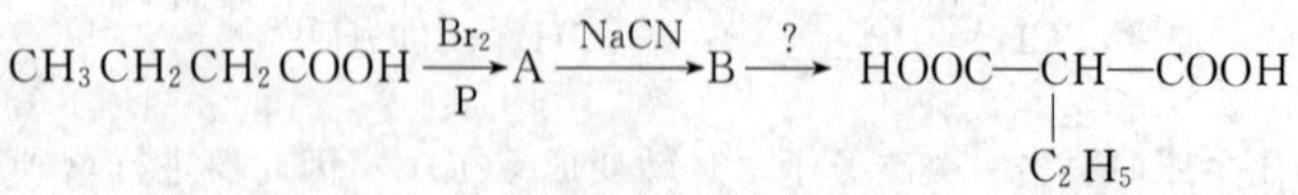

(2)

$$\underset{\text{HC}=\text{CH}-\text{CHO}}{\overset{\text{CH}_2\text{COOH}}{\bigodot}} \xrightarrow[\text{② H}_2\text{O}]{\text{①LiAlH}_4}$$

(3) $\bigodot\!-\!\text{COOH} + \text{HOCH}_2\!-\!\bigodot \xrightarrow{\text{H}^+}$

(4) $\bigodot\!-\!\text{COOH} + \text{SOCl}_2 \longrightarrow$

(5) $\underset{}{\overset{\text{OH}}{\bigodot}}\!-\!\text{COOH} + \text{NaHCO}_3 \longrightarrow$

（六）化合物 A 和 B 的分子式均为 $C_4H_8O_2$，其中 A 容易和碳酸钠作用放出二氧化碳；B 不和碳酸钠作用，但和氢氧化钠的水溶液共热生成乙醇，试推断 A 和 B 的构造式。

（七）将下列化合物分别转变为戊酸

(1) 1-戊醇　　　　(2) 2-己酮

（八）完成下列转变：

(1) $\bigodot\!=\!\text{CH}_2 \longrightarrow \bigodot\!-\!\text{CH}_2\text{COOH}$

(2) $\text{CH}_3\text{CH}_2\text{CH}_2\text{CHO} \longrightarrow \text{CH}_3\text{CH}_2\text{CH}_2\underset{\overset{|}{\text{C}_2\text{H}_5}}{\text{CH}}\!=\!\text{C}\!-\!\text{COOH}$

(3) $\text{CH}_3\text{CH}_2\text{OH} \longrightarrow \text{CH}_3\text{CH}_2\text{COOC}_2\text{H}_5$

(4) $\text{CH}_3\text{CH}_2\text{COOH} \longrightarrow (\text{CH}_3\text{CH}_2\text{CO})_2\text{O}$

(5) $(\text{CH}_3)_2\text{CHOH} \longrightarrow \text{CH}_3\underset{\overset{|}{\text{CH}_3}}{\text{CH}}\text{CONH}_2$

(6) $\bigodot\!-\!\text{CH}_3 \longrightarrow \bigodot\!-\!\text{CH}_2\text{COOH}$

参 考 书 目

1　[美] R. T. 莫里森. R. N. 博伊德著，有机化学. 下册. 第二版. 复旦大学化学系有机化学教研室译. 北京：科学出版社，1992，661～732

2　[日] 藤本武彦. 高仲江、顾德荣译. 新表面活性剂入门. 北京：化学工业出版社，1989

第14章 羧酸衍生物

14.1 羧酸衍生物的命名

（A）酰卤　根据分子中所含的酰基命名为"某酰卤"。例如：

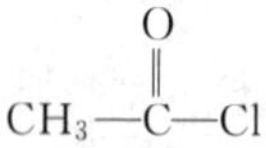

$$CH_3-\overset{\displaystyle O}{\underset{\displaystyle \|}{C}}-Cl$$

乙酰氯

$$C_6H_5-\overset{\displaystyle O}{\underset{\displaystyle \|}{C}}-Cl$$

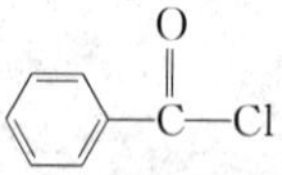

苯甲酰氯

（B）酸酐　根据相应的酸叫做"某酸酐"，有时将"酸"字去掉而叫做"某酐"。例如：

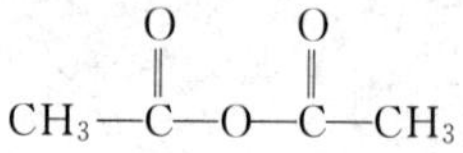

$$CH_3-\overset{\displaystyle O}{\underset{\displaystyle \|}{C}}-O-\overset{\displaystyle O}{\underset{\displaystyle \|}{C}}-CH_3$$

乙酸酐

$$CH_3-\overset{\displaystyle O}{\underset{\displaystyle \|}{C}}-O-\overset{\displaystyle O}{\underset{\displaystyle \|}{C}}-CH_2CH_3$$

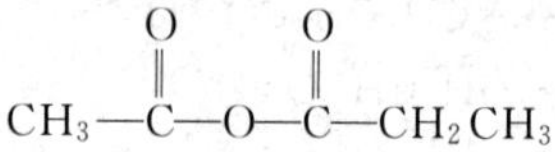

乙丙酐

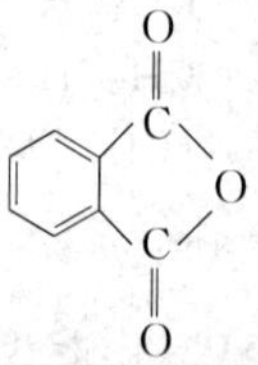

邻苯二甲酸酐

（C）酯　根据形成它的酸和醇叫做"某酸某酯"。例如

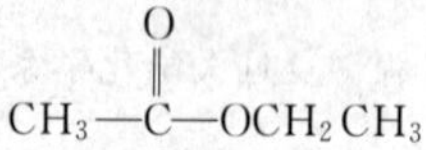

$$CH_3-\overset{\displaystyle O}{\underset{\displaystyle \|}{C}}-OCH_2CH_3$$

乙酸乙酯

$$CH_3-\overset{\displaystyle O}{\underset{\displaystyle \|}{C}}-OCH=CH_2$$

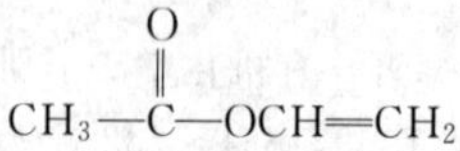

乙酸乙烯酯

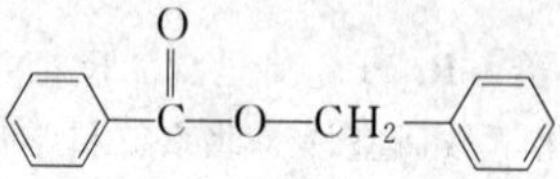

苯甲酸苯甲酯

（D）酰胺　根据它们所含的酰基命名为"某酰胺"。例如：

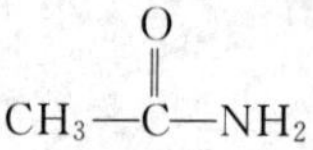

$$CH_3-\overset{\displaystyle O}{\underset{\displaystyle \|}{C}}-NH_2$$

乙酰胺

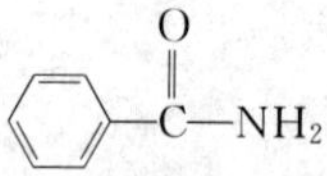

苯甲酰胺

如果酰胺分子中的氮原子上连有取代基，则命名时叫做 N-某烃基某酰胺。例如：

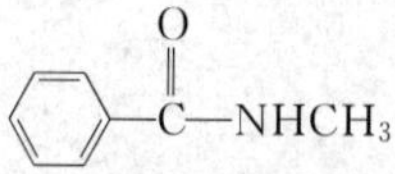

$$C_6H_5-\overset{\displaystyle O}{\underset{\displaystyle \|}{C}}-NHCH_3$$

N-甲基苯甲酰胺

$$H-\overset{\displaystyle O}{\underset{\displaystyle \|}{C}}-N(CH_3)_2$$

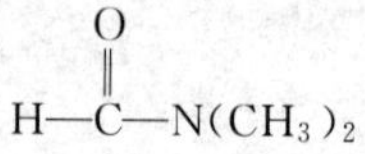

N,*N*-二甲基甲酰胺

【问题 14-1】命名下列化合物：

(1)
$$O_2N\text{—}C_6H_3(NO_2)\text{—}\underset{\displaystyle O}{\overset{\displaystyle O}{C}}\text{—}Cl$$

(2)
$$\begin{array}{c} H\text{—}C\text{—}C \\ \parallel \quad\;\; \diagdown \\ \quad\quad\quad O \\ H\text{—}C\text{—}C \\ \parallel \quad\;\; \diagup \\ \quad\quad O \end{array}$$

(3)
$$CH_3\text{—}\underset{\displaystyle O}{\overset{\displaystyle O}{C}}\text{—}N(CH_3)_2$$

(4) $(C_6H_5\text{—}CH\!=\!CH\text{—}CO)_2O$

(5)
$$Cl\text{—}\underset{\displaystyle O}{\overset{\displaystyle O}{C}}\text{—}(CH_2)_4\text{—}\underset{\displaystyle O}{\overset{\displaystyle O}{C}}\text{—}Cl$$

(6)
$$C_6H_5\text{—}\underset{\displaystyle O}{\overset{\displaystyle O}{C}}\text{—}O\text{—}C_6H_5$$

14.2　羧酸衍生物的物理性质

（A）酰氯　甲酰氯不存在。低级酰氯是无色具有刺激性气味的液体，高级酰氯是白色固体。酰氯的沸点低于原来的羧酸，是因为酰氯不能通过氢键缔合。

	CH_3COOH	CH_3COCl
沸点/℃	118	51

酰氯不溶于水，低级酰氯遇水分解，如乙酰氯在空气中即与空气中的水作用而分解。

（B）酸酐　甲酸酐不存在，低级酸酐是具有刺激气味的无色液体，壬酸酐以上的简单酸酐是固体。酸酐的沸点较相对分子质量相近的羧酸低。例如：

	相对分子质量	沸点/℃
$CH_3\text{—}\overset{\displaystyle O}{C}\text{—}O\text{—}\overset{\displaystyle O}{C}\text{—}CH_3$	102	139.6
$CH_3CH_2CH_2CH_2\text{—}\overset{\displaystyle O}{C}\text{—}OH$	103	186

酸酐不溶于水。溶于乙醚、氯仿和苯等有机溶剂。

（C）酯类　低级酯是无色具有果香气味的液体，许多花果的香味就是由酯所引起的。（例如，乙酸异戊酯有香蕉气味）。高级酯是蜡状固体。酯的沸点比相对分子质量相近的醇和羧酸都低。除低级（$C_3 \sim C_5$）的酯微溶于水外，酯难溶于水，易溶于乙醇、乙醚等有机溶剂。

（D）酰胺　除甲酰胺（熔点 3℃）是液体外，其余酰胺（非 N-烷基取代酰胺）都是固体。低级酰胺（$C_1 \sim C_5$）溶于水，随着相对分子质量增大，在水中溶解度减小。酰胺分子中氮原子上的氢原子被取代后，虽然相对分子质量增加，但形成氢键的能力却降低，沸点也相应降低。

	CH_3CONH_2	$CH_3CONHCH_3$	$CH_3CON(CH_3)_2$
相对分子质量	59	73	89
沸点/℃	221	204	165

14.3　羧酸衍生物的化学性质

14.3.1　水解反应

羧酸衍生物和水作用，分子中的 —Cl 、$—O—\overset{O}{\overset{\|}{C}}—R$ 、—OR′ 、—NH₂ 等基团，分别被水中羟基取代，生成羧酸和相应产物，此反应叫水解反应。

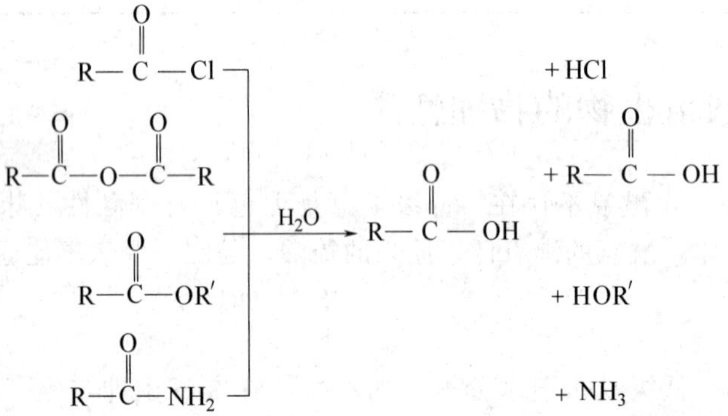

例如：

$$CH_3—\overset{O}{\overset{\|}{C}}—Cl +H_2O \xrightarrow{\text{室温}} CH_3—\overset{O}{\overset{\|}{C}}—OH +HCl$$

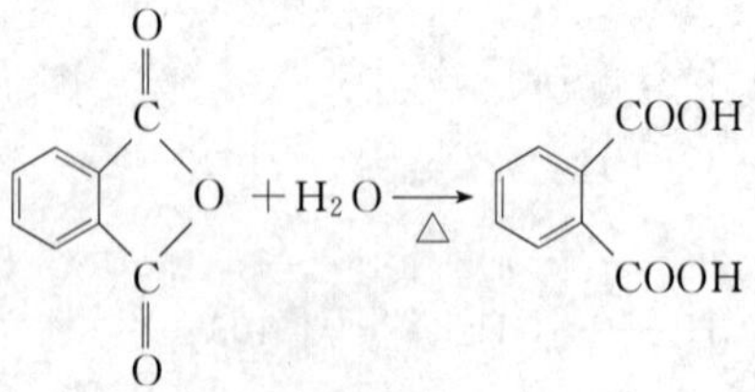

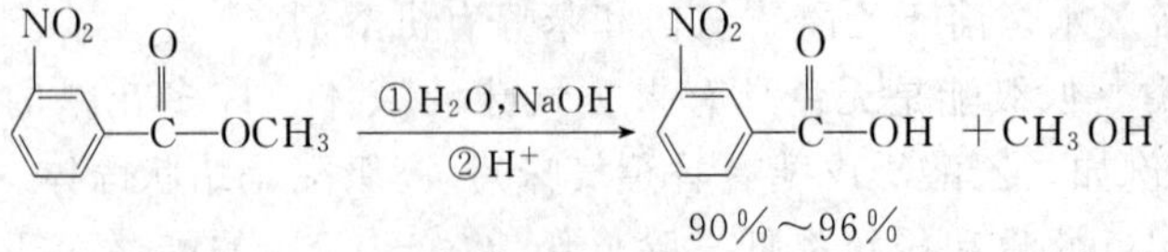

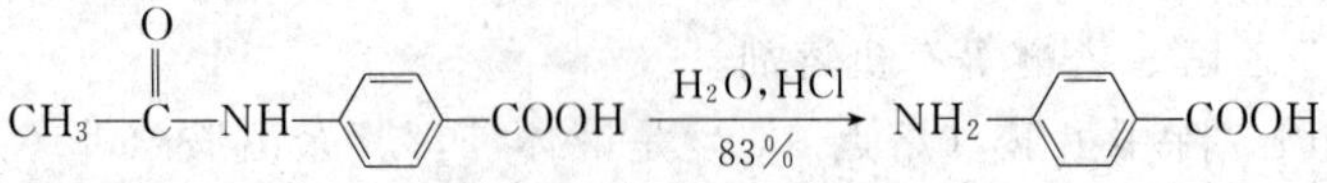

90%～96%

14.3.2　醇解反应

酰氯、酸酐和酯与醇反应，分子中 —Cl 、$—O—\overset{O}{\overset{\|}{C}}—R$ 、—OR′ 被醇中烷氧

基取代，生成酯和相应产物，此反应叫醇解反应。酰胺难进行醇解反应。

$$
\left.
\begin{array}{l}
R-\overset{\overset{O}{\|}}{C}-Cl \\[6pt]
R-\overset{\overset{O}{\|}}{C}-O-\overset{\overset{O}{\|}}{C}-R \\[6pt]
R-\overset{\overset{O}{\|}}{C}-OR''
\end{array}
\right\}
\xrightarrow{HOR'}
R-\overset{\overset{O}{\|}}{C}-OR' + R-\overset{\overset{O}{\|}}{C}-OH
\quad
\begin{array}{l}
+HCl \\[12pt]
\\[12pt]
+HOR''
\end{array}
$$

例如：

$$
C_6H_5-\overset{\overset{O}{\|}}{C}-Cl + (CH_3)_3COH \xrightarrow[\triangle]{\text{吡啶}} C_6H_5-\overset{\overset{O}{\|}}{C}-OC(CH_3)_3 + HCl
$$

$$
(CH_3CO)_2O + \underset{\underset{CH_3}{|}}{HO-CHCH_2CH_3} \xrightarrow[\triangle]{H_2SO_4} CH_3CO\underset{\underset{O\ CH_3}{||\ \ |}}{CHCH_2CH_3} + CH_3COOH
$$

酯与醇的反应，也叫酯交换反应，常用于工业生产中。例如，工业上合成涤纶树脂的单体——对苯二甲酸二乙二酯的方法之一，采用酯交换反应。

$$
HOOC-\!\!\!\!\bigcirc\!\!\!\!-COOH + 2CH_3OH \xrightarrow[(\text{酯化反应})]{\text{酸性硅胶}} CH_3OOC-\!\!\!\!\bigcirc\!\!\!\!-COOCH_3 + 2H_2O
$$

$$
CH_3OOC-\!\!\!\!\bigcirc\!\!\!\!-COOCH_3 + 2HOCH_2CH_2OH \xrightarrow[(\text{酯交换反应})]{\text{乙酸锌,180℃}}
$$

$$
HOCH_2CH_2OOC-\!\!\!\!\bigcirc\!\!\!\!-COOCH_2CH_2OH + 2CH_3OH
$$

生产中，粗对苯二甲酸将影响涤纶树脂的质量，但它难以提纯，而对苯二甲酸二甲酯可以通过结晶或蒸馏的方法提纯，故上述方法就成为长期以来生产对苯二甲酸二乙二酯的方法之一。

14.3.3 氨解反应

酰氯、酸酐和酯与氨（胺）反应，分子中的 —Cl 、 —O—$\overset{\overset{O}{\|}}{C}$—R 、 —OR′ 被氨中氨基（或胺中胺基）取代，生成酰胺和相应产物，此反应叫氨解。酰胺的氨解（胺解）比较困难。

$$
\left.
\begin{array}{l}
R-\overset{\overset{O}{\|}}{C}-Cl \\[6pt]
R-\overset{\overset{O}{\|}}{C}-O-\overset{\overset{O}{\|}}{C}-R \\[6pt]
R-\overset{\overset{O}{\|}}{C}-OR'
\end{array}
\right\}
\xrightarrow{NH_3}
R-\overset{\overset{O}{\|}}{C}-NH_2 + R-\overset{\overset{O}{\|}}{C}-ONH_4
\quad
\begin{array}{l}
+NH_3\cdot HCl \\[12pt]
\\[12pt]
+R'OH
\end{array}
$$

例如：

$$(CH_3)_2CHC\overset{\displaystyle O}{\|}-Cl \xrightarrow[83\%]{NH_3,H_2O} (CH_3)_2CHC\overset{\displaystyle O}{\|}-NH_2 + NH_4Cl$$

$$CH_2=\overset{\displaystyle CH_3}{\underset{\displaystyle |}{C}}-\overset{\displaystyle O}{\underset{\displaystyle \|}{C}}-OCH_3 \xrightarrow[H_2O]{NH_3} CH_2=\overset{\displaystyle CH_3}{\underset{\displaystyle |}{C}}-\overset{\displaystyle O}{\underset{\displaystyle \|}{C}}-NH_2 + CH_3OH$$

14.3.4 还原反应

酰氯、酸酐、酯和酰胺均可被 $LiAlH_4$ 还原，除酰胺生成胺外，其余均生成相应的醇。

$$R-\overset{\displaystyle O}{\underset{\displaystyle \|}{C}}-Z \xrightarrow[②H_2O,H]{①LiAlH_4} RCH_2OH \qquad Z=X,OCR,OR'$$

$$R-\overset{\displaystyle O}{\underset{\displaystyle \|}{C}}-Z' \xrightarrow[②H_2O,H]{①LiAlH_4} RCH_2NH_2 \qquad Z'=NH_2$$

例如：

$$CH_3(CH_2)_{14}COOC_2H_5 \xrightarrow{LiAlH_4} CH_3(CH_2)_{14}CH_2OH$$

$$CH_3\overset{\displaystyle O}{\underset{\displaystyle \|}{C}}-NHC_6H_5 \xrightarrow[②H_2O,60\%]{①LiAlH_4,乙醚} CH_3CH_2NHC_6H_5$$

除 $LiAlH_4$ 外，利用催化（常用的催化剂如 Ni、Pt、Pd）加氢的方法也可。酯还能被醇和金属钠还原而不影响分子中的 C=C 双键，因此在有机合成中常被采用。例如：

$$CH_3(CH_2)_7CH=CH(CH_2)_7COOC_4H_9 \xrightarrow{Na}_{C_4H_9OH} CH_3(CH_2)_7CH=CH(CH_2)_7CH_2OH$$

油酸丁酯　　　　　　　　　　　　　　　　　　　油醇

【问题 14-2】写出正丁酰氯与下列试剂反应时生成产物的构造式。

(1) H_2O　　　　(2) $CH_3\underset{\displaystyle \underset{\displaystyle OH}{|}}{CH}CH_3$　　　　(3) NH_3

【问题 14-3】写出苯甲酸乙酯与下列试剂反应时生成产物的构造式。

(1) H_2O，OH^-　　　　　　　(2) CH_3OH，H_2SO_4

(3) NH_3　　　　　　　　　　(4) C_2H_5OH+Na

【问题 14-4】写出丁二酸酐与下列试剂反应时生成产物的构造式。

(1) H_2O，$\triangle$　　　　　　(2) CH_3CH_2OH

(3) 过量 CH_3CH_2OH　　　　(4) $2NH_3$，$\triangle$

14.3.5　酯缩合反应

酯分子中的 α-氢原子比较活泼。在醇钠作用下，两分子酯缩去一分子醇，生成 β-酮酸酯，这个反应叫做酯缩合，也叫克莱森（Claisen）酯缩合。例如，乙酸乙酯在醇钠作用下，发生酯缩合反应，生成乙酰乙酸乙酯，

$$CH_3\overset{O}{\overset{\|}{C}}-OC_2H_5 \xrightarrow[\text{②}H^+]{\text{①}CH_3CH_2ONa} CH_3-\overset{O}{\overset{\|}{C}}-CH_2-\overset{O}{\overset{\|}{C}}-OC_2H_5$$

反应按如下机理进行：首先 $C_2H_5O^-$ 夺取乙酸乙酯的 α-氢原子，生成乙醇和碳负离子，然后碳负离子进攻乙酸乙酯中带有部分正电荷的羰基碳原子，失去 $C_2H_5O^-$，生成乙酰乙酸乙酯。$C_2H_5O^-$ 夺取乙酰乙酸乙酯中亚甲基上的氢原子，生成碳负离子。最后加入乙酸，生成乙酰乙酸乙酯。

$$C_2H_5O^- + HCH_2CO_2C_2H_5 \longrightarrow C_2H_5OH + {}^-CH_2CO_2C_2H_5$$

$$CH_3-\overset{O}{\overset{\|}{C}}-OC_2H_5 + {}^-CH_2CO_2C_2H_5 \longrightarrow CH_3-\overset{O^-}{\underset{OC_2H_5}{\overset{|}{\underset{|}{C}}}}-CH_2CO_2C_2H_5$$

$$CH_3-\overset{O^-}{\underset{OC_2H_5}{\overset{|}{\underset{|}{C}}}}-CH_2CO_2C_2H_5 \longrightarrow CH_3-\overset{O}{\overset{\|}{C}}-CH_2-\overset{O}{\overset{\|}{C}}-OC_2H_5 + C_2H_5O^-$$

$$CH_3-\overset{O}{\overset{\|}{C}}-CH_2-\overset{O}{\overset{\|}{C}}-OC_2H_5 + C_2H_5O^- \longrightarrow C_2H_5OH + CH_3-\overset{O}{\overset{\|}{C}}-\overset{-}{C}H-\overset{O}{\overset{\|}{C}}-OC_2H_5$$

$$CH_3-\overset{O}{\overset{\|}{C}}-\overset{-}{C}H-\overset{O}{\overset{\|}{C}}-OC_2H_5 + H^+ \longrightarrow CH_3-\overset{O}{\overset{\|}{C}}-CH_2-\overset{O}{\overset{\|}{C}}-OC_2H_5$$

如果用两种不同的都含有 α-氢原子的酯进行酯缩合反应，不但每种酯本身发生缩合反应，而且两种不同的酯还将交叉发生缩合反应，生成四种不同的 β-酮酸酯的混合物，在合成中应用价值不大。

【问题 14-5】完成下列反应方程式：

(1) $CH_3CH_2COOCH_2CH_3 \xrightarrow[\text{②}H^+]{\text{①}CH_3CH_2ONa}$

(2) $CH_3CH_2CH_2COOCH_3 \xrightarrow[\text{②}H^+]{\text{①}CH_3CH_2ONa}$

14.3.6　酰胺的特殊反应

酰胺除了具有羧酸衍生物的某些通性外，还有一些特性。

（1）酸碱性

氨（胺）显碱性，当氨（胺）分子中氢原子被酰基取代生成酰胺，则碱性减弱。其原因是：在酰胺分子中，氮原子上未共用电子对所在轨道与碳氧双键的 π 轨道形成共轭，氮原上的电子发生离域，向羰基一方转移，离域的结果，氮原子周围电子云密度降低，与质子的结合能力降低，酰胺的碱性明显降低。

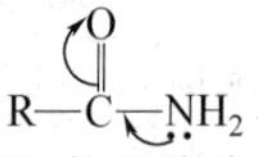

$$R-\overset{\overset{\displaystyle O}{\|}}{C}-NH_2$$

只有在强酸作用下，才显弱碱性，生成不稳定的盐，（遇水即分解）。

$$R-\overset{\overset{\displaystyle O}{\|}}{C}-NH_2 + HNO_3 \longrightarrow R-\overset{\overset{\displaystyle O}{\|}}{C}-NH \cdot HNO_3 \xrightarrow{H_2O} R-\overset{\overset{\displaystyle O}{\|}}{C}-NH_2 + HNO_3$$

另外，与氨相连的氢原子由于酰基的存在而活性增加，故酰胺显示弱酸弱碱性。在通常情况下，酰胺是中性物质。

如果氨分子中两个氢原子都被酰基取代，生成的酰亚胺化合物，具有弱酸性，可以与强碱成盐。例如：

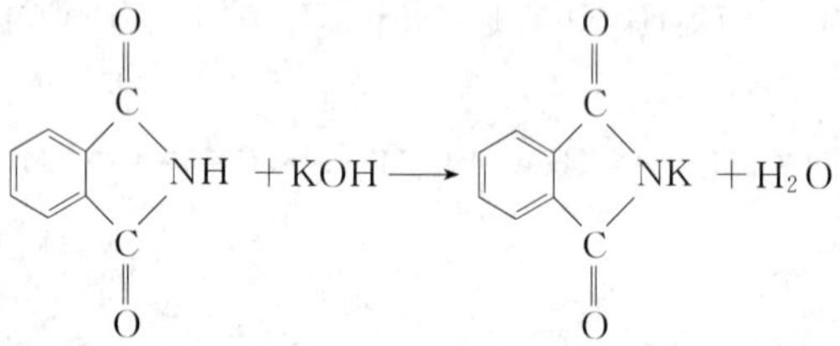

邻苯二甲酰亚胺　　　　　邻苯二甲酰亚胺钾

（2）失水反应

酰胺与脱水剂共热则脱水生成腈，常用的脱水剂有五氧化二磷和亚硫酰氯。

$$R-\overset{\overset{\displaystyle O}{\|}}{C}-NH_2 \xrightarrow[\triangle]{P_2O_5} RCN + H_2O$$

例如：

$$(CH_3)_2CH\overset{\overset{\displaystyle O}{\|}}{C}-NH_2 \xrightarrow[69\%\sim86\%]{P_4O_{10},200℃} (CH_3)_2CHC\equiv N$$

（3）霍夫曼降级反应

酰胺与氯或溴在碱溶液中作用，脱去羰基生成胺，在反应中，碳链减少了一个碳原子，这个反应通常称为霍夫曼（Hofmann）降级反应。

$$R-\overset{\overset{\displaystyle O}{\|}}{C}-NH_2 + Br_2 + 4NaOH \longrightarrow RNH_2 + Na_2CO_3 + 2NaBr + H_2O$$

利用这个反应，可以由羧酸制备少一个碳原子的伯胺。例如：

$$(CH_3)_3CCH_2\overset{\overset{\displaystyle O}{\|}}{C}-NH_2 \xrightarrow[H_2O,94\%]{Br_2,NaOH} (CH_3)_3CCH_2-NH_2$$

【问题 14-6】完成下列反应方程式：

(1) $HOOC(CH_2)_4COOH \xrightarrow[\triangle]{NH_3} A \xrightarrow[\triangle]{P_2O_5} B$

(2) 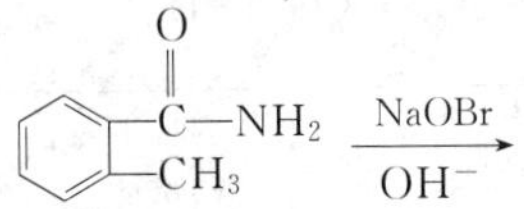
$$\underset{\underset{CH_3}{|}}{\underset{|}{\overset{\overset{O}{\parallel}}{C}}} -NH_2 \xrightarrow[OH^-]{NaOBr}$$

14.4 乙酰乙酸乙酯及其在有机合成中应用

乙酰乙酸乙酯是具有愉快气味的无色液体，沸点 $180℃$，微溶于水，易溶于乙醇、乙醚等有机溶剂。

14.4.1 乙酰乙酸乙酯的制法

（1）克莱森酯缩合［见 14.3.5］。

（2）二乙烯酮与乙醇反应

二乙烯酮和无水乙醇在浓硫酸（或碱性催化剂）催化下反应，生成乙酰乙酸乙酯，产率在 90% 以上。这是工业上生产乙酰乙酸乙酯的方法。

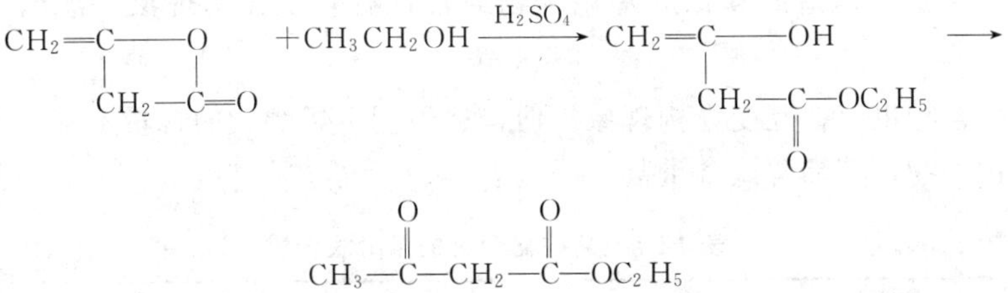

$$CH_2=\overset{|}{\underset{|}{C}}-O \quad +CH_3CH_2OH \xrightarrow{H_2SO_4} CH_2=\overset{|}{\underset{|}{C}}-OH \longrightarrow$$
$$CH_2-C=O \qquad\qquad\qquad\qquad CH_2-C-OC_2H_5$$
$$\qquad\qquad\qquad\qquad\qquad\qquad\qquad O$$

$$CH_3-\overset{O}{\overset{\parallel}{C}}-CH_2-\overset{O}{\overset{\parallel}{C}}-OC_2H_5$$

14.4.2 乙酰乙酸乙酯的互变异构现象

乙酰乙酸乙酯能与氢氰酸、亚硫酸氢钠发生加成反应；也能与羟氨、苯肼等加成生成肟和苯腙；能被还原成 β-羟基酸酯。这些反应说明乙酰乙酸乙酯具有如下的酮式结构：

$$CH_3-\overset{O}{\overset{\parallel}{C}}-CH_2-COOC_2H_5$$

但乙酰乙酸乙酯还具有如下的特殊性质：它能使溴的乙醇溶液褪色，说明分子中具有碳碳双键；与金属钠作用放出氢气，生成钠的衍生物；与乙酰氯作用生成酯。这些反应都说明乙酰乙酸乙酯分子中有羟基存在。它还能与三氯化铁溶液作用呈现紫红色，说明分子中含有烯醇式结构。这些事实说明乙酰乙酸乙酯具有如下烯醇式结构：

$$CH_3-\overset{|}{\underset{\underset{OH}{|}}{C}}=CH-COOC_2H_5$$

事实上，在一般情况下，乙酰乙酸乙酯是由上述两种异构体组成的，它们能互相转变。在室温时，液态乙酰乙酸乙酯是由约 7.5％的烯醇式和 92.5％的酮式异构体组成的平衡体系。

$$CH_3-\overset{\underset{\|}{O}}{C}-CH_2-COOC_2H_5 \rightleftharpoons CH_3-\overset{\underset{\|}{OH}}{C}=CH-COOC_2H_5$$

　　　　酮式　　　　　　　　　　　　　烯醇式

这种能够互相转变的两种异构体之间存在的动态平衡现象，叫做互变异构现象。简单的烯醇式（例如乙烯醇）是不稳定的。乙酰乙酸乙酯分子的烯醇式却较为稳定，其原因是由于通过分子氢键形成一个较稳定的六元环。

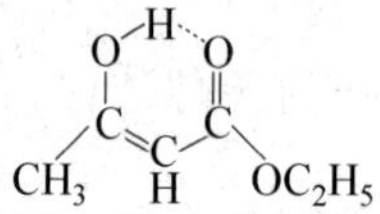

$$CH_3-CH=C-CH=C-OC_2H_5$$

另一方面是烯醇分子中羟基氧原子上的未共用电子对与碳碳双键和碳氧双键形成 p，π-共轭体系，降低了分子的能量：

$$CH_3-\overset{\underset{}{OH}}{C}=CH-\overset{\underset{}{O}}{C}-OC_2H_5$$

　　具有酮式和烯醇式互变异构现象的化合物不限于乙酰乙酸乙酯，含有 —C—CH$_2$—C— 构造的 β-二碳基化合物通常都有互变异构现象，甚至某些简单的羰基化合物也存在互变异构现象。但构造不同，烯醇式的含量不同。对于简单的羰基化合物，其烯醇式含量甚少。如表 14-1 所示。

表 14-1　某些化合物的烯醇式含量

酮　式	烯　醇　式	烯醇式含量/％
CH$_3$—CH，O	CH$_2$=CH，OH	～0
CH$_3$CCH$_3$，O	CH$_2$=C—CH$_3$，OH	1.5×10^{-4}
环己酮（=O）	环己烯醇（—OH）	1.5
C$_2$H$_5$O—C—CH$_2$—C—OC$_2$H$_5$，O，O	C$_2$H$_5$O—C=CH—C—OC$_2$H$_5$，OH，O	0.1
CH$_3$—C—CH$_2$—C—OC$_2$H$_5$，O，O	CH$_3$—C=CH—C—OC$_2$H$_5$，OH，O	7.5
CH$_3$—C—CH$_2$—C—CH$_3$，O，O	CH$_3$—C=CH—C—CH$_3$，OH，O	76
C$_6$H$_5$—C—CH$_2$—C—CH$_3$，O，O	C$_6$H$_5$—C=CH—C—CH$_3$，OH，O	90

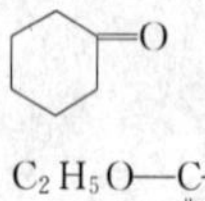

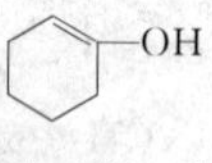

14.4.3　乙酰乙酸乙酯在有机合成中的应用

（1）乙酰乙酸乙酯的酮式分解和酸式分解

（A）酮式分解　乙酰乙酸乙酯与稀的氢氧化钠溶液发生水解反应，酸化生成乙酰乙酸，后者加热则脱羧生成丙酮，称为酮式分解。

$$CH_3COCH_2CO_2C_2H_5 \xrightarrow[H_2O]{5\%NaOH} CH_3COCH_2CO_2Na \xrightarrow{H^+}$$

$$CH_3COCH_2CO_2H \xrightarrow[-CO_2]{\triangle} CH_3COCH_3$$

（B）酸式分解　乙酰乙酸乙酯与浓的氢氧化钠共热，则在 α 和 β 碳原子之间发生断裂，生成两分子乙酸盐，称为酸式分解。

$$CH_3COCH_2CO_2C_2H_5 \xrightarrow{40\%NaOH} 2CH_3CO_2Na + CH_3CH_2OH$$

（2）乙酰乙酸乙酯亚甲基的活泼性

乙酰乙酸乙酯分子中亚甲基上氢原子受相邻羰基和酯基吸电子的影响，变得很活泼，能与强碱（如乙醇钠）作用，生成乙酰乙酸乙酯的钠盐，后者与卤代烷反应，生成烷基取代的乙酰乙酸乙酯。

$$CH_3COCH_2CO_2C_2H_5 \xrightarrow{CH_3CH_2ONa} [CH_3COCHCO_2C_2H_5]^- Na^+$$

$$[CH_3COCHCO_2C_2H_5]^- Na^+ \xrightarrow{R-X} CH_3COCHCO_2C_2H_5 \atop | \atop R$$

烷基取代的乙酰乙酸乙酯再依次和乙醇钠、卤代烷反应，则生成二烷基取代的乙酰乙酸乙酯。

$$CH_3COCHCO_2C_2H_5 \atop | \atop R \quad \xrightarrow{CH_3CH_2ONa} \quad [CH_3COCCO_2C_2H_5]^- Na^+ \atop | \atop R$$

$$[CH_3COCCO_2C_2H_5]^- Na^+ \atop | \atop R \quad \xrightarrow{R'-X} \quad CH_3COCCO_2C_2H_5 \atop R' \atop | \atop R$$

反应中所用的卤代烷，一般是伯卤代烷，其次是仲卤代烷，叔卤代烷因在强碱作用下易脱卤化氢生成烯烃，故不能采用。另外，在制备二烷基取代乙酰乙酸乙酯时，若两个烷基不同，一般先引入大的烷基，后引入小的烷基较好些。

一烷基取代和二烷基取代的乙酰乙酸乙酯，也能发生酮式分解和酸式分解。

（3）乙酰乙酸乙酯在合成中的应用

（A）合成甲基酮　在稀碱作用下，一烷基取代或二烷基取代的乙酰乙酸乙酯，按酮式分解可得到一取代丙酮（CH_3COCH_2R）和二取代丙酮（$CH_3COCHRR$），两者均为甲基酮。例如，合成丁酮 $CH_3COCH_2CH_3$。丁酮可看成是甲基取代的丙酮，即一取代丙酮，因此可用一取代乙酰乙酸乙酯经酮式分解得到。

$$CH_3COCH_2CO_2C_2H_5 \xrightarrow{CH_3CH_2ONa} [CH_3COCHCO_2C_2H_5]^- Na^+ \xrightarrow{CH_3I}$$

$$\underset{\underset{CH_3}{\mid}}{CH_3COCHCO_2C_2H_5} \xrightarrow{5\%NaOH} \underset{\underset{CH_3}{\mid}}{CH_3COCCO_2Na} \xrightarrow[②\triangle,\,-CO_2]{①H^+} CH_3COCH_2CH_3$$

又如合成 3-甲基-2-戊酮。它可看成是甲基乙基取代丙酮，即二烷基取代丙酮，因此可用二取代乙酰乙酸乙酯经酮式分解得到。在合成甲基乙基取代的乙酰乙酸乙酯时，一般先引入乙基，后引入甲基。再经酮式分解即可得到 3-甲基-2-戊酮。

$$CH_3COCH_2CO_2C_2H_5 \xrightarrow{CH_3CH_2ONa} [CH_3COCHCO_2C_2H_5]^- Na^+ \xrightarrow{C_2H_5I}$$

$$\underset{\underset{C_2H_5}{\mid}}{CH_3COCHCO_2C_2H_5} \xrightarrow{CH_3CH_2ONa} [\underset{\underset{C_2H_5}{\mid}}{CH_3COCCO_2C_2H_5}]^- Na^+ \xrightarrow{CH_3I}$$

$$\underset{\underset{C_2H_5}{\mid}}{\overset{\overset{CH_3}{\mid}}{CH_3COCCO_2C_2H_5}} \xrightarrow{5\%NaOH} \underset{\underset{C_2H_5}{\mid}}{\overset{\overset{CH_3}{\mid}}{CH_3COCCO_2Na}} \xrightarrow[②\triangle,\,-CO_2]{①H^+} \underset{\underset{CH_3}{\mid}}{CH_3COCHCH_2CH_3}$$

（B）合成一元酸　一烷基取代或二烷基取代的乙酰乙酸乙酯在浓碱作用下，经酸式分解，可得到一烷基取代或二烷基取代的乙酸（RCH_2COOH 或 $RR'CHCOOH$）。例如：

$$CH_3COCH_2CO_2C_2H_5 \xrightarrow{CH_3CH_2ONa} [CH_3COCHCO_2C_2H_5]^- Na^+ \xrightarrow{C_2H_5I}$$

$$\underset{\underset{C_2H_5}{\mid}}{CH_3COCHCO_2C_2H_5} \xrightarrow{40\%NaOH} CH_3CH_2CH_2COONa \xrightarrow{H^+} CH_3CH_2CH_2COOH$$

但在合成羧酸时，通常不采用乙酰乙酸乙酯合成法，而采用丙二酸酯合成法。因为前者在进行酸式分解时，常常伴有酮式分解的副反应，致使产率降低。

14.5　丙二酸二乙酯及其在有机合成中的应用

丙二酸二乙酯为无色有香味的液体，熔点$-50℃$，沸点 198.8℃。不溶于水，能与醇、醚混溶。在有机合成中具有广泛用途。

14.5.1　丙二酸二乙酯的制法
丙二酸很活泼，受热易分解脱羧而成乙酸。

$$HOOCCH_2COOH \xrightarrow{140\sim150℃} CH_3COOH + CO_2$$

因此，丙二酸酯不能通过丙二酸直接酯化制备，而是从氯乙酸钠经下列反应制备：

$$\underset{\underset{Cl}{\mid}}{CH_2COONa} \xrightarrow{NaCN} \underset{\underset{CN}{\mid}}{CH_2COONa} \xrightarrow[H_2SO_4]{C_2H_5OH} CH_2\overset{COOC_2H_5}{\underset{COOC_2H_5}{\diagdown}}$$

14.5.2　丙二酸二乙酯在有机合成中的应用

丙二酸二乙酯分子中亚甲基上的氢原子，受相邻两个酯基吸电子诱导效应的影响变得很活泼，而具有微弱的酸性（$pK_a = 13$），能与强碱（如乙醇钠）作用，生成丙二酸二乙酯钠盐：

$$CH_2(COOC_2H_5)_2 + CH_3CH_2ONa \longrightarrow Na^{+-}[CH(COOC_2H_5)_2] + C_2H_5OH$$

丙二酸二乙酯钠盐分子中的 α-碳负离子，可作为亲核试剂与卤代烷发生亲核取代反应，生成一取代的丙二酸二乙酯：

$$R—X + Na^{+-}[CH(COOC_2H_5)_2] \longrightarrow R—CH(COOC_2H_5)_2 + NaCl$$

一取代的丙二酸二乙酯水解，即得一取代丙二酸，后者经加热脱羧，得到一取代乙酸。

$$RCH(COOC_2H_5)_2 \xrightarrow[②H^+]{①NaOH,H_2O} RCH(COOH)_2 \xrightarrow[-CO_2]{\triangle} R—CH_2COOH$$

如果一取代丙二酸二乙酯再依次和乙醇钠、卤代烷反应，然后水解、脱羧，则可以得到二取代乙酸。

$$RCH(COOC_2H_5)_2 \xrightarrow{CH_3CH_2ONa} Na^{+-}[RC(COOC_2H_5)_2] \xrightarrow{R'—X} \underset{\underset{R'}{|}}{RC(COOC_2H_5)_2}$$

$$\xrightarrow[②H^+]{①NaOH,H_2O} \underset{\underset{R'}{|}}{RC(COOH)_2} \xrightarrow{\triangle} \underset{\underset{R'}{|}}{R—CH—COOH}$$

反应中所用的卤代烷，通常是伯卤代烷，其次是仲卤代烷、叔卤代烷在强碱作用下易脱卤化氢生成烯烃，因此不适用。

用丙二酸二乙酯和适当的卤化物为原料，经上述方法可以制备多种一取代乙酸和二取代乙酸。例如，制备 2-甲基丁酸的反应式如下：

$$CH_2(COOC_2H_5)_2 \xrightarrow[②CH_3CH_2Br]{①CH_3CH_2ONa} CH_3CH_2CH(COOC_2H_5)_2 \xrightarrow[②CH_3Br]{①CH_3CH_2ONa}$$

$$\underset{\underset{CH_3}{|}}{CH_3CH_2C(COOC_2H_5)_2} \xrightarrow[②H^+]{①NaOH,H_2O} \underset{\underset{CH_3}{|}}{CH_3CH_2C(COOH)_2} \xrightarrow[-CO_2]{\triangle} \underset{\underset{CH_3}{|}}{CH_3CH_2CHCOOH}$$

14.6　α-甲基丙烯酸甲酯及其聚合物

α-甲基丙烯酸甲酯简称甲基丙烯酸甲酯，常温下为无色透明带有醚类香味的液体，沸点 $100 \sim 101℃$，凝固点 $-48℃$。$25℃$时，甲基丙烯酸甲酯在 $100g$ 水中溶解度为 $1.5g$。

工业上生产甲基丙烯酸甲酯的主要方法是丙酮氰醇法，其反应式如下：

$$CH_3COCH_3 \xrightarrow{HCN} \underset{\underset{OH}{|}}{\overset{\overset{CH_3}{|}}{H_3C—C—CN}} \xrightarrow{H_2SO_4} CH_2=\overset{\overset{CH_3}{|}}{C}—\overset{\overset{O}{||}}{C}—NH_2 \cdot H_2SO_4$$

$$\xrightarrow[\text{H}_2\text{SO}_4]{\text{CH}_3\text{OH}} \quad \underset{\phantom{\overset{CH_3}{|}}}{\text{CH}_2}=\overset{\overset{\displaystyle\text{CH}_3}{|}}{\text{C}}-\overset{\overset{\displaystyle\text{O}}{\|}}{\text{C}}-\text{OCH}_3$$

甲基丙烯酸甲酯还可通过异丁烯氧化法制备。它是由石油馏分裂解的 C_4 馏分中的异丁烯氧化，经甲基丙烯醛合成甲基丙烯酸，然后酯化生成甲基丙烯酸甲酯。

甲基丙烯酸甲酯在引发剂（如偶氮二异丁腈）存在下，聚合生成聚甲基丙烯酸甲酯。

$$n\,\text{CH}_2=\overset{\overset{\displaystyle\text{CH}_3}{|}}{\text{C}}-\text{COOCH}_3 \quad \xrightarrow[90\sim100\text{℃}]{\text{偶氮二异丁腈}} \quad \left[\text{CH}_2-\overset{\overset{\displaystyle\text{CH}_3}{|}}{\underset{\underset{\displaystyle\text{COOCH}_3}{|}}{\text{C}}}\right]_n$$

由聚甲基丙烯酸甲酯制得的片、板、管、棒等塑料制品，透明如玻璃，故俗称有机玻璃，用以制造光学仪器和照明用品，如航空玻璃、外科照明灯罩等，着色后可制造钮扣、广告牌等。

14.7　乙酸乙烯酯及其聚合物

乙酸乙烯酯俗称醋酸乙烯，无色、透明、易燃的液体，有酯的香味。沸点 72.7℃，熔点 -92.8℃，20℃在水中溶解度为 2.3％（重量），与丙酮、乙醚、甲醇等互溶。

工业上生产乙酸乙烯酯的常用方法有两种：以乙炔和醋酸为原料的乙炔气相法；

$$\text{HC}\equiv\text{CH} + \text{CH}_3\text{COOH} \xrightarrow{(\text{CH}_3\text{COO})_2\text{Zn-C}} \text{CH}_3\text{COOCH}=\text{CH}_2$$

以乙烯、醋酸和氧为原料的乙烯气相直接氧化法。

$$\text{CH}_2=\text{CH}_2 + \text{CH}_3\text{COOH} + \text{O}_2 \xrightarrow[100\sim200\text{℃},1\sim980\text{kPa}]{\text{Pd-Au}} \text{CH}_3\text{COOCH}=\text{CH}_2 + \text{H}_2\text{O}$$

乙酸乙烯酯在引发剂作用下，在甲醇中聚合生成聚乙酸乙烯酯。

$$n\,\text{CH}_2=\text{CH}-\text{OCOCH}_3 \xrightarrow[65\text{℃},\text{CH}_3\text{OH}]{\text{偶氮二异丁腈}} \left[\text{CH}_2-\underset{\underset{\displaystyle\text{OCOCH}_3}{|}}{\text{CH}}\right]_n$$

聚乙酸乙烯酯可用作黏结剂、油漆纸张涂层和织物整理剂等。

聚乙酸乙烯酯和甲醇在碱催化下发生酯交换反应，生成聚乙烯醇：

$$\left[\text{CH}_2-\underset{\underset{\displaystyle\text{OCOCH}_3}{|}}{\text{CH}}\right]_n + n\text{CH}_3\text{OH} \longrightarrow n\text{CH}_3\text{COOCH}_3 + \left[\text{CH}_2-\underset{\underset{\displaystyle\text{OH}}{|}}{\text{CH}}\right]_n$$

聚乙烯醇可用作涂料和黏合剂。聚乙烯醇与甲醛缩合，可制成聚乙烯醇缩甲醛纤维，我国商品名称为"维纶"，也称维尼纶。其性能与棉花相似，大量用于与棉花混纺，制作各种混纺织物，如床单、窗帘等。

14.8 油脂和蜡

油脂和蜡广泛存在于动植物中，它们都是直链高级脂肪酸的酯。

14.8.1 油脂

油脂包括油和脂肪。常温下为液体的称为油。例如，花生油、豆油、桐油等。常温下为固体或半固体的称为脂肪。例如，猪油、牛油、羊油等。

（1）油脂的组成

油脂的主要成分是直链高级脂肪酸的甘油酯。其构造式如下：

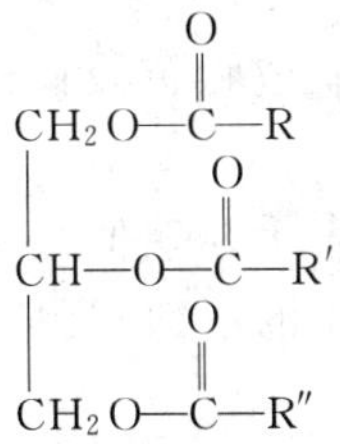

$$
\begin{array}{c}
\qquad\qquad\ \ \ \text{O} \\
\text{CH}_2\text{O}-\overset{\|}{\text{C}}-\text{R} \\
\qquad\qquad\ \ \ \text{O} \\
\text{CH}-\text{O}-\overset{\|}{\text{C}}-\text{R}' \\
\qquad\qquad\ \ \ \text{O} \\
\text{CH}_2\text{O}-\overset{\|}{\text{C}}-\text{R}''
\end{array}
$$

其中，脂肪酸可以是饱和的，也可以是不饱和的。若 $R=R'=R''$，称单独甘油酯。$R\neq R'\neq R''$，称混合甘油酯。天然的油脂大都为混合甘油酯。

油脂中的脂肪酸主要是含偶数碳原子的直链羧酸。常见的饱和酸有：

十二酸（月桂酸）　　　　　　　$CH_3(CH_2)_{10}COOH$

十四酸（豆蔻酸）　　　　　　　$CH_3(CH_2)_{12}COOH$

十六酸（软脂酸）　　　　　　　$CH_3(CH_2)_{14}COOH$

十八酸（硬脂酸）　　　　　　　$CH_3(CH_2)_{16}COOH$

常见的不饱和酸有：

顺-9-十八碳烯酸（油酸）

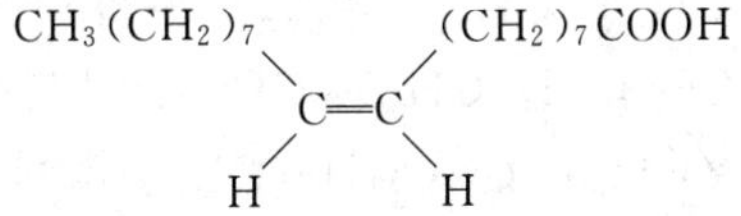

$$
\underset{\qquad\qquad\qquad\ \ \ \ \overset{\displaystyle|}{H}\qquad\qquad\overset{\displaystyle|}{H}}{\overset{CH_3(CH_2)_7\qquad\qquad\quad (CH_2)_7COOH}{C=C}}
$$

顺,顺-9,12-十八碳二烯酸（亚油酸）

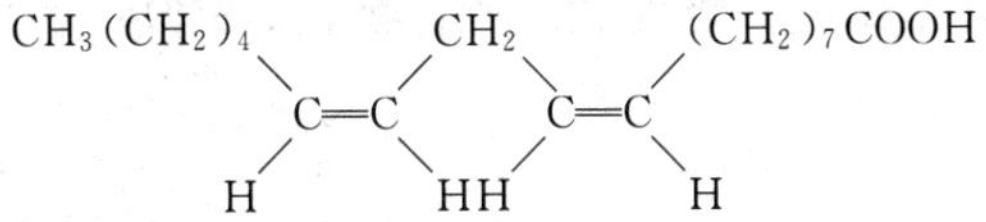

$$
\overset{CH_3(CH_2)_4\qquad\quad CH_2\qquad\quad (CH_2)_7COOH}{C=C\qquad\quad C=C}
$$

顺,反,反,-9,11,13-十八碳三烯酸（桐油酸）

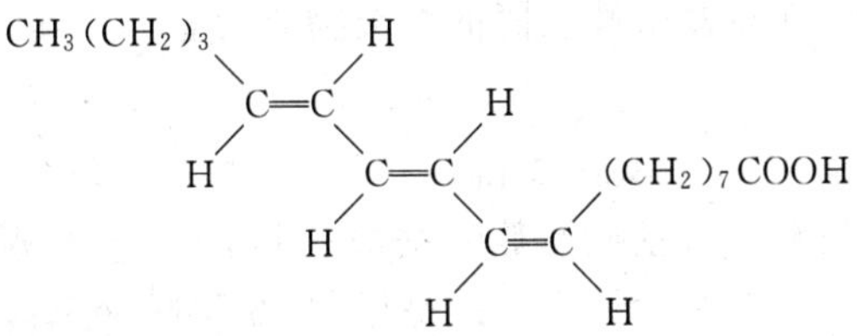

$$
\begin{array}{c}
CH_3(CH_2)_3\qquad H \\
C=C\qquad\ \ C \\
H\qquad\quad C=C\qquad (CH_2)_7COOH \\
H\qquad C=C \\
H\qquad H
\end{array}
$$

（2）油脂的性质

油脂比水轻，不溶于水，溶于丙酮、氯仿等有机溶剂。

油脂与强碱水溶液共热发生水解反应，生成甘油和高级脂肪酸盐，由于高级脂肪酸盐可用作肥皂，因此油脂的碱性水解反应又叫做皂化反应，简称皂化。

$$\begin{array}{l} CH_2O-\overset{O}{\overset{\|}{C}}-R \\ | \\ CH-O-\overset{O}{\overset{\|}{C}}-R' \ + \ 3NaOH \ \xrightarrow{\triangle} \ RCOONa+R'COONa+R''COONa \ + \\ | \\ CH_2O-\overset{O}{\overset{\|}{C}}-R'' \end{array} \qquad \begin{array}{l} CH_2OH \\ | \\ CH-OH \\ | \\ CH_2OH \end{array}$$

油脂经酸性水解法或裂解法制造脂肪酸和甘油，是工业上生产脂肪酸和甘油的方法之一。

油脂的不饱和程度常用碘值表示。碘值是指 100g 油脂与碘发生加成反应所需碘的克数。碘值越大，表示油脂的不饱和程度越大。反之，碘值越小，油脂的不饱和程度越小。

在镍的催化下，于 180℃ 和 0.5MPa，油脂中的不饱和酸可以发生加氢反应转变成饱和酸，油脂经加氢反应，饱和程度增加，熔点提高，形成半固体或固体。常温下是固体的脂肪叫硬化油。硬化油工业上可制肥皂、脂肪酸等。油脂的加氢过程又叫做油脂硬化。其主要用途是由植物油和鲸油获取人造奶油的原料。

14.8.2　蜡

蜡的主要成分是高级脂肪酸和高级一元伯醇形成的酯，脂肪酸和醇一般是直链的、有偶数碳原子．例如，白蜡虫分泌于所寄生的女贞或白蜡树枝的蜡——白蜡（也称中国蜡、虫蜡、川蜡，是中国特产），主要成分是蜡酸蜡酯 $[CH_3(CH_2)_{24}COOCH_2(CH_2)_{24}CH_3]$；从蜂房中得到的蜂蜡，主要成分是软脂酸蜂蜡酯 $[CH_3(CH_2)_{14}COOCH_2(CH_2)_{28}CH_3]$；从鲸油体中得到的鲸蜡主要成分是软脂酸鲸蜡酯 $[CH_3(CH_2)_{14}COOCH_2(CH_2)_{14}CH_3]$。

蜡主要用于制造蜡烛、蜡模、蜡纸、上光剂和软膏等。

石蜡和蜡不同，石蜡是高级烷烃的混合物，而蜡是一种酯。

14.9　聚酰胺

聚酰胺是具有许多重复酰胺基团的一类物质的总称。其结构可表示为：

$$-\!\!\left[\!NH\!-\!R\!-\!\overset{O}{\overset{\|}{C}}\!\right]_n \quad 或 \quad -\!\!\left[\!NH\!-\!R\!-\!NH\!-\!\overset{O}{\overset{\|}{C}}\!-\!R\!-\!\overset{O}{\overset{\|}{C}}\!\right]_n$$

聚酰胺俗称耐纶、尼龙，包括脂肪族聚酰胺、脂肪族-芳香族聚酰胺及芳香族聚酰胺。在聚酰胺中，工业上大量生产的是尼龙 66 和尼龙 6。

14.9.1　尼龙-66

尼龙-66 也称聚酰胺-66，耐纶-66。工业上尼龙-66 由己二酸与己二胺先制成尼龙-66 盐，然后熔融缩聚制备：

$$n H_2N—(CH_2)_6—NH_2 + n HOOC—(CH_2)_4—COOH \longrightarrow$$

$$\overset{+}{H_3N}—(CH_2)_6—\overset{+}{NH_3} \ \overset{-}{OOC}—(CH_2)_4—COO^- \longrightarrow$$

$$\left[NH—(CH_2)_6—NH—\overset{O}{\overset{\|}{C}}—(CH_2)_4—\overset{O}{\overset{\|}{C}} \right]_n$$

尼龙-66 可制成纤维和塑料。纤维是合成纤维中性能优良的一个品种，用于服装、家庭装饰及工业上。塑料广泛用于制造机械、汽车、化学与电气装置的零件，如齿轮、滑轮、高压密封圈、电缆包层等。

14.9.2　尼龙-6

又称聚酰胺-6、耐纶-6、聚己内酰胺。工业上采用水解聚合的方法制备：己内酰胺以水作为主要引发剂，于 260℃左右水解聚合，转化率为 85%～90%。

$$n \ O{=}C \overset{\diagup}{\underset{\diagdown (CH_2)_5}{}} NH \xrightarrow{n H_2O} n H_2N—(CH_2)_5—COOH \longrightarrow$$

$$NH_2 \left[(CH_2)_5—\overset{O}{\overset{\|}{C}}—NH \right]_{n-1} (CH_2)_5COOH + (n-1)H_2O$$

尼龙 6 用于制造合成纤维和塑料。尼龙-6 合成纤维又称为锦纶，是一种性能优良的合成纤维，用于服装、工业用布、轮胎帘子线等；塑料可用作精密机器的齿轮、外壳、软管、耐油容器、电缆护套、纺织工业的设备零件等。

14.10　碳酸衍生物

碳酸在结构上可看成是两个羟基共用一个羰基的不稳定的二元羧酸。碳酸分子中一个羟基被—Cl，—OR，—NH₂ 取代生成的一元衍生物，酸性碳酰氯、酸性碳酸酯、酸性碳酰胺都不稳定，不游离存在，而相应的二元衍生物碳酰氯（光气）、碳酸酯、碳酰胺是稳定的，具有实际用途。

14.10.1　碳酰氯

碳酰氯俗称光气，因最初是由一氧化碳在光的作用下与氯气反应制备的。工业上用一氧化碳和氯气在无光下通过活性炭催化剂制备。

$$CO+Cl_2 \xrightarrow[\text{活性炭}]{200℃} COCl_2$$

光气常温时为有甜味的无色气体，沸点 8℃，有毒，有窒息性。光气具有酰氯的化学性质。可以发生水解、醇解、氨解等反应，是有机合成的重要原料。

水解：
$$Cl—\overset{\|}{\underset{O}{C}}—Cl + H_2O \longrightarrow 2HCl + CO_2$$

醇解： $Cl{-}\underset{\underset{O}{\|}}{C}{-}Cl + ROH \longrightarrow Cl{-}\underset{\underset{O}{\|}}{C}{-}OR \xrightarrow{ROH} RO{-}\underset{\underset{O}{\|}}{C}{-}OR$

　　　　　　　　　　　　　　　　　　氯代甲酸酯　　　　　　碳酸酯

氨解： $Cl{-}\underset{\underset{O}{\|}}{C}{-}Cl + 4NH_3 \longrightarrow H_2N{-}\underset{\underset{O}{\|}}{C}{-}NH_2 + 2NH_4Cl$

　　　　　　　　　　　　　　　　　　　碳酰胺

14.10.2　碳酰胺

碳酰胺也叫脲或尿素。存在于人和哺乳动物的尿中。它是最早（1773 年）从人体的排泄物中取得的一个纯有机化合物。工业上用二氧化碳与氨气在高温高压下制备。

$$CO_2 + 2NH_3 \xrightarrow[\text{高温}]{\text{高压}} H_2NCOONH_4 \xrightarrow{\triangle} H_2NCONH_2 + H_2O$$

　　　　　　　　　　　　　氨基甲酸铵

脲为菱形或针状结晶，易溶于水和乙醇。

脲具有酰胺的性质，又由于两个氨基与同一个羰基相连，因此它还具有一些独特的性质。

（A）成盐　脲呈弱碱性，与强酸可以成盐。

$$H_2NCONH_2 + HNO_3 \longrightarrow H_2NCONH_2 \cdot HNO_3$$

（B）水解　在酸碱或尿素酶作用下，都能水解，生成氨和二氧化碳，因而脲是一种高效氮肥。

$$H_2NCONH_2 \xrightarrow{H_2O,H^+} \overset{+}{N}H_4 + CO_2$$

$$H_2NCONH_2 \xrightarrow{H_2O,OH^-} NH_3 + CO_3^-$$

$$H_2NCONH_2 \xrightarrow[H_2O]{\text{尿素酶}} NH_3 + CO_2$$

工业上脲还用于生产脲醛树脂，和制造镇静催眠药——巴比妥酸类药物。

例　　题

[例题一] 化合物（A）和（B）的分子式都为 $C_4H_6O_2$，它们都不溶于碳酸钠和氢氧化钠的水溶液，都可使溴水褪色，都有类似于乙酸乙酯的香味。和氢氧化钠的水溶液共热后则发生反应，（A）的反应产物为乙酸钠和乙醛，而（B）的反应产物为甲醇和一个羧酸的钠盐，将后者用酸中和后蒸馏所得的有机物可使溴水褪色。试推测（A）和（B）构造式。

解　已知（A）和（B）分子式为 $C_4H_6O_2$，含有两个氧原子的化合物可能是羧酸酯、二醛、二酮、醛酮、二醇、羟基醛或羟基酮等。由于它们都不溶于碳酸钠和氢氧化钠，可推断它们不是羧酸。因它们又具有类似乙酸乙酯的香味，说明它们是酯，又因都可使溴水褪色说明分子中含有 C═C 双键。分子中含有双键的数目可这样推导：（A）和（B）为 $C_4H_6O_2$ 的酯，

$$R{-}\underset{\underset{O}{\|}}{C}{-}O{-}R' \qquad R + C + O_2 + R' = C_4H_6O_2$$

$$R + R' = C_4H_6O_2 - C_1O_2 = C_3H_6$$

符合 C_nH_{2n}，因此分子中含一个双键。双键位置有两种可能：一种可能是酰基中含有双键，另一种可能是烷氧基中含有双键。

（A）和氢氧化钠水溶液共热，发生水解反应，进一步证明（A）是酯。根据（A）的水解反应产物为乙酸钠和乙醛，首先推出（A）为

$$CH_3-\overset{\overset{\displaystyle O}{\|}}{C}-O-R'$$

，酰基中没有双键，那么，烷氧基中一定有双键，R′可根据（A）的分子式推出，即 $CH_3 + C + O_2 + R' = C_4H_6O_2$ ， $R' = C_2H_3$ ，含一个双键，R′ 为 $CH_2=CH-$ ，由此推出（A）的构造式是

$$CH_3-\overset{\overset{\displaystyle O}{\|}}{C}-OCH=CH_2$$

根据（B）和氢氧化钠水溶液共热，发生水解反应，进一步证明（B）也是酯。又据（B）的水解反应产物为甲醇和一羧酸的钠盐，后者用酸中和后蒸馏所得的有机物可使溴水褪色，所以（B）应为不饱和羧酸甲酯，而其组成可由（B）的分子式 $C_4H_6O_2$ 推出：

$$R-\overset{\overset{\displaystyle O}{\|}}{C}-OCH_3 \qquad R + C + O_2 + CH_3 = C_4H_6O_2 \qquad R = C_2H_3$$

且含一个双键，故 R 为 $CH_2=CH-$ ，到此推出（B）的构造式是 $CH_2=CH-\overset{\overset{\displaystyle O}{\|}}{C}-OCH_3$ 。

为了考察所推测的化合物的构造式是否正确，应根据题意进行核对，若完全符合题意则证明所推导的构造式完全正确，否则需对不符合者重新推导，直至完全符合题意为止。

A. $CH_3-\overset{\overset{\displaystyle O}{\|}}{C}-OCH=CH_2$ B. $CH_2=CH-\overset{\overset{\displaystyle O}{\|}}{C}-OCH_3$

分子式都符合 $C_4H_6O_2$。都不溶于碳酸钠和氢氧化钠，都有类似于乙酸乙酯的香味。

$$CH_3-\overset{\overset{\displaystyle O}{\|}}{C}-OCH=CH_2 \xrightarrow{Br_2+H_2O} CH_3-\overset{\overset{\displaystyle O}{\|}}{C}-O-\underset{\underset{\displaystyle Br(OH)}{|}}{CH}-\underset{\underset{\displaystyle OH(Br)}{|}}{CH_2} \quad 使溴水褪色$$

$$CH_2=CH-\overset{\overset{\displaystyle O}{\|}}{C}-OCH_3 \xrightarrow{Br_2+H_2O} \underset{\underset{\displaystyle HO}{|}}{CH_2}-\underset{\underset{\displaystyle Br}{|}}{CH}-\overset{\overset{\displaystyle O}{\|}}{C}-OCH_3 \quad 使溴水褪色$$

$$CH_3-\overset{\overset{\displaystyle O}{\|}}{C}-OCH=CH_2 \xrightarrow{NaOH+H_2O} CH_3-\overset{\overset{\displaystyle O}{\|}}{C}-ONa + [CH_2=CH-OH]$$
$$\longrightarrow CH_3CHO$$

$$CH_2=CH-\overset{\overset{\displaystyle O}{\|}}{C}-OCH_3 \xrightarrow{NaOH+H_2O} CH_2=CH-\overset{\overset{\displaystyle O}{\|}}{C}-ONa$$

$$CH_2=CH-\overset{\overset{\displaystyle O}{\|}}{C}-ONa \xrightarrow{H^+} CH_2=CH-COOH$$

$$CH_2=CH-COOH \xrightarrow{Br_2+H_2O} \begin{array}{ccc} CH_2-CH-COOH \\ | \quad\quad | \\ HO \quad\quad Br \end{array}$$

[例题二] 用乙酰乙酸乙酯合成法制备 3-丁基-2-庚酮。

答 3-丁基-2-庚酮可看成两个丁基取代的丙酮，即二烷基取代丙酮，因此可用二取代乙酰乙酸乙酯经酮式分解得到。合成二丁基乙酰乙酸乙酯时，乙酰乙酸乙酯须进行两次烷基化，两次所用的烷基化试剂相同，都是正丁基溴。

$$CH_3COCH_2CO_2C_2H_5 \xrightarrow{C_2H_5ONa} Na^+\ {}^-[CH_3COCHCO_2C_2H_5] \xrightarrow{CH_3CH_2CH_2CH_2Br}$$

$$\begin{array}{c} CH_3COCHCO_2C_2H_5 \\ | \\ CH_2CH_2CH_2CH_3 \end{array} \xrightarrow{C_2H_5ONa} Na^+\ {}^-\begin{array}{c} [CH_3COCCO_2C_2H_5] \\ | \\ CH_2CH_2CH_2CH_3 \end{array} \xrightarrow{CH_3CH_2CH_2CH_2Br}$$

$$\begin{array}{c} CH_2CH_2CH_2CH_3 \\ | \\ CH_3COCCO_2C_2H_5 \\ | \\ CH_2CH_2CH_2CH_3 \end{array} \xrightarrow[②H^+]{①NaOH} \begin{array}{c} CH_2CH_2CH_2CH_3 \\ | \\ CH_3COCCOOH \\ | \\ CH_2CH_2CH_2CH_3 \end{array} \xrightarrow[-CO_2]{\triangle}$$

$$\begin{array}{c} CH_3COCHCH_2CH_2CH_2CH_3 \\ | \\ CH_2CH_2CH_2CH_3 \end{array}$$

[例题三] 用丙二酸二乙酯合成法合成己二酸

$$HOOC-CH_2-CH_2CH_2-CH_2-COOH$$

解 己二酸可看成是由 $-CH_2-CH_2-$ 连接两个乙酸构成的。它可由 $-CH_2-CH_2$ 连接两个丙二酸二乙酯经水解、脱羧得到，合成时由 1mol 的 1,2-二卤乙烷和 2mol 丙二酸二乙酯的碳负离子反应制备。

$$2CH_2(COOC_2H_5)_2 \xrightarrow{C_2H_5ONa} 2Na^+\ {}^-[CH(COOC_2H_5)_2] \xrightarrow{BrCH_2CH_2Br}$$

$$\begin{array}{c} CH_2-CH(COOC_2H_5)_2 \\ | \\ CH_2-CH(COOC_2H_5)_2 \end{array} \xrightarrow[②H^+]{①NaOH} \begin{array}{c} CH_2-CH(COOH)_2 \\ | \\ CH_2-CH(COOH)_2 \end{array} \xrightarrow[-CO_2]{\triangle} \begin{array}{c} CH_2-CH_2-COOH \\ | \\ CH_2-CH_2-COOH \end{array}$$

习　题

(一) 命名下列各化合物：

(1) $CH_3CH_2-\overset{\overset{\displaystyle O}{\|}}{C}-N(C_2H_5)_2$

(2) $CH_3CH_2CH_2\overset{\overset{\displaystyle O}{\|}}{C}Cl$

(3) $(CH_3CH_2CH_2CO)_2O$

(4) 苯—$\overset{\overset{\displaystyle O}{\|}}{C}$—NH—苯

(二) 写出下列化合物的构造式：

(1) 3-苯基丙烯酰氯

(2) 顺丁烯二酸酐

(3) 邻苯甲酰苯甲酸

(4) 甲基乙基对异丙基苯甲酰胺

(5) 丙烯酸乙烯酯

(6) 己内酰胺

(三) 完成下列反应式：

(1) $CH_3-\overset{\overset{\displaystyle O}{\|}}{C}-Cl + H-N\bigcirc \longrightarrow$

(2)

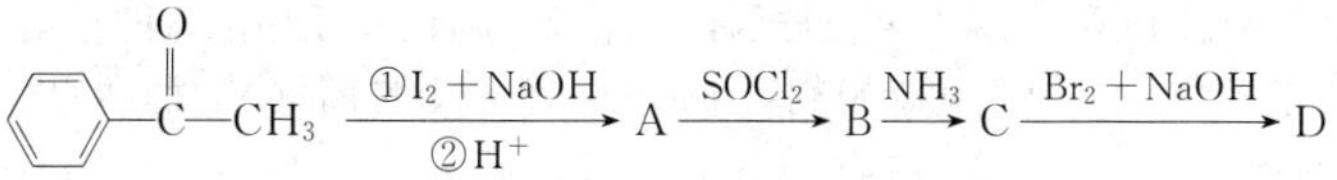

$$C_6H_5COCH_3 \xrightarrow[②H^+]{①I_2+NaOH} A \xrightarrow{SOCl_2} B \xrightarrow{NH_3} C \xrightarrow{Br_2+NaOH} D$$

(3)

$$C_6H_5COCl + C_6H_5OH \xrightarrow{NaOH}$$

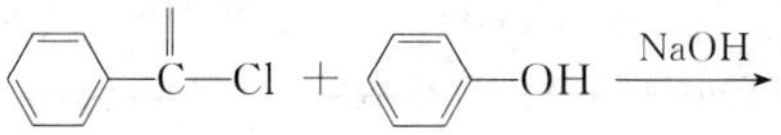

(4)

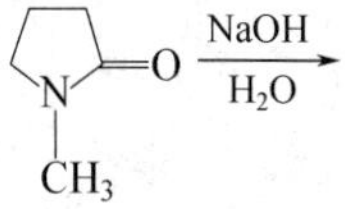

$$\xrightarrow[H_2O]{NaOH}$$

(5)

$$CH_3CH_2CN \xrightarrow{A} CH_3CH_2COOH$$

$$\downarrow D \qquad E \qquad \downarrow B$$

$$CH_3CH_2CONH_2 \xleftarrow{C} CH_3CH_2COCl$$

$$\downarrow F$$

$$CH_3CH_2NH_2$$

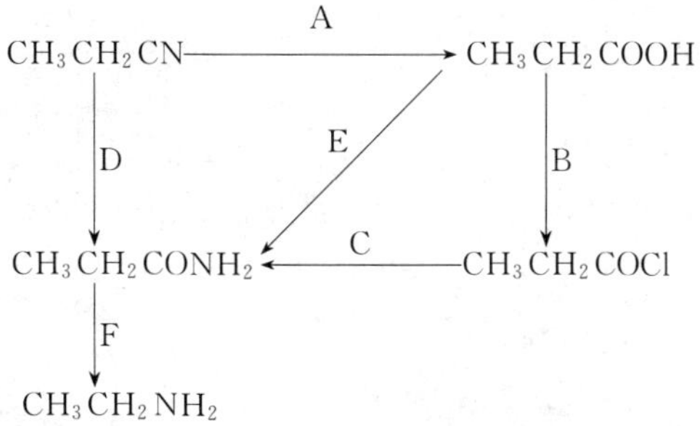

(6)

$$[CH_3COCHCO_2C_2H_5]^-Na^+ \xrightarrow{CH_2=CHCH_2Br} A \xrightarrow{NaOH,H_2O} B \xrightarrow[②\triangle,-CO_2]{①H} C$$

(7)

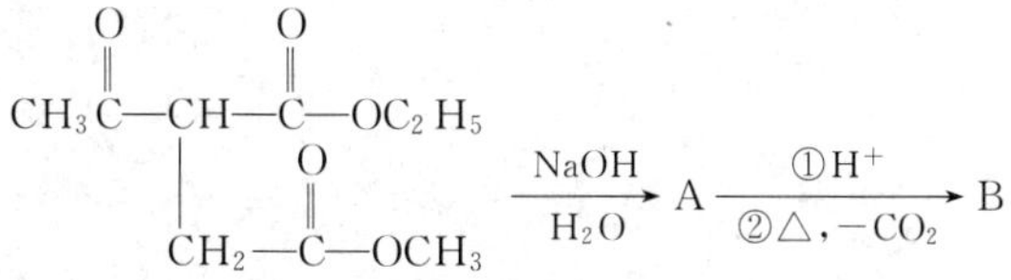

$$\xrightarrow[H_2O]{NaOH} A \xrightarrow[②\triangle,-CO_2]{①H^+} B$$

(8)

$$\xrightarrow[-CO_2]{\triangle} A \xrightarrow[-H_2O]{\triangle} B$$

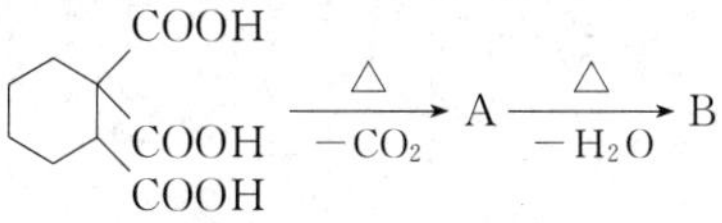

（四）由指定原料合成下列各化合物（其他原料任选）：

(1) 由 1-溴丁烷合成正己酸　　　(2) 由甲苯合成 3,5-二硝基苯甲酰氯

(3) 由 1-丁烯合成丁酰胺　　　　(4) 由叔丁基氯合成 2,2-二甲基丙腈

（五）利用乙酰乙酸乙酯合成法，合成下列化合物：

(1) 3-乙基-2-戊酮　　　　　　　(2) 2-己醇

(3) 4-甲基-3-乙基-2-戊酮　　　　(4) 2,7-辛二酮

（六）以丙二酸二乙酯为主要原料，合成下列化合物：

(1) 戊酸　　　　　　　　　　　(2) 2-甲基戊酸

(3) 4-甲基戊酸　　　　　　　　(4) 乙基-1,3-丙二醇

(5) 3-甲基己二酸

（七）化合物（A）和（B）的分子式为 $C_4H_6O_2$，其中（A）容易和碳酸钠作用放出二氧化碳；（B）不和碳酸钠作用，但和氢氧化钠水溶液共热生成乙醇，试推断（A）和（B）的构造式。

（八）有一个化合物（A）溶于水，但不溶于乙醚，含有 C、H、O、N。（A）加热后失去一分子水得一化合物（B），（B）和氢氧化钠水溶液煮沸，放出一种有气味的气体，残余物经

酸化后，得一不含氮的酸性物质（C），（C）与氢化锂铝反应后的物质用浓硫酸作用，得到一个气体烯烃，相对分子质量 56，臭氧化后得到一个醛和一个酮，推断（A）的结构。

参 考 书 目

1　邢其毅等. 基础有机化学，第二版. 下册. 北京：高等教育出版社，1994. 557～634
2　〔美〕R. T. 莫里森. R. N. 博伊德著，有机化学　下册. 复旦大学化学系有机化学教研室译，第二版. 北京：科学出版社，1992. 693～734、870～885

第15章 含氮化合物

15.1 芳香族硝基化合物

芳烃分子中的氢原子被硝基取代后的化合物，叫芳香族硝基化合物。它包括硝基直接连在芳环上和侧链上两类，但后者的制法和性质与脂肪族硝基化合物（脂肪烃分子中的氢原子被硝基取代后的化合物）相似，且不甚重要，故芳香族硝基化合物一般指前者而言。芳香族硝基化合物命名时，硝基总是作为取代基的。例如：

| 硝基苯 | 对硝基甲苯 | 邻硝基氯苯 | 间硝基苯甲醛 |

【问题 15-1】命名下列化合物

（1）、（2）、（3）、（4）、（5）、（6）

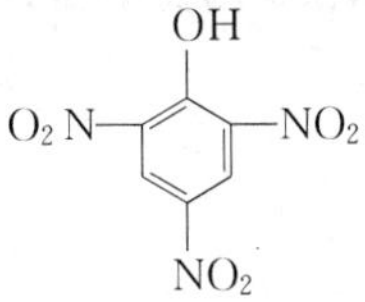

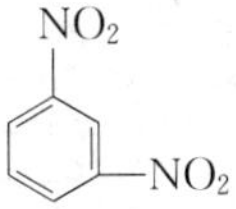

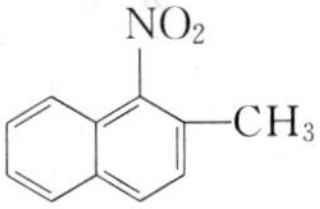

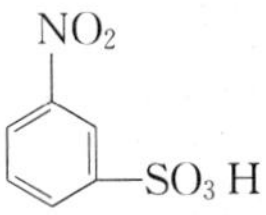

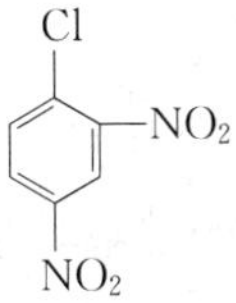

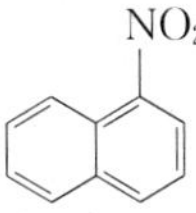

15.1.1 芳香族硝基化合物的制法

芳香族硝基化合物一般均采用直接硝化法制备。因反应物不同，硝化时所用的硝化试剂和反应条件不同。当芳环上有供电基时，可采用较弱的硝化试剂和反应条件；当芳环上有吸电基时，则需要较强的硝化试剂和反应条件。例如：

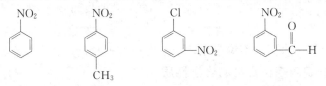

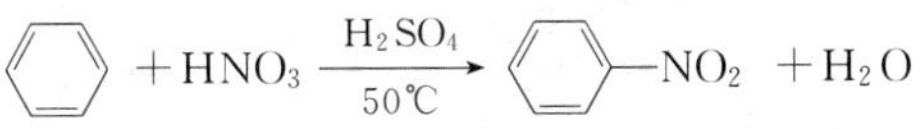

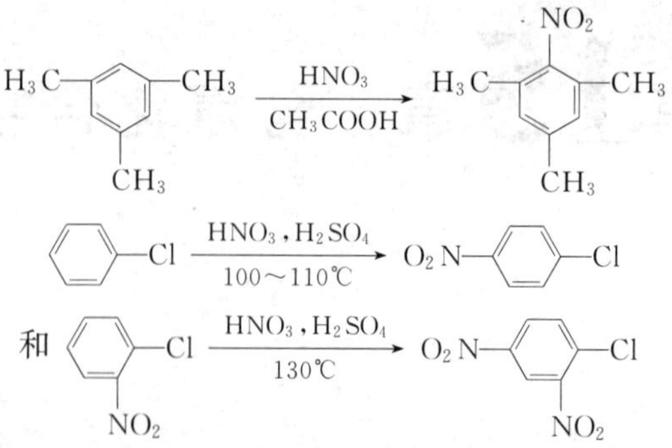

$$H_3C-\text{(benzene ring with }CH_3\text{)}-CH_3 \xrightarrow[CH_3COOH]{HNO_3} H_3C-\text{(benzene ring with }NO_2, CH_3, CH_3\text{)}$$

$$\text{(benzene ring)}-Cl \xrightarrow[100\sim110℃]{HNO_3,H_2SO_4} O_2N-\text{(benzene ring)}-Cl$$

和 $$\text{(benzene ring with }Cl, NO_2\text{)} \xrightarrow[130℃]{HNO_3,H_2SO_4} O_2N-\text{(benzene ring with }Cl, NO_2\text{)}$$

15.1.2　芳香族硝基化合物的物理性质

芳烃的一硝基化合物是无色或淡黄色的液体或固体。多硝基化合物多数是黄色晶体。多硝基化合物通常具有爆炸性，可用作炸药。叔丁基苯的某些多硝基化合物具有类似天然麝香的气味，可用作香料。

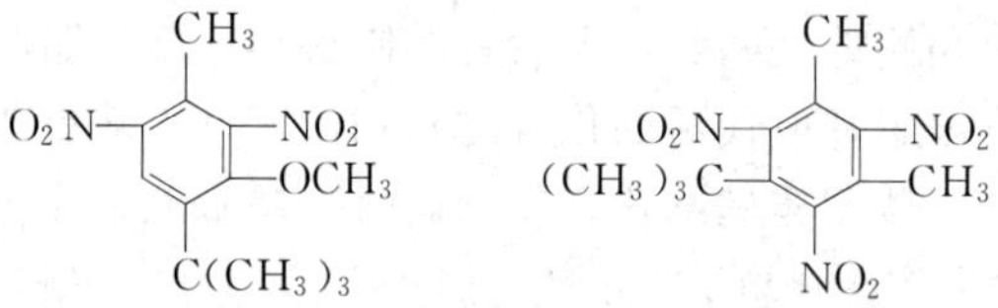

葵子麝香　　　　　　　二甲苯麝香

硝基化合物比水重，不溶于水，溶于有机溶剂。硝基化合物有毒。

15.1.3　芳香族硝基化合物的化学性质

（1）还原反应

硝基可以被还原。在强烈的条件下，用催化加氢法和化学还原剂如金属和酸（铁或锌和稀盐酸）、氯化亚锡和盐酸、硫化物等，芳香族硝基化合物被还原成相应的胺。

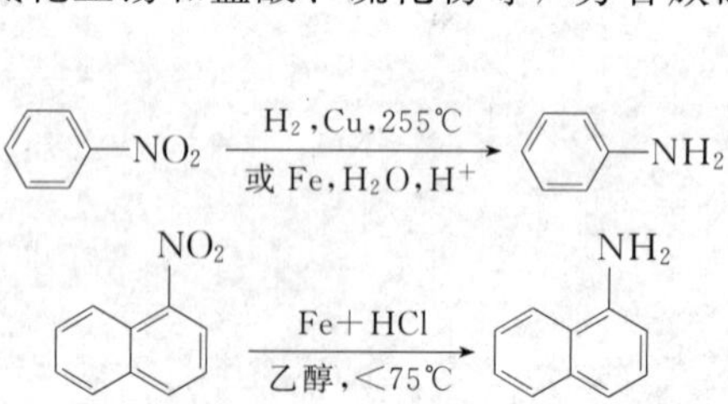

$$\text{(benzene ring)}-NO_2 \xrightarrow[\text{或 Fe},H_2O,H^+]{H_2,Cu,255℃} \text{(benzene ring)}-NH_2$$

$$\text{(naphthalene with }NO_2\text{)} \xrightarrow[\text{乙醇},<75℃]{Fe+HCl} \text{(naphthalene with }NH_2\text{)}$$

芳香族硝基化合物的还原有很大的工业价值。苯胺的工业化生产就是由硝基苯经铁粉还原和加氢还原生产的。

（2）苯环上的取代反应

硝基是间位定位基，且使苯环纯化，因此在苯环上进行亲电取代反应时，不仅取代基进入硝基的间位，且比苯较难进行。例如：

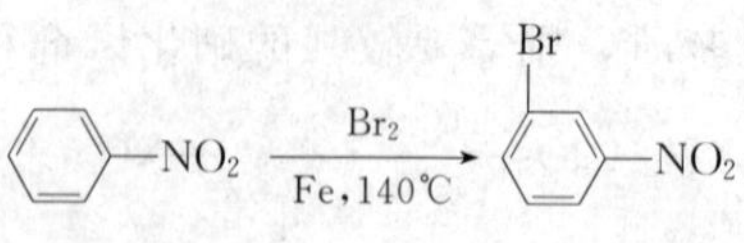

$$\text{(benzene ring)}-NO_2 \xrightarrow[Fe,140℃]{Br_2} \text{(benzene ring with }Br, NO_2\text{)}$$

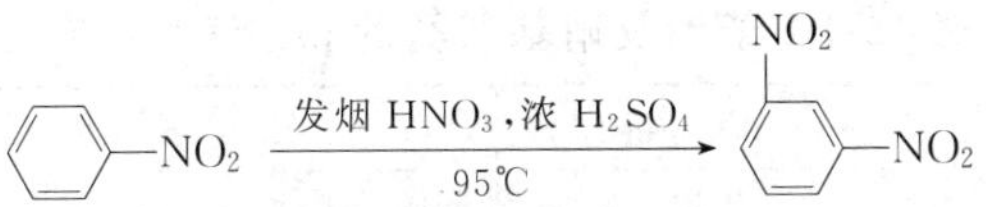

（3）硝基对苯环上邻位和对位基团的影响

硝基对其邻位和对位上取代基的化学性质有比较显著的影响。

（A）对卤原子活泼性的影响　氯苯分子中的氯原子不活泼，一般较难水解。例如，氯苯与氢氧化钠水溶液加热到 200℃，也不发生水解反应。但当氯原子的邻和/或对位连有硝基（强吸电基），氯原子就比较活泼，容易被亲核试剂（如 OH⁻ 等）取代。邻对位上的硝基（或其他吸电基）越多。反应越容易进行。例如：

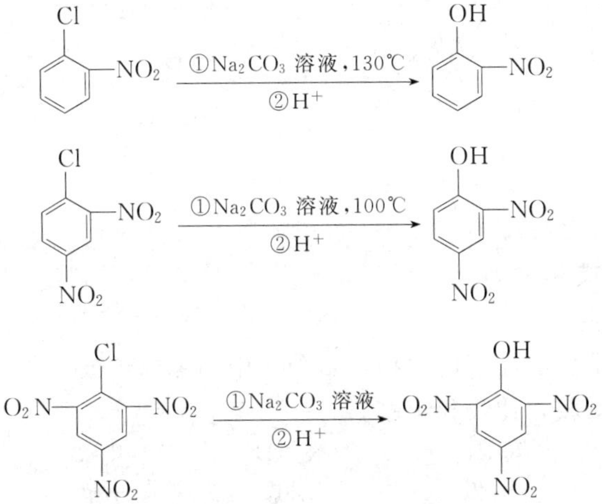

这是由于硝基的吸电诱导和共轭效应的影响，使苯环电子云密度降低，从而与卤原子相连的碳原子易受亲核试剂如 OH⁻ 的进攻，得到取代产物。硝基越多，这种影响越大，因此亲核取代反应越容易进行。

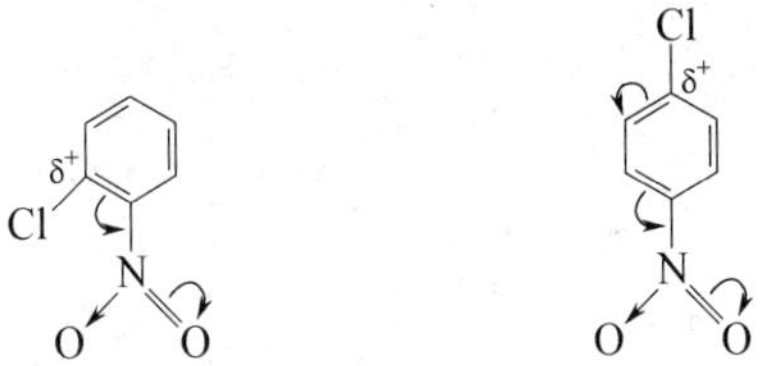

当硝基处于氯原子间位时，由于只存在吸电诱导效应，硝基使与卤原子相连的碳原子上的电子云密度减少较少，因此卤原子较难被亲核试剂取代。除—NO₂外，其他吸电子基如—SO₃H、—COOH、—CN、—N⁺R₃、—COR 和—CHO 等，对卤原子的活性具有类似的影响。

（B）对酚类酸性的影响　当酚羟基的邻和/或对位上有硝基时，酚的酸性增强。例如，2,4-二硝基苯酚的酸性与甲酸相近，2,4,6-三硝基苯酚的酸性几乎与强无机酸相近。如表 15-1 所示。

表 15-1　苯酚及硝基酚类的 pK_a 值（25℃）

名　称	pK_a 值	名　称	pK_a 值
苯酚	9.98	间硝基苯酚	8.40
邻硝基苯酚	7.23	2,4-二硝基苯酚	4.0
对硝基苯酚	7.15	2,4,6-三硝基苯酚	0.71

　　这是由于酚羟基中氧原子的未共用电子对所在的 p 轨道，通过苯环与硝基的 π 轨道形成共轭体系。硝基的吸电子共轭效应（和诱导效应）使羟基氧原子上的电子云更偏向苯环（与苯酚相比），所以羟基上的氢原子更容易离解成质子。同理，离解后得到的芳氧负离子，由于硝基的影响，使氧上的负电荷更加分散（与苯氧负离子相比）而稳定，因此也就更加容易生成。硝基数目越多，这种影响越大。

15.2　胺

15.2.1　胺的分类和命名

（1）胺的分类

　　胺可以看作是氨的烃基衍生物，氨分子中的氢原子被一个、两个或三个烃基取代，分别生成伯胺、仲胺和叔胺。

$$RNH_2 \qquad R_2NH \qquad R_3N$$
伯胺　　　　　　仲胺　　　　　　叔胺

伯、仲、叔胺的这种分类方法与伯、仲、叔醇或卤代烃不同。伯、仲、叔醇（或卤代烃）是根据与羟基（或卤原子）相连的碳原子的种类分类的；而伯、仲、叔胺则是根据氮原子上烃基的数目分类的。例如，叔丁醇是叔醇，叔丁胺为伯胺。

叔丁醇　　　　　　　　　　　叔丁胺
叔醇　　　　　　　　　　　　伯胺

　　胺又根据氮原子上所连接的烃基不同，分为脂肪胺和芳香胺。氮原子上只连接脂肪烃基的叫脂肪胺；氮原子上连有芳基的叫芳香胺。

脂肪胺：　CH_3NH_2　　　　　　　　　　$CH_3-NH-CH_2CH_3$

芳香胺：　〈苯环〉$-NH_2$　　　　　　　　　〈苯环〉$-NH-CH_3$

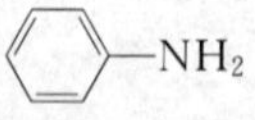

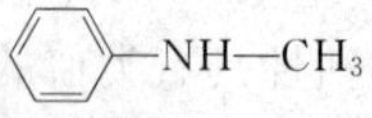

　　根据分子中氨基的数目，又可分为一元胺、二元胺等。例如：

一元胺　　　　　　　　　$CH_3CH_2NH_2$

二元胺　　　　　　　　　$H_2N(CH_2)_6NH_2$

还有相当于氢氧化铵和铵盐的化合物，分别称为季铵碱和季铵盐。例如：

季铵碱 $(CH_3)_4 N^+ OH^-$

季铵盐 $(CH_3)_4 N^+ X^-$

（2）胺的命名

简单的胺习惯上按其所含的烃基命名，例如：

$$CH_3CH_2NH_2 \qquad \text{（苯）}-NH_2 \qquad CH_3-\text{（苯）}-NH_2$$

乙胺   苯胺   对甲苯胺

氮原子上连有两个或三个烃基的胺的命名，若烃基相同，需表示出烃基的数目，若烃基不同，则按"次序规则"，较优基团后列出。例如：

$$CH_3-\underset{\underset{CH_3}{|}}{N}-CH_3 \qquad \text{（苯）}-\underset{\underset{\text{（苯）}}{|}}{\overset{\overset{H}{|}}{N}} \qquad CH_3-NH-CH_2CH_3$$

三甲胺   二苯胺   甲乙胺

对于芳香仲胺或叔胺，命名时则在烷基的名称前加"N"字，表示烷基是连在氮原子上，而不是连在芳环上。例如：

$$\text{（苯）}-NH-CH_3 \qquad \text{（苯）}-\underset{\underset{CH_3}{|}}{N}-CH_2CH_3$$

N-甲基苯胺 N-甲基-N-乙基苯胺

对于比较复杂的胺，按系统命名法命名，烃基作为母体，氨基作为取代基；当分子中含有多种官能团时，则按照"多官能团化合物命名原则"命名。例如：

$$CH_3CH_2-CH-CH_2-CH-CH_3 \qquad\qquad CH_3CH(CH_2)_4CH_3$$
$$\underset{NH_2}{|} \qquad \underset{CH_3}{|} \qquad\qquad\qquad \underset{NHCH_3}{|}$$

5-甲基-3-氨基己烷   2-甲氨基庚烷

$$H_2N-\text{（苯）}-COOH \qquad\qquad Cl-\text{（苯，含}CH_3\text{）}-NH_2$$

对氨基苯甲酸   2-甲基-4-氯苯胺

季铵盐季铵碱的命名举例如下：

$$(CH_3)_4 N^+ OH^- \qquad\qquad [CH_3(CH_2)_{11}N(CH_3)_3]^+ Br^-$$

氢氧化四甲基铵   溴化三甲基十二烷基铵

【问题 15-2】 写出下列化合物构造式：

(1) 1,4-丁二胺   (2) α-萘胺

(3) 甲乙叔丁胺   (4) 对硝基-N-乙基苯胺

(5) 氢氧化二甲基乙基正丙基铵   (6) 环己胺

15.2.2   胺的结构

胺的结构与氨相似。胺分子中的氮原子也认为是 sp^3 杂化。氮原子的 sp^3 杂

化轨道与氢原子的 1s 轨道或其他基团的碳原子的杂化轨道交盖，形成三个 σ 键，未共用电子对占据另一个 sp³ 杂化轨道。分子呈棱锥形结构，未共用电子对处于棱锥形的顶端。甲胺的结构如图 15-1 所示。

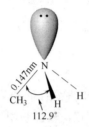

图 15-1　甲胺的结构

15.2.3　胺的制法

（1）硝基化合物的还原

芳香硝基化合物经还原可制得芳胺，见 [15.1.3 (1)]。

（2）腈还原

腈还原生成伯胺。腈经催化加氢可得高产率的伯胺：

$$RCN + H_2 \xrightarrow{\text{Ni 或 Pd}} RCH_2NH_2$$

例如，尼龙 66 的单体之一的己二胺，工业上由己二腈催化加氢制备。

$$NC(CH_2)_4CN + H_2 \xrightarrow[2.0\sim3.0MPa,97\%]{\text{Ni},C_2H_5OH,70\sim90℃} H_2N(CH_2)_6NH_2$$

（3）氨和胺的烷基化反应

氨或胺与卤代烃作用，氨基上的氢原子被烃基取代，发生烃基化反应，也叫 N-烃基化反应，生成伯胺、仲胺、叔胺和季铵盐 [见 9.4.1 (4)]。有时可以利用醇代替卤代烃。例如，工业上利用苯胺与甲醇反应制备 N-甲基苯胺：

$$\text{〇}-NH_2 + CH_3OH \xrightarrow[220℃,\ 3\sim4MPa]{H_2SO_4} \text{〇}-NHCH_3$$

氯苯和氨反应是困难的。但氯苯分子中氯原子的邻和/或对位上有强的吸电基时，则容易与氨或胺反应，生成相应的化合物。例如：

$$\text{（2-Cl-苯环上 NO}_2\text{）} + NH_3 \xrightarrow{CH_3COO^-NH_4^+} \text{（NH}_2\text{-苯环上 NO}_2\text{）}$$

（4）酰胺的霍夫曼降级反应

酰胺经霍夫曼降级反应，可以得到比原来的酰胺少一个碳原子的伯胺 [见 14.3.6(3)]。例如：

$$(CH_3)_3C\overset{\overset{\displaystyle O}{\|}}{-}NH_2 \xrightarrow[H_2O,\ 64\%]{Br_2 + NaOH} (CH_3)_3CNH_2$$

【问题 15-3】 完成下列反应方程式：

(1) ⬡ $\xrightarrow[\text{浓 H}_2\text{SO}_4，50\sim60℃]{\text{HNO}_3}$ A $\xrightarrow[100\sim110℃]{\text{HNO}_3，浓 H}_2\text{SO}_4}$ B $\xrightarrow[\text{Ni}]{\text{H}_2}$ C

(2) $CH_3CH_2CH_2OH \xrightarrow[\text{H}_2\text{SO}_4]{\text{HBr}}$ B $\xrightarrow{\text{NaCN}}$ C $\xrightarrow[\text{Ni}]{\text{H}_2}$ D

(3) $CH_3CH_2CH_2CH_2\overset{\overset{\displaystyle O}{\|}}{C}-NH_2 \xrightarrow{Cl_2+NaOH}$

15.2.4　胺的物理性质

室温下脂肪胺中甲胺、二甲胺、三甲胺和乙胺为气体，其他胺是液体或固体。低级胺具有类似氨的气味，但刺激性较弱。三甲胺具有海鱼或龙虾的特殊气味，丁二胺和戊二胺具有肉腐烂时产生的极臭味。高级胺不易挥发，几乎没有气味。

低级胺可以和水通过氢键发生缔合，故易溶于水，随着相对分子质量的增加溶解度降低。

芳胺是无色液体或固体，毒性较大。胺的物理常数见表 15-2。

表 15-2　胺的物理常数

名　称	构　造　式	溶点/℃	沸点/℃	相对密度(D^{20})
甲胺	CH_3NH_2	−93.5	−6.3	0.7961(−10℃)
二甲胺	$(CH_3)_2NH$	−96	7.3	0.6604(0℃)
三甲胺	$(CH_3)_3N$	−124	3.5	0.7229(25℃)
乙胺	$CH_3CH_2NH_2$	−80.5	16.6	0.706(0℃)
正丙胺	$CH_3CH_2CH_2NH_2$	−83.6	48.7	0.719
乙二胺	$NH_2CH_2CH_2NH_2$	8.5	117	0.899
己二胺	$H_2N(CH_2)_6NH_2$	42	204.5	0.8313(10℃)
苯胺	$C_6H_5NH_2$	−6	184.4	1.022
N-甲苯胺	$C_6H_5NHCH_3$	−57	193	0.986
N,N-二甲苯胺	$C_6H_5N(CH_3)_2$	2.5	194	0.956
二苯胺	$C_6H_5NHC_6H_5$	53	302	1.159
三苯胺	$(C_6H_5)_3N$	126.5	265	0.774(0℃)

15.2.5　胺的化学性质

（1）碱性

和氨相似，胺分子中氮原子上的未共用电子对能接受质子形成铵离子，因而显碱性。

$$RNH_2 + H^+ \longrightarrow RNH_3^+$$

胺的碱性强弱可用离解常数 K_b 表示，K_b 值越大，碱性越强。胺的碱性强弱也可用 pK_b 表示。但 pK_b 值越小，碱性越强。

在脂肪胺分子中烷基是供电基，由于它的供电作用，增加了氮原子上电子云密度，增强了氮原子结合质子的能力，所以胺的碱性比氨强。在气态时，氨、甲胺、二甲胺和三甲胺的碱性强弱的顺序是：

$$(CH_3)_3N > (CH_3)_2NH > CH_3NH_2 > NH_3$$

但在水溶液中其碱性强弱顺序却不同（见表 15-3）：

$$(CH_3)_2NH > CH_3NH_2 > (CH_3)_3N > NH_3$$

对一般烷基而言，脂肪叔胺的碱性总是比仲胺小。

表 15-3　胺的碱性

胺	$pK_b(25℃)$	胺	pK_b
NH_3	4.76	$(CH_3CH_2)_2NH$	3.06
CH_3NH_2	3.38	$(CH_3CH_2)_3N$	3.25
$(CH_3)_2NH$	3.27	$C_6H_5NH_2$	9.40
$(CH_3)_3N$	4.21	$(C_6H_5)_2NH$	13.21
$CH_3CH_2NH_2$	3.36		

在水中，胺分子接受质子生成铵正离子，铵正离子与水分子通过形成氢键被溶剂化。铵正离子与胺相比，会被更大程度地溶剂化。

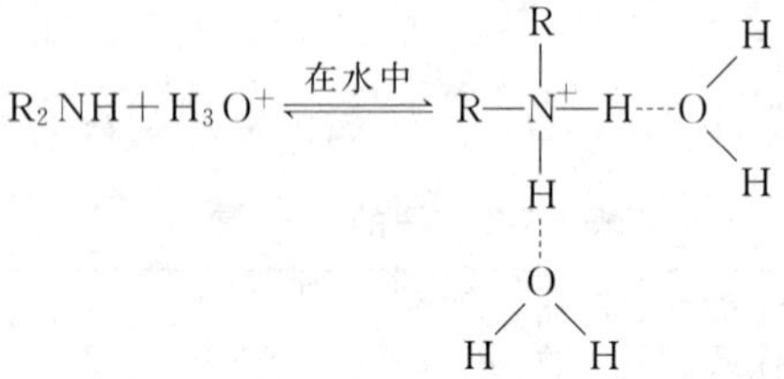

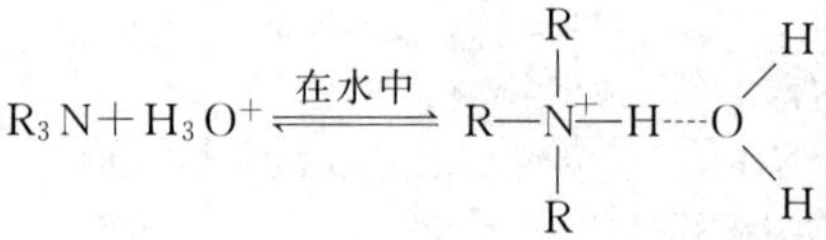

$$R_2NH + H_3O^+ \xrightarrow{\text{在水中}} R-\overset{R}{\underset{H}{N^+}}-H\cdots O\overset{H}{\underset{H}{}}$$

$$R_3N + H_3O^+ \xrightarrow{\text{在水中}} R-\overset{R}{\underset{R}{N^+}}-H\cdots O\overset{H}{\underset{H}{}}$$

正离子上烷基越多，通过诱导效应，其正电核越分散，铵正离子就越稳定；但铵正离子上烷基越多，氢越少，则通过与水形成氢键稳定正离子的能力越弱。这两个主要的相反作用的结果使仲胺的碱性最强。一些脂肪胺在水中的碱性数据列于表 15-3 中。

芳胺的碱性一般要比氨和脂肪胺弱。其主要原因是由于氨基氮原子上的未共用电子对与苯环上的 π 轨道形成 p，π-共轭体系，电子离域的结果使得氮原子上的电子云密度降低，因此减弱了它与质子的结合能力，使其碱性减弱。

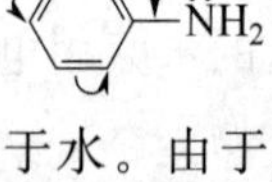

胺和酸反应生成盐，铵盐易溶于水。由于胺是弱碱，所以铵盐遇强碱则释放出游离胺

$$RNH_2 + HCl \longrightarrow R\overset{+}{N}H_3Cl \xrightarrow{NaOH} RNH_2 + NaCl + H_2O$$

利用上述性质可以将胺与其他有机物分离，因为不溶于水的胺，由于生成铵盐而溶于稀酸中，然后再与强碱反应，则胺游离出来。

季铵碱的碱性与苛性碱相当。

【问题 15-4】将下列各组化合物按碱性由大到小排列。

(1) 苯胺、N-甲基苯胺、乙酰苯胺

(2) 苯胺、2,4-二硝基苯胺、2,4,6-三硝基苯胺

(2) 氧化反应

脂肪族胺和芳香族胺都易被氧化,尤其是芳香伯胺更易被氧化。例如,纯的苯胺是无色油状液体,在空气中放置,会逐渐被氧化,颜色逐渐变成黄色、红棕色。苯胺的氧化反应很复杂,氧化产物因氧化剂和反应条件不同而异。苯胺用二氧化锰和硫酸氧化时生成苯醌:

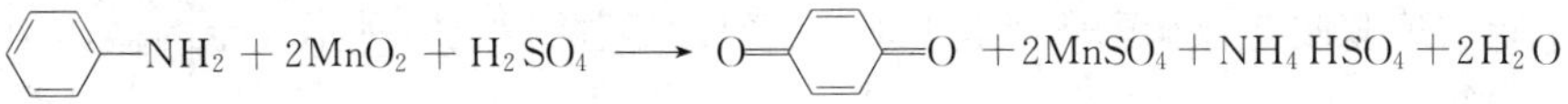

$$\text{\large⬡}-NH_2 + 2MnO_2 + H_2SO_4 \longrightarrow O=\text{\large⬡}=O + 2MnSO_4 + NH_4HSO_4 + 2H_2O$$

用酸性重铬酸钾氧化,苯胺生成苯胺黑。

(3) 烷基化反应

卤代烷与氨作用生成胺,这个反应叫做卤代烷的氨解［见 9.4.1（4）］。生成的伯胺比氨的亲核性强,可以继续与卤代烷反应生成仲胺,再继续反应可以得到叔胺。叔胺再与卤代烷反应生成季铵盐［见本章 15.2.6］。

使用过量的氨（或胺）则可以抑制进一步反应,得到以伯或仲、叔胺为主的产物。例如:

$$C_6H_5CH_2Cl + C_6H_5NH_2 \text{（过量）} \xrightarrow[90℃,\ 3h,\ 85\%]{H_2O,\ NaHCO_3} C_6H_5CH_2NHC_6H_5$$

(4) 酰基化反应

伯胺和仲胺与酰卤,酸酐等酰基化剂作用,氮原子上氢原子被酰基取代,生成 N-一取代酰胺和 N,N-二取代酰胺,也叫 N-酰基化反应。叔胺的氮原子上没有氢原子,不发生酰基化反应。例如:

$$\text{\large⬡}\!\!\begin{smallmatrix}NH_2\\ \\Cl\end{smallmatrix} + (CH_3CO)_2O \xrightarrow[回流,2h]{CH_3COOH,H_2SO_4} \text{\large⬡}\!\!\begin{smallmatrix}NHCOCH_3\\ \\Cl\end{smallmatrix}$$

【问题 15-5】写出乙胺、二乙胺、苯胺、N-甲苯胺与乙酐反应的生成产物的构造式。

(5) 与亚硝酸的反应

胺与亚硝酸反应,产物因胺不同而异。由于亚硝酸是不稳定的,一般是在反应过程中由亚硝酸钠与盐酸或硫酸作用产生。脂肪族伯胺与亚硝酸反应,放出氮气,生成醇、烯烃等混合物。例如:

$$CH_3CH_2NH_2 \xrightarrow[HCl]{NaNO_2} CH_3CH_2OH + CH_3CH_2Cl + CH_2\!\!=\!\!CH_2 + N_2$$

由于产物是混合物,因此在合成上没有实用价值。但放出的氮气是定量的,因此这个反应可用于氨基（—NH_2）的定量分析。

芳香族伯胺与亚硝酸通常在低温（0～5℃）下反应,生成重氮盐,这个反应

叫做重氮化反应。

$$\text{C}_6\text{H}_5-\text{NH}_2 + \text{NaNO}_2 + 2\text{HCl} \xrightarrow{0\sim5℃} \text{C}_6\text{H}_5-\overset{+}{\text{N}}_2\text{Cl}^- + \text{NaCl} + 2\text{H}_2\text{O}$$

脂肪族和芳香族仲胺与亚硝酸反应，都生成黄色的 N-亚硝基胺。

$$(\text{CH}_3)_2\text{NH} + \text{NaNO}_2 + \text{HCl} \longrightarrow (\text{CH}_3)_2\text{N}-\text{NO} + \text{H}_2\text{O} + \text{NaCl}$$

N-亚硝基二甲胺

$$\text{C}_6\text{H}_5-\text{NH}-\text{C}_6\text{H}_5 + \text{NaNO}_2 + \text{HCl} \longrightarrow \text{C}_6\text{H}_5-\overset{\overset{\text{NO}}{|}}{\text{N}}-\text{C}_6\text{H}_5 + \text{NaCl} + \text{H}_2\text{O}$$

N-亚硝基二苯胺（黄色固体）

脂肪族叔胺与亚硝酸无上述反应，它与亚硝酸形成一种不稳定的盐，中和后即被分解。

$$\text{R}_3\text{N} + \text{NaNO}_2 + \text{HCl} \longrightarrow \text{R}_3\text{NH}^+ \text{NO}_2^-$$

芳香族叔胺与亚硝酸作用，生成对亚硝基产物。例如：

$$(\text{CH}_3)_2\text{N}-\text{C}_6\text{H}_5 + \text{NaNO}_2 + \text{HCl} \longrightarrow (\text{CH}_3)_2\text{N}-\text{C}_6\text{H}_4-\text{NO} + \text{H}_2\text{O} + \text{NaCl}$$

对亚硝基-N,N-二甲苯胺（绿色固体）

利用亚硝酸与伯、仲和叔胺反应生成的产物不同，可以鉴别伯、仲和叔胺。

（6）苯环上的取代反应

氨基是强的邻对位定位基，苯胺很容易发生亲电取代反应。

（A）卤化　苯胺与氯和溴很容易发生亲电取代反应。例如，常温时在苯胺的水溶液中滴加溴水，立即生成 2,4,6-三溴苯胺白色沉淀，反应很难停留在一元取代的阶段。

若要制取一溴苯胺，必须降低苯环的电子密度，以使溴化反应较难进行。如将氨基转变成乙酰氨基（—NH—CO—CH₃），然后进行溴化反应，则发生一取代反应。由于乙酰氨基体积较大，取代发生在对位，最后再水解将乙酰基除去，则得到一取代的对溴苯胺。

（B）硝化　由于芳胺很容易被氧化，所以苯胺与硝酸反应时，常伴有氧化反应。为了避免苯胺被硝酸氧化，必须把氨基保护起来，然后再硝化。

$$\bigcirc\!\!-NH_2 \xrightarrow{(CH_3CO)_2O} \bigcirc\!\!-NHCCH_3 \xrightarrow[\text{H}_2\text{SO}_4]{\text{HNO}_3}$$

$$O_2N\!-\!\bigcirc\!\!-NHCCH_3 \xrightarrow{H_2O} O_2N\!-\!\bigcirc\!\!-NH_2$$

若要制备邻硝基苯胺，则采取下列路线：

$$\bigcirc\!\!-NH_2 \xrightarrow{(CH_3CO)_2O} \bigcirc\!\!-NHCCH_3 \xrightarrow{H_2SO_4} HO_3S\!-\!\bigcirc\!\!-NHCCH_3 \xrightarrow[\text{H}_2\text{SO}_4]{\text{HNO}_3}$$

$$HO_3S\!-\!\bigcirc\!\!-NHCCH_3 \xrightarrow{H_2O} \bigcirc\!\!-NH_2$$

（C）磺化　苯胺与浓硫酸混合，可生成苯胺盐酸盐，后者在 $180\sim190℃$ 烘焙，即得对氨基苯磺酸。这是工业上生产对氨基苯磺酸的方法。

$$\bigcirc\!\!-NH_2 \xrightarrow{H_2SO_4} \bigcirc\!\!-NH_3^+ HSO_4^- \xrightarrow{180\sim190℃}$$

$$\bigcirc\!\!-NHSO_3H \longrightarrow HO_3S\!-\!\bigcirc\!\!-NH_2$$

由于对氨基苯磺酸分子内，既有碱性基团氨基，又有强酸性基团磺酸基，因此其分子内可以形成盐，这种盐叫做内盐。

【问题 15-6】由苯胺合成间硝基苯胺。

【问题 15-7】完成下列反应方程式：

(1) $\bigcirc\!\!-NH_2 \xrightarrow{H^+} A \xrightarrow{H_2SO_4} B \xrightarrow{NaOH} C$　　　(2) $\bigcirc\!\!-NH_2 \xrightarrow[\text{H}_2\text{O}]{\text{Cl}_2}$

15.2.6　季铵盐和季铵碱

叔胺与卤代烷反应生成季铵盐。

$$R_3N+R-X \longrightarrow R_4N^+X^-$$

季铵盐是结晶固体，具有盐的特性，溶于水。

季铵盐与强碱反应，生成含有季铵碱的平衡混合物：

$$R_4N^+X^- +NaOH \rightleftharpoons R_4N^+OH^- +NaX$$

如果用湿的氧化银（Ag_2O—H_2O）处理季铵盐，由于生成不溶于水的卤化银沉淀，则可得到季铵碱溶液。

$$2R_4N^+X^- +Ag_2O+H_2O \longrightarrow 2R_4N^+OH^- +2AgX$$

季铵碱是强碱，其强度与氢氧化钠、氢氧化钾相当，易溶于水。

季铵碱受热时分解。例如，加热氢氧化四甲铵，生成三甲胺和甲醇。

$$(CH_3)_4N^+OH^- \longrightarrow (CH_3)_3N+CH_3OH$$

如果分子中有大于甲基的烷基，并且有 β-氢原子时，加热则分解为叔胺和烯烃。例如：

$$(CH_3)_3N^+—CH_2—CH_2—H+OH^- \xrightarrow{\triangle} (CH_3)_3N+CH_2=CH_2+H_2O$$

这是个消除反应。如果季铵碱在发生消除反应时，分子中含有不同的可被消除的 β-氢原子时，反应通常生成双键碳原子上连有较少取代基的烯烃，这种规律叫做霍夫曼（Hofmann）规则。例如：

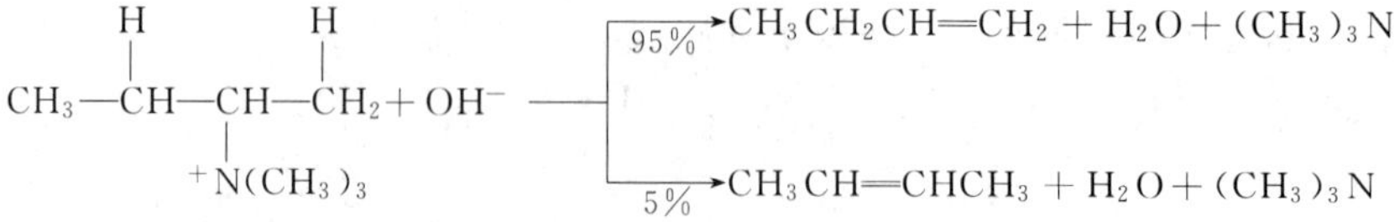

$$
\begin{array}{c}
\overset{\displaystyle H}{|} \quad \overset{\displaystyle H}{|} \\
CH_3—CH—CH—CH_2+OH^- \\
\underset{\displaystyle +N(CH_3)_3}{|}
\end{array}
\begin{cases}
\xrightarrow{95\%} CH_3CH_2CH=CH_2+H_2O+(CH_3)_3N \\
\xrightarrow{5\%} CH_3CH=CHCH_3+H_2O+(CH_3)_3N
\end{cases}
$$

【问题 15-8】 完成下列反应方程式：

$$(1) \quad \left[CH_3CH_2CH_2—\overset{\displaystyle CH_3}{\underset{\displaystyle CH_3}{N}}—CH_2CH_3 \right]^+ OH^- \longrightarrow$$

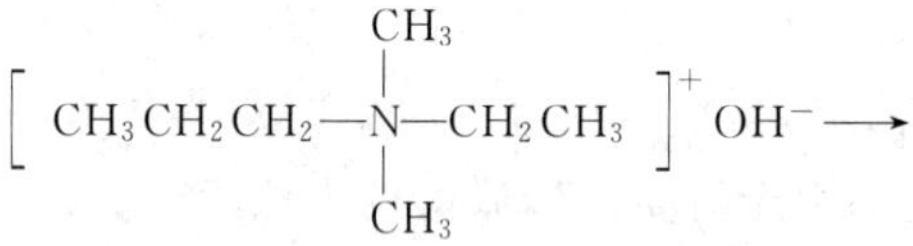

$$(2) \quad \left[\underset{\displaystyle N(CH_3)_3}{\overset{\displaystyle CH_3}{\bigcirc}} \right]^+ OH^- \longrightarrow$$

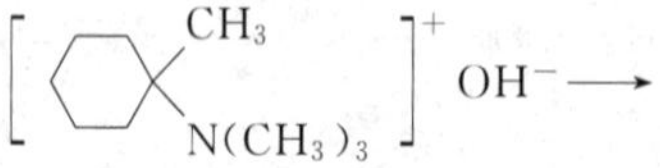

15.3　芳香族重氮和偶氮化合物

芳香族重氮和偶氮化合物都含有—N₂—官能团，如果该官能团的两端都分别与烃基相连，则该化合物叫做偶氮化合物。例如：

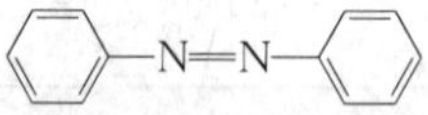

偶氮苯 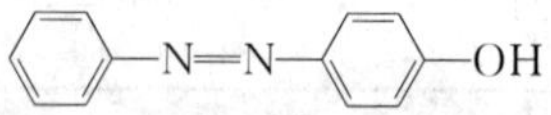　　　　　　　　　对羟基偶氮苯

如果该官能团的一端与烃基相连，另一端不是与烃基相连，则该化合物叫做重氮化合物。例如：

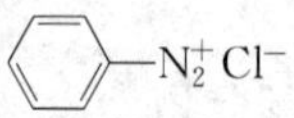

氯化重氮苯（苯重氮盐酸盐） 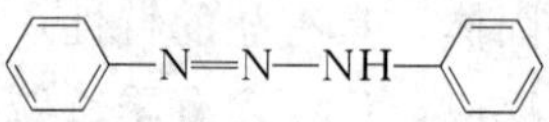　　　　苯重氮氨基苯

15.3.1　重氮化反应

在较低温度下和强酸水溶液中，芳香族伯胺与亚硝酸反应生成重氮盐，此反应叫做重氮化反应。例如：

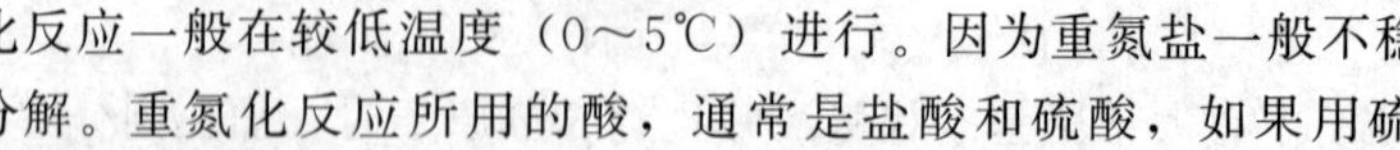

$$\bigcirc—NH_2 + NaNO_2 + HCl \xrightarrow{0\sim5℃} \bigcirc—N_2^+Cl^- + NaCl + H_2O$$

重氮化反应一般在较低温度（0～5℃）进行。因为重氮盐一般不稳定，温度稍高就要分解。重氮化反应所用的酸，通常是盐酸和硫酸，如果用硫酸，则得 $C_6H_5N_2^+ HSO_4^-$，叫做苯重氮硫酸氢盐。

重氮盐具有盐的性质，溶于水，不溶于有机溶剂。干燥的重氮盐一般极不稳定，而在水溶液中比较稳定。因此重氮化反应一般在水溶液中进行，且不需要分离，可直接使用。

15.3.2 重氮盐的反应及其在有机合成中的应用

重氮盐的化学性质很活泼，能够发生多种反应。其反应可归纳为两大类：失去氮的反应和保留氮的反应。

（1）失去氮的反应

重氮盐在一定的条件下，重氮基可被氢原子、羟基、卤原子和氰基等取代，并放出氮气。

（A）被氢原子取代　重氮盐与次磷酸或乙醇等还原剂反应时，重氮基被氢原子取代。

$$ArN_2^+ HSO_4^- + H_3PO_2 + H_2O \longrightarrow ArH + H_3PO_3 + N_2 + H_2SO_4$$

$$ArN_2^+ HSO_4^- + CH_3CH_2OH \longrightarrow ArH + CH_3CHO + N_2 + H_2SO_4$$

此反应在有机合成上可作为从苯环上除去氨基（或硝基）的方法。通过在芳环上引入氨基和除去氨基，可以合成用其他方法不易得到或不能得到的一些化合物。例如，合成 1,3,5-三溴苯，若采用直接溴化的方法是不能得到的，必须采用先引入氨基，然后溴化，再去氨基的方法。

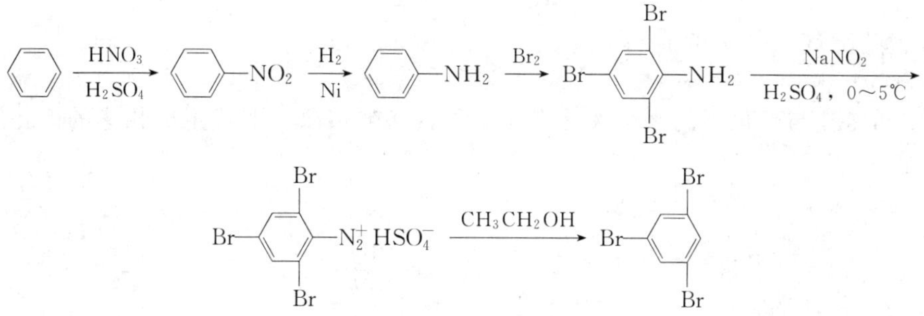

【问题 15-9】由指定原料合成下列化合物：

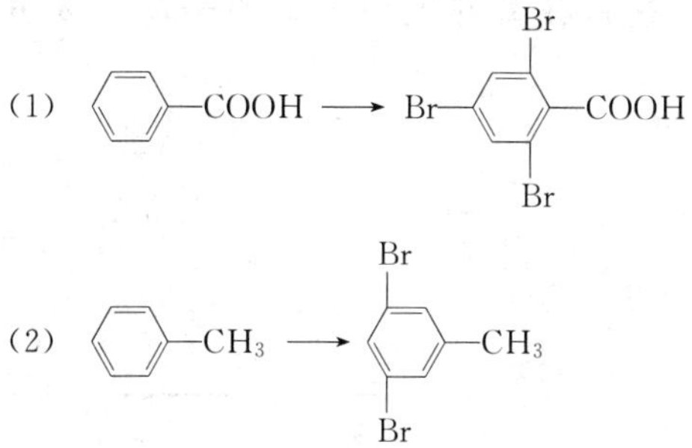

（B）被羟基取代　重氮盐在酸性水溶液中加热分解，放出氮气，生成酚。

$$ArN_2^+ HSO_4^- + H_2O \longrightarrow ArOH + N_2 + H_2SO_4$$

　　这种制备酚类的方法，在有机合成上常用来制备用其他方法不易得到的化合物。例如，为获得间溴苯酚，通常采用由间溴苯胺经重氮化，再水解制备。

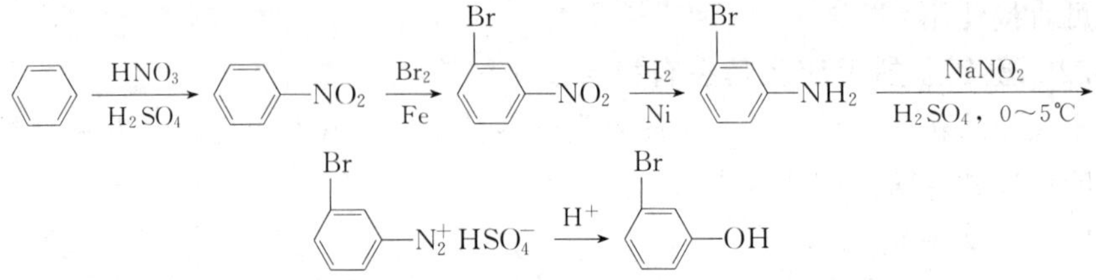

【问题 15-10】由乙酰苯胺合成对溴苯酚。

　　(C) 被卤原子取代　　重氮盐与氯化亚铜的浓盐酸溶液共热，或与溴化亚铜的氢溴酸溶液共热，重氮基可以被氢原子或溴原子取代，生成氯代或溴代产物。

$$ArN_2^+ Cl^- \xrightarrow[HCl]{CuCl} ArCl$$

$$ArN_2^+ Br^- \xrightarrow[HBr]{CuBr} ArBr$$

　　在有机合成上，利用该反应可制备某些不易或不能用直接卤化法得到的卤素衍生物。例如，合成间二氯苯可采用重氮盐被卤素取代的方法制备。

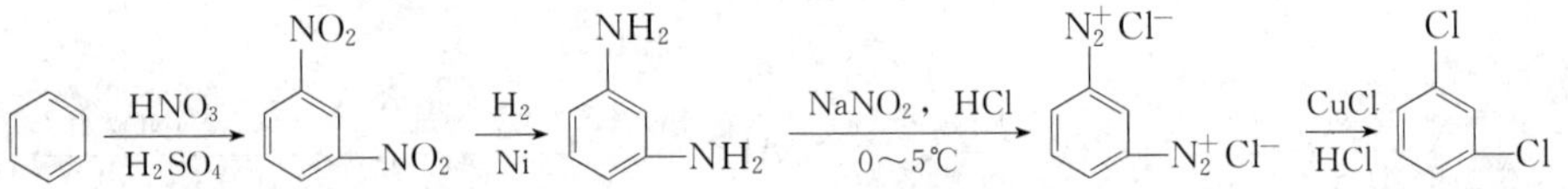

　　重氮盐与碘化钾的水溶液反应，则重氮基被碘原子取代生成相应的碘化物。例如：

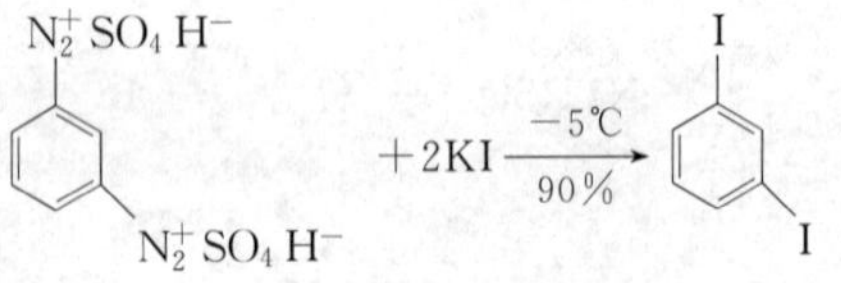

　　若将重氮盐与氟硼酸作用，则生成氟硼酸重氮盐，然后经过滤、洗涤、干燥，再加热则重氮基被氟原子取代。这是在芳环上引入氟原子的主要方法。例如：

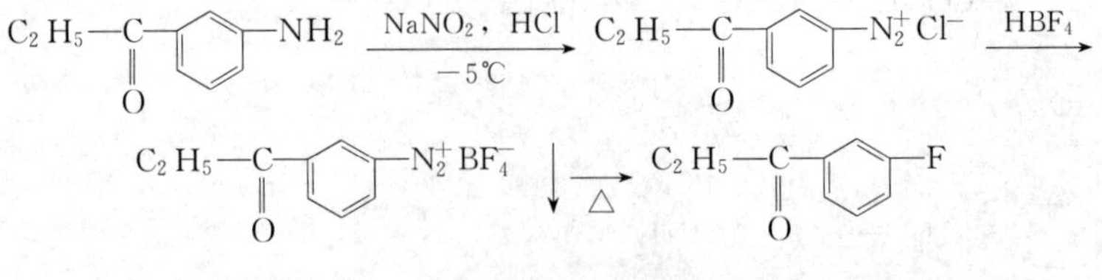

【问题 15-11】由硝基苯分别合成间溴氯苯、间氯苯酚、对硝基碘苯和氟苯。

　　(D) 被氰基取代　　重氮盐与氰化亚铜的氰化钾水溶液作用，或在铜粉存在下与氰化钾溶液作用，重氮基被氰基取代。

$$C_6H_5N_2^+Cl^- \xrightarrow[60\sim70^\circ\!C,\ 77\%]{KCN+CuCN} C_6H_5CN$$

氰基可以水解成羧基。这是通过重氮盐在苯环上引入羧基的一种方法。

【问题 15-12】 完成下列转变：

(1) 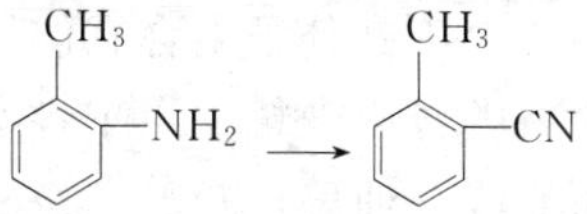 　(2)

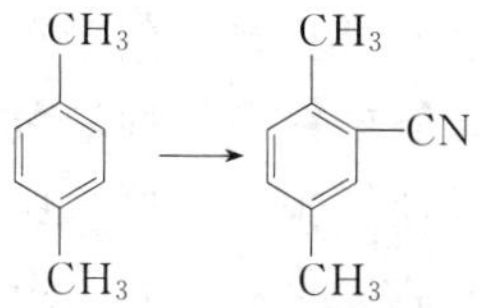

(3) 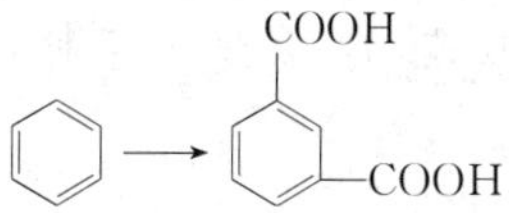 　(4)

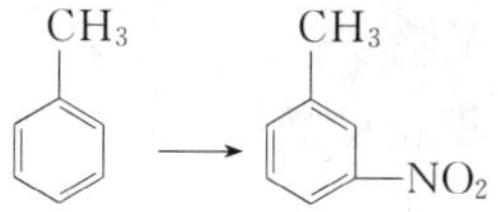

（2）保留氮的反应

保留氮的反应，是指重氮盐在反应后，重氮基上的两个氮原子仍保留在产物的分子中。

（A）还原反应　重氮盐被二氯化锡、盐酸、亚硫酸钠等还原，生成肼的衍生物。例如：

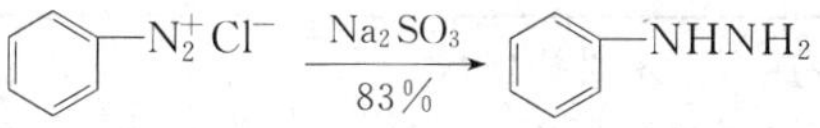

苯肼是一种羰基试剂，用作鉴定醛、酮和糖类；它也是有机合成的原料。

（B）偶合反应　重氮盐与酚或芳胺在适当的条件下反应，生成有颜色的偶氮化合物，这个反应叫做偶合反应。例如：

对羟基偶氮苯（橘黄色）

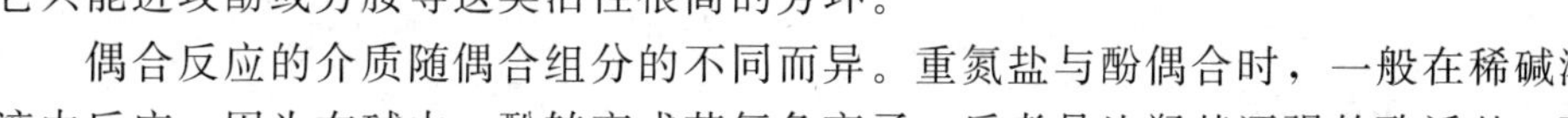

对二甲氨基偶氮苯（黄色）

在偶合反应中，重氮盐叫做重氮组分，与其偶合的酚和芳胺等叫做偶合组分。

偶合反应是亲电取代反应，重氮正离子 ArN_2^+ 是一个弱的亲电试剂，因此它只能进攻酚或芳胺等这类活性很高的芳环。

偶合反应的介质随偶合组分的不同而异。重氮盐与酚偶合时，一般在稀碱溶液中反应。因为在碱中，酚转变成苯氧负离子，后者是比羟基还强的致活基，更易发生亲电取代反应。重氮盐与芳胺偶合时，是在弱酸性或中性溶液中反应。因为在强酸中，氨基转变成为—N^+H_3，后者是一个致钝基，不利于亲电取代反应。

重氮盐与酚或芳胺偶合时，由于电子效应和空间效应的影响，反应一般发生在羟基或二甲氨基的对位。当对位被其他基团占据时，则发生在邻位。例如：

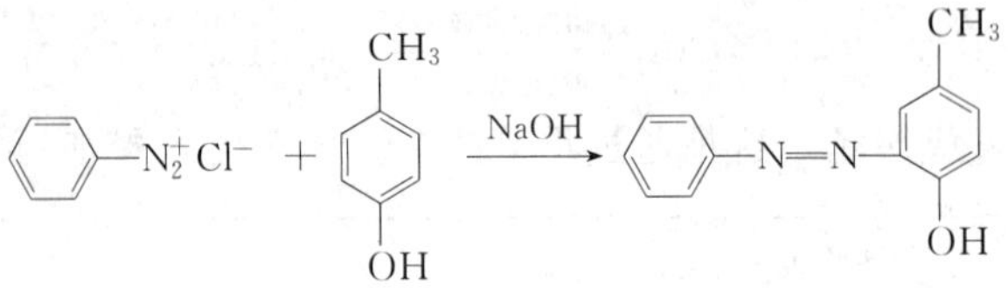

偶氮化合物通常具有颜色，有些可作为染料。由于其分子中含有偶氮基，叫做偶氮染料。偶氮染料是品种最多、应用最广的一类合成染料。用于各类纤维的染色和印花，以及纸张、木材、羽毛等的染色和油漆、油墨、塑料、橡胶、食品的着色等。制造偶氮染料，重氮化和偶合是两个基本反应。例如，主要用于涤纶、涤纶混纺织物、腈纶、尼龙-66 等的染色的分散黄 G，是偶氮染料，它是由对氨基乙酰苯胺经重氮化后，与对甲苯酚偶合制备。

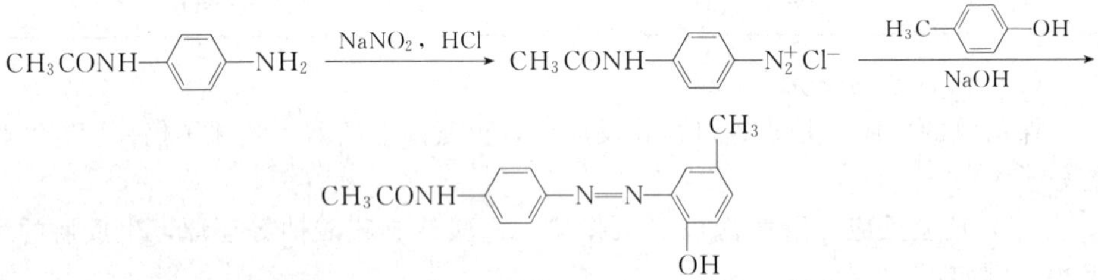

【问题 15-13】 由甲苯合成对甲苯肼盐酸盐。

【问题 15-14】 由苯合成对硝基对羟基偶氮苯。

15.4　腈

腈可以看成氢氰酸（HCN）分子中的氢原子被烃基取代后的化合物。通式是 RCN 或 ArCN。

15.4.1　腈的命名

腈的命名常根据腈分子中所含的碳原子数（包括 CN 中的碳原子）叫做某腈或某二腈。例如：

$$CH_3CN \qquad CH_2=CH-CN \qquad \text{（苯环）}-CN \qquad NC(CH_2)_4CN$$

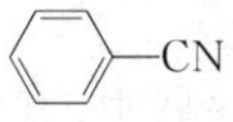

乙腈　　　　　丙烯腈　　　　　苯甲腈　　　　己二腈

15.4.2　腈的制法

腈可由卤代烃和氰化钠或氰化钾作用制备 [见 9.4.1.（3）]。例如：

$$C_6H_5CH_2Cl + NaCN \xrightarrow[92\%]{N,N\text{-二甲基甲酰胺}} C_6H_5CH_2CN + NaCl$$

$$ClCH_2CH_2CH_2CH_2Cl + 2NaCN \longrightarrow NC(CH_2)_4CN + 2NaCl$$

也可以利用酰胺或羧酸的铵盐与五氧化二磷共热、脱水生成腈。

$$(CH_3)_2CHCONH_2 \xrightarrow[200\sim220℃,86\%]{P_2O_5} (CH_3)_2CHCN$$

还可以利用重氮盐中的重氮基被氰基取代制备［见 15.3.2 (1) (D)］。

15.4.3　腈的性质

低级腈为无色液体，高级腈为固体。乙腈能与水混溶，随着相对分子质量的增加，在水中的溶解度迅速下降，丁腈以上难溶于水。

（1）水解

腈与酸或碱的水溶液共沸，水解生成羧酸或羧酸盐，［见 13.2.3］。例如：

$$\text{⟨苯环⟩}-CH_2CN \xrightarrow[\triangle,77\%]{H_2O,H_2SO_4} \text{⟨苯环⟩}-CH_2COOH + \overset{+}{N}H_4$$

$$CH_3(CH_2)_9CN \xrightarrow[②H^+]{①KOH,H_2O,\triangle} CH_3(CH_2)_9COOH$$

（2）还原

腈还原成伯胺［见 15.2.3 (2)］。例如：

$$\text{⟨苯环⟩}-CH_2CN + 4H_2 \xrightarrow[浓 NH_3,13MPa,87\%]{Ni,120\sim130℃} \text{⟨苯环⟩}-CH_2CH_2NH_2$$

【问题 15-15】完成下列反应方程式：

(1) $CH_3CH_2CH_2CH_2OH \xrightarrow[ZnCl_2]{HCl} A \xrightarrow{NaCN} B \xrightarrow{H_2O,H^+} C$

(2) $CH_3CH_2CH_2CH_2OH \xrightarrow[H_2SO_4]{Na_2Cr_2O_7} A \xrightarrow{NH_3} B \xrightarrow{P_2O_5} C$

(3) $C_6H_5CH_3 \xrightarrow{Cl_2} A \xrightarrow{NaCN} B \xrightarrow{H_2O,H^+} C$

(4) $C_6H_5CH_3 \xrightarrow[H_2SO_4]{KMnO_4} A \xrightarrow{NH_3}_{\triangle} B \xrightarrow{P_2O_5} C$

15.4.4　丙烯腈及其聚合物

丙烯腈是无色挥发液体，具有桃仁气味，沸点 77.3℃，可与许多有机溶剂（如丙酮、苯、乙醚、甲醇等）无限混溶，20℃时丙烯腈在水中溶解度为 10.8%（质量分数）。

丙烯腈主要以丙烯为原料，经氨氧化法生产［见 4.6.4 (2)］。

聚丙烯腈多采用溶液聚合或乳液聚合生产。另外，也多采用丙烯腈与其他单体共聚以进行改性。例如，丙烯腈与丙烯酸甲酯和衣康酸（亚甲基丁二酸）共聚，以改进其柔软性和染色性。

由聚丙烯腈或丙烯腈占 85% 以上的共聚物制得的纤维称为聚丙烯腈纤维，中国商品名称为腈纶。因其柔软性和保暖性好，近似于羊毛，俗称"合成羊毛"。腈纶广泛用于混纺和纯纺，做各种衣料、人造毛、毛毯、拉毛织物等，还可进一步制成碳纤维和石墨纤维，应用于尖端科学领域。

例　题

[**例题一**] 比较下列化合物的碱性强弱：

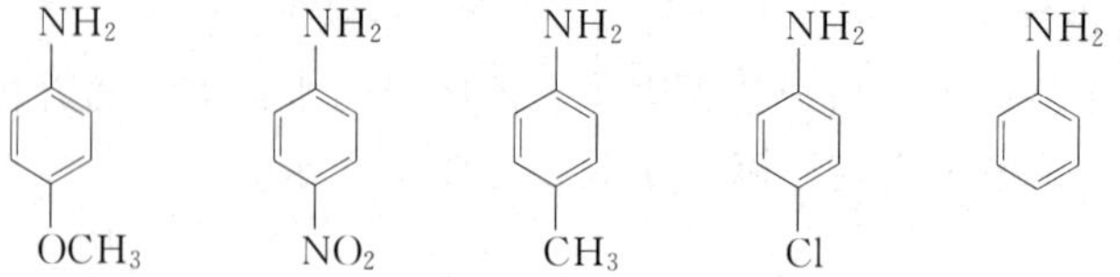

NH$_2$／OCH$_3$	NH$_2$／NO$_2$	NH$_2$／CH$_3$	NH$_2$／Cl	NH$_2$
(A)	(B)	(C)	(D)	(E)

答　对比（A）～（E）的构造式可知，它们有一个共同的构造对氨基苯基（NH$_2$—◯—），不同之处是在氨基的对位分别连接—OCH$_3$（A）、—NO$_2$（B）、—CH$_3$（C）、—Cl（D）、—H（E）。

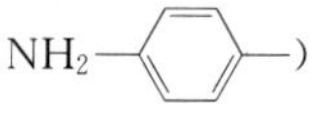

已知苯胺因氨基直接与苯环相连由于 p，π-共轭效应的影响，氨基氮原子上的电子密度降低，使苯胺呈现弱碱性。当苯环上连有供电基时，由于通过苯环能使氨基氮原子上的电子密度增加使其有利于与 H$^+$ 结合而碱性增强；反之，当苯环上连有吸电基时，将使其碱性降低。已知—OCH$_3$、—CH$_3$ 与苯环相连时为供电基，且—OCH$_3$ 的供电能力（p，π-共轭效应）比—CH$_3$（超共轭效应）强；—NO$_2$、—Cl 为吸电基，且—NO$_2$ 的吸电能力（吸电诱导和共轭效应）比—Cl（吸电诱导和给电共轭）强；苯胺可作为比较标准（—H）。因此（A）～（E）碱性由强到弱的次序是：（A）>（C）>（E）>（D）>（B）。

[**例题二**] 自选原料合成 HO$_3$S—◯—N=N—◯—N(CH$_3$)$_2$ （甲基橙）。

答　由构造式可以看出，甲基橙是偶氮化合物，它是由重氮组分与偶合组分经偶合反应得到，故可将其分解为：

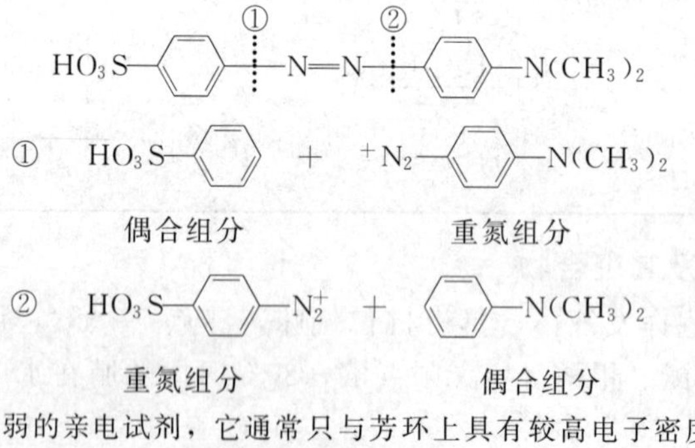

① HO$_3$S—◯—　+　$^+$N$_2$—◯—N(CH$_3$)$_2$

偶合组分　　　　　　重氮组分

② HO$_3$S—◯—N$_2^+$　+　◯—N(CH$_3$)$_2$

重氮组分　　　　　　偶合组分

已知重氮盐是很弱的亲电试剂，它通常只与芳环上具有较高电子密度的芳胺或酚进行偶合；另外，当重氮盐的芳环上尤其是重氮基的邻和/或对位有很强的吸电基（如—NO$_2$）时，由于能增加重氮基上的正电荷，使亲电取代反应容易进行，即容易发生偶合反应。当甲基橙按①分解时，所得重氮组分与偶合组分均不具备上述两个条件；而按②分解时，所得重氮组分与偶合组分均符合上述两个条件，因此合成甲基橙时，应采用对氨基苯磺酸和 N,N-二甲基苯胺为原料。反应式如下：

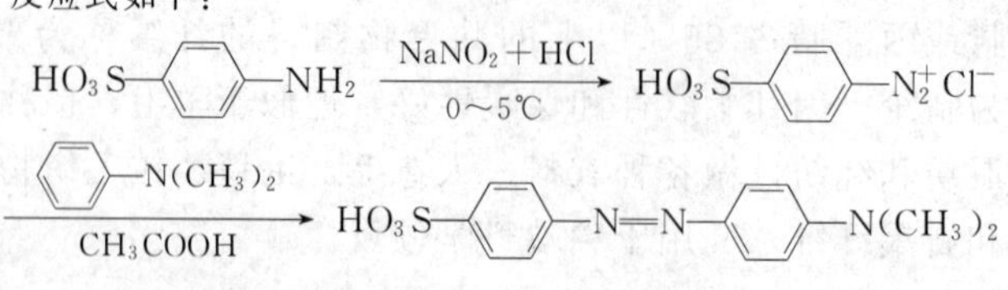

$$HO_3S—◯—NH_2 \xrightarrow[0\sim5℃]{NaNO_2+HCl} HO_3S—◯—N_2^+Cl^-$$

$$\xrightarrow{CH_3COOH} HO_3S—◯—N=N—◯—N(CH_3)_2$$

习　题

（一）命名下列化合物：

(1) 　　　　　　　　　　(2) ⬠NH

(3) $CH_3CH_2CH_2CN$　　　　　　　(4) $CH_3CH_2CH_2CN$

(5) $[(CH_3)_3NCH_2{=}CH_2]^+Br^-$　　(6) $(CH_3CH_2CH_2CH_2)_4N^+OH^-$

（二）将下列各组化合物按其碱性强弱排列顺序。

(1) 氨、苯胺、环己胺

(2) 苯胺、二苯胺、二甲胺、氨、氢氧化四甲铵

（三）写出苯胺与下列试剂作用的反应式。

(1) H_2SO_4　　　　　　　　(2) Br_2+H_2O

(3) CH_3Cl 过量　　　　　(4) (3) 的产物 $+Ag_2O+H_2O$

(5) $(CH_3CO)_2O$　　　　　(6) $NaNO_2+HCl$，$0\sim5℃$

（四）写出 $CH_3{-}\!\!\bigcirc\!\!{-}N_2^+Cl^-$ 与下列试剂作用的产物。

(1) C_2H_5OH　　　　　　　　　　(2) $CuCl$，HCl

(3) $CuBr$，HBr　　　　　　　　(4) KCN，Cu

(5) Na_2SO_3　　　　　　　　　　(6) C_6H_5OH，OH^-

(7) $C_6H_5N(CH_3)_2$，CH_3COONa　(8) $SnCl_2+HCl$

（五）由指定原料合成下列化合物（其他试剂任定）：

(1) $CH_2{=}CH_2 \longrightarrow CH_3CH_2CN$

(2) $CH_2{=}CH_2 \longrightarrow H_2NCH_2CH_2CH_2CH_2CN$

(3) $CH_3CH_2CH_2CH_2OH \longrightarrow CH_3CH_2CH_2NH_2$

(4) 对硝基苯胺 $\longrightarrow 1,2,3$-三溴苯

(5) 甲苯 $\longrightarrow$ 邻硝基甲苯

(6) 甲苯 $\longrightarrow$ 邻甲苯酚

(7) 甲苯 $\longrightarrow$ 间甲苯胺

(8) 甲苯 $\longrightarrow$ 间甲苯酚

（六）某化合物（A），分子式 $C_7H_{15}N$。（A）进行催化加氢得一化合物（B）$C_7H_{17}N$。（A）与 CH_3I 反应生成一离子化合物（C）$C_8H_{18}N^+I^-$。（C）用湿的氧化银处理，然后加热，得一化合物（D）。（D）能吸收 2 摩尔的氢，生成化合物（E）C_5H_{12}。化合物（A）与 5-氯-1-戊烯和二甲胺反应所得的化合物相同。试推断（A）、（B）、（C）、（D）、（E）的结构。

（七）分子式为 $C_7H_7NO_2$ 的化合物 A，A 与 $Sn+HCl$ 反应，生成分子式为 C_7H_9N 的化合物 B，B 和 $NaNO_2+HCl$ 在 $0℃$ 下反应，生成分子式为 $C_7H_7ClN_2$ 的一种盐 C；在稀盐酸中 C 与 $CuCN$（或 KCN）反应，生成分子式为 C_8H_7N 的化合物 D；D 在稀酸中水解得分子式为 $C_8H_8O_2$ 的有机酸 E；E 用 $KMnO_4$ 氧化得到另一种酸 F；F 受热时生成分子式为 $C_8H_4O_3$ 的酸酐 G。试写出化合物 A～G 的构造式。

（八）试写出下列偶氮化合物分别由怎样的重氮组分和偶合组分合成的。

(1)　$O_2N{-}\!\!\bigcirc\!\!{-}N{=}N{-}\!\!\bigcirc\!\!{-}N(CH_3)_2$

(2)　$Br{-}\!\!\bigcirc\!\!{-}N{=}N{-}\!\!\bigcirc\!\!{-}OH$

(3)

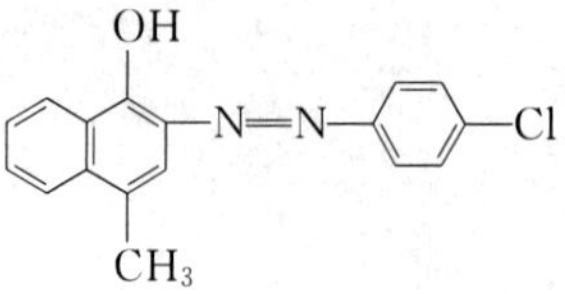

（九）试用苯、甲苯或 β-萘酚为主要原料合成下列化合物：

(1)

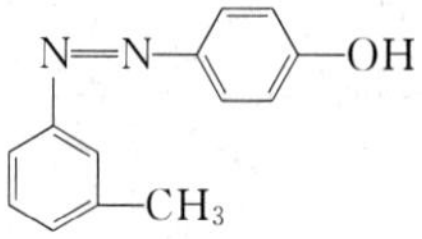

(2)

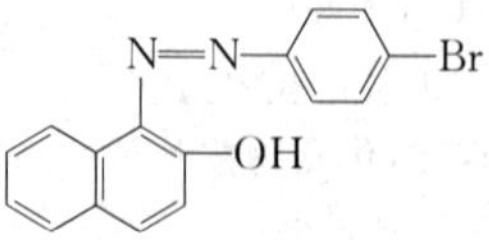

(3)

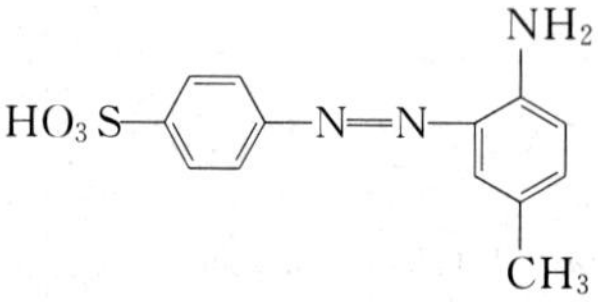

参 考 书 目

1　邢其毅等．基础有机化学．第二版．下册．北京：高等教育出版社，1994．635～676、
　　720～756

第**16**章　杂环化合物

在环状化合物中，参与成环的原子除碳原子外，还有其他元素的原子，这种化合物叫杂环化合物。其他元素的原子叫杂原子，最常见的杂原子是氧、氮、硫。但是在前几章中，已经遇到的化合物，如：

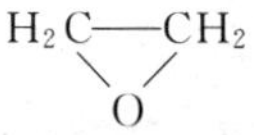

环氧乙烷 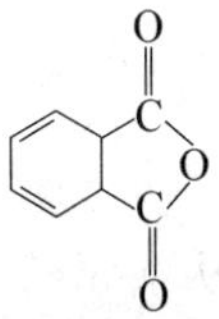　　　　邻苯二甲酸酐 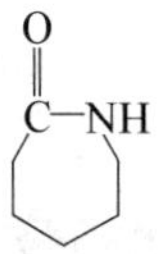　　　己内酰胺

这些化合物的性质与相应的开链化合物相似，因此，它们一般在脂肪族化合物中讨论，而不归在杂环化合物的范围内讨论。本章所要讨论的杂环化合物是指那些比较稳定，且具有一定芳香性的杂环化合物。

16.1　杂环化合物的分类和命名

杂环化合物按组成环的原子数分为五元和六元杂环两大类；在每一类中又可按含杂原子数的多少，分为含有一个杂原子、含有两个杂原子以及含有两个以上杂原子的杂环化合物，还可按环的形式分为单杂环和稠杂环等。参看表 16-1。

表 16-1　杂环化合物的分类和名称

分类		含一个杂原子			含二个杂原子		
五元杂环化合物	单环	 呋喃 furan	 噻吩 thiophene	 吡咯 pyrrole	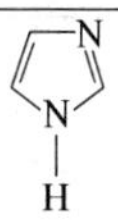 咪唑 imidazole	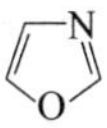 噁唑 oxazole	 噻唑 thiazole
	稠环	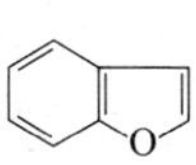 苯并呋喃 benzofuran	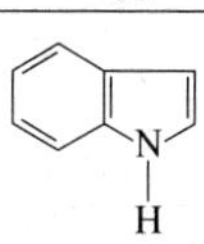 吲哚 indole		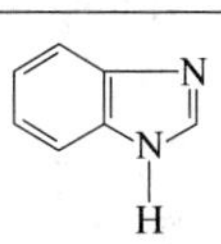 苯并咪唑 benzoimidazole		

分类		含一个杂原子		含二个杂原子
六元杂环化合物	单环	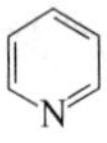 吡啶 pyridine		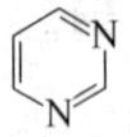 嘧啶 pyrimidine
	稠环	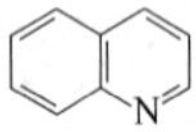 喹啉 quinoline 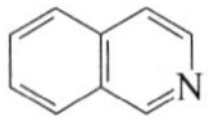	异喹啉 isoquinoline	

杂环化合物的命名一般采用译音法。根据英文名称的译音，选用带口字旁的同音汉字命名。例如：

呋喃    噻吩 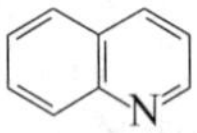   喹啉

    杂环化合物的编号，一般是从杂原子开始。当环上只有一个杂原子时，常常把靠近杂原子的位置叫 α 位，其次是 β 位，再其次是 γ 位。五元杂环只有 α 和 β 位，六元杂环有 α、β 和 γ 位。例如：

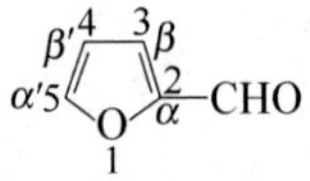

2-呋喃甲醛   4-吡啶甲酸

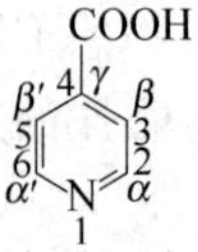

α-呋喃甲醛 γ-吡啶甲酸

当环上有不同杂原子时，按 O、S、N 的次序编号。例如：

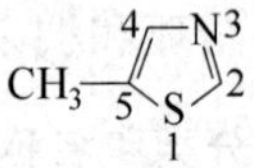

5—甲基噻唑 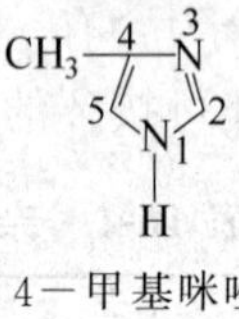   4—甲基咪唑

【问题 16-1】命名下列化合物：

(1) 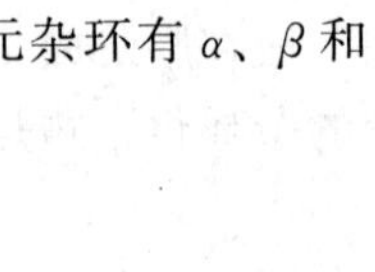   (2)

(3) 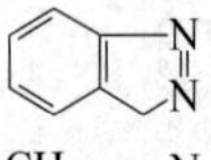   (4)

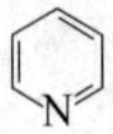

(5) 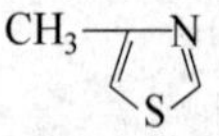   (6)

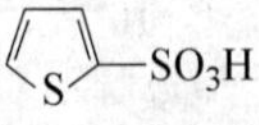

16.2　呋喃和糠醛

16.2.1　呋喃

呋喃及其衍生物存在于自然界中，在低沸点的松木焦油中含有一定量的呋喃及 2-甲基呋喃；β-呋喃甲酸是从受感染了的薯类植物的块根中分离出来的苦味成分；α-呋喃甲硫醇是新鲜面包中的特征香味成分。

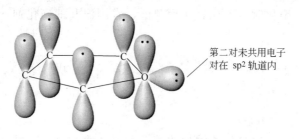

呋喃　　　　α-甲基呋喃　　　β-呋喃甲酸　　　α-呋喃甲硫醇

（1）呋喃的结构

在呋喃分子中，四个碳原子和一个氧原子处于同一平面，五个原子分别以 sp^2 杂化轨道构成 σ 键，组成一个五元环，每个碳原子又分别以一个 σ 键与一个氢原子相连接，每个碳原子还余下一个半充满的 p 轨道，氧原子的 p 轨道上有一对未共用电子对，这五个 p 轨道都垂直环所在的平面，这样就形成了具有 6 个 π 电子的离域体系。见图 16-1。

图 16-1　呋喃的轨道结构

因此呋喃与苯相似，也具有芳香性，但由于环上氧原子的未共用电子对的离域（p，π-共轭效应），使环上电子云密度增大，因此呋喃比苯容易发生亲电取代反应。

（2）呋喃的制法

工业上采用糠醛和水蒸气于气相在催化剂作用下加热，脱去羰基生成呋喃，收率可达 90%。

$$\text{CHO} + H_2O \xrightarrow[400\sim415℃]{\text{ZnO-Cr}_2\text{O}_3\text{-MnO}_2} + CO_2 + H_2O$$

（3）呋喃的性质

呋喃是无色挥发性的液体，沸点 31.36℃，$d_4^{20}=0.9336$。溶于水，易溶于有机溶剂，具有强烈的醚香味。呋喃的蒸气遇到浸过盐酸的松木片时呈绿色，此现象可用于鉴定呋喃。

由于呋喃高度活泼性和呋喃遇酸容易发生环的破裂和树脂化，因此在进行取代反应时，不能使用一般的硝化、磺化试剂，必须用缓和的试剂才行。另外，呋喃的亲电取代反应主要发生在 α 位。

（A）卤化　呋喃在室温下和氯或溴反应强烈，可得到多卤化物。如要得到一氯或一溴化物，需要在温和条件下进行，或用间接方法制备。例如：用温和的溴化试剂（二氧六环溴化物）在低温时反应，可制得 α-溴化呋喃。

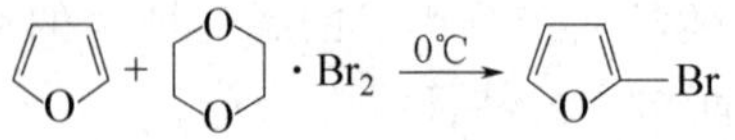

（B）硝化　硝酸是较强的氧化剂，因此呋喃一般不能用硝酸直接硝化，通常采用比较缓和的硝酸乙酰酯进行硝化。

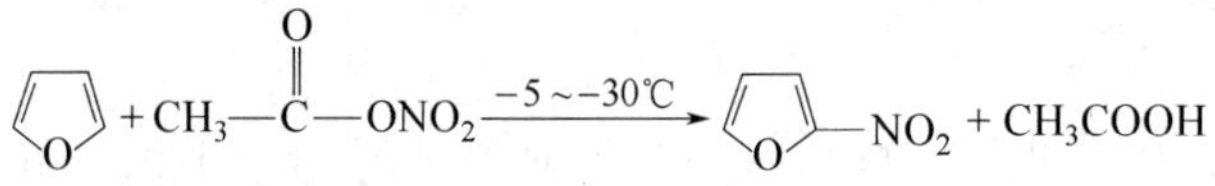

硝酸乙酰酯

硝酸乙酰酯可由硝酸和醋酸酐反应制备。

$$(CH_3CO)_2O + HNO_3 \xrightarrow{<-5^{\circ}C} CH_3-\overset{\overset{\displaystyle O}{\|}}{C}-ONO_2 + CH_3COOH$$

（C）磺化　磺化时也不能直接用硫酸，常用温和的磺化剂，如吡啶与三氧化硫加成物。

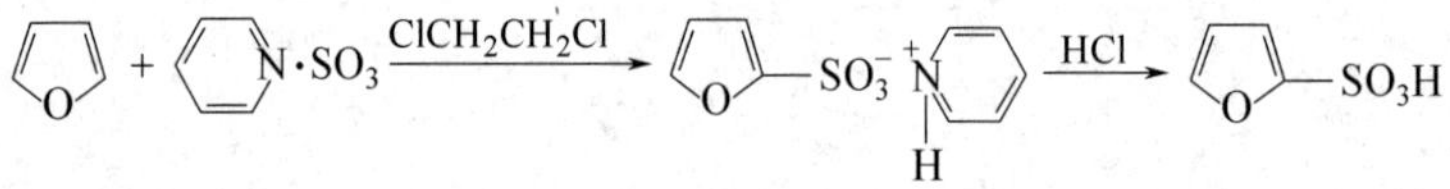

吡啶与三氧化硫加成物

（D）加成反应　呋喃的芳香性比苯差的具体表现之一，是呋喃具有双烯体的性质，能和顺丁烯二酸酐等发生双烯合成（狄尔斯-阿尔德）反应。

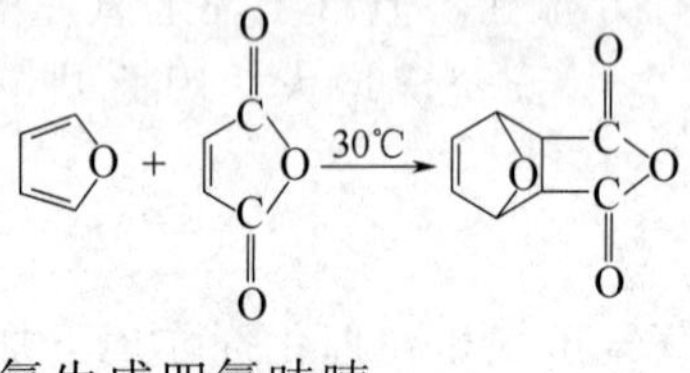

在催化剂作用下，呋喃加氢生成四氢呋喃：

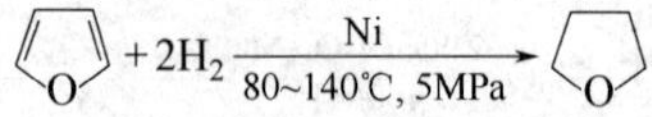

四氢呋喃是无色液体，沸点 65℃，能和水或许多有机溶剂相互混溶。是一种用途广泛的优良溶剂，如用作乙烯基树脂及聚醚橡胶等的溶剂。四氢呋喃也是重要的有机合成原料，工业上曾用以制造己二酸、己二胺、尼龙-66 和丁二烯等产品。也是医药（喷托维林、黄体酮）的原料。还用于合成橡胶，高能燃料等方面。例如：

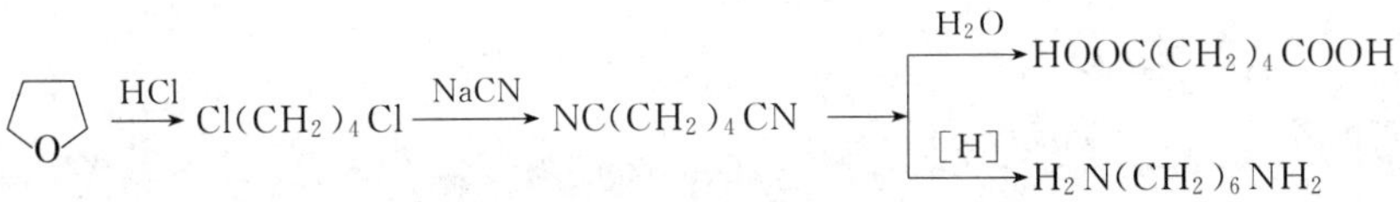

16.2.2 糠醛

(1) 糠醛的制法

工业上以玉米芯、棉子壳、油茶壳等植物纤维为原料，在酸催化下水解制备。因为植物纤维含有多缩戊糖，用水分解生成戊糖，再经脱水则得糠醛。

$$(C_5H_8O_4)_n + nH_2O \xrightarrow[\triangle]{H^+} nC_5H_{10}O_5$$

多缩戊糖　　　　　　　　戊糖

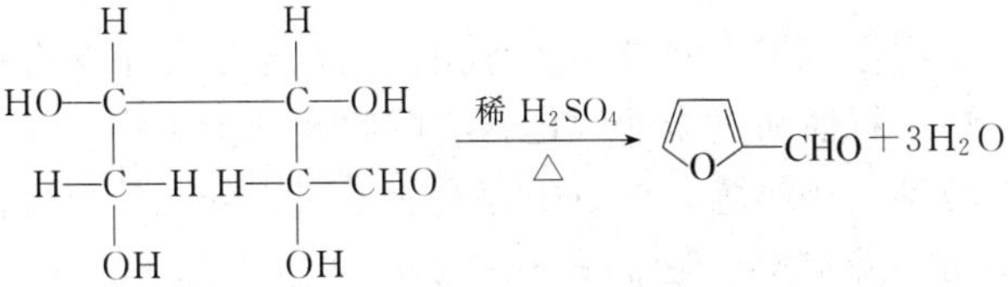

戊糖　　　　　　　　　　　糠醛

(2) 糠醛的性质

糠醛学名为 α-呋喃甲醛或 2-呋喃甲醛。它最初由米糠与稀酸共热制得，因此称糠醛。糠醛为无色液体，气味刺鼻，新鲜蒸出物有杏仁味。沸点 $162\,^{\circ}\mathrm{C}$，熔点 $-36.5\,^{\circ}\mathrm{C}$。可溶于水，并能与乙醇、乙醚、丙酮、苯、乙酸丁酯混溶。

糠醛除了具有呋喃环的反应性能外，还具有芳香族醛类的通性。比较容易被氧化和还原。如被氧化生成糠酸（α-呋喃甲酸）；被还原成糠醇（α-呋喃甲醇）和/或四氢糠醛；浓碱能使糠醛发生坎尼札罗（歧化）反应，生成糠醇及糠酸钠。例如：

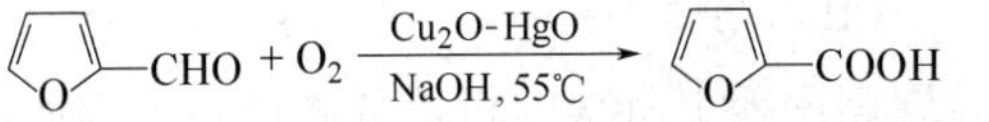

糠酸（α-呋喃甲酸）

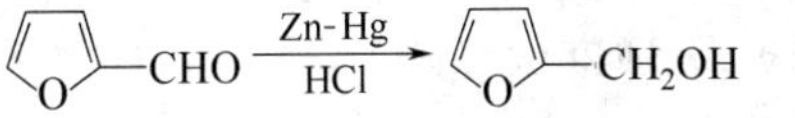

糠醇（α-呋喃甲醇）

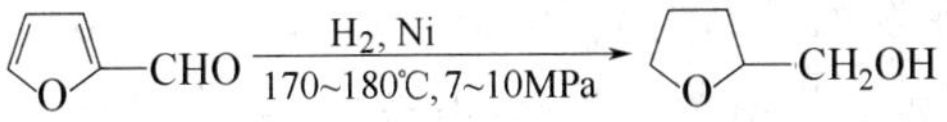

四氢糠醇

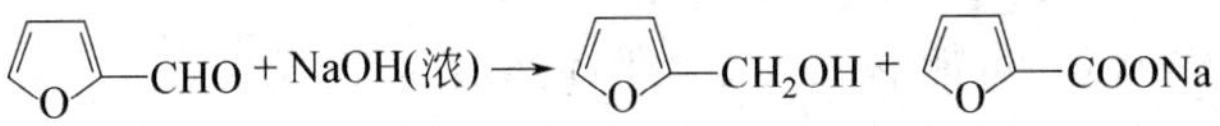

糠醛是有机化工原料之一，可用以制取糠醇、四氢呋喃等；用以合成医药、农药、兽药、树脂、橡胶硫化促进剂、橡胶及塑料的防老剂和防腐剂等。还可用作溶剂。

【问题 16-2】命名下列化合物：

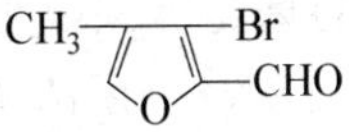

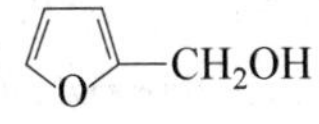

（3）![氯代呋喃甲酸结构式]Cl—⟨O⟩—COOH   （4）![四氢呋喃结构式]⟨O⟩

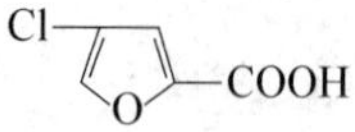

【问题 16-3】完成下列反应方程式：

（1）![呋喃] ⟨O⟩ + CH₃—C(=O)—ONO₂ $\xrightarrow{-5\sim-30℃}$

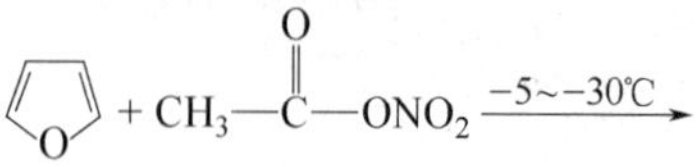

（2）![呋喃] ⟨O⟩ + ⟨N⟩·SO₃ →

16.3 噻吩

噻吩及其衍生物存在于自然界中。煤焦油的粗苯馏分中含有噻吩，其含量约
0.5％（质量分数）；石油和页岩油中也含有噻吩及其衍生物，如 α-乙基噻吩，苯
并噻吩和四氢噻吩等。在洋葱、芦笋中存在着一些小分子的噻吩衍生物，如 α-噻
吩甲醛、α,α′-噻吩二硫醚等，它们具有特别的洋葱气味。从万寿菊的根中提取
出一种叫三噻嗯的化合物，它具有显著的杀线虫的作用。

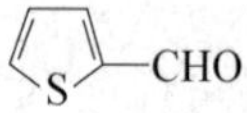

![三个结构式]

　　α-噻吩甲醛　　　　α,α′-噻吩二硫醚 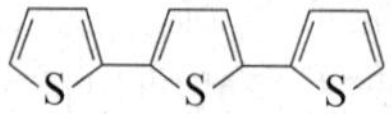　　　　　三噻嗯

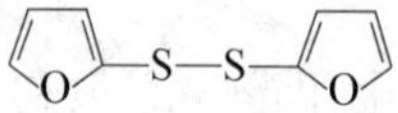

16.3.1 噻吩的制备

工业上由正丁烷和硫的气相混合物迅速通过 600～650℃ 的反应器（接触时
间 0.07～1s），然后快速冷却而制得，产率约 40％。

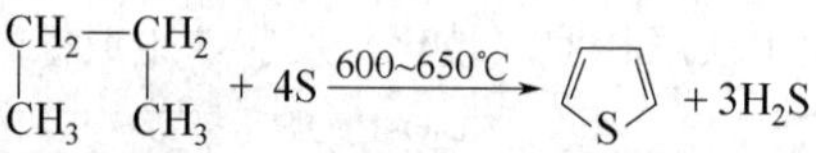

$$\begin{matrix} CH_2—CH_2 \\ CH_3 \quad CH_3 \end{matrix} + 4S \xrightarrow{600\sim650℃} \text{⟨S⟩} + 3H_2S$$

噻吩还可由高温炼焦过程中所得的粗苯分离得到。例如，苯中的噻吩在用硫
酸洗涤时，被磺化生成噻吩磺酸而溶于浓硫酸，与苯分离后加热水解，以碱中和
并进行精馏，可得 90％以上纯度的噻吩。

16.3.2 噻吩的性质

噻吩是无色易挥发的液体，沸点 84.16℃，$d_4^{20}1.0648$，有类似苯的气味，
不溶于水，可溶于多种有机溶剂。噻吩和靛红（又称松蓝）在浓硫酸存在下加热
可生成蓝色，反应很灵敏，此现象可用于检验噻吩。

噻吩与呋喃相似，也能够发生亲电取代反应，也发生在 α 位，同样也比苯容
易进行。但噻吩环较呋喃环稳定，例如，噻吩在室温下能与浓硫酸反应，生成
α-噻吩磺酸。

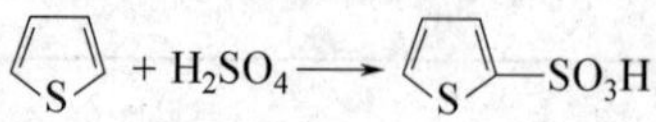

$$\text{⟨S⟩} + H_2SO_4 \longrightarrow \text{⟨S⟩}—SO_3H$$

α-噻吩磺酸溶于浓硫酸中。利用这一性质可把粗苯中的噻吩除去。但当噻吩
环上连有长链烷基时，由长链烷基取代的噻吩磺酸仍溶于油中，故用浓硫酸洗裂

化汽油时，噻吩类化合物不能全部被除去。

噻吩用于合成一些药物，如噻乙吡啶、噻嘧啶等，还用于有机合成及染料工业。

16.4 吡咯和吲哚

16.4.1 吡咯

吡咯及其同系物存在于骨焦油、页岩油及煤焦油及某些石油经催化裂化得到的煤油中。自然界许多生化物质如血红素、叶绿素、维生素 B_{12}、胆汁色素、烟碱等结构中均有吡咯环。

吡咯是无色液体，沸点 130℃（101.3kPa），$d_4^{20} = 0.9698$；在空气中放置会自动氧化，颜色逐渐变深。略溶于水（25℃每 100g 水可溶解 8g），但可与醇类、乙醚，苯等多种有机溶剂混溶。吡咯的蒸气或醇溶液，能使浸过盐酸的松木片显红色，可用来检验吡咯及其低级同系物。

吡咯与呋喃相似，芳香性也比噻吩差。易发生亲电取代，且发生在 α 位。另外，吡咯分子中与氮原子相连的氢原子容易离去，这是吡咯不同于呋喃等之处。

（1）亲电取代反应

吡咯发生的亲电取代反应与呋喃相似。例如：

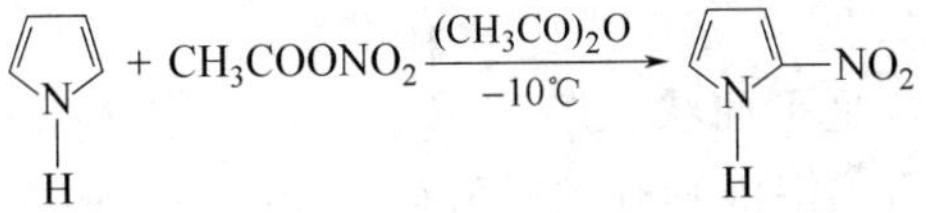

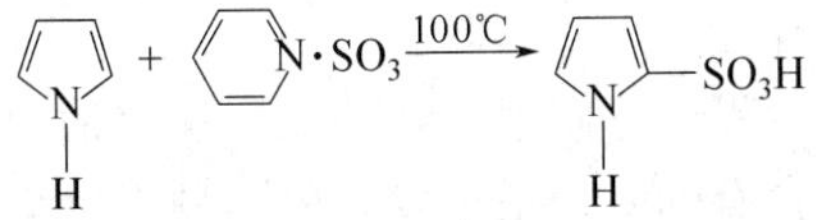

（2）弱酸性

在吡咯分子中，因为氮原子上的未共用电子对参与了环上的共轭体系，氮原子上的电子云密度降低，使与氮原子相连的氢原子比较活泼，能被活泼金属取代形成盐。所以吡咯具有弱酸性（$pK_a = 17.5$）。

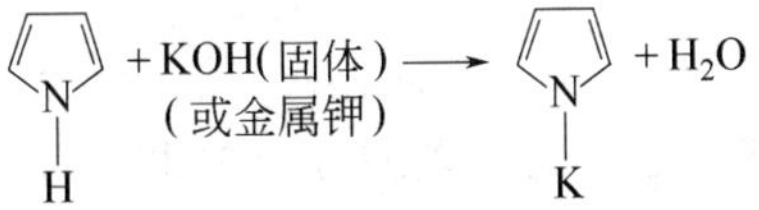

（3）催化加氢

吡咯催化加氢生成四氢吡咯。

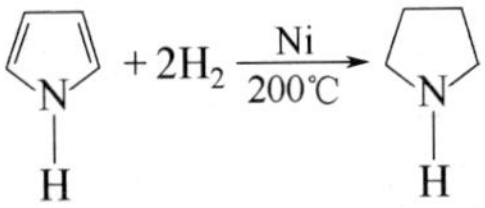

在四氢吡咯分子中，氮原子上的未共用电子对与质子结合而显碱性，其碱性

强弱与脂肪仲胺相当，比吡咯强。

　　吡咯用于检测水源中硒元素，工业上主要用于合成医药中间体等。

【问题 16-4】命名下列化合物：

(1) 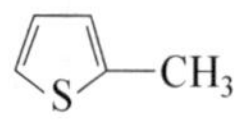 　　　　(2)

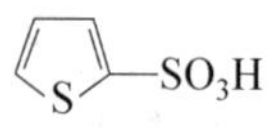

(3) 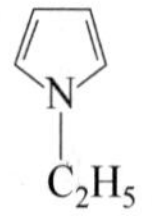 　　　　(4)

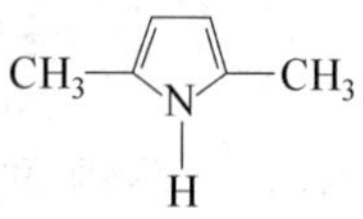

【问题 16-5】完成下列反应方程式：

(1) 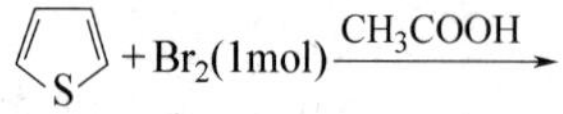 +Br$_2$(1mol) $\xrightarrow{\text{CH}_3\text{COOH}}$　　　　(2) +CH$_3$COONO$_2$ ⟶

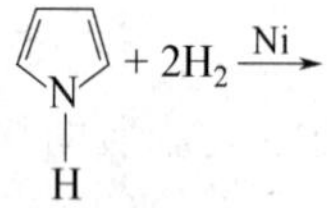

(3) + 2H$_2$ $\xrightarrow{\text{Ni}}$　　　　(4) + N·SO$_3$ ⟶

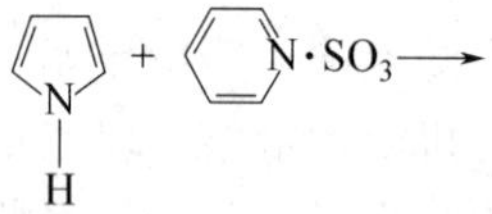

16.4.2　吲哚

　　从结构上看，吲哚是由苯环和吡咯环稠合而成，因而也叫苯并吡咯：

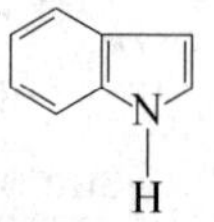

　　吲哚是无色晶体，呈平面状。熔点 52.7℃，沸点 254.9℃（101.3kPa），具有粪臭，但纯吲哚的极稀溶液具有微弱茉莉香味，溶于热水而难溶于冷水，易溶于乙醇、乙醚、苯、氯仿等。

　　吲哚及其衍生物在自然界中分布很广，例如，煤焦油中含有少量吲哚；某些石油的催化裂化煤油中也含有吲哚；最早发现的一种天然染料靛蓝，其分子中含有吲哚结构。

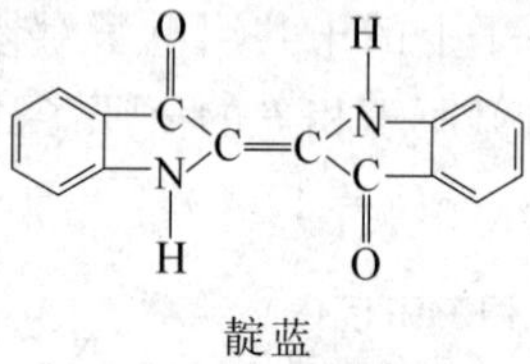

靛蓝

　　在人体 8 种必需氨基酸之一的色氨酸分子中也含有吲哚环。色氨酸是动物生长不可缺少的营养剂。医药上还可用作癞皮病的防治剂。

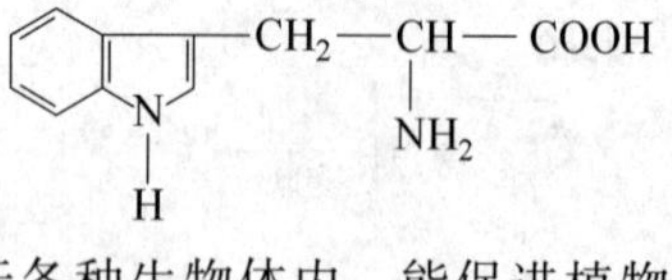

　　β-吲哚乙酸广泛存在于各种生物体内，能促进植物生长发育，是一种植物生长激素，俗称茁长素。

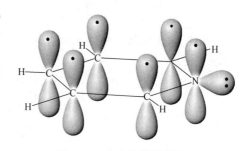

（结构式：吲哚-CH₂—COOH）

16.5　吡啶和喹啉

16.5.1　吡啶

煤焦油、页岩油以及某些石油的催化裂化煤油中含有吡啶及其同系物。例如：

吡啶	2-甲基吡啶 （α-甲基吡啶）	3-甲基吡啶 （β-甲基吡啶）	4-甲基吡啶 （γ-甲基吡啶）	喹啉

吡啶的各种衍生物广泛存在于生物体中，并且大都具有强烈的生物活性。例如，烟碱和维生素 B_6。烟碱（俗称尼古丁）有毒，是烟草的主要生物碱成分。吸入量多了能使心脏麻痹而致死。维生素 B_6 广泛存在于鱼、肉、谷物和蔬菜中，人体每天从这些食品中吸收一定量的维生素 B_6，以维持正常的代谢作用。

烟碱　　　　　　　维生素 B_6

（1）吡啶的结构

在吡啶的分子中，五个碳原子和一个氮原子位于同一平面，六个 sp^2 杂化原子以 σ 键组成一个六元环，每个碳原子又分别以 σ 键与一个氢原子相连接，每个原子有一个 p 轨道，六个 p 轨道都垂直于环所在的平面，每个 p 轨道中有一个 p 电子，形成了具有六个 π 电子闭合的共轭体系。氮原子上还有一个 sp^2 杂化轨道，它被一对电子占据着，未参与成键。如图 16-2 所示。

与苯相似，吡啶也具有芳香性。由于氮原子吸引电子的结果，其性质与硝基苯有些相似。

（2）吡啶的性质

吡啶是一种具有特殊臭味的无色液体，熔点 $-42℃$，沸点 115.3℃，吸湿

图 16-2　吡啶的轨道结构

性较强，与水互溶，能溶解大部分有机化合物和许多无机盐类，因此吡啶是一种很好的溶剂。

（A）碱性　在吡啶分子中，氮原子有一对电子处于 sp^2 杂化轨道上，未参与环上共轭体系，因此可以和质子结合而显碱性。但吡啶的碱性比氨和脂肪胺弱得多，比苯胺强，是一种弱碱。

$$pK_b \qquad\qquad \text{(吡啶)} \qquad NH_3 \qquad CH_3NH_2 \qquad \text{(苯胺)}NH_2$$

$$\qquad\qquad\qquad 8.8 \qquad\qquad 4.74 \qquad 3.36 \qquad\qquad 9.38$$

吡啶可与许多质子酸生成结晶的盐。例如：

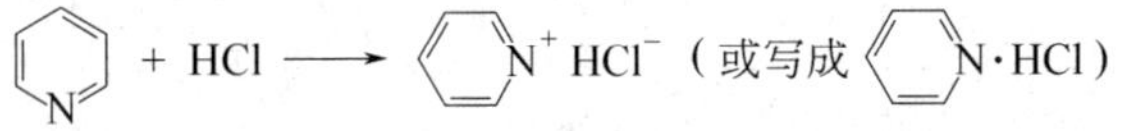

$$\text{(吡啶)} + HCl \longrightarrow \text{(吡啶)}N^+ HCl^- \text{（或写成 (吡啶)}N \cdot HCl）$$

因此吡啶可用来吸收反应中所生成的酸，工业上常称吡啶为缚酸剂。

吡啶容易和三氧化硫作用，生成加成物。

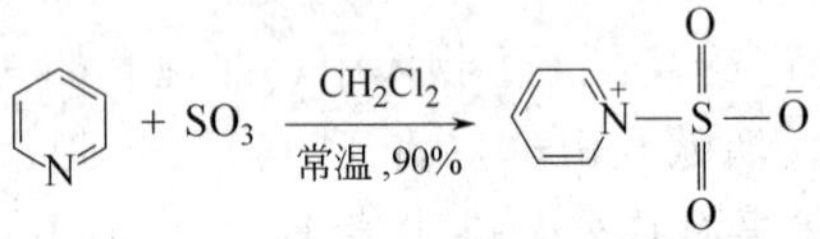

$$\text{(吡啶)} + SO_3 \xrightarrow[\text{常温},90\%]{CH_2Cl_2} \text{(吡啶)}N^+-S-\bar{O}$$

这个加成物是缓和的磺化剂，用来磺化那些对强酸敏感的化合物，例如呋喃等。

（B）环上亲电取代反应　由于氮原子的电负性比碳原子强，因此吡啶环上的电子云密度比苯环低，尤其是吡啶环的 α 位。另一方面，当吡啶与亲电试剂（如 X^+，NO^+，介质中的 H^+）反应时，亲电试剂常先进攻吡啶的氮原子形成吡啶盐，使环上电子云密度进一步降低，因此吡啶环比苯环较难发生亲电取代反应，一般需在强烈条件下才能进行，且反应发生在 β 位。例如，吡啶与硝基苯相似，较难与混酸发生硝化反应，只有当环上有供电基时反应才较易进行。

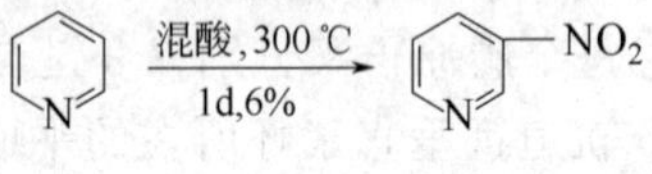

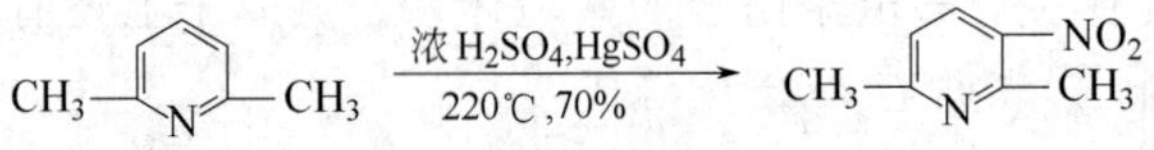

$$\text{(吡啶)} \xrightarrow[\text{1d},6\%]{\text{混酸},300℃} \text{(吡啶)}-NO_2$$

$$CH_3-\text{(吡啶)}-CH_3 \xrightarrow[220℃,70\%]{\text{浓}H_2SO_4,HgSO_4} CH_3-\text{(吡啶)}\begin{smallmatrix}NO_2\end{smallmatrix}-CH_3$$

（C）催化加氢　吡啶比苯容易还原，催化加氢可得高产率的六氢吡啶（又称哌啶）。

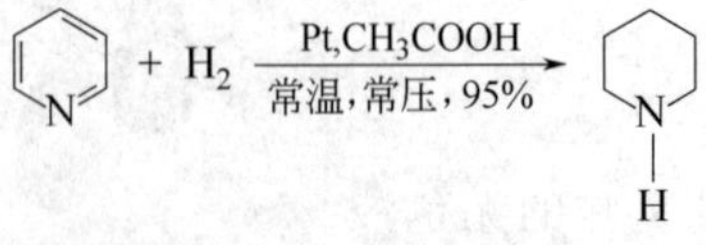

$$\text{(吡啶)} + H_2 \xrightarrow[\text{常温},\text{常压},95\%]{Pt,CH_3COOH} \text{(哌啶)}N-H$$

吡啶用作溶剂及水分测定试剂，又可作合成医药、农药、表面活性剂等的原料。

16.5.2 喹啉

喹啉是无色液体，具有刺鼻气味。熔点－15.6℃，沸点 237.1℃（0.1MPa）。在水中溶解度 20℃时为 0.6%（质量分数），溶解于乙醇、乙醚、丙酮和二硫化碳中。

喹啉最早是从煤焦油中分离得到的。喹啉类化合物有些作为生物碱存在于生物体中。奎宁，是最早也是最重要的抗疟药物，至今仍广泛用于临床。它最早是从金鸡纳树皮中得到的，又称金鸡纳碱。喹啉的名称是从奎宁引出，而奎宁这个字来自秘鲁印第安语，含意是树皮。

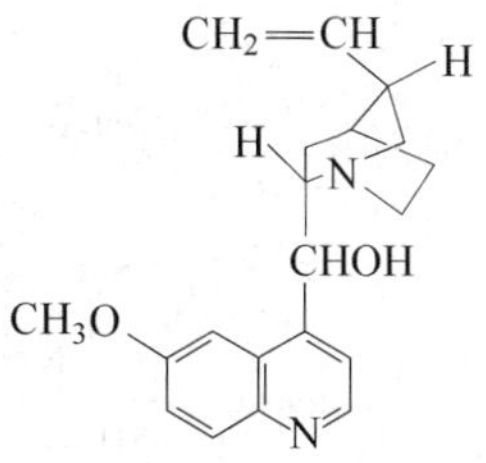

奎宁

喹啉又称苯并吡啶，是由苯环与吡啶环稠合而成。由于吡啶环上氮原子的电负性比碳原子强，使吡啶环上电子云密度比苯环低，故喹啉的亲电取代反应比吡啶容易进行，且亲电取代反应发生在苯环上。例如：

5- 溴喹啉 (1:1)　　8- 溴喹啉

5- 硝基喹啉 (50%)　　8- 硝基喹啉 (48%)

喹啉 -8- 磺酸 (54%)　　少量

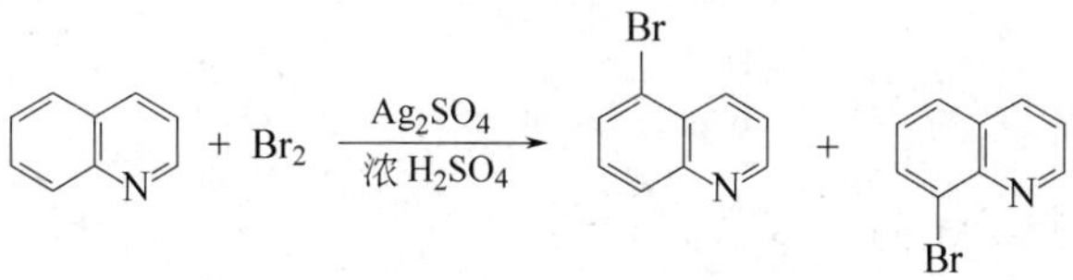

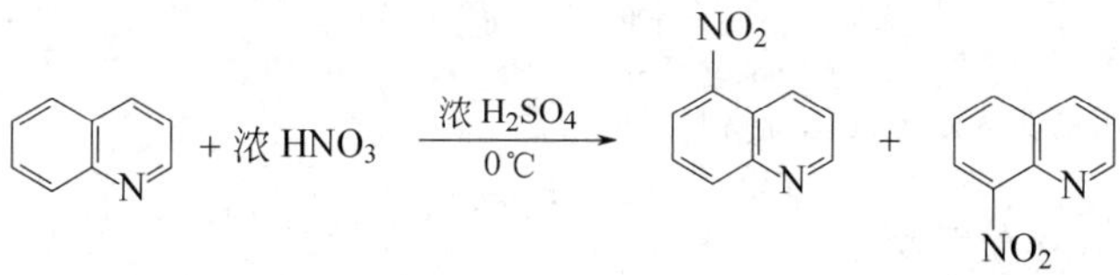

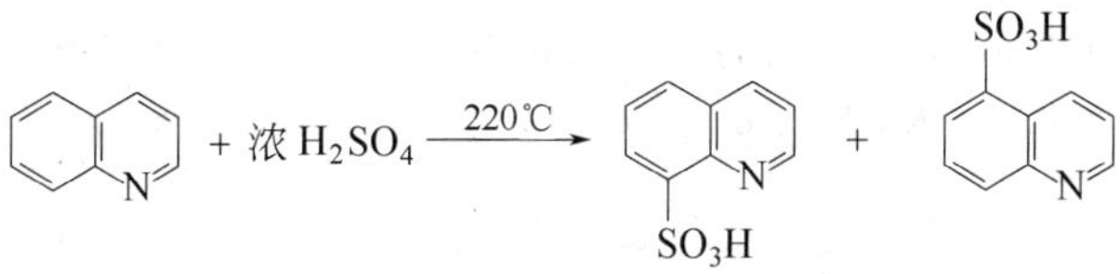

喹啉与高锰酸钾能发生氧化反应，喹啉氧化时苯环破裂，主要得到 2,3-吡啶二甲酸。

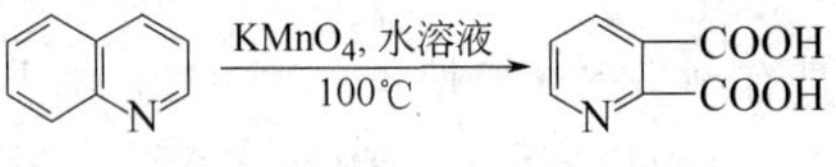

$$\text{（喹啉）} \xrightarrow[\text{100℃}]{\text{KMnO}_4, \text{水溶液}} \begin{array}{c} \text{（吡啶-2,3-二甲酸）—COOH} \\ \text{—COOH} \end{array}$$

(34%)

喹啉是重要的医药原料，如用于医药制造菸酸（烟酸，β-吡啶甲酸）类，8-羟基奎啉类和奎宁类三大类药物。喹啉也可用作高沸点溶剂及萃取剂。还可用于保护解剖标本等。

【问题 16-6】命名下列化合物：

(1) 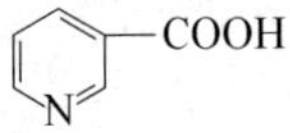 （吡啶）—COOH

(2) （吡啶）—CONH₂

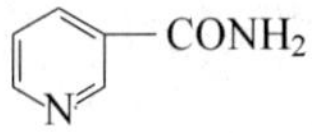

(3) 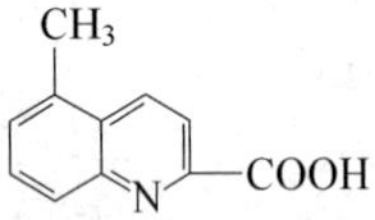
$$\begin{array}{c} \text{CH}_3 \\ \text{（喹啉）—COOH} \end{array}$$

(4) 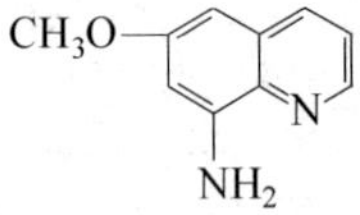
$$\text{CH}_3\text{O—（喹啉）} \\ \text{NH}_2$$

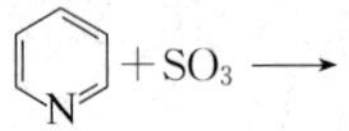

【问题 16-7】完成下列反应方程式：

(1) 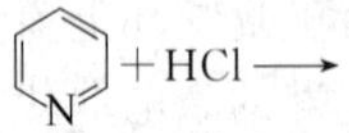 （吡啶）+HCl ⟶

(2) （吡啶）+SO₃ ⟶

(3) （喹啉）+浓 HNO₃ $\xrightarrow[\text{0℃}]{\text{浓 H}_2\text{SO}_4}$

(4) （喹啉）+KMNO₄ ⟶

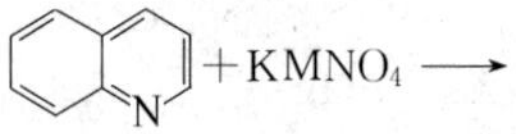

例 题

[**例题一**] 用箭头表示下列化合物起反应的位置。

(1) 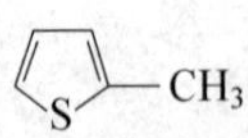 （噻吩）—CH₃的硝化

(2) 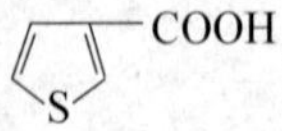 （噻吩）—COOH 的溴化

(3) 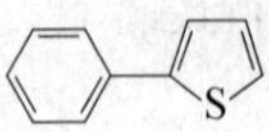 （苯基噻吩）的溴化

答 (1) α-甲基噻吩硝化时，硝基（进攻试剂为 NO₂⁺）应进入噻吩的 α 位，因甲基已占一个 α 位，故硝基只能进入噻吩的另一个 α 位。

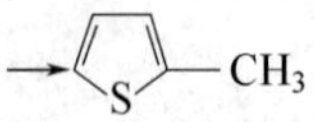

$$\longrightarrow \text{（噻吩）—CH}_3$$

(2) β-噻吩甲酸溴化时，Br⁺ 应进入噻吩的 α 位，但由于羧基吸电子的效应的影响，Br⁺进入远离羧基的 α 位。

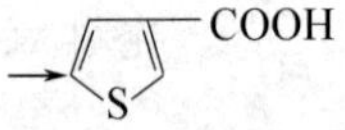

$$\longrightarrow \text{（噻吩）—COOH}$$

（3）噻吩硝化时，因噻吩比苯容易发生亲电取代反应，故 α-苯基噻吩硝化时硝基应进入噻吩环，且进入 α 位。噻吩的一个 α 位已被苯环占据，只能进入另一个 α 位。

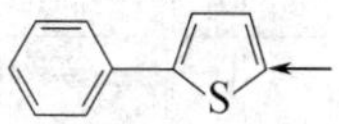

[例题二] 将下列化合物按碱性由强到弱排列成序。

答　在此三个化合物中，其共同点是：都是环状化合物；都含有氮原子，且氮原子上都具有一对未共用电子对。不同点是：吡啶和吡咯属于芳杂环化合物；六氢吡啶不是芳杂环化合物，而是环状仲胺。

已知含氮化合物是否具有碱性，决定于其氮原子上的未共用电子对是否能给出电子与质子等结合，越容易与质子结合，其碱性越强．六氢吡啶是环状仲胺，比吡啶和吡咯容易与质子结合，故碱性最强。

对于吡啶和吡咯虽然都是芳香体系，但两者不同之处是：吡啶氮原子上的未共用电子对未参与共轭体系，这对未共用电子对能与质子结合；吡咯氮原子上的未共用电子对参与了共轭体系，由于 p,π-共轭效应的影响，氮原子上的电子云密度降低，故较难与质子结合。因此，吡啶的碱性比吡咯强。这三种化合物的碱性由强到弱的顺序是：六氢吡啶＞吡啶＞吡咯。

习　　题

（一）写出下列化合物的构造式：

（1）糠醛　　　　　　　　　　　（2）α,β'-二甲基噻吩

（3）2-甲基-5-乙烯基吡咯　　　（4）2,5-二氢吡咯

（5）六氢吡啶　　　　　　　　　（6）β-吡啶甲酸甲酯

（7）2,3-吡咯二甲酸　　　　　　（8）8-羟基喹啉

（二）判断下列反应是否正确？如有错误，指出错误所在。

（1）　　　$\xrightarrow[\triangle]{HNO_3+H_2SO_4}$

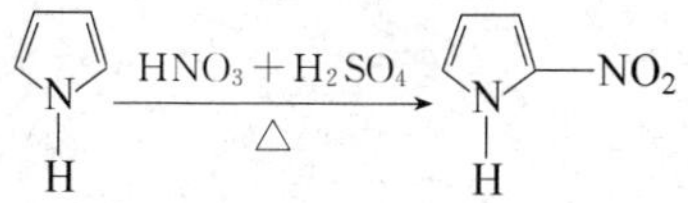

（2）　　　$\xrightarrow{KMnO_4+H_2SO_4}$

（3）　　　$\xrightarrow{HNO_3+H_2SO_4}$

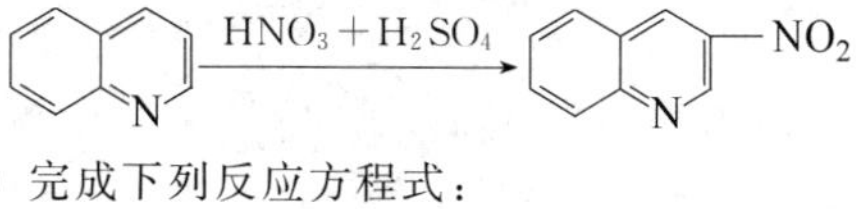

（三）完成下列反应方程式：

（1）　　　$\xrightarrow{HNO_3+H_2SO_4}$

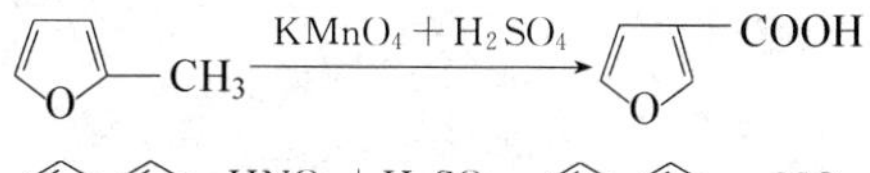

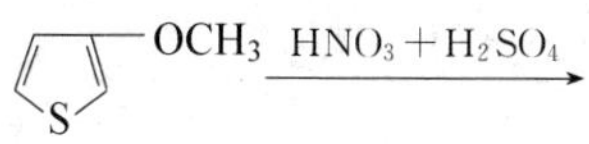

（2）　　　$\xrightarrow[CH_3COOH]{Br_2}$

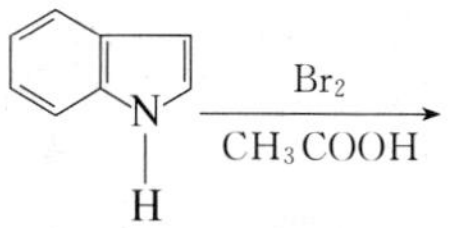

(3) $\xrightarrow[\text{CH}_3\text{COOH}]{\text{Br}_2}$

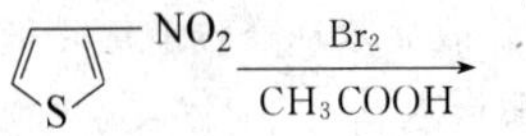

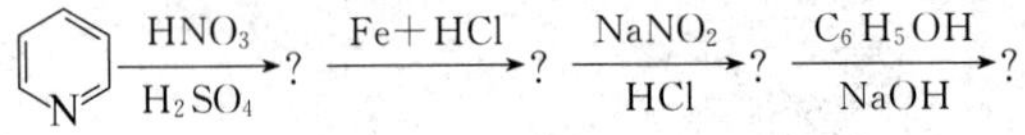

(4) $\xrightarrow[\text{H}_2\text{SO}_4]{\text{HNO}_3}$? $\xrightarrow{\text{Fe}+\text{HCl}}$? $\xrightarrow[\text{HCl}]{\text{NaNO}_2}$? $\xrightarrow[\text{NaOH}]{\text{C}_6\text{H}_5\text{OH}}$?

(5) $\xrightarrow{\text{KMnO}_4}$? $\xrightarrow{\text{SOCl}_2}$? $\xrightarrow[\triangle,\ -\text{H}_2\text{O}]{\text{NH}_3}$? $\xrightarrow[\text{NaOH}]{\text{Br}_2}$?

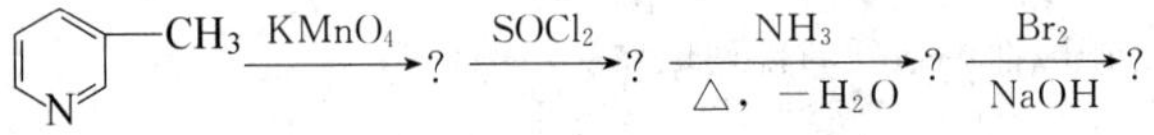

(6) 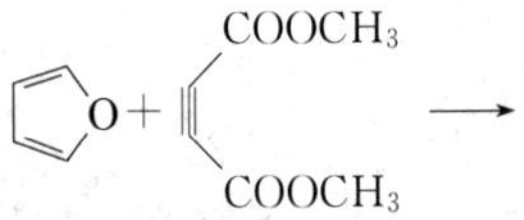 $\longrightarrow$

(四) 区别下列各组化合物:

(1) 呋喃和四氢呋喃

(2) 萘、喹啉和 8-羟基喹啉

(3) 喹啉和四氢化萘

(五) 杂环化合物 $C_5H_4O_2$ 经氧化后生成羧酸 $C_5H_4O_3$。把此羧酸的钠盐与碱石灰作用,转变为 C_4H_4O,后者与金属钠不起作用,也不具有醛和酮的性质。原来的 $C_5H_4O_2$ 是什么?

参 考 书 目

1 陈敏为,甘礼骓编.有机杂环化合物.北京:高等教育出版社,1990

第**17**章　碳水化合物

碳水化合物也称糖，是自然界中存在最多的一类有机化合物。例如，葡萄糖、果糖、淀粉、纤维素等。碳水化合物是一切生物体维持生命活动所需能量的主要来源，还是许多工业，如纺织、造纸、食品、发酵等工业的原料。

碳水化合物这一名称由来已久。最初发现的这一类化合物都是由碳、氢和氧三种元素组成，而且原子数之比为 $C_mH_{2n}O_n$ 或 $C_m(H_2O)_n$，从组成上相当于碳和水组成的，所以就把这类物质叫做碳水化合物。但后来发现有些化合物，如鼠李糖，分子式是 $C_6H_{12}O_5$，不符合碳水化合物通式，但具有碳水化合物的一般性质。而有些化合物，如乙酸，分子式 $C_2H_4O_2[C_2(H_2O)_2]$，符合碳水化合物通式，而它是典型的羧酸，其性质和碳水化合物完全不同。因此，碳水化合物这一名称并不确切，但因沿用已久，所以至今人们仍然使用。

17.1　碳水化合物的分类

从化学结构上看，碳水化合物是多羟基醛和多羟基酮，或者是能水解成多羟基醛和多羟基酮的一类化合物。

碳水化合物常根据它能否水解及水解后生成的物质分为：

① 单糖　不能水解的多羟基醛和多羟基酮，叫做单糖，例如葡萄糖、果糖等，它是最简单的糖。

② 低聚糖　水解为几个分子单糖的化合物叫低聚糖。低聚糖也叫寡糖。其中二糖是最重要的低聚糖，如纤维二糖、蔗糖和麦芽糖等。

③ 多糖　水解生成多个分子单糖的化合物叫多糖。多糖也叫高聚糖。如淀粉、纤维素等。多糖属于天然高分子化合物。

17.2　单糖

单糖根据分子中的碳原子数，分为丙糖、丁糖、戊糖、己糖等。分子中含醛基的单糖叫醛糖，分子中含酮基的单糖叫酮糖。例如：

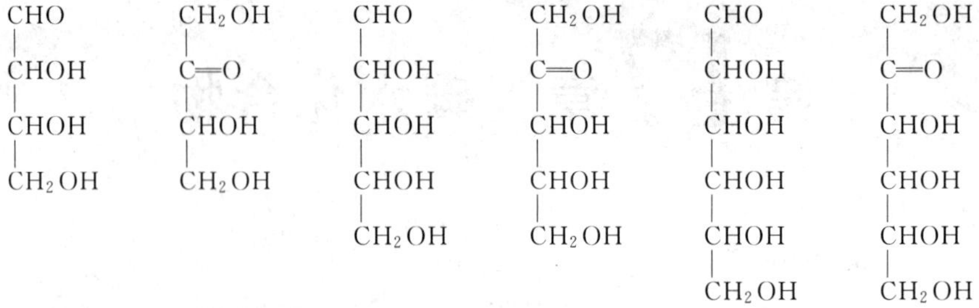

CHO	CH$_2$OH	CHO	CH$_2$OH	CHO	CH$_2$OH
CHOH	C=O	CHOH	C=O	CHOH	C=O
CHOH	CHOH	CHOH	CHOH	CHOH	CHOH
CH$_2$OH	CH$_2$OH	CHOH	CHOH	CHOH	CHOH
		CH$_2$OH	CH$_2$OH	CHOH	CHOH
				CH$_2$OH	CH$_2$OH
丁醛糖	丁酮糖	戊醛糖	戊酮糖	己醛糖	己酮糖

自然界的单糖主要是戊糖和己糖。最重要的戊糖是核糖，最重要的己糖是葡萄糖和果糖。

【问题 17-1】 写出丙醛糖和丁酮糖的立体异构体的投影式。

17.2.1　葡萄糖

葡萄糖是无色或白色结晶，熔点 146℃，存在于葡萄汁和其他果汁、蜂蜜中，以及植物的根、茎、叶和花等部位，在动物的血液中也含有葡萄糖。葡萄糖在动物体内氧化成水和二氧化碳，并放出能量供机体活动所需。因此，它是动物体内新陈代谢不可缺少的营养剂。葡萄糖还是食品工业和医药工业的重要原料，也在印染、制革等工业中用作还原剂。在工业上，葡萄糖可由淀粉或纤维素水解制备。

（1）开链式结构

一系列的实验表明，葡萄糖是开链的五羟基己醛。

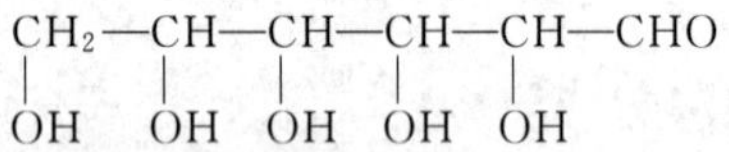

$$CH_2-CH-CH-CH-CH-CHO$$
$$\ \ |\ \ \ \ |\ \ \ \ |\ \ \ \ |\ \ \ \ |$$
$$OH\ \ OH\ \ OH\ \ OH\ \ OH$$

五羟基己醛分子中有四个手性碳原子。含有 4 个手性碳原子的化合物应有 2^4 个立体异构体，所以五羟基己醛有 16 个立体异构体。葡萄糖是 16 个异构体中的一个。通过化学方法确定了从自然界得到的葡萄糖具有如下的构型。

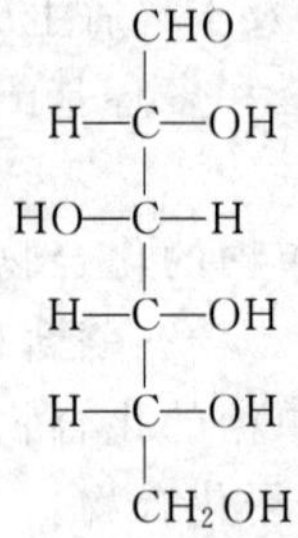

$$
\begin{array}{c}
CHO \\
H-C-OH \\
HO-C-H \\
H-C-OH \\
H-C-OH \\
CH_2OH
\end{array}
$$

单糖的名称可以用 R/S 标记法表示。表示时须把每一个手性碳原子标记出来。按照这种标记法，天然葡萄糖的名称是 $(2R,3S,4R,5R)$-2,3,4,5,6-五羟基己醛。单糖的名称也可以用 D/L 标记法表示。就是把单糖和甘油醛联系起来，以确定其相对构型，凡是分子中离羰基最远的手性碳原子构型，与 D-甘油醛构型相同的称为 D 型；与 L-甘油醛相同的，称为 L 型。天然葡萄糖的 C-5 构型与

D-甘油醛相同，所以它是 D-葡萄糖。

$$
\begin{array}{c}
\text{CHO} \\
\text{H—C—OH} \\
\text{HO—C—H} \\
\text{H—C—OH} \\
\text{H—C—OH} \\
\text{CH}_2\text{OH}
\end{array}
\qquad\qquad
\begin{array}{c}
\text{CHO} \\
\text{H—C—OH} \\
\text{CH}_2\text{OH}
\end{array}
$$

D-葡萄糖　　　　　　　　　D-甘油醛

在碳水化合物化学中，糖的构型常用 D/L 标记法表示。天然存在的单糖大都是 D 型的。为了书写方便，D-葡萄糖可简写为：

$$
\begin{array}{c}
\text{CHO} \\
\text{H——OH} \\
\text{HO——H} \\
\text{H——OH} \\
\text{H——OH} \\
\text{CH}_2\text{OH}
\end{array}
\qquad
\begin{array}{c}
\text{CHO} \\
\text{——OH} \\
\text{HO——} \\
\text{——OH} \\
\text{——OH} \\
\text{CH}_2\text{OH}
\end{array}
\qquad
\begin{array}{c}
\text{CHO} \\
\\
\\
\\
\\
\text{CH}_2\text{OH}
\end{array}
$$

【问题 17-2】半乳糖、甘露糖、阿洛糖和阿卓糖都是己醛糖的异构体，试用 D/L 标记法指出它是 D 型还是 L 型？

$$
\begin{array}{c}
\text{CHO} \\
\text{H——OH} \\
\text{HO——H} \\
\text{HO——H} \\
\text{H——OH} \\
\text{CH}_2\text{OH}
\end{array}
\qquad
\begin{array}{c}
\text{CHO} \\
\text{HO——H} \\
\text{HO——H} \\
\text{H——OH} \\
\text{H——OH} \\
\text{CH}_2\text{OH}
\end{array}
\qquad
\begin{array}{c}
\text{CHO} \\
\text{HO——H} \\
\text{HO——H} \\
\text{HO——H} \\
\text{HO——H} \\
\text{CH}_2\text{OH}
\end{array}
\qquad
\begin{array}{c}
\text{CHO} \\
\text{HO——H} \\
\text{H——OH} \\
\text{H——OH} \\
\text{H——OH} \\
\text{CH}_2\text{OH}
\end{array}
$$

半乳糖　　　　　　甘露糖　　　　　　阿洛糖　　　　　　阿卓糖

【问题 17-3】写出 D-(＋)-葡萄糖的对映体。

（2）氧环式结构

物理和化学方法证明，结晶葡萄糖不是以开链式，而是以六元环状结构存在。是由于葡萄糖分子内的 C-1 羰基和 C-5 羟基形成了环状半缩醛之故。形成过程可表示如下：

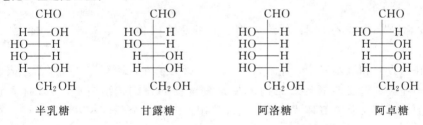

(I)

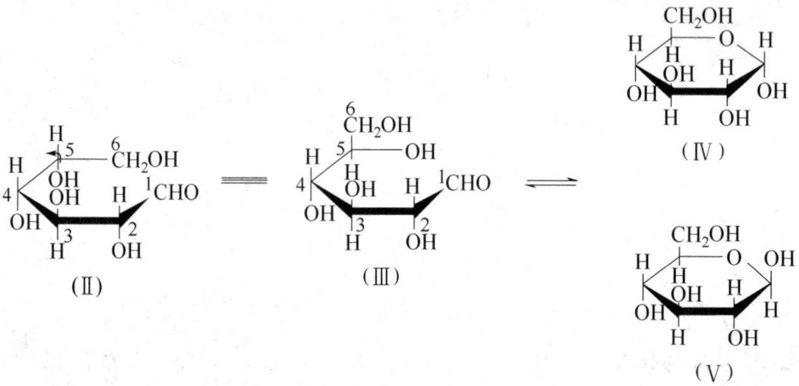

　　为了书写和理解方便，先将葡萄糖碳链放水平，如（Ⅰ），然后将碳链弯成六边形状如（Ⅱ）。为了使 C-5 上羟基离醛基最近，以 C-4-C-5 键为轴，旋转 $120°$ 形成（Ⅲ）。C-5 羟基与 C-1 羰基发生加成时，由于 C-1 羰基是平面结构，所以羟基可以从平面的两边加上去，其结果生成 C-1 构型不同的两种环状的半缩醛结构的产物，也就是产生了（Ⅳ）和（Ⅴ）。在（Ⅳ）中，C-1 羟基与 C-5 上的羟甲基处于环平面的异侧，叫做 α-异构体，即 α-D-葡萄糖；在（Ⅴ）中，C-1 羟基与 C-5 上的羟甲基处于环平面的同侧，叫 β-异构体，即 β-D-葡萄糖。α 和 β 异构体除 C-1 构型不同外，其余手性碳原子构型都相同。

　　α 和 β 异构体有时称为异头物。α 和 β 异构体不是对映体，而是非对映体。

　　在（Ⅳ）和（Ⅴ）中，组成环的原子除碳原子外，还有一个氧原子，故这种环状半缩醛结构又叫氧环式结构。在 D-葡萄糖的开链式结构中，C-5 称 δ 碳原子，故氧环式又称 δ 氧环式结构。氧环式用上图的一个平行六边形表示时，称为哈沃斯式。

　　δ 氧环式的骨架与吡喃环（⬡）相似，因此把具有六元环的糖类称为吡喃糖。同理，具有五元环结构的糖类称为呋喃（呋喃环，⬠）糖。

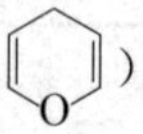

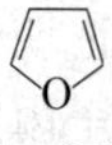

　　α-D-葡萄糖和 β-D-葡萄糖都是晶体。α-D-葡萄糖，$25℃$ 时在水中的溶解度是 $0.82g/mL$，熔点 $146℃$，比旋光度为 $+112°$，通常在 $50℃$ 以下的水溶液中结晶得到；β-D-葡萄糖，$15℃$ 时在水中的溶解度为 $1.54g/mL$，熔点 $150℃$，比旋光度 $+18.7°$，于 $98℃$ 或在更高温度下，从水溶液中结晶得到。它们在固态时都是稳定的，溶于水后，都经开链式结构互相转化，比旋光度随之发生变化。

　　如果新配制的是 α-D-葡萄糖的水溶液（比旋光度 $+112°$），则溶液放置后，比旋光度下降。这是由于有一部分 α-D-葡萄糖通过开链式结构转变成了 β-D-葡萄糖（比旋光度＋18.7°）。随着 α-D-葡萄糖和 β-D-葡萄糖的相互转化，混合物中 α-D-葡萄糖的含量逐渐下降，比旋光度随之下降，最后互变达到动态平衡，比旋光度不再改变。此时混合物的比旋光度是＋52.5°。如果新配制的是 β-D-葡萄糖水溶液，随着溶液的放置，比旋光度逐渐升高，直至＋52.5°。像葡萄糖这样的新配制的溶液，随时间的变化，其比旋光度逐渐减小或增大，最后达到恒定值的现象称为变旋光现象。

（3）构象

葡萄糖的 δ-氧环式所形成的六元环在空间的排布与环己烷类似，它最稳定的构象也是椅式。在 α-D-葡萄糖的椅式构象中，只有一个羟基（C-1 上羟基）处在直立键上，其余取代基都处于平伏键上；在 β-D-葡萄糖的椅式构象中，所有取代基（—OH 和—CH₂OH）都处于平伏键上。由于羟基处于平伏键上比处于直立键上能量低，所以 β-D-葡萄糖比较稳定。在葡萄糖水溶液中，α-D-葡萄糖和 β-D-葡萄糖通过开链式逐渐达到动态平衡。在平衡混合物中，由于 β-D-葡萄糖比较稳定，β-D-葡萄糖约占 64％，α-D-葡萄糖约占 36％，开链式极少（＜0.01％）。

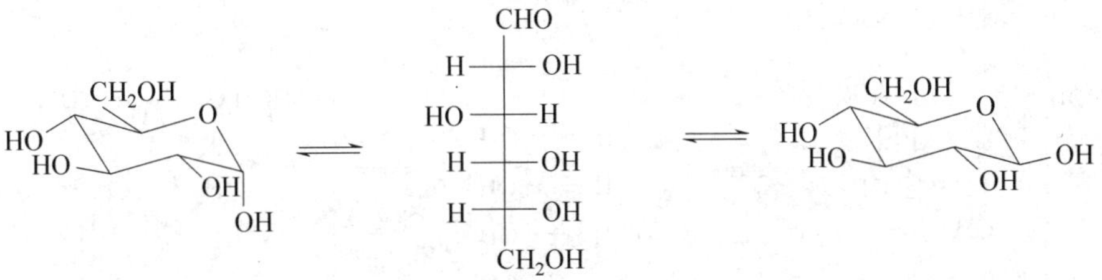

α-D-(+)-葡萄糖	D-(+)-葡萄糖	β-D-(+)-葡萄糖
$[\alpha]_D^{20} = +112°$	平衡混合物 $[\alpha]_D^{20} = +52.5°$	$[\alpha]_D^{20} = +19°$

在所有 D 型（共八种）己醛糖中，只有 β-D-葡萄糖中所有取代基都处于 e 键。由此可见，单糖中葡萄糖在自然界中分布最广，存在量最多，是由于它的稳定的构象决定的。

17.2.2 果糖

果糖是白色晶体或结晶粉末。是最甜的一个糖。存在于蜂蜜、水果和许多植物的种子、球茎和叶中等。易溶于水，可溶于乙醇及乙醚中。

工业上用酸或酶水解菊粉制取果糖。

果糖分子式 $C_6H_{12}O_6$，与葡萄糖同，但它是己酮糖。羰基在 C-2 上。分子中有三个手性碳原子，因此有 $2^3 = 8$ 个立体异构体，D-(−)-果糖是其中之一。

D-(−)-果糖具有开链式和氧环式结构。具有 δ-氧环式结构的果糖称为 D-(−)-吡喃果糖，具有 γ-氧环式结构的果糖称为 D-(−)-呋喃果糖。在水溶液中，开链式和氧环式处于动态平衡，故也有变旋光现象。在平衡混合物中，除了开链式结构外，还有 α,β 吡喃果糖和 α,β 呋喃果糖。

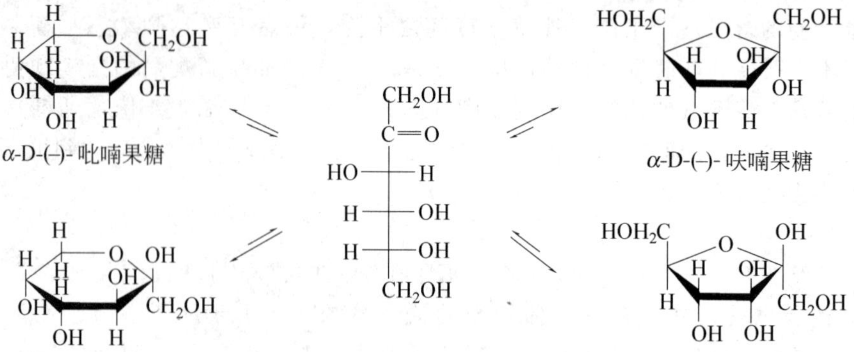

α-D-(-)- 吡喃果糖　　　　　　　　　　　　　　　　　α-D-(-)- 呋喃果糖

β-D-(-)- 吡喃果糖　　　　　　　　　　　　　　　　　β-D-(-)- 呋喃果糖

游离的 D-(一)-果糖为吡喃环结构，构成蔗糖的则是呋喃环结构。

果糖也是营养剂，在食品工业中作调味剂。

17.2.3　核糖和脱氧核糖

核糖是一种重要的戊糖。天然的核糖是结晶固体，其构型是 D 型，旋光方向是左旋的，故叫 D-(一)-核糖，它的开链式和氧环式结构如下：

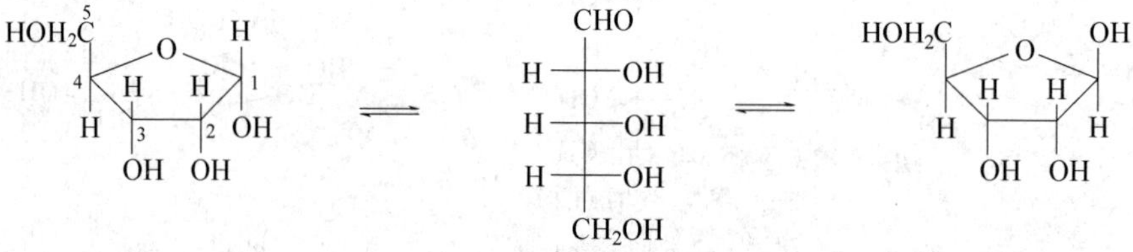

α-D- 核糖　　　　　　　　　　D- 核糖　　　　　　　　　　β-D- 核糖

核糖分子的 C-2 上去掉氧原子后叫 2-脱氧-D-(一)-核糖。它的开链式和氧环式结构如下：

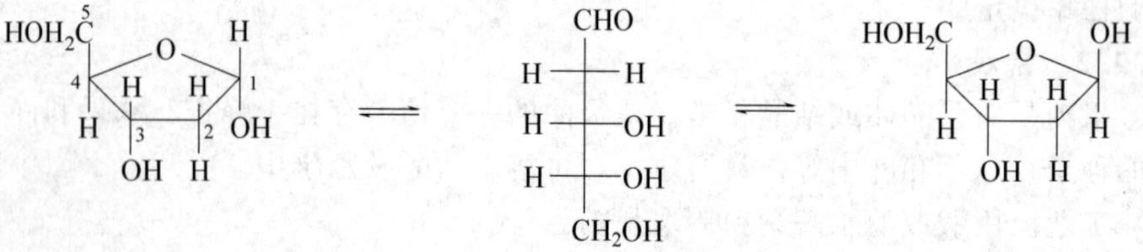

α-D- 2-脱氧核糖　　　　　　　D- 2-脱氧核糖　　　　　　　β-D-2-脱氧核糖

核糖和脱氧核糖是核酸的重要组成部分。（见第 18.4）。

17.2.4　单糖的化学性质

单糖具有羰基和羟基，能够发生这些官能团的特征反应。作为醛或酮，它可以发生加成反应、氧化反应和还原反应；作为醇，它可以生成醚和酯。

（1）氧化反应

单糖能被多种氧化剂氧化。例如溴水、硝酸，甚至更弱的氧化剂（如土伦试剂和费林试剂）也能氧化单糖。特别是醛糖，醛基很容易被氧化成羧基。

醛糖能被溴水氧化成糖酸，被硝酸氧化成糖二酸。

$$
\begin{array}{c}
\text{CHO} \\
\text{H—OH} \\
\text{HO—H} \\
\text{H—OH} \\
\text{H—OH} \\
\text{CH}_2\text{OH}
\end{array}
\xrightarrow{\text{Br}_2,\ \text{H}_2\text{O}}
\begin{array}{c}
\text{COOH} \\
\text{H—OH} \\
\text{HO—H} \\
\text{H—OH} \\
\text{H—OH} \\
\text{CH}_2\text{OH}
\end{array}
$$

$$
\begin{array}{c}
\text{CHO} \\
\text{H—OH} \\
\text{HO—H} \\
\text{H—OH} \\
\text{H—OH} \\
\text{CH}_2\text{OH}
\end{array}
\xrightarrow{\text{HNO}_3}
\begin{array}{c}
\text{COOH} \\
\text{H—OH} \\
\text{HO—H} \\
\text{H—OH} \\
\text{H—OH} \\
\text{COOH}
\end{array}
$$

酮糖比醛糖难氧化。果糖不能被溴水氧化。若用强氧化剂则碳链发生断裂。

醛糖也能被土伦试剂和费林试剂氧化，分别有银镜和砖红色的氧化亚铜沉淀生成。其中利用银镜反应可在玻璃制品上镀银。

$$
\begin{array}{c}
\text{CHO} \\
\text{H—OH} \\
\text{HO—H} \\
\text{H—OH} \\
\text{H—OH} \\
\text{CH}_2\text{OH}
\end{array}
+\text{Ag}^++2\text{OH}^- \longrightarrow
\begin{array}{c}
\text{COOH} \\
\text{H—OH} \\
\text{HO—H} \\
\text{H—OH} \\
\text{H—OH} \\
\text{CH}_2\text{OH}
\end{array}
+2\text{Ag}\downarrow+\text{H}_2\text{O}
$$

$$
\begin{array}{c}
\text{CHO} \\
\text{H—OH} \\
\text{HO—H} \\
\text{H—OH} \\
\text{H—OH} \\
\text{CH}_2\text{OH}
\end{array}
+2\text{Cu(OH)}_2 \longrightarrow
\begin{array}{c}
\text{COOH} \\
\text{H—OH} \\
\text{HO—H} \\
\text{H—OH} \\
\text{H—OH} \\
\text{CH}_2\text{OH}
\end{array}
+\text{Cu}_2\text{O}\downarrow+2\text{H}_2\text{O}
$$

与酮不同，由于酮糖具有 α-羟基酮结构，它也能发生上述反应。这种能还原土伦试剂和费林试剂的糖叫还原糖。此反应可用来鉴别糖。但不能用来区别醛糖和酮糖。

（2）还原反应

醛糖和酮糖用还原剂还原，或用催化加氢的方法，都可生成糖醇。例如，D-葡萄糖还原生成 D-葡萄糖醇。

$$
\begin{array}{c}
\text{CHO} \\
\text{H—OH} \\
\text{HO—H} \\
\text{H—OH} \\
\text{H—OH} \\
\text{CH}_2\text{OH}
\end{array}
\xrightarrow[\text{Cu-Cr}]{\text{H}_2}
\begin{array}{c}
\text{CH}_2\text{OH} \\
\text{H—OH} \\
\text{HO—H} \\
\text{H—OH} \\
\text{H—OH} \\
\text{CH}_2\text{OH}
\end{array}
$$

（3）脎的生成

醛糖与苯肼作用，首先生成苯腙，在过量苯肼存在下，苯腙继续再与两分子苯肼作用，生成含有两个苯腙基团的化合物，这种化合物叫糖脎。例如：

$$
\begin{array}{c}
\text{CHO} \\
\text{H}\!-\!\text{OH} \\
\text{HO}\!-\!\text{H} \\
\text{H}\!-\!\text{OH} \\
\text{H}\!-\!\text{OH} \\
\text{CH}_2\text{OH}
\end{array}
\xrightarrow{\text{C}_6\text{H}_5\text{NHNH}_2}
\begin{array}{c}
\text{CH}\!=\!\text{N}\!-\!\text{NHC}_6\text{H}_5 \\
\text{H}\!-\!\text{OH} \\
\text{HO}\!-\!\text{H} \\
\text{H}\!-\!\text{OH} \\
\text{H}\!-\!\text{OH} \\
\text{CH}_2\text{OH}
\end{array}
$$

D-葡萄糖　　　　　　　　　　D-葡萄糖苯腙

$$
\xrightarrow[-\text{C}_6\text{H}_5\text{NH}_2,\ -\text{NH}_3,\ -\text{H}_2\text{O}]{2\text{C}_6\text{H}_5\text{NHNH}_2}
\begin{array}{c}
\text{CH}\!=\!\text{N}\!-\!\text{NHC}_6\text{H}_5 \\
\text{C}\!=\!\text{N}\!-\!\text{NHC}_6\text{H}_5 \\
\text{HO}\!-\!\text{H} \\
\text{H}\!-\!\text{OH} \\
\text{H}\!-\!\text{OH} \\
\text{CH}_2\text{OH}
\end{array}
$$

D-葡萄糖脎

果糖也能与苯肼作用生成脎：

$$
\begin{array}{c}
\text{CH}_2\text{OH} \\
\text{C}\!=\!\text{O} \\
\text{HO}\!-\!\text{H} \\
\text{H}\!-\!\text{OH} \\
\text{H}\!-\!\text{OH} \\
\text{CH}_2\text{OH}
\end{array}
\xrightarrow{\text{C}_6\text{H}_5\text{NHNH}_2}
\begin{array}{c}
\text{CH}_2\text{OH} \\
\text{C}\!=\!\text{N}\!-\!\text{NHC}_6\text{H}_5 \\
\text{HO}\!-\!\text{H} \\
\text{H}\!-\!\text{OH} \\
\text{H}\!-\!\text{OH} \\
\text{CH}_2\text{OH}
\end{array}
$$

D-果糖　　　　　　　　　　D-果糖苯腙

$$
\xrightarrow[-\text{C}_6\text{H}_5\text{NH}_2,\ -\text{NH}_3,\ -\text{H}_2\text{O}]{2\text{C}_6\text{H}_5\text{NHNH}_2}
\begin{array}{c}
\text{CH}\!=\!\text{N}\!-\!\text{NHC}_6\text{H}_5 \\
\text{C}\!=\!\text{N}\!-\!\text{NHC}_6\text{H}_5 \\
\text{HO}\!-\!\text{H} \\
\text{H}\!-\!\text{OH} \\
\text{H}\!-\!\text{OH} \\
\text{CH}_2\text{OH}
\end{array}
$$

D-果糖脎

由以上反应看出，单糖与苯肼反应时，都是在 C-1 和 C-2 上发生反应，因此，若单糖的碳原子数相同，除第一和第二碳原子外，其他碳原子构型完全相同时，它们与过量苯肼反应，所生成的脎是相同的。糖脎都是黄色结晶，不同的糖脎结晶形状不同，并各有一定的熔点；即使能生成相同的脎，其反应速率和析出糖脎的时间也不相同，因此利用生成脎的反应可以鉴别糖。

【问题 17-4】下列两个异构体分别与过量苯肼作用，产物是否相同？

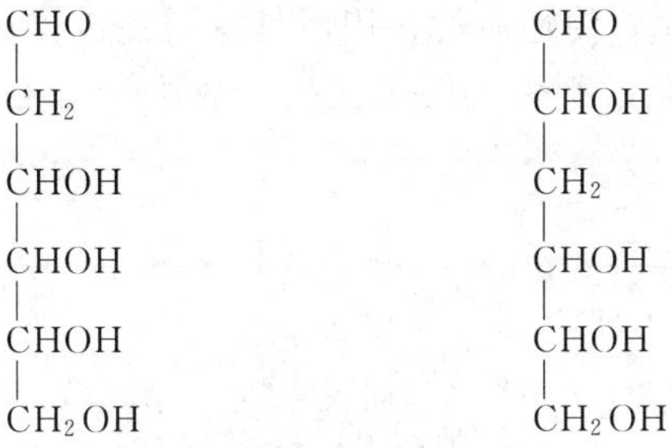

$$
\begin{array}{c}
\text{CHO} \\
| \\
\text{CH}_2 \\
| \\
\text{CHOH} \\
| \\
\text{CHOH} \\
| \\
\text{CHOH} \\
| \\
\text{CH}_2\text{OH} \\
(1)
\end{array}
\qquad\qquad
\begin{array}{c}
\text{CHO} \\
| \\
\text{CHOH} \\
| \\
\text{CH}_2 \\
| \\
\text{CHOH} \\
| \\
\text{CHOH} \\
| \\
\text{CH}_2\text{OH} \\
(2)
\end{array}
$$

（4）苷的生成

在糖分子中，半缩醛（或半缩酮）的羟基上的氢原子被其他基团取代生成缩醛（或缩酮）。在糖化学中，把这种缩醛（或缩酮）叫糖苷。生成苷的羟基叫苷羟基。例如，D-（＋）-葡萄糖与甲醇在氯化氢作用下，生成 D-（＋）-甲基葡萄糖苷。

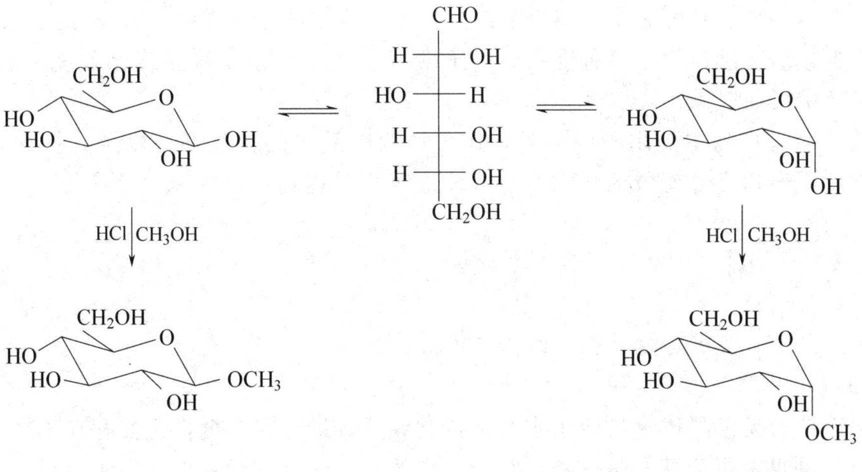

β-甲基葡萄糖苷　　　　　　　　　　　　　　α-甲基葡萄糖苷

因为苷是缩醛或缩酮，所以苷的性质比较稳定。在水溶液中不能转变为开链式结构，故无变旋光现象，也不再具有开链式结构所具有的一些特征反应，如氧化反应、还原反应、成脎反应等。但苷与稀酸共热，能水解生成原来的糖和相应的化合物。

17.2.5　葡萄糖的重要衍生物

人们所熟知的葡萄糖酸钙和维生素 C 等是单糖中葡萄糖的重要衍生物。

（1）葡萄糖酸钙

葡萄糖酸钙是由葡萄糖氧化成葡萄糖酸后，再用石灰或碳酸钙中和，然后经浓缩而得。其构造式为 $[\text{CH}_2\text{OH}(\text{CHOH})_4\text{COO}]_2\text{Ca}\cdot\text{H}_2\text{O}$，为白色粉末，溶于水。医疗上用于人体补充钙质。

（2）维生素 C

维生素 C 为无色晶体或粉末，无臭，味酸。溶于水。不耐热，易被光和空气氧化。在生物体内起着传递氧的作用，具有增强机体抗病力和解毒作用。医疗上用于治疗缺乏维生素 C 所引起的坏血病，故维生素 C 又叫做抗坏血酸。其构造式如下所示：

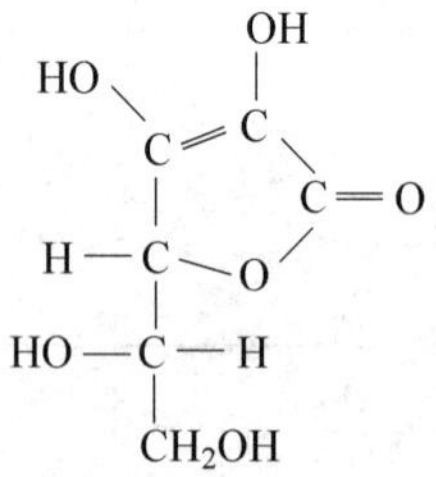

它虽具有酸性，但它不是酸而是一个内酯。其酸性和容易被氧化是由于分子中含有烯二醇（ —C=C— ）结构。

$$\underset{OH\,OH}{—C=C—}$$

许多动物在其肝脏中能够合成维生素 C，但在进化过程中，人类和猿、豚鼠等极少数动物已丧失了这种能力。由于维生素 C 存在于新鲜蔬菜和某些水果中，故可从中摄取以满足需要。

维生素 C 除主要用于医药外，还可作为食品等的抗氧剂，以及分析化学中用作还原剂和络合掩蔽剂。工业上，维生素 C 是以葡萄糖为原料合成的。

17.3　二糖

常见的二糖有蔗糖、麦芽糖、纤维二糖等。

17.3.1　蔗糖

蔗糖为无色晶体，易溶于水，是自然界分布最广的二糖，主要存在于甘蔗和甜菜，也叫做甜菜糖。是一种日常用的食糖。甜味超过葡萄糖，但不及果糖。

蔗糖分子式 $C_{12}H_{22}O_{11}$，为由 α-D-（＋）-葡萄糖 C-1 上的苷羟基和 β-D-（－）-果糖 C-2 上的苷羟基缩水形成的。其结构式如下：

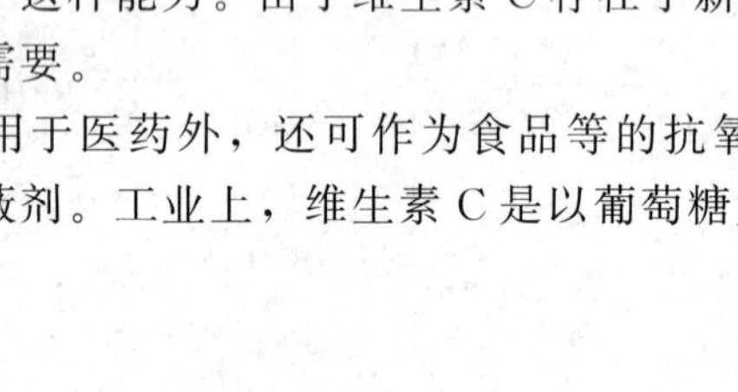

（＋）-蔗糖

蔗糖既是葡萄糖的苷，又是果糖的苷，分子中已不存在苷羟基，故不能转变成开链式，所以不能发生变旋光现象，也没有羰基的还原性质，也不与土伦试剂和费林试剂作用。像蔗糖这样的糖，称为非还原（性）糖。

蔗糖在酸性条件下或蔗糖酶作用下水解，生成等量的 D-(＋)-葡萄糖和 D-(－)-果糖。

$$C_{12}H_{22}O_{11} + H_2O \longrightarrow C_6H_{12}O_6 + C_6H_{12}O_6$$

$$\text{蔗糖} \qquad\qquad \text{D-(＋)-葡萄糖} \quad \text{D-(－)-果糖}$$

$$[\alpha] = +66° \qquad [\alpha] = +52.5° \qquad [\alpha] = -92.4°$$

$$\text{转化糖} [\alpha] = -20°$$

蔗糖是右旋的，水解后生成的混合糖则是左旋的。一般把糖水解后生成的混合糖称为转化糖。由于转化糖中有果糖，所以它比蔗糖甜。蜂蜜大部分是转化糖，所以很甜。

17.3.2 麦芽糖

麦芽糖是白色晶体，熔点 160～165℃，易溶于水，甜度不如蔗糖。自然界中只有麦芽中存在少量的麦芽糖。淀粉在麦芽酶或唾液酶作用下水解为麦芽糖，所以咀嚼淀粉类食物，感到有甜味。

麦芽糖分子式也是 $C_{12}H_{22}O_{11}$，但它是由 α-D-(＋)-葡萄糖 C-1 上的苷羟基与另一分子 α-或 β-D-(＋)-葡萄糖 C-4 上醇羟基缩水形成的。其结构如下：

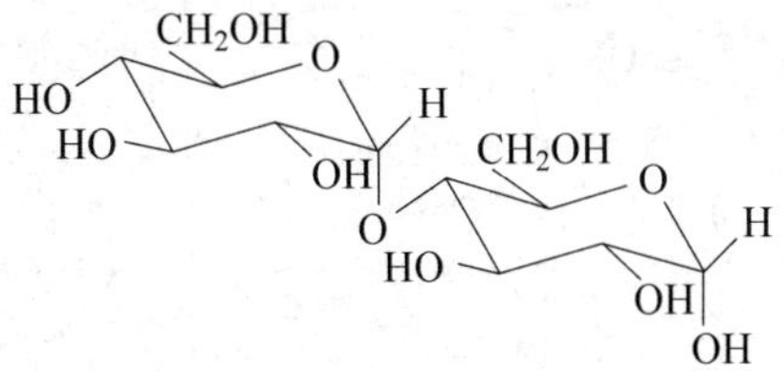

D-麦芽糖（α-异头物）

麦芽糖是 α-D-(＋)-葡萄糖苷，分子中还有一个苷羟基，可以转变成开链式，因而有变旋光现象。麦芽糖的 α-异头物的比旋光度 $[\alpha]_D^{20} = +168°$，β-异头物的比旋光度 $[\alpha]_D^{20} = +112°$，经变旋光达到平衡后，其比旋光度 $[\alpha]_D^{20} = +136°$。麦芽糖分子中存在的苷羟基，使其与单糖相似，能与苯肼反应生成脎，具有还原性，能与土伦试剂和费林试剂反应。像麦芽糖这类具有苷羟基的二糖叫做还原（性）糖。

17.3.3 纤维二糖

纤维二糖是白色晶体，熔点 225℃，可溶于水。具有右旋性。由纤维素部分水解得到。纤维二糖分子式也是 $C_{12}H_{22}O_{11}$，是由 β-D-(＋)-葡萄糖 C-1 上的苷羟基与另一分子 α 或 β-D-(＋)-葡萄糖 C-4 上的醇羟基缩水形成的。其结构如下：

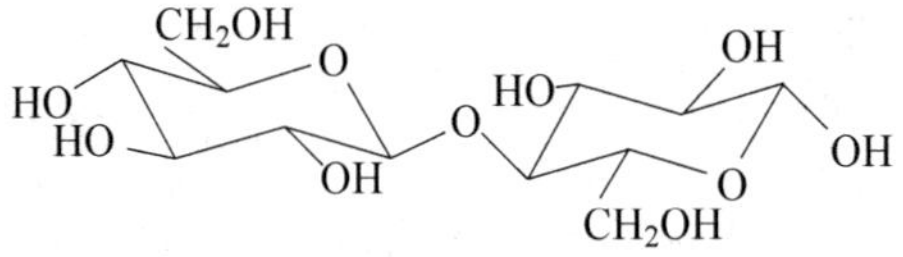

β-纤维二糖

纤维二糖是 β-葡萄糖苷，与麦芽糖是异构体，麦芽糖是 α-葡萄糖苷。纤维二糖分子中有苷羟基，可以转变成开链式，有变旋光现象，是一个还原性二糖。

17.4　多糖

多糖广泛存在于动植物体中。是重要的天然高分子化合物。淀粉和纤维素是自然界分布最广且最重要的多糖。多糖没有甜味。

17.4.1　淀粉

淀粉存在于许多植物的种子、茎和块根中。是人类的重要食物。

淀粉的分子式为$(C_6H_{10}O_5)_n$。用淀粉酶水解可得到麦芽糖，在酸催化下水解，最终产物是 D-(＋)-葡萄糖。

淀粉是白色无定形粉末，由直链淀粉和支链淀粉两部分组成，其比例随植物品种不同而异。

（1）直链淀粉

在玉米、马铃薯等的淀粉中，约含 $20\%\sim30\%$ 的直链淀粉。它是由 D-葡萄糖通过 α-1,4 苷键连接起来的，具有螺旋状的链状高分子化合物。其结构表示如下：

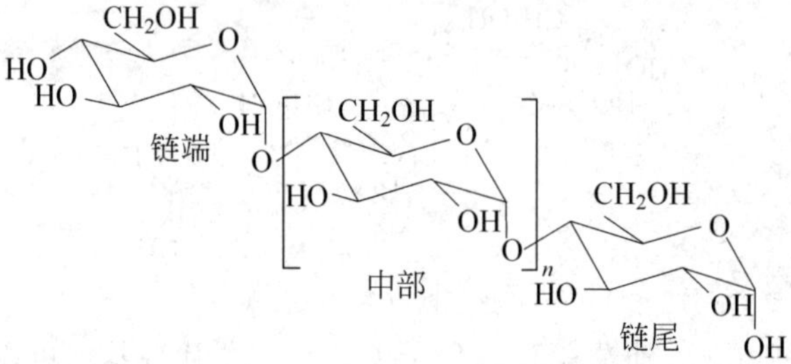

直链淀粉结构紧密，不利于与水接触，不溶于水。

（2）支链淀粉

支链淀粉是 D-葡萄糖通过 α-1,4-苷键和 α-1,6-苷键连接起来的、带有许多支链的线型高分子化合物，其结构表示如下：

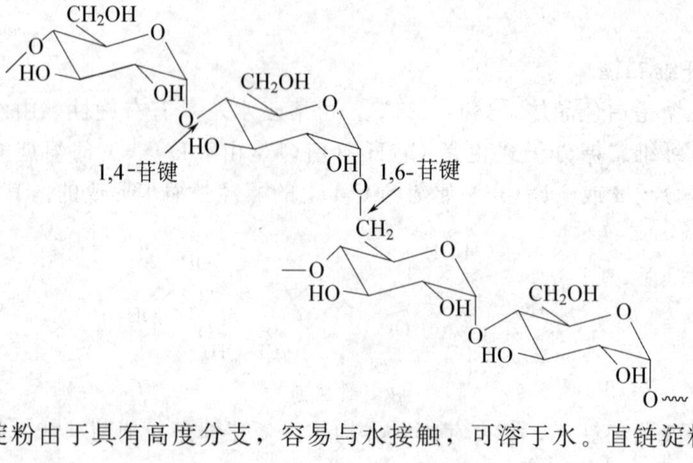

支链淀粉由于具有高度分支，容易与水接触，可溶于水。直链淀粉遇碘呈蓝

色，支链淀粉遇碘呈紫红色。常利用此性质鉴别这两种淀粉。

淀粉分子的末端含有苷羟基，但因相对分子质量很大，其还原性不显著。

（3）变性淀粉

淀粉利用物理、化学或/和生物化学方法处理后，可以得到各种淀粉衍生物，也叫做"变性淀粉"，其中许多不乏是"功能性产品"。例如，由淀粉经水解，与环氧乙烷反应得到一种叫做羟乙基淀粉，是血浆代用品，故又叫做淀粉代血浆。用于手术外伤失血，以及中毒性休克的补液。其构造式如下：

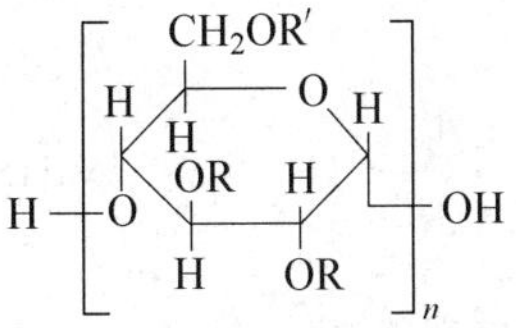

$$\left[\begin{array}{c} CH_2OR' \\ H \quad \quad O \quad H \\ H \\ H \quad O \quad OR \quad H \quad OH \\ H \quad \quad OR \end{array}\right]_n \quad \quad R \ 或 \ R'=H \ 或 \ CH_2CH_2OH$$

淀粉代血浆为乳白色粉末，无臭，无味。在空气中易吸潮结块，易溶于水。

由于高分子工业的发展，促进了变性淀粉中多种高分子接枝共聚物的产生。例如，淀粉与丙烯腈、丙烯酸接枝共聚，可以得到一种高吸水性树脂，其吸水能力为自身质量的数百至数千倍，而被广泛用于婴儿尿布、妇女卫生巾、病床垫褥以及石油钻井泥浆处理剂等方面。又如，淀粉的某些接枝共聚物制成的薄膜，由于淀粉部分可被微生物降解，与合成的塑料薄膜相比，可减少"白色污染"，保护了绿色家园。

变性淀粉品种繁多，已在工业上获得很多方面应用，且仍在发展中。

17.4.2 纤维素

纤维素是构成植物细胞壁的主要成分，在自然界分布很广。棉花含纤维素高达 98%，亚麻约含 80%，木材中含纤维素约 50%。

纤维素分子式是 $(C_6H_{10}O_5)_n$，纤维素是 D-葡萄糖通过 β-1,4 苷键连接起来的天然高分子化合物。其结构如下：

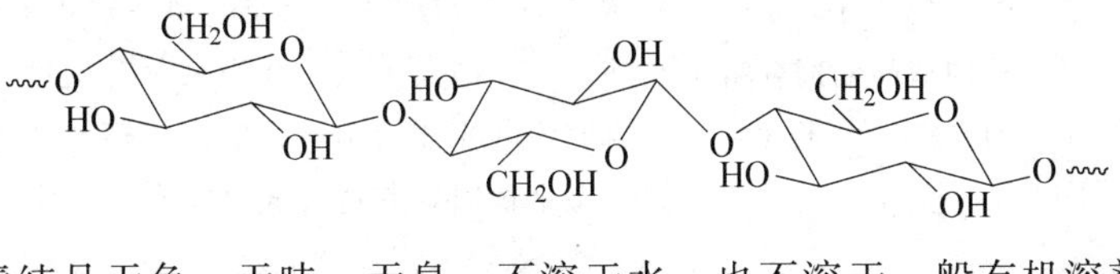

纤维素纯品无色、无味、无臭、不溶于水，也不溶于一般有机溶剂，纤维素分子末端虽含有苷羟基，但因相对分子质量很大，也无还原性。

纤维素水解较淀粉困难，在酸性水溶液中加压、加热水解可以得到纤维二糖等，最终产物是 D-（＋）-葡萄糖。人体内没有能使纤维素水解成葡萄糖的酶，所以纤维素在人体内不能水解成葡萄糖，纤维素不能作为人类的营养物质，而食草动物如马、牛、羊等的消化道中存在的微生物能分泌水解纤维素的酶，使之转化为 D-葡萄糖，所以纤维素可以作为它们的营养物质。

纤维素除可直接用于纺织、造纸等工业外，还可转化成多种有用的衍生物。

例如，纤维素和氢氧化钠、二硫化碳作用，生成纤维素黄原酸酯（黄原酸酯是二硫代酸式碳酸酯）的钠盐，

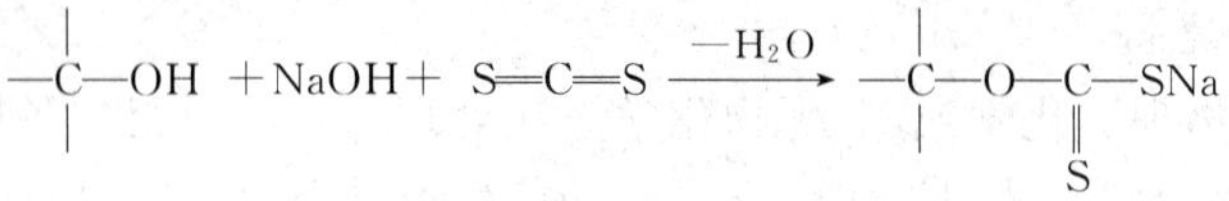

$$-\overset{|}{\underset{|}{C}}-OH \ + NaOH + \ S{=}C{=}S \ \xrightarrow{-H_2O} \ -\overset{|}{\underset{|}{C}}-O-\overset{|}{\underset{\parallel}{C}}-SNa$$

纤维素部分   纤维素黄原酸酯钠盐

纤维素黄原酸酯的钠盐溶于稀氢氧化钠，得到一种黏稠溶液，这个溶液通过喷丝头的细孔，进入由硫酸、硫酸钠、硫酸锌等组成的凝固浴中，黄原酸盐就被分解成纤维素，而成为细丝，称为黏胶纤维。

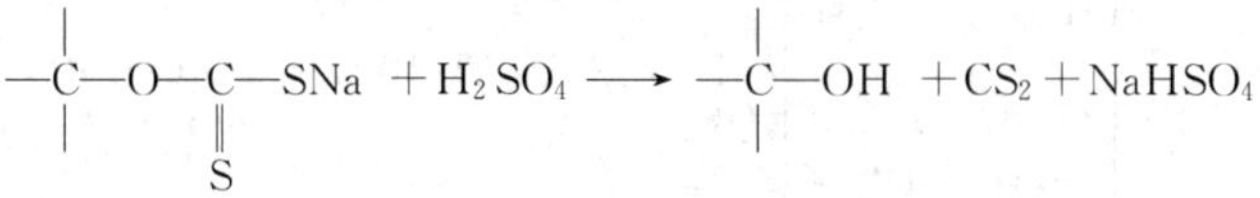

$$-\overset{|}{\underset{|}{C}}-O-\overset{\parallel S}{\underset{}{C}}-SNa \ + H_2SO_4 \ \longrightarrow \ -\overset{|}{\underset{|}{C}}-OH \ + CS_2 + NaHSO_4$$

纤维素部分

黏胶纤维有长纤维和短纤维两种。长纤维称做人造丝，供纺织、针织等用。短纤维称做人造棉或人造毛，可供纯纺或混纺。

又如，纤维素和氯乙酸在氢氧化钠溶液中反应，生成羧甲基纤维素的钠盐。后者是白色粉末，在水中可形成透明的黏性胶状物质，故羧甲基纤维素钠盐俗称化学浆糊粉。它可代替淀粉用于纺织、印染等工业中。还用于造纸、医药等工业。羧甲基纤维素的构造可表示如下：

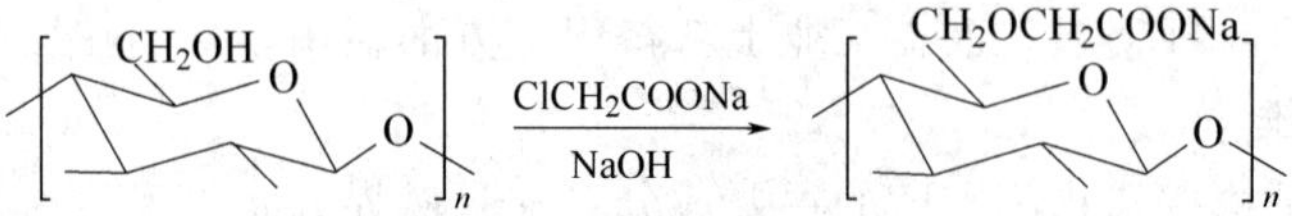

例 题

[例题一] 何谓变旋光现象？试以葡萄糖为例加以说明。

答 在水溶液中，葡萄糖以 α-D-(+)-葡萄糖、β-D-(+)-葡萄糖和开链式-(+)-葡萄糖三种形式存在。当一种构型的葡萄糖溶于水后，经开链式可以转变为另一种构型。这种转变是可逆的，最终能达到平衡。由于 α 和 β 葡萄糖的旋光能力不同，所以葡萄糖溶于水后随着构型的转变，其旋光发生变化，当互变达到动态平衡时，其比旋光度达到一恒定值，这种现象称为变旋光现象。

[例题二] 有三个单糖和过量苯肼作用后，得到相同的脎，其中一个单糖的费歇尔投影式为：

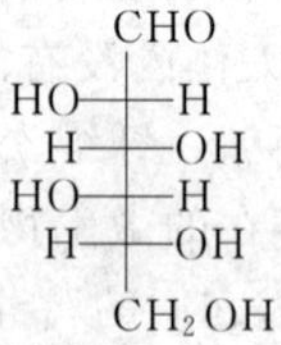

```
        CHO
  HO ——— H
   H ——— OH
  HO ——— H
   H ——— OH
        CH2OH
```

试写出其他两个异构体的费歇尔投影式。

答　从已知单糖的结构可推导出从这个单糖生成的脎的结构：

$$
\begin{array}{c}
\text{CHO} \\
\text{HO}\!-\!\text{H} \\
\text{H}\!-\!\text{OH} \\
\text{HO}\!-\!\text{H} \\
\text{H}\!-\!\text{OH} \\
\text{CH}_2\text{OH}
\end{array}
\xrightarrow{3C_6H_5NH_2}
\begin{array}{c}
\text{CH}\!=\!\text{NNHC}_6\text{H}_5 \\
\text{C}\!=\!\text{NNHC}_6\text{H}_5 \\
\text{H}\!-\!\text{OH} \\
\text{HO}\!-\!\text{H} \\
\text{H}\!-\!\text{OH} \\
\text{CH}_2\text{OH}
\end{array}
$$

$$(A)$$

三个单糖和过量苯肼作用，生成的脎相同，均是（A）。由此可知，这三个单糖 C-3、C-4 和 C-5 的构型相同，只是 C-1 和 C-2 的构型不同，其中已知单糖的 C-1 和 C-2 构型是

$$
\begin{array}{c}
\text{CHO} \\
\text{HO}\!-\!\text{H}
\end{array}
$$，另一个单糖 C-1 和 C-2 构型可能为 $\begin{array}{c}\text{CHO}\\ \text{H}\!-\!\text{OH}\end{array}$，那么，第三个单糖的结构又如

何呢？若只从醛糖考虑是得不到答案的。除醛糖外，单糖还包含酮糖。在 C-1 和 C-2 为酮结

构的只能是 $\begin{array}{c}\text{CH}_2\text{OH}\\ \text{C}\!=\!\text{O}\end{array}$，故其他两个异构体的费歇尔投影式为：

$$
\begin{array}{c}
\text{CHO} \\
\text{H}\!-\!\text{OH} \\
\text{H}\!-\!\text{OH} \\
\text{HO}\!-\!\text{H} \\
\text{H}\!-\!\text{OH} \\
\text{CH}_2\text{OH}
\end{array}
\qquad\qquad
\begin{array}{c}
\text{CH}_2\text{OH} \\
\text{C}\!=\!\text{O} \\
\text{H}\!-\!\text{OH} \\
\text{HO}\!-\!\text{H} \\
\text{H}\!-\!\text{OH} \\
\text{CH}_2\text{OH}
\end{array}
$$

验证：这三个单糖和过量苯肼作用，得到的脎相同：

$$
\begin{array}{c}
\text{CHO} \\
\text{H}\!-\!\text{OH} \\
\text{H}\!-\!\text{OH} \\
\text{HO}\!-\!\text{H} \\
\text{H}\!-\!\text{OH} \\
\text{CH}_2\text{OH}
\end{array}
\xrightarrow{3C_6H_5NH_2}
\begin{array}{c}
\text{CH}\!=\!\text{NNHC}_6\text{H}_5 \\
\text{C}\!=\!\text{NNHC}_6\text{H}_5 \\
\text{H}\!-\!\text{OH} \\
\text{HO}\!-\!\text{H} \\
\text{H}\!-\!\text{OH} \\
\text{CH}_2\text{OH}
\end{array}
\xleftarrow{3C_6H_5NH_2}
\begin{array}{c}
\text{CH}_2\text{OH} \\
\text{C}\!=\!\text{O} \\
\text{H}\!-\!\text{OH} \\
\text{HO}\!-\!\text{H} \\
\text{H}\!-\!\text{OH} \\
\text{CH}_2\text{OH}
\end{array}
$$

习　　题

（一）α-D-(+)-葡萄糖和 β-D-(+)葡萄糖哪一种稳定？为什么？它们是否是对映体？为什么？

（二）写出丁醛糖和丁酮糖的立体异构体的投影式（开链式）。

（三）丁醛糖的立体异构体和过量苯肼作用，生成什么产物？写出投影式。

（四）下列化合物哪些有还原性？

(1)　HO—CH$_2$—CH—CH—CH—CH—OCH$_3$
　　　　　　　　　｜　｜
　　　　　　　　OH　OH
　　　　　　　　｜＿＿＿｜
　　　　　　　　　　O

(2)　HO—CH$_2$—CH—CH—CH—CH—OH
　　　　　　　　　｜　｜
　　　　　　　　OH　OCH$_3$
　　　　　　　　｜＿＿＿｜
　　　　　　　　　　O

(3)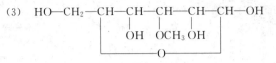

（五）下列化合物哪些有变旋光现象？

(1) 蔗糖　　　　　　　　(2) 麦芽糖　　　　　　　　　　(3) 纤维素

（六）试写出 D-(＋)-葡萄糖与下列试剂反应的主要产物？

(1) 羟胺　　　　　(2) 苯肼　　　　　(3) 溴水　　　　　(4) 硝酸

(5) 费林试剂　　　　(6) CH_3OH/HCl　　　(7) H_2，Ni

（七）用化学方法区别下列各组化合物：

(1) 葡萄糖和蔗糖

(2) 麦芽糖和蔗糖

(3) 蔗糖和淀粉

(4) 淀粉和纤维素

（八）有两个具有旋光性的丁醛糖（A）和（B），与苯肼作用生成相同的脎。用硝酸氧化，（A）和（B）都生成含有四个碳原子的二元酸，但前者有旋光性，后者无旋光性。试推测（A）和（B）的结构式。

参 考 书 目

邢其毅等. 基础有机化学. 第二版. 下册. 北京：高等教育出版社，1994. 969～1006

第18章 氨基酸、蛋白质和核酸

18.1 氨基酸

18.1.1 氨基酸的分类和命名

（1）氨基酸的分类

分子内含有氨基和羧基的化合物叫做氨基酸。根据分子内氨基和羧基相对位置的不同可分为 α-、β-、γ-……ω-氨基酸。例如：

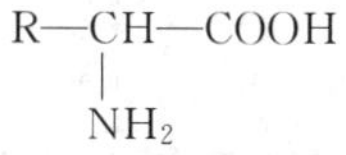

$$\underset{\underset{NH_2}{|}}{R-CH-COOH}$$

α-氨基酸

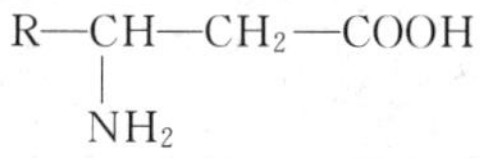

$$\underset{\underset{NH_2}{|}}{R-CH-CH_2-COOH}$$

β-氨基酸

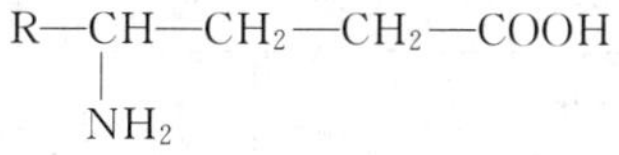

$$\underset{\underset{NH_2}{|}}{R-CH-CH_2-CH_2-COOH}$$

γ-氨基酸

$$\underset{\underset{NH_2}{|}}{CH_2-(CH_2)_n-COH}$$

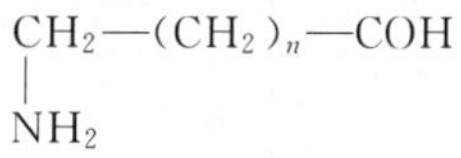

ω-氨基酸

在氨基酸分子中，氨基和羧基的数目可以相等，也可以不相等。氨基和羧基数目相等的为中性氨基酸，如 2-氨基乙酸（俗名甘氨酸）；氨基数目多于羧基的为碱性氨基酸。如 2,6-二氨基己酸（俗名赖氨酸）；而羧基数目多于氨基的为酸性氨基酸，如 2-氨基戊二酸（俗名谷氨酸）。

自然界中发现的氨基酸目前已有二百余种，其中 α-氨基酸占绝大多数，它们很少以游离状态存在，而主要是以聚合体的形式——多肽和蛋白质——存在于动植物体内。蛋白质水解生成多种 α-氨基酸的混合物，经分离可得二十余种 α-氨基酸。表 18-1 列出了由蛋白质水解得到的重要氨基酸。其中有 " * " 号者为人体不能合成的氨基酸，必须由食物供给，统称为 "必需氨基酸"。其他的氨基酸可以用其他的物质在体内合成。缺少了这些 "必需氨基酸"，动物体就会产生某些疾病。人们通常通过食用不同的食物，以获取不同蛋白质。这些蛋白质在消化道内全部水解为氨基酸，再由不同组织吸收，合成人体自身的蛋白质。

表 18-1 蛋白质中存在的氨基酸

名　称	构　造　式	等电点（pI）
甘氨酸	$\underset{\overset{\textstyle |}{NH_2}}{CH_2COOH}$	5.97
缬氨酸 *	$\underset{\overset{\textstyle |}{NH_2}}{(CH_3)_2CHCHCOOH}$	5.97
异亮氨酸 *	$CH_3CH_2\underset{\overset{\textstyle |}{CH_3}}{CH}—\underset{\overset{\textstyle |}{NH_2}}{CHCOOH}$	6.02
苏氨酸 *	$CH_3\underset{\overset{\textstyle |}{OH}}{CH}—\underset{\overset{\textstyle |}{CH_2}}{CHCOOH}$	5.60
胱氨酸	$\begin{array}{l}S—CH_2CH(NH_2)COOH\\ S—CH_2CH(NH_2)COOH\end{array}$	5.06
天门冬氨酸	$HOOCCH_2\underset{\overset{\textstyle |}{NH_2}}{CHCOOH}$	2.98
天门冬酰胺	$H_2NCOCH_2\underset{\overset{\textstyle |}{NH_2}}{CHCOOH}$	5.41
赖氨酸 *	$H_2N(CH_2)_4\underset{\overset{\textstyle |}{NH_2}}{CHCOOH}$	9.74
精氨酸	$HN=CNH(CH_3)CHCOOH$ 下带 NH_2 和 NH_2	10.76
苯丙氨酸 *	$C_6H_5CH_2\underset{\overset{\textstyle |}{NH_2}}{CHCOOH}$	5.48
色氨酸 *	吲哚基—$CH_2\underset{\overset{\textstyle |}{NH_2}}{CHCOOH}$	5.88
羟基脯氨酸	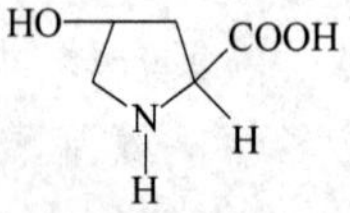 HO—吡咯烷—COOH	6.33
丙氨酸	$CH_3\underset{\overset{\textstyle |}{NH_2}}{CHCOOH}$	6.02
亮氨酸 *	$(CH_3)_2CHCH_2\underset{\overset{\textstyle |}{NH_2}}{CHCOOH}$	5.98

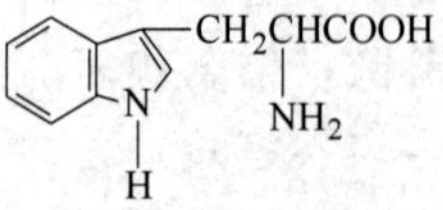

名　称	构　造　式	等电点（pI）
丝氨酸	HOCH₂CHCOOH 　　　｜ 　　　NH₂	5.68
半胱氨酸	HSCH₂CHCOOH 　　　｜ 　　　NH₂	5.02
蛋氨酸*	CH₃SCH₂CH₂—CHCOOH 　　　　　　　｜ 　　　　　　　NH₂	5.06
谷氨酸	HOOCCH₂CH₂CHCOOH 　　　　　　｜ 　　　　　　NH₂	3.22
谷氨酰胺	H₂NOCCH₂CH₂—CHCOOH 　　　　　　　｜ 　　　　　　　NH₂	5.70
羟基赖氨酸	H₂NCH₂CHCH₂CH₂CHCOOH 　　　　　｜　　　　　｜ 　　　　　OH　　　　NH₂	9.15
组氨酸	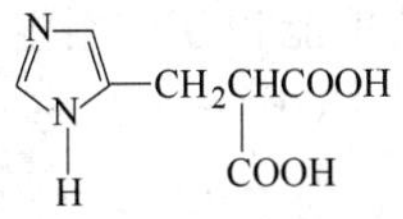 $\begin{array}{c}\text{N}\\ \text{⟨imidazole⟩—CH₂CHCOOH}\\ \text{H}\quad\text{COOH}\end{array}$	7.59
酪氨酸	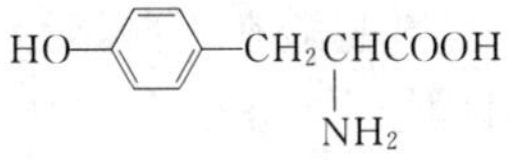 HO—⟨benzene⟩—CH₂CHCOOH 　　　　　　　　｜ 　　　　　　　　NH₂	5.67
脯氨酸	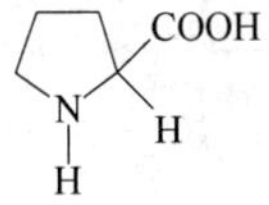 ⟨pyrrolidine ring⟩—COOH N｜H　　H	6.30

（2）氨基酸的命名

氨基酸的系统命名法是把氨基作为取代基，羧基作为母体来命名。

例如：

$$CH_3—CH—COOH \qquad HO—\text{⟨benzene⟩}—CH_2—CH—COOH$$
$$\quad\;\; |\!\!NH_2 \qquad\qquad\qquad\qquad\qquad\quad\; |\!\!NH_2$$

2-氨基丙酸　　　　　　　　　　　　3-（对羟苯基）-2-氨基丙酸

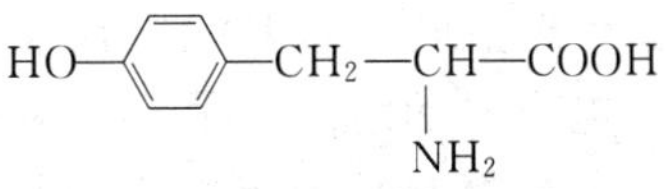

天然的 α-氨基酸一般用俗名，是根据来源或性质命名的。例如，氨基乙酸，因为具有甜味，俗称甘氨酸；2-氨基丁二酸，最初是由天门冬的幼苗中发现的，故称天门冬氨酸。α-氨基酸的俗名见表 18-1。

【问题 18-1】用系统命名法命名下列氨基酸：

（1）$\underset{\underset{OH}{|}}{CH_2}-\underset{\underset{NH_2}{|}}{CH}-COOH$　　　　（2）$C_6H_5CH_2-\underset{\underset{NH_2}{|}}{CH}-COOH$

（3）$HOOC-\underset{\underset{NH_2}{|}}{CH}-CH_2CH_2COOH$　（4）$H_2NCH_2CH_2CH_2CH_2-\underset{\underset{NH_2}{|}}{CH}-COOH$

【问题 18-2】 问题 18-1 中命名的氨基酸，哪些是中性氨基酸？哪些是碱性氨基酸？哪些是酸性氨基酸？

18.1.2　氨基酸的性质

α-氨基酸都是无色晶体，一般不易挥发，熔点较高。能溶于水，不溶于乙醚。

氨基酸分子中含有氨基和羧基，它们具有氨基和羧基的典型性质，由于两种官能团的相互影响，又具有某些特殊性质。

（1）两性和等电点

氨基酸分子中既有氨基又有羧基，所以既能与酸作用生成铵盐，又能与碱作用生成羧酸盐。

$$R-\underset{\underset{^+NH_3}{|}}{CH}-COOH \xleftarrow{HCl} R-\underset{\underset{NH_2}{|}}{CH}-COOH \xrightarrow{NaOH} R-\underset{\underset{NH_2}{|}}{CH}-COO^-$$

氨基酸分子内的氨基和羧基也能相互作用生成内盐，

$$R-\underset{\underset{NH_2}{|}}{CH}-COOH \longrightarrow R-\underset{\underset{^+NH_3}{|}}{CH}-COO^-$$

这种内盐也叫做偶极离子。氨基酸在强酸溶液中以正离子存在，在强碱溶液中以负离子存在，在一定的 pH 值时，正、负离子浓度相等，此时的 pH 值就称为溶液的等电点。

$$R-\underset{\underset{NH_2}{|}}{CH}-COOH$$

$$\Updownarrow$$

$$R-\underset{\underset{NH_2}{|}}{CH}-COO^- \underset{OH^-}{\overset{H^+}{\rightleftharpoons}} R-\underset{\underset{^+NH_3}{|}}{CH}-COO^- \underset{OH^-}{\overset{H^+}{\rightleftharpoons}} R-\underset{\underset{^+NH_3}{|}}{CH}-COOH$$

在等电点时，氨基酸主要是以偶极离子（内盐）的形式存在。此时的氨基酸在等电点时的溶解度最小，利用这个性质通过调节等电点可分离氨基酸的混合物。各种氨基酸的等电点不同。中性 α-氨基酸的等电点约在 $5\sim6.3$ 之间，碱性 α-氨基酸约在 $7.6\sim10.8$ 之间，酸性 α-氨基酸约在 $2.8\sim3.2$ 之间。

（2）茚三酮反应

α-氨基酸与茚三酮水溶液一起加热，生成蓝紫色的有色物质，反应很灵敏，是鉴别 α-氨基酸常用的方法之一。N-取代的氨基酸、β-氨基酸、γ-氨基酸等均不与茚三酮发生显色反应。

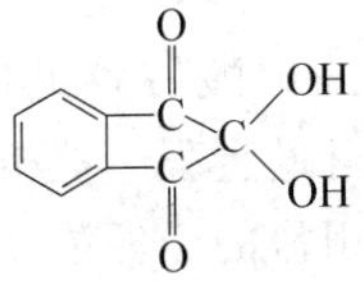

水合茚三酮

18.2　肽

　　α-氨基酸分子之间的氨基和羧基缩合脱水形成的产物，叫做肽。由两分子氨基酸脱水形成的肽叫做二肽；由三分子氨基酸脱水形成的肽叫三肽；由许多分子氨基酸脱水形成的肽叫做多肽。组成多肽的氨基酸可以是相同的，也可以是不同的。当两种氨基酸分子脱水形成二肽时，可有两种不同的脱水方式而形成两种不同的构造。例如：

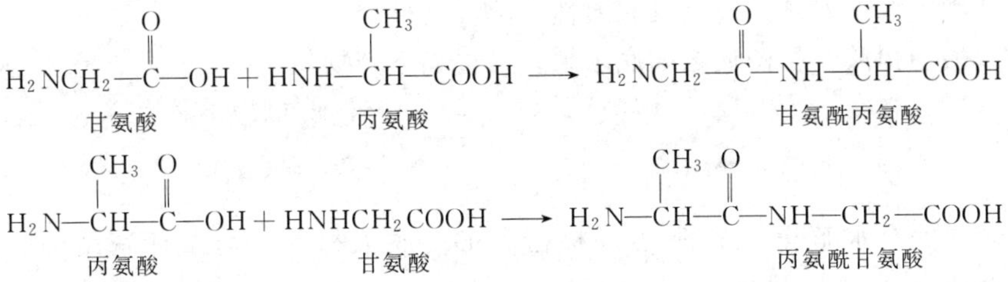

　　肽分子中的酰胺链（—CO—NH—），叫做肽键。

18.3　蛋白质

　　蛋白质是很重要的一类天然有机物，在机体内承担着各种生理作用和机械功能，在生命现象中起重要作用。其作用非常复杂，主要有两方面：一是组织结构的作用，例如：骨胶蛋白组成腱、骨；角蛋白组成指甲、毛发、皮肤等。另一方面，蛋白质起生物调节作用，例如：胰岛素调节葡萄糖的代谢，各种酶对生物化学反应起催化作用等。

　　蛋白质由 C、H、O、N、S 等元素组成，有些还含有 P、Fe 等元素。

　　蛋白质是由许多氨基酸通过肽键连接形成的高分子化合物。与肽比较，蛋白质具有更长的肽链，相对分子质量通常在 10000 以上。

　　蛋白质的结构很复杂，由四级结构构成。蛋白质受热，用紫外线照射或与酸、碱、重金属盐作用，性质会发生改变，溶解度降低，甚至凝固。蛋白质的这种变化，叫做变性。变性是不可逆的，变性后的蛋白质已无原有性质和生理效能。例如，高温灭菌消毒，是使细菌（蛋白质）凝固而死亡。

　　与氨基酸相似，蛋白质也是两性物质，也有等电点。其等电点也是因蛋白质不同而异。在等电点时，蛋白质在水中的溶解度也是最小，因此可利用这种性质使蛋白质从水溶液中析出。

在蛋白质溶液中加入氯化钠或硫酸铵等无机盐溶液，则蛋白质从溶液中析出，这种作用叫做盐析。盐析是可逆过程，盐析的蛋白质仍可溶于水，且性质不变。但不同的蛋白质盐析时，所用盐的最低浓度不同。利用此性质可以分离不同的蛋白质。

由于组成蛋白质的氨基酸不同，其与不同试剂作用发生不同的颜色变化。利用这些反应可以鉴别蛋白质。例如，蛋白质中含有苯环结构的氨基酸（如苯丙氨酸、酪氨酸、色氨酸等）时，遇浓硝酸变为黄色——蛋白质的变色反应。皮肤遇浓硝酸变黄就是这个原因。

18.4　核酸

核酸和碳水化合物、蛋白质一样，也是一种重要的生物高分子化合物，由于它是从细胞核中发现的，又具有酸性，故称为核酸。

核酸用稀酸、稀碱使之彻底水解，可得如下产物：

核酸——核苷酸 {— 核苷 {— 核糖或脱氧核糖 / — 杂环碱（碱基） / — 磷酸}

核酸完全水解得到的糖是 D-核糖和 D-2-脱氧核糖（与杂环碱结合时是以 β-苷键结合）：

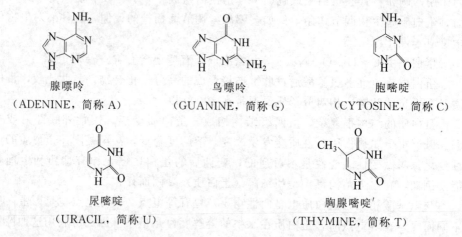

β-D-核糖　　　　　　　　　　　β-D-2-脱氧核糖

核酸完全水解得到的碱基是嘌呤和嘧啶的衍生物，主要有以下五种：

腺嘌呤
（ADENINE，简称 A）

鸟嘌呤
（GUANINE，简称 G）

胞嘧啶
（CYTOSINE，简称 C）

尿嘧啶
（URACIL，简称 U）

胸腺嘧啶
（THYMINE，简称 T）

核苷是由糖分子 C-1′ 位上的苷羟基同嘧啶环上 C-1 位或嘌呤环上 C-9 位氮原子脱水而形成的。例如，腺嘌呤核苷和胸腺嘧啶核苷的构造式如下：

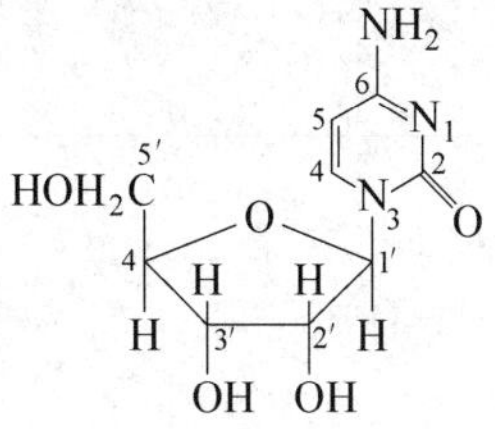

腺嘌呤核苷 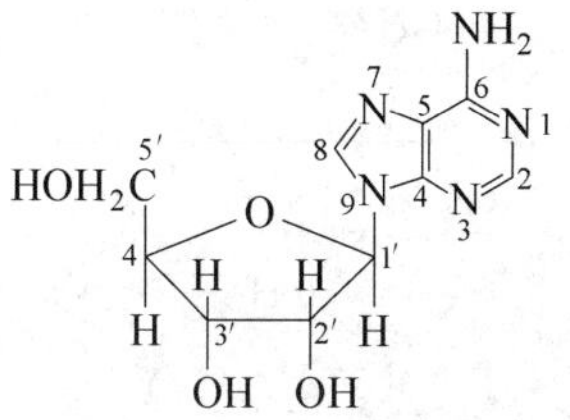　　　　　　　　　　　胸腺嘧啶核苷

核苷酸是由核苷与磷酸组成的，是由核苷的 C-3′ 位或 C-5′ 位的羟基与磷酸酯化而成。例如：

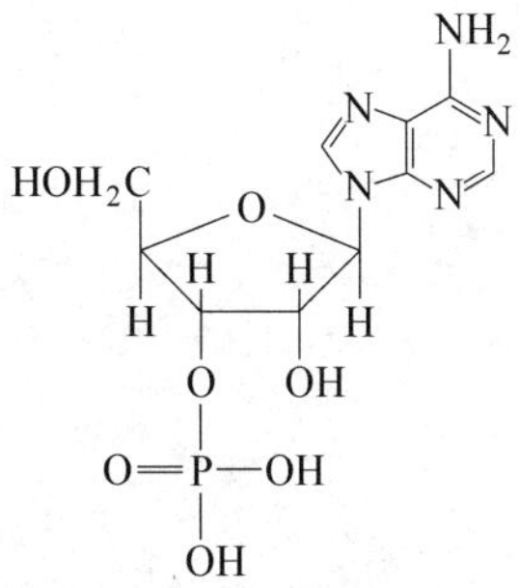

胸苷-3′-磷酸 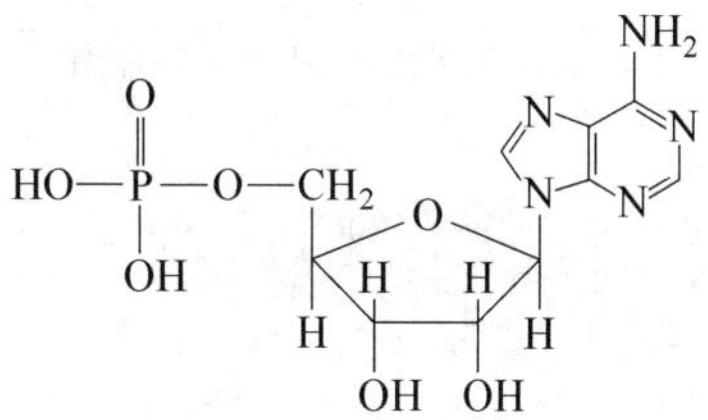　　　　　　　　　　胸苷-5′-磷酸

多个核苷酸通过磷酸与糖中 C-3 和 C-5 连接则形成核酸，后者是一种生物高分子化合物，是重要的生命基础物质之一，具有储存、复制生物体遗传信息和控制蛋白质合成等主要生物功能。核酸分为核糖核酸（简称 RNA）和脱氧核糖核酸（简称 DNA）。

DNA 是生物细胞的遗传物质。在细胞分裂过程中，母细胞内的 DNA 分子复制成两个完全相同的子代分子并分别参加到两个子代细胞中，一代一代的传下去。

DNA 控制蛋白质的生物合成是通过 RNA 进行的。RNA 一般以 DNA 为模板，在依赖 DNA 的 RNA 聚合酶的作用下进行合成。

习　　题

（一）谷氨酸（2-氨基戊二酸）钠常用作调味剂，写出其构造式。

（二）写出谷氨酸与下列试剂反应时所生成的主要产物：

（1）KOH 水溶液　　　　　　　　（2）HCl 水溶液

（3）CH_3COCl　　　　　　　　　（4）$C_2H_5OH + H^+$

（三）下列化合物水解时生成哪些氨基酸？

(1) 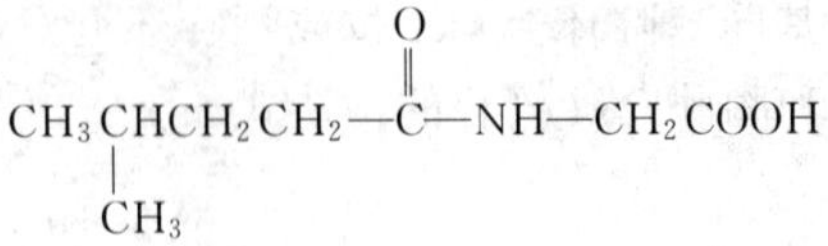
$$CH_3CHCH_2CH_2\overset{\displaystyle O}{\overset{\|}{C}}-NH-CH_2COOH$$
$$|$$
$$CH_3$$

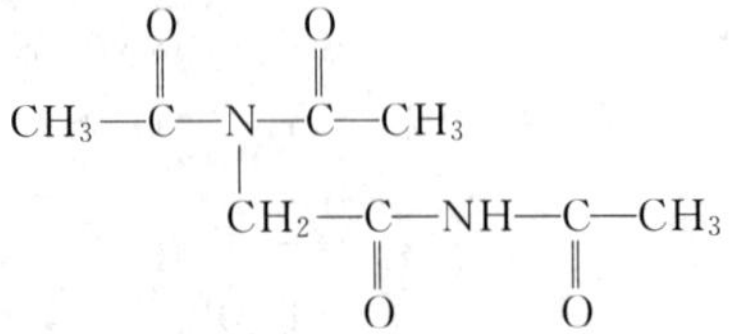

(2)
$$CH_3-\overset{\displaystyle O}{\overset{\|}{C}}-\overset{\displaystyle}{N}-\overset{\displaystyle O}{\overset{\|}{C}}-CH_3$$
$$|$$
$$CH_2-\overset{\displaystyle}{C}-NH-\overset{\displaystyle}{C}-CH_3$$
$$\overset{\|}{O}\qquad\overset{\|}{O}$$

(3)
$$H_2NCH_2-\overset{\displaystyle O}{\overset{\|}{C}}-\overset{\displaystyle}{N}-\overset{\displaystyle O}{\overset{\|}{C}}-CH_3$$
$$|$$
$$CH_2-\overset{\displaystyle}{C}-NH-\overset{\displaystyle}{C}-CH_2NH_2$$
$$\overset{\|}{O}\qquad\overset{\|}{O}$$

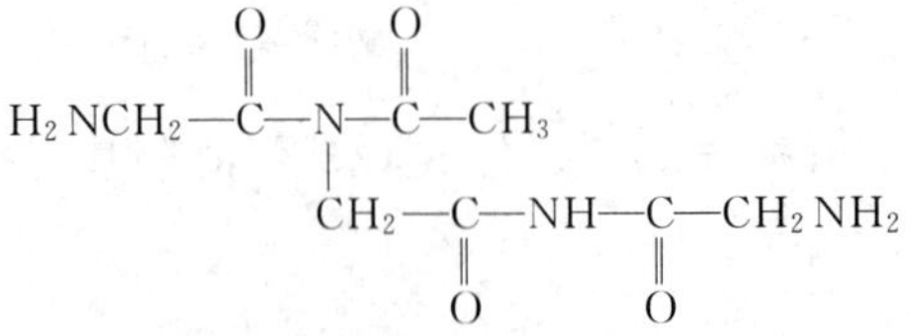

（四）用化学方法区别下列各组化合物：

(1) 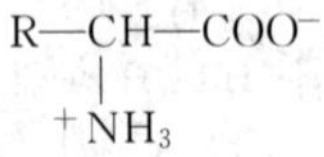
$$R-\overset{\displaystyle}{\underset{\overset{\displaystyle}{+}NH_3}{C}H}-COO^-\ ,\quad CH_3-\overset{\displaystyle O}{\overset{\|}{C}}-\overset{\displaystyle}{C}H-COOH$$
$$NH-\overset{\displaystyle}{C}-CH_3$$
$$\overset{\|}{O}$$

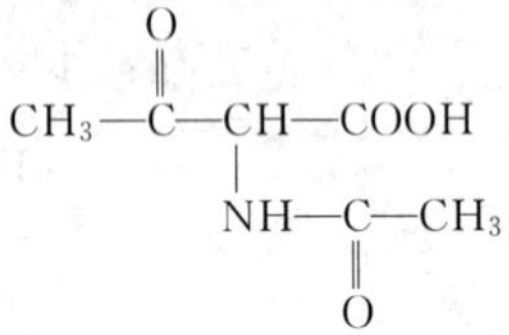

(2) 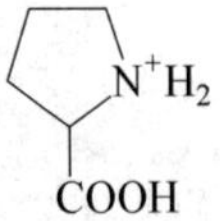 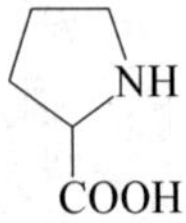 环状 N^+H_2—COOH ， 环状 NH—COOH

（五）试写出下列 α-氨基酸在一定 pH 值时的构造式。

(1) 甘氨酸在 pH＝3 时（甘氨酸的等电点为 5.91）

(2) 谷氨酸在 pH＝6 时（谷氨酸的等电点为 3.22）

参 考 书 目

1　［美］R.T. 莫里森，R.N. 博伊德著. 有机化学 下册. 复旦大学化学系有机化学教研室译. 第二版. 北京：科学出版社，1992. 957～983

内 容 简 介

本书按官能团体系，采用脂肪族和芳香族合编，但与第一版相比章节和内容有所调整、更新或重写。

全书共十八章，包括烷烃，环烷烃，烯烃，二烯烃，炔烃，芳烃，对映异构，卤代烃，醇和酚，醚和环氧化合物，醛、酮和醌，羧酸，羧酸衍生物，含氮化合物，杂环化合物，碳水化合物，氨基酸、蛋白质和核酸。本书在确保基本概念、基本知识和基本理论的前提下，力求理论联系实际，并适当加入一些有机化学和相关学科的最新进展。书中各章仍安排有启发性问题和习题，各章在习题前安排有例题，作为解题方法的参考，全书例题基本上包括了习题中的各种类型。另外，本书配有"助教和助学型"的光盘，以加深读者对课程内容的理解。

本书可作为高等院校化工类和化学类大专层次各专业，以及本科少学时（短学时）有机化学课程教材之用，也可作为其他院校（大学）和高职高专有关专业的教材或参考书，以及有关科技人员的参考用书。